高职机电一体化技术专业系列教材

国家骨干高职院校建设项目成果

零件加工工艺编制与实施

主　编　程引正

副主编　赵忠玉　张英祥

编　者　程引正　赵忠玉　张英祥

任林昌　田文杰

西北工業大學出版社

【内容简介】 本书是国家骨干高职院校建设配套教材之一，以综合职业能力教育为基点，结合武威职业学院以及相关高职高专院校教学改革、课程建设的经验编写而成的职业能力培养教材。

全书共分五个学习情境：学习情境一轴类零件加工工艺编制与实施、学习情境二套类零件加工工艺编制与实施、学习情境三箱体类零件加工工艺编制与实施、学习情境四连杆零件加工工艺编制与实施和学习情境五圆柱齿轮零件加工工艺编制与实施。每一学习情境后都附有思考和练习题。

本书既可作为高职高专院校机械、机电类专业教材，也可供工程技术人员和科研人员参考。

图书在版编目(CIP)数据

零件加工工艺编制与实施 / 程引正主编. —西安：西北工业大学出版社，2015.6
ISBN 978-7-5612-4419-7

Ⅰ. ①零… Ⅱ. ①程… Ⅲ. ①零部件－加工－高等职业教育－教材 Ⅳ. ①TH13

中国版本图书馆CIP数据核字(2015)第136144号

出版发行：西北工业大学出版社
通信地址：西安市友谊西路127号　　邮编：710072
电　　话：(029) 88493844　88491757
网　　址：www.nwpup.com
印 刷 者：兴平市博闻印务有限公司
开　　本：787 mm×1 092 mm　1/16
印　　张：27.5
字　　数：636千字
版　　次：2015年6月第1版　　2015年6月第1次印刷
定　　价：52.00元

FOREWORD

前 言

《零件加工工艺编制与实施》是以综合职业能力教育为基点，结合武威职业学院以及相关高职高专院校教学改革、课程建设的经验而编写的职业能力培养教材。教材的编写充分体现了以培养学生综合职业能力为宗旨，贯彻以职业实践活动为导向，以学习情境为主线，以工业产品为载体的编写方针，突出职业教育的特点，结合提高高职学生就业竞争力和发展潜力的培养目标，对理论知识和生产实践进行了有机整合，着重培养学生机械加工工艺编制能力、专业知识综合应用能力及解决生产问题的能力。

本教材的内容组织基于机电一体化技术在职业岗位中的典型工作任务，采取从工作过程系统化教学，吸收了企业工程技术人员参与编写工作，引入了工厂最新的工艺和技术，以制造技术为核心、制造工艺为主线，充分体现了工学结合的人才培养模式，有利于培养学生实践能力和工程素质。

本教材主要有以下几方面特点：

1. 针对高职高专学生的特点和职业岗位需求，为了更好地突出职业核心能力培养目标，构建了“夯实机械基础、强化工艺实施、启迪创新思维、注重技能训练”的能力递进的专业课程体系，为甘肃省中小企业培养未来生产一线的“机械制造工艺师”。

2. 贯彻先进的教学理念，以技能训练为主线，以基础理论知识为支撑，较好地处理了理论教学与技能训练的关系，落实“管用、够用、适用”的教学思想。

3. 在“厚基础、重能力、练技能、求创新”的整体思路指导下，将教材内容整合为五个学习情境，每一学习情境从企业生产一线精选的工作任务作为学习的载体。坚持“以工作过程为导向”，加强了教材的针对性，突出了对学生实际应用技能的培养。本教材是在高职机电类专业教学改革实践的基础上，通过对原有金属切削原理与刀具、机械制造工艺学、机床夹具设计、现代加工设备、材料成形工艺等多门课程的知识内容进行分解与组合，以传动轴→轴套→箱体→连杆→圆柱齿轮五大类零件的制造过程为载体，按照图样分析过程、工艺分析过程、工艺方案制订过程、生产组织和产品质量检测过程的工艺实施流程，整合了教学内容。但是，每个学习情境反映的典型工艺技术各有侧重，加工工艺由易到难，专业知识由浅入深。要求学生了解传动轴等五大类零件的整个生产流程，独立完成部分零件的加工工艺，对所编制工艺零件进行实体加工、验证与修改，将教学过程与零件实际加工过程相融合，从而提高工艺实施能力。

本教材共分五个学习情境：轴类零件加工工艺编制与实施、套类零件加工工艺编制与实施、箱体类零件加工工艺编制与实施、连杆零件加工工艺编制与实施、圆柱齿轮零件加工工艺编制与实施。每个学习情境内容以强化学生机械加工工艺编制能力为目标，依据机械制造中工艺系统，详细地介绍机械制造所需要的机床、刀具、夹具、制造工艺等相关知识，并将国家标准、行业标准和职业资格标准贯穿其中。本教材授课学时参考如下：

序号	教学内容	建议学时
1	学习情境一　轴类零件加工工艺编制与实施	22
2	学习情境二　套类零件加工工艺编制与实施	20
3	学习情境三　箱体类零件加工工艺编制与实施	24
4	学习情境四　连杆零件加工工艺编制与实施	22
5	学习情境五　圆柱齿轮零件加工工艺编制与实施	20
合计学时		108

本教材在每一学习情境的后面都附有思考与练习题，以满足高职高专院校机械类和机电类专业学生的学习要求。本教材既可作为高职高专院校机械、机电类专业教材，也可供工程技术人员和科研人员参考。

本教材由武威职业学院程引正任主编，赵忠玉、张英祥任副主编。具体编写分工如下：程引正编写学习情境一、学习情境三；任林昌编写学习情境二；赵忠玉编写学习情境四；田文杰、张英祥编写学习情境五；张英祥负责统稿和校对工作。教材由武威职业学院仲生仁教授主审。

由于水平有限，本教材中难免存在错误和不足之处，敬请广大读者批评、指正。

编　者

2014 年 11 月

CONTENTS

目录

学习情境一　轴类零件加工工艺编制与实施

学习情境二　套类零件加工工艺编制与实施

学习情境三　箱体类零件加工工艺编制与实施

学习情境四　连杆零件加工工艺编制与实施

学习情境五　圆柱齿轮零件加工工艺编制与实施

◇学习情境一

轴类零件加工工艺编制与实施

任务描述

根据给定传动轴零件图(图1-1),完成传动轴零件机械加工工艺编制的任务。传动轴零件工艺编制应根据生产车间的工艺装备制定,应达到正确、完整、合理、规范且经济性好。

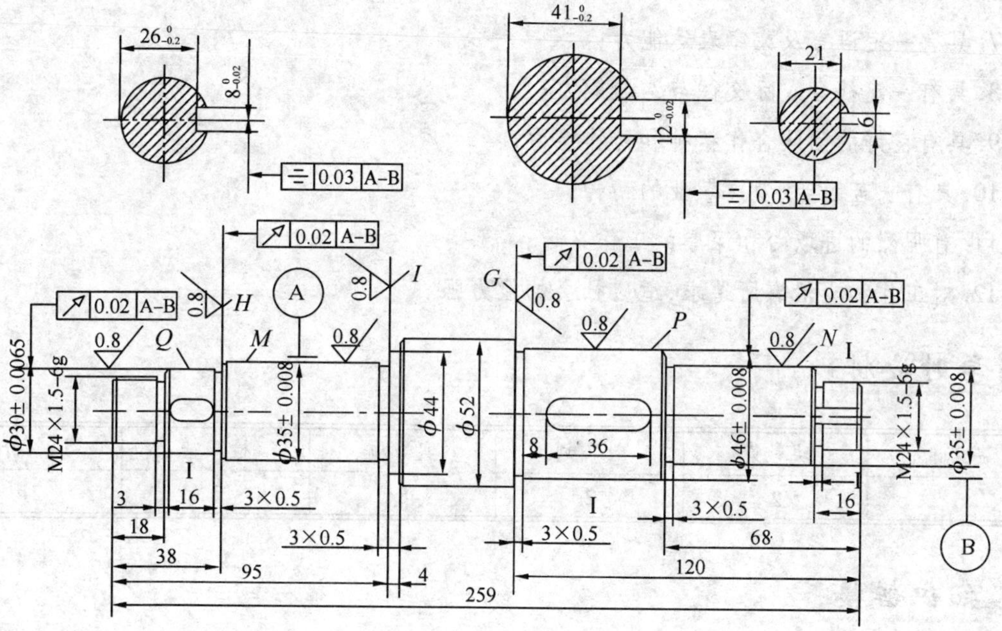

图1-1　传动轴零件图

学习目标

☆知识目标:

1. 掌握轴类零件的基本知识及加工方法;
2. 学会轴类零件的工艺性分析,材料、毛坯及热处理的选择;
3. 能够正确合理选择金属切削加工设备、工艺装备、刀具、量具以及切削用量;
4. 能够确定工件的装夹方法及加工方案;
5. 能够熟练地编制传动轴零件的机械加工工艺规程;

6. 能够进行传动轴零件的实体加工；

7. 了解各种常用量具的结构、工作原理，并掌握其使用方法；

8. 利用量具完成传动轴零件的检测任务；

9. 能够分析不合格产品产生的原因，并提出解决问题的措施；

10. 学会查阅《机械设计手册》，借助网络媒体独立获取加工信息。

☆技能目标：

1. 独立制订工作计划的能力；

2. 具备对工作结果进行评价的能力；

3. 能够独立自主学习相关知识，并对相关知识和技能进行灵活运用；

4. 具有较好的分析问题和解决问题的能力；

5. 会查找机械零件手册和工程材料等资料；

6. 对工作认真负责，具有科学严谨的态度和敬业精神；

7. 具有一定语言及文字表达能力；

8. 具有一定社会人际交往与沟通能力；

9. 具有良好的团队合作精神和协作能力；

10. 具有吃苦耐劳、爱岗敬业的精神；

11. 有强烈的进取心和深厚的工作兴趣；

12. 对工作和生活有所追求，适应社会的能力强。

学时安排

资　讯	决　策	计　划	实　施	检　查	评　价
6	2	2	8	2	2

知识链接

一、轴类零件的基本知识

（一）轴类零件的功用与结构特点

1. 轴类零件的功用

轴类零件是机械加工中最常见的零件之一，在机器中，其主要用于支承传动零件（齿轮、皮带轮等），承受载荷、传递运动和转矩，以及保证安装在轴上零件的回转精度，如机床主轴。

2. 轴类零件的结构特点

轴是旋转体零件，其长度大于直径，主要由内外圆柱面、内外圆锥面、端面、台阶面、螺纹、键槽、花键、横向孔及沟槽等组成。根据轴的结构形状不同，轴可分为光轴、阶梯轴、空心轴和异形轴(包括曲轴、半轴、十字轴、凸轮轴、偏心轴及花键轴等)四大类,如图 1－2 所示。

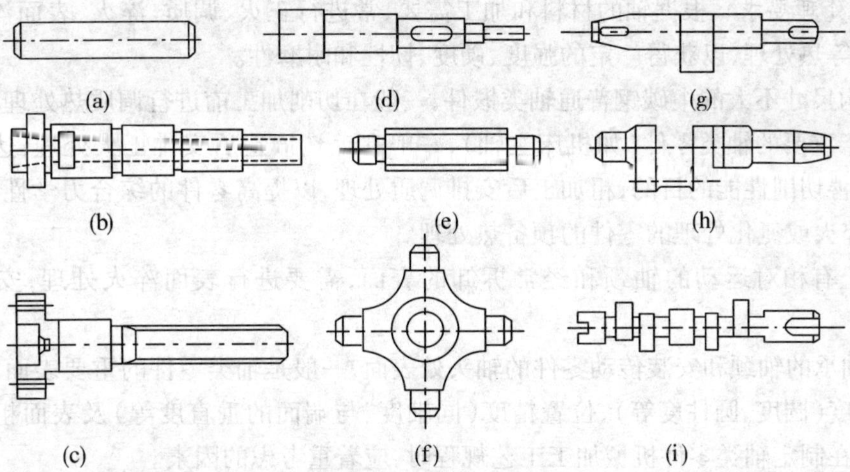

图 1－2　轴的种类

(a)光轴;(b)空心轴;(c)半轴;(d)阶梯轴;(e)花键轴;(f)十字轴;(g)偏心轴;(h)曲轴;(i)凸轮轴

根据轴的长度 L 与直径 d 之比,轴又分为刚性轴($L/d \leqslant 12$)和挠性轴($L/d > 12$)两种。

(二)轴类零件的技术要求、材料和毛坯

1. 轴类零件的技术要求

轴通常是由支承轴颈支承在机器的机架或箱体上,实现传递运动和动力的功能。支承轴颈表面的精度及其与轴上传动件配合表面的位置精度对轴的工作状态和精度有直接的影响。因此,轴类零件的技术要求,通常包含以下几个方面。

(1)尺寸精度　主要包括直径和长度尺寸的精度。

轴类零件的主要加工表面分为两类,一类装配传动零件的轴颈称为配合轴颈,尺寸精度稍低,通常为 IT9～IT6 级;另一类是装配轴承的轴颈称为支承轴颈,是轴类零件的主要表面,影响轴的回转精度与工作状态,轴颈的尺寸精度要求较高,通常为 IT7～IT5 级;高精度的轴颈为 IT5 级。轴的长度尺寸通常规定为公称尺寸,对于阶梯轴的各台阶长度按使用要求可相应给定公差。

(2)形状精度　主要包括圆度、圆柱度、直线度。

轴颈的形状精度(圆度、圆柱度)应限制在直径公差范围内,对形状精度要求较高时,则应限制在零件图样上规定允许的偏差。

(3)位置精度　主要包括同轴度、圆跳动、垂直度、平行度、径向圆跳动和端面圆跳动。

1)配合轴颈轴线相对支承轴颈轴线的同轴度。

2)配合轴颈相对支承轴颈轴线的圆跳动。普通精度的轴,同轴度误差为 0.01～0.03 mm,高精度的轴同轴度误差,则要求达到 0.001～0.005 mm。

3)其他的相互位置精度如轴肩端面对轴线的垂直度等。

(4)表面粗糙度　配合面和定位面的表面粗糙度要求较高。

根据机器的精密程度、运转速度的高低,轴类零件表面粗糙度要求也不相同。

支承轴颈的表面粗糙度 Ra 为 1.6 ~ 0.2 um，配合轴颈的表面粗糙度 Ra 为 3.2 ~ 0.4 um。

(5)热处理要求　根据轴的材料和加工需要，常进行正火、调质、淬火、表面淬火及表面渗碳、渗氮等热处理，以获得一定的强度、硬度、韧性和耐磨性。

1)结构尺寸不大的中碳钢普通轴类锻件，一般在切削加工前进行调质热处理。

2)对于重要的轴类零件(如机床主轴)，一般在毛坯锻造后安排正火处理，达到消除锻造应力，改善切削性能的目的；粗加工后安排调质处理，以提高零件的综合力学性能，并作为需要表面淬火或氮化处理的零件的预备热处理。

3)轴上有相对运动的轴颈和经常拆卸的表面，需要进行表面淬火处理，安排在精加工前。

安装轴承的轴颈和安装传动零件的轴头处表面，一般是轴类零件的重要表面，其尺寸精度、形状精度(圆度、圆柱度等)、位置精度(同轴度、与端面的垂直度等)及表面粗糙度要求均较高，是在制定轴类零件机械加工工艺规程时，应着重考虑的因素。

2. 轴类零件的材料

轴类零件材料的选取，主要根据轴的强度、韧性、刚度和耐磨性以及制造工艺性而决定，力求经济合理。

1)对于受载较小或不太重要的轴，可选用 Q235，Q255 等普通碳素钢。

2) 一般轴类零件常选用 45 钢，经过调质处理可得到较好的切削性能，而且能获得较高的强度和韧性等综合力学性能。

3)对于中等精度而转速较高的轴，可用 40Cr、40MnB、35SiMn 和 38SiMnMo 等合金钢。

4)对于高速、重载荷等条件下工作的轴，可选用 20Cr、20CrMnTi 和 20MnVB 等低碳合金钢进行渗碳淬火，一方面能使心部保持良好的韧性，另一方面能获得较高的耐磨性，但热处理后变形较大。或用 38CrMoAlA 氮化钢进行氮化处理，经调质和渗氮后，不仅具有良好的耐磨性抗疲劳性能，其热处理变形也较小。

5)对于高精度的轴，采用轴承钢 GCr15 或弹簧钢 65 Mn，经调质和表面高频淬火后再回火，表面硬度可达 HRC50 ~ 58，具有较高的耐疲劳强度和耐磨性。

3. 轴类零件的毛坯

轴类零件常用的毛坯是型材(圆棒料)和锻件，某些大型或结构复杂的轴(如曲轴)，在质量允许的情况下可采用铸件，比较重要的轴大都采用锻件。

(1)圆棒料　光轴或直径相差不大的台阶轴，常用热轧圆棒料毛坯；当零件尺寸精度与冷拉圆棒料相符时，其外圆可不进行加工，这时可采用冷拉圆棒料毛坯。

(2)锻件毛坯　直径相差较大的阶台轴和比较重要的轴大都采用锻件毛坯，由于毛坯加热锻打后，能使金属内部纤维组织分布均匀，从而获得较高的机械强度。毛坯的锻造方式分为自由锻和模锻两种。

锻件有自由锻造件、模锻件和精密模锻件 3 种。

自由锻件。是由金属经加热后锻压(用手工锻或用机锤)成形，使毛坯外形与零件的轮廓相近似。由于采用手工操作锻造成形，精度低，加工余量大，毛坯加工余量为1.5 ~ 10 mm。加之自由锻造生产率不高，所以适用于单件、小批生产中，生产结构简单的锻件。

模锻件。是由毛坯加热后采用锻模在压力机上锻造出来的锻件。模锻件的精度、表面质量及综合力学性能都比自由锻件高，尺寸偏差达0.1～0.2 mm，表面粗糙度Ra值为12.5 μm，毛坯的纤维组织好、强度高、生产率较高，但需要专用锻模及锻锤设备。大批量生产中，中小型零件的毛坯，常采用模锻制造。

精密模锻件。锻件形状的复杂程度取决于锻模，尺寸精度高，尺寸公差达0.05～0.1 mm，锻件变形小，能节省材料和工时，生产率高，但需专门的精锻机或使用两套不同精度的锻模，采用无氧化和少氧化的加热方法。适用于成批及大量生产。

模锻通常按所用的设备分为锤模锻、热模锻压力机模锻、螺旋压力机模锻、水压机模锻、平锻机模锻和电热镦等。

(3) 铸造毛坯　少数结构复杂或尺寸较大的轴，如柴油机曲轴等，采用铸造毛坯（球墨铸铁或稀土铸铁）。

(三)轴类零件的结构工艺性

所谓轴类零件的结构工艺性，是指轴类零件的结构应尽量简单，有良好的加工和装配工艺性，以利减少劳动量，提高劳动生产率及减少应力集中，提高轴类零件的疲劳强度。

1. 设计合理的结构，利于加工和装配

1) 为减少加工时换刀时间及装夹工件时间，同一根轴上所有圆角半径、倒角尺寸和退刀槽宽度应尽可能统一；当轴上有两个以上键槽时，应置于轴的同一条母线上，以便一次装夹后就能加工。

2) 轴上的某轴段需磨削时，应留有砂轮的越程槽；需切制螺纹时，应留有退刀槽。

3) 为去掉毛刺，利于装配，轴端应倒角。

4) 当采用过盈配合联结时，配合轴段的零件装入端常加工成导向锥面。若还附加键联结，则键槽的长度应延长到锥面处，便于轮毂上键槽与键对中。

5) 如果需从轴的一端装入两个过盈配合的零件，则轴上两配合轴段的直径不应相等，否则第一个零件压入后，会把第二个零件配合的表面拉毛，影响配合。

2. 改进轴的结构，减少应力集中

1) 轴上相邻轴段的直径不应相差过大，在直径变化处，尽量用圆角过渡，圆角半径尽可能大。当圆角半径增大受到结构限制时，可将圆弧延伸到轴肩中，称为内切圆角；也可加装过渡肩环使零件轴向定位。

2) 轴上与传动件轮毂孔配合的轴段，会产生应力集中。配合越紧，零件材料越硬，应力集中越大。因为传动件轮毂的刚度比轴大，在横向力作用下，两者变形不协调，相互挤压，导致应力集中。尤其在配合边缘，应力集中更为严重。改善措施有在轴、轮毂上开卸载槽。

3) 选用应力集中小的定位方法。采用紧定螺钉、圆锥销钉、弹性挡圈和圆螺母等定位时，需在轴上加工出凹坑、横孔、环槽和螺纹。引起较大的应力集中，应尽量不用，用套筒定位无应力集中；在条件允许的情况下，用渐开线花键代替矩形花键，用盘铣刀加工的键槽代替端铣刀加工的键槽，均可减小应力集中。

二、金属切削的基本知识

金属切削加工是利用刀具和工件之间的相对运动切除毛坯上多余金属形成一定形状、尺寸和质量的表面以获得所需的机械零件。

(一)工件表面成形方法

1. 零件表面的形状

各种机器零件的形状虽多,但分析起来,都不外乎是由平面、圆柱面、圆锥面及成形面所组成,如能加工出这几种典型表面,也就可以组合成各种常见形状的表面。

平面是以直线为母线,以直线为运动轨迹(导线),作平移运动时所形成的表面(见图1-3(a));圆柱面和圆锥面是以某一直线为母线,以圆为运动轨迹(导线),作旋转运动时所形成的表面(见图1-3(b),(c));成形面是以曲线为母线,以圆或直线为运动轨迹(导线),作旋转或平移运动时所形成的表面(见图1-3(d),(e))。

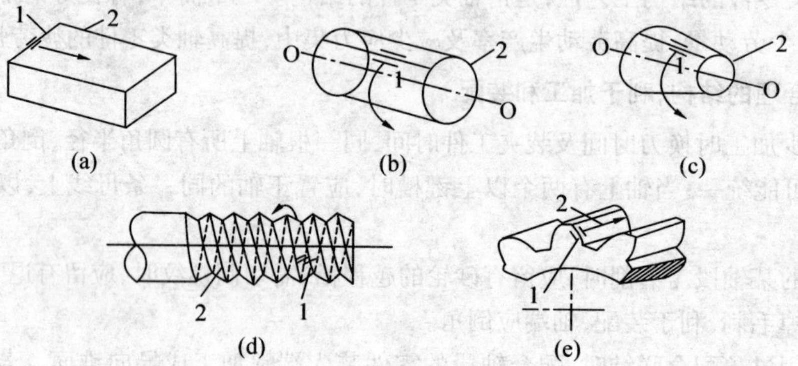

1-母线 2-导线

图1-3 零件表面的成形

2. 零件表面的成形运动

切削时,机床使刀具和工件之间产生相对运动,运动的作用首先是把毛坯切削成要求的形状。因而,若从几何成形的角度,分析刀具与工件之间的相对运动,可称为成形运动。

分析成形运动时,可以把几何学中各种表面的形成规律和切削时刀具与工件之间的相对运动的关系加以联系,如图1-4。

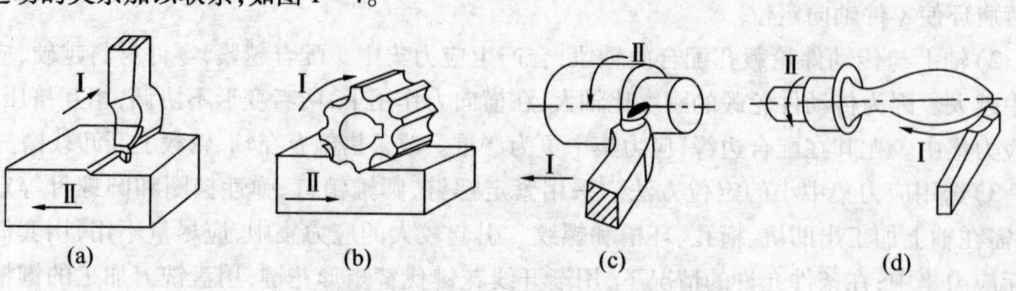

图1-4 零件表面的成形运动

(a)刨削平面;(b)铣平面;(c)车外圆;(d)车削成形面

图1-4(a)是刨削平面时,刨刀的往复运动(Ⅰ)可视为直母线,工件平行移动(Ⅱ)的轨

迹所形成的直线可视为导线。

图1-4(b)是铣平面时,铣刀上每个刀尖旋转运动(Ⅰ)时所形成的圆(忽略进给运动,可近似地看成圆)可视为母线;当工件水平移动(Ⅱ)时,这一系列的圆就包络出要求的平面来。展成法加工齿形时,渐开线表面也属于包络而成的;

图1-4(c)是车外圆时,刀尖沿工件轴线方向平行移动(Ⅰ)的轨迹所形成的直线可视为母线,工件旋转运动(Ⅱ)时所形成的圆轨迹可视为导线;

图1-4(d)是用普通车刀车削成形面时,车刀沿曲线(Ⅰ)所走的轨迹所形成的曲线可视为曲线母线。有时,母线可由刀具切削刃的形状直接体现。

3. 零件表面的切削运动

从几何成形的角度出发分析刀具与工件之间相对运动,目的是把相对运动与形成零件表面的关系联系起来。当我们分析一台具体的机床上能够切削出哪些类型的零件(如轴、箱体),以及哪些类型的表面(如外圆、平面)时,就要考虑机床能够使工件和刀具产生哪些切削运动,如图1-5所示。

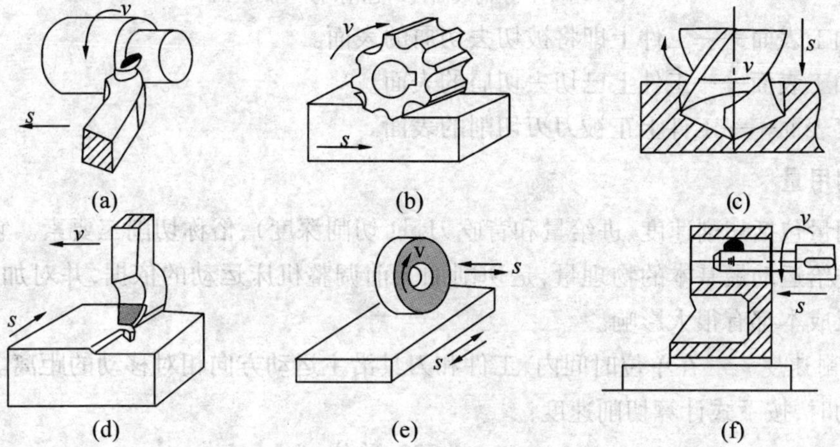

图1-5　几种主要切削运动形式

(a)车削;(b)铣削;(c)钻削;(d)刨削;(e)外圆磨削;(f)镗削

v-主运动;s-进给运动

根据在切削过程中所起的作用来区分,切削运动分为主运动(v)和进给运动(s)。

(1)主运动　是切下切屑所需要的最基本的运动,是切削运动中速度最高,消耗功率最多的运动。如车削外圆时工件的旋转,钻削、铣削和磨削时刀具的旋转,牛头刨床刨削时刀具的直线运动。

(2)进给运动　是使刀具不断地对金属层进行切削,从而切削出完整表面所需要的运动。如车削外圆时,刀具沿工件轴向的直线移动;牛头刨床刨平面时,工件横向的直线移动。

应该注意:切削过程中主运动只有一个,进给运动可以多于一个。例如,车外圆时要有纵向进给;磨削外圆时,除纵向进给外,还有圆周进给,才能切出完整的外圆表面。主运动和进给运动可由刀具或工件分别完成,也可由刀具单独完成(例如在钻床上钻孔主运动和进给运动可以是旋转运动,也可以是直线运动。)

(二)切削要素

1. 切削时产生的表面

在切削运动作用下,工件上的切削层不断地被刀具切削并转变为切屑,从而加工出所需要的工作新表面。因此,工件在切削过程中形成了 3 个不断变化着的表面,如图 1-6 所示。

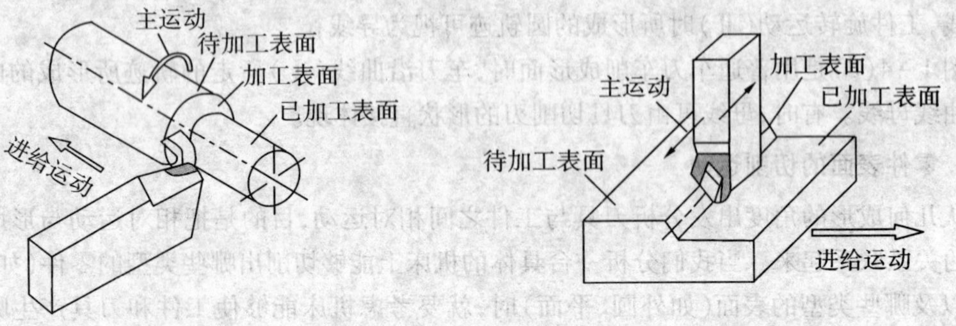

图 1-6 切削时产生的表面

(a)车削时产生的表面;(b)刨削时产生的表面

1)待加工表面——工件上即将被切去切屑的表面。

2)已加工表面——工件上已切去切屑的表面。

3)加工表面——工件上正被刀刃切削的表面。

2. 切削用量

切削用量包括切削速度、进给量和背吃刀量(切削深度),俗称切削三要素。它们是表示主运动和进给运动最基本的物理量,是切削加工前调整机床运动的依据,并对加工质量、生产率及加工成本都有很大影响。

(1)切削速度 v_c 在单位时间内,工件和刀具沿主运动方向相对移动的距离。如主运动为旋转运动时,按下式计算切削速度:

$$v_c = \pi Dn/1\,000,\text{单位 m/min} \tag{1-1}$$

式中,D——工件待加工表面或刀具的最大直径(mm);

n——工件或刀具每分钟转数(r/min)。

如主运动为往复直线运动,则其平均切削速度:

$$v_c = 2Ln_r/1\,000,\text{单位 m/min} \tag{1-2}$$

式中,L—往复直线运动的行程长度(mm);

n_r—主运动每分钟的往复次数,即行程数(str/min)。

(2)进给量 f 在主运动的一个循环(或单位时间)内,刀具和工件之间沿进给运动方向相对运动的距离,又称走刀量。

如车削时,工件每转一转,刀具所移动的距离就是进给量 f,单位为 mm/r;

如牛头刨床上刨削时,刀具往复一次,工件移动的距离就是进给量,单位是 mm/str;

对于铣刀、铰刀和拉刀等多齿刀具,还规定每齿进给量 f_z,单位是 mm/z。

进给速度、进给量和每齿进给量之间的关系为

$$v_c = nf = nzf_z \tag{1-3}$$

(3)背吃刀量(切削深度)α_p　待加工表面和已加工表面之间的垂直距离。

车削时,切削深度是指待加工表面与已加工表面之间的垂直距离,又称吃刀量,单位为mm,其计算式为

$$a_p = \frac{d_w - d_m}{2} \tag{1-4}$$

式中,d_w——工件待加工表面的直径(mm);

d_m——工件已加工表面的直径(mm)。

切削用量是机械加工中最基本的工艺参数。切削用量的选择,对于机械加工质量、生产率和刀具的使用寿命(耐用度)有着直接而重要的影响。切削用量的选择取决于刀具材料、工件材料、工件表面加工余量、加工精度和表面粗糙度要求、生产方式等,可查阅切削加工手册。

3. 切削层参数

切削时,沿进给运动方向移动一个进给量(车削或刨削时为mm/r,mm/双行程;多刃刀具为mm/z)所切除的金属层称为切削层。切削层参数,是指切削层在基面p_r内所截得的截面形状和尺寸,即在切削层公称横截面中度量。车削时的切削层公称横截面参数,如图1-7所示,其定义如下。

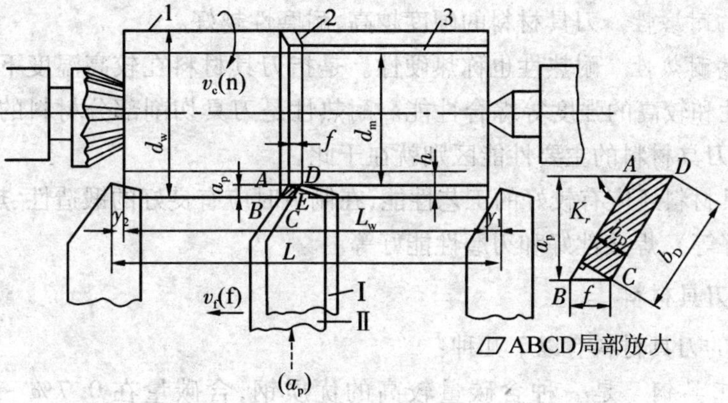

1-待加工表面;2-过渡表面;3-已加工表面

图1-7　车削运动、形成的表面、切削层

(1)切削层公称厚度(简称切削厚度)h_D(mm)　切削厚度h_D是垂直于工件过渡表面度量的切削层横断面尺寸:

$$h_D = f\sin k_r \tag{1-5}$$

(2)切削层公称宽度(简称切削宽度)b_D(mm)　切削宽度b_D是平行于工件过渡表面度量的切削层横断面尺寸:

$$b_D = a_p/\sin k_r \tag{1-6}$$

(3)切削层公称横截面面积(简称切削面积)A_D(mm)　切削面积A_D是在切削层尺寸平面度量的横截面积(在基面pr内度量的切削层横截面积):

$$A_D = h_D \cdot b_D = fa_p \tag{1-7}$$

(三)刀具材料

各种类型的金属切削刀具大都分成两大组成部分——夹持部分和工作部分。

前者的作用是将刀具夹持在机床上,并要保证刀具的正确位置,传递所需要的运动和动力,还要保证夹固可靠,装卸方便。工作部分有些又分切削部分和校准部分(如钻头、铰刀等),但多数刀具则无校准部分(如车刀、刨刀和铣刀),切削部分担负主要切削工作,校准部分则完成辅助的切削工作,用来修整、刮光工件表面和导向,使工件的形状和尺寸更精确,表面更光洁。

夹持部分的材料一般多用中碳钢,而切削部分材料的种类较多,要根据不同的加工要求选择合适的材料。所谓刀具材料通常是指切削部分材料而言。

1. 对刀具材料的基本要求

在切削过程中,由于塑性变形以及摩擦,使刀具切削部分直接受到高温、高压以及强烈的摩擦作用,此外还要受到冲击与振动,为了防止快速磨损,刀具材料必须具备下列基本性能要求

(1)较高的硬度　刀具材料硬度必须大于工件材料的硬度,常温下硬度一般要求在HRC60以上。

(2)足够的强度和韧性　能承受切削力和冲击。

(3)良好的耐磨性　刀具材料的硬度越高,耐磨性越好。

(4)良好的耐热性　耐热性也称热硬性。是指刀具材料在较高温度下仍能保持高的硬度、好的耐磨性和较高的强度等综合性能。耐热性是刀具切削部分材料的主要性能。下面所介绍的常用刀具材料的主要性能区别就在于此。

此外,刀具材料还应有较好的工艺性能,在制造时应有良好的锻造性、热处理性能好(变形小、淬透性好等)、焊接性好和刃磨性能好等。

2. 常用的刀具材料

目前常用的刀具材料有以下几种:

(1)碳素工具钢　是一种含碳量较高的优质钢,含碳量在0.7%~1.2%。其特点是淬火后硬度可达HRC 61~65,而且价格低廉,但这种材料不耐高温,在200~250℃即开始失去原来的硬度,并且淬火时容易产生裂纹和变形,常用于制造低速、简单的手工工具,如锉刀、手用锯条等。一般允许的切削速度为8 m/min,常用的牌号有T10,T10A,T12,T12A等。

(2)合金工具钢　在碳素工具钢中加入适量的铬、钨和锰等合金元素,能够提高材料的耐热性、耐磨性和韧性,同时还可减少热处理时的变形。淬火后的硬度亦可达HRC 61~65,热硬性可达350~400℃,常用于制造低速(允许的切削速度可比碳素工具钢提高20%左右)、复杂的刀具,如铰刀、板牙和丝锥等,常用的牌号有铬钨锰钢(CrWMn)、和铬硅钢(9CrSi)等。

(3)高速钢　是含有较多的钨、铬等合金元素的高合金工具钢。这些合金元素很容易形成各种合金碳化物,硬度、耐热性和耐磨性都有显著提高。淬火后硬度为HRC 62~65,热硬性可达600℃,允许的切削速度为30~50 m/min。并因热处理变形小,刃磨性能较硬质合金

好，所以广泛地用于制造较复杂的刀具，如钻头、铣刀、齿轮刀具和其他成形刃具。高速钢的物理力学性能见表 1－1。

表 1－1 几种高速钢的物理力学性能

类型		牌号			硬度/HRC			抗弯强度/($\sigma bb \cdot GPa^{-1}$)	冲击韧度 a_k ($MJ \cdot m^{-2}$)
		YB12－77 牌号	美国 AISI 代号	国内有关厂代号	室温	500℃	600℃		
普通高速钢		W18Cr4V(T1)			63－66	56	48.5	2.94～3.33	0.176－0.344
		W6Mo6Cr4V2(M2)			63－66	55～56	47～48	3.43－3.92	0.294－0.392
		W14Cr4VMnRo			64－66	–	50.5	－3.92	－0.245
高性能高速钢	高碳	95W18Cr4V			67－68	59	52	－2.92	0.166－0.216
	高钒	W12Cr4V4Mo(EV4)			65－67	–	51.7	－3.136	－0.245
		M3(W6Mo5Cr4V3)			65－67	–	51.7	－3.136	－0.245
	含钴	M36(W6Mo5Cr4V2Co8)			66－68	–	54	－2.92	－0.294
		M42(W2Mo9Cr4VCo8)			67－70	60	55	2.65～3.72	0.225－0.294
	含铝	W6Mo5Cr4V2Al (M2A1)(501)			67－69	60	55	2.84～3.82	0.225～0.294
		W10Mo4Cr4V3Al(5F6)			67－69	60	54	3.04～3.43	0.196～0.274
		W6Mo5Cr4V5SiNbAl(B201)			66－68	57.7	50.9	3.52～3.82	0.255～0.265
	含氮	V3N(W12Mo3Cr4V3N)			67－70	61	55	1.96～3.43	0.147～0.392

注：牌号中化学元素后面数字表示质量分数的大致百分比，未注者约在 1% 左右。

高速钢是目前机床上使用的主要刀具材料之一，我国使用得最普遍的牌号为 W18Cr4V，属于钨系高速钢。

国外由于钨的资源缺乏，寻求以钼代钨的钼系高速钢，如 W6M05Cr4V2 高速钢已在美国普遍使用，其碳化物分布的均匀性、韧性和高温塑性都优于 W18Cr4V，但刃磨性略差。这一钢种目前在我国也有一定的应用，但产量不多，主要用于热轧刀具（如麻花钻）。

高速钢在生产中通用的名称较多。因为它容易磨得锋利，故可称“锋钢”；又因它在淬火时，在空气中（风中）便能变硬，故又称“风钢”；并因工具厂供应的高速钢，四边磨得洁白光亮因此也称“白钢”。

（4）硬质合金　目前常用的硬质合金是由硬度和熔点都很高的碳化钨（WC）、碳化钛（TiC）等金属碳化物做基体，以钴（Co）作黏结剂，用粉末冶金法制成的合金。其硬度很高，可达 HRA 89～92.5（相当于 HRC 70～75），能耐 850～1 000℃ 的高温，故其允许的切速可达 100～300 m/min，这是硬质合金得到广泛应用的主要原因。但是硬质合金的抗弯强度远比高速钢低，约为 W18Cr4V 高速钢的 1/2～1/4；冲击韧性较差，约为 W18Cr4V 高速钢的 1/4～1/30，故常把硬质合金刀片用焊接或机械方法固定在刀体上使用。现在大部分车削刀具已采用硬质合金，其他切削刀具采用硬质合金的也日益增多，硬质合金已成为主要的刀具材料之一。硬质合金的化学成分、物理性能及力学性能见表 1－2。

表 1-2　硬质合金的化学成分、物理性能及力学性能

类别		牌号	化学成分/(%)				物理性能			力学性能					
			ω_{WC}	ω_{TiC}	ω_{TaC}(NbC)	ω_{CO}	密度(g·cm³)	热导率 W/(m·℃)	线膨胀系数/(10^{-6}·C-1)	硬度(HRA)	抗弯强度/GPa	抗压强度/GPa	弹性模量/GPa	冲击韧度/(kJ·m^{-2})	
WC基	WC+Co	YG3X	96.5		<0.5	3	15.0~15.3		4.1	91.5	1.1	5.4-5.63			K01
		YG6X	93.5		<0.5	6	14.6~15.0	79.6	4.4	91	1.4	4.7-5.1		20	K05
		YG6	94			6	14.6~15.0	79.6	4.5	89.5	1.45	4.6	630~640	30	K10
		YG8	92			8	14.5~14.9	75.4	4.5	89	1.5	4.47	600~610	40	K20
		YG10H	90			10	14.3~14.6			91.5	2.2				K30
	WC+TiC+Co	YT30	66	30		4	9.3~9.7	20.9	7.00	92.5	0.9		400~410	3	P01.2
		YT15	79	15		6	11.0~11.7	33.5	6.51	91	1.15	3.9	520~530		P10
		YT14	78	14		8	11.2~12	33.5	6.21	90.5	1.2	4.2		7	P20
		YT5	85	5		10	12.5~13.2	62.8	6.06	89.5	1.4	4.6	590~600		P30
	WC+TaC(NbC)+CO	YG6A	91		3	6	14.6~15			91.5	1.4				K05
		YG8A	91		<1	8	14.5~14.9			89.5	1.5				K25
	WC+TiC+TaC(NbC)+CO	YW1	84	6	4	6	12.8~13.3			91.5	1.2				M10
		YW2	82	6	4	8	12.6~13			90.5	1.35				M20
TiC基		YN05	8	71		Ni-7 Mo-14	5.9			93.3	0.95				P01.1
		YN10	15	62	1	Ni-12 Mo-10	6.3			92	1.1				P01.4

硬质合金按其成分可分为两大类：

1)钨钴类(YG类)由碳化钨和钴组成。这类合金因为含钴较多，故韧性较好；而硬度和耐磨性稍差，适于加工铸铁、青铜等脆性材料。常用的这类合金按含钴量的不同可分为

YG3,YG6,YG8 等牌号。其中数字表示含钴量的高低,数字越大,表示含钴量越高,含碳化钨的量越低,故韧性越高,硬度及耐磨性越差,因此,依次适用于精加工、半精加工和粗加工。

2)钨钛钴类(YT 类)由碳化钨、碳化钛和钴组成。这类合金由于加入碳化钛,因而其耐磨性及热硬性更高,能耐 900 ~ 1 000℃,但性脆不耐冲击,宜用于加工钢件。常用的牌号有 YT5,YT14,YT15,YT30 等,其中数字表示碳化钛的含量,数字越大则表示碳化钛的含量就越多,耐磨性也就越高,但钴的含量则相应降低,韧性因之降低,所以它们依次适用于粗加工、半精加工和精加工。

上述两类硬质合金的应用是指在一般条件下,而在某些特殊条件下尚可灵活应用,例如切速不太高或充分使用冷却润滑液(切削液)的条件下,车削某些钢件,如大的铸钢件时,采用耐冲击性较好的 YG 类合金刀片较之 YT 类更为有利。常用硬质合金牌号的选用见表 1-3。

表 1-3 常用硬质合金牌号的选用

牌号	用途
YG3	铸铁、有色金属及其合金的精加工、半精加工。要求无冲击
YG6X	铸铁、冷硬铸铁、高温合金的精加工、半精加工
YG6	铸铁、有色金属及其合金的半精加工与粗加工
YG8	铸铁、有色金属及其合金的粗加工。也能用于断续切削
YT30	碳素钢、合金钢的精加工
YT15 YT14	碳素钢、合金钢连续切削时粗加工、半精加工及精加工。也可用于断续切削时的精加工
YT5	碳素钢、合金钢的粗加工。可用于断续切削
YA6	冷硬铸铁、有色金属及其合金的半精加工,也可用于合金钢的半精加工
YW1	不锈钢、高强度钢与铸铁的半精加工与精加工
YW2	不锈钢、高强度钢与铸铁的粗加工与半精加工
YN05	低碳钢、中碳钢、合金钢的高速精车,系统刚性较好的细长轴精加工
YN10	碳钢、合金钢、工具钢、淬硬钢连续表面的加工

(5)陶瓷材料　其主要成分为氧化铝($A1_2 0_3$),刀片硬度可达 HRA 86 ~96,能耐 1 200℃高温,所以能承受更高的切削速度,但陶瓷材料性脆怕冲击,容易崩刃,影响推广使用。因为氧化铝的价格低廉,原料丰富,很有发展前途。如何提高其冲击韧性及抗弯强度,已为各国研究工作的重点。近年来各国先后研究成功“金属陶瓷”,其成分除 $A1_2 0_3$外,还含有各种金属元素,抗弯强度已有提高。目前主要用于高硬度钢材的半精加工和精加工。

(6)金刚石　金刚石分天然的和人造的两种,都是碳的同素异形体。天然金刚石由于价格昂贵,用得很少。人造金刚石是在高温高压条件下,借合金的触媒作用,由石墨转化而成,是目前已知的最硬物质,其硬度接近于 HV 10 000。

金刚石具有极高的耐磨性,能保持长期的锋利的切削刃,因而在精密切削加工中都采用金刚石刀具同,金刚石刀具用于切削加工很多耐磨非铁材料不但寿命长,生产效率高,因此应用越来越广。金刚石刀具不适宜加工黑色金属。

3. 其他新型刀具材料简介

随着科学技术和工业的发展，出现一些高强度、高硬度的准加工材料的工件，要求性能更好的刀具材料进行切削，推动国内外对新型刀具材料进行大量的研究和试验。

(1)高速钢的改进　通过调整基本化学成分和添加其他含金元素，使其性能进一步提高。例如，钴高速钢(110W1.5Mo9.5Cr4VCo8)是通过添加钴元素使其硬度及热硬性都有提高，但由于含钴较多不适于我国资源状况。立足于我国资源状况已研制成铝高速钢，即添加了铝等元素(如 W6Mo5Cr4V2A1)，它的硬度可达 HRC 70，耐热性超过 600℃，是一种高性能高速钢。

近年来又出现粉末冶金高速钢，其基本原理是将高频感应炉熔炼的钢液用高压惰性气体(氩气)雾化成粉末，再经过冷压和热压(同时进行烧结)制成致密钢坯，然后用一般方法轧制和锻造成材。粉末冶金法制造高速钢可细化晶粒，消除碳化物偏析，所以韧性大，硬度较高，材质均匀，热处理变形小，适于制造各种高精度刀具。

(2)硬质合金的改进　如前所述硬质合金的缺点是强度和韧性低，耐冲击性差。改进的方法是添加少量的碳化钽(TaC)、碳化铌(NbC)等和细化晶粒。例如在普通 YT 类硬质合金中加入少量的碳化钽后，既可加工特种铸铁，也可加工耐热钢、高锰钢等特种钢材，故有通用硬质合金之称。例如国产的 YW1、YW2 等牌号。又如在 YG 类硬质合金中加入少量的碳化铌后，也适于加工奥氏体不锈钢、耐热钢等特种钢和铸铁等材料，例如国产的 YA6 牌号。

近年来还发展了涂层刀片，就是在韧性较好的硬质合金(YG 类)基体表面，涂覆一层(5~12 μm)硬度和耐磨性很高的物质(如 TiC 或 TiN)，得到既有高硬度和高耐磨性的表面，又有韧性较好的基体。目前涂层硬质合金主要用于半精加工和精加工，并为不重磨刀片(又称可转位刀片)的推广提供了良好的条件。随着涂层技术的发展和工艺的改进，它的应用将会进一步扩大。

(3)人造金刚石　它的硬度极高(接近 HV 10 000，而硬质合金仅达 HV 1 000~2 000)，耐热性为 700~800℃，粒度一般在 0.5 mm 以内。大颗粒金刚石分单晶和聚晶两种。聚晶金刚石大颗粒可制成一般切削刀具，单晶微粒者主要制成砂轮。金刚石除去可以加工高硬度而耐磨韵硬质合金、陶瓷、玻璃等材料外，还可以加工有色金属及其合金，但不宜加工铁族金属，这是由于铁和碳原子的亲和力较强，易产生黏结作用而加快刀具磨损。用金刚石车刀高速精车有色金属时，表面粗糙度值很小；用金刚石砂轮磨削硬质合金刀具时，质量好，效率高。

(4)立方氮化硼(CBN)　是人工合成的又一种高硬度材料，硬度仅次于金刚石(HV 7 300~9 000)。但它的耐热性和化学稳定性都大大高于金刚石，能耐 1 300~1 500℃的高温，并且与铁族金属的亲和力小。因此，它的切削性能好。不但适于非铁族难加工材料的加工，也适于铁族材料的加工。

CBN 和金刚石刀具脆性大，故使用时机床刚性要好，主要用于连续切削，尽量避免冲击和振动。

(四)刀具切削部分的几何形状

刀具的种类繁多，形状各异(如车刀、钻头和铣刀等)，它们的几何形状各不相同，复杂程度也有差异。各类刀具都有各自的特性，又都存在着共性。但无论哪种刀具都由承担切削功能的切削部分和用于装夹的部分组成。其中以车刀最为简单常用，其他各种刀具的切削部分，均可看作是车刀的演变和组合。

以车刀为例了解各种类型刀具的特性，逐步认识其共性。

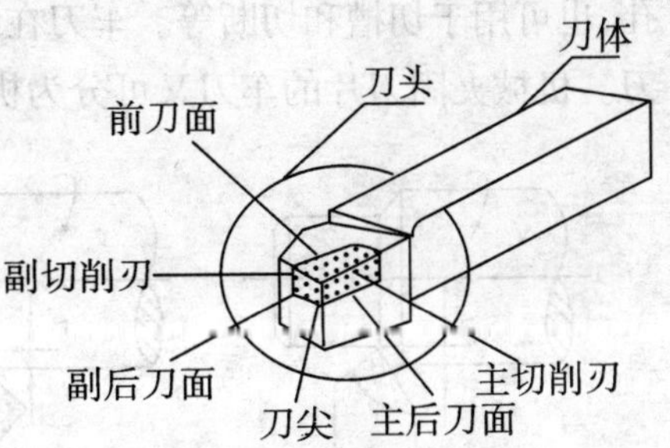

图 1－8 车刀的组成

车刀由两大组成部分：夹持部分（刀体）和工作部分（刀头），刀头为车刀的切削部分，它由三面（前刀面，主后刀面，副后刀面）、二刃（主切削刃，副切削刃）和一尖（刀尖）组成，如图 1－8 所示。

1. 前刀面

前刀面是刀具上切屑流出经过的表面。

2. 主后刀面

主后刀面是刀具上同前刀面相交形成主切削刃的面。

3. 副后刀面

副后刀面是刀具上同前刀面相交形成副切削刃的面。

4. 主切削刃

主切削刃是刀具上主要作切削的刀刃，即前刀面与主后刀面的交线。

5. 副切削刃

副切削刃即前刀面与副后刀面的交线。

6. 刀尖

刀尖是指主切削刃与副切削刃的连接处相当少的那部分切削刃，它不是一个几何点，而是具有一定圆弧半径的刀尖，如图 1－9 所示。

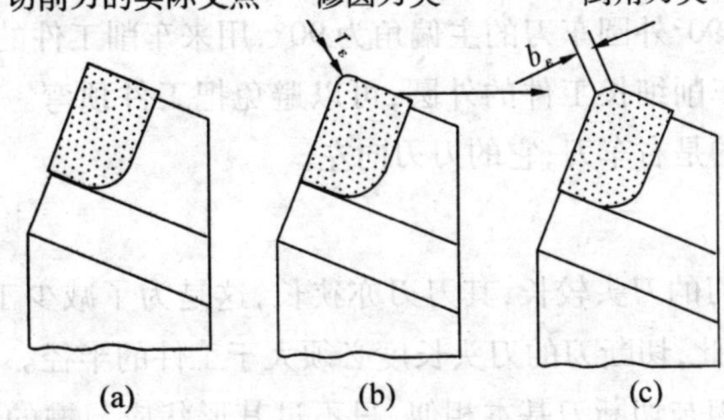

图 1－9 车刀的刀尖

（五）车刀的种类和用途

车刀是金属切削加工中应用最广的一种刀具。由于零件的形状、大小和加工要求不同，采用的车刀也不相同。车刀的种类很多，用途各异，它可以在车床上加工外圆、端面、螺纹和内孔,也可用于切槽和切断等。车刀在结构上可分为整体车刀、焊接式车刀和机械夹固刀片的车刀。机械夹固刀片的车刀又可分为机夹车刀和可转位车刀。现介绍几种常用车刀(图 1-10)。

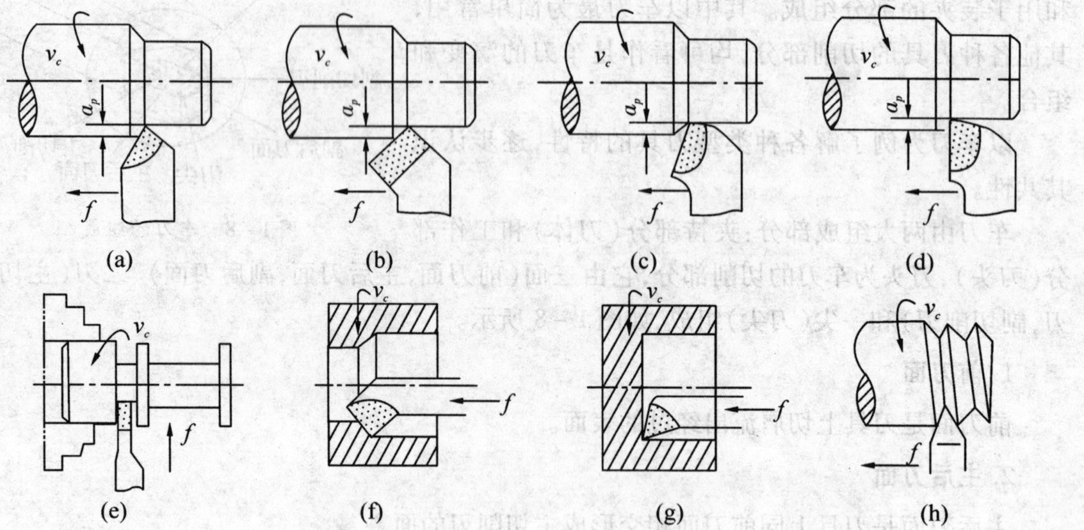

图 1-10 常用车刀的种类和用途

(a)直头车刀;(b) 45°弯头车刀;(c) 75°强力车刀;(d) 90°偏刀;
(e)切断刀或切槽刀;(f)扩孔刀(通孔);(g)扩孔刀(不通孔);(h)螺纹车刀

1. 外圆车刀

外圆车刀又称尖刀,主要用于车削外圆、平面和倒角。外圆车刀一般有四种形状。

(1)直头车刀　主偏角与副偏角基本对称,一般在 45°左右,前角可在 5°~30°之间选用,后角一般为 6°~12°,主要用于车削不带台阶的光轴。

(2)45°弯头车刀　主要用于车削不带台阶的光轴和平面,它可以车外圆、端面和倒角,使用比较方便,刀头和刀尖部分强度高。

(3)75°强力车刀　主偏角为 75°,适用于粗车加工余量大、表面粗糙、有硬皮或形状不规则的零件,它能承受较大的冲击力,刀头强度高,耐用度高。

(4)90°外圆车刀　90°外圆车刀的主偏角为 90°,用来车削工件的端面和台阶,有时也用来车外圆,特别是用来车削细长工件的外圆,可以避免把工件顶弯。90°外圆车刀分为左车刀和右车刀两种,常用的是右车刀,它的刀刃向左。

2. 切断刀和切槽刀

(1)切断刀　切断刀的刀头较长,其刀刃亦狭长,这是为了减少工件材料消耗和切断时能切到中心的缘故。因此,切断刀的刀头长度必须大于工件的半径。

(2)切槽刀　切槽刀与切断刀基本相似,只不过其形状应与槽的形状一致,但刀头相对较短。

3. 扩孔刀

扩孔刀又称镗孔刀,用来加工内孔。它可以分为通孔刀和不通孔(盲孔)刀两种。

(1)通孔刀的主偏角小于 90°,一般在 45°~75°之间,副偏角 20°~45°,扩孔刀的后角应比外圆车刀稍大，一般为 10°~20°。

(2)不通孔刀的主偏角应大于 90°，刀尖在刀杆的最前端，为了使内孔底面车平，刀尖与刀杆外端距离应小于内孔的半径，扩孔刀的长度和大小应与加工的孔相配套。

4. 螺纹车刀

螺纹按牙型分为三角形、方形和梯形等，相应使用三角形螺纹车刀、方形螺纹车刀和梯形螺纹车刀等。螺纹的种类很多，其中以三角形螺纹应用最广。采用三角形螺纹车刀车削公制螺纹时，其刀尖角必须为 60°，前角取 0°。

(六)车刀角度

车刀的角度是在切削过程中形成的，它们对加工质量和生产率等起着重要作用。在切削时，与工件加工表面相切的假想平面称为切削平面，与切削平面相垂直的假想平面称为基面，另外采用机械制图的假想剖面(主剖面)，由这些假想的平面再与刀头上存在的三面二刃就可构成实际起作用的刀具角度。对车刀而言，基面呈水平面，并与车刀底面平行。切削平面、主剖面与基面是相互垂直的(图 1-11)。

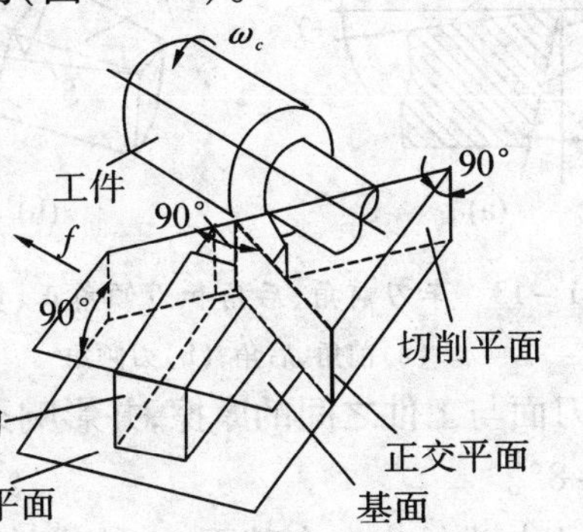

图 1-11　确定车刀角度的辅助平面

车刀的主要角度有前角 γ_0、后角 α_0、主偏角 κ_r、副偏角 κ'_r 和刃倾角 λ_s(图 1-12)。

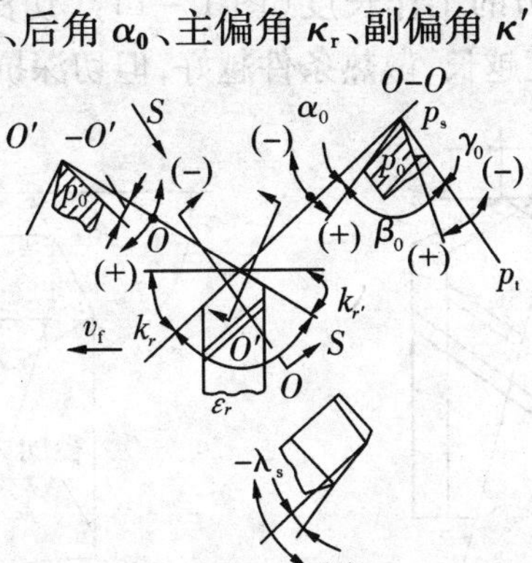

图 1-12　车刀的主要角度

(1)前角 γ_0　前刀面与基面之间的夹角，表示前刀面的倾斜程度。前角可分为正、负和零，前刀面在基面之下则前角为正值，反之为负值，相重合为零。一般所说的前角是指正前角而言。如图 1-13(a)所示。

前角的作用：增大前角，可使刀刃锋利、切削力降低、切削温度低、刀具磨损小和表面加工质量高。但过大的前角会使刃口强度降低，容易造成刃口损坏。

选择原则：用硬质合金车刀加工钢件（塑性材料等），一般选取 $\gamma_0=10°\sim20°$；加工灰口铸铁（脆性材料等），一般选取 $\gamma_0=5°\sim15°$。精加工时，可取较大的前角，粗加工应取较小的前角。工件材料的强度和硬度大时，前角取较小值，有时甚至取负值。

（2）后角 α_0　主后刀面与切削平面之间的夹角，表示主后刀面的倾斜程度。

主后刀面与切削平面重合时，后角为零；主后刀面与基面之间的夹角小于90°时，后角为正；主后刀面与基面之间的夹角大于90°时，后角为负（如图 1－13（a））所示）。

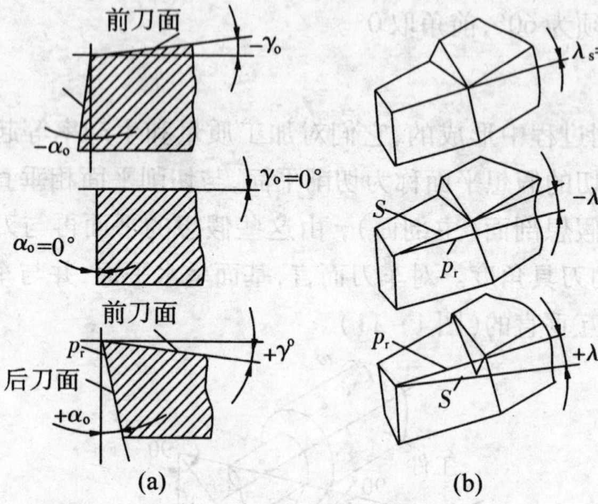

图 1－13　车刀前角、后角和刃倾角正、负的规定
（a）前角、后角；（b）刃倾角

后角的作用：减少主后刀面与工件之间的摩擦，并影响刃口的强度和锋利程度。

一般后角可取 $\alpha_0=6°\sim8°$。

（3）主偏角 κ_r　主切削刃与进给方向在基面上投影间的夹角。

主偏角的作用：影响切削刃的工作长度（图 1－14）、切深抗力、刀尖强度和散热条件。主偏角越小，则切削刃工作长度越长，散热条件越好，但切深抗力越大（图 1－15）。

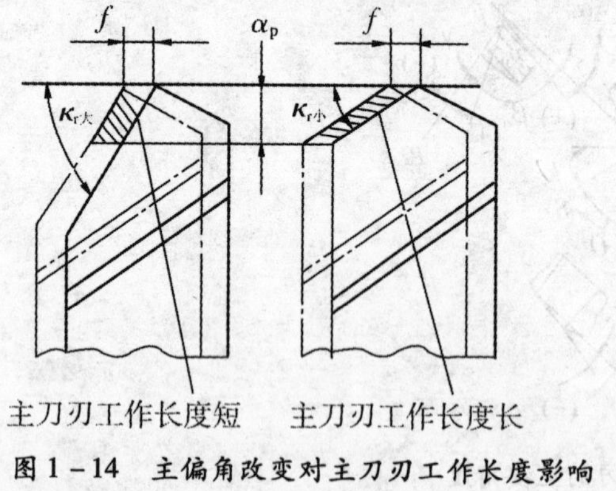

图 1－14　主偏角改变对主刀刃工作长度影响

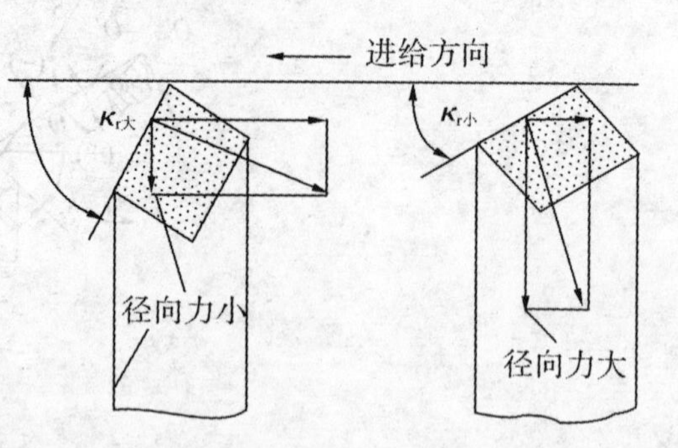

图 1－15　主偏角改变时径向切削力的变化图

选择原则：车刀常用的主偏角有45°、60°、75°和90°几种。工件粗大、刚性好时，可取较小值。车细长轴时，为了减少径向力而引起工件弯曲变形，宜选取较大值。

（4）副偏角 κ'_r　副切削刃与进给方向在基面上投影间的夹角。

副偏角的作用：影响已加工表面的表面粗糙度（图 1－16），减小副偏角可使已加工表面光洁。

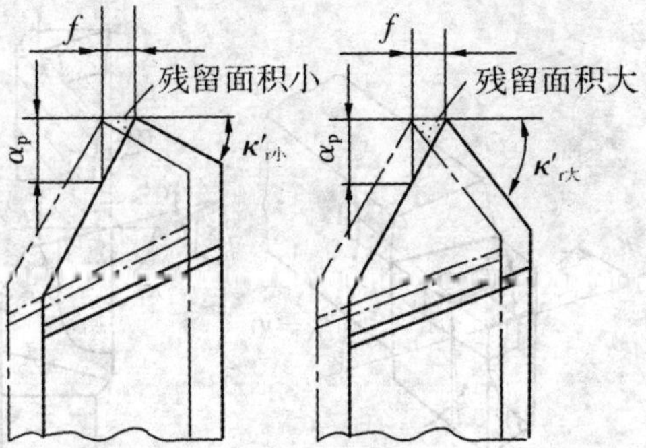

图 1-16 副偏角对残留面积高度的影响

选择原则:一般选取 $\kappa'_r = 5° \sim 15°$,精车时可取 $5° \sim 10°$,粗车时取 $10° \sim 15°$。

(5)刃倾角 λ_s 主切削刃与基面间的夹角。

主切削刃与基面重合或平行时,刃倾角为零;刀尖为切削刃最高点时,刃倾角为正值;刀尖处于最低点时,刃倾角为负值如图 1-13(b)所示。

刃倾角的作用:主要影响主切削刃的强度和控制切屑流出的方向。以刀杆底面为基准,当刀尖为主切削刃最高点时,λ_s 为正值,切屑流向待加工表面,如图 1-17(a)所示;当主切削刃与刀杆底面平行时,$\lambda_s = 0°$,切屑沿着垂直于主切削刃的方向流出,如图 1-17(b)所示;当刀尖为主切削刃最低点时,λ_s 为负值,切屑流向已加工表面,如图 1-17(c)所示。

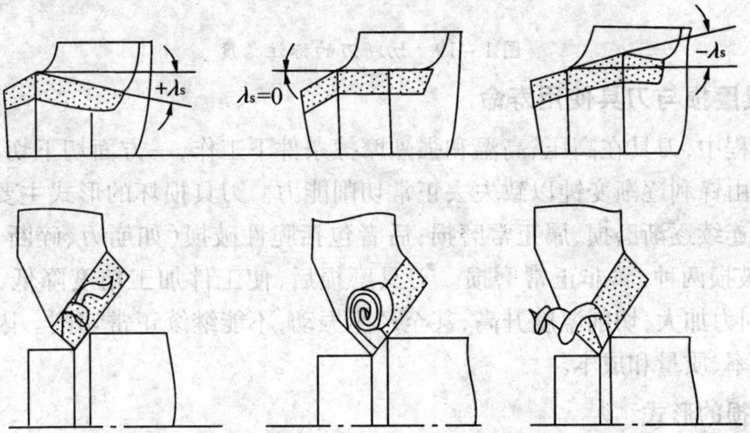

图 1-17 刃倾角与切屑流向

选择 λ_s 原则:一般 λ_s 在 $0° \sim \pm 5°$之间选择。粗加工时,常取负值,虽切屑流向已加工表面无妨,但保证了主切削刃的强度好。精加工常取正值,使切屑流向待加工表面,从而不会影响已加工表面的质量。

图 1-18 为车外圆时偏刀的几何角度。

图 1-19 为切断刀的几何角度。

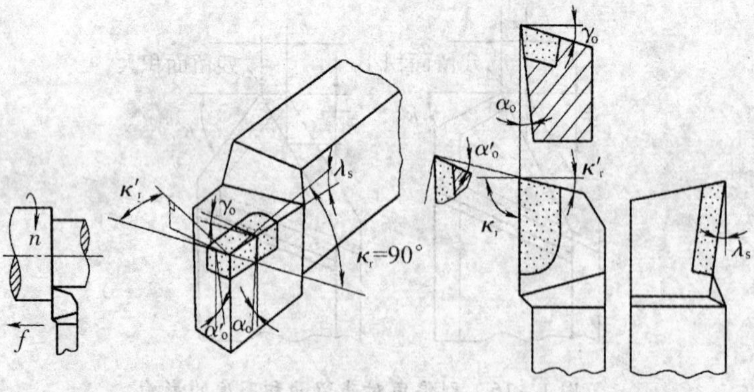

图 1-18 车外圆时偏刀的标注角度

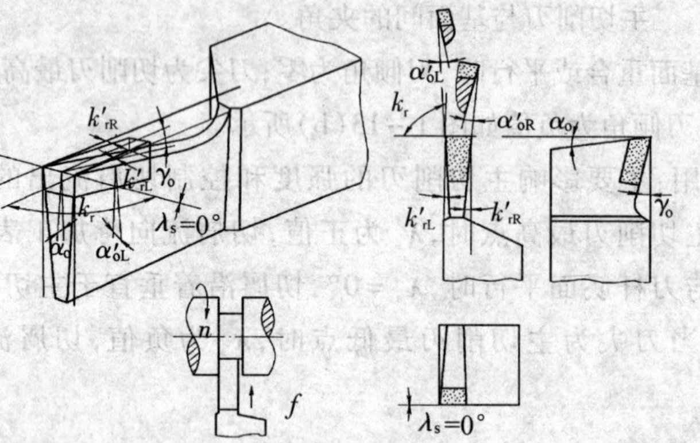

图 1-19 切断刀的标注角度

(七)刀具磨损与刀具使用寿命

在切削过程中,刀具在高压、高温和强烈摩擦条件下工作,一方面切下切屑,另一方面刀具本身切削刃由锋利逐渐变钝以致失去正常切削能力。刀具损坏的形式主要有磨损和破损两类。前者是连续逐渐磨损,属正常磨损;后者包括脆性破损(如崩刃、碎断、剥落和裂纹破损等)和塑性破损两种,属非正常磨损。刀具磨损后,使工件加工精度降低,表面粗糙度增大,并导致切削力加大,切削温度升高,甚至产生振动,不能继续正常切削。因此刀具磨损直接影响加工效率、质量和成本。

1. 刀具磨损的形式

刀具正常磨损时,按磨损部位不同,可分为前刀面磨损、主后面磨损、前刀面和主后面同时磨损三种形式。如图 1-20 所示。

(1)前刀面磨损　以较高的切削速度和较大的切削层公称厚度切削塑性材料时,切屑对前刀面的压力大,摩擦剧烈,温度高。在前刀面切削刃附近出现月牙洼,月牙洼扩大到一定程度,刀具就会崩刃。前刀面磨损程度用月牙洼最大深度 KT 表示。

(2)主后面磨损　切削脆性材料或以较低的切削速度和较小的切削层公称厚度切削塑性材料时,前刀面上的压力和摩擦力不大,温度较低,这时磨损主要发生在主后面上。磨损程度用平均磨损高度 V_B 表示。

(3)前刀面、主后面同时磨损　以中等切削速度和中等切削层公称厚度切削塑性材料时，常会发生这种磨损。

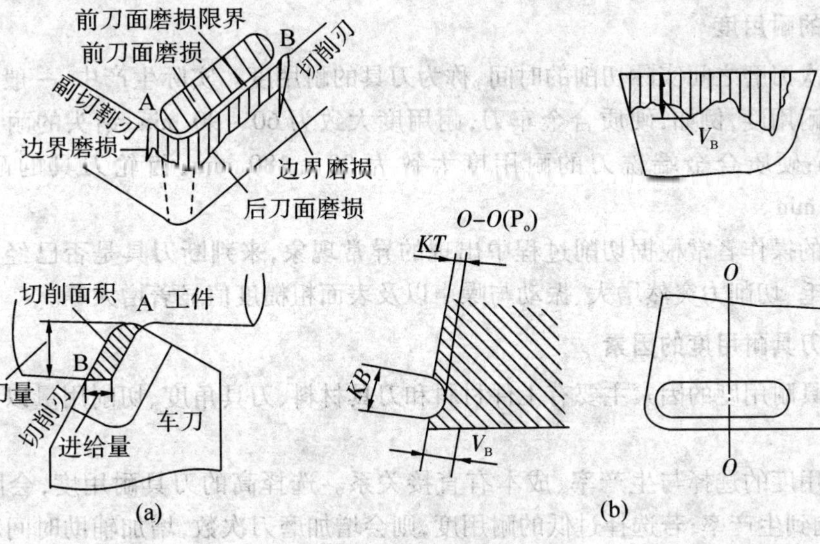

图 1-20　车刀的磨损形式

2. 刀具磨损的原因

刀具正常磨损的原因主要是机械磨损、热和化学磨损。机械磨损是由工件材料中硬质点的刻划作用引起的，热、化学磨损则是由黏结（刀具与工件材料接触到原子间距离时产生的结合现象）、扩散（刀具与工件两摩擦面的化学元素互相向对方扩散、腐蚀）等引起的。

3. 刀具磨损的过程

随着切削时间的延长，刀具磨损增加。根据切削实验，可得图 1-21 所示的刀具正常磨损过程的典型磨损曲线。该图分别以切削时间和后刀面磨损量 VB（或前刀面月牙洼磨损深度 KT）为横坐标与纵坐标。从图中可知，刀具磨损过程可分为三个阶段：初期磨损阶段、正常磨损阶段和急剧磨损阶段。

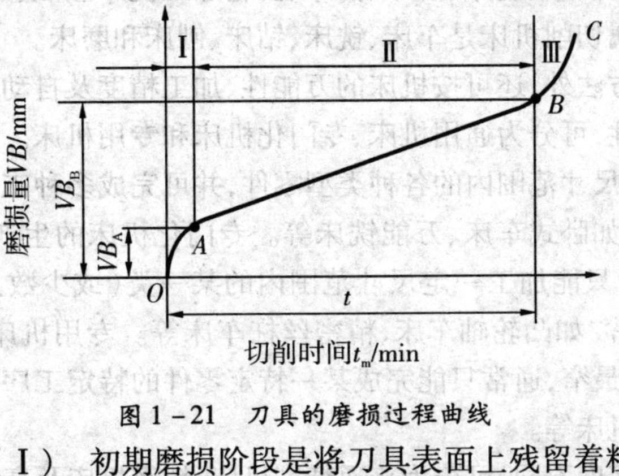

图 1-21　刀具的磨损过程曲线

（1）初期磨损阶段（Ⅰ）　初期磨损阶段是将刀具表面上残留着粗糙不平的刃磨痕迹很快磨去。

（2）正常磨损阶段（Ⅱ）　随着切削时间增长磨损量 V_B 值逐渐增大。

（3）急剧磨损阶段（Ⅲ）　在温度升高，磨损量开始急剧增加时，若继续切削，刀具失去切削性能而产生损坏前的阶段。

4. 刀具的耐用度

刀具两次刃磨之间实际切削的时间，称为刀具的耐用度。实际生产中，一般用刀具的使用时间当作耐用度，例如，硬质合金车刀，耐用度大致为 60 ~ 90 min；钻头的耐用度大致为 80 ~ 120 min；硬质合金端铣刀的耐用度大致为 90 ~ 180 min；齿轮刀具的耐用度大致为200 ~ 300 min。

有经验的操作者常根据切削过程中出现的异常现象，来判断刀具是否已经磨钝。例如切屑变色发毛、切削力突然增大、振动与噪声以及表面粗糙度值显著增大等。

5. 影响刀具耐用度的因素

影响刀具耐用度的因素主要有工件材料和刀具材料、刀具角度、切削用量以及是否使用切削液等。

刀具耐用度的选择与生产率、成本有直接关系。选择高的刀具耐用度，会限制切削速度，这就影响到生产率；若选择过低的耐用度，则会增加磨刀次数，增加辅助时间和刀具材料消耗，仍然影响到生产率和成本。所以应根据切削条件选用合理的刀具耐用度。

6. 刀具寿命

刀具耐用度与刀具重磨次数的乘积称为刀具寿命。实际生产中，一般用刀具的使用时间来作为寿命。对于硬质合金车刀，寿命大致为 60 ~ 90 min；钻头的寿命大致为 80 ~ 120 min；硬质合金面铣刀寿命大致为 90 ~ 180 min；齿轮刀具的寿命大致为 200 ~ 300 min；立方氮化硼车刀耕火种 120 ~ 150 min；金刚石车刀面 600 ~ 1 200 min。

（八）金属切削机床

金属切削机床简称为机床，是用切削刀具对工件进行切削加工的机器。

1. 金属切削机床的分类

机床的分类方法较多，最基本的是按机床的加工方法和所用刀具及其用途划分为 11 大类：车床、钻床、镗床、刨插床、铣床、磨床、拉床、齿轮加工机床、螺纹加工机床、锯床和其他机床。其中最基本的金属切削机床是车床、铣床、钻床、刨床和磨床。

除以上基本分类方法外，还可按机床的万能性、加工精度及自动化程度等进行分类。

按照机床的万能性，可分为通用机床、专门化机床和专用机床。通用机床适用于单件小批生产，可以加工一定尺寸范围内的各种类型零件，并可完成多种工序，加工范围较广，但其传动与结构比较复杂，如卧式车床、万能铣床等。专门化机床的生产率比通用机床高，但使用范围比通用机床窄，只能加工一定尺寸范围内的某一类（或少数几类）零件，完成某一种（或少数几种）特定工序，如凸轮轴车床、精密丝杠车床等。专用机床的生产率、自动化程度都比较高，但使用范围最窄，通常只能完成某一特定零件的特定工序，如汽车、拖拉机制造中大量使用的各种组合机床等。

按照机床的加工精度不同，可分为普通精度机床、精密机床及高精度机床。

按照机床的质量（重量）和尺寸不同，可分为仪表机床、中型机床、大型机床、重型机床（质量在 30×10^3 kg 以上）及超重型机床（质量在 100×10^3 kg 以上）。

按照机床的自动化程度，可分为手动、机动、半自动和自动机床。

此外,机床还可按照加工精度、主要功能部件(如主轴等)的数目等进行分类。

2. 金属切削机床型号的编制方法

我国的机床型号是按1994年颁布的国家标准GB/T15375—1994《金属切削机床型号编制方法》编制的。此标准规定,机床型号由汉语拼音字母和数字按一定的规律组合而成,它适用于各类通用机床和专用机床(不包括组合机床)。下面将通用机床型号的编制方法作简要介绍。

通用机床的型号主要表示机床类型、特性、组别、主参数及重大改进顺序等,如型号CF6140表示最大车削直径为400 mm的卧式仿形车床。

通用机床型号表示方式:

(△)○	(○)	△△	△	(×△)	(○)/	(△○)	(-△○)
1	2	3	4	5	6	7	8

注:"○"符号,为大写汉语拼音字母;"△"符号,为阿拉伯数字;"△○"符号,既有汉语拼音字母,又有阿拉伯数字。其中,有"()"的代号或数字,无内容时可以不写,有内容时不带括号。

(1)机床的类别代号(见表1-4)

表1-4 机床的类和分类代号

类	车床	钻床	镗床	磨床			齿轮加工机床	螺纹加工机床	铣床	刨插床	拉床	锯床	其他机床
代号	C	Z	T	M	2M	3M	Y	S	X	B	L	G	Q
读音	车	钻	镗	磨	二磨	三磨	牙	丝	铣	刨	拉	割	其

机床的类是以机床名称的汉语拼音的第一个大写字母表示。当需要时,每一类又可分为若干分类。分类代号用阿拉伯数字表示,置于类别代号之前,居型号首位。但第一分类不予表示,如磨床类的三个分类应表示为M、2 M、3 M。

(2)机床的特性代号(见表1-5)

表1-5 机床的通用特性代号

通用特性	高精度	精密	自动	半自动	数控	加工中心自动换刀	仿形	轻型	加重型	简式或经济型	柔性加工单元	数显	高速
代号	G	M	Z	B	K	H	F	Q	C	J	R	X	S
读音	高	密	自	半	控	换	仿	轻	重	简	柔	显	速

1)通用特性代号,如某类型机床具有表1-5中所列的某种通用特性时,在类代号之后加上相应的通用特性代号,如CM6132型精密卧式车床型号中的"M"表示通用特性为"精密"。若某类型机床只有某种通用特性,而无普通型时,此通用特性代号不必表示,如C1312型单轴转塔自动车床。

2)结构特性代号,为了区别主参数相同而结构不同的机床,在型号中用汉语拼音字母的大写区分,排列在通用特性代号之后。如CA6140型卧式车床型号中的"A"为结构特性代号,表示CA6140型卧式车床在结构上有别于C6140型卧式车床。

为避免混淆，通用特性代号的字母不能用作结构特性代号。可用作结构特性代号的字母有 A,D,E,L,N,P,R,S,T,U,V,W,X,Y，也可将这些字母中的两个组合起来表示，如 AD, AD

(3)机床的组、系代号(见表 1-6)

表 1-6　金属切削机床类、组划分表

类别	0	1	2	3	4	5	6	7	8	9
车床 C	仪表车床	单轴自动、半自动车床	多轴自动、半自动车床	回轮、转塔车床	曲轴及凸轮轴车床	立式车床	落地及卧式车床	仿形及多刀车床	轮、轴、辊、锭及铲齿车床	其他车床
钻床 Z	–	坐标镗钻床	深孔钻床	摇臂钻床	台式钻床	立式钻床	卧式钻床	铣钻床	中心孔钻床	–
镗床 T	–	–	深孔镗床	–	坐标镗床	立式镗床	卧式铣镗床	精镗床	汽车、拖拉机修理用镗床	
磨床 M	仪表磨床	外圆磨床	内圆磨床	砂轮机	坐标磨床	导轨磨床	刀具刃磨床	平面及端面磨床	曲轴、凸轮轴、花键轴及轧辊磨床	工具磨床
磨床 2M	–	超精机	内圆研磨机	外圆及其他研磨机	抛光机	砂带抛光及磨削机床	刀具刃磨及研磨机床	可转位刀片磨削机床	研磨机	其他磨床
磨床 3M	–	球轴承套圈沟磨床	滚子轴承套圈滚道磨床	轴承套圈超精机床	–	叶片磨削机床	滚子加工机床	钢球加工机床	气门、活塞及活塞环磨削机床	汽车、拖拉机修磨机床
齿轮加工机床 Y	仪表齿轮加工机	–	锥齿轮加工机	滚齿及铣齿机	剃齿及研齿机	插齿机	花键轴铣床	齿轮磨齿机	其他齿轮加工机	齿轮倒角及检查机
螺纹加工机床 S	–	–	–	套丝机	攻丝机	–	螺纹铣床	螺纹磨床	螺纹车床	–
铣床 X	仪表铣床	悬臂及滑枕铣床	龙门铣床	平面铣床	仿形铣床	立式升降台铣床	卧式升降台铣床	床身铣床	工具铣床	其他铣床
刨插床 B	–	悬臂刨床	龙门刨床	–	–	插床	牛头刨床		边缘及模具刨床	其他刨床
拉床 L	–	–	侧拉床	卧式外拉床	连续拉床	立式内拉床	卧式内拉床	立式外拉床	键槽及螺纹拉床	其他拉床
锯床 G	–	–	砂轮片锯床	–	卧式带锯床	立式带锯床	圆锯床	弓锯床	锉锯床	–
其他机床 Q	其他仪表机床	管子加工机床	木螺钉加工机	–	刻线机	切断机	–	–	–	–

每类机床按其用途、性能、结构相近或有派生关系，分为 10 个组，每个组又分 10 个系列。机床的组、型代号用两位阿拉伯数字分别表示，第一位数字表示组别，第二位数字表示

型别,位于类代号或通用特性代号(或结构特性)之后。例如, CM6132 中的“6”表示落地及卧式车床组,“1”表示卧式车床系。

(4)主参数或设计顺序号　主参数是表示机床规格大小及反映机床最大工作能力的一种参数,是以机床最大加工尺寸或与此有关的机床部件尺寸的折算值表示,位于组、型代号之后。

各种型号的机床,其主参数的折算系数可以不同,一般来说,对于以最大棒料直径为主参数的自动车床、以最大钻孔直径为主参数的钻床和以额定拉力为主参数的拉床,其折算系数为 1;对于以床身上最大工件回转直径为主参数的卧式车床、以最大工件直径为主参数的绝大多数齿轮加工机床、以工作台工作面宽度为主参数的立式和卧式铣床、绝大多数镗床和磨床,其主参数的折算系数为 1/10;大型的立式车床、龙门刨床和龙门铣床的主参数折算系数为 1/100。

某些通用机床,当无法用一个主参数表示时,在型号中用设计顺序号表示,设计顺序号由 01 开始。例如某厂设计试制的第五种仪表磨床为刀具磨床,因该磨床无法用主参数表示故用设计顺序号“05”表示,则此磨床的型号为 M0605。

(5)主轴数或第二主参数　一般是指主轴数、最大跨距、最大工件长度、最大模数、最大车削(磨削、刨削)长度及工作台工作面长度等。它在型号中的表示方法如下

1)多轴机床的主轴数,以实际的轴数标于型号中主参数之后,并用“·”分开,读作“点”。

2)当机床的最大工件长度、最大加工长度、工作台工作面长度、最大跨距和最大模数等第二参数变化,引起机床结构产生较大变化时,为了区分,将第二主参数列入型号的末端并用“×”分开,读作“乘”。凡第二主参数属于长度、跨距和行程等的折算系数为 1/100;凡属直径、深度和宽度用 1/10 折算系数;最大模数、厚度等以实际值列入型号。

例如型号为 C2150·6 表示加工最大棒料直径为 50 mm 的卧式六轴自动车床。

(6)重大改进顺序号　当机床的性能及结构布局有重大改进,并按新产品重新设计、试制和鉴定后,应在机床型号中加重大改进顺序号,以示区别。重大改进顺序号按改进的次序分别用汉语拼音字母(大写)A, B, C…表示。例如型号 M7150A 表示工作台工作面宽度为 500 mm,经第一次重大改进设计的卧轴矩台平面磨床;型号 CG6125B 中的“B”表示 CG6125 型高精度卧式车床的第二次重大改进。

(7)其他特性代号　用以反映各类机床的特性用数字或字母或阿拉伯数字来表示。

(8)企业代号　生产单位为机床厂时,由机床厂所在城市名称的大写汉语拼音字母及该厂在该城市建立的先后顺序号,或机床厂名称的大写汉语拼音字母表示。

通用机床的型号编制举例,如图 1-22 所示。

目前,工厂中使用较为普遍的几种老型号机床,是按 1959 年以前公布的机床型号编制办法编定的。按规定,以前已定的型号现在不改变。

三、机械加工工艺过程的基本知识

(一)生产过程、工艺过程的概念与内容

1. 生产过程

生产过程:把原材料变为成品的全过程。机械产品的生产过程一般包括以下几个部分:

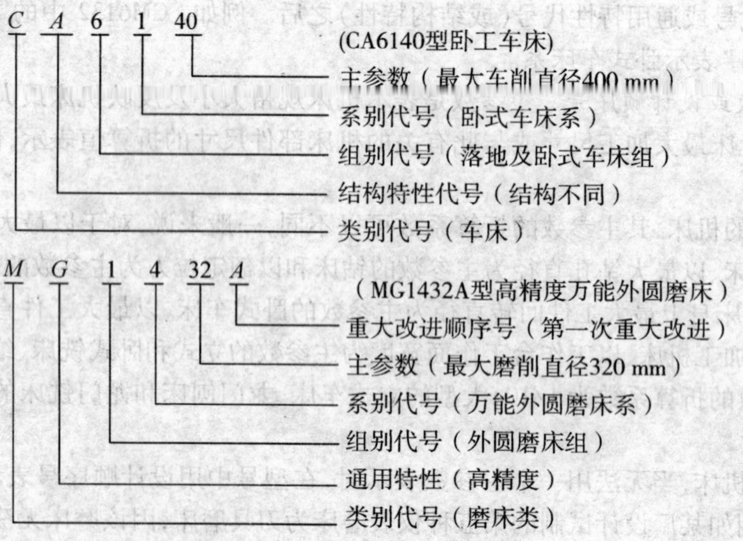

图1－22　通用机床的型号编制

(1)生产技术准备过程　是企业正式生产前所进行的一系列生产技术上的准备工作过程，包括产品投产前的市场调查分析、产品研制和技术鉴定等。

(2)生产工艺过程　毛坯的制造(如铸造、锻造、冲压等)、零件加工、部件和产品装配、调试、油漆和包装等。

(3)辅助生产过程　为基本生产过程能正常进行所从事的各种辅助生产活动过程，包括工艺装备的设计制造、能源供应和设备维修等。

(4)生产服务过程　是指为保证生产活动顺利进行而提供的各种服务性工作，包括原材料、外购件和工具的供应、运输、保管及产品包装、销售等。

2. 工艺过程

(1)工艺过程　在生产过程中改变生产对象的形状、尺寸、相对位置和性质等，使其成为成品或半成品的过程。如毛坯的制造、机械加工、热处理和装配等均为工艺过程。

(2)机械加工工艺过程　工艺过程中，若用机械加工的方法直接改变生产对象的形状、尺寸和表面质量，使之成为合格零件的工艺过程，称为机械加工工艺过程。

(3)装配工艺过程　将加工好的零件装配成机器使之达到所要求的装配精度并获得预定技术性能的工艺过程，称为装配工艺过程。

机械加工工艺过程和装配工艺过程是机械制造工艺设计研究的两项主要内容。

机械加工工艺过程是由一个或若干个顺序排列的工序组成的，而工序又可分为若干个安装、工位、工步和走刀。工序不仅是组成工艺过程的基本单元，也是制订时间定额，配备工人，安排作业和进行质量检验的基本单元。

(二)机械加工工艺过程的组成

零件的机械加工工艺过程是由一系列工序组合而成，每道工序又由安装、工位、工步和走刀组成。

1. 工序

指一个(或一组)工人在一个工作地点(如一台机床或一个钳工台)，对一个(或同时对几个)工件加工所连续完成的那部分工艺过程,称为工序。

它包括在这个工件上连续进行的直到转向加工下一个工件为止的全部动作。

划分工序的主要依据是工作地点是否变化或工作过程是否连续。若有变动或不连续则构成了另一个工序。如图1-23所示阶梯轴。当加工数量较少时,其工艺过程及工序划分见表1-7,共分3道工序;由于加工不连续和机床变换而分工负责每道工序,当加工数量较多时,其工艺过程及工序划分见表1-8,共分5道工序。

表1-7 单件小批生产时的工艺规程

工序号	工序内容	设备
1	车一端面,钻中心孔;调头,车另一端面,钻中心孔	车床
2	车大外圆及倒角;调头,车小外圆及倒角	车床
3	铣键槽,去毛刺	铣床

表1-8 大批大量生产时的工艺规程

工序号	工序内容	设备
1	铣端面、钻中心孔	机床
2	车大外圆及倒角	车床
3	车小外圆及倒角	车床
4	铣键槽	键槽铣床
5	去毛刺	钳工台

工序是组成工艺过程的基本单元,也是制订生产计划、确定设备负荷、配备工人、安排作业及工具数量、进行经济核算的基本单元。工序又可细分为工步、走刀、安装和工位等组成部分。

2. 工步

当加工表面、切削刀具、切削速度和进给量都不变的情况下所完成的那部分工序,称为工步。

工序划分不同,工步可能相同,也可能会不同。

对于一次安装中连续进行的若干相同多工位加工的工步,通常算作一个工步。

为了提高生产率,常常用几把不同刀具或复合刀具同时加工一个零件的几个表面,也看作一个工步,称为复合工步(如图1-24)。在一次安装中有相同的工步,通常被视为一个工步(图1-25),零件上4个ϕ15 mm孔的钻削加工,可以写成一个工步,钻4×ϕ15 mm孔。

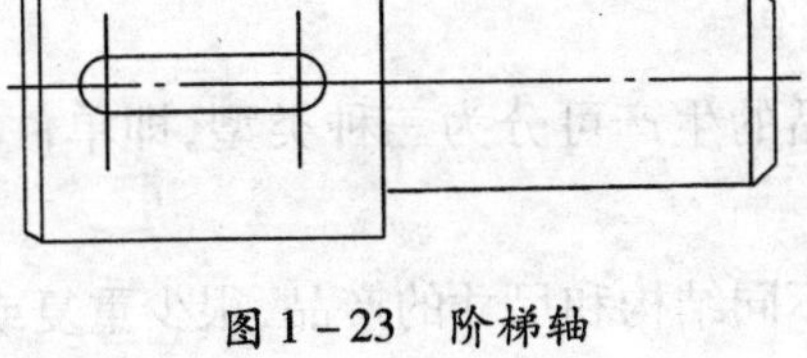

图1-23 阶梯轴

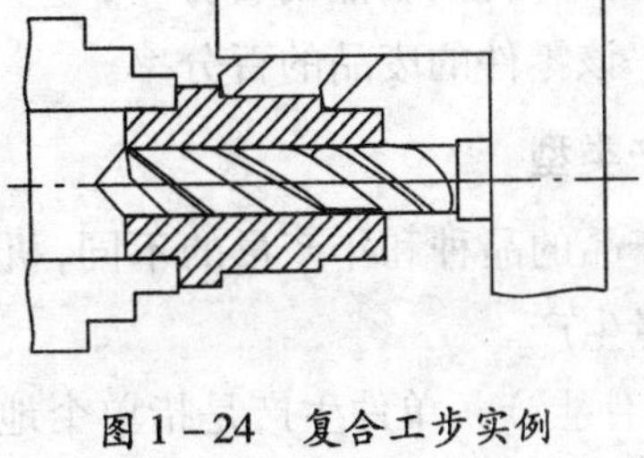

图1-24 复合工步实例

3. 走刀

在一个工步内，有些表面由于加工余量太大或由于其他原因，需用同一把刀具以及相同的转速和进给量对同一表面进行多次切削，这样刀具对工件的每一次切削就称为一次走刀。

4. 安装

工件在机床或夹具中定位并夹紧的过程称为装夹。工件在一次装夹下所完成的那部分工艺过程称为安装。

5. 工位

工位是指为了完成一定的工序部分，一次装夹工件后，工件与夹具或设备的可动部分一起相对刀具或设备的固定部分所占据的每个位置。图 1-26 所示为在三轴钻床上利用回转夹具，在一次安装中连续完成钻孔、扩孔和铰孔等工艺过程，采用多工位加工可以减少工件的安装次数，缩短辅助时间，提高了生产率。

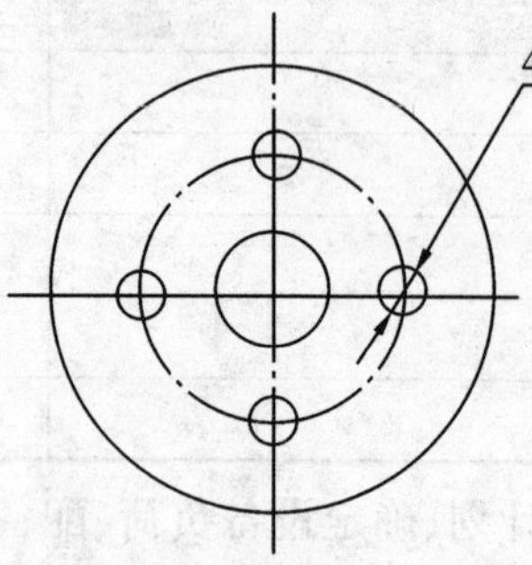

图 1-25　简化相同工步实例

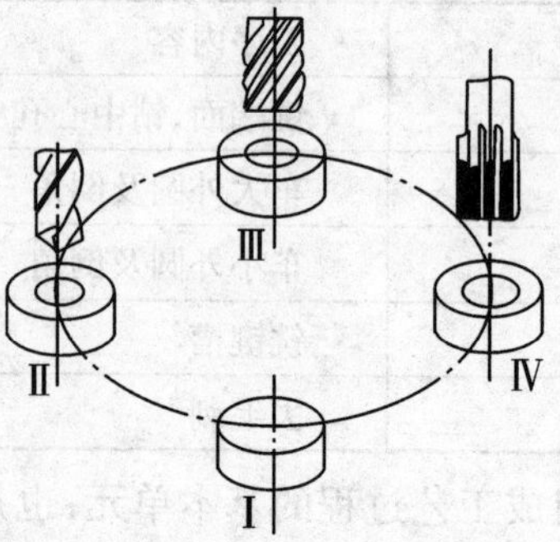

图 1-26　多工位加工示意图

（三）生产纲领和生产类型

1. 生产纲领

生产纲领：企业根据市场需求和自身的生产能力决定的，在计划期（一般为一年）内应生产的产品的产量，生产纲领又称年产量。

零件的生产纲领是指包括备品和废品在内的年产量，可用公式表示为

$$N = Qn(1+\alpha)(1+\beta) \tag{1-8}$$

式中，N——零件的年生产纲领（件/年）；

Q——产品的年产量（台/年）；

n——每台产品中该零件的件数（件/台）；

α——该零件的备品的百分率；

β——该零件的废品的百分率。

2. 生产类型

根据产品的品种和年产量的不同，机械产品的生产可分为三种类型，即单件生产、成批生产和大量生产。

（1）单件生产　单件生产是指单个地制造不同结构和尺寸的产品，很少重复或不重复生

产。单件生产的特点是产品品种多而数量少。

(2)大量生产　大量生产是指产品的数量很大,工作点经常重复地进行某个零件的某一道工序的加工。大量生产的特点是产品品种单一而数量大。

(3)成批生产　成批生产是指分批地制造相同的产品,制造过程有重复性的生产。成批生产的特点是几种产品品种轮番制造,如机床的生产就是典型代表,大多数机械产品的生产属于成批生产。

成批生产又可分为大批、中批和小批生产。从工艺特点上看,单件生产和小批生产相近,大批生产与大量生产相近。因此,在生产中一般按单件小批、中批和大批大量生产来划分生产类型,并按这三种类型归纳其工艺特点(如表1-9和表1-10所示)。

表1-9　各种生产组织类型的划分

生产类型	零件年生产纲领		
	重型机械产品	中型机械产品	小型机械产品
单件生产	<5	<20	<100
小批生产	5~100	20~200	100~500
中批生产	-	200~500	500~5 000
大批生产	-	500~5 000	5 000~50 000
大量生产	-	>5 000	>50 000

表1-10　各种生产组织类型的工艺特点

工艺类型	单件小批生产	中批生产	大批大量生产
加工对象	经常变换	周期性变换	固定不变
毛坯制造方法及加工余量	模样手工造型,自由锻。加工余量大	部分采用金属模或模锻。加工余量中等	广泛用金属模机器造型、压铸、精铸、模锻。加工余量小
机床设备及其布置形式	通用机床,按类别和规格大小,采用机群式布置	通用机床与专用机床结合,按零件分类布置,流水线与机群式结合	广泛使用专用机床,按流水线或自动线布置
夹具形式	通用夹具、组合夹具和必要的专用夹具	广泛使用专用夹具、可调夹具	广泛使用高效专用夹具
刀具及量具	通用刀具和量具	按产量和精度,通用刀量具和专用刀量具结合	广泛使用高效专用刀具
工件装夹方法	划线找正装夹,必要时用通用或专用夹具	部分划线找正,多用夹具装夹	广泛使用高效专用夹具
装配方法	多用配刮	少量配刮,互换装配法	采用互换转配方法
生产率	低	中	高
生产成本	高	中	低
操作工人技术要求	高	中等	低

（四）机械加工工艺规程及其作用

1. 工艺规程

以一定文件形式规定零件机械加工工艺过程和操作方法等的工艺文件。它是机械制造工厂最主要的技术文件。

2. 工艺规程的作用

（1）工艺规程是指导生产的主要技术文件，是指挥现场生产的依据　对于大批大量生产的工厂，由于生产组织严密，分工细致，要求工艺规程比较详细，才能便于组织和指挥生产。对于单件小批生产的工厂，工艺规程可以简单些。但无论生产规模大小，都必须有工艺规程，否则生产调度、技术准备、关键技术研究和器材配置等都无法安排，生产将陷入混乱。同时，工艺规程也是处理生产问题的依据，如产品质量问题，可按工艺规程来明确各生产单位的责任。按照工艺规程进行生产，便于保证产品质量，获得较高的生产效率和经济效益。

（2）工艺规程是生产组织和管理工作的基本依据　首先，有了工艺规程，在新产品投入生产之前，就可以进行有关生产前的技术准备工作。例如为零件的加工准备机床，设计专用的工、夹和量具等。其次，工厂的设计和调度部门根据工艺规程，安排各零件的投料时间和数量，调整设备负荷，各工作地按工时定额有节奏地进行生产等，使整个企业的各科室、车间、工段和工作地紧密配合，保证均衡地完成生产计划。

（3）工艺规程是新建或改（扩）建工厂或车间的基本资料　在新建或改（扩）建工厂和车间时，只有依据工艺规程才能确定生产所需要的机床和其他设备的种类、数量和规格；车间的面积；机床的布局；生产工人的工种、技术等级及数量；辅助部门的安排。

工艺规程并不是固定不变的，它是生产工人和技术人员在生产过程中的实践的经验总结，它可以根据生产实际情况进行修改，使其不断改进和完善，但必须有严格的审批手续。

（五）工艺规程制定的原则

工艺规程制定的原则是优质、高产和低成本，即在保证产品质量的前提下，争取最好的经济效益。在制定工艺规程时应注意下列问题。

1. 技术上的先进性

在制定工艺规程时，要了解国内外本行业的工艺技术的发展水平，通过必要的工艺试验，积极采用先进的工艺和工艺装备。

2. 经济上的合理性

在一定的生产条件下，可能会出现几种能保证零件技术要求的工艺方案，此时应通过核算或相互对比，选择经济上最合理的方案，使产品的能源、材料消耗和生产成本最低。

3. 有良好的劳动条件

制定工艺规程时，要注意保证工人操作时有良好而安全的劳动条件。因此，在工艺方案上要注意采用机械化或自动化措施，以减轻公共繁杂的体力劳动。

（六）制定工艺规程时的原始资料

制定工艺规程时的原始资料主要有

(1) 产品图样及技术条件　如产品的装配图及零件图。

(2) 产品的工艺方案　如产品验收质量标准、毛坯资料等。

(3) 产品零部件工艺路线表或车间分工明细表　以了解产品及企业的管理情况。

(4) 产品的生产纲领(年产量)　以便确定生产类型。

(5) 本企业的生产条件　为了制定的工艺规程切实可行，一定要了解和熟悉本企业的生产条件。如毛坯的生产能力、工人的技术水平以及专用设备与工艺装备的制造能力、企业现有设备状况等。

(6) 有关工艺标准　如各种工艺手册和图表，还应熟悉本企业的各种企业标准和行业标准。

(7) 有关设备及工艺装备和资料　对于本工艺规程选用的设备和工艺装备应有深入地了解，如规格、性能、新旧程度和现有精度等。

(8) 国内外同类产品的有关工艺资料　工艺规程的制定，要经常研究国内外有关工艺资料，积极引进适用的先进的工艺技术，不断提高工艺水平，以获得最大的经济效益。

（七）工艺文件格式

将工艺文件的内容，填入一定格式的卡片，即成为生产准备和施工依据的工艺文件。不同的企业可以采用不同的工艺文件格式，常用的工艺文件的格式有以下几种。

1. 机械加工工艺过程卡

以工序为单位，简要地列出整个零件加工所经过的工艺路线(包括毛坯制造、机械加工和热处理等)。它是制定其他工艺文件的基础，也是生产准备、编排作业计划和组织生产的依据。在这种卡片中，由于各工序的说明不够具体，故一般不直接指导工人操作，而多作为生产管理方面使用。但在单件小批生产中，就以这种卡片指导生产不再编制其他较详细的工艺文件，机械加工工艺过程卡片见表 1 – 11。

2. 机械加工工艺卡片

机械加工工艺卡片是以工序为单位，详细地说明整个工艺过程的一种工艺文件。它是用来指导工人生产和帮助车间管理人员和技术人员掌握整个零件加工过程的一种主要技术文件，是广泛用于成批生产的零件和重要零件的小批生产中。机械加工工艺卡片内容包括零件的材料、重量、毛坯种类、工序号、工序名称、工序内容、工艺参数、操作要求以及采用的设备和工艺装备等，机械加工工艺卡片格式见表 1 – 12。

3. 机械加工工序卡片

机械加工工序卡片是根据机械加工工艺卡片为一道工序制订的。它更详细地说明整个零件各个工序的要求，是用来具体指导工人操作的工艺文件。在这种卡片上要画工序简图，说明该工序每一工步的内容、工艺参数、操作要求及所用的设备及工艺装备，一般用于大批大量生产的零件。机械加工工序卡格式见表 1－13 。

四、轴类零件外圆表面的加工方法和加工方案

选择表面加工方法时，一般先根据表面的加工精度和表面粗糙度要求，选定最终加工方法，然后再确定精加工前的准备工序的加工方法，即确定加工方案。由于获得同一精度和同一粗糙度的方案有好几种，选择时还要考虑生产率和经济性，同时还要考虑零件的结构形状、尺寸大小、材料和热处理要求及工厂的生产条件等。

外圆表面是轴类零件的主要加工表面，因此，要合理地制定轴类零件的机械加工工艺规程，首先应了解外圆表面的各种加工方法和加工方案。

轴类零件是回转体零件，其长度大于直径，加工表面主要有内、外圆柱面及圆锥面等，其中，外圆表面常用加工方法有车削、磨削加工和光整加工。

（一）轴类零件外圆表面的车削加工

1. 车床的类型及其应用

车床的加工工艺范围很广，它适用于加工各种轴类、套筒类和盘类零件上的回转表面，如加工内、外圆柱面，内、外圆锥面、环槽及成形回转表面、端面及各种常用螺纹，还可以进行钻孔、扩孔、铰孔、镗孔和滚花等工艺，车床加工范围如图 1－27 所示。

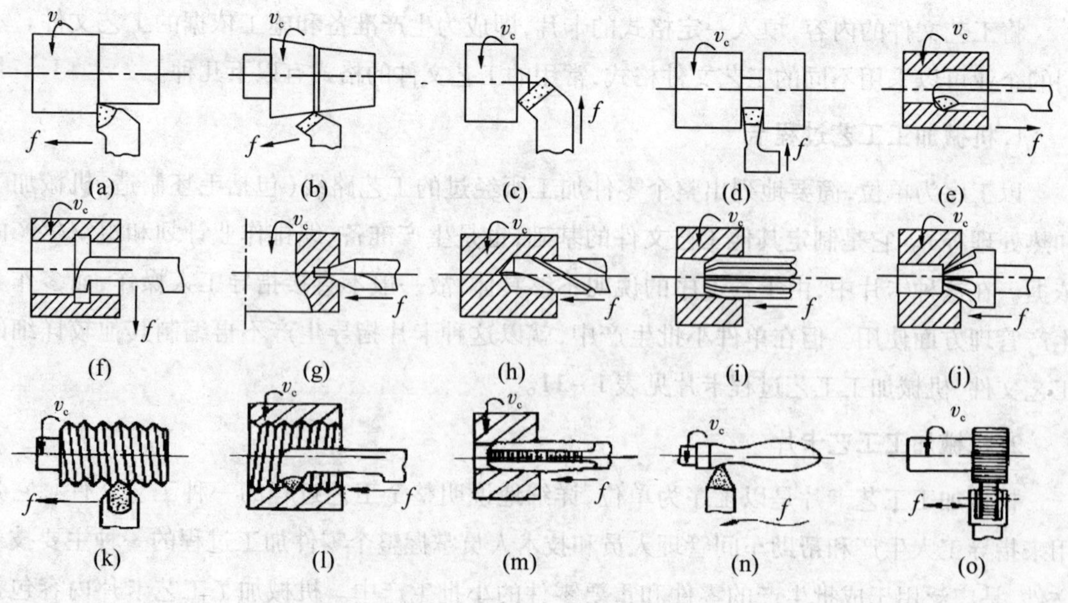

图 1－27　车床加工范围

(a)车外圆；(b)车圆锥面；(c)车断面；(d)切槽、切断；(e)镗孔；(f)切内槽；(g)钻中心孔；(h)钻孔；(i)铰孔；(j)锪锥孔；(k)车外螺纹；(l)车内螺纹；(m)攻螺纹；(n)车成形面；(o)滚花

表 1－11　机械加工工艺卡片

	机械加工工艺卡片			产品型号		零件图号			
				产品名称		零件名称		共　页	第　页
	材料牌号		毛坯种类	毛坯外形尺寸		每毛坯可制件数	每台件数	备注	
	工序号	工序名称	工序内容	车间	工段	设备	工艺装备	工序工时	
								标准	单件
描图									
描校									
底图号									
装订号									

											设计（日期）	审核（日期）	标准化（日期）	会签（日期）	
	标记	处散	更改文件号	签字	日期	标记	处散	更改文件号	签字	日期					

表 1－12　机械加工工艺卡

<table>
<tr><td colspan="3" rowspan="2"></td><td colspan="2" rowspan="2">机械加工工艺卡片</td><td colspan="2">产品型号</td><td colspan="2"></td><td>零件图号</td><td colspan="6"></td></tr>
<tr><td colspan="2">产品名称</td><td colspan="2"></td><td>零件名称</td><td colspan="2"></td><td colspan="2">共　页</td><td colspan="2">第　页</td></tr>
<tr><td colspan="3">材料牌号</td><td></td><td>毛坯种类</td><td></td><td colspan="2">毛坯外形尺寸</td><td colspan="2">每毛坯可制件数</td><td></td><td colspan="2">每台件数</td><td></td><td>备注</td><td></td></tr>
<tr><td rowspan="2">工序</td><td rowspan="2">装夹</td><td rowspan="2">工步</td><td rowspan="2">工序内容</td><td rowspan="2">同时加工零件数</td><td colspan="4">切削用量</td><td rowspan="2">设备名称及编号</td><td colspan="3">工艺装备名称及编号</td><td rowspan="2">技术等级</td><td colspan="2">时间定额</td></tr>
<tr><td>背吃刀量（mm）</td><td>切削速度（m/min）</td><td>第　分钟转数或往复次数</td><td>进给量（mm 或 mm/双行程）</td><td>夹具</td><td>刀具</td><td>量具</td><td>单件</td><td>准终</td></tr>
<tr><td></td><td></td><td></td><td></td><td></td><td></td><td></td><td></td><td></td><td></td><td></td><td></td><td></td><td></td><td></td><td></td></tr>
<tr><td></td><td></td><td></td><td></td><td></td><td></td><td></td><td></td><td colspan="2" rowspan="2">设计（日期）</td><td colspan="2" rowspan="2">审核（日期）</td><td colspan="2" rowspan="2">标准化（日期）</td><td colspan="2" rowspan="2">会签（日期）</td></tr>
<tr><td></td><td></td><td></td><td></td><td></td><td></td><td></td><td></td></tr>
<tr><td>标记</td><td>处数</td><td>更改文件号</td><td>签字　日期</td><td>标记　处数</td><td>更改文件号</td><td>签字</td><td>日期</td><td colspan="8"></td></tr>
</table>

表 1－13 机械加工工艺卡片

机械加工工艺卡片	产品型号		零件图号			
	产品名称		零件名称		共 页	第 页

车间	工序号	工序名称	材料牌号
毛坯种类	毛坯外形尺寸	每毛坯可制件数	每台件数
设备名称	设备型号	设备编号	同时加工件数

夹具编号	夹具名称	切削液	
工位器具编号	工位器具名称	工序工时 准终	工序工时 单件

	工序号	工步内容	工艺设备	主轴转速 r/min	切削速度 m/min	进给量 mm/r	切削深度 mm	进给次数	工步工时 机动	工步工时 辅助
描图										
描校										
底图号										
装订号										

										设计（日期）	审核（日期）	标准化（日期）	会签（日期）	
标记	处散	更改文件号	签字	日期	标记	处散	更改文件号	签字	日期					

(1)普通车床　普通车床应用最多,所占比例较大,代表型号 CA6140(如图 1－28 所示)。车床的加工工艺范围很广,它适用于加工各种轴类、套筒类和盘类零件上的回转表面,如:内圆柱面、圆锥面、环槽及成形回转表面、端面及各种常用螺纹,还可以进行钻孔、扩孔、铰孔和滚花等工艺。最大的特点是通用性强,价格低廉,加工范围广泛,但生产率低,操作工人劳动强度高,适用于单件小批生产。

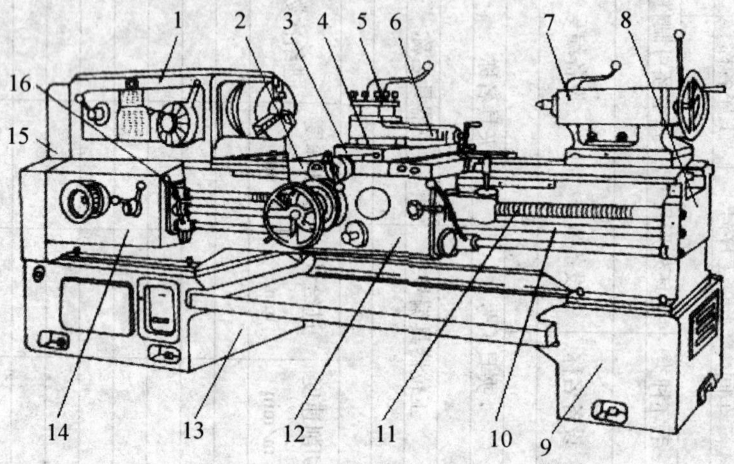

1－主轴箱;2－床鞍;3－中滑板;4－回转盘;5－方刀架;6－小滑板;7－尾座;8－床身;9,13－床腿;10－光杠;11－丝杠;12－溜板箱;14－进给箱;15－挂轮架;16－操纵手柄

图 1－28　CA6140　卧式车床

1)CA6140 车床的布局及主要技术性能。

由于卧式车床主要加工轴类和直径不太大的盘套类零件,所以采用卧式布局,其主要性能:

床身上最大工件回转直径		400 mm	
最大工件长度		750 mm;1 000 mm;1 500 mm;2 000 mm	
刀架上最大工件回转直径		210 mm	
主轴转速	正转	24 级	10 ~ 1 400r/min
	反转	12 级	14 ~ 1 580r/min
进给量	纵向	64 级	0.028 ~ 6.33mm/r
	横向	64 级	0.014 ~ 3.16 mm/r
车削螺纹范围	米制螺纹	44 种	$P = 1 \sim 192$mm
	英制螺纹	20 种	$\alpha = 2 \sim 24$ 牙/in
	模数螺纹	39 种	m = 0.25 ~ 48mm
	径节螺纹	37 种	$DP = 1 \sim 96$ 牙/in
主电机功率		7.5kW	

2)车床的主要组成部件。

CA6140 卧式车床主要由主轴箱、进给箱、溜板箱、床鞍、尾座、床身、中滑板、小滑板、回转盘、方刀架、左右床腿、光杠、丝杠、挂轮架和操纵手柄等部分构成。

主轴箱。主轴箱 1(又称为床头箱或主变速箱)固定在床身 8 的左端。其内装有主轴和变速、换向机构，由电动机经变速机构带动主轴旋转，实现主运动，并获得所需转速及转向。主轴前端可安装三爪自定心卡盘、四爪单动卡盘等夹具，用以装夹工件。

床鞍。床鞍2（又称为大拖板）位于床身8的中部，并可带动中滑板3、回转盘4、小滑板6和方刀架5沿床身上的导轨作纵向进给运动。

溜板箱。溜板箱12固定在床鞍2的底部，可带动方刀架5一起作纵向运动。溜板箱的功用是将进给箱14传来的运动传递给方刀架，使方刀架实现纵向进给、横向进给、快速移动或车螺纹。在溜板箱上装有各种操纵手柄及按钮，可以方便地选择纵、横机动进给运动的接通、断开及变向。溜板箱内设有连锁装置，可以避免光杠10和丝杠11同时转动。

进给箱。进给箱14固定在床身8的左前侧。进给箱是进给运动传动链中主要的传动比变换装置，它的功用是改变被加工螺纹的导程或机动进给的进给量。

方刀架。方刀架5用来夹持车刀，并使其作纵向、横向或斜向移动。方刀架安装在小滑板6上，用来夹持车刀；小滑板装在回转盘4上，可沿回转盘上导轨作短距离移动；回转盘可带动方刀架5在中滑板3上顺时针或逆时针转动一定的角度；中滑板可在床鞍2（大拖板）的横向导轨上面作垂直于床身的横向移动；床鞍可沿床身的导轨作纵向移动。

尾座。尾座7安装于床身8的尾座导轨上。其上的套筒可安装顶尖，以便支承较长工件的一端；也可装夹钻头、铰刀等孔加工刀具，对工件进行加工，此时可摇动手轮使套筒轴向移动，以实现纵向进给。尾座可沿床身顶面的一组导轨（尾座导轨）作纵向调整移动，然后夹紧在所需要的位置上，以适应加工不同长度工件的需要。尾座还可以相对其底座沿横向调整位置，以车削较长且锥度较小的外圆锥面。

床身。床身8固定在左床腿13和右床腿9上。床身是车床的基本支承件。车床的各个主要部件均安装于床身上，并保持各部件间具有准确的相对位置。

丝杠。丝杠用于车螺纹加工，将进给箱的运动传给溜板箱。

光杠。光杠用于一般的车削加工，进给时将进给箱的运动传给溜板箱。

3）车床的传动系统。

CA6140型卧式车床的传动系统由主运动传动链、车螺纹运动传动链、纵向和横向进给运动传动链、刀架的快速移动传动链组成。

传动系统的结构如图1－29所示。

A. 主运动传动链。

a. 传动路线。运动由电动机传出，经过带传动$\frac{\phi 130}{\phi 230}$使轴Ⅰ获得旋转运动。为控制主轴的启动、停止及旋转方向的变换，在轴Ⅰ上装有双向多片式摩擦离合器M_1。且轴Ⅰ上装有齿数为56、51的双联空套齿轮和齿数为50的空套齿轮，当M_1左边的摩擦片被压紧工作时，运动由轴上的双联齿轮传出，实现主轴正转；当M_1右边的摩擦片被压紧工作时，运动由轴Ⅰ上齿数为50的齿轮传出，实现主轴反转；两边摩擦片均不压紧时，轴Ⅰ空转，主轴停止转动。轴Ⅰ的运动经M_1和双联滑移齿轮变速组传至轴Ⅱ，使轴Ⅱ获得2种正转转速经M_1和$\frac{50}{34}\times\frac{34}{30}$至轴Ⅱ，使轴Ⅱ获得1种反转转速。由此可知，反转转速级数为正转转速级数的一半。轴Ⅱ的运动经三联滑移齿轮变速组，即齿轮副$\frac{39}{41}$ $\frac{22}{58}$ $\frac{30}{50}$传动轴Ⅲ，使轴Ⅲ获得6种正转转速。运动传到轴Ⅲ后，经过两条不同的传动路线传递，一条是高速传动路线，即主轴上带内齿的z=50的滑移齿轮处于图示位置时，轴Ⅲ的运动经齿轮副$\frac{63}{50}$直接传给主轴使主轴获得6级高转速；当z=50的齿轮处于右边位置（右移）使M2接合工作时，轴Ⅲ的运动经齿轮副$\frac{20}{80}$或$\frac{50}{50}$传到轴Ⅳ，再经齿轮副$\frac{20}{80}$或$\frac{51}{50}$传到轴Ⅴ，然后经齿轮副$\frac{26}{58}$传给主轴Ⅵ，使主轴得中、低档转速。

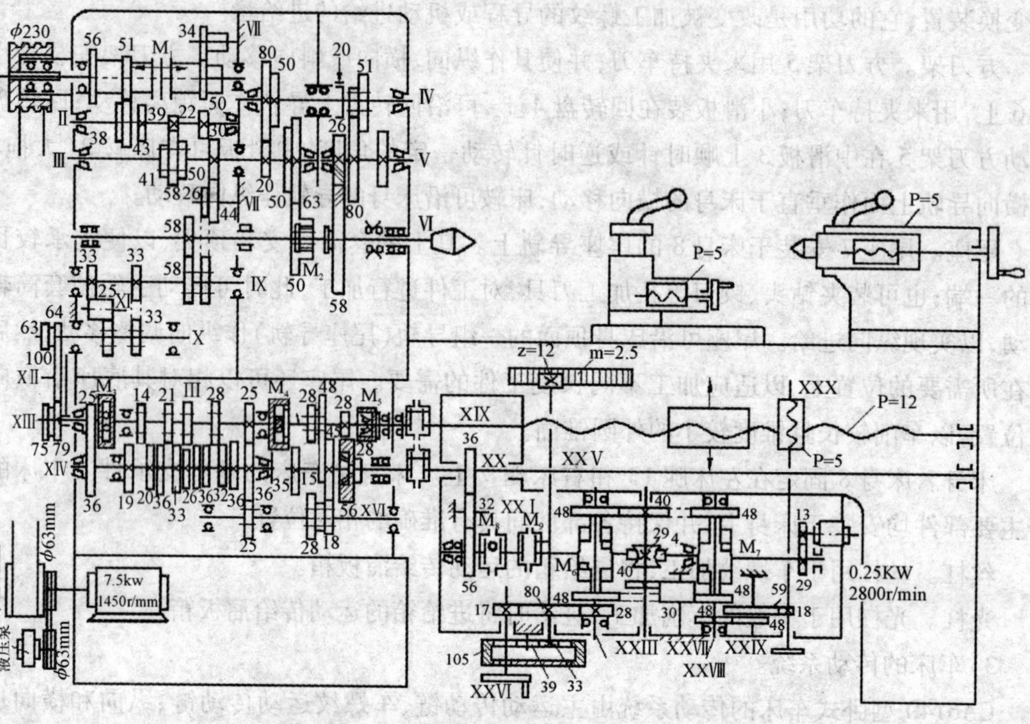

图1-29　CA6140型卧式车床的传动系统

为便于分析机床的传动路线，常用传动路线表达式（又称传动结构式）来表示机床的传动路线，其表达式为

$$\underset{\substack{(1450\ \mathrm{r/min}\\ 7.5\mathrm{kW})}}{\text{电动机}} - \frac{\phi130}{\phi230} - \mathrm{I} - \left|\begin{array}{l} M_1(\text{左})\ (\text{正转}) - \left|\begin{array}{c}\frac{56}{38}\\ \frac{51}{43}\end{array}\right| \\ M_1(\text{右})\ \text{反转} - \left|\frac{50}{34}\right| - \mathrm{VII} - \frac{34}{30} \end{array}\right| - \mathrm{II} -$$

（中、低速传动路线）

由于轴Ⅲ至轴Ⅴ间的两组双联滑移齿轮变速组的4种传动比分别为

$$-\text{Ⅱ}-\begin{bmatrix}\dfrac{22}{58}\\[4pt] \dfrac{30}{50}\\[4pt] \dfrac{39}{41}\end{bmatrix}-\text{Ⅲ}-\left\{\begin{array}{l}\underbrace{\begin{bmatrix}\dfrac{20}{80}\\[4pt] \dfrac{50}{50}\end{bmatrix}-\text{Ⅳ}-\begin{bmatrix}\dfrac{20}{80}\\[4pt] \dfrac{51}{50}\end{bmatrix}-\text{Ⅴ}-\dfrac{26}{58}-M_2(\text{右})}_{} \\ (\text{高速传动路线}) \\ \dfrac{63}{50}-M_2(\text{左})\end{array}\right\}-\text{Ⅵ}(\text{主轴})$$

$$u_1=\frac{20}{80}\times\frac{20}{80}=\frac{1}{16};u_2=\frac{20}{80}\times\frac{51}{50}\approx\frac{1}{4};u_3=\frac{50}{50}\times\frac{20}{80}=\frac{1}{4};u_4=\frac{50}{50}\times\frac{51}{50}=1;$$

b. 主轴转速级数。主轴正转时，经中、低速传动路线，其中 $5_{-0.55}^{\ 0}\approx U_3$，主轴转速 $2\times3\times(4-1)=18$ 级，（重复 6 种转速），加上 6 种高速，主轴的实际转速为 $6+2\times3\times(4-1)=24$ 级。

同理，主轴反转时，获得 $3+3\times(4-1)=12$ 级转速。

c. 主运动平衡式。主轴的转速可按下列运动平衡式计算：

$$n_{主}=n_{电}\times\frac{130}{230}\times(1-\varepsilon)\mu_{\text{Ⅰ-Ⅱ}}\times\mu_{\text{Ⅱ-Ⅲ}}\times\mu_{\text{Ⅲ-Ⅳ}} \tag{1-9}$$

式中，ε——V 带轮的滑动系数，可取 $\varepsilon=0.02$；

$\mu_{\text{Ⅰ-Ⅱ}}$——为轴Ⅰ和轴Ⅱ间的可变传动比，其余类推。

例如，图 1-29 所示的齿轮啮合情况（离合器 M_2 拨向左侧），主轴的转速为

$$n_{主}=1450\times\frac{130}{230}\times(1-0.02)\times\frac{51}{43}\times\frac{22}{58}\times\frac{63}{50}\approx450\ \text{r/min} \tag{1-10}$$

主轴反转主要用于车螺纹，在不断开主轴和刀架间传动联系的情况下，使刀架退回到起始位置。

d. 主轴转速图。主运动的传动路线也可用图 1-30 所示的转速分布图来表示。

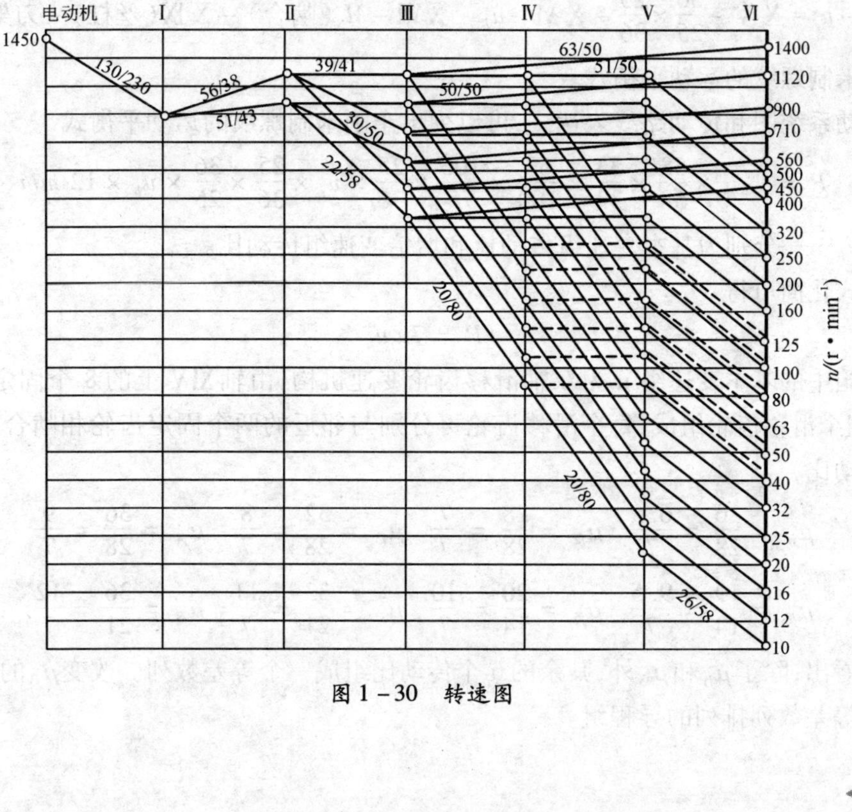

图 1-30 转速图

B. 车螺纹运动传动链。

车螺纹时的传动路线 CA6140 型卧式车床可以车削普通、英制、模数制和径节制 4 种标准螺纹、大导程螺纹、非标准的和较精密的螺纹，以及上述各种螺纹的左旋和右旋螺纹。车削螺纹时，主轴与刀架之间必须保持严格的传动比关系，即主轴每转一转，刀架应均匀地移动一个导程 P。由此可列出车削螺纹传动链的运动平衡方程式为

$$I_{(主轴)} \times u \times L_{丝} = P \tag{1-11}$$

式中，u——从主轴到丝杠之间全部传动副的总传动比；

$L_{丝}$——机床丝杠的导程，CA6140 型车床 $L_{丝}=12$ mm；

P——被加工工件的导程(mm)。

a. 车削米制螺纹。

车削米制螺纹的传动路线。

车削米制螺纹时，运动由主轴Ⅵ经齿轮副 58/58 至轴Ⅸ，再经三星轮换向机构 33/33(车左螺纹时经 33/25×25/33)传动轴Ⅹ，再经挂轮 63/100×100/75 传到进给箱中轴ⅩⅢ，进给箱中的离合器 M_3 和 M_4 脱开，M_5 接合，再经移换机构的齿轮副 25/36 传到轴ⅩⅣ，由轴ⅩⅣ和ⅩⅤ间的基本变速组 U_j、移换机构的齿轮副 25/36×36/25 将运动传到轴ⅩⅥ，再经增倍变速组 U_b 传至轴ⅩⅧ，最后经齿式离合器 M5，传动丝杠ⅩⅨ，经溜板箱带动刀架纵向运动，完成米制螺纹的加工。其传动路线表达如下

$$主轴Ⅵ-\frac{58}{58}-Ⅸ-\begin{bmatrix}\frac{33}{33}(右螺纹)\\ \frac{33}{25}-Ⅺ-\frac{25}{33}(左螺纹)\end{bmatrix}-Ⅹ-\frac{63}{100}\times\frac{100}{75}-ⅩⅢ-\frac{25}{36}-ⅩⅣ$$

$$-u_j-ⅩⅤ-\frac{36}{25}\times\frac{25}{36}-ⅩⅥ-u_b-ⅩⅧ-M_5(啮合)-ⅩⅨ(丝杠)-刀架$$

车削米制螺纹的运动平衡式。

由传动系统图和传动路线表达式，可以列出车削米制螺纹的运动平衡式

$$P = 1_{主轴} \times \frac{58}{58} \times \frac{33}{33} \times \frac{63}{100} \times \frac{100}{75} \times \frac{25}{36} \times u_j \times \frac{25}{36} \times \frac{36}{25} \times u_b \times 12\ mm \tag{1-12}$$

式中，U_j，U_b——分别为基本变速组传动比和增倍变速组传动比。

将上式化简可得

$$P = 7u_j u_b \tag{1-13}$$

进给箱中的基本变速组 u_j 为双轴滑移齿轮变速机构，由轴ⅩⅣ上的 8 个固定齿轮和轴ⅩⅤ上的四个滑移齿轮组成，每个滑移齿轮可分别与邻近的两个固定齿轮相啮合，共有 8 种不同的传动比

$$\mu_{j1}=\frac{26}{28}=\frac{6.5}{7}\quad \mu_{j2}=\frac{28}{28}=\frac{7}{7}\quad \mu_{j3}=\frac{32}{28}=\frac{8}{7}\quad \mu_{j4}=\frac{36}{28}=\frac{9}{7}$$

$$\mu_{j5}=\frac{19}{14}=\frac{9.5}{7}\quad \mu_{j6}=\frac{20}{14}=\frac{10}{7}\quad \mu_{j7}=\frac{33}{21}=\frac{11}{7}\quad \mu_{j8}=\frac{36}{21}=\frac{12}{7}$$

不难看出，除了 μ_{j1} 和 μ_{j5} 外，其余的 6 个传动比组成一个等差数列。改变 μ_{j3} 的值，就可以车削出按等差数列排列的导程组。

进给箱中的增倍变速组 u_b 由轴ⅩⅥ——轴ⅩⅧ间的三轴滑移齿轮机构组成，可变换 4 种不同的传动比

$$\mu_{b1} = \frac{18}{45} \times \frac{15}{48} = \frac{1}{8} \qquad \mu_{b2} = \frac{28}{35} \times \frac{15}{48} = \frac{1}{4}$$

$$\mu_{b3} = \frac{18}{45} \times \frac{35}{28} = \frac{1}{2} \qquad \mu_{b4} = \frac{28}{35} \times \frac{35}{28} = 1$$

它们之间依次相差 2 倍，改变 u_b 的值，可将基本组的传动比成倍地增加或缩小。

把 μ_j、μ_b 的值代入上式，得到 8 × 4 = 32 种导程值，其中符合标准的有 20 种，见表 1－14。可以看出，表中的每一行都是按等差数列排列的，而行与行之间成倍数关系。

表 1－14　CA6140 型普通车床米制螺纹导程　(mm)

导程 P / 基本组 μ_j / 增倍组 μ_b	$\frac{26}{28}$	$\frac{28}{28}$	$\frac{32}{28}$	$\frac{36}{28}$	$\frac{19}{14}$	$\frac{20}{14}$	$\frac{33}{21}$	$\frac{36}{21}$
$\mu_{b1} = \frac{18}{45} \times \frac{15}{48} = \frac{1}{8}$	–	–	1	–	–	1.25	–	1.5
$\mu_{b2} = \frac{28}{35} \times \frac{15}{48} = \frac{1}{4}$	–	1.75	2	2.25	–	2.5	–	3
$\mu_{b3} = \frac{18}{45} \times \frac{35}{28} = \frac{1}{2}$	–	3.5	4	4.5	–	5	5.5	6
$\mu_{b4} = \frac{28}{35} \times \frac{35}{28} = 1$	–	7	8	9	–	10	11	12

扩大导程传动路线。

从表 1－14 可以看出，此传动路线能加工的最大螺纹导程是 12 mm。如果需车削导程大于 12 mm 的米制螺纹，应采用扩大导程传动路线。这时，主轴Ⅵ的运动（此时 M_2 接合，主轴处于低速状态）经斜齿轮传动副 58/26 到轴Ⅴ，背轮机构 80/20 与 80/20 或 50/50 至轴Ⅲ，再经 44/44、26/58（轴Ⅸ滑移齿轮 Z_{58} 处于右位与轴ⅧZ_{26} 啮合）传到轴Ⅸ，其传动路线表达式为

$$\text{主轴Ⅵ} - \left\{\begin{array}{l} \text{(扩大导程)}\ \frac{58}{26} - \text{Ⅴ} - \frac{80}{20} - \text{Ⅳ} - \left\{\begin{array}{c} \frac{50}{50} \\ \frac{80}{20} \end{array}\right\} - \text{Ⅲ} - \frac{44}{44} \times \frac{26}{58} \\ \text{(正常导程)}\ \frac{58}{58} \end{array}\right\} - \text{Ⅸ} - \text{(接正常导程传动路线)}$$

从传动路线表达式可知，扩大螺纹导程时，主轴Ⅵ到轴Ⅸ的传动比为

当主轴转速为 40～125r/min 时，$U_1 = \frac{58}{26} \times \frac{80}{20} \times \frac{50}{50} \times \frac{44}{64} \times \frac{26}{56} = 4$

当主轴转速为 10～32r/min 时，$U_1 = \frac{58}{26} \times \frac{80}{20} \times \frac{80}{20} \times \frac{44}{44} \times \frac{26}{58} = 16$

而正常螺纹导程时，主轴Ⅵ到轴Ⅸ的传动比为

$$u = \frac{58}{58} = 1$$

所以，通过扩大导程传动路线可将正常螺纹导程扩大 4 倍或 16 倍。CA6140 型车床车削大导程米制螺纹时，最大螺纹导程为 $P_{max} = 12 \times 16 = 192$ mm。

b. 车削英制螺纹。

英制螺纹是英、美等少数英寸制国家所采用的螺纹标准。我国部分管螺纹也采用英制螺纹。英制螺纹以每英寸长度上的螺纹扣数 α(扣/in)表示,其标准值也按分段等差数列的规律排列。英制螺纹的导程 $P_a = 1/\alpha(\text{in})$。由于 CA6140 型车床的丝杠是米制螺纹,被加工的英制螺纹也应换算成以毫米为单位的相应导程值,即

$$P_\alpha = \frac{1}{\alpha}\text{in} = \frac{25.4}{\alpha}\text{mm} \tag{1-14}$$

车削英制螺纹时,对传动路线作如下变动,首先,改变传动链中部分传动副的传动比,使其包含特殊因子 25.4;其次,将基本组两轴的主、被动关系对调,以便使分母为等差级数。其余部分的传动路线与车削米制螺纹时相同。其运动平衡式为

$$\begin{aligned} P_\alpha &= 1_{主轴} \times \frac{58}{58} \times \frac{33}{33} \times \frac{63}{100} \times \frac{100}{75} \times \frac{1}{\mu_j} \times \frac{36}{25} \times \mu_b \times 12 \\ &= \frac{4}{7} \times 25.4 \times \frac{1}{\mu_1} \times \mu_b \end{aligned} \tag{1-15}$$

将 $P_\alpha = 25.4/a$ 代入上式得

$$\alpha = \frac{7}{4} \times \frac{\mu_j}{\mu_b}\ 扣/\text{in} \tag{1-16}$$

变换 u_j, u_b 的值,就可得到各种标准的英制螺纹。

c. 车削模数螺纹。

模数螺纹主要用在米制蜗杆中,模数螺纹螺距 $P=\pi m$,P 也是分段等差数列。所以模数螺纹的导程为

$$P_m = k\pi m \tag{1-17}$$

式中,P_m——模数螺纹的导程(mm);

k——螺纹的头数;

m——螺纹模数。

模数螺纹的标准模数 m 也是分段等差数列。车削时的传动路线与车削米制螺纹的传动路线基本相同。由于模数螺纹的螺距中含有 π 因子,因此车削模数螺纹时所用的挂轮与车削米制螺纹时不同,需用 $\frac{64}{160} \times \frac{100}{97}$ 来引入常数 π,其运动平衡式为

$$P_m = 1_{(主轴)} \times \frac{58}{58} \times \frac{33}{33} \times \frac{64}{100} \times \frac{100}{97} \times \frac{25}{36} \times \mu_j \times \frac{25}{36} \times \frac{36}{25} \times \mu_b \times 12s \tag{1-18}$$

式(1-18)中 $\frac{64}{100} \times \frac{100}{97} \times \frac{25}{36} \approx \frac{7\pi}{48}$,其绝对误差为 0.000 04,相对误差为 0.000 09,这种误差很小,一般可以忽略。将运动平衡方程式整理后得

$$m = \frac{7}{4k}\mu_j \mu_b \tag{1-19}$$

变换 μ_j, μ_b 的值,就可得到各种不同模数的螺纹。

d. 车削径节螺纹。

径节螺纹主要用于同英制蜗轮相配合，即为英制蜗杆，其标准参数为径节，用 DP 表示，其定义为对于英制蜗轮，将其总齿数折算到每一英寸分度圆直径上所得的齿数值，称为径节。根据径节的定义可得蜗轮齿距为

$$蜗轮齿距\ p = \frac{\pi D}{z} = \frac{\frac{\pi}{z}}{D} = \frac{\pi}{DP}\ \text{in} \tag{1-20}$$

式中，z——蜗轮的齿数；

D——蜗轮的分度圆直径(in)。

只有英制蜗杆的轴向齿距 P_{DP} 与蜗轮齿距 π/DP 相等才能正确啮合，而径节制螺纹的导程为英制蜗杆的轴向齿距为

$$P_{DP} = \frac{\pi}{DP}\ \text{in} = \frac{25.4k\pi}{DP}\ \text{mm} \tag{1-21}$$

标准径节的数列也是分段等差数列。径节螺纹的导程排列的规律与英制螺纹相同，只是含有特殊因子 25.4π。车削径节螺纹时，可采用英制螺纹的传动路线，但挂轮需换为 $\frac{64}{100}\times\frac{100}{97}$，其运动平衡式为

$$P_{DP} = 1_{主轴}\times\frac{58}{58}\times\frac{33}{33}\times\frac{64}{100}\times\frac{100}{97}\times\frac{1}{\mu_1}\times\frac{36}{25}\times\mu_b\times 12 \tag{1-22}$$

上式中，$\frac{64}{100}\times\frac{100}{97}\times\frac{36}{25}\approx\frac{25.4\pi}{84}$，将运动平衡方程式整理后得

$$DP = 7k\frac{\mu_j}{\mu_b} \tag{1-23}$$

变换 μ_j，μ_b 的值，可得常用的 24 种螺纹径节。

e. 车削非标准螺纹和精密螺纹。

所谓非标准螺纹是指利用上述传动路线无法得到的螺纹。这时需将进给箱中的齿式离合器 $M1$，$M4$ 和 $M5$ 全部啮合，被加工螺纹的导程 $L_工$ 依靠调整挂轮的传动比 $\mu_挂$ 来实现。其运动平衡式为

$$L_工 = I_{(主轴)}\times\frac{58}{58}\times\frac{33}{33}\times\mu_挂\times 12\ \text{mm} \tag{1-24}$$

所以，交换齿轮的换置公式为

$$\mu_挂 = \frac{a}{b}\times\frac{c}{d} = \frac{L_工}{12} \tag{1-25}$$

适当地选择挂轮 a，b，c 及 d 的齿数，就可车出所需要的非标准螺纹。同时，由于螺纹传动链不再经过进给箱中任何齿轮传动，减少了传动件制造和装配误差对被加工螺纹导程的影响，若选择高精度的齿轮作挂轮，则可加工精密螺纹。

C. 纵向和横向进给运动传动链。

纵向和横向进给运动传动链是实现刀架纵向或横向运动的传动链。进给运动的动力来源也是电动机。运动由电动机 - 主运动传动链 - 主轴 - 进给运动传动链 - 刀架，使刀架实现机动的纵向、横向进给运动或车螺纹运动。由于进给量及螺纹的导程是以主轴每转过一转时刀架的移动量来表示的，因此该传动链的两个末端元件分别是主轴和刀架。

机动进给传动链主要是用来加工圆柱面和端面，为了减少螺纹传动链丝杠及开合螺母

磨损，保证螺纹传动链的精度，机动进给是由光杠经溜板传动的。

a. 纵向机动进给传动链。

CA6140 型车床纵向机动进给量有 64 种。当运动由主轴经正常导程的米制螺纹传动路线时，可获得正常进给量。这时的运动平衡式为

$$f_{纵} = 1_{主轴} \times \frac{58}{58} \times \frac{33}{33} \times \frac{63}{100} \times \frac{100}{75} \times \frac{25}{36} \times \mu_j \times \frac{25}{36} \times \frac{36}{25} \times u_b \times \frac{28}{56} \times \frac{36}{32} \times \frac{32}{36} \times \frac{4}{29} \times \frac{40}{48} \times \frac{28}{80} \times \pi \times 2.5 \times 12\ \text{mm/r} \quad (1-26)$$

将上式化简可得

$$f_{纵} = 0.711\mu_j\mu_b \quad (1-27)$$

通过变换 μ_j, μ_b 的值，可得到 2 种正常进给量（范围为 0.08 ~ 1.22 mm/r），其余 32 种进给量可分别通过英制螺纹传动路线和扩大导程传动路线得到。

b. 横向机动进给传动链。

由传动系统图分析可知，当横向机动进给与纵向进给的传动路线一致时，所得到的横向进给量是纵向进给量的一半，横向与纵向进给量的种数相同，都为 64 种。

D. 刀架快速移动传动链。

为了缩短辅助时间，提高生产效率，CA6140 型卧式车床的刀架可实现快速机动移动。刀架的纵向和横向快速移动由快速移动电动机（$P = 0.25$ kW，n = 2 800r/min）传动，经齿轮副 18/24 使轴XXII高速转动，再经蜗轮蜗杆副 4/29、溜板箱内的转换机构，使刀架实现纵向或横向的快速移动。快移方向由溜板箱中双向离合器 M_6 和 M_7 控制。其传动路线表达式为

$$\text{快速移动电动机} - \frac{18}{24} - \text{XXII} - \frac{4}{29} - \text{XXIII} - \begin{Bmatrix} M_6 & \text{纵向} \\ M_7 & \text{横向} \end{Bmatrix}$$

（2）六角车床　与普通车床的差异只在于摆放刀具的地方可以放置 6 把刀，可旋转定位的转塔取代，通常此类的车床会将尾座去除以获得最大的加工范围，由于换刀时间大幅缩短，车刀数量增加，适合大量生产较复杂的回转体零件，而且生产率高于普通车床。

（3）自动车床　自动化程度高，生产率也高，适用于大批大量生产。

（4）立式车床　立式车床即是将头部转 90°垂直摆放，工件上、下料方便，尤其适用于大型圆盘状工件加工，在重型机器中应用非常广泛。

（5）数控车床　数控车床是一种高精度、高效率的自动化机床。它具有广泛的加工性能，可加工直线圆柱、斜线圆柱、圆弧和各种螺纹。具有直线插补、圆弧插补等各种补偿功能，并在复杂零件的批量生产中发挥了良好的经济效果，如图 1－31 所示。

图 1－31　数控车床

2. 车刀类型及其应用

（1）按车刀的结构划分（如图 1－32 所示）

1）整体式车刀。用整体高速钢制造，刃口可磨得较锋利。

2）焊接式车刀。焊接硬质合金或高速钢刀片，结构紧凑，使用灵活。

3)机夹式车刀。避免了焊接产生的应力、裂纹等缺陷,刀杆利用率高,刀片可集中刃磨获得所需参数。

4)可转位式车刀。避免了焊接刀的缺点,刀片可快换转位,生产率高,断屑稳定,可使用涂层刀片。

(2)按加工表面特征分类　分为外圆车刀、内孔车刀、端面车刀、螺纹车刀、车槽车刀、螺纹车刀、切断刀和成形车刀,如图 1-33 所示。

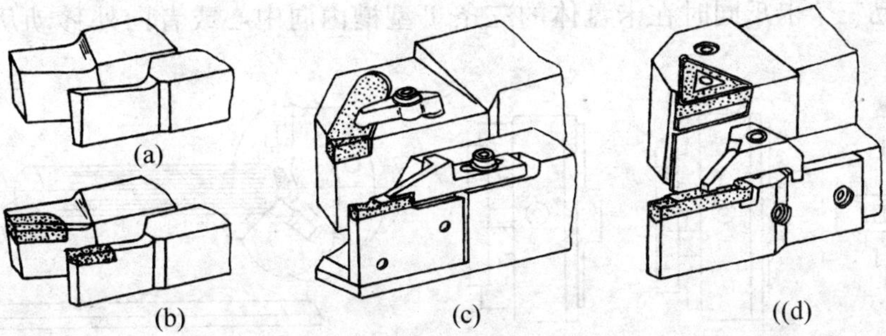

图 1-32　车刀结构类型

(a)整体式车刀;(b)焊接式车刀;(c)机夹式车刀;(d)可转位式车刀

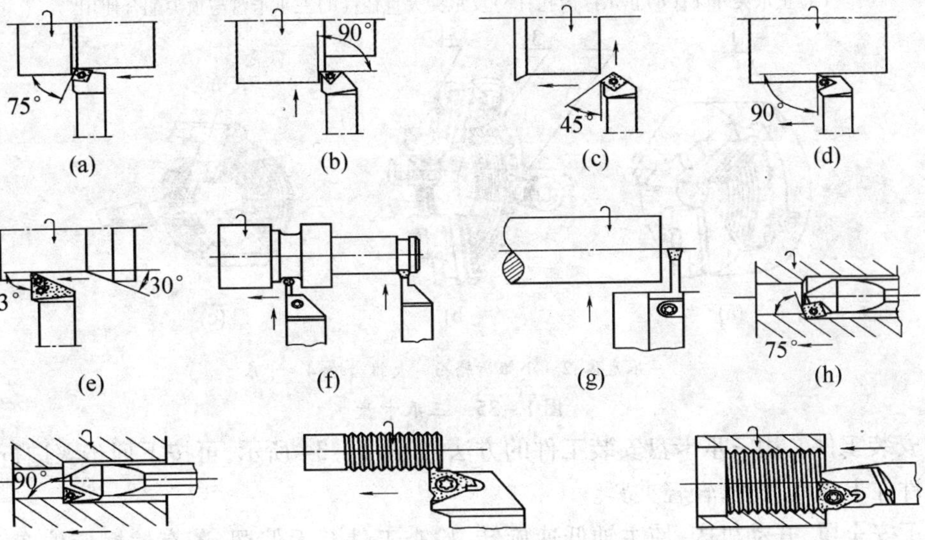

图 1-33　车刀用途类型

(a)75°外圆车刀;(b)90°端面车刀;(c)45°外圆车刀;(d)90°外圆车刀;(e)93°外圆车刀;(f)成形车刀;(g)切断刀;(h)75°内孔车刀;(i)90°内孔车刀;(j)外螺纹车刀;(k)内螺纹车刀

3. 工件在车床上的装夹方法

(1)三爪自定心卡盘(俗称三爪卡盘)装夹　三爪卡盘是车床上最常用的装夹工件的夹具,它装夹方便,自动定心。无论什么规格的卡盘,都有一个夹持范围(超出范围因夹持力不够容易损坏卡盘),可根据工件的大小来选择卡盘的大小。三爪卡盘的卡爪有正爪和反爪,正爪可夹外圆也可以撑内孔,反爪只能夹直径较大的零件。新的卡盘的定心精度相对较高,但经使用后因卡爪等的磨损,定心精度就容易受损。工件上同轴度要求较高的表面,应尽可能在一次装夹中车出。如图 1 – 34 所示。

1)三爪卡盘的结构。三爪卡盘是由爪盘体 1、小锥齿轮 2、大锥齿轮 3(另一端是平面螺纹)和三个卡爪 4 组成,如 1 – 35 所示。三个卡爪上有与平面螺纹相同螺牙与之配合,三个卡爪在爪盘体中的导槽中呈 120°均布。爪盘体的锥孔与车床主轴前端的外锥面配合,起对中作用,通过键来传递扭矩,最后用螺母将卡盘体锁紧在主轴上。

2)三爪卡盘的工作原理。当转动其中一个小伞齿轮时,即带动大伞齿轮转动,其上的平面螺纹又带动三个卡爪同时在卡盘体的三条 T 型槽内向中心或者向外移动从而实现自动定心。

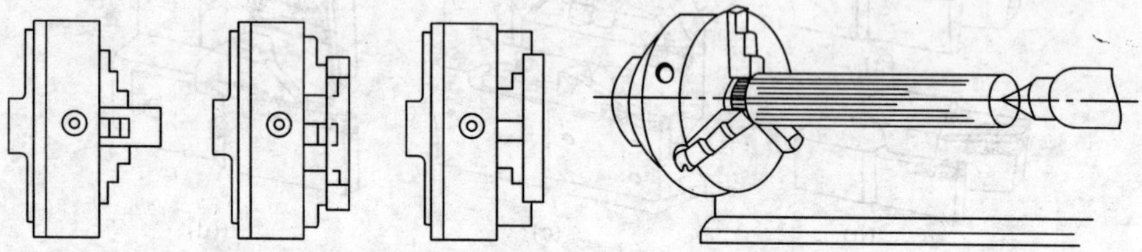

图 1 – 34　用三爪卡盘装夹工件的方法

(a)正爪夹外圆;(b)正爪撑内孔;(c)反爪夹大直径;(d)三爪卡盘与顶尖配合使用

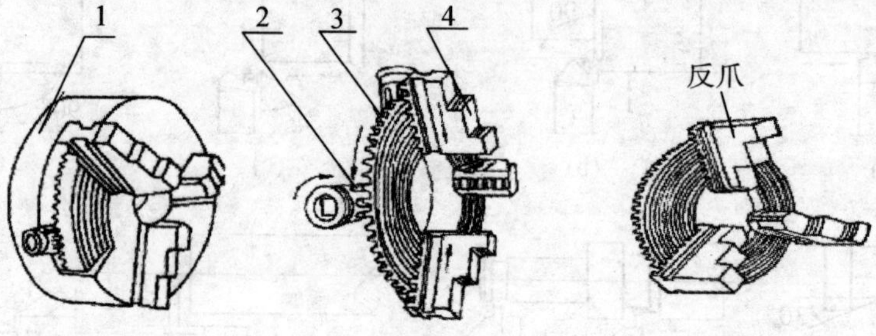

1 – 爪盘体;2 – 小锥齿轮;3 – 大锥齿轮;4 – 卡爪

图 1 – 35　三爪卡盘

3)安装工件。用三爪卡盘安装工件的方法,如图 1 – 34 所示,可按下列步骤进行:

工件在卡爪间放正,轻轻夹紧。

放下安全罩,开动机床,使主轴低速旋转,检查工件有无偏摆,若有偏摆应停车,用小锤轻敲校正,然后紧固工件。紧固后,必须取下板手,并放下安全罩。

移动车刀至车削行程的左端。用手旋转卡盘,检查刀架是否与卡盘或工件碰撞。

4)特点:自定心卡盘装夹工件方便、省时,但夹紧力没有单动卡盘大。

5)用途:适用于装夹外形规则的中、小型工件。

(2)四爪单动卡盘(俗称四爪卡盘)装夹　四爪卡盘也是车床上常用的卡盘之一,四爪卡盘上四个卡爪分别通过转动螺杆而沿四个方向单独运动,也称单动卡盘,如图 1 – 36 所示。因它是单动的,因此它对工件的安装要求比较高,完全靠人工的技术决定工件的安装精度。在工件安装时,一般在工件的外加工表面进行划线,用顶尖或者是划针盘来找正工件的位置,一边调整一边找正。四爪卡盘的夹紧力大,适用于夹持较大的圆柱形工件和形状不规则的工件。

用四爪卡盘装夹工件,按以下步骤进行:

1)按工件的大小,调整卡盘中任两个成90°的卡爪到一定的位置。

2)装上工件,调整另2个卡爪至夹紧状态,但夹紧力不要太大,以能夹紧不掉下为好。

3)用划针盘或尾架顶尖对工件的划线或基准面进行粗找正。

4)对工件粗找正到一定位置时,对工件进行夹紧。

5)对工件进行试切、测量、调整、再试切和测量达到满足图纸要求。

6)当工件加工完工后,对工件定位基准的对面的二个卡爪进行标识(用粉笔等)。

7)在以后的拆装过程中,只对有标识的卡爪进行移动,其余2个不要动它,以防基准转换,影响工件的加工精度。

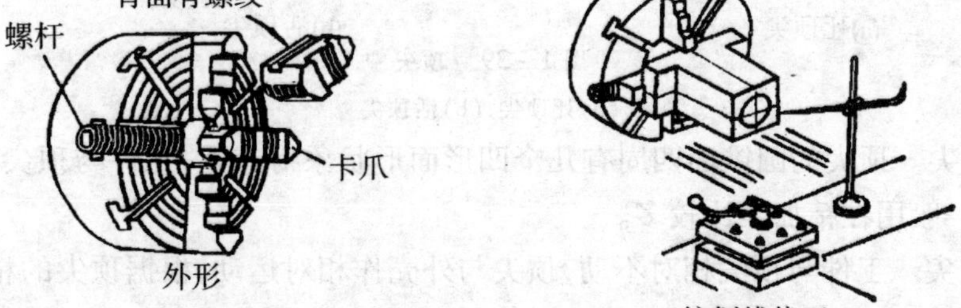

图1-36 四爪卡盘

特点:单动卡盘找正比较费时,但夹紧力较大。

用途:适用于装夹大型或形状不规则的工件。

(3)一夹一顶装夹(图1-37)

特点:为了防止由于进给力的作用而使工件产生轴向位移,可在主轴前端锥孔内安装一限位支撑,也可利用工件的台阶进行限位。

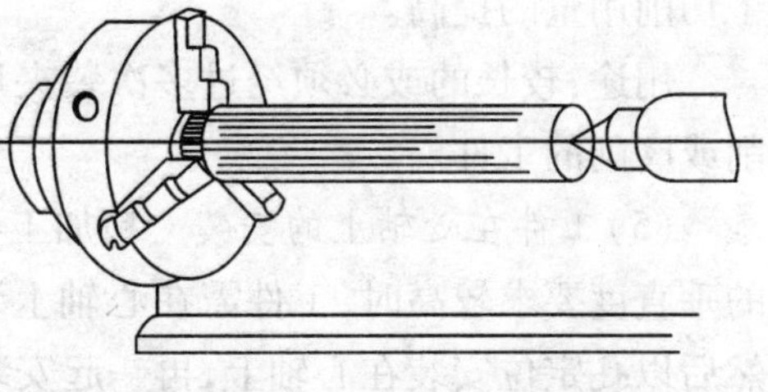

图1-37 用三爪卡盘及顶尖装夹工件

用途:这种方法装夹安全可靠,能承受较大的进给力,应用广泛。

(4)用两顶尖装夹(拔盘、鸡心夹头和顶尖三种附件配合使用) 较长或加工工序较多的轴类工件,为保证工件同轴度要求,常采用两顶尖的装夹方法,如图1-38(a))所示。工件支承在前后两顶尖间,由卡箍、拨盘带动旋转。前顶尖装在主轴锥孔内,与主轴一起旋转。后顶尖装在尾架锥孔内固定不转。有时亦可用三爪卡盘代替拨盘如图1-38(b)所示,此时前顶尖用一段钢棒车成,夹在三爪卡盘上,卡盘的卡爪通过鸡心夹头带动工件旋转。

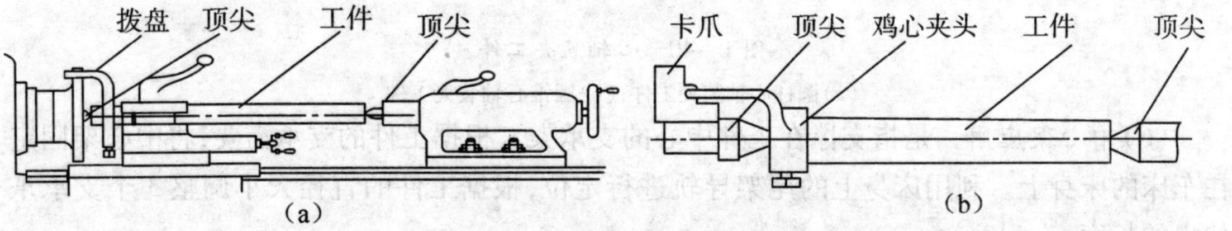

图1-38 两顶尖安装工件

(a)用拨盘两顶尖安装工件;(b)用三爪卡盘代替拨盘安装工件

常用的顶尖分为死顶尖和活动顶尖，如图1－39所示。

1）死顶尖。死顶尖又分为普通死顶尖、硬质合金死顶尖和梅花形硬质合金死顶尖。

普通死顶尖。它一般用碳素工具钢制作，主要在工件转速很慢或是顶尖与工件之间没有相对运动的情况下使用，否则顶尖容易退火，失去作用。

硬质合金死顶尖。它是一种最常用的顶尖，就是在普通顶尖的尖部焊上一种硬质合金材料，表面光滑，磨擦力小，硬质合金一般不会退火，使顶尖比较稳定。

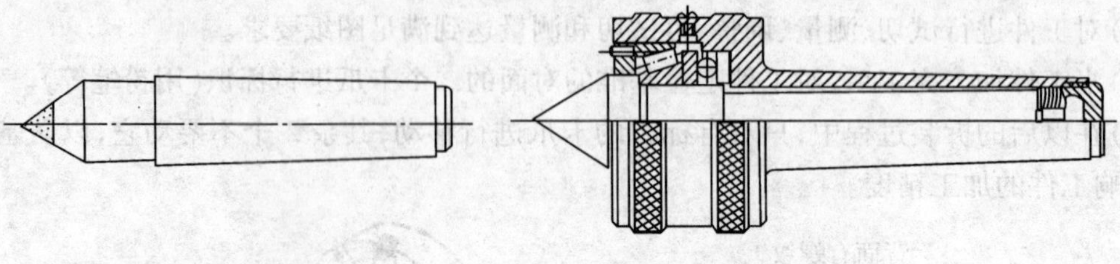

图1－39　顶尖

（a）死顶尖；（b）活顶尖

梅花死顶尖。顶尖的圆锥面四周有几个凹形面形状象梅花状，工件与顶尖接触面积少，不容易发热，一般用在精加工比较多。

2）活动顶尖。工件与顶尖相对不动，顶尖与外壳作相对运动，根据顶尖的精度来决定加工件的精度，一般这种顶尖精度较高。

特点：两顶尖装夹工件方便，不需找正，定位精度高。但比一夹一顶装夹的刚度低，影响了切削用量的提高。

用途：较长的或必须经过多次装夹后才能加工好的工件，或工序较多，在车削后还要铣削或磨削的工件。

（5）工件在心轴上的安装　精加工盘套类零件时，如孔与外圆的同轴度，以及孔与端面的垂直度要求较高时，工件需在心轴上装夹进行加工，如图1－40所示。这时应先加工孔，然后以孔定位安装在心轴上，再一起安装在两顶尖上进行外圆和端面的加工。

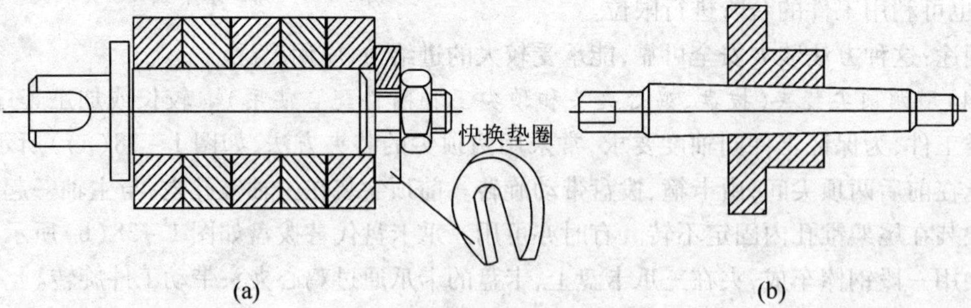

图1－40　心轴装夹工件

（a）圆柱心轴装夹工件；（b）圆锥心轴装夹工件

（6）中心架应用　是指支撑在工件中心的支承架。根据工件的支承需要，将中心架固定在车床的床身上。利用床身上的尾架导轨进行定位，根据工件的直径大小调整3个支承爪伸出的长度。

中心架一般用在两个方向。第一，当加工细长轴（外露长度为直径的20倍）时，由于工件本身刚性不好,在车削容易产生变形,形成两端尺寸小,中间尺寸大,这时可用中心架来支承,以增加工件的刚性,具体的做法先在工件的中心位置,加工一段支承档,在适当的位置装上中心架,再将工件装上车床、夹紧,将车床主轴的转速调至80~100 rpm,车床一边转动工件,一边调整中心架的3个支承脚,使3个支承脚均匀地与工件接触。在加工过程中,3个支承脚要经常润滑,当工件与支承脚接触不良时,可适当的对支承脚进行研磨。这种方法加工工件,不能一次装夹完成,有它的局限性,一般用的较少,主要用于两端尺寸不同,可分头加工的零件。第二,当加工大直径(以不能放入主轴中间通孔为准)的轴类零件端面、中心孔和内孔等时,用中心架支承一端,提高支承效果,降低工件加工的扭力。具体的安装方式与第一种相同,所不同的就是装在工件的外露端。图1-41为中心架使用实例。

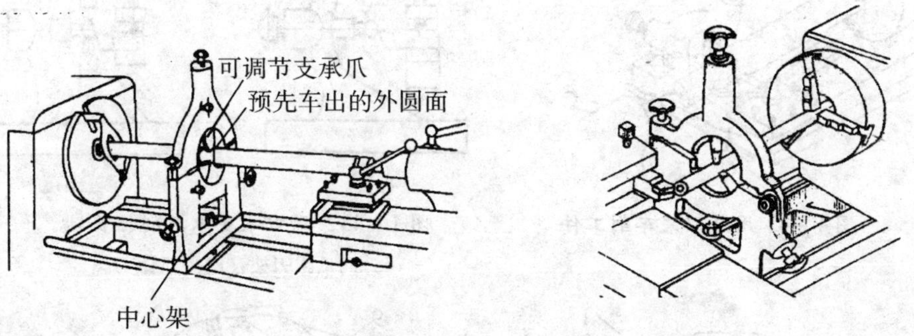

图1-41 用中心架车削外圆、内孔及端面示意图

使用中心架的操作步骤:

1)将中心架定位面擦净,装上车床导轨面,目测调整到一定位置。

2)将中心架下架体上的2个支承爪伸到一定的位置。

3)打开中心架的上架体。

4)加工细长轴时,工件一端用三爪卡盘夹持,另一端用顶尖顶住。

加工直径较大,而工件又长或者无中心孔可用时,工件的一端用三爪卡盘夹持,另一端放在中心架下架体的2个支承爪上。

5)调整中心架的正确位置,固定中心架,合上上架体,并拧紧螺钉。

6)慢速转动工件,调整3个支承爪的位置,使爪与工件均匀接触,并轻轻研磨工件与支承爪的接触面。

7)拧紧中心架支承爪的定位螺钉,并在支承爪与工件接触的地方加润滑油。

8)开始加工工件,当一件工件完工后,加工第二件时要重新调整3个支承爪的位置(精加工时除外)。

(7)跟刀架应用 对不适宜调头车削的细长轴,不能用中心架支承,而要用跟刀架支承进行车削,以增加工件的刚性,跟刀架有点类似于中心架的形状和作用,所不同的是跟刀架安装在机床的大拖板上,跟着刀架一起沿纵向移动。

跟刀架主要的用途也是加工细长轴,几个支承脚支承在车刀的对面方向,使加工工件产生的部分切削力最后传递至跟刀架上,不会使工件在加工时产生变形。跟刀架与工件的安装方式与中心架大致相同,只是刀具方向抵中心架的一只脚,在加工前要将工件与支承脚研磨。图1-42和图1-43为跟刀架使用示意图。

(8)花盘装夹工件(图1-44) 花盘比法兰盘直径要大,一般接近机床的加工直径,花盘上还有沿径向方向分布的长短不一的导槽,以及在端面上分布着一定直径的小槽。径向槽主要用来安装夹紧螺钉用,可根据工件的大小,调整螺钉的位置,直径方向的小槽,主要用于安装工件时,对工件进行粗定位。工件安装上花盘,并用压板、角铁、螺钉和螺母等进行固定,按加工前划线进行找正,后夹紧。在加工前要判定工件安装是否平衡,如失衡过大,要进行适当的配重,以防振动。

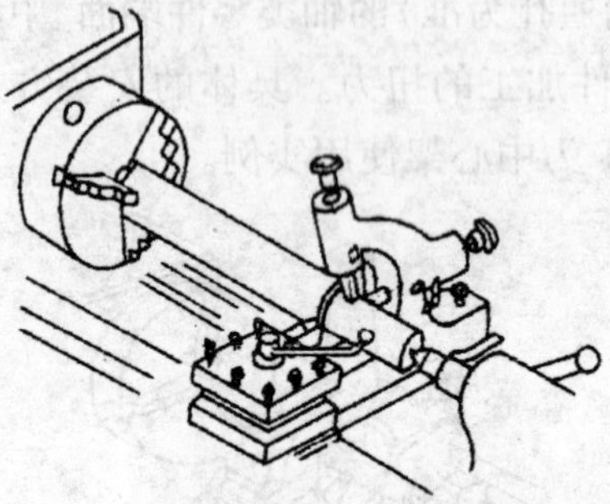

图1-42 用跟刀架车削工件

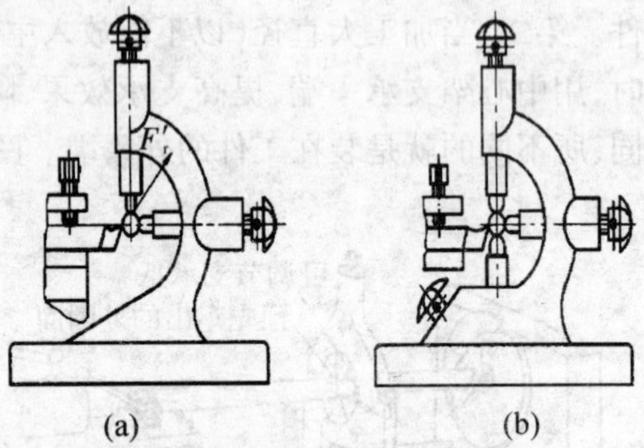

图1-43 跟刀架支承车削细长轴

(a)两爪跟刀架;(b)三爪跟刀架

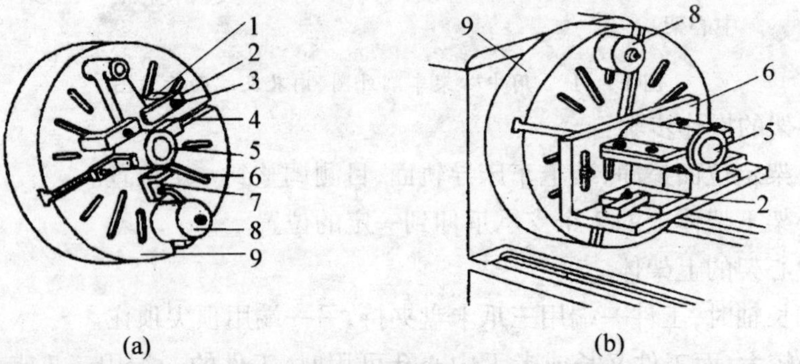

1-垫铁;2-压板;3-压板螺钉;4-T形槽;5-工件;6-弯板;7-可调螺钉;8-配重铁;9-花盘

图1-44 花盘装夹工件

(a)花盘上装夹工件;(b)花盘与弯板配合装夹工件

4.车削加工基本方法

(1)车削外圆 根据工件表面的加工精度和表面粗糙度的要求,车外圆一般分粗车和精车两个步骤。由于它们要求不一样,因此,车刀分外圆粗车刀和外圆精车刀两种。

1)粗车。粗车的目的是要尽快地切去大部分余量,为精加工留0.5~1 mm余量。常用的外圆粗车刀有主偏角为45°,75°和90°等几种。如图1-45所示。

2)精车。精车的目的是切去余下的少量金属层,以获得图样要求的精度和表面粗糙度。精车时应采取有圆弧过渡刃的精车刀。车刀的前后面须用油石打光。精车时背吃刀量 a_p 和进给量 f 较小,以减小残留面积,使Ra值减小。切削用量一般为 $a_p=0.1\sim0.2$ mm,$f=0.05\sim0.2$ mm/r,$v\geqslant60$ m/min。精车的尺寸公差等级一般为IT8~IT6,半精车一般为IT10~IT9;精车的表面粗糙度Ra为3.2~0.8 μm,半精车的表面粗糙度Ra为6.3~3.2 μm。

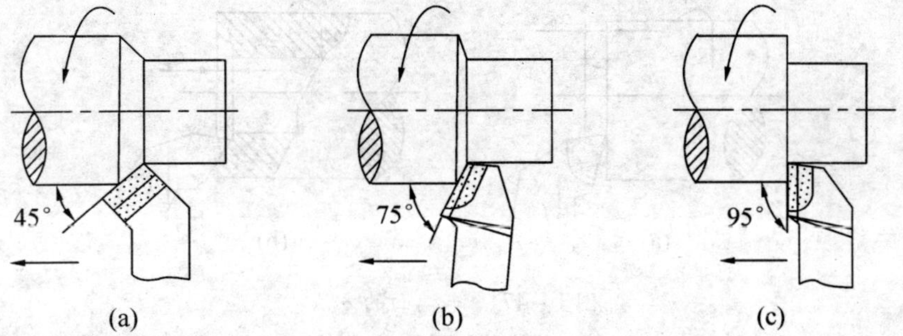

图 1-45 常用的外圆车刀

(a)45°车刀;(b)75°车刀;(c)90°车刀

车外圆的操作步骤:

检查毛坯的直径,根据加工余量确定进给次数和背吃刀量。

划线痕,确定车削长度。先在工件上用粉笔涂色,然后用内卡钳在钢直尺上量取尺寸后,在工件上划出加工线。

车外圆要准确地控制背吃刀量,这样才能保证外圆的尺寸公差。通常采用试切削方法来控制背吃刀量,试切的操作步骤如图 1-46 所示。

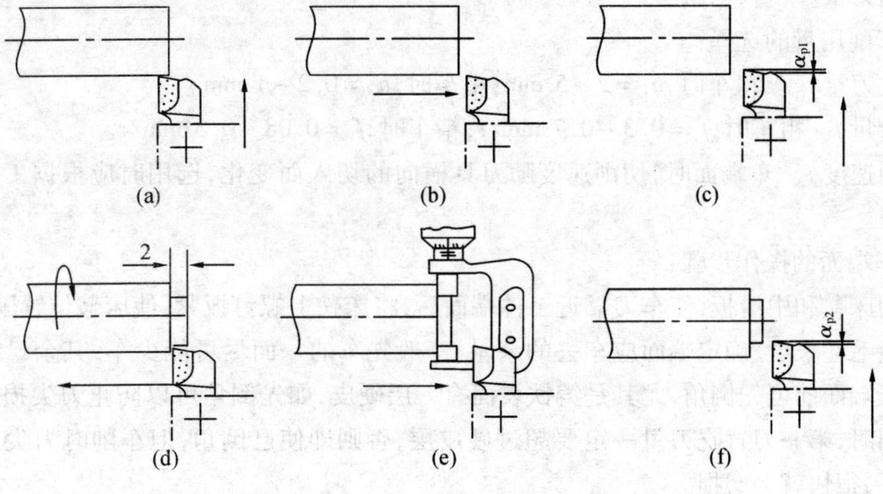

图 1-46 试切的步骤

启动车床,移动床鞍与中滑板,使车刀刀尖与工件表面轻微接触(图 1-46(a)),并记下中滑板刻度。

中滑板手柄不动,移动床鞍,退出车刀与工件端面距 2~5 mm(图 1-46(b))。

按选定的背吃刀量摇动中滑扳手柄,根据中滑板刻度作横向进给(图 1-46(c))。

移动床鞍,试刀长度约 2~3mm(图 1-46(d))。

中滑扳手柄不动,向右退出车刀,停车,测量工件尺寸(图 1-46(e))。

根据测量结果,调整背吃刀量 (图 1-46(f))。

如尺寸正确,即可手动或自动进刀车削,如不符合要求,则应根据中滑板刻度调整背吃刀量,再进刀车削。

(2) 车端面 车端面的方法如图 1-47 所示。

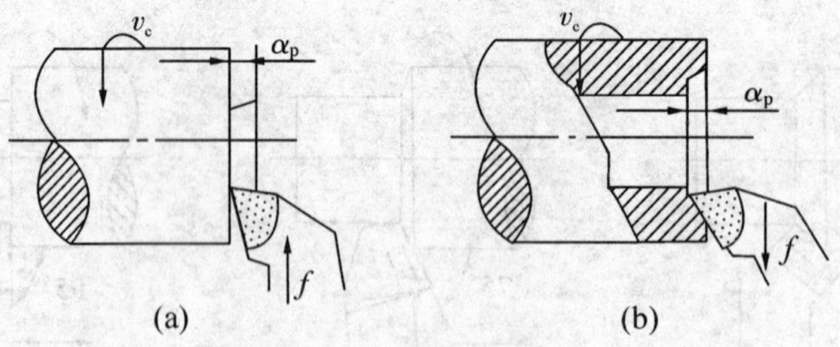

图 1－47　车端面的方法

(a)从外到内;(b)从内到外

1)车端面时应注意以下几点:

车刀的刀尖应对准工件中心,以免车出的端面中心留有凸台。

端面的直径从外到中心是变化的,切削速度也是变化的,端面的粗糙度不易得到保证,因此,工件转速可比车外圆时选择的高一些。为减小端面的表面粗糙度值,也可由中心向外切削。

车削直径较大的端面,若出现凹心或凸台时,应检查车刀和刀架是否紧固,以及床鞍的松紧度。为使车刀准确地横向进给而无纵向松动,应将床鞍紧固在床身上,此时可用小滑板调整背吃刀量。

2)车削用量的选择:

背吃刀量 a_p。粗车时,$a_p = 2 \sim 5$ mm;精车时,$a_p = 0.2 \sim 1$ mm。

进给量 f。粗车时,$f = 0.3 \sim 0.7$ mm/r;精车时,$f = 0.08 \sim 0.3$ mm/r。

切削速度 v。车端面时,切削速度随刀具横向的切入而变化,选用时应根据工件最大直径来确定。

3)车端面的操作步骤:

移动床鞍和中滑板,使车刀靠近工件端面后,将床鞍上螺钉扳紧,使床鞍位置固定。

测量毛坯长度,确定端面应车去的余量,一般先车的一面尽可能少车,其余量在另一面车去。车端面前可先倒角,尤其是铸铁表面有一层硬皮,如先倒角可以防止刀尖损坏。车端面和外圆时,第一刀背吃刀量一定要超过硬皮层,否则即使已倒角,但车削时刀尖还是要碰到硬皮层,很快就会磨损。

双手摇动中滑板手柄车端面,手动进给速度要保持均匀。当车刀刀尖车到端面中心时,车刀即退回。如精加工的端面,要防止车刀横向退出时将端面拉毛,可向后移动小滑板,使车刀离开端面后再横向退回。车端面背吃刀量 a_p 可用小滑板刻度盘控制。

用直尺或刀口直尺检查端面直线度。

(3)车台阶轴

1)车刀的选用。车台阶轴应选用 90°外圆车刀。

2)台阶外圆的车削方法。低台阶用 90°外圆车刀直接车出,高台阶用 75°车刀先粗车,再用 90°车刀将台阶车成直角,如图 1－48 所示。

3)台阶外圆的车削步骤:

a. 确定台阶的车削长度。常用的方法有两种:一种是刻线痕法,另一种是床鞍刻度盘控制法。两种方法都有一定误差,刻线或用床鞍刻度值都应比所需长度略短 0.5 ~1 mm,以留有余地。

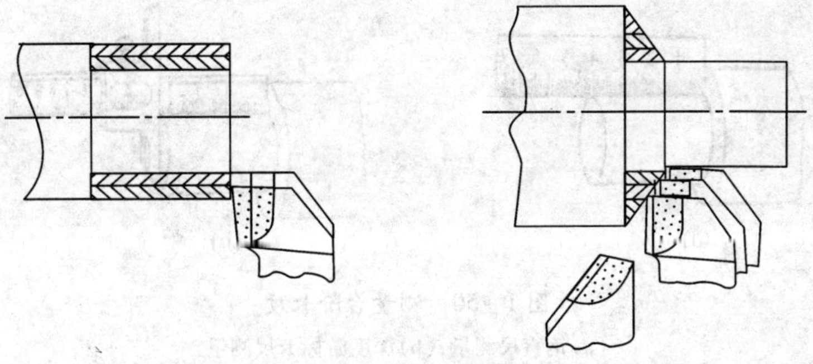

(a) (b)

图 1－48 车台阶

(a)车低台阶;(b)车高台阶

刻线痕法(见图 1－49(a))。以已加工面为基准,用钢直尺量出台阶长度尺寸,开车,用刀尖刻出线痕。

床鞍刻度盘控制法(见图 1－49(b))。移动床鞍和中滑板,使刀尖靠近工件端面,开机,移动小滑板,使刀尖与工件端面相擦,车刀横向快速退出,将床鞍刻度调到零位。车削时就可利用刻度值来控制台阶的车削长度。如利用刻度值先在工件上刻出台阶长度的痕线,操作时车刀靠近线痕再看刻度值就方便多了。

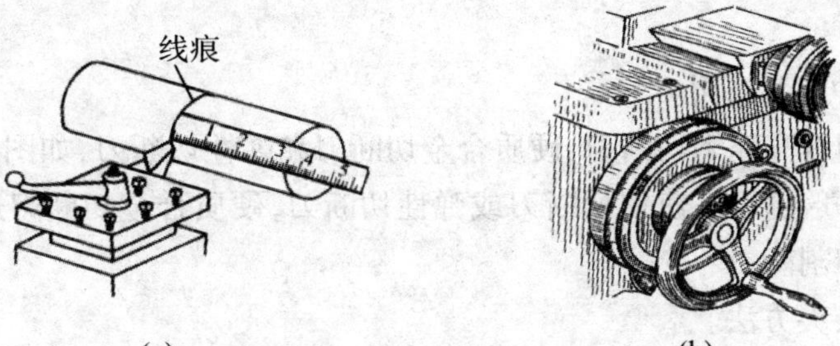

(a) (b)

图 1－49 控制台阶长度

(a)刻线痕法;(b)用床鞍刻度盘控制法

b. 机动进给粗车台阶外圆。

开动机床并按粗车要求调整进给量。

调整背吃刀量进行试切削,具体方法与车外圆相同。

移动床鞍,使刀尖靠近工件时合上机动进给手柄,当车刀刀尖距离退刀位置 1～2 mm 时停止机动进给,改为手动进给车至所需长度时将车刀横向退出,床鞍回到起始位置。然后再作第二次工作行程。台阶外圆和长度粗车各留精车余量 0.5～1 mm。

c. 精车台阶外圆和端面。

按精车要求调整切削速度和进给量。

试切外圆,调整切削速度,尺寸符合图样要求后合上机动进给手柄,精车台阶外圆至离台阶端面 1～2 mm 时,停止机动进给,改用手动进给继续车外圆。当刀尖切入台阶面时车刀横向慢慢退出,将台阶面车平。

d. 检测台阶长度。

粗车用钢直尺测量,精车用深度游标尺测量,如图 1－50 所示。

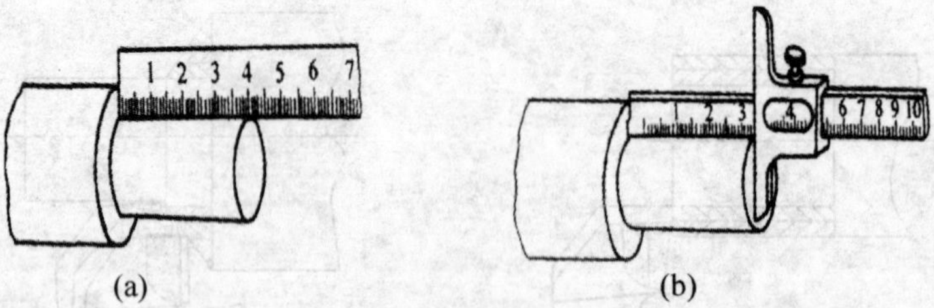

图 1-50　测量台阶长度
(a)钢直尺测量;(b)深度游标卡尺测量

根据测量结果,用小滑板刻度调整车端面的背吃刀量。

开车将车刀由外向里均匀地精车端面,当刀尖车至外圆与端面相交处时,车刀先横向退出 0.5～1 mm,然后移动床鞍纵向退出。

e. 外圆上倒去锐角。

车台阶容易产生的缺陷。

台阶面不平,主要原因是车刀安装时主偏角小于 90°。

台阶直角处不清角,主要原因是刀尖圆弧太大或过渡刀太宽;其次是车外圆和台阶面时,未车到根部。

台阶直角处车成凹形,当用主偏角 93°车刀车削时,中滑板未进行由里向外的横向进给。

(4)切断

1)切断刀的种类及选用。

常用的切断刀有高速钢切断刀、硬质合金切断刀和弹性切断刀,如图 1-51 所示。切断直径较小的工件一般选用高速钢切断刀或弹性切断刀,硬质合金切断刀适用于直径较大的工件或进行高速切割。

2)切断刀的装夹方法。

切断刀伸出长度。切断刀不易伸出过长,主切削刃要对准工件中心,高或低于中心,都不能切到工件中心。如图 1-52 所示。如用硬质合金切断刀,中心高或低则都会使刀片崩裂。

装刀时检查两侧副偏角。检查切断刀两侧副偏角的方法有两种:一种是将 90°角尺靠在工件已知加工外圆上检查,如图 1-53(a)所示。另一种方法是,如外圆为毛坯则可将副切削刃紧靠已加工端面上,刀尖与端面接触,副切削刃与端面间有倾斜间隙,要求间隙最大处约 0.5 mm,如图 1-53(b)所示。两副偏角基本相等后,可将车刀紧固。

3)切断的方法。

切断的方法有直进法、左右借刀法和反切法,如图 1-54 所示。

直进法切断,车刀横向连续进给,一次将工件切下,如图 1-54(a)所示,操作十分简单,工件材料也比较节省,因此应用最广泛。左右借刀法切断,如图 1-54(b)所示,车刀横向和纵向须轮番进给,因费工费料,一般用于机床、工件刚性不足的情况下。反切法切断,车床主轴反转,车刀反装进行切断,如图 1-54(c)所示,这种方法切削比较平稳,排屑也比较顺利,但卡盘必须有保险装置,小滑板转盘上两边的压紧螺母也应锁紧,否则机床容易损坏。

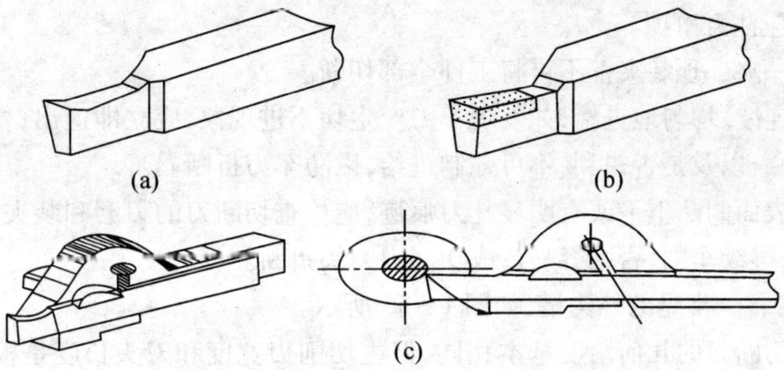

图 1－51　切断刀的种类

(a)高速钢切断刀;(b)硬质合金切断刀;(c)弹性切断刀

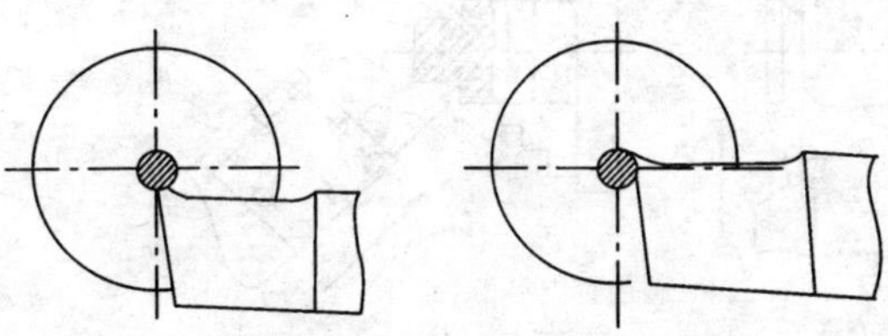

图 1－52　切断刀高或低于工件中心

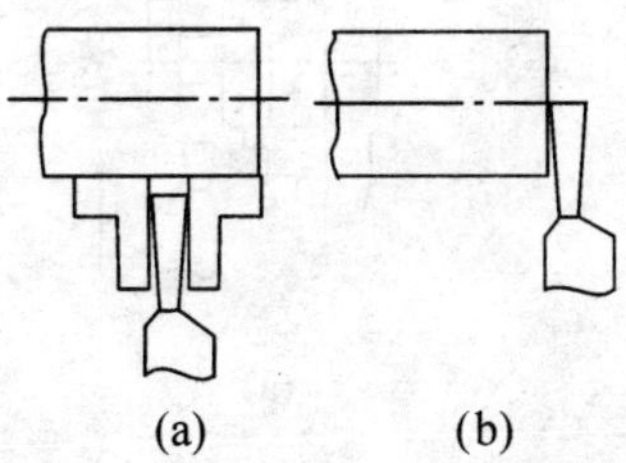

图 1－53　检查切断刀副偏角

切断前的准备工作:①工件用卡盘装夹,伸出长度要加上切断刀宽度和刀具与卡爪间的间隙约 5～6 mm,工件要用力夹紧。②中、小滑板镶条尽可能调整得紧些。③选择并调整主轴转速,用高速钢刀切断铸铁材料,切削速度约 15～25 m/min;切断碳钢材料,切削速度约 20～25 m/min;用硬质合金刀切断,切削速度约 45～60 m/min。④确定切断位置,将钢直尺一端靠在切断刀的对面,移动床鞍,直到钢直尺上要求的长度刻线与工件端面对齐,然后将床鞍固定。

切断时开动机床,加切削液,移动中滑板,进给的速度要均匀而不间断,直至将工件切下。如工件的直径较大或长度较长,一般不切到中心,约留 2～3 mm,将车刀退出,停车后用手将工件扳断。切断工件时往往会引起振动,振动严重会导致切断刀折断。采取下列措施能减小振动:①机床各部分间隙尽可能小。例如,床鞍、中、小滑板导轨的间隙和机床主轴轴承间隙等尽可能小。②切断刀离卡盘的距离一般应小于被切工件的直径。③适当的加大前角和减小后角。前者使排屑顺利,后者可以增强刀头刚性。④适当加快进给速度或减慢主轴转速。

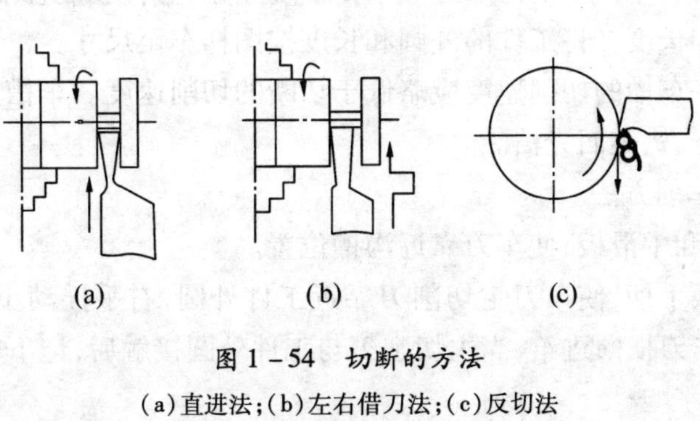

图 1－54　切断的方法

(a)直进法;(b)左右借刀法;(c)反切法

4）切断时应注意事项。

两顶尖或一夹一顶装夹都不可将工件全部切断。

切断时应连续、均匀地进给，如发现车刀产生切不进现象，应立即退出，检查车刀刀尖是否对准工件中心，以及是否锐利，不可强制进给，以防车刀折断。

发现切断表面凹凸不平或有明显扎刀痕迹，应检查切断刀的刃磨和装夹是否正确，查出原因，纠正后再继续车削，否则容易造成切断刀刀头折断。

（5）车外沟槽　常见的外沟槽，如图 1－55 所示。

车槽刀与切断刀的几何角度基本相同，但主切削刃宽度和刀头长度是根据所车沟槽的尺寸和要求刃磨的。

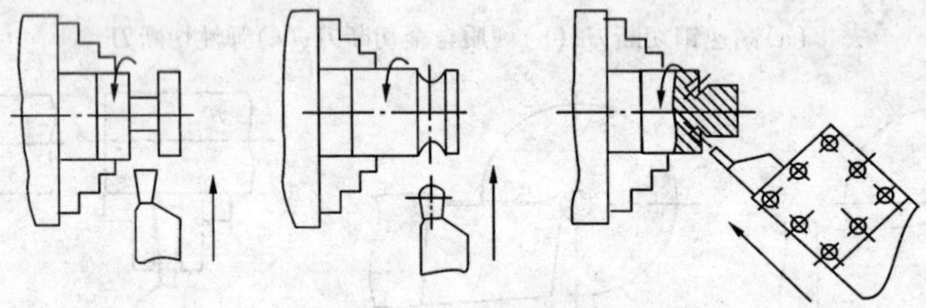

(a)　(b)　(c)

图 1－55　常见的外沟槽

（a）矩形外沟槽；（b）半圆形外沟槽；（c）45°外沟槽

1）车外沟槽的准备工作。

装夹车槽刀要求主切削刃与工件外圆素线保持平行，否则会使槽底部不平。装刀时将主切削刃与工件外圆素线密合如图 1－56（b）所示。先用手拧紧刀架螺钉，将车刀大致固定，然后车刀横向退出后再将车刀紧固。

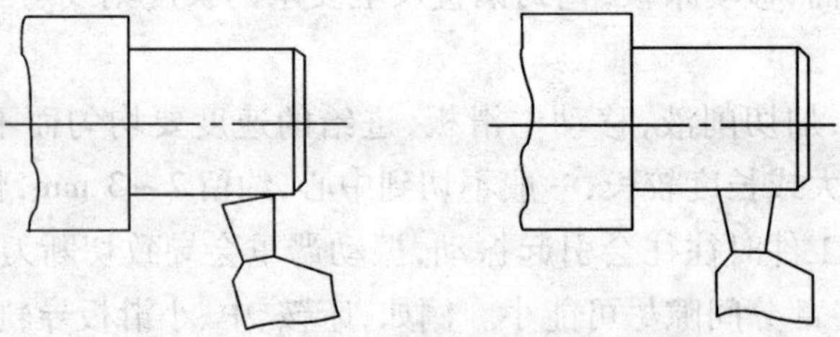

(a)　(b)

图 1－56　装夹车槽刀

（a）主切削刃与工件外圆素线不平行；（b）主切削刃与工件外圆素线保持平行

车槽前的外圆和长度。将工件的外圆和长度按图样车至尺寸。

调整主轴转速。车槽的切削速度应略低于切断的切削速度。车槽加切削液能延长车刀的使用寿命，并能使沟槽表面光洁。

2）矩形沟槽的车削方法。

开机，移动床鞍和中滑板，使车刀靠近沟槽位置。

左手摇动中滑板手柄，使车刀主切削刃靠近工件外圆，右手摇动小滑板手柄，使刀尖与台阶面轻微接触。车刀横向进给，当主切削刃与工件外圆接触后，记下中滑板刻度或将刻度调至零位。

摇动中滑板手柄，手动进给车外沟槽，当刻度进到槽深尺度时，停止进给，退出车刀。

精度要求低的沟槽可用钢直尺和卡钳测量。精度要求高的沟槽通常用千分尺、样板和游标卡尺测量。

(6) 车特形面　有些机器零件，如手柄、手轮、圆球和凸轮等，它们不象圆柱面、圆锥面那样母线是一条直线，而是一条曲线，这样的零件表面叫做特形面。在车床上加工特形面的方法有双手控制法、用样板刀法和用靠模板法等。

1) 双手控制法，左手摇动中刀架手柄，右手摇动小刀架手柄，两手配合，使刀尖所走过的轨迹与所需的特形面的曲线相同。在操作时，左右摇动手柄要熟练，配合要协调，最好先做个样板，对照它来进行车削。如图 1－57 所示。当车好以后，如果表面粗糙度达不到要求，可用砂布或锉刀进行抛光。双手控制法的优点是不需要其他附加设备，缺点是不容易将工件车得很光整，需要较高的操作技术，生产率也很低。

2) 用成形刀车成形面，如图 1－58 所示。要求刀刃形状与工件表面吻合，装刀时刃口要与工件轴线等高。由于车刀和工件接触面积大，容易引起振动，因此需要采用小切削量，只作横向进给，且要有良好润滑条件。此法操作方便，生产率高，且能获得精确的表面形状。但由于受工件表面形状和尺寸的限制，且刀具制造、刃磨较困难，因此只在成批生产较短成形面的零件时采用。

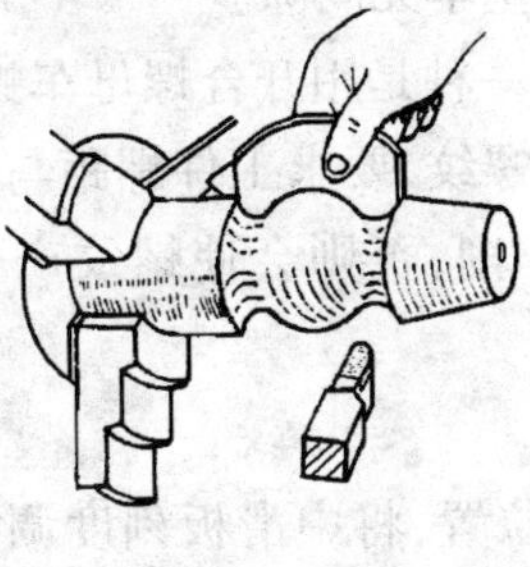

图 1－57 用圆头刀车削成形面

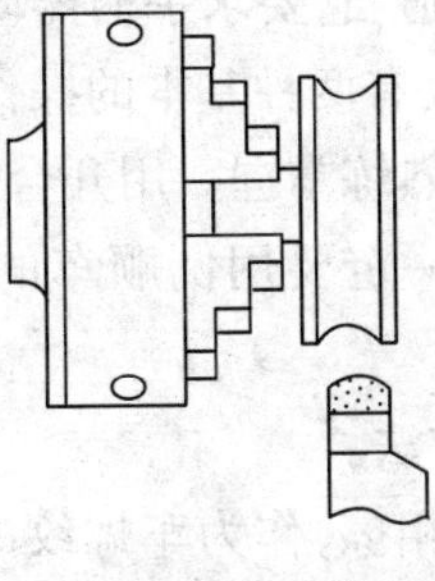

图 1－58 用成形刀车成形面

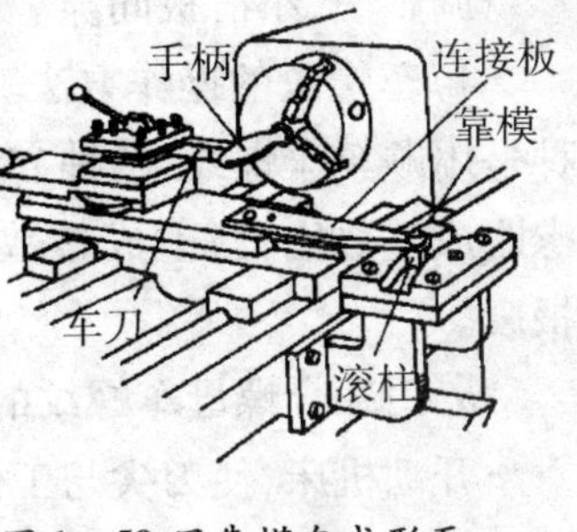

图 1－59 用靠模车成形面

3) 用靠模车成形面，如图 1－59 所示。车削成形面的原理和靠模车削圆锥面相同。加工时，只要把滑板换成滚柱，把锥度靠模板换成带有所需曲线的靠模板即可。此法加工工件尺寸不受限制，可采用机动进给，生产效率高，加工精度高，广泛用于成批量生产中。

(7) 车螺纹　螺纹的加工方法很多种，在专业生产中，广泛采用滚丝、轧丝及搓丝等一系列先进工艺，但在一般机械厂，尤其在机修工作中，通常采用车削方法加工，现介绍三角形螺纹的车削。

1) 螺纹车刀主要几何角度。车普通三角形螺纹时，刀尖角应等于 60°，车刀的两侧后角不相等，即进刀方向后角应比另一侧后角大 2°左右，径向前角约为 10°～15°，如图 1－60 所示。

2) 螺纹车刀装夹。螺纹车刀刀尖高度应对准工件的中心。螺纹车刀如装得过高，车削时，切削力增大，工件表面粗糙度值增大；装得过低，车削时，容易产生“扎刀”和引起振动。而且，偏高或偏低都会产生牙形角误差。刀尖角 60°中心线应垂直于工件轴线，否则会使车出的螺纹牙形歪斜。装刀时，将刀尖高度对准工件中心，然后用样板在已加工外圆或平面上靠平，将螺纹车刀两侧切削刃与样板的角度槽对齐作透光检查，如图 1－61 所示。如车刀歪斜，要轻轻用铜棒敲刀柄，使车刀位置对准样板角度，符合要求后将车刀紧固。一般还须再重复检查一次，因为紧固车刀时，有时会使车刀产生很小的位移。

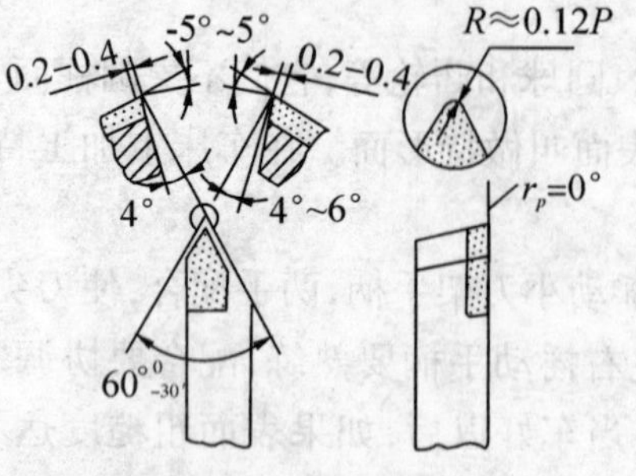

图 1－60 硬质合金三角形螺纹车刀

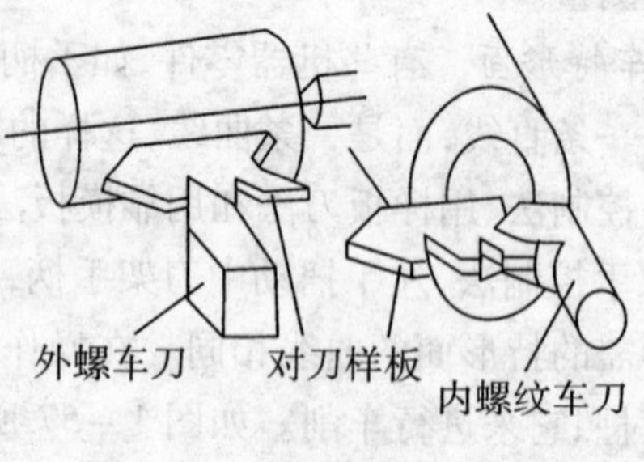

图 1－61 三角形螺纹车刀对刀方法

3）车螺纹准备工作。

车外圆及作车螺纹的退刀标记。练习车螺纹前要先将工件外圆车圆，并用螺纹车刀刀尖在螺纹长度的终止位置上刻出线痕，作为螺纹时的退刀标记。

调整进给箱手柄位置。按螺距 P，查阅进给箱铭牌，调整手柄位置。

调整主轴转速。车螺纹转速范围为 200～300 r/min，开始车削时，转速应低些，以后再逐步提高。

调整中、小滑板间隙。间隙应适当，要求手柄摇动自如，基本无间隙。

4）车螺纹的操作方法。车螺纹有两种基本的操作方法，一种是用开合螺母车螺纹，另一种是用顺车车螺纹，两种方法都要熟练掌握。用开合螺母车螺纹，要求工件螺距与车床丝杠螺距成整数比，当不成整数比时，一定要用倒顺车的方法车削，否则会使螺纹产生乱牙而报废。

a. 用开合螺母车螺纹的操作方法。

开动机床，使刀尖与工件外圆相擦，作为车螺纹的起始位置，将中滑板刻度调零位。摇动床鞍手柄使刀尖离轴端约 5～10 mm。中滑板模拟进给后，左手仍握在手柄上作好退刀准备，右手将开合螺母手柄向下压，如图 1－62（a）所示，当开合螺母一经闭合，床鞍就迅速向前移动，此时右手仍握在手柄上，做好脱开准备。当刀尖进入退刀位置时，左手迅速摇动中滑板柄，使车刀退出，同时右手立即将开合螺母手柄提起使床鞍停止移动。

床鞍手柄，使其复位，然后再做重复练习，直至熟练。

b. 用倒顺车车螺纹的操作方法。

用倒顺车车螺纹，车削前应检查卡盘与主轴间的保险装置是否完好，以防反转时卡盘脱落。开合螺母操纵手柄上最好吊上重锤块，以使开合螺母与丝杠配合间隙保持一致。操作的方法如下：

开动机床，一手提起操纵杆，另一手握中滑板手柄，如图 1－62（b）所示，当刀尖离轴端约 3～5 mm 处，操纵杆即刻放在中间位置，使主轴停止转动。

用中滑板刻度控制背吃刀量，因练习的需要，背吃刀量可小些，每次约取 0.05 mm。

操纵杆向上提起，车床主轴正转，此时车刀刀尖切入外圆，并迅速向前移动在外圆上切出浅浅一条螺旋槽。当刀离退刀位置约 2～3 mm 时，要作好退刀准备，操纵杆开始向下，此时主轴由于惯性作用仍在作顺向转动，但车速逐渐下降，当刀尖进入退刀位置时，要快速摇动中滑板手柄将车刀退出。当刀尖离开工件时，操纵杆迅速向下推，使主轴作反转，床鞍后退至车刀离工件轴端约 3 ~ 5 mm 时，操纵杆放在中间位置使主轴停止转动。进退刀动作要反复练习才能达到基本熟练。

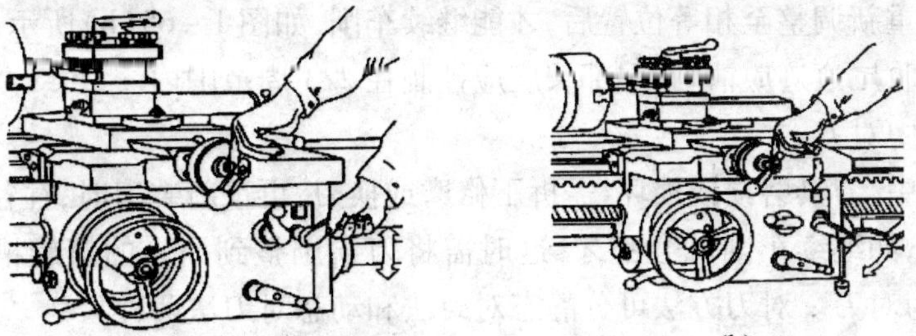

(a) (b)

图 1 - 62 车螺纹的操作方法

(a)用开合螺母车螺纹进刀动作；(b)用倒顺车车螺纹进刀动作

进退刀动作过程可归纳为进刀(中滑板刻度控制背吃刀量)→操纵杆向上，主轴正转纵向进给车螺纹→车刀横向退刀→操纵杆向下，主轴作倒转床鞍复位→操纵杆放中间，主轴停止转动。

模拟车螺纹时应注意在作进、退刀动作时，应全神贯注，眼看刀尖，动作敏捷，在刹那间，先退刀后脱开开合螺母(或进行倒车)。

5)用直进法车螺纹的操作方法。

a. 确定车螺纹背吃刀量的起始位置。开动机床，移动床鞍及中滑板使刀尖与螺纹外圆接触，床鞍向外退出，将中滑板刻度调整至零位。

b. 检查螺距的方法。

用钢直尺或游标卡尺检查。一般先在外圆上用螺纹车刀刀尖车出一条很浅的螺旋线，用钢直尺或游标卡尺检查螺距，如图 1 - 63(a)所示。为了减少误差，测量时应多量几牙，并应凑成整数，例如，螺距 1.5 mm，可测量 10 牙，即为 15 mm，或 8 牙为 12 mm。

用螺距规检查。检查时，把标明螺距的螺距规平行轴线方向嵌入牙型中，如图1 - 63(b)所示，如完全符合，则说明被测的螺距正确。螺距如不符合要求，应检查交换齿轮齿数与安装位置是否正确，同时还应仔细检查进给箱手柄位置是否正确。

c. 控制螺纹背吃刀量的方法。利用中滑板刻度，根据螺纹的总背吃刀量，合理分配每刀切削量。即第一刀背吃刀量约 1/4 牙型高，以后逐步递减，如图 1 - 64 所示，即“直进法”车螺纹。

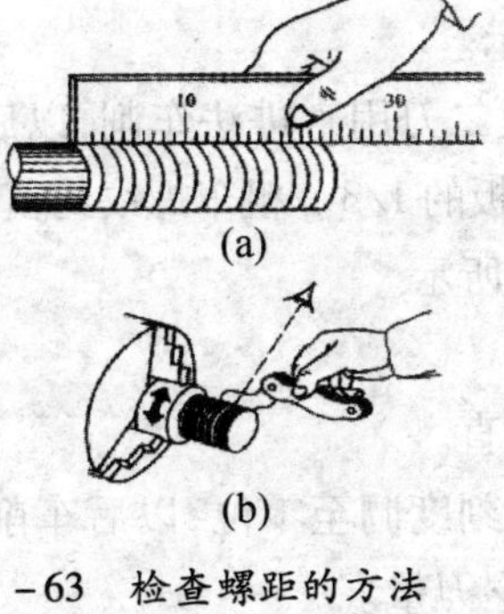

(a)

(b)

图 1 - 63 检查螺距的方法

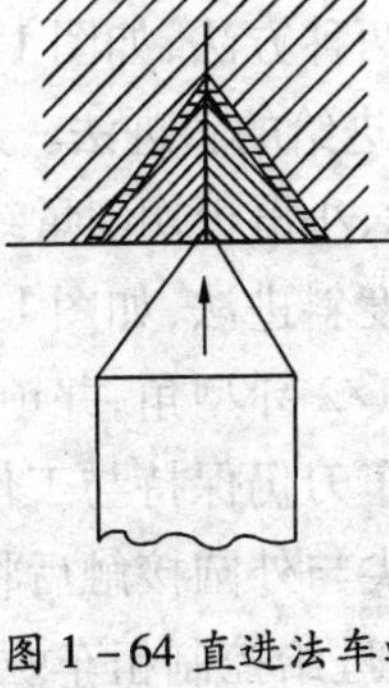

图 1 - 64 直进法车螺纹

d. 牙型的检查及收尾要求。

牙型歪斜及纠正方法。当粗车螺纹初步成形后，应作牙型检查。在灯光的配合下目测牙形，如牙形歪斜，如图 1－65(a)所示，是车刀未装正造成的。纠正的方法是，用螺纹样板将车刀的两半角重新调整至相等位置后，才能继续车削，如图 1－65(b)所示。

收尾要求。收尾痕迹应清晰，尾部长度应控制在 2/3 周范围内。

e. 车削过程中对刀。

车螺纹过程中，刀具磨损或损坏，需拆下修磨或换刀，再重新装刀时，往往刀尖位置不在原来的螺旋槽中，如继续车削就会乱牙，这时需将刀尖调整到原来的螺旋槽中才能继续车削，这一过程称为对刀。对刀方法可分静态对刀法和动态对刀法两种。

静态对刀法。主轴慢速正转，闭合开合螺母，当刀尖近螺旋槽时停车，注意：主轴不可倒转。移动中、小滑板将螺纹车刀刀尖移至螺旋槽的中间。然后记取中滑板刻度值后退出。

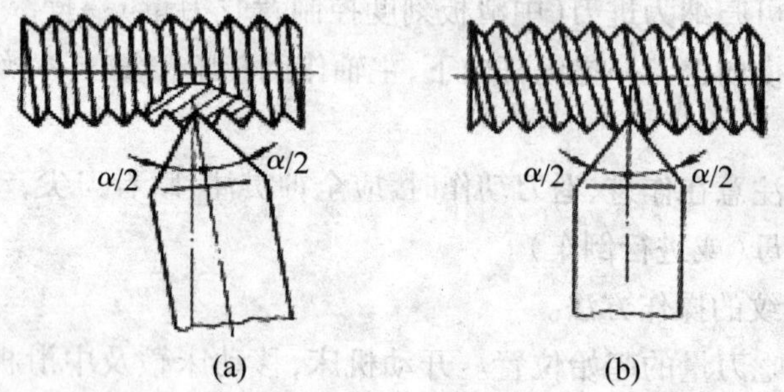

图 1－65　牙型检查

(a)歪斜；(b)正确

动态对刀法。由于静态对刀法凭目测对刀有一定误差，适用于粗对刀。精对刀一般采用动态对刀法，对刀时车刀在运动中进行，动态对刀的操作方法如下

主轴慢速正转，闭合开合螺母。

移动中、小滑板，将螺纹车刀刀尖对准螺纹槽中间或根据车削需要，将其中一侧切削刃与需要切削的螺纹斜面轻轻接触，有极微量切屑时，即记取中滑板刻度值后，退出车刀。

动态对刀时，要眼明手快、动作敏捷而准确，在一至二次行程中使车刀对准。

6)斜进法和左右切削法车螺纹。对于螺距较大的螺纹(一般情况下 $p>3$ mm)，粗车用斜进法，精车用左右切削法。

a. 斜进法车螺纹。

控制背吃刀量有两种方法，如图 1－66 所示。

用中、小滑板交替进给的斜进法。开始一至二刀用直进法车削，以后用中、小滑板交替进给，如图 1－66(a)所示，小滑板切削量约为中滑板的 1/3。粗车螺纹约留 0.2 mm 作精车量。

用小滑板转动角度斜进法，如图 1－66(b)所示。

转动小滑板等于 1/2 牙型角，并锁紧。

转动刀架使螺纹车刀仍保持与工件轴线垂直。

切削方法是当刀尖与外圆接触后将中滑板刻度调至零位，以后车削时，中滑板每次进至刻度的零位，用小滑板进给控制粗车螺纹的背吃刀量。

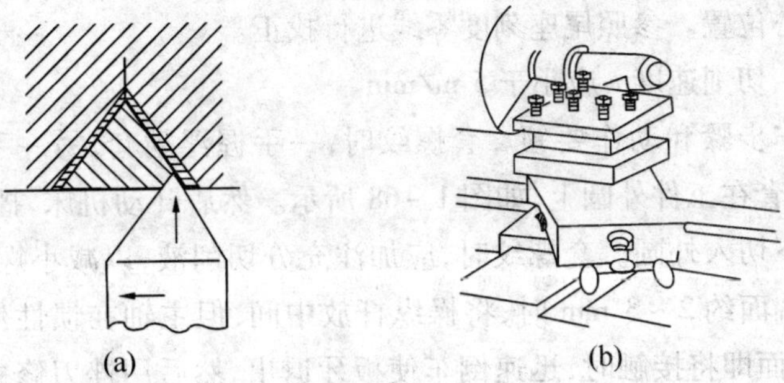

图 1-66 斜进法车螺纹

(a)用中、小滑板交替进给的斜进法；(b)用小滑板转动角度斜进法

b. 左、右切削法车螺纹(图 1-67)。

先将螺纹车刀对准螺旋槽中，当刀尖与牙底接触后记下中滑板刻度。以后每刀车削时，除了用中滑板进给外，同时小滑板作微量进给，并加注切削液以使螺纹表面粗糙度值减小，当一侧面车光后再用同样的方法精车另一面。注意：车刀左、右移动量不能过大，每次约0.05 mm，为避免牙底扩大，中滑板应适量进给。

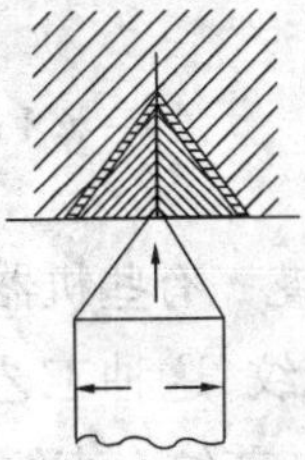

图 1-67 左、右切削法车螺纹

用螺纹环规检查螺纹精度。环规有通端和止端，通端应旋到底，止端不可旋进，如旋进就表明螺纹中径尺寸已车小。

牙尖用细平锉锉去毛刺，螺纹不完全牙的锐边用车刀切除。

7)在车床上用板牙套螺纹。板牙是标准多刃螺纹加工刀具。有圆板牙、方板牙和六角板牙 3 种。圆板牙分机用和手用两种，一般用于切削直径较小的螺纹。切削效果以直径 8 ~ 12 mm为最佳。车床上用板牙套螺纹，其操作方便，生产效率高，质量稳定，适用于单件和批量生产。

a. 车螺纹外圆。外圆直径可按下列经验公式计算：

$$d_{外} = d - (0.1 \sim 0.15)P \qquad (1-28)$$

式中，$d_{外}$——套螺纹时外圆直径(mm)；

d——外螺纹大径(mm)；

P——螺距(mm)。

加工塑性材料时取大值，加工脆性材料时取小值。然后确定长度及车沟槽。

b. 选择和装夹板牙。

板牙的选择。使用前应看清板牙端面所标的规格是否与图样相符，并检查齿部是否缺损，不完好的板牙一般不宜使用。

装夹套螺纹工具和板牙的方法

装夹套螺纹工具的方法。擦干净套螺纹工具的锥柄和尾座套筒锥孔，用较大的推力将套螺纹工具插入尾座套筒内。

装夹板牙的方法。擦干净板牙并放进工具体台阶孔内，注意正面应朝外，反面孔底靠平，并将板牙外圆上的定位浅孔对准套上的锁紧螺钉孔，然后旋紧螺钉将板牙禁固。

找正尾座的中心位置。参照尾座刻度零线进行找正。

调整主轴转速。切削速度 v 应小于 5 m/min。

c. 套螺纹的操作步骤和动作要领。套螺纹时，一手握浮动套，另一手摇动尾座套筒手轮，使板牙工件轻轻套在工件外圆上，如图 1－68 所示。然后开动机床，摇动尾座手轮，使板牙在轴向力的作用下切入外圆。套螺纹时，应加注充分切削液，以减小螺纹表面粗糙度值。当板牙进入至工件端面约 2～3 mm 时，将操纵杆放中间，但主轴在惯性作用下仍作慢速转动，当板牙与工件端面即将接触时，迅速倒车使板牙退出，然后用锉刀修去螺纹牙尖处的毛刺。注意应经常清除板牙及浮动套孔内切屑以防止挤伤、拉毛螺纹表面。

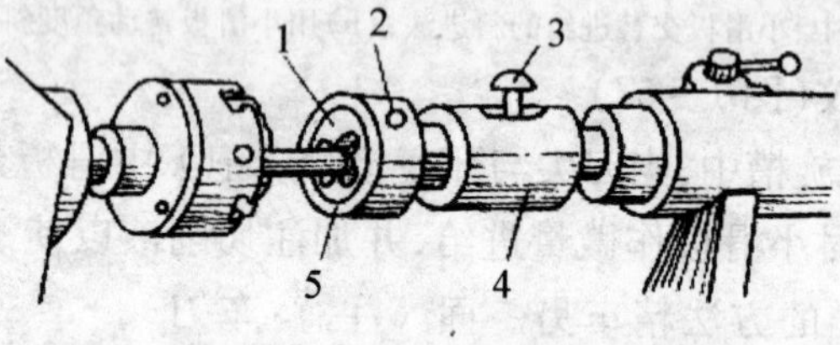

1－板牙；2－锁紧螺钉；3－防转螺钉；4－套螺纹工具的锥柄；5－浮动套孔

图 1－68　套螺纹工具和套螺纹

（8）滚花　有些机器零件或工具，为了便于握持和外形美观，往往在工件表面上滚出各种不同的花纹，这种工艺叫滚花。这些花纹一般是在车床上用滚花刀滚压而成的。如图 1－69所示。花纹有直纹和网纹两种，滚花刀相应有直纹滚花刀和网纹滚花刀两种。

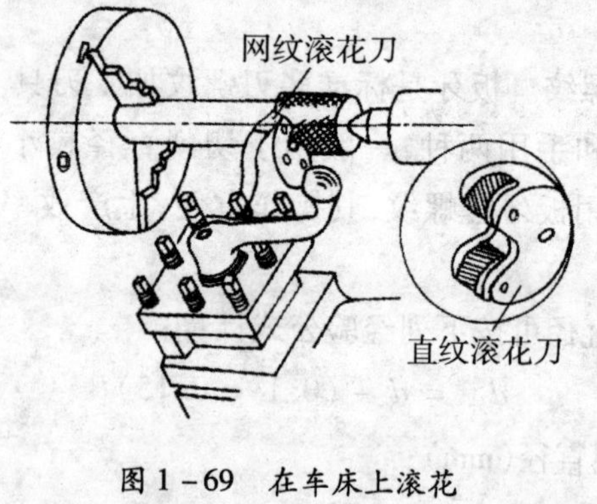

图 1－69　在车床上滚花

滚花时，先将工件直径车到比需要的尺寸略小 0.5 mm 左右，表面粗糙度 Ra 较大。车床转速要低一些（一般为 200～300 r/min）。然后将滚花刀装在刀架上，使滚花刀轮的表面与工件表面平行接触，滚花刀对着工件轴线开动车床，使工件转动。当滚花刀刚接触工件时，要用较大较猛的压力，使工件表面刻出较深的花纹，否则会把花纹滚乱。这样来回滚压几次，直到花纹滚凸出为止。在滚花过程中，应经常清除滚花刀上的铁屑，以保证滚花质量。此外由于滚花时压力大，所以工件和滚花刀必须装夹牢固，工件不可以伸出太长，如果工件太长，就要用后顶尖顶紧

5. 车削外圆表面的工艺应用

根据毛坯的制造精度和工件最终加工要求，外圆车削一般可分为粗车、半精车、精车和精细车。

(1)粗车　目的是切去毛坯硬皮和大部分余量,主要目的是提高生产率。加工后工件尺寸精度IT12～IT11级,表面粗糙度Ra为12.5 μm。

(2)半精车　尺寸精度可达IT10～IT9级,表面粗糙度Ra为6.3～3.2 μm。半精车可作为中等精度表面的终加工,也可作为磨削或精加工的预加工。

(3)精车　一般作为较高精度外圆表面的终加工,其主要目的是达到零件的表面的加工要求,尺寸精度可达IT8～IT7,表面粗糙度Ra为1.6～0.8 μm。

(4)精细车　精细车后的尺寸精度可达IT6～IT5级,表面粗糙度Ra为0.8 μm。精细车尤其适合于有色金属加工,有色金属一般不宜采用磨削,所以常用精细车代替磨削。

(二)轴类零件外圆表面的磨削加工

磨削是外圆表面精加工的主要方法之一。它既可加工淬硬后的表面,又可加工未经淬火的表面。

1.磨削加工特点

1)加工余量少,加工精度高。一般磨削可获得IT5～IT7级精度。

2)磨削加工范围广,表面粗糙度Ra可达0.2～1.6 μm。

各种表面:内外圆表面、圆锥面、平面、齿面和螺旋面。

各种材料:普通塑性材料、铸件等脆材、淬硬钢、硬质合金和宝石等高硬度难切削材料。

3)磨削速度高、耗能多,切削效率低,磨削温度高,工件表面易产生烧伤、残余应力等缺陷。

4)砂轮有一定的自锐性。

2.磨削运动

不同种类的磨削加工,运动的数目和形式也有所不同。如图1－70所示为外圆磨削、内圆磨削和平面磨削的切削运动。

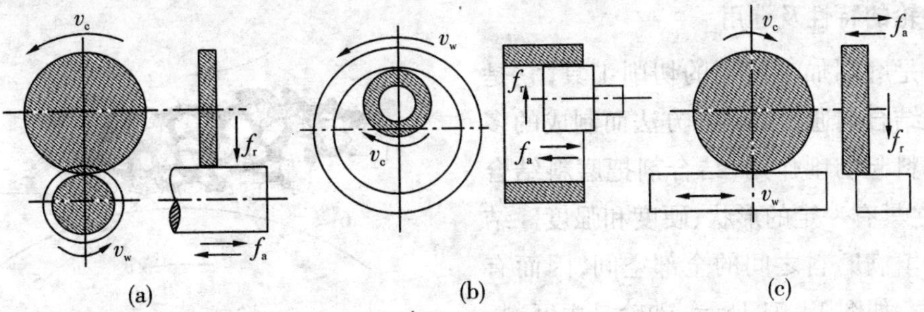

图1－70　磨削运动

(a)外圆磨削;(b)内圆磨削;(c)平面磨削

(1)主运动　砂轮的旋转运动称为主运动。砂轮的圆周线速度称磨削速度,用v_c表示,单位为m/s。氧化铝或碳化硅砂轮:25～50 m/s;CBN砂轮或人造金刚石砂轮:80～150 m/s。

$$v_c = \frac{\pi d n}{1000 \times 60} \tag{1-29}$$

式中，d——砂轮直径(mm)

n ——砂轮转速(r/min)

(2)径向进给运动　砂轮相对于工件径向的运动，其大小用径向进给量f_r表示。当作间歇进给时，f_r指工作台每单行程或双行程内工件相对于砂轮径向移动的距离，单位为 mm/单行程或 mm/双行程)。粗磨 0.015 ~ 0.05 mm/单行程或 0.015 ~ 0.05 mm/双行程；精磨 0.005 ~ 0.01 mm/单行程或 0.005 ~ 0.01 mm/双行程。当作连续进给时，用径向进给速度 v_r表示，单位为 mm/s。径向进给量f_r亦称磨削深度 a_p(相当于车削时的背吃刀量)。

(3)轴向进给运动　工件相对于砂轮沿轴向的运动，称轴向进给运动。轴向进给量用f_a表示。它指工件每一转或工作台每一次行程，工件相对砂轮的轴向移动的距离。一般情况下粗磨$f_a=(0.3 \sim 0.7)B$，精磨$f_a=(0.3 \sim 0.4)B$，B 为砂轮宽度，单位为 mm；f_a的单位圆磨为 mm/r，平磨为 mm/st。外圆或内圆磨削有时还用轴向进给速度 v_f表示，单位为 mm/min。$v_f=n_w f_a$(其中 n_w为工件的转速，r/min)。

(4)工件圆周进给运动　内外圆磨削时工件的回转运动，称为工件圆周进给运动。工件回转外圆线速度为圆周进给速度，用 v_w表示，单位为 m/min，可用下式计算：

$$v_w = \pi d_w n_w / 1\,000 \tag{1-30}$$

式中，d_w——工件直径(mm)

n_w——工件转速(r/min)

粗磨 20 ~ 30 m/min；精磨 20 ~ 60 m/min。

外圆磨削时，若 v_c，v_w，f_a同时具有且连续运动，则为纵向磨削；若无轴向进给运动，即$f_a=0$，则砂轮相对于工件作连续径向进给，称为横向磨削(或切入磨削)。

内圆磨削与外圆磨削运动相同，但因砂轮的直径受工件孔径尺寸的限制，砂轮轴刚性较差，切削液也不易进人磨削区，因而磨削用量较小，磨削效率不如外圆磨削高。

3. 砂轮的特性及选用

砂轮是磨削加工使用的切削工具，它是由磨料加结合剂通过烧结的方法而制成的多孔体。磨料起切削作用，结合剂把磨料结合起来，使之具有一定的形状、硬度和强度。结合剂没有填满磨料之间的全部空间，因而有气孔存在。如图 1-71 所示，砂轮是由磨料、结合剂和气孔 3 部分组成。

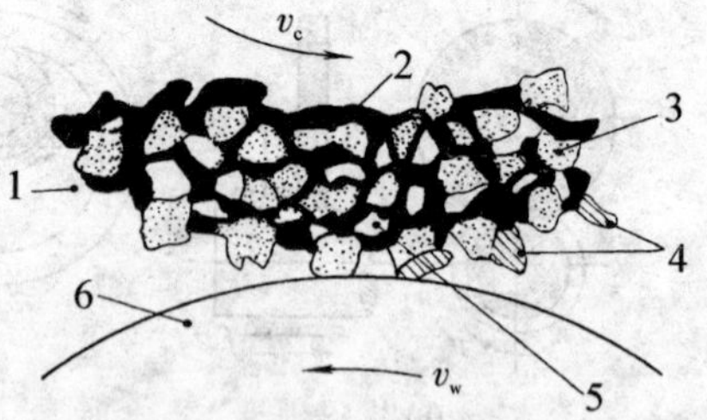

1-砂轮；2-结合剂；3-磨粒；4-磨屑；
5-气孔；6-工件

图 1-71　砂轮的构造

磨料的种类和颗粒大小、结合剂的种类、砂轮硬度及组成是决定砂轮特性的基本参数。磨料、结合剂及制造工艺等的不同，使砂轮特性有很大差别，对磨削的加工质量、生产效率和经济性有着重要影响，组成砂轮的组成要素。

(1)磨料　磨料分为天然磨料和人造磨料两大类。一般天然磨料含杂质多，质地不匀；

天然金刚石虽好，但价格昂贵。所以目前主要采用人造磨料。常用人造磨料可分为氧化物系、碳化物系和超硬磨料系三大类。氧化物系主要成分为 Al_2O_3；碳化物系主要以碳化硅、碳化硼为基体，根据其纯度或添加的金属元素不同又可分为不同品种；超硬磨料系中主要有人造金刚石和立方氮化硼。各种常用磨料的名称、代号、性能和用途见表 1－15。

(2) 粒度　粒度是指磨料颗粒的大小。GB/T2481.1－1998《固结磨具用磨料粒度组成的检测和标记第 1 部分：粗磨粒 F4－F220》、GB/T2481.2－1998《固结磨具用磨料粒度组成的检测和标记第 2 部分：微粉 F230－F1200》规定，粒度号以每英寸(25.4mm)筛网长度上筛孔的数目来表示，粒度号越大，表示颗粒越细。一般磨粒(F4－F220，制砂轮用)用筛分法来确定粒度号；微粉 F230－F1200 用沉降法区别，主要用光电沉降仪区分，多用于研磨等精密加工和超精密加工。

粒度对磨削生产率和加工表面粗糙度影响很大。一般来说，粗磨用粗粒度，精磨用细粒度。当工件材料软、塑性和磨削面积大时，为避免堵塞砂轮采用粗粒度。磨料粒度号和应用见表 1－15。

(3) 结合剂　把磨粒固结成磨具的材料称为结合剂。结合剂的性能决定了磨具的强度、耐冲击性、耐磨性和耐热性，此外，它对磨削温度和磨削表面质量也有一定的影响。常用结合剂及其选择见表 1－15。

(4) 硬度　磨粒在磨削力作用下从磨具表面脱落的难易程度称为硬度。砂轮硬度主要由结合剂的强度决定，反映了结合剂固结磨粒的牢固程度，与磨粒本身硬度无关。同一种磨料可以制成不同硬度的砂轮。砂轮硬就是磨粒固结得牢，不易脱落；砂轮软，就是磨粒固结得不太牢，容易脱落。砂轮的硬度对磨削生产率和磨削表面质量都有很大的影响。如果砂轮太硬，磨粒磨钝后仍不能脱落，则磨削效率很低，工件表面粗糙并可能被烧伤。如果砂轮太软，磨粒未磨钝已从砂轮上脱落，砂轮损耗大，形状不易保持，影响工件质量。砂轮的硬度合适，磨粒磨钝后因磨削力增大而自行脱落，使新的锋利的磨粒露出，具有自锐性。砂轮自锐性好，磨削效率高，工件表面质量好，砂轮的损耗也小。

砂轮硬度选择的原则，主要是根据加工工件材料的性质和具体的磨削条件。一般来说，工件材料较硬、砂轮与工件磨削接触面较大、磨削薄壁零件及导热性差的工件(如不锈钢、硬质合金)、砂轮气孔率较低时，需选用较软的砂轮，内圆磨削和端面平磨与外圆磨削相比，半精磨与粗磨相比，树脂与陶瓷相比，选用的砂轮硬度要低些。加工软材料时，因易于磨削，磨粒不易磨钝，砂轮应选硬一些，但对于像有色金属这种特别软而韧的材料，由于切屑容易堵塞砂轮，砂轮的硬度右选得较软一些。精磨和成型磨削时，应选用硬一些的砂轮，以保持砂轮必要的形状精度。

(5) 组织　组织表示砂轮中磨料、结合剂和气孔三者体积的比例关系，也表示砂轮结构的紧密或疏松程度。磨粒在砂轮体积中所占比例越大，砂轮的组织越紧密，气孔越小；反之，组织越疏松。根据磨粒在砂轮中占有的体积分数(称磨料率)，砂轮的组织可分为紧密、中等和疏松三大类，如图 1－72 所示，组织号细分为 0～14，其中 0～3 号属紧密类；4～7 号属中等类；8～14 号属疏松类。

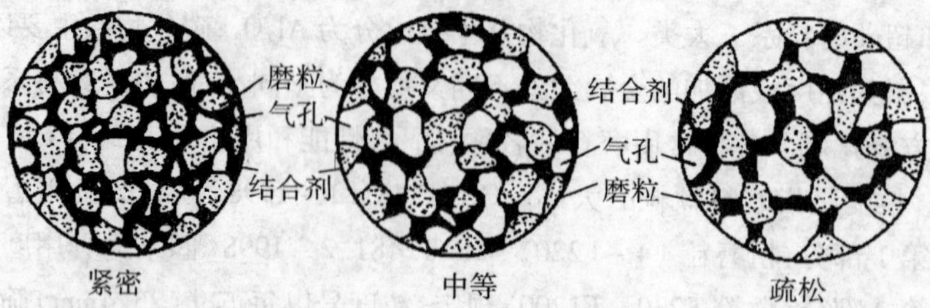

图 1－72　砂轮的组织

紧密类砂轮，气孔率小，使砂轮变硬，容屑空间小，容易被磨屑堵塞，磨削效率较低。但可承受较大的磨削压力，砂轮廓形可保持较久，故适用于在重压力下磨削（如手工磨削以及精磨、成形磨削等）。中等组织的砂轮适用于一般磨削。疏松类砂轮，磨粒占的比例越小，气孔越大，砂轮越不易被切屑堵塞，切削液和空气也易进入磨削区，使磨削区温度降低，工件因发热而引起的变形和烧伤减小，但疏松类砂轮易失去正确廓形，降低成形表面的磨削精度，增大表面粗糙度。故适用于粗磨、平面磨和内圆磨等磨削接触面积较大的工件，以及磨削热敏感性较强的材料、软金属和薄壁工件。常用的组织号为5。砂轮的组织及选择见表1－15。

4. 砂轮的形状、尺寸与标志

为了适应在不同类型的磨床上磨削各种不同形状和尺寸工件的需要，砂轮需制成不同的形状和尺寸。GB/T2484—2006《固结磨具一般要求》对砂轮的名称、代号、形状和尺寸标记等做了规定，砂轮标志顺序：形状代号、尺寸、磨料、粒度号、硬度、组织号、结合剂和允许的最高线速度，如图 1－73 所示。表 1－16 列出了常用砂轮的名称、代号、形状和主要用途。

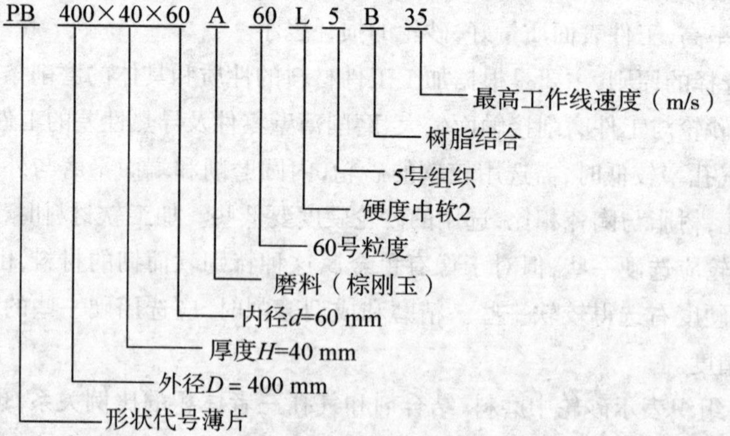

图 1－73　砂轮标志

表 1－15　砂轮的组织及选择

砂轮 — 磨粒 — 磨料

系别	名称	代号	性　能	适用范围
刚　玉	棕刚玉	A	棕褐色，硬度较低，韧性较好	磨削碳素钢，可锻铸铁与青铜
	白刚玉	WA	白色，较 A 硬度高，磨粒锋利，韧性差	磨削淬硬的高碳钢，合金钢，高速钢，高速钢，磨削薄壁零件，成形零件
	铬钢玉	PA	玫瑰红色，韧性比 WA 好	磨削高速钢，不锈钢，成形磨削，刃磨刀具，高表面质量磨削
碳化物	黑碳化硅	C	黑色带光泽，比刚玉类硬度高，导热性好，但韧性差	磨削铸铁，黄铜，耐火材料及其他非金属材料
	绿碳化硅	GC	绿色带光泽，较 C 硬度高，导热性好，韧性较差	磨削硬质合金，宝石，光学玻璃
超硬磨料	人造金刚石	MBD，RVD，SCD 和 M－SD 等	白色、淡绿、黑色，硬度最高，耐热性较差	磨削硬质合金，光学玻璃，花岗岩，大理石，宝石，陶瓷等高硬度材料
	立方氮化硼	CBN，M－CBN 等	棕黑色，硬度仅次于 MBD，韧性较 MBD 等好	磨削高性能高速钢，不锈钢，耐热钢及其他难加工材料

砂轮 — 磨粒 — 粒度

类别		粒度号	适用范围
磨粒	粗粒	F4，F5，F6，F8，F10，F12，F14，F16，F20，F22，F24	荒磨
	中粒	F30，F36，F40，F46	一般磨削。加工表面粗糙度可达 Ra 0.8 μm
	细粒	F54，F60，F70，F80，F90，F100	半精磨，精磨和成形磨削，加工表面粗糙度可达 Ra 0.8～0.1 μm
	微粒	F120，F150，F180，F220	精磨，精密磨，超精磨，成形磨，刃磨刀具，珩磨
微粉		F230，F240，F280，F320，F360，F400，F500，F600，F800，F1000，F1200	精磨，精密磨，超精磨，珩磨，螺纹磨，超精密磨，镜面磨，精研，加工表面粗糙度可达 Ra 0.05～0.01 μm

砂轮 — 结合剂 — 种类

名称	代号	性　能	适用范围
陶瓷	V	耐热、耐油、耐酸、耐碱、强度较高，但性较脆	除薄片砂轮外、能制成各种砂轮
树脂	B	强度高，富有弹性，具有一定势光作用，耐热性差，不耐酸碱	荒磨砂轮，磨窄槽，切断用砂轮，高速砂轮，镜面磨砂轮
橡胶	R	强度高，弹性更好，抛光作用好，耐热性差，不耐油和酸，易堵塞	磨削轴承沟道砂轮，无心磨导轮，切割薄片砂轮，抛光砂轮

砂轮 — 结合剂 — 硬度

等级	超软			软			中软		中		中硬			硬		超硬
代号	D	E	F	G	H	J	K	L	M	N	P	Q	R	S	T	Y
选择	磨沫淬硬钢选用 L～N，磨淬火合金钢选用 H～K，高表面质量磨削时选用 K～L，刃磨硬质合金刀具选用 H～J															

砂轮 — 气孔 — 组织

组织号	0	1	2	3	4	5	6	7	8	9	10	11	12	13	14
磨粒率(%)	62	60	58	56	54	52	50	48	46	44	42	40	38	36	34
用途	成形磨削，精密磨削				磨削淬火钢，刃磨刀具				磨削硬度不高的韧性材料					磨削热敏性高的材料	

表 1－16 常用砂轮的名称、代号、形状和主要用途

代号	名称	断面形状	形状尺寸标记	主要用途
1	平面砂轮	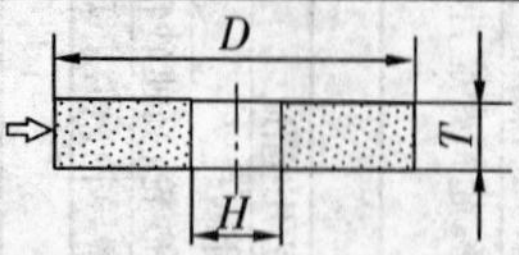	1－D×T×H	磨外圆、内孔、平面，无心磨及刃磨刀具
2	筒形砂轮	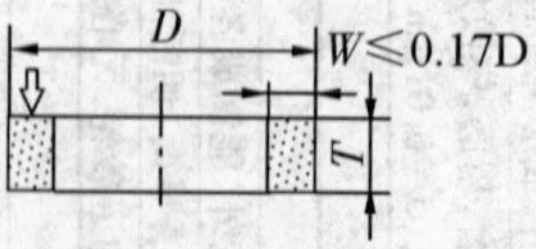	2－D×T－W	端磨平面
4	双斜边砂轮	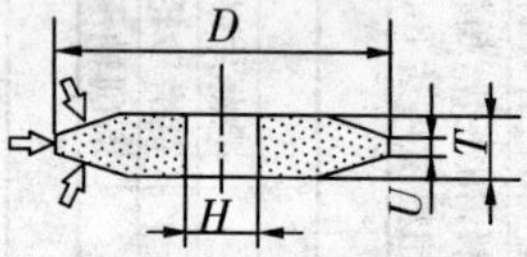	4－D×T/U×H	磨齿轮及螺纹
6	杯形砂轮	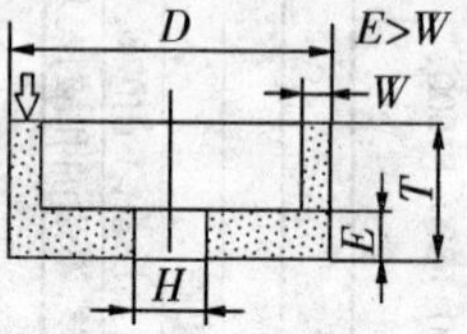	6－D×T×H－W,E	端磨平面，刃磨刀具后刀面
11	碗形砂轮	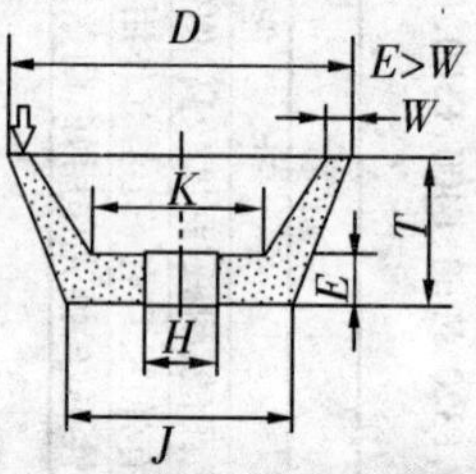	11－D/J×T×H－W,E,K	端磨平面，刃磨刀具后刀面
12a	碟形一号砂轮	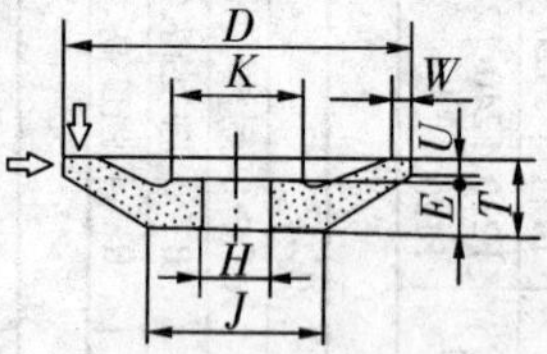	12a－D/J×T/U×H－W,E,K	刃磨刀具前刀面
41	薄片砂轮	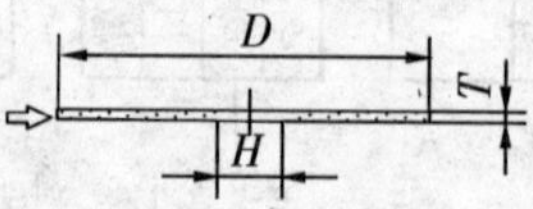	41－D×T×H	切断及磨槽

注：↓所指表示基本工作面。

5. 磨削过程

（1）磨削过程分析　磨削与铣削相比，磨粒刃口钝，形状不规则，分布不均匀。其中一些凸出和比较锋利的磨粒，切入工件较深，切削厚度较大，起切削作用，如图 1－74(a)所示。由于切屑非常细微，磨削温度很高，磨屑飞出时氧化形成火花。不太凸出或磨钝的磨粒，切不下切屑，只起刻划作用，如图1－74(b)所示，在工件表面上刻划出很小的沟痕，工件材料则被挤向磨粒两旁，在沟痕两边形成隆起。更钝的、比较凹下的磨粒，既不切削也不刻划工件，只是从工件表面滑擦而过，起抛光作用，如图1－74(c)所示。另外，即使参加切削的磨粒，在刚进入磨削区时，也先经过滑擦和刻划阶段，然后进行切削，见图1－75。所以磨削过程是包括切削、刻划和抛光作用的综合复杂过程。

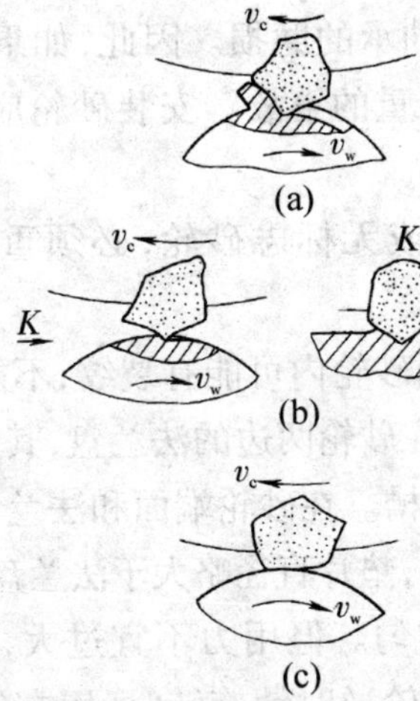

图1－74　磨粒的切削作用

(a)切削作用；(b)刻划作用；(c)抛光作用

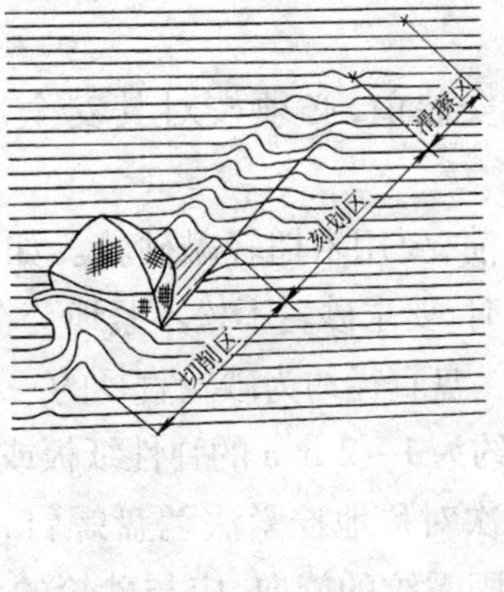

图1－75　磨粒的切削过程

(2)磨削阶段　磨削时，由于背向磨削力F_p很大，引起工件、夹具、砂轮和磨床系统产生弹性变形，使实际磨削深度与磨床刻度盘上所显示的数值有差别。所以，普通磨削的实际磨削过程可分为三个阶段，图1－76为其示意图。图中虚线为磨床刻度盘所显示的磨削深度。

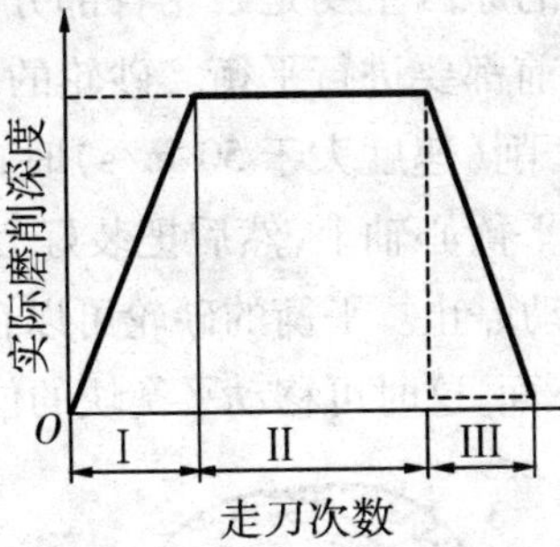

图1－76　磨削阶段

1)初磨阶段(Ⅰ)。当砂轮开始接触工件时，由于工艺系统弹性变形，实际磨削深度比磨床刻度盘所显示的径向进给量小。磨床、工件、夹具和砂轮工艺系统刚性越差，此阶段的磨削时间越长。

2)稳定阶段(Ⅱ)。当工艺系统弹性变形达到一定程度后，继续径向进给时，其实际磨削深度基本上等于径向进给量。

3)清磨阶段(Ⅲ)。在磨去主要加工余量后，可以减少径向进给量或完全不进给再磨一段时间。这时，由于工艺系统的弹性变形逐渐恢复，实际磨削深度大于零。随着工件被磨去一层又一层，实际磨削深度逐渐趋于零，磨削火花逐渐消失。清磨阶段可以提高磨削精度，减小表面粗糙度。从图1－76中可知，要提高生产率，应缩短初磨阶段和稳定阶段。要提高表面质量必须保持适当的清磨走刀次数和清磨时间。

掌握了这三个阶段的规律，在开始磨削时，可采用较大的径向进给量以提高生产率；最后阶段应采用无径向进给磨削以提高工件质量。

6. 砂轮的安装、平衡与修整

(1) 砂轮的安装　磨削时砂轮高速旋转，而且由于制造误差，使其重心不与安装的法兰盘中心线相重合，从而产生不平衡的离心力，加速砂轮轴承的磨损。因此，如果砂轮安装不当，不但会降低磨削工件的质量，还会突然碎裂造成较严重的事故。安装砂轮应注意以下几个方面：

1) 砂轮安装前，必须校对其安全速度。标志不清或无标志砂轮，必须重新经过回转试验。

2) 安装前，要用木槌轻敲砂轮。如发现有哑声，说明砂轮内可能有裂纹，不能使用。

3) 安装时，要求砂轮不松不紧地套在砂轮主轴上；夹在砂轮两边的法兰盘，其形状、大小必须相同。法兰盘直径约为砂轮直径的一半，内侧要求有凹槽。在砂轮端面和法兰盘之间，要垫上一块厚度约为 1 ~ 2 mm 的弹性纸板或皮革、耐油橡皮片，垫片直径略大于法兰盘的外径。

4) 应依次对称地拧紧法兰盘螺钉，使夹紧力分布均匀。但用力不宜过大，以免压裂砂轮。注意紧固螺纹的旋向，应与砂轮的旋向相反，即当砂轮逆时针旋转时，用右旋螺纹，这样砂轮在磨削力作用下，将带动螺母越旋越紧。

5) 砂轮安装好后，至少须经过一次静平衡才能安装到磨床上。

(2) 砂轮的平衡　一般直径大于 125 mm 的砂轮都要进行平衡，使砂轮的重心与其旋转轴线重合。不平衡的砂轮在高速旋转时会产生振动，影响加工质量和机床精度，严重时还会造成机床损坏和砂轮碎裂。引起不平衡的原因主要是砂轮各部分密度不均匀，几何形状不对称以及安装偏心等。因此在安装砂轮之前都要进行平衡。砂轮的平衡有静平衡和动平衡两种，一般情况下只需作静平衡，但在高速磨削(速度大于 50 m/s)时，必须进行动平衡。图1 - 77为砂轮静平衡装置。平衡时将砂轮装在平衡心轴上，然后把装好心轴的砂轮平放到平衡架的平衡导轨上，砂轮会作来回摆动，直至摆动停止。平衡的砂轮可以在任意位置都静止不动。如果砂轮不平衡，则其较重部分总是转到下面，这时可移动平衡块的位置使其达到平衡。

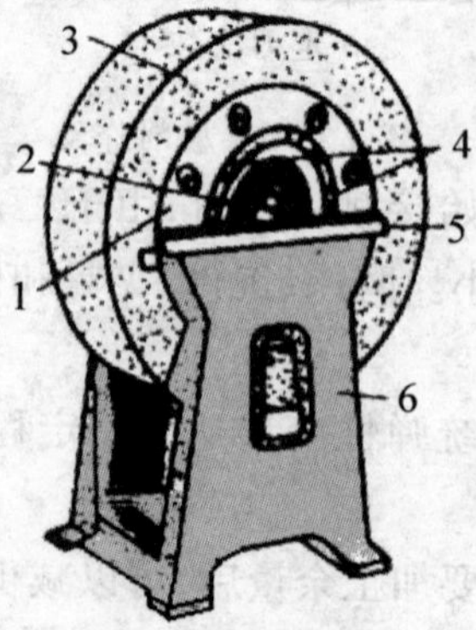

1 - 法兰盘；2 - 心轴；3 - 砂轮；4 - 平衡块；5 - 平衡轨道；6 - 平衡架

图 1 - 77　砂轮的静平衡

平衡砂轮的方法：在砂轮法兰盘的环形槽内装入几块平衡块，通过调整平衡块的位置使砂轮重心与它的回转轴线重合。

(3)砂轮的修整　砂轮工作一段时间以后，磨粒逐渐变钝，工作表面的空隙被堵塞，正确的几何形状被改变，因此砂轮必须进行修整，以恢复其切削能力和精度。砂轮本身虽有自锐性，但是，由于切屑和碎磨粒会把砂轮堵塞，使它失去切削能力；而且磨粒随机脱落的不均匀性，还会使砂轮失去外形精度，所以，为了恢复砂轮的切削能力和外形精度，在磨削一定时间后，仍需对砂轮进行修整。

修整砂轮常用的工具有大颗粒金刚石笔，如图1-78(a)、多粒细碎金刚石笔，如图1-78(b)和金刚石滚轮，如图1-78(c)。多粒金刚石笔修整效率较高，所修整的砂轮磨出的工件表面粗糙度较小。金刚石滚轮修整效率更高，适于修整成形砂轮。大颗粒金刚石笔修整砂轮时，每次修整深度为2~20 μm，轴向进给速度为20~60 mm/min，一般砂轮的单边总修整量为0.1~0.2 mm。修整时要用大量切削液，以避免因温升损坏金刚石刀。

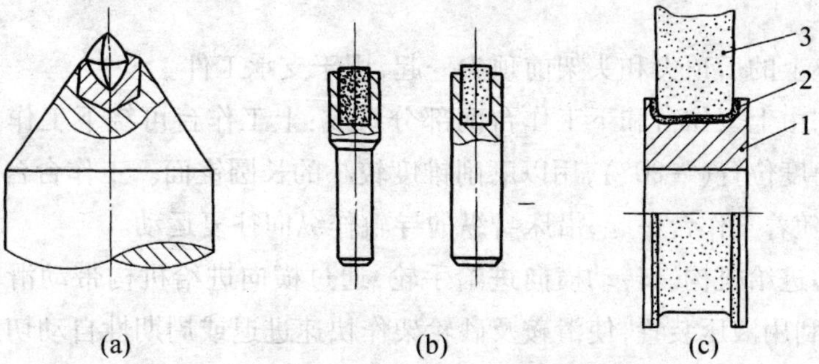

1-轮体　2-金刚石　3-被修整砂轮

图1-78　砂轮修整工具

(a)大颗粒金刚石笔；(b)多粒细碎金刚石笔；(c)金刚石滚轮

7. 磨削液的选用

磨削液不仅能起冷却作用，防止工件烧伤；还能将磨屑和脱落的磨粒冲走，以免划伤工件和堵塞砂轮，达到润滑的目的。因此，正确选用磨削液可提高工件的加工质量。磨削钢、铸铁、硬质合金和铜(软铜除外)等较硬材料时常选用苏打水(用于粗磨、高速磨削、强力磨削等产生磨削热较多的情况)和乳化液(用于要求表面粗糙度低的情况)等；磨削软铜、铝及其合金等较软的材料时选用煤油(或松节油)再加10%的机油、2%左右的四氯化碳(阻燃)组成的冷却液；磨削螺纹、齿轮磨削复杂形面时选用润滑性能好的冷却液，如由92%的硫化油、6%的油酸和20%的松节油组成的冷却液，也可采用10#或20#机械油。

8. 外圆磨床及应用

常用的外圆磨床包括万能外圆磨床、普通外圆磨床和无心外圆磨床等。主要用于轴、套类零件的外圆柱、外圆锥面，阶梯轴外圆表面及端面的磨削。

M1432A型万能外圆磨床是普通精度级万能外圆磨床，它主要用于磨削内外圆柱面、内外圆锥面、阶梯轴轴肩以及端面和简单的成形回转体表面等。磨削加工精度可达IT6~IT7级，表面粗糙度Ra为1.25~0.08 μm。这种磨床万能性强，但磨削效率不高，自动化程度较低,适用于工具车间、维修车间和中小批量生产类型。其主参数为最大磨削直径 320 mm。

(1)M1432A 型万能外圆磨床的组成部件及技术性能

1)磨床的主要组成部件。图 1－79 所示是 M1432A 型万能外圆磨床的外形图,它由下列主要部件组成:

床身。它是磨床的基础支承件,用以支承机床的各部件。床身的内部用作液压油的油池。

头架。它用于装夹工件并带动工件转动。当头架体座逆时针回转 0°～90°时,可磨削锥度大的短圆锥面。

砂轮架。它用以支承并传动砂轮主轴高速旋转。砂轮架装在滑鞍上,回转角度为 ±30°。当需要磨削短圆锥面时,砂轮架可调至一定的角度位置。

内圆磨具。它用于支承磨内孔的砂轮主轴。内圆磨具主轴由单独的内圆砂轮电动机驱动。

尾座。尾座上的后顶尖和头架前顶尖一起,用于支承工件。

工作台。它由上工作台和下工作台两部分组成:上工作台可绕下工作台的心轴在水平面内调至某一角度位置(±80°),用以磨削锥度较小的长圆锥面。工作台台面上装有头架和尾座,这些部件随着工作台一起,沿床身纵向导轨作纵向往复运动。

滑鞍及横向进给机构。转动横向进给手轮,通过横向进给机构带动滑鞍 6 及砂轮架作横向移动;也可利用液压装置,使滑鞍及砂轮架作快速进退或周期性自动切入进给。

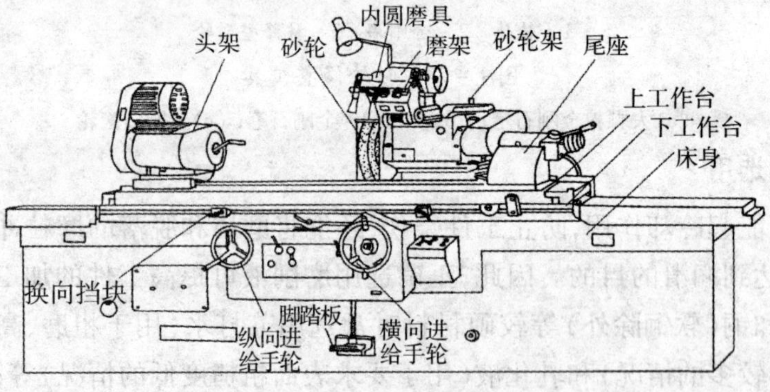

图 1－79　M1432A 型万能外圆磨床

2)磨床的主要技术性能:

外圆磨削直径	8～320 mm
外圆最大磨削长度(共三种规格)	1 000 mm;1 500 mm;2 000 mm
内孔磨削直径	30～100 mm
内孔最大磨削长度	125 mm
磨削工件最大重量	150kg
砂轮尺寸和转速	ϕ400 mm×50 mm×ϕ203 mm,1 670 r/min
头架主轴转速	6 级 25 r/min,50 r/min,80 r/min,112 r/min,

	160 r/min,224 r/min
内圆砂轮转速	10 000;15 000 r/min
工作台纵向移动速度(液压无级调速)	0.05 ~ 4 m/min
机床外形尺寸(三种规格)	
长度	3 200 mm;4 200 mm;5 200 mm
宽度	1 500 mm ~ 1 800 mm
高度	1 420 mm
机床重量(三种规格)	3 200 kg;4 500 kg;5 800 kg

(2)磨床的基本应用与磨削运动

图1－80所示为M1432A型万能外圆磨床的典型加工示意图。该磨床可以磨削内外圆柱面、圆锥面。其基本磨削方法有两种:纵磨法和横磨法(又称为径向切入磨法)。

1)外圆磨削所需的运动(图1－80(a)):

砂轮旋转运动 n。它是磨削外圆的主运动;

工件旋转运动 n_w。它是工件的圆周进给运动;

工件纵向往复运动 f_a。它是磨削出工件全长所必需的纵向进给运动;

砂轮横向进给运动 f_r。它是间歇的切入运动。

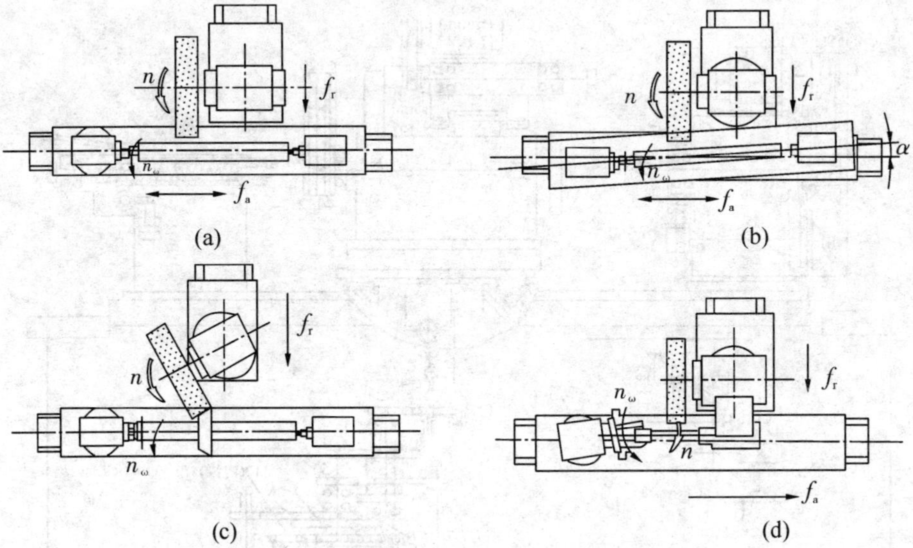

图1－80　M1432A万能外圆磨床典型加工示意图

(a)纵磨法磨外圆柱面;(b)扳转工作台用纵磨法磨长圆锥面;

(c)扳转砂轮架用横磨法磨短圆锥面;(d)扳转头架用纵磨法磨内圆锥面

2)磨长圆锥面(图1－80(b))。它所需的运动和磨外圆时一样,所不同的是将工作台调至一定的角度位置。这时工件的回转中心线与工作台纵向进给方向不平行,所以磨削出来的表面是圆锥面。

3)横磨法磨外圆锥面(图1－80(c))。将砂轮调整至一定的角度位置,工件不作往复运动,砂轮作连续的横向切入进给运动。这种方法仅适合磨削短的圆锥面。

4)磨内锥孔(图1-80(d))。将工件装夹在卡盘上,并调整至一定的角度位置。这时磨外圆的砂轮不转,磨削内孔的内圆砂轮作高速旋转运动n,其他运动与磨外圆时类似。

从上述四种典型表面加工的分析中可知,机床应具有下列运动:

主运动:磨外圆砂轮的旋转运动n;磨内孔砂轮的旋转运动n;主运动由两个电动机分别驱动,并设有互锁装置。

进给运动:工件旋转运动n_w;工件纵向往复运动f_a;砂轮横向进给运动f_r;往复纵磨时,横向进给运动是周期性间歇进给;切入式磨削时,是连续进给运动。

辅助运动:包括砂轮架快速进退(液压),工作台手动移动以及尾座套筒的退回(手动或液动)等。

(3)磨床的机械传动系统

M1432A型万能外圆磨床的运动,是由机械和液压联合传动的。在该机床中,除了工作台的纵向往复运动,砂轮架的快速进退和周期自动切入进给,尾座顶尖套筒的缩回是液压传动外,其余运动都是由机械传动的。图1-81是M1432A型万能外圆磨床的机械传动系统。

1)外圆磨削砂轮的传动链。砂轮主轴的运动是由砂轮架电动机(1 440 r/min,4 kW)经4根V带直接传动的。砂轮主轴的转速达1 670 r/min。

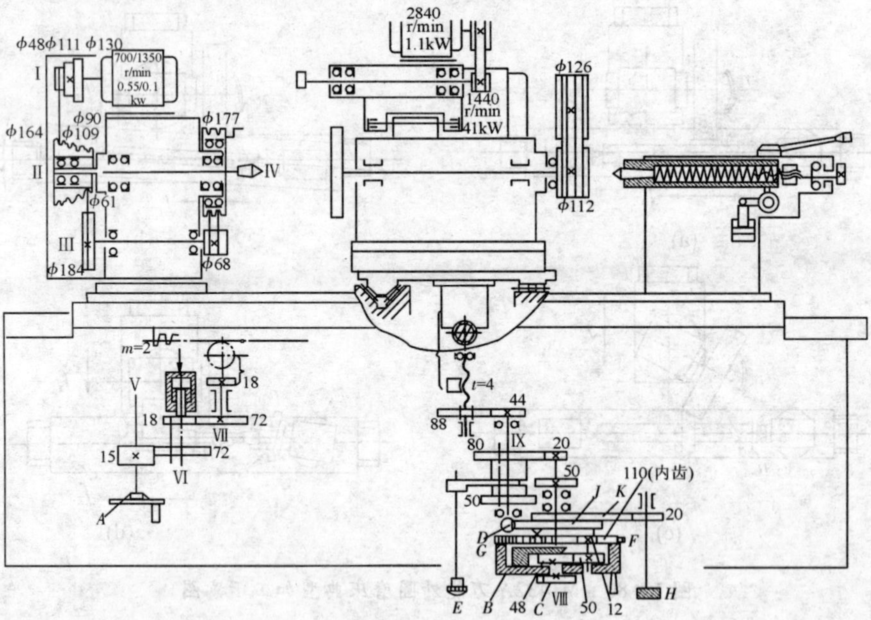

图1-81 M1432A型万能外圆磨床机械传动系统图

2)头架拨盘(带动工件)的传动链。拨盘的运动是由双速电动机(700/1 350 r/min,0.55/1.1 kW)驱动,经V形带塔轮及两级V形带传动,使头架的拨盘或卡盘带动工件,实现圆周运动。

3)内圆磨具的传动链。内圆磨削砂轮主轴由内圆砂轮电动机(2 840 r/min,1.1 kW)经平带直接传动。更换平带轮可使内圆砂轮主轴得到两种转速。

内圆磨具装在支架上，为了保证工作安全，内圆砂轮电动机的启动与内圆磨具支架的位置有连锁作用；只有当支架翻到工作位置时，电动机才能启动。这时，(外圆)砂轮架快速进退手柄在原位上自动锁住，不能快速移动。

4)工作台的手动驱动。调整机床及磨削阶梯轴的台阶时，工作台还可由手轮 A 驱动。

为了避免工作台纵向运动时带动手轮 A 快速转动碰伤操作者，采用了互锁油缸。轴Ⅵ的互锁油缸和液压系统相通，工作台运动时压力油推动轴Ⅵ上的双联齿轮移动，使齿轮 z18 与 z72 脱开。因此，液压驱动工作台纵向运动时手轮 A 并不转动。当工作台不用液压传动时，互锁油缸上腔通油池，在油缸内的弹簧作用下，使齿轮副 18/72 重新啮合传动，转动手轮 A，便可实现工作台手动纵向直线移动。

5)滑鞍及砂轮架的横向进给运动　横向进给运动，可摇动手轮 B 来实现，也可由进给液压缸的柱塞 G 驱动，实现周期的自动进给。传动路线表达式为

$$\left.\begin{array}{l}\text{手轮 B}\\ \text{(手动进给)}\\ \text{进给液压缸柱塞 G}\\ \text{(自动进给)}\end{array}\right| \text{—Ⅷ—} \left|\begin{array}{c}\frac{50}{50}\\ \\ \frac{20}{80}\end{array}\right| \text{—Ⅸ—} \frac{44}{88} \text{—横向进给丝杠}(t=4\ \text{mm})$$

横向手动进给分粗进给和细进给。粗进给时，将手柄 E 向前推，转动手轮 B 经齿轮副 50/50 和 44/88、丝杠使砂轮架作横向粗进给运动。手轮 B 转 1 周，砂轮架横向移动 2 mm，手轮 B 的刻度盘 D 上分为 200 格，则每格的进给量为 0.01 mm。细进给时，将手柄 E 拉到图 2－34所示位置，经齿轮副 20/80 和 44/88 啮合传动，则砂轮架作横向细进给，手轮 B 转 1 周，砂轮架横向移动 0.5 mm，刻度盘上每格进给量为 0.002 5 mm。

如图 1－82 所示，磨削一批工件时，为了简化操作及节省时间，通常在试磨第一个工件达到要求的直径后，调整刻度盘上挡块 F 的位置，使它在横进给磨削至所需直径时，正好与固定在床身前罩上的定位块相碰。因此，磨削后续工件时，只须摇动横向进给手轮(或开动液压自动进给)，当挡块 F 碰在定位块 E 上时，停止进给(或液压自动停止进给)，就可达到所需的磨削直径，上述过程就叫定程磨削。利用定程磨削可减少测量工件直径尺寸的次数，提高生产效率。

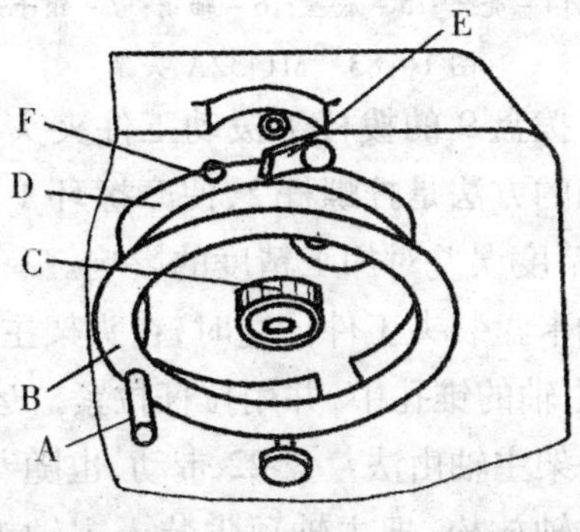

图 1－82　手动刻度的调整

A－手柄；B－手轮；C－按钮；D－刻度盘；E－定位块；F－挡块

当砂轮磨损或修正后，由于挡块F控制的工件直径变大了。这时，必须调整砂轮架的行程终点位置，也就是调整刻度盘D上挡块F的位置。如图1－82所示，调整的方法为：拔出旋钮C，使它与手轮B上的销子脱开，顺时针方向转动旋钮C，经齿轮副48/50带动齿轮z12旋转，z12与刻度盘D的内齿轮z110相啮合，于是使刻度盘D逆时针方向转动。刻度盘D应转过的格数，根据砂轮直径减小所引起的工件尺寸变化量确定。调整妥当后，将旋钮C的销孔推入手轮B的销子上，使旋钮C和手轮B成一整体。

由于旋钮C上周向均布21个销孔，而手轮B每转一转的横向进给量为2 mm或0.5 mm。因此，旋钮每转过一个孔距，砂轮架的附加横向进给量为0.01 mm或0.002 5 mm。

(4)磨床主要部件的结构

1)头架。如图1－83所示为头架结构，头架主轴和前顶尖根据不同的工作需要，可以转动或固定不动。

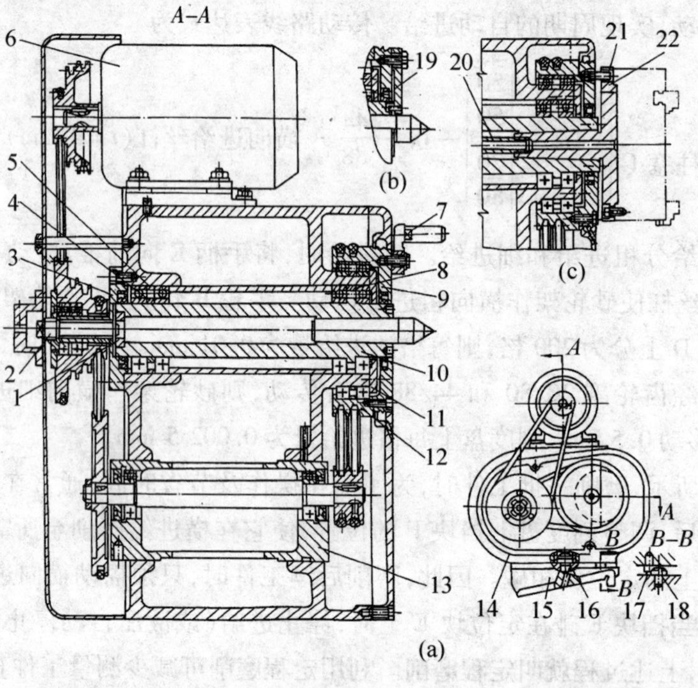

1－摩擦环；2－螺杆；3,11－轴承盖；4,5,8－隔套；6－电动机；7－拨杆；9－拨盘；10－头架主轴；12－带轮；13－偏心套；14－壳体；15－底座；16－轴销；17－销子；18－固定销；19－拨块

图1－83　M1432A头架

工件支承在前、后顶尖上，拨盘9的拨杆7拨动工件夹头，使工件旋转。这时头架主轴和前顶尖固定不动。固定主轴的方法是拧螺杆2，使摩擦环1顶紧主轴后端，则主轴及前顶尖固定不动，避免了主轴回转精度误差对加工精度的影响。

用三爪自定心或四爪单动卡盘装夹工件。这时，在头架主轴前端安装卡盘，卡盘固定在法兰盘22上，法兰盘22装在主轴的锥孔中，并用拉杆拉紧。运动由拨盘9经拨销21带动法兰盘22及卡盘旋转。这时，头架主轴由法兰盘22带动，也随着一起旋转。

自磨主轴顶尖。此时将主轴放松，把主轴顶尖装入主轴锥孔，同时用拨块19将拨盘9和主轴10相连(图1－83(b))，使拨盘9直接带动主轴和顶尖旋转，依靠机床自身修磨顶尖,以提高工件的定位精度。

头架壳体 14 可绕底座 15 上的轴销 16 转动,调整头架角度位置的范围为逆时针方向0°~90°。

2)砂轮架。如图 1-84 所示,主轴的两端以锥体定位,前端通过压盘 1 安装砂轮,末端通过锥体安装 V 带轮 13,并用轴端的螺母进行压紧。主轴由两个短三瓦调位动压轴承来支承,每个轴承各由三块均布在主轴轴颈周围,包角约为 60°的扇形轴瓦 19 组成。每块轴瓦上都由可调节的球头螺钉 20 支承。而球头螺钉的球面与轴瓦的球面经过配研,能保证有良好的接触刚度,并使轴瓦能灵活地绕球头螺钉自由摆动。螺钉的球头(支承点)位置在轴向处于轴瓦的正中,而在周向则偏离中间一些距离。这样,当主轴旋转时,三块轴瓦各自在螺钉的球头上自由摆动到一定平衡位置,其内表面与主轴轴颈间形成楔形缝隙,于是在轴颈周围产生三个独立的压力油膜,使主轴悬浮在三块轴瓦的中间,形成液体摩擦作用,以保证主轴有高的精度保持性。当砂轮主轴受磨削载荷而产生向某一轴瓦偏移时,这一轴瓦的楔缝变小,油膜压力升高;而在另一方向的轴瓦的楔缝便变大,油膜压力减小,这样,砂轮主轴就能自动调节到原中心位置,保持主轴有高的旋转精度。轴承间隙用球头螺钉 20 进行调整,调整时,先卸下封口螺钉 23,锁紧螺钉 22 和螺套 21,然后转动球头螺钉 20,使轴瓦与轴颈间的间隙合适为止(一般情况下,其间隙为 0.01~0.02 mm)。一般只调整最下面的一块轴瓦即可。调整好后,必须重新用螺套 21、螺钉 22 将球头螺钉 20 锁紧在壳体 4 的螺孔中,以保证支承刚度。

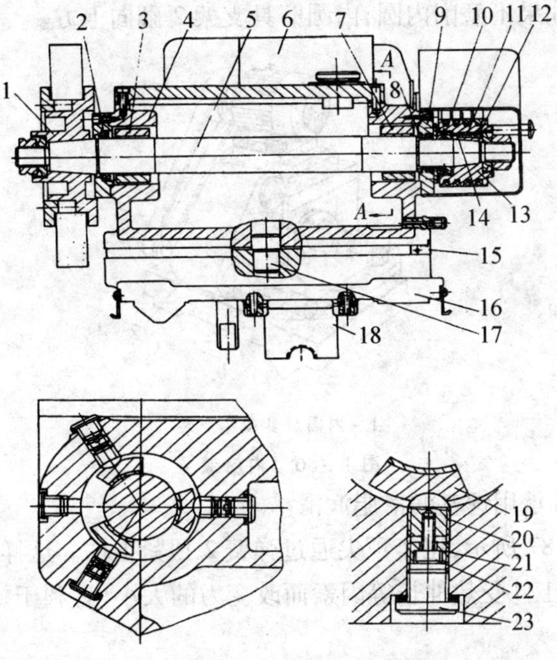

1-压盘;2、9-轴承盖;3、7-动压滑动轴承;4-壳体;5-砂轮主轴;6-主电动机;8-止推环;10-推力轴承;11-弹簧;12-调节螺钉;13-带轮;14-销子;15-刻度盘;16-滑鞍;17-定位轴销;18-半螺母;19-扇形轴瓦;20-球头螺钉;21-螺套;22-锁紧螺钉;23-封口螺钉

图 1-84 M1432A 外圆磨床砂轮架结构图

砂轮的壳体 4 固定在滑鞍 16 上,利用滑鞍下面的导轨与床身顶面后部的横导轨配合,

并通过横向进给机构和半螺母 18,使砂轮作横向进给运动或快速向前或向后移动。壳体 4 可绕轴销 17 回转一定角度,以磨削锥度大的短锥体。

3)内圆磨具及其支架。图 1－85 为内圆磨具装配图,图 1－86 为内圆磨具装在支架中的情况。

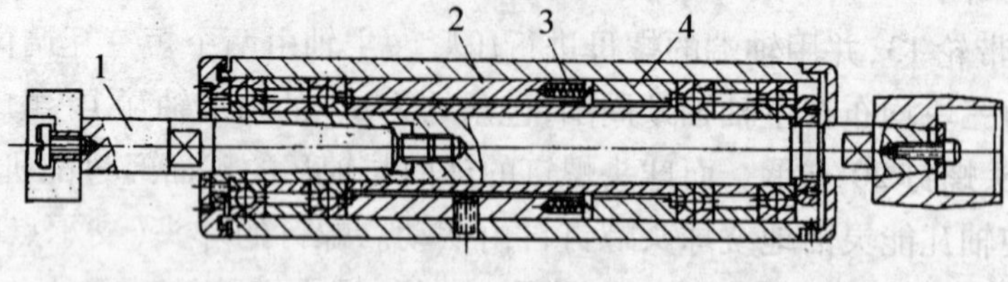

1－接长轴;2,4－套筒;3－弹簧

图 1－85　内圆磨具装配图

由于磨削内圆时砂轮直径较小,所以内圆磨具主轴应具有很高的转速,内圆磨具应保证高转速下运动平稳,同时主轴轴承应具有足够的刚度和寿命。内圆磨具主轴由平带传动。主轴前、后支承各用两个 D 级精度的角接触球轴承,均匀分布的 8 个弹簧 3 的作用力通过套筒 2,4 顶紧轴承外圈。当轴承磨损产生间隙或主轴受热膨胀时,由弹簧自动补偿调整,从而保证了主轴轴承的刚度和稳定的预紧力。

主轴的前端有一莫氏锥孔,可根据磨削孔深度的不同安装不同的内磨接长轴 1;主轴的后端有一外锥体,以安装平带轮。

内磨装置以铰链联接方式安装在砂轮架前上方。内圆磨具装在支架的孔中,图 1－86 所示为工作时位置。如果不磨削内圆,内圆磨具支架 2 翻向上方。

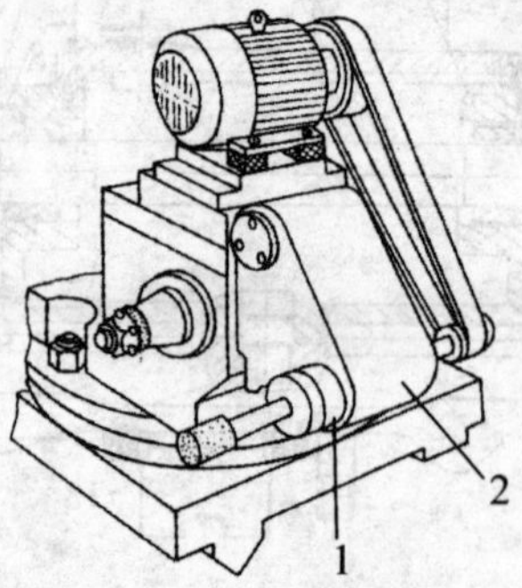

1－内圆磨具;2－支架

图 1－86　内磨装置

内圆磨具主轴的轴承用锂基润滑脂润滑。

4)尾座。如图 1－87 所示,尾座顶尖通过弹簧 2 顶紧工件。这样,就可使顶紧力在磨削期间保持稳定,不会因工件受热伸长等因素而改变力的大小,有利于提高工件精度。顶紧力大小由手把 9 调整。

尾座套筒 1 可以用手动或液动退回。手动顺时针方向转动手柄 13,通过轴 7 及上拨杆 12 可使套筒 1 后退。或者,当砂轮架处在后退位置时,脚踩“脚踏板”,压力油就进入液压缸 4 的左腔,推动活塞 5,通过下拨杆 6、上拨杆 12,使套筒 1 后退。

磨削时,尾座用 T 形螺钉 14 紧固在工作台上。

尾座前端的密封盖上装有修整砂轮用金刚笔孔。金刚笔用螺钉 3 固定。

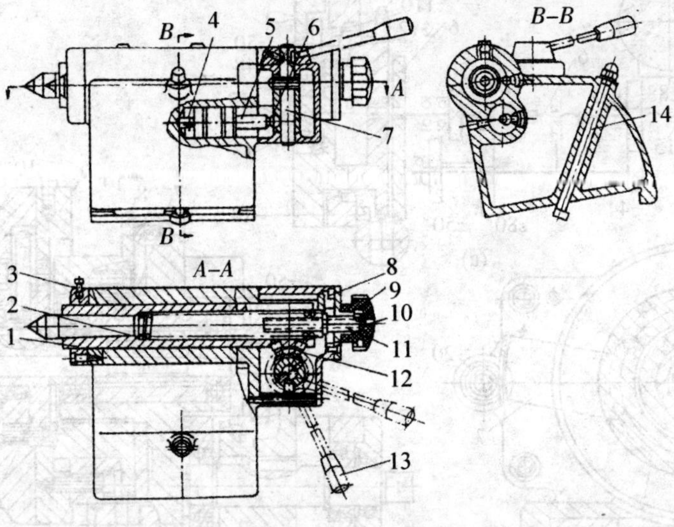

1－尾座套筒;2－弹簧;3－金刚笔用螺钉;4－液压缸;5－活塞;6－下拨杆;7－轴;
8－销;9－手把;10－螺母;11－丝杠;12－上拨杆;13－手柄;14－T 型螺钉

图 1－87 M1432A 尾座

5)横向进给机构。横向进给机构如图 1－88 所示,它用于实现砂轮架横向工作进给,调整位移和快速进退,以确定砂轮和工件的相对位置,控制工件尺寸等。调整位移为手动;快速进退的距离是固定的,用液压传动。

如图 1－88(a)所示,砂轮架的快速进退由液压缸 1 实现,液压缸的活塞杆右端用角接触球轴承与丝杠 16 连接,它们之间可以相对转动,但不能作相对轴向移动。丝杠 16 右端用花键与 z＝88 齿轮连接并能在齿轮花键孔中滑移。当液压缸 1 的左腔或右腔通压力油时,活塞带动丝杠 16 经半螺母 15 带动砂轮架快速向前趋近工件或快速向后退离工件。砂轮架快进至终点位置时,丝杠 16 在刚性定位螺钉 6 上而实现准确定位。

为减少摩擦阻力,防止爬行和提高进给精度,砂轮架滑鞍与床身的横向导轨采用滚动导轨。为消除丝杠 16 与半螺母 15 之间的间隙,提高进给精度和重复定位精度,其上设置有闸缸 4。机床工作时,闸缸 4 便通上压力油,经柱塞 3、档块 2 使砂轮受到一个向后的 F 作用力,此力与径向磨削分力同向,因此,半螺母 15 与丝杠 16 始终紧靠在螺纹的一侧工作。

周期自动进给是由进给液压缸的柱塞 18 驱动(图 1－88(b)),当工作台换向时,进给液压缸右腔接通压力油,推动柱塞 18 向左移动,这时用销轴连接在柱塞 18 槽内的棘爪 19 推动固定在中间体 17 上的棘轮 8 转过一个角度,实现自动进给一次(此时手轮 11 也被带动旋转)。进给完毕后,进给液压缸右腔与回油路接通,于是柱塞 18 在左端弹簧的作用下复位。转动齿轮 20(通过齿轮 20 轴上的手把操纵,调整好后由钢球定位,图中未表示),使遮板 7 转动一个位置(其短臂的外圆与棘轮外圆大小相同),可以改变棘爪 19 所能推动的棘轮齿数,从而改变每次进给的进给量大小。当横向自动进给至所需尺寸时,装在刻度盘上的撞块 14,正好处于正下方,由于撞块的外圆与棘轮外圆大小相同,因此将棘爪 19 压下,使其无法与棘轮相啮合,于是横向进给便自动停止。

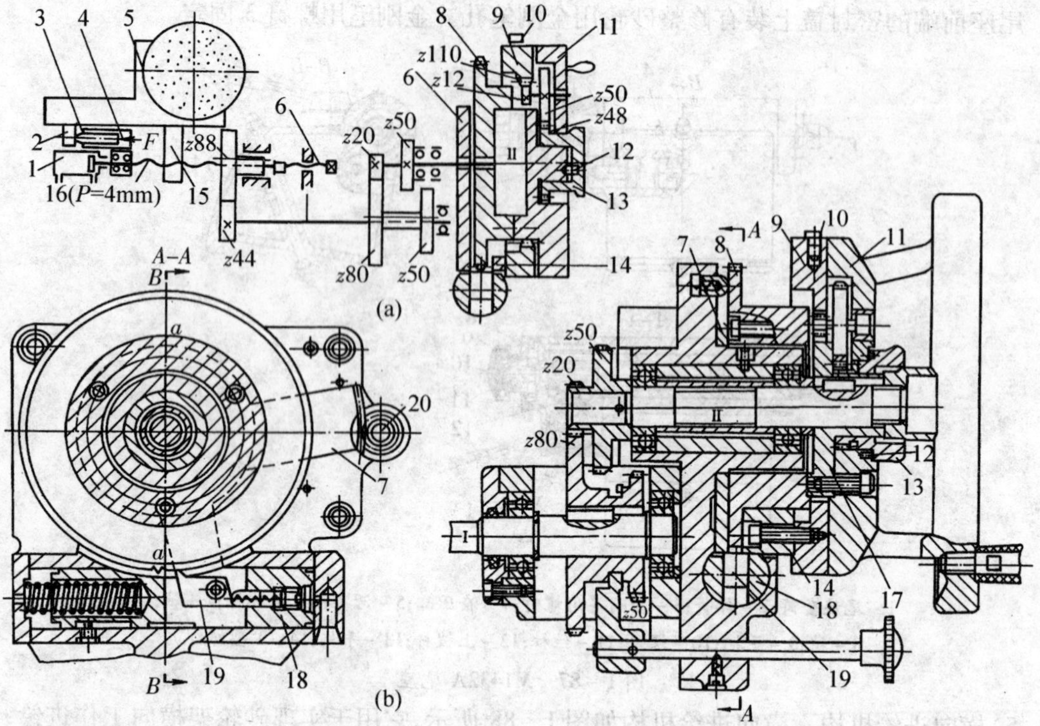

1－液压缸；2－挡块；3、18－柱塞；4－闸缸；5－砂轮架；6－定位螺钉；7－遮板；8－棘轮；9－刻度盘；10－挡销；11－手轮；12－销钉；13－旋钮；14－撞块；15－半螺母；16－丝杠；17－中间体；19－棘爪；20－齿轮

图 1－88 横向进给机构

9. 外圆磨削的主要加工范围

外圆磨削的主要加工范围及方法，如图 1－89 所示。

10. 外圆磨削的基本方法

外圆磨削的基本方法，如图 1－90 所示。

(1) 纵磨法　纵磨法是最常用的磨削方法，磨削时，工作台作纵向往复进给，砂轮作周期性横向进给，工件的磨削余量要在多次往复行程中磨去。

纵磨法的特点：

1) 在砂轮整个宽度上，磨粒的工作情况不一样，砂轮左端面（或右端面）尖角负担主要的切削作用，工件部分磨削余量均由砂轮尖角处的磨粒切除，而砂轮宽度上绝大部分磨粒担负减少工件表面粗糙度值的作用。纵向磨削法磨削力小，散热好，可获得较高的加工精度和较小的表面粗糙度值。

2) 劳动生产率低。

3) 磨削力较小，适用于细长、精密或薄壁工件的磨削。

(2) 横磨法　被磨削工件外圆长度应小于砂轮宽度，磨削时砂轮作连续或间断横向进给运动，直到磨去全部余量为止。砂轮磨削时无纵向进给运动。粗磨时可用较高的切入速度；精磨时切入速度则较低，以防止工件烧伤和发热变形。

横磨法的特点：

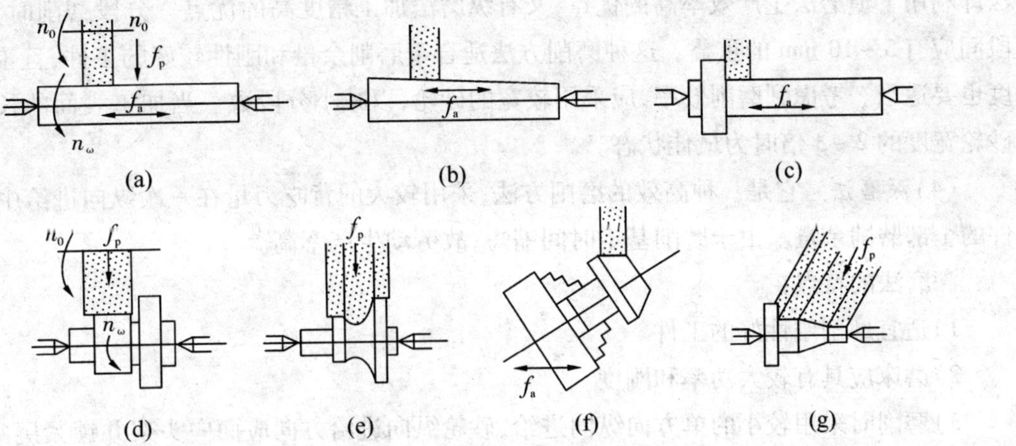

图 1-89 外圆磨削的加工范围

(a)纵磨法磨光滑外圆面;(b)纵磨法磨光滑外圆锥面;(c)混合磨法磨带端面的外圆面;(d)横磨法磨短外圆面;(e)横磨法磨成形面;(f)纵磨法磨光滑锥台面;(g)横磨法磨轴肩及外圆面

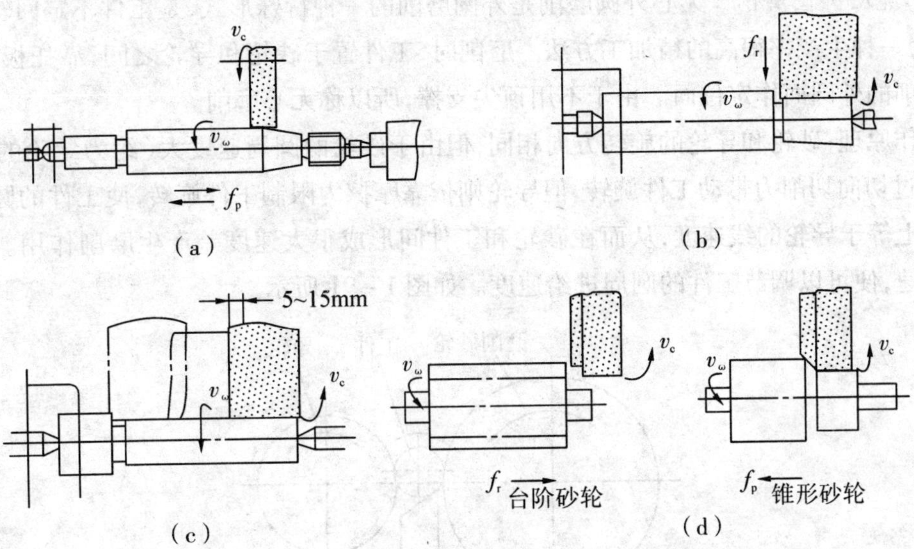

图 1-90 外圆磨床的磨削方法

(a)纵磨法;(b)横磨法;(c)综合磨法;(d)深磨法

1)整个砂轮宽度上磨粒的工作情况相同,充分发挥所有磨粒的磨削作用同时,由于采用连续的横向进给,缩短磨削的基本时间,故有很高的生产效率。

2)径向磨削力较大,工件容易产生弯曲变形,一般不适宜磨削较细的工件。

3)磨削时产生较大的磨削热,工件容易烧伤和发热变形。

4)砂轮表面的形态(修整痕迹)会复制到工件表面,影响工件表面粗糙度。为了消除以上缺陷,可在横磨法终了时,作微小的纵向移动。

5)横磨法因受砂轮宽度的限制,只适用于磨削长度较短的外圆表面。

(3)混合磨法 混合磨法又称分段磨削法。它是纵磨法与横磨法的综合应用,即先用横磨法将工件分段进行粗磨,留 0.03~0.04 mm 余量,最后用纵磨法精磨至尺寸。这种磨削方法即利用了横磨法生产效率高的优点，又有纵磨法加工精度高的优点。分段磨削时，相邻两段间应有 5 ~ 10 mm 的重叠。这种磨削方法适合于磨削余量和刚性较好的工件，且工件的长度也要适当。考虑到磨削效率，应采用较宽的砂轮，以减小分段数。当加工表面的长度约为砂轮宽度的 2 ~ 3 倍时为最佳状态。

(4) 深磨法　它是一种高效的磨削方法，采用较大的背吃刀量在一次纵向进给中磨去工件的全部磨削余量。由于磨削基本时间缩短，故劳动生产率高。

深磨法的特点：

1) 适宜磨削刚性好的工件。

2) 磨床应具有较大功率和刚度。

3) 磨削时采用较小的单方向纵向进给，砂轮纵向进给方向应面向头架并锁紧尾座套筒，以防止工件脱落。砂轮硬度应适中，且有良好的磨削性能。

11. 无心磨削

(1) 无心外圆磨削　无心外圆磨削是外圆磨削的一种特殊形式，是工件不定回转中心的磨削，为一种生产率很高的精加工方法。磨削时，工件置于砂轮和导轮之间，靠托板支承，工件被磨削的外圆面作定位面。由于不用顶尖支撑，所以称无心磨削。

工作原理：砂轮和导轮的旋转方向相同，但由于砂轮的圆周速度大（约为导轮的 70 ~ 80 倍），通过切向切削力带动工件旋转，但导轮则依靠摩擦力限制工件旋转，使工件的圆周线速度基本上等于导轮的线速度，从而在砂轮和工件间形成很大速度差产生磨削作用。改变导轮的转速，便可以调节工件的圆周进给速度。如图 1 - 91 所示。

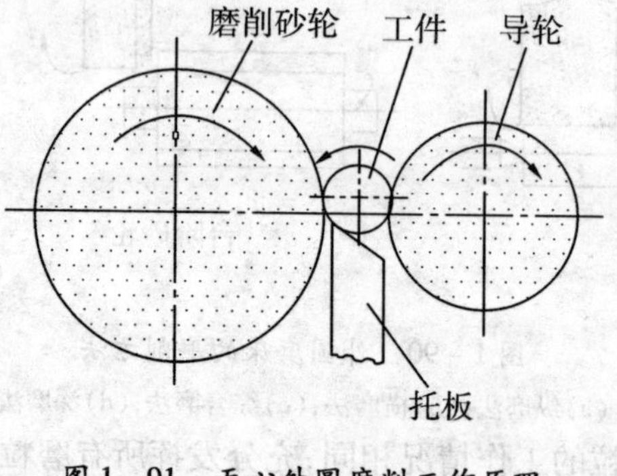

图 1 - 91　无心外圆磨削工作原理

(2) 无心外圆磨削方式

1) 贯穿磨削法（纵磨法）。

导轮轴线在垂直平面内倾斜一个角度，工件从前面推入两砂轮之间，在导轮与工件间的水平摩擦力的作用下，沿轴向移动，完成纵向进给。如图 1 - 92 所示。

工件的轴向进给是由于导轮的中心线在竖直平面内向前倾斜了 a 角度所引起的。为了保证导轮与工件间的接触成直线，需将导轮的形状修正成双曲线。

2) 切入磨削法（横磨法）。

将工件放在托板和导轮之间，使磨削砂轮横向切入进给，来磨削工件表面。导轮中心线需偏转一个很小的角度(约定30′)使工件在微小轴向摩擦力的作用下紧靠档块,得到可靠的轴向定位。如图1－93所示。

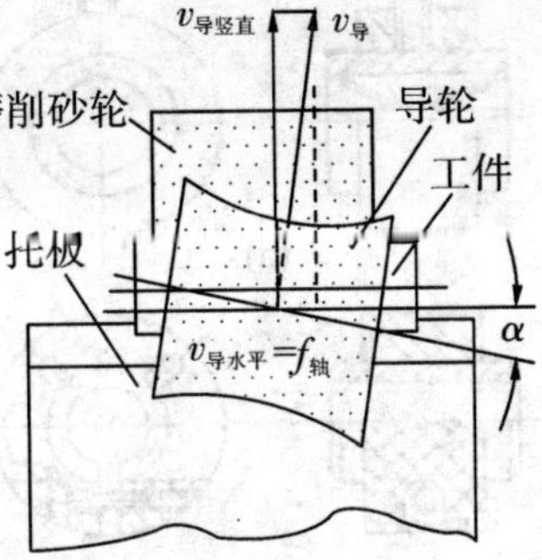

图1－92 贯穿磨削法

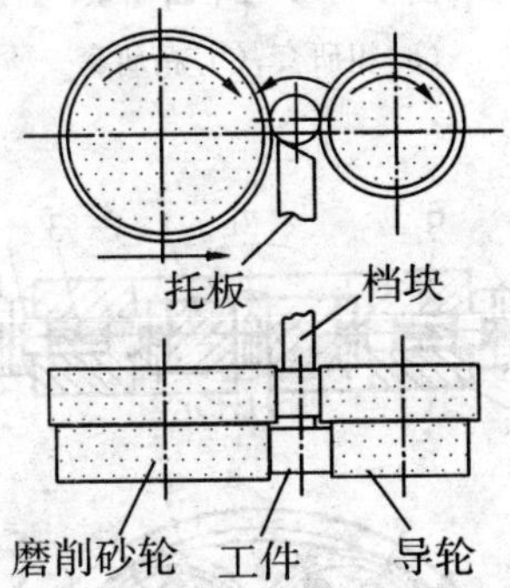

图1－93 切入磨削法

(3)无心磨削特点

1)由于工件不需打中心孔,装夹省时省力,可连续磨削,生产效率高

2)由于工件定位基准是被磨削的外圆表面,而不是中心孔,所以消除了工件中心孔误差及机床误差的影响,故加工精度高,表面粗糙度好。

3)配备适当的自动装卸料机构,易于实现全自动加工。

(三)轴类零件外圆表面的光整加工

对于超精密零件的加工表面往往需要采用特殊的加工方法,在特定的环境下加工才能达到要求,外圆表面的光整加工就是提高零件加工质量的特殊加工方法。

1.研磨

研磨是一种古老、简便可靠的表面光整加工方法,属自由磨粒加工。在加工过程中那些直接参与切除工件材料的磨粒不像砂轮、油石和沙带、砂纸那样总是固结或涂附在磨具上,而是处于自由游离状态。经研磨的表面,尺寸和几何形状精度可达1～3 μm,表面粗糙度Ra为0.16～0.01 μm。若研具精度足够高,其尺寸和几何形状精度可达0.3～0.1 μm,表面粗糙度值Ra小于0.04～0.01 μm。

由于研磨时研磨液中加入硬脂酸或油酸,与覆盖在工件表面的氧化物薄膜间还会产生化学作用,使被研表面软化,加速研磨效果。

研磨方法有手工研磨、机器研磨、嵌砂与无嵌砂研磨，如图 1－94 和图 1－95 所示。

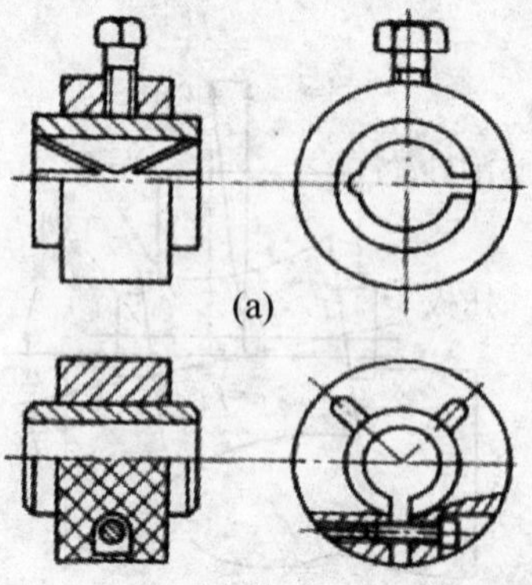

(a)

(b)

图 1－94　外圆研具

(a)粗研套；(b)精研套

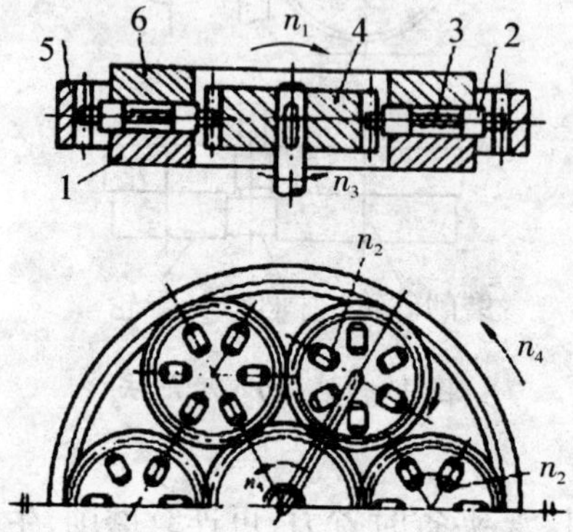

1′－上研磨盘；1－下研磨盘；2－工件；3－工件夹盘；4－内齿圈；5－中心传动齿轮

n_1－研磨盘；n_2－工件转速；n_3－工件夹盘转速；n_4－内齿圈转速；n_5－中心传动齿轮转

图 1－95　行星齿轮研磨机

2. 超精加工

超精加工实际上是摩擦抛光过程，是降低表面粗糙度的一种有效的光整加工方法。它具有设备简单、操作方便、效果显著和经济性好等优点。

(1)超精加工工作原理

超精加工使用细粒度磨条(油石)以较低的压力和切削速度对工件表面进行精密加工的方法，如图 1－96 所示。

加工中有 3 种运动，即工件的回转运动 1、磨头轴向进给运动 2、磨条高速往复振动 3，这三种运动使磨粒在工件表面形成的轨迹是正弦曲线。

超精加工的特点：

1)超精加工磨粒运动轨迹复杂，由切削过程过渡到抛光过程，表面粗糙度 Ra 为0.01～0.04 μm。

2)超精加工磨条的粒度极细，只能切削工件凸峰，所以加工余量很小，一般为0.005～0.0025 mm。

3）磨条高速往复振动，磨条的微刃两面切削，磨屑易于清除，不会在工件表面形成划痕。

4）切削速度低，磨条压力小，工件表面不易发热，不会烧伤表面，也不易使工件表面变形。

5）超精加工的表面层耐磨性好。

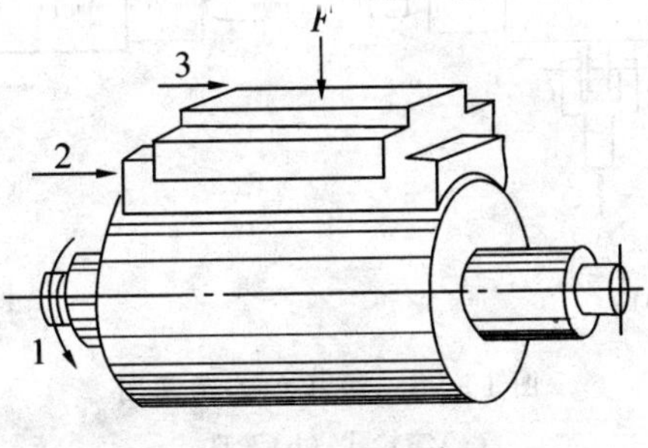

图1－96 超精加工运动

3. 双轮珩磨

双轮珩磨也是一种高效率的光整加工方法。珩磨时工件在两顶尖上以转速 n_ω 旋转，如图1－97（a），两个修整成双曲线的磨轮轴线反向倾斜，与工件轴线成 a 角，如图1－97（b），安装在工件两边，用弹簧3压向工件1。工件靠摩擦力带动珩轮2旋转，同时沿工件轴向作往复运动。磨轮和工件的相对滑动速度 v 使其产生切削作用。

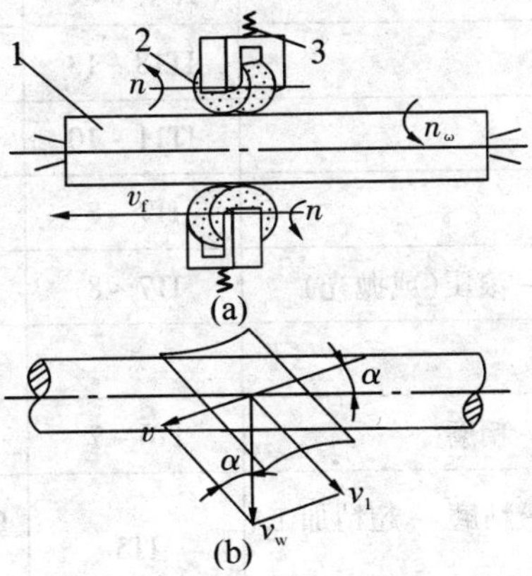

图1－97 双轮珩磨

双轮珩磨出来的工件表面呈黑色镜面，其表面粗糙度 Ra 达0.0012～0.025 μm。此外，由于磨轮本身回转，磨损均匀，因此耐用度较高。采用这种加工方法的最大特点是对前道工序的表面粗糙度要求不高，即使是车削表面，可直接进行珩磨。但采用这种方法，不能纠正前道工序的圆度误差。

4. 滚压

滚压是冷压加工方法之一，属无屑加工。滚压加工是利用金属产生塑性变形从而达到改变工件的表面性能，获得工件形状尺寸的目的。

外圆表面的滚压加工一般可用各种相应的滚压工具，例如滚压轮（见图1－98（a））、滚珠(见图 1-98(b))等在普通卧式车床上对加工表面在常温下进行强行滚压,使工件金属表面层产生塑性变形,修正金属表面的微观几何形状,减小加工表面粗糙度值,提高工件的耐磨性、耐蚀性和疲劳强度。例如经滚压后的外圆表面粗糙度 Ra 可达 0.4 ~0.25 μm,硬化层深度0.2 ~0.05 μm,硬度提高 5% ~20%。

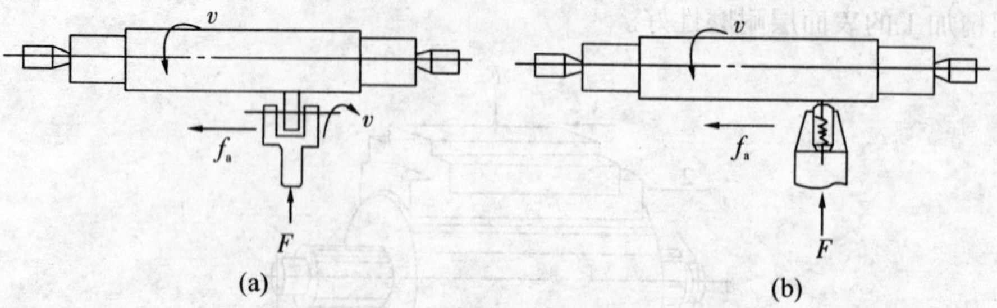

图 1-98　滚压加工示意图
(a)滚轮式;(b)滚珠式

(四)外圆表面加工方法的选择

表 1-17 摘录了外圆表面典型加工方法和加工方案能达到的经济精度和经济粗糙度(经济精度以公差等级表示)。

表 1-17　外圆柱面加工方法

序号	加工方法	经济精度(公差等级)	经济粗糙度值 Ra/μm	适用范围
1	粗车	IT18 ~13	12.5 ~50	适用于淬火钢以外的各种金属
2	粗车 -半精车	IT11 ~10	3.2 ~ 6.3	
3	粗车 -半精车 -精车	IT7 ~8	0.8 ~1.6	
4	粗车 -半精车 -精车 -滚压(或抛光)	IT7 ~8	0.25 ~0.2	
5	粗车 -半精车 -磨削		0.4 ~0.8	主要用于淬火钢,也可用于未淬火钢,但不宜加工有色金属
6	粗车 -半精车 -粗磨 -精磨	IT6 ~7	0.1 ~0.4	
7	粗车 -半精车 -粗磨 -精磨 -超精加工(或轮式超精磨)	IT5	0.01 ~20.1(或 Rz 0.1)	
8	粗车 -半精车 -精车 -精细车(金刚车)	IT6 ~7	0.025 ~0.4	主要用于要求较高的有色金属加工
9	粗车 -半精车 -粗磨 -精磨 -超精磨(或镜面磨)	IT5 以上	0.006 ~0.025(Rz ~0.05)	极高精度的外圆加工

五、轴类零件机械加工的主要工艺技术

1. 定位基准

1)轴类零件加工,最常用的定位基准是中心孔,其次是外圆表面。

2)“两顶尖”装夹,以轴两端的中心孔作精基准,符合基准重合原则和基准统一原则,加工后的各外圆表面可以获得很高的位置精度。

3)粗加工时切削力很大,为提高工艺系统的刚度,常采用轴的外圆或外圆与中心孔共同作为定位基准,即“一夹一顶”装夹。

4)带通孔的轴加工外圆时,可使用带中心孔的锥堵或锥套心轴(图1-99)装夹。

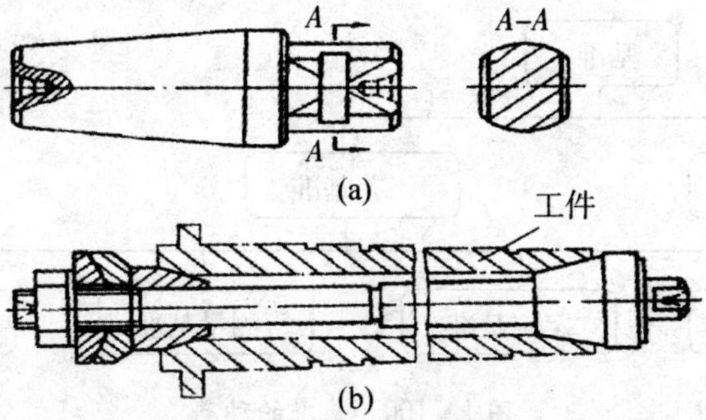

图1-99 锥堵与锥套心轴

(a)锥堵;(b)锥套心轴

5)通孔直径较小时,可直接在孔口加工出宽度不大于2 mm的锥面,以代替中心孔。

2. 加工顺序的安排

1)先粗后精的原则,将粗、精加工分开进行。

2)轴是回转体,各外圆表面的粗、半精加工一般采用车削,精加工采用磨削,有些精密轴类零件的轴颈表面还需要进行光整加工。

3)粗加工外圆表面时,应先加工大直径外圆,再加工小直径外圆,以免因直径差距增大而使小直径处的刚度下降,极易引起弯曲变形和振动。

4)轴上次要表面(如花键、键槽和螺纹等)的加工,一般都安排在外圆半精加工以后、精加工以前进行。

3. 热处理工序的安排

1)结构尺寸不大的中碳钢普通轴类(毛坯为锻件),一般在切削加工前进行调质热处理。

2)对于重要的轴类零件(如机床主轴),则:

一般在毛坯锻造后安排正火处理,达到消除锻造应力,改善切削性能的目的;

粗加工后安排调质处理,以提高零件的综合力学性能,并作为需要表面淬火或氮化处理的零件的预备热处理;

轴上有相对运动的轴颈和经常拆卸的表面,需要进行局部表面淬火处理,安排在精加工前。

4. 轴类零件的典型工艺流程

毛坯准备→正火→加工端面和中心孔→粗车→调质→半精车→加工花键、键槽和螺纹等→表面淬火→粗磨→精磨→检验、入库。

六、定位基准及其选择

1. 基准的概念及分类

(1) 基准　零件图上用来确定其他点、线、面位置时所依据的那些点、线、面，称为基准。

(2) 基准的分类　如图 1－100 所示。

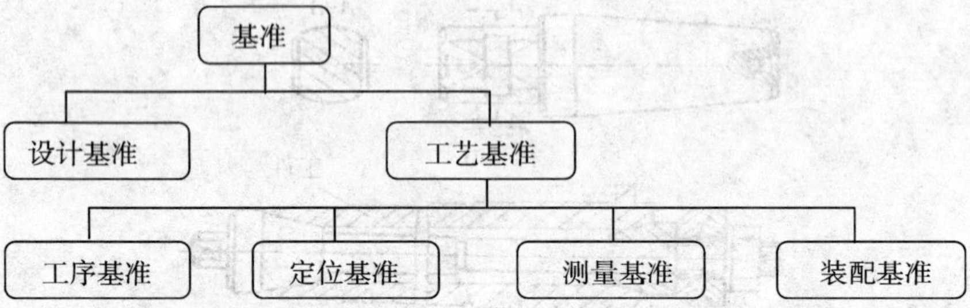

图 1－100　基准的种类

1) 设计基准。设计图样上所采用的基准称为设计基准，它是标注设计尺寸的起点。

如图 1－101(a) 所示零件。在垂直方向，平面 *A* 是平面 *B*、*C* 的设计基准，平面 *A* 也是孔 7 的设计基准，孔 7 又是孔 8 的设计基准；在水平方向，平面 *D* 是平面 *E*、*F* 的设计基准，平面 *D* 也是孔 7 和孔 8 的设计基准。如图 1－101(b) 所示的钻套零件孔中心线是外圆与内孔的设计基准，也是端面 *B* 端面圆跳动和外径 ϕ40h6 径向跳动的设计基准；端面 *A* 是端面 *B*、*C* 的设计基准。

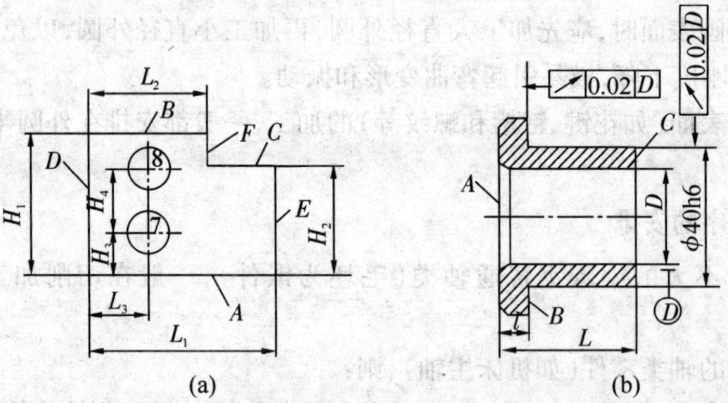

图 1－101　设计基准分析

2) 工艺基准。在工艺过程中所采用的基准称为工艺基准。按用途不同可分为

工序基准。在工序简图上用来确定本工序加工表面加工后的尺寸、形状和位置的基准称为工序基准。

如图 1－102 所示为钻套零件车削加工时的工序图，A 面即是 B，C 面的工序基准。

定位基准。加工过程中，使工件相对机床或刀具占据正确位置所使用的基准（如图 1－103）。

测量基准。零件检验时，用以测量已加工表面尺寸及位置的基准（如图 1－104）。

装配基准。装配时用以确定零件在部件或产品中位置的基准（如图 1－105）。

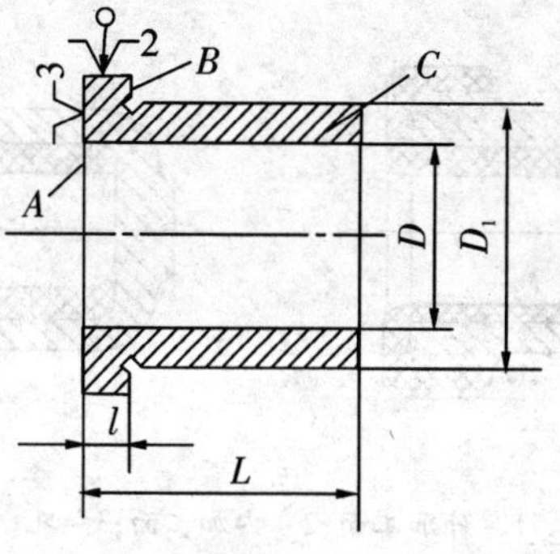

图 1－102　钻套加工工序基准

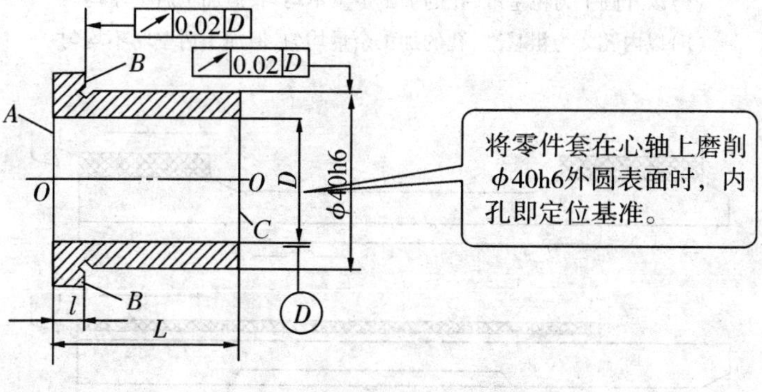

1－103　钻套加工定位基准

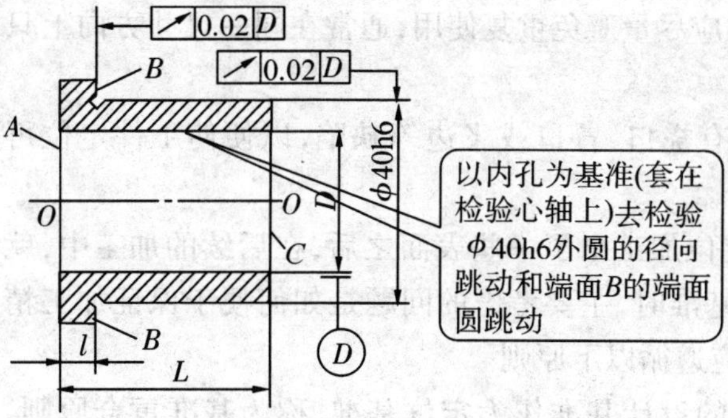

图 1－104　钻套加工测量基准

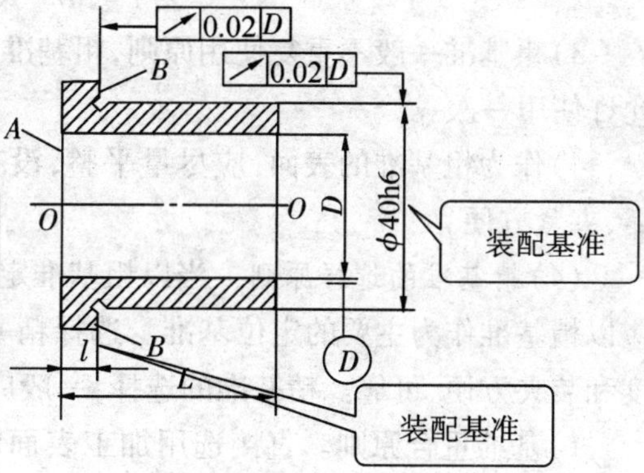

图 1－105　钻套加工装配基准

2. 定位基准的选择

定位基准又可分为粗基准和精基准。

(1) 粗基准　用毛坯上未加工的表面作为定位基准，称为粗基准。

(2) 精基准　用已经加工过的表面作为定位基准，称为精基准。

(3) 粗基准的选择原则

1) 保证相互位置要求原则。要求保证工件上加工面与不加工面的相互位置要求，则应以不加工面作为粗基准。如图 1－106 所示。

2) 为保证加工表面余量合理分配原则。保证重要表面的加工余量均匀，应选择该毛坯面为粗基准。如图 1－107 所示。

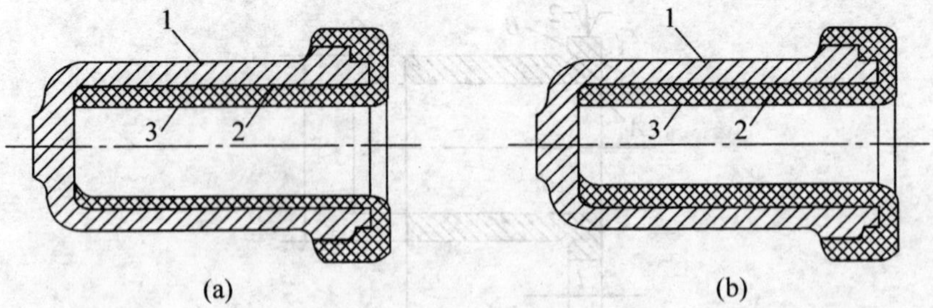

1－外加工面;2－内加工面;3－孔

图 1－106　两种粗基准选择对比

(a)以外圆 1 为粗基准,孔的加工余量不均匀,但加工后壁厚均匀

(b)以内孔 2 为粗基准,孔的加工余量均匀,但加工后壁厚不均匀

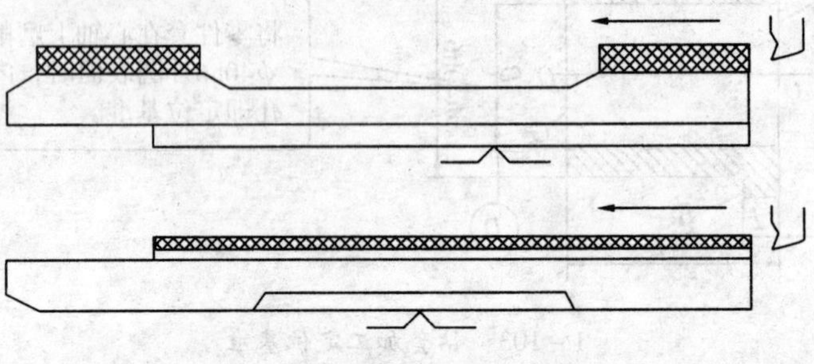

图 1－107　床身加工的粗基准选

3)粗基准一般不重复使用原则,粗基准应尽量避免重复使用,通常在同一尺寸方向上只允许使用一次。

4)作为粗基准的表面,应尽量平整,没有浇口、冒口或飞边等缺陷,以便使工件定位可靠,夹紧方便。

(4)精基准的选择原则　当以粗基准定位加工出了一些表面之后,在后续的加工中,就应以精基准作为主要的定位基准。选择精基准时,主要考虑的问题是如何便于保证加工精度和装夹方便、可靠。精基准的选择,一般应遵循以下原则。

1)基准重合原则。直接选用加工表面的设计基准作为定位基准,称为基准重合原则。按照基准重合原则选用定位基准,便于保证加工精度,否则会产生基准不重合误差,影响加工精度。如图 1－108 所示。

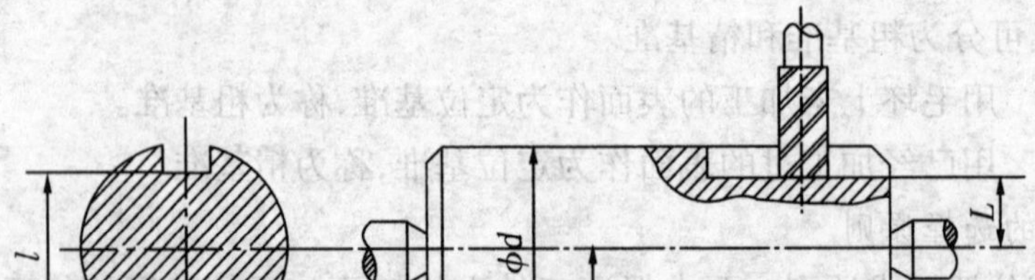

图 1－108　轴线作为定位基准

2)基准统一原则。当工件以某一表面作精基准定位,可以方便地加工大多数(或全部)

其余表面时，应尽早将这个基准面加工出来，并达到一定精度，以后大多数(或全部)工序均以它为精基准进行加工 。

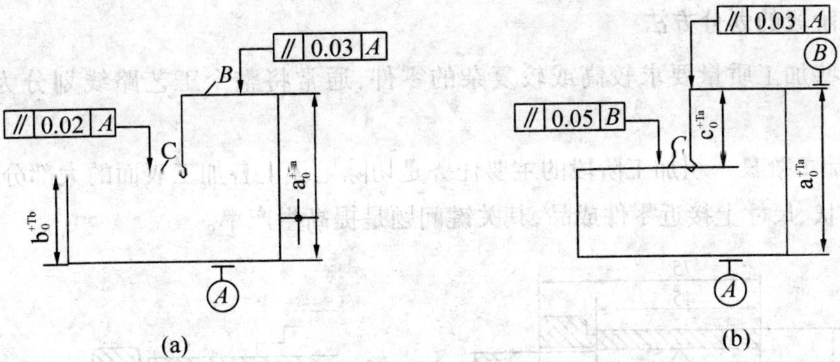

图 1－109　零件的两种尺寸标注法

图 1－109(a)，加工 B、C 面时，尺寸标注都是以底平面 A 作为设计基准，符合基准统一原则；而图 1－109(b)B 面是以 A 面作为设计基准，加工 C 面时以 B 面作为设计基准，基准不统一，会产生加工误差。

在实际生产中，经常使用的统一基准形式有①轴类零件常使用两顶尖孔作为统一基准；②箱体类零件常使用一面两孔(一个较大的平面和两个距离较远的销孔)作统一基准。

采用统一基准原则好处有①有利于保证各加工表面之间的位置精度；②可以简化夹具设计，减少工件搬动和翻转次数。

3)自为基准原则。

选择加工表面本身作为定位基准，称为自为基准原则。

有些精加工和光整加工工序要求加工余量必须小而均匀时，经常采用这一原则。机床床身零件在最后精磨床身导轨面时，经常在磨头上装上百分表，工件置于可调支承上，以导轨面本身为基准进行找正定位，保证导轨面与磨床工作台平行后，再进行磨削加工来保证磨削余量的小而均匀，以利于提高导轨面的加工质量和磨削生产率。有的加工方法，如浮动铰孔、拉孔、珩磨孔以及攻丝等，只有在加工余量均匀一致的情况下，才能保证刀具的正常工作。一般常采用刀具与工件相对浮动的方式来确定刀具与加工表面之间的正确位置。这些都是以加工表面本身作为定位基准的实例。

按自为基准原则加工时，只能提高加工表面本身的尺寸精度和形状精度，而不能提高其位置精度。加工表面与其他表面之间的位置精度，需由前面的有关工序来保证，或在后续工序中保证。

4)互为基准原则。当工件上两个加工表面之间的位置精度要求比较高时，可以采用两个加工表面互为定位基准的方法进行加工。即先以其中一个表面为基准加工另一个表面，然后再以加工过的表面作为定位基准加工刚才的基准面，如此反复进行几轮加工，就称为互为基准、反复加工原则。如图 1－110 所示。

这种加工方案不仅符合基准重合原则，而且在反复加工的过程中，基准面的精度愈来愈高，加工余量亦逐步趋于小而均匀，因而最终可获得很高的相互位置精度。

七、加工阶段的划分

1. 加工阶段的划分方法

对于那些加工质量要求较高或较复杂的零件，通常将整个工艺路线划分为以下几个阶段：

(1) 粗加工阶段　粗加工阶段的主要任务是切除毛坯上各加工表面的大部分加工余量，使毛坯在形状、尺寸上接近零件成品，其关键问题是提高生产率。

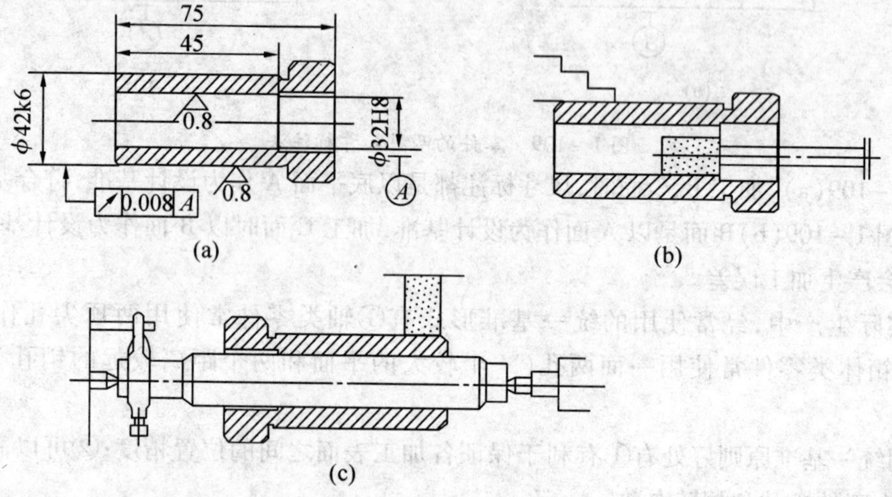

图 1－110　互为基准实例

(2) 半精加工阶段　半精加工阶段应达到一定的精度要求，并保证留有一定的加工信息量，为主要表面的精加工做准备。同时完成一些次要表面的加工。

(3) 精加工阶段　精加工阶段主要任务是保证零件各主要表面达到图样规定的技术要求，其主要问题是如何保证加工质量和精度。

(4) 光整加工阶段　光整加工阶段对于表面粗糙度要求很细和尺寸精度要求很高的表面，还需要进行光整加工阶段。这个阶段的主要目的是提高表面质量，一般不能用于提高形状精度和位置精度。常用的加工方法有金刚车(镗)、研磨、珩磨、超精加工、镜面磨、抛光及无屑加工等。

2. 划分加工阶段的主要原因

(1) 保证加工质量　工件粗加工时，由于加工余量大，所受的切削力、夹紧力也大，将引起较大的变形，如果不划分阶段连续进行粗精加工，上述变形来不及恢复，将影响加工精度。所以，需要划分加工阶段，使粗加工产生的误差和变形，通过半精加工和精加工予以纠正，并逐步提高零件的精度和表面质量。

(2) 合理使用设备　粗加工要求采用刚性好、功率大而精度较低的机床以提高生产效率，精加工则采用精度高的机床以确保零件的加工精度要求，划分加工阶段后，可避免以精干粗，可以充分发挥机床的性能，合理使用设备。

(3)便于安排热处理工序　划分加工阶段有利于在各阶段合理安排热处理工序，使冷热加工工序配合的更好。粗加工后，一般要安排时效处理，以消除内应力。精加工前要安排淬火等最终热处理，其变形可以通过精加工予以消除。

(4)有利于及早发现毛坯的缺陷，避免浪费　粗加工时去除了加工表面的大部分余量，若发现了毛坯缺陷(如铸件的砂眼气孔等)，及时予以报废，以免继续加工造成工时的浪费。

应当指出，加工阶段的划分不是绝对的，必须根据工件的加工精度要求和工件的刚性来决定。一般说来，工件精度要求越高、刚性越差，划分阶段应越细；当工件批量小、精度要求不太高、工件刚性较好时也可以不分或少分阶段；重型零件由于输送及装夹困难，一般在一次装夹下完成粗精加工，为了弥补不分阶段带来的弊端，常常在粗加工工步后松开工件，然后以较小的夹紧力重新夹紧，再继续进行精加工工步。

八、加工顺序的安排

1. 机械加工工序的安排原则

(1)先粗后精　粗加工在前，精加工在后，粗精分开。

(2)基准先行　先把基准面加工出来，再以基准面定位来加工其他表面，以保证加工质量。

(3)先主后次　主要表面是指装配表面、工作表面，次要表面是指键槽、联接用的光孔等。先将零件的主要表面和次要表面分开，然后先安排主要表面的加工，后加工次要表面。

(4)先面后孔　平面轮廓尺寸较大，平面定位安装稳定，通常均以平面定位来加工孔。即先加工平面，然后以加工好的平面定位来加工孔。

2. 热处理工序的安排

(1)退火　应用：高碳钢采用退火，以降低硬度。

(2)正火　应用：低碳钢、中碳钢采用正火，以提高硬度。

退火、正火一般安排在粗加工前，毛坯制造出来以后。主要目的是消除内应力、改善加工性能，为最终热处理做准备。

(3)时效处理　时效处理主要目的是消除内应力、减少工件的变形。

应用：一般安排在毛坯制造出来和粗加工后，常用于大而复杂的铸件。

(4)调质处理　应用：安排在粗加工后，半精加工前，常用于中碳钢和合金钢。

(5)淬火　主要目的是提高零件的硬度和耐磨性。

应用：一般安排在磨削前。

(6)渗碳处理　可安排在半精加工之前或之后进行。

(7)镀铬、镀锌、发蓝等　一般都安排在工艺过程最后阶段进行。

3. 检验工序的安排

为保证零件制造质量，防止产生废品，需在下列场合安排检验工序：

(1)粗加工全部结束之后；

(2)送往外车间加工的前后；

(3)工时较长和重要工序的前后；

(4)最终加工之后，入库之前。

除了安排几何尺寸检验工序之外，有的零件还要安排探伤、密封、称重和平衡等检验工

4. 其他工序的安排

(1)切削加工之后，应安排去毛刺工序。

(2)零件在进入装配之前，一般都应安排清洗工序。

(3)在用磁力夹紧工件的工序之后，要安排去磁工序。

(4)在铸件成型后要涂防锈漆。

任务实施

一、产品的零件图与装配图的分析

在进行具体零件分析以前，应先熟悉产品的装配图，明确零件在产品中的位置和功用，找出技术关键。图 1-111 为减速箱部装图。

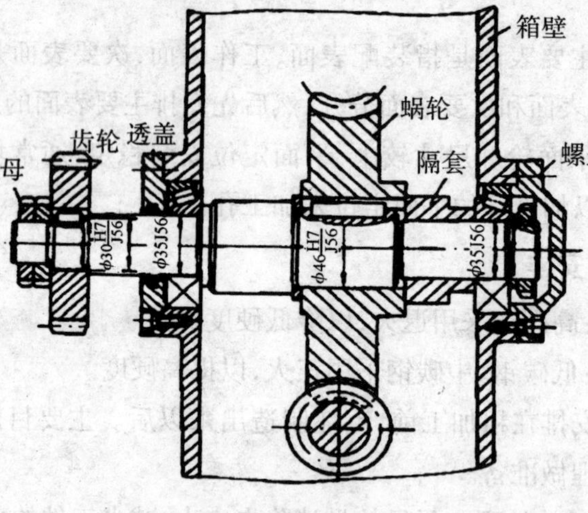

图 1-111 减速箱部装

由图 1-111 中可知，传动轴上 φ30js6、φ35js6（两处）、φ46js6 表面（即图 1-1 中的 Q，M，N，P 面）分别与齿轮、轴承和蜗轮内孔配合，是配合面，有较高的公差等级（IT6 级）和较小的表面粗糙度值 Ra 为 0.8 μm。而轴肩（即图 1-1 中的 G，H，I 面）是定位面，有较高的形位公差要求。零件的材料选用 45 钢调质处理，能满足使用要求。

二、毛坯的确定

该轴为没有中心通孔的多阶梯轴，各阶梯间直径相差较小，且用于速度较低、载荷不大的场合，所以，可以选用热轧圆钢作为该轴毛坯，毛坯下料尺寸 φ55 mm×265 mm。

三、定位基准的选择

1. 粗基准的选择

由于是用圆棒料作为毛坯，粗基准的选择比较简单，直接用毛坯的一端外圆作为粗基准。

2. 精基准的选择

轴类零件的精基准，最常用的是两中心孔。因为轴类零件各外圆表面、螺纹表面的同轴度及端面对轴线的垂直度是相互位置精度的主要项目，而这些表面的设计基准一般都是轴的中心线，采用两中心孔定位就能符合基准重合原则。而且由于多数工序都采用中心孔作为定位基面，能最大限度地加工出多个外圆和端面，这也符合基准统一原则。但粗加工外圆时，为提高工件刚度，一般不用两中心孔作为定位基面，而是采用轴外圆表面为定位基面，或以外圆和中心孔同作定位基面，即一夹一顶，见图 1－1。

四、加工工艺路线的拟定

1. 确定主要表面加工方法和加工方案。

传动轴大多是回转表面，主要是采用车削加工和外圆磨削加工。由于该轴主要表面 M，N，P，Q 的公差等级较高（IT6 级），表面粗糙度 Ra 较小，Ra 为 0.8 μm，最终加工应采用磨削加工。

2. 划分加工阶段

该轴加工划分为 3 个加工阶段，即粗车（粗车外圆、端面和钻中心孔），半精车（半精车各处外圆、台肩和修研中心孔等），粗、精磨各处外圆，各加工阶段大致以热处理为界。

3. 热处理工序的安排

该轴需进行调质处理。它应放在粗加工之后，半精加工之前进行。

4. 加工顺序安排

应遵循加工顺序安排的一般原则，如基准先行、先粗后精和先主后次等，还应注意：

(1) 外圆表面加工顺序：先加工大直径外圆，然后再加工小直径外圆，以避免一开始就降低了工件的刚度。

(2) 轴上的键槽和止退垫圈槽的加工应在外圆精车或粗磨之后，精磨外圆之前，键槽采用铣削加工。

传动轴的加工工艺路线为

下料－粗车－调质处理－半精车－划线－铣槽－粗磨－精磨－检验。

五、传动轴工艺规程的编制

在编制轴类零件加工工艺规程之前，先要求学生了解一些基本概念；然后根据决策、计划所制定的方案，让学生以小组的形式进行传动轴工艺规程的编制，并在实训教师的指导下，在机械加工中心实施零件实体加工，对编制的工艺规程进行验证，同时，对每一个完成的工作步骤进行记录和归档。

根据决策、计划阶段所制定的方案，结合生产组织类型是单件小批生产，编制出传动轴的机械加工工艺过程卡片，见表1－18。

六、传动轴的工艺验证

由于传动轴零件比较小（毛坯尺寸 ϕ55 mm×265 mm），机加工实训中心可以加工，让每组学生严格按照本组所编制的工艺过程卡片进行操作，加工出传动轴零件，并记录加工时间，所用机床型号、刀具名称、夹具种类、技术参数等，对纪录的结果进行技术整理、归档和保存。

表1－18　传动轴零件的机械加工工艺过程卡

武威职业学院		机械加工工艺过程卡片	产品名称　减速箱		零件名称　主轴	1页
材料牌号　45#		毛坯种类型　热轧圆钢	毛坯外形尺寸　ϕ55 mm×265 mm		每台件数　1件	备注
工序	工名序称	工序内容		设备	工艺设备	工时 单件
1	下料	ϕ55 mm×265 mm		锯床	锯床夹具、量具、锯条	
2	车	三爪卡盘夹持工件，中心架支撑，车端面见平，钻中心孔，用尾座顶尖顶住粗车 ϕ46 mm，ϕ35 mm 外圆及螺纹段3个台阶，直径、长度均留余量2 mm		车床	车夹具、量具、车刀	
3	车	调头，三爪卡盘夹持工件另一端，中心架支撑，车端面保证总长259 mm，钻中心孔，用尾座顶尖顶住，粗车 ϕ52，ϕ35 mm，ϕ30 mm 及螺纹段4个台阶，直径、长度均留余量2 mm		车床	车夹具、量具、车刀	
4	热	调质处理，改善切削性能				
5	钳	修研两端中心孔		车床		
6	车	两顶尖装夹，半精车右端3个台阶，螺纹大径车到图纸尺寸，ϕ46 mm、ϕ35 mm 外圆两个台阶直径留磨削余量0.5 mm，车槽三个（两个3×0.5、3×1.5），倒四个角1×45°		车床	车夹具、量具、车刀	
7	车	调头，两顶尖装夹，半精车左端的5个台阶 ϕ52、ϕ44 mm台阶车到图纸规定的尺寸，螺纹大径车到 ϕ23.8 mm－23.9 mm，ϕ35 mm、30 mm 留磨削余量0.5 mm，车槽三个（两个3×0.5、3×1.5），倒四个角1×45°。 两顶尖装夹，车左端螺纹 M24×1.5－6g；调头，两顶尖装夹，车右端螺纹 M24×1.5－6g		车床	车夹具、量具、车刀	

续表

<table>
<tr><td colspan="3">武威职业学院</td><td colspan="4">机械加工工艺过程卡片</td><td colspan="5">产品名称 减速箱</td><td>零件名称 主轴</td><td>1页</td></tr>
<tr><td colspan="3">材料牌号 $45^{\#}$</td><td colspan="4">毛坯种类型 热轧圆钢</td><td colspan="5">毛坯外形尺寸 ϕ55 mm×265 mm</td><td>每台件数 1件</td><td>备注</td></tr>
<tr><td>工序</td><td>工序名称</td><td colspan="9">工序内容</td><td>设备</td><td>工艺设备</td><td>工时单件</td></tr>
<tr><td>8</td><td>钳</td><td colspan="9">划3个键槽的加工线</td><td></td><td>划针</td><td></td></tr>
<tr><td>9</td><td>铣</td><td colspan="9">铣2个键槽,槽深比图纸尺寸多铣0.25 mm作为磨削余量</td><td>铣床</td><td>铣夹具、量具、铣刀</td><td></td></tr>
<tr><td>10</td><td>钳</td><td colspan="9">修研两端中心孔</td><td></td><td></td><td></td></tr>
<tr><td>11</td><td>磨</td><td colspan="9">两顶尖装夹,磨左端ϕ30 mm,ϕ35 mm外圆到图纸尺寸,并用砂轮端面磨端面;调头,两顶尖装夹,磨右端ϕ35 mm,ϕ46 mm外圆到图纸尺寸,达到表面粗糙度Ra为0.8 μm</td><td>外圆磨床</td><td>磨夹具、量具、砂轮</td><td></td></tr>
<tr><td>12</td><td>检</td><td colspan="9">检验</td><td></td><td>量具</td><td></td></tr>
<tr><td>13</td><td>库</td><td colspan="9">入库</td><td></td><td></td><td></td></tr>
<tr><td>会签(日期)</td><td></td><td colspan="2"></td><td></td><td></td><td></td><td></td><td></td><td></td><td>设计(日期)</td><td>校对(日期)</td><td>审核(日期)</td><td>标准化(日期)</td></tr>
<tr><td>标记</td><td>处数</td><td colspan="2">更改文件号</td><td>签字</td><td>日期</td><td>标处记数</td><td>更改文件号</td><td>签字</td><td>日期</td><td></td><td></td><td></td><td></td></tr>
</table>

请沿此线剪下

资讯单

学习领域	零件加工工艺编制与实施		
学习情境一	轴类零件加工工艺编制与实施	学时	22
资讯方式	学生自由组合分成4个小组，每组选出1名组长，各组根据任务单和资讯单查询资料，完成必要的信息搜集，找出相关问题的答案，每组准备发言。		
资讯问题	1. 分析轴类零件的功用和结构特点？ 2. 分析轴类零件的技术要求、材料与毛坯？ 3. 了解轴类零件外圆表面的加工方法和加工方案。 4. 工艺规程制订的原则是什么？ 5. 制订工艺规程时的原始资料有哪些？ 6. 工艺文件格式有哪几种？ 7. 如何分析轴类零件的加工要求及工艺性？ 8. 了解机械加工中心实训基地的设备及其加工性能指标； 9. 如何编制传动轴工艺规程？ 10. 常用的量具有哪些？每一种如何使用？		
资讯引导	以上资讯问题请查阅以下书籍： 1.《机械制造工艺与工装》，主编：何七荣，高等教育出版社。 2.《车工工艺与技能训练》，主编：蒋增福，高等教育出版社。 3.《机械制造工艺》，主编：孔凡杰，大连理工大学出版社。 4.《金属机械加工工艺人员手册》，主编：赵如福，上海科学技术出版社。 5.《金属切削原理与刀具》，主编：陆剑中，周志明，机械工业出版社。		

请沿此线剪下

请沿此线剪下

请沿此线剪下

请沿此线剪下

请沿此线剪下

决策单

<table>
<tr><td>学习领域</td><td colspan="7">零件加工工艺编制与实施</td></tr>
<tr><td>学习情境一</td><td colspan="3">轴类零件加工工艺编制与实施</td><td>学　时</td><td colspan="3">22</td></tr>
<tr><td colspan="8">方案讨论</td></tr>
<tr><td rowspan="6">方案对比</td><td>组号</td><td>工作流程的正确性</td><td>知识运用的科学性</td><td>内容的完整性</td><td>方案的可行性</td><td>人员安排的合理性</td><td>综合评价</td></tr>
<tr><td>1</td><td></td><td></td><td></td><td></td><td></td><td></td></tr>
<tr><td>2</td><td></td><td></td><td></td><td></td><td></td><td></td></tr>
<tr><td>3</td><td></td><td></td><td></td><td></td><td></td><td></td></tr>
<tr><td>4</td><td></td><td></td><td></td><td></td><td></td><td></td></tr>
<tr><td>5</td><td></td><td></td><td></td><td></td><td></td><td></td></tr>
<tr><td>方案评价</td><td colspan="7">评语：</td></tr>
</table>

班级		组长签字		教师签字		月　日

请沿此线剪下

请沿此线剪下

请沿此线剪下

计划单

<table>
<tr><td>学习领域</td><td colspan="5">零件加工工艺编制与实施</td></tr>
<tr><td>学习情境一</td><td colspan="2">轴类零件加工工艺编制与实施</td><td>学　时</td><td colspan="2">22</td></tr>
<tr><td>计划方式</td><td colspan="5">分组讨论，制订各组的实施操作计划</td></tr>
<tr><td>序　号</td><td colspan="4">实施步骤</td><td>使用资源</td></tr>
<tr><td>1</td><td colspan="4"></td><td></td></tr>
<tr><td>2</td><td colspan="4"></td><td></td></tr>
<tr><td>3</td><td colspan="4"></td><td></td></tr>
<tr><td>4</td><td colspan="4"></td><td></td></tr>
<tr><td>5</td><td colspan="4"></td><td></td></tr>
<tr><td>制订计划
说明</td><td colspan="5"></td></tr>
<tr><td rowspan="3">计划评价</td><td>班　级</td><td></td><td>第　组</td><td>组长签字</td><td></td></tr>
<tr><td>教师签字</td><td colspan="2"></td><td>日　期</td><td></td></tr>
<tr><td colspan="5">评语：</td></tr>
</table>

实施单

学习领域	零件加工工艺编制与实施		
学习情境一	轴类零件加工工艺编制与实施	学时	22
实施方式	分组实施,按实际的实施情况填写此单		
序号	实施步骤	使用资源	
1			
2			
3			
4			
5			
6			
7			
8			
9			
10			
实施说明:			

班　　级		第　　组	组长签字	
教师签字			日　　期	

请沿此线剪下

请沿此线剪下

请沿此线剪下

检查单

学习领域	零件加工工艺编制与实施			
学习情境一	轴类零件加工工艺编制与实施		学时	22
序号	检查项目	检查标准	学生自检	教师检查
1	目标认知	工作目标明确,工作计划具体结合实际,具有可操作性。		
2	理论知识	掌握常用量具的使用方法,能够进行简单轴类零件加工工艺的编制。		
3	基本技能	能够运用所学的知识进行完整的方案设计,并顺利完成任务。		
4	学习能力	能在教师的指导下自主学习,全面地理解和掌握相关知识和技能。		
5	工作态度	在完成任务过程中积极参与,主动地完成分配的任务。		
6	团队合作	积极地与他人沟通、合作,共同完成工作任务。		
7	工具运用	熟练利用资料单进行自学,学会利用网络进行有关资料的查询。		
8	任务完成	保质保量,按时圆满完成工作任务。		
9	演示情况	能按要求熟练地进行操作,效果好。		
检查评价	班　级		第　组	组长签字	
	教师签字			日　期	

请沿此线剪下

请沿此线剪下

请沿此线剪下

评价单

表一 零件加工工艺编制与实施课程考评表(学生自评表)

评价要点	评价标准			
	优	良	中	差
与完成项目相关的材料是否齐全(20)				
制定的项目工作方案是否及时,完成质量如何(20)				
项目工作方案是否完善,完善情况如何(10)				
项目实施过程中的原始记录是否符合要求(10)				
有关分析任务的实施报告是否符合要求(10)				
出具检测功能是否符合系统设计要求(10)				
课堂汇报是否流利、有见解(10)				
归档文件的条理性、整齐性和美观性(10)				
总计				
改进意见:				

请沿此线剪下

请沿此线剪下

表二 零件加工工艺编制与实施课程考评表(教师用表)

考核项目	考核内容	考核要求及评分标准	配分	得分	备注
工艺技术	正确、完整、规范、清晰	编制的工艺切实可行、合理,符合工艺要求,操作安全可靠。(每错1处扣2分,工艺过程零乱扣4分)	20分		
生产成本	机床、刀具、夹具、量具及毛坯选用	工艺装备(机床、工装)、刀具、量具和毛坯选择合理。(每错用1处扣3分,生产成本超出预算扣2分)	20分		
工艺规范性	工艺文件	合理、实用、完整,工艺技术和检测技术先进,操作方便。(每少1项扣2分)	10分		
工艺调试与运行	调试与运行	实施过程中发现问题,能够随时解决,有创新意识。(每少1项功能扣2分)	25分		
工艺说明书	按照项目要求完成	内容表述完整、正确。(每缺1项功能说明扣1分)	5分		
安全文明意识	正确使用设备和工具	设备操作正确,工具使用得当,无操作事故。(发生事故扣10分;违反工艺纪律每次扣2分)	10分		
团队协作精神	小组成员分工协作	每人均有任务,都能完成任务,并积极参与。(不参与者每人扣5分;未能完成任务者每人扣2分)	10分		
总分		评语:			

注:每项扣分最多扣完该项配分为止,加分不限。

请沿此线剪下 请沿此线剪下 请沿此线剪下

表三 零件加工工艺编制与实施课程考评表(学生互评表)

<table>
<tr><td rowspan="2">评 价 项 目</td><td colspan="4">评价标准</td></tr>
<tr><td>优
8~10</td><td>良
6~8</td><td>中
4~6</td><td>差
2~4</td></tr>
<tr><td>1. 学习态度是否主动,是否能按时保质的完成教师布置的学习任务(10)</td><td></td><td></td><td></td><td></td></tr>
<tr><td>2. 是否完整地记录研讨活动的过程,收集的有关的资料是否完整、有针对性(10)</td><td></td><td></td><td></td><td></td></tr>
<tr><td>3. 能否根据学习资料对项目进行合理分析,制订出切实可靠的加工方法和加工方案(10)</td><td></td><td></td><td></td><td></td></tr>
<tr><td>4. 是否能够完全领会教师的授课内容,并迅速的掌握操作(10)</td><td></td><td></td><td></td><td></td></tr>
<tr><td>5. 是否积极参与各种讨论与演讲,并能清晰的表达自己的观点(10)</td><td></td><td></td><td></td><td></td></tr>
<tr><td>6. 能否按照设计方案独立或合作完成工艺规程(10)</td><td></td><td></td><td></td><td></td></tr>
<tr><td>7. 在验证所编制工艺规程过程中出现的问题能否主动思考,并运用所学的知识进行解决(10)</td><td></td><td></td><td></td><td></td></tr>
<tr><td>8. 通过设计、操作训练是否达到要求能力目标(10)</td><td></td><td></td><td></td><td></td></tr>
<tr><td>9. 能否确保安全、可靠与团队合作精神(10)</td><td></td><td></td><td></td><td></td></tr>
<tr><td>10. 实训过程中是否保持整洁、有序和规范的工作环境(10)</td><td></td><td></td><td></td><td></td></tr>
<tr><td>总 评</td><td colspan="4"></td></tr>
<tr><td>改进意见</td><td colspan="4"></td></tr>
</table>

知识拓展

一、外圆和长度检测

根据图纸的标注，被测工件尺寸公差≥0.02 mm，用游标类量具检测；被测工件尺寸公差≥0.01 mm，用千分尺测量检测。

1. 游标卡尺

(1) 游标卡尺结构　游标卡尺的结构如图 1－112 所示。

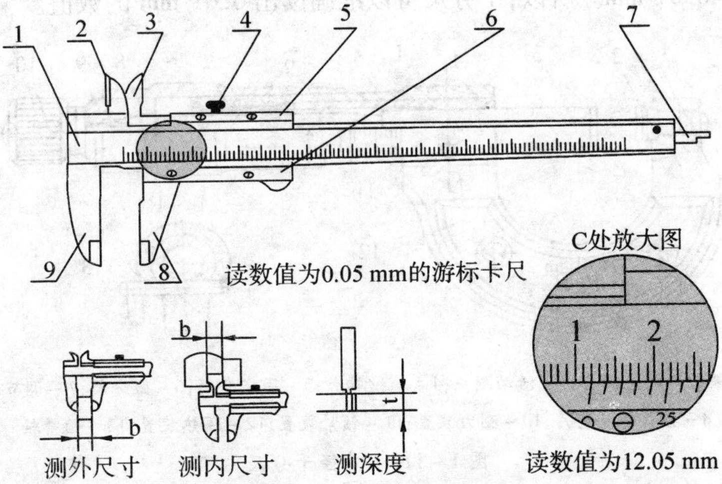

1－主尺；2,3－内测量爪；4－紧固螺钉；5－游标框；

6－游标；7－测深尺；8,9－外测量爪

图 1－112　游标卡尺结构

(2) 游标卡尺的种类

1) 按测量范围分为 0～150 mm，0～200 mm，0～300 mm，0～500 mm，0～1 000 mm，0～2 000 mm，0～3 000 mm。

2) 按分度值分为 0.02 mm，0.05 mm。

(3) 游标卡尺的使用步骤

1) 擦干净零件被测表面和游标卡尺的测量爪。

2) 校对游标卡尺的零位；若零位不能对正时，记下此时的代数值，将零件的各测量数据减去该代数值。

3) 用游标卡尺测量标准量块，根据标准量块值熟悉掌握游标卡尺测量爪和工件接触的松紧程度。

4) 根据零件的图纸标注要求，选择合适的游标卡尺。

5) 如果测量外圆，应在圆柱体不同截面、不同方向测量 3－5 点，记下读数；若测量长度，可沿圆周位置测量几点，记录读数。

6) 测量外圆时，可用不同分度值的计量器具测量，对结果进行比较，判断测量的准确性。

7) 将测量数据取平均值并和图纸要求比较，判断其合格性。

2. 外径千分尺

(1)外径千分尺结构　外径千分尺的结构如图 1－113 所示，由固定的尺架 1、固定测头 2、活动测头 3、螺纹轴套 4、固定套筒 5、微分筒 6、测力装置 10 和锁紧装置 11 等构成。在固定套筒上有一条水平线，该线上、下各有一列间距为 1 mm 的刻度线，且上面的刻度线正好位于下面两相邻刻度线的中间。微分筒上的刻度线将圆周 50 等分，它可以作旋转运动。

根据螺旋运动原理，当微分筒旋转一周时，活动测头前进或后退一个螺距 0.5 mm。这样，当微分筒旋转一个分度值后，即转过了 1/50 周，这时活动测头沿轴线移动了 1/50×0.5 mm＝0.01 mm。所以，千分尺可以准确读出 0.01 mm 的数值。

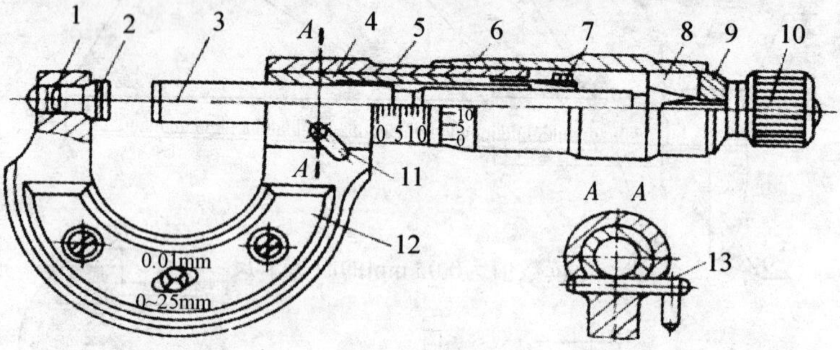

1－尺架；2－固定测头；3－活动测头；4－螺纹轴套；5－固定套筒；6－微分筒；7－调节螺母；8－接头；9－垫片；10－测力装置；11－锁紧装置；12－隔热装置；13－锁紧轴

图 1－113　外径千分尺

(2)外径千分尺的种类

1)按测量范围分，有 0～25 mm，25～50 mm，50～75 mm，75～100 mm，100～125 mm。

2)按分度值分，只有 0.01 mm 一种。

(3)外径千分尺使用步骤

1)擦干净零件被测表面和外径千分尺的测量面。

2)校对外径千分尺的零位。

3)根据零件的图纸标注要求，选择合适规格的外径千分尺。

4)如果测量外圆，应在圆柱体不同截面、不同方向测量 3～5 点，记下读数；若测量长度，可沿圆周位置测量几点，记录读数。

5)将测量数据取平均值并和图纸要求比较，判断其合格性。

(4)使用外径千分尺注意事项

1)微分筒和测力装置在转动时不能过分用力。

2)当转动微分筒带动活动测头接近被测工件时，一定要改用测力装置旋转接触被测工件，不能直接旋转微分筒测量工件。

3)当活动测头与固定测头卡住被测工件或锁住锁紧装置时，不能强行转动微分筒。

4)测量时，应手握隔热装置，尽量减少手和外径千分尺金属部分接触。

5)外径千分尺使用完毕，应用布擦干净，在固定测头和活动测头的测量面间留出空隙，放入盒中。如长期不使用可在测量面上涂上防锈油，置于干燥处。

二、表面粗糙度测量

测量表面粗糙度的方法很多，主要有比较法、干涉法、针描法和光切法。

零件的表面粗糙度要求高的，如 Ra 在 0.4 μm 以上的，用表面粗糙度测量仪进行测量，而零件的表面粗糙度要求不高的，如 Ra 在 0.4 μm 以下的，用表面粗糙度对照样板进行对比。

比较法是指被测表面与标有数值的粗糙度标准样板相比较，通过视觉、触感或其他方法进行比较后，对被测表面的粗糙度作出评定的方法。比较时，所用的粗糙度样板的材料、形状和加工方法尽可能与被测表面相同。这种方法虽然不能准确地得出被测表面粗糙度数值，但由于计量器具简单，评定方便且也能满足一般的生产要求，所以广泛应用于生产现场。

三、螺纹检测

螺纹的检测主要分综合检测和单项测量。

1. 综合检测

在批量生产实际中常常用螺纹量规来综合检测普通螺纹的质量。检测时按泰勒原则检验，即以牙型完整的通规模拟被测螺纹轮廓的最大实体边界来控制包括螺距误差和牙型半角误差的螺纹作用中径，而用牙型不完整的止规模拟两点法检验实际中径。

螺纹量规，分为塞规和环规，如图 1－114 所示。测量时，通端量规能顺利地与被测螺纹在被检全长上旋合，而止端量规不能完全旋合或不能旋入，则表明被测螺纹是合格的，否则不合格。

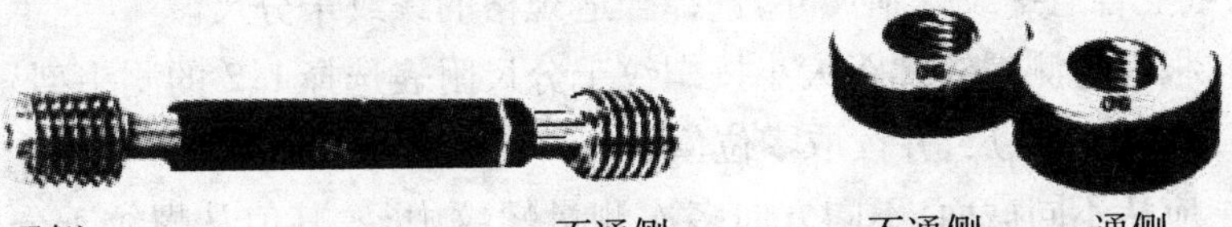

图 1－114　塞规和环规

2. 单项测量

(1) 利用三针量法检测梯形螺纹的测量步骤

1) 根据图纸中梯形螺纹的 M 值选择合适规格的公法线千分尺。

2) 擦净零件的被测表面和量具的测量面，按图将三针放入螺旋槽中，用公法线千分尺测量值记录读数。

3) 重复步骤 2，在螺纹的不同截面、不同方向多次测量，逐次记录数据。

4) 判断零件的合格性。图 1－115 为三针量法的原理。

$$d_2 = M - 2AC = M - 2(AD - CD)$$

$$AD = AB + BD = \frac{d_0}{2} \frac{d_0}{2\sin\frac{\alpha}{2}} = \frac{d_0}{2}\left[1 + \frac{1}{\sin\frac{\alpha}{2}}\right]$$

$$CD = \frac{P}{4}\text{ctan}\frac{\alpha}{2}$$

代入得：$d_2 = \text{M} - d_0\left[1 + \frac{1}{\sin\frac{\alpha}{2}}\right] + \frac{\text{P}}{2}\text{ctan}\frac{\alpha}{2}$

对于公制螺纹：$\alpha = 60°$：$d_2 = M - 3d_0 + 0.866P$

对于梯形螺纹：$\alpha = 30°$：$d_2 = M - 4.863d_0 + 1.866P$

式中，d_0 为三针直径，d_2 是螺纹单一中径。

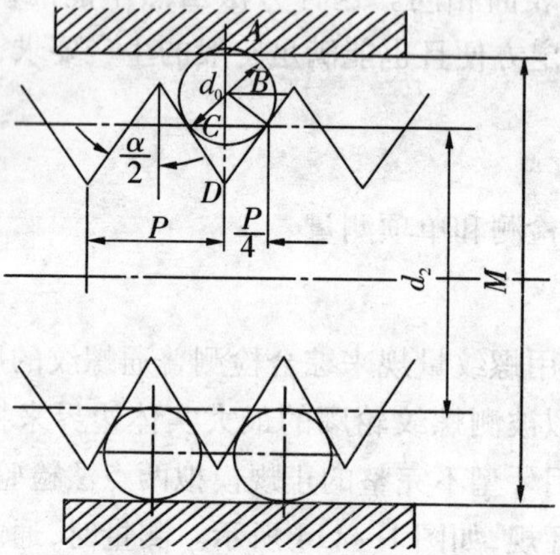

图 1－115　三针量法的原理

（2）螺纹千分尺测量普通精度的外螺纹中径的测量步骤

1）根据图纸上普通螺纹基本尺寸，选择合适规格的螺纹千分尺。

2）测量时，根据被测螺纹螺距大小按螺纹千分尺附表选择 1、2 的测头型号，依图 1－116 所示的方式装入螺纹千分尺，并读取零位值。

3）测量时，应从不同截面、不同方向多次测量螺纹中径，其值从螺纹千分尺中读取后减去零位的代数值，并记录。

4）查出被测螺纹中径的极限值，判断其中径的合格性。

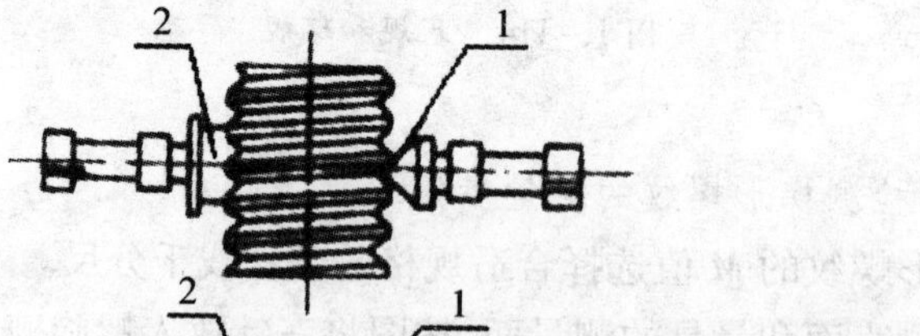

1，2－测头

图 1－116　螺纹千分尺测量普通精度的外螺纹中径

四、检测的一般步骤

1. 确定被检测项目

认真审阅被测件图纸及有关的技术资料，了解被测件的用途，熟悉各项技术要求，明确需要检测的项目。

2. 设计检测方案

根据检测项目的性质、具体要求、结构特点、批量大小、检测设备状况、检测环境及检测人员的能力等多种因素，设计一个能满足检测精度要求，且具有低成本、高效率的检测预案。

3. 选择检测器具

按照规范要求选择适当的检测器具，设计、制作专用的检测器具和辅助工具，并进行必要的误差分析。

4. 检测前准备

清理检测环境并检查是否满足检测要求，清洗标准器、被测件及辅助工具，对检测器具进行调整使之处于正常的工作状态。

5. 采集数据

安装被测件，按照设计预案采集测量数据并规范地做好原始记录。

6. 数据处理

对检测数据进行计算和处理，获得检测结果。

7. 填报检测结果

将检测结果填写在检测报告单及有关的原始记录中，并根据技术要求做出合格性的判定。

五、量块

量块是没有刻度的、横截面为矩形并具有一对相互平行测量面的实物端面量具。量块的测量面可以和另一量块的测量面相研合而组合使用，也可以和具有类似表面质量的辅助体表面相研合而用于量块长度的测量，量块作为长度尺寸传递的实物基准，广泛应用于计量器具的校准、检定、精密画线和精密工件测量等。

量块是用铬锰钢等特殊合金钢制成，具有线膨胀系数小、不易变形、耐磨性好、硬度高、工作表面粗糙度值小以及研合性好等特点。

1. 量块的构成

量块形状有长方体、圆柱体和角度量块等。如图 1－117 所示为长方体量块，它有 2 个相互平行的测量面和 4 个非测量面。2 个平行的测量面，其表面光滑平整，表面粗糙度 Ra 达 0.08～0.01 μm。2 个平行测量面间距有精确的尺寸，该尺寸为量块的标称长度（Ln），在量块上标出。标称长度到 5.5 mm 的量块，其公称值刻印在上测量面上；标称长度大于 5.5 mm 的量块，其公称长度值刻印在上测量面左侧较宽的一个非测量面上。

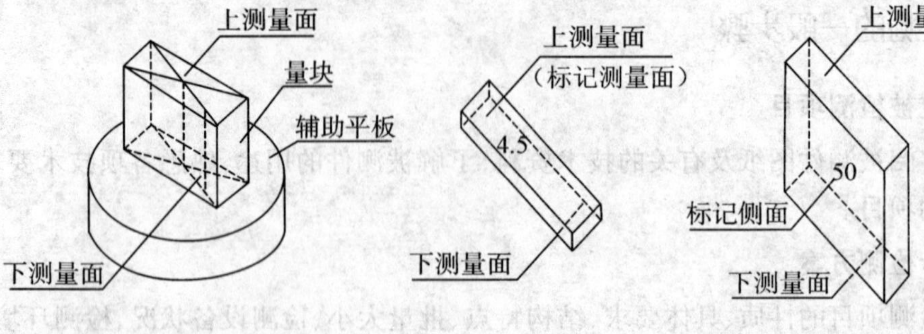

图 1－117　量块

2. 量块的组合

量块在使用时，常在一定范围内根据需要将多个尺寸不同的量块研合成量块组，以扩大量块的应用范围，组合成所需要的尺寸。我国成套生产的量块共有 17 种套别。表 1－19 列出了常用的三套量块的组合尺寸系列。

为了减少量块的组合误差，应尽量减少量块的组合块数，一般不超过 4 块。组合量块时，应从所需组合尺寸的最后一位数开始，每选一块至少应减去所需尺寸的一位尾数。例如，使用 46 块一套的量块组，从中选取量块组成 25.021 mm。查表 1－19，可按如下步骤选择量块尺寸：

```
  25.021 ………………………量块组合尺寸
－ 1.001 ………………………第一块量块尺寸
  24.02
 －1.02  ………………………第二块量块尺寸
  23
－ 3     ………………………第三块量块尺寸
  20     ………………………第四块量块尺寸
```

表 1－19　成套量块的组合尺寸

总块数	级别	尺寸系列/mm	间隔/mm	块数
91	0,1	0.5	－	1
		1	－	1
		1.001,1.002,… 1.009	0.001	9
		1.01, 1.02, … 1.49	0.01	49
		1.5, 1.6, … 1.9	0.1	5
		2.0, 2.5, … 9.5	0.5	16
		10, 20, … 100	10	10
83	00,1,2,(3)	0	－	1
		1	－	1
		1.005	－	1
		1.01,1.02, … 1.49	0.01	49
		1.5, 1.6, … 1.9	0.1	5
		2.0, 2.5, … 9.5	0.5	16
		10, 20, … 100	10	10

续表

总块数	级别	尺寸系列/mm	间隔/mm	块数
46	0,1,2	1 1.001,1.002,… 1.009 1.01, 1.02,… 1.09 1.1, 1.2, … 1.9 2, 3, … 9 10, 20, … 100	- 1.001 1.01 0.1 1 10	1 9 9 9 8 10

3. 量块的精度

(1)量块的级 按国标 GB/T6093—2001《几何量技术规范(GPS)长度标准量块》对量块按制造精度分 5 级,即 0,1,2,3 和 K 级,其中 0 级精度最高,3 级最低,K 级为校准级,主要根据量块长度极限偏差和量块长度变动量的最大允许值来划分的。

量块生产企业大都按"级"向市场销售量块。用量块长度极限偏差(中心长度与标称长度允许的最大误差)控制一批相同规格量块的长度变动范围;用量块长度变动量(量块最大长度与最小长度之差)控制每一个量块两测量面间各对应点的长度变动范围。用户则按量块的标称尺寸使用量块。因此,按"级"使用量块必然受到量块长度制造偏差的影响,将把制造误差带入测量结果。

(2)量块的等 制造高精度量块的工艺要求高、成本也高,而且即使制造成高精度量块,在使用一段时间后,也会因磨损而引起尺寸减小,使其原有的精度级别降低。因此使用一段时间后的量块,要定期送专业部门按照标准对其各项精度指标进行检定,确定符合哪一"等",并在检定证书中给出标称尺寸的修正值。

国家计量局标准 JJG100—81《量块检定规程》按检定精度将量块分为 6 等,即 1,2,3,4,5,6 等,其中 1 等精度最高,6 等精度最低。量块按"等"使用时,主要是依据检定的量块中心长度的极限偏差和平面平行性允许偏差来划分"等",排除了量块的制造误差,仅包含检定时较小的测量误差。

量块的"级"和"等"是从成批制造和单个检定两种不同的角度出发,对其精度进行划分的两种形式。

按"级"使用时,以标记在量块上的标称尺寸作为工作尺寸,该尺寸包含其制造误差。

按"等"使用时,必须以检定后的实际尺寸作为工作尺寸,该尺寸不包含制造误差,但包含了检定时的测量误差。

就同一量块而言,检定时的测量误差要比制造误差小得多。所以,量块按"等"使用时其精度比按"级"使用要高,且能在保持量块原有使用精度的基础上延长其使用寿命。

4. 量块使用的注意事项

(1)量块必须在有效期内使用,否则应及时送专业部门检定。

(2)使用环境良好,防止各种腐蚀性物质及灰尘对测量面的损伤,影响其研合性。

(3)分清量块的"级"与"等",注意使用规则。

(4)所选量块应用航空汽油清洗、洁净软布擦干,待量块温度与环境温度相同后方可使用。

(5)轻拿、轻放量块,杜绝磕碰、跌落等情况的发生。

(6)不得用手直接接触量块,以免造成汗液对量块的腐蚀及手温对测量精确度的影响。

(7)使用完毕,应用航空汽油清洗所用量块,并擦干后涂上防锈脂存于干燥处。

六、计量器具

计量器具是量具、量规、量仪和其他用于测量目的测量装置的总称。

1. 计量器具的分类

计量器具按结构特点可分为量具、量规、量仪和测量装置等四类。

(1)量具　量具是一种具有固定形态、用以复现或提供一个或多个已知量值的器具,可分为单值量具(如量块)和多值量具(如线纹尺)。量具的特点是一般没有放大装置。

(2)量规　量规是没有刻度的专用计量器具,用来检验工件实际尺寸和形位误差的综合结果。量规只能判断工件是否合格,而不能获得被除数测几何量的具体数值,如光滑极限量规、螺纹量规等。

(3)量仪　量仪是指能将被测量转换成可直接观测的指示值或等效信息的计量器具。其特点是一般都有指示、放大系统。根据所测信号的转换原理和量仪本身的结构特点,量仪可分为以分为以下几种:

1)卡尺类量仪。如数显卡尺、游标卡尺等。

2)微动螺旋副类量仪。如数显等千分尺、普通千分尺等。

3)机械类量仪。如百分表、千分表等。

4)光学类量仪。如工具显微镜、测长仪等。

5)气动类量仪。如压力式量仪。

6)电学类量仪。如电感比较仪。

7)机电类综合类量仪。如齿轮测量中心等。

(4)测量装置　指为确定被测量所必需的测量装置和辅助设备的总体。

2. 计量器具的度量指标

度量指标是用来说明计量器具的性能和功用的。它是选择和使用计量器具,研究和判断测量方法正确性的依据。基本度量指标如下:

(1)刻度间距　刻度间距是指计量器具的刻度尺或度盘上相邻两刻度线中心之间的距离。为便于目视估计,一般刻度间距为 1 ~ 2.5 mm。

(2)分度值(刻度值)　分度值是指在计量器具的刻度尺或度盘上,相邻两刻线间所能直接读出的最小单位量值,它反映了读数精度的高低,从一个侧面说明了该计量器具的测量精度高低。分度值通常取 1,2,5 的倍数,一般来说,分度值越小,计量器具的精度越高。如千分表的分度值为 0.001 mm,百分表的分度值为 0.01 mm。对于数显式仪器,其分度值称为分辨率。

(3)示值范围　示值范围是指计量器具所显示或指示的最小值到最大值的范围。如光学比较仪的示值范围为 ±0.1 mm。

(4)测量范围　测量范围是指计量器具所能测量零件的最小值到最大值的范围。如外径千分尺的测量范围有 0 ~ 25 mm, 25 ~ 50 mm,机械式比较仪的测量范围为 0 ~ 180 mm等。

(5)灵敏度　灵敏度是指计量器具对被测量变化的反应能力。

(6)示值误差　示值误差是指计量器具上的示值与被测量真值的代数差,是测量仪器本身各种误差的综合反映。因此,仪器示值范围内的不同工作点,示值误差是不相同的。一般可用适当精度的量块或其他计量标准器,来检定计量器具的示值误差。

(7)示值变动　示值变动是指在测量条件的情况下,用计量器具对被测量测量多次(一般 5 ~ 10 次)所得示值的最大差值。

(8)回程误差(滞后误差)　回程误差是指在相同条件下,被测量值不变,计量器具进行往返两个方向测量时,计量器具示值的最大变动量。它是由计量器具中测量系统的间隙、变形和磨擦等原因引起的。

(9)测量力　测量力是指计量器具的测头与被测表面之间的接触力。在接触测量中,要求有一定的恒定测量力。测量力太大会使零件或测头产生弹性变形,测量力太小会使示值不稳定。

七、测量方法

测量方法是指进行测量时所采用的测量原理、测量器具和测量条件的总和。测量方法可以从不同的角度分类。

1. 按是否直接获得被测量值分类

(1)直接测量　直接测量是指直接从计量器具获得被测量值的测量方法。例如用游标卡尺、外径千分尺测量外圆直径等。

(2)间接测量　间接测量是先测出与被测量有一定函数关系的相关量,然后按相应的函数关系式,求得被测量的测量结果。如测量大尺寸圆柱形零件直径 D 时,先测出其周长 L,然后再按公式 $D = L/\pi$ 求得零件的直径 D。

为减少测量误差,一般都采用直接测量,必要时才用间接测量。

2. 按示值是否是被测量的全值分类

(1)绝对测量　绝对测量是指被测量的全值从计量器具的读数装置直接读出的测量方法。例如用游标卡尺测量外圆直径。

(2)相对测量　相对测量是指计量器具的示值仅表示被测量对已知标准量的偏差,而被测量的量值为计量器具的示值与标准量的代数和的测量方法。如用比较仪测量时,先用量块调整仪器零位。然后测量被测量,所获得的示值就是被测量相对于量块尺寸的偏差。

一般说来,相对测量的测量精度比绝对测量的测量精度高。

3. 按测量时计量器具的测头与被测表面之间是否是有机械力分类

(1)接触测量　接触测量是计量器具的测头与零件被测表面接触后有机械作用力的测量。如用外径千分尺、游标卡尺测量零件等。为了保证接触的可靠性,测量力是必要的,但它可能使计量器具及被测件发生变形而产生测量误差,还可能造成对零件被测表面质量的损坏。

(2)非接触测量　非接触测量是计量器具的感应元件与被测零件表面不直接接触的测量,因而不存在机械作用的测量力。属于非接触测量的仪器主要是利用光、气、电和磁等作为感应元件与被测件表面联系。如干涉显微镜、磁力测厚仪、气动量仪等。

4. 按同时被测参数的多少分类

(1)单项测量　单项测量是指单独地、彼此没有联系地测量零件的各个单项参数。如分别测量齿轮的齿厚、齿形和齿距等。这种方法一般用于量规的检定、工序间的测量,或为了工艺分析、调整机床等目的。

(2)综合测量　综合测量是指检测零件几个相关参数的综合效应或综合参数,从而综合判断零件的合格性。例如齿轮运动误差的综合测量、用螺纹量规检验螺纹的作用中径等。综合测量一般用于终结检验,其测量效率高,能有效保证互换性,在大批量生产中应用广泛。

单项测量的效率比综合测量低,但单项测量结果便于工艺分析。

5. 按被测量是否在加工过程中进行分类

(1)在线测量　在线测量是指在加工过程中对工件进行测量的方法。其测量结果用来控制工件的加工过程,决定是否要继续加工,可及时防止废品的产生。

(2)离线测量　离线测量是指在加工后对工件进行测量的测量方法,测量结果仅限于发现并剔除废品。

6. 按被测工件在测量时所处状态分类

(1)静态测量　静态测量是指测量时被测件表面与计量器具测头处于静止状态的测量方法。例如用外径千分尺测量轴径、用齿距仪测量齿轮齿距等。

(2)动态测量　动态测量是指测量时被测零件表面与计量器具测头处于相对运动状态,或测量过程是模拟零件在工作或加工时的运动状态的测量方法,它能反映生产过程中被测参数的变化过程。例如用电动轮廓仪测量表面粗糙度等。

7. 按决定测量结果的全部因素和条件是否变化分类

(1)等精度测量　等精度测量是指决定测量精度的全部因素或条件都不变的测量。如由同一人员,使用同一台仪器,在同样的条件下,以同样的方法和测量次数,同样仔细地测量同一个量的测量。在一般情况下,为了简化测量结果的处理,大都采用等精度测量。实际上,绝对的等精度测量是做不到的。

(2)不等精度测量　不等精度测量是指在测量过程中,决定测量精度的全部因素或条件可能完全改变或部分改变的测量。如上述的测量当改变其中之一或几个甚至全部条件或因素的测量。

不等精度测量的数据处理比较麻烦，只运用于重要的科研实验中的高精度测量。测量结果不仅取决于测量器具，还受到测量条件的影响。测量条件是指测量时工件和量具所处的地点和环境。测量环境包含温度、湿度、气压、振动和灰尘等因素。测量的标准温度为20℃。计量室的温度一般控制在20°±0.5°，并要求被测对象与计量器具在相同的温度下(20°±0.5°)测量。计量室的相对湿度以50%～60%为宜，还应远离振动，清洁度高。

思考与练习

1. 切削用量三要素是哪三个？分别是如何定义的？
2. 刀具的基本几何角度有哪些？分别是如何定义的？试用图表示出来。
3. 常用的刀具材料有哪几类？
4. 切屑有哪些类型？各种类型有什么特征？各种类型切屑在什么情况下形成？
5. 积屑瘤是如何形成的？它对切削过程产生哪些影响？如何抑制积屑瘤的产生？
6. 切削力和切削温度的含义分别是什么？各有哪些影响因素？
7. 刀具磨损的主要原因是什么？刀具材料不同，其磨损原因是否相同？为什么？
8. 改善材料切削加工性的主要措施有哪些？
9. 选用切削液时应考虑哪些因素？
10. 刀具的基本几何角度如何选择？
11. 切削用量选取一般按什么顺序？为什么？
12. 什么是生产过程、工艺过程和工艺规程？
13. 什么是工序、安装、工步、走刀和工位？
14. 生产类型是根据什么划分的？常用的有哪几种生产类型？
15. 砂轮的特性包括哪几个方面？应如何选择砂轮？
16. 磨削为什么能达到较高的精度和较小的表面粗糙度值？
17. 简述外圆车削的工艺特点及应用条件。
18. 外圆表面磨削方式有哪些？各自的特点及应用范围是什么？
19. 外圆表面的光整加工方法有哪些？
20. 试述轴类零件的主要功用并说明结构特点和技术要求。
21. 什么是基准？工艺基准包括哪几种基准？
22. 毛坯选择时应考虑哪些因素？
23. 精基准选取原则有哪些？
24. 表面加工方法选择时应考虑哪些因素？
25. 工件加工质量要求较高时，应划分哪几个加工阶段？划分加工阶段的原因是什么？
26. 机械加工工序应如何安排？
27. 螺纹加工有哪些主要方法？

28. 车削时为什么要分粗车和精车？

29. 车刀安装时要达到哪些要求？

30. 车轴类零件加工时，工件的装夹方法有几种？各适合在什么条件下使用？

31. 中心孔有哪几种类型？如何选用？

32. 车削外圆时切削用量如何选择？

33. 刀具切削部分材料应具备哪些性能？为什么？

34. 刀具磨损过程分为哪几个阶段？

35. 切削液有哪些作用？分为哪几个种类？如何选用？

36. 为什么无心外圆磨床的加工精度和生产效率比普通外圆磨床高？

37. 平面磨床按结构可分为哪几个种类？各有什么特点？

38. 工艺规程在生产中起到什么作用？

39. 什么叫工序集中原则？什么叫工序分散原则？各在什么情况下使用？

40. 什么叫加工余量？影响加工余量的因素有哪些？

41. 试对图 1－118 输出轴进行零件工艺分析，选择定位基准，确定加工方案，并编制输出轴的机械加工工艺过程卡。

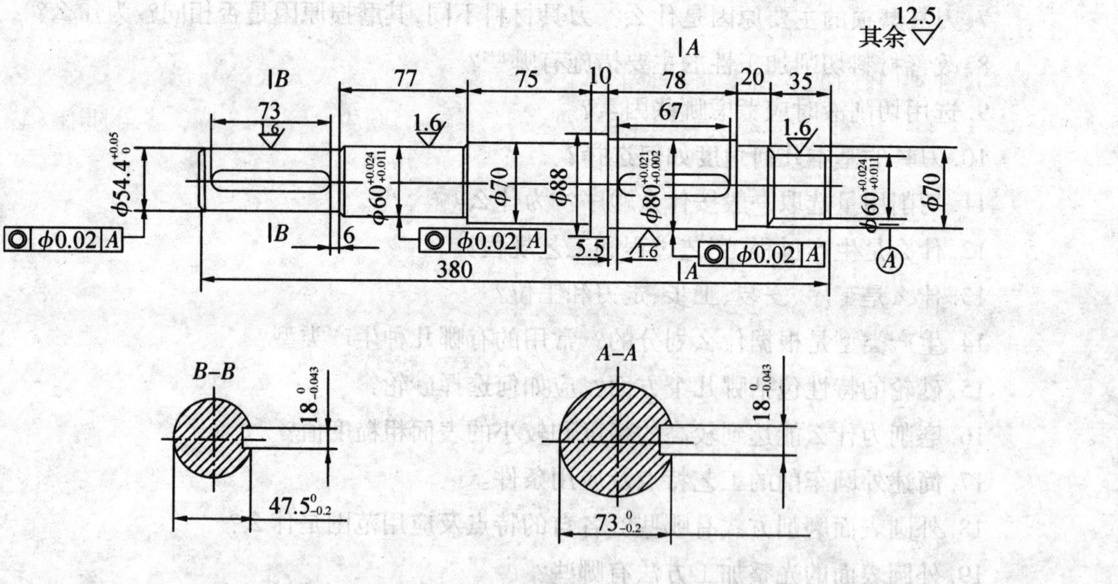

图 1－118 输出轴

技术要求

1. 未注圆角 $R1$；

2. 调质处理，硬度 HRC28～32；

3. 保留孔中心。

◇学习情境二

套类零件加工工艺编制与实施

任务描述

根据给定轴套零件图(图2-1),完成轴套的机械加工工艺编制的任务。轴套零件工艺编制应根据加工车间的实际生产情况制定,达到正确、完整、合理和规范,且经济性好。

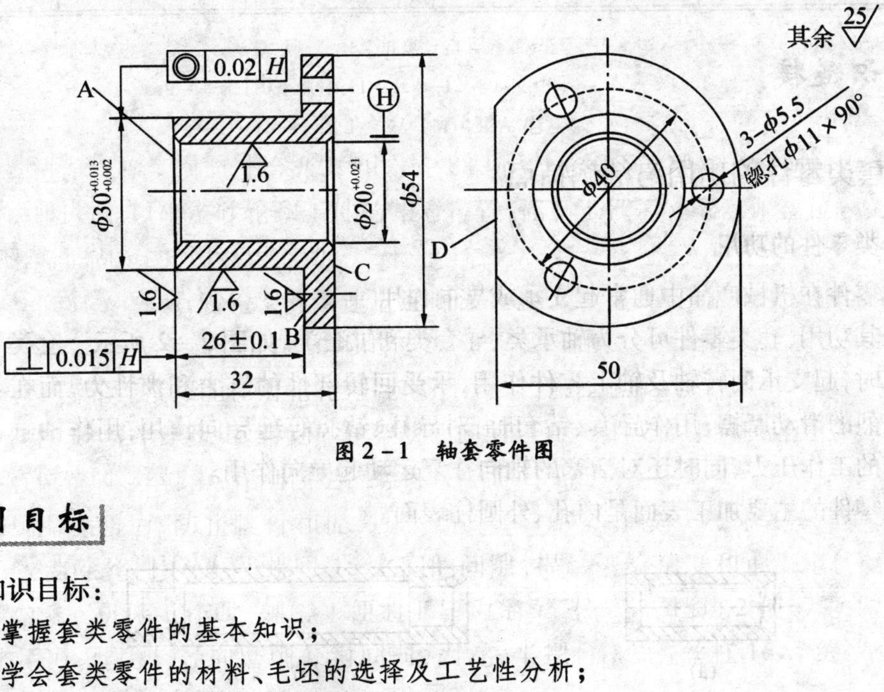

图2-1 轴套零件图

学习目标

☆知识目标:

(1)掌握套类零件的基本知识;

(2)学会套类零件的材料、毛坯的选择及工艺性分析;

(3)学会套类零件定位基准选择及加工方法;

(4)能够编制套类零件的工艺规程;

(5)能够跟踪套类零件的实体加工过程;

(6)学会套类零件的检测方法;

(7)严格按照企业规范和规章制度管理学生,培养学生职业能力;

(8)培养学生团队合作、爱岗敬业、吃苦耐劳和厉行节约的精神。

☆技能目标:

(1)独立制订工作计划的能力;

(2)具备对工作结果进行评价的能力;

(3)能够独立自主学习相关知识,并对相关知识和技能进行灵活运用;

(4)具有较好的分析问题和解决问题的能力;
(5)会查找机械零件手册和工程材料等资料;
(6)对工作认真负责、具有科学严谨的态度和敬业精神;
(7)有一定语言及文字表达能力;
(8)具有一定社会人际交往与沟通能力;
(9)具有良好的团队合作精神和协作能力;
(10)具有吃苦耐劳、爱岗敬业的精神;
(11)有强烈的进取心和深厚的工作兴趣;
(12)对工作和生活有所追求,适应社会的能力强。

学时安排

资讯	决策	计划	实施	检查	评价
6	2	2	6	2	2

知识链接

一、套类零件的功用与结构特点

1. 套类零件的功用

套类零件在机械产品中通常起支承或导向作用。

根据其功用,套类零件可分为轴承类、导套类和缸套类,如图2-2所示。套类零件用作滑动轴承时,起支承回转轴及轴上零件作用,承受回转部件的重力和惯性力,而在与轴颈接触处有强烈的滑动摩擦;用作导套、钻套时,对导柱、钻头等起导向作用;用作油缸、气缸时,承受较高的工作压力,同时还对活塞的轴向往复运动起导向作用。

套类零件的主要加工表面是内孔、外圆柱表面。

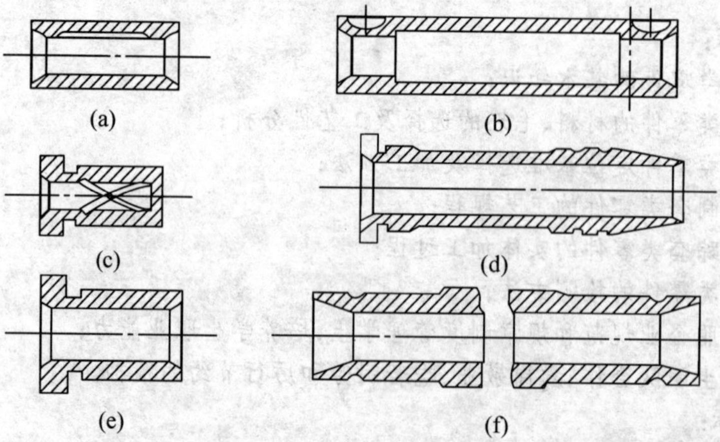

图2-2　套类零件的类型

(a)滑动轴承;(b)轴承衬套;(c)滑动轴承;(d)气缸套;(e)钻套;(f)液压缸

(1)内孔　它是零件起支承或导向作用的最主要表面，通常与运动着的轴、活塞等配合，内孔的尺寸精度一般为IT6～IT9级；形状精度一般控制在孔径公差以内，表面粗糙度Ra为1.6～0.16μm。

(2)外圆柱表面　一般是套类零件的支承表面，常以过盈配合同其他零件的孔相连接。外径的尺寸精度通常为IT6～IT5级；形状精度控制在外径公差以内，表面粗糙度Ra为3.2～0.63μm。另外对于零件还有内外圆之间的同轴度、孔轴线与端面的垂直度等形位精度要求。由于车削该类零件时，孔内尺寸小，切屑不易排出而损伤加工表面；冷却润滑液不易注入而使工件过热变形，因此车削套类零件的不利条件多于车削轴类零件。

2.套类零件的结构特点

套类零件表面由内外圆柱面、退刀槽、内外倒角和油孔等表面组成，其中多个直径尺寸与轴向尺寸有较高的尺寸精度和表面粗糙度要求。套筒类零件的加工工艺根据其功用、结构形状、材料和热处理以及尺寸大小的不同而异。就其结构形状来划分，大体可以分为短套筒和长套筒两大类。套类零件结构上还是有一定的共同特点：

1)外圆直径 D 一般小于其长度 L，通常长径比(L/D)小于5。

2)内孔与外圆直径之差较小，即零件壁厚较小，加工时容易产生变形。

3)内、外圆回转表面的同轴度公差要求很小。

4)结构比较简单。

二、套类零件的加工特点、主要技术要求、材料、毛坯及热处理

1.加工特点

由同一轴线的内孔和外圆为主要要素或加其他结构(如齿、槽等)组成的零件统称套类零件。套类零件的车削工艺主要是指圆柱孔的加工工艺，其加工特点是

1)孔加工在工件内部进行，观察、测量比较困难，尤其是小孔、深孔的加工；

2)受孔径和孔深的限制，刀杆较细、较长，降低了刀杆的刚性；

3)排屑困难，切削液不易进入切削区，冷却效果差；

4)壁厚薄，薄壁工件受夹紧力、切削力的作用容易变形。

2.套类零件的主要技术要求

套类零件的外圆表面多以过盈或过渡配合与机架或箱体相配合起支承作用。内孔主要起到导向作用或支承作用，常与运动轴、主轴、活塞和滑阀相配合。有些套类零件的端面或凸缘端面有定位或承受载荷的作用。套类零件虽然形状、结构不一，但仍有共同的特点和技术要求。根据使用情况，对套类零件的外圆与内孔提出如下技术要求：

(1)孔的尺寸精度和几何形状精度　孔是套类零件起支承和导向作用最主要的表面，通常与运动着的轴、刀具或活塞等相配合。孔的直径尺寸公差一般为IT7～IT6级，精密轴套为IT5～IT4级。孔的形状精度一般控制在孔径公差之内，精密套筒应控制在孔径公差的1/2～1/3以内，甚至更严格。对于比较长的套筒零件，形状精度除圆度要求外，还应有圆柱度要求。

(2)外圆柱面尺寸精度和几何形状精度　外圆柱面是套筒的支承面，通常以过盈配合或过渡配合装入箱体或机架孔内。外径尺寸公差为IT7～IT6级，形状精度误差控制在外径公

差以内。

(3)位置精度要求　位置精度要求主要根据套类零件在机器中的功用和要求而定。如果内孔的最终加工是在套类零件装配之后进行的,可降低对套类零件内外圆表面的同轴度要求;如果内孔的最终加工是在装配前进行的,则同轴度要求较高,通常同轴度为0.01~0.06 mm。套类零件端面常用来定位或承受载荷,对外端面与外圆和内孔轴线的垂直度要求较高,一般为0.02~0.05 mm。

(4)表面粗糙度　为保证零件的功用和提高其耐磨性,内圆表面粗糙度值 Ra 应为1.6~0.1 μm,要求更高的内圆,表面粗糙度值 Ra 应达到0.025 μm。外圆的表面粗糙度值Ra 一般为3.2~0.4μm。

3. 套类零件的材料毛坯及热处理

(1)套类零件的材料　套类零件毛坯材料的选择主要取决于零件的功能要求、结构特点及使用时的工作条件。

套筒类零件一般用钢、铸铁、青铜或黄铜和粉末冶金等材料制成。有些特殊要求的套类零件可采用双层金属结构或选用优质合金钢,双层金属结构是应用离心铸造法在钢或铸铁轴套的内壁上浇注一层巴氏合金等轴承合金材料,采用这种制造方法虽增加了一些工时,但能节省有色金属,而且又提高了轴承的使用寿命。

(2)套类零件的毛坯　套类零件的毛坯制造方式的选择与毛坯结构尺寸、材料和生产批量的大小等因素有关。

1)孔径较大(一般直径大于20 mm)时常采用型材(如无缝钢管)或带孔的锻件或铸件;

2)孔径较小(一般直径小于20 mm)时,一般多选择热轧或冷拉棒料,也可采用实心铸件;

3)大批大量生产时,可采用冷挤压、粉末冶金等先进工艺,不仅节约原材料,而且生产率、毛坯质量及精度均可提高。

(3)套类零件的热处理　套筒类零件的功能要求和结构特点决定了套筒类零件的热处理方法有渗碳淬火、表面淬火、调质、高温时效及渗氮。

三、套类零件机械加工工艺

1. 工艺措施

(1)在一次安装中完成内、外圆柱表面及端面的全部加工,这样可消除工件的安装误差并获得很高的相互位置精度。但由于工序比较集中,对尺寸较大的套筒安装不便,故多用于尺寸较小的轴套车削加工。

(2)先完成孔加工,然后以加工好孔作为精基准加工外圆。由于使用的夹具(通常为心轴)结构简单,而且制造和安装误差较小,因此可保证较高的相互位置精度,在套筒类零件加工中应用较多。

(3)先完成外圆加工,然后以加工好外圆作为精基准加工内孔。一般卡盘安装误差较大,使得加工后工件的相互位置精度较低。如果欲使同轴度误差较小,则须采用定心精度较高的夹具,如弹性膜片卡盘、液性塑料夹头、经过修磨的三爪自定心卡盘和软爪等。

2. 套筒类零件的工艺特征

(1)套筒类零件的基本工艺过程　套筒类零件的基本几何构造和基本功能具有许多共同之处，使其加工方案表现出明显相似性，其基本工艺过程是备料－热处理(锻件调质或正火、铸件退火)－粗车外圆及端面－调头粗车另一端面及外圆－钻孔和粗车内孔－热处理(调质或时效)－精车内孔－划线(键槽及油孔线)－插(铣、钻)－热处理－磨孔－磨外圆。

(2)套筒类零件的加工工艺特点　套筒类零件因壁薄、长径比大、受力后极易变形等，因此其加工工艺有如下特点。

1)以车削和磨削为主要加工方法。

套筒类零件的主要加工表面，多数是具有同一回转轴线的内孔、外圆和端面，可在一次装夹中完成切削加工，较容易保证外圆和内孔的同轴度、端面对轴线的垂直度及外圆、端面、内孔对轴线的圆跳动要求。对于精度要求较高的套筒类零件，可在粗车或半精车后，以外圆和内孔互为定位基准反复磨削，最后以内孔作为定位基准精磨外圆和端面，完成其最终加工，以满足内外圆同轴度、端面对轴线的垂直度以及各加工表面的粗糙度要求。对于有色金属材料的套筒类零件，因不宜采用磨削，对精度要求较高的回转表面常用精细车来完成加工。

2)防止变形和保证各加工面的位置精度是加工套筒类零件的关键。

套筒类零件大多壁薄、长径比大，加工中受夹紧力、切削力和切削热等作用后极易变形，而主要加工面的相互位置精度要求又比较高，因此如何保证主要表面的相互位置精度和防止其加工中的变形是套筒类零件加工的显著工艺特点。

3)使用通用设备和专用工艺装备加工。

尽管套筒类零件的技术要求较高，加工中又容易变形，但因其主要加工方法是车削和磨削，因此生产现场仍然广泛采用卧式车床和万能外圆磨床等通用设备。为了保证主要加工面的相互位置精度，往往辅之以专用心轴装夹。

3. 套筒类零件在加工中的关键工艺问题

(1)减少夹紧力对变形的影响

1)使夹紧力分布均匀。为防止工件因局部受力引起变形，应使夹紧力均匀分布。如图2－3所示，用三爪自定心卡盘夹紧圆形截面的薄壁套时，由于夹紧力分布不均，夹紧后套筒呈三棱形(图2－3(a))；加工出符合要求的圆孔(图2－3(b))后松开卡爪，工件外圆因弹性变形恢复成圆形，而已加工出的圆孔却变成了三棱形(图2－3(c))。为避免出现这种现象，应采用开口过渡环(图2－3(d))或专用卡爪(图2－3(e))。

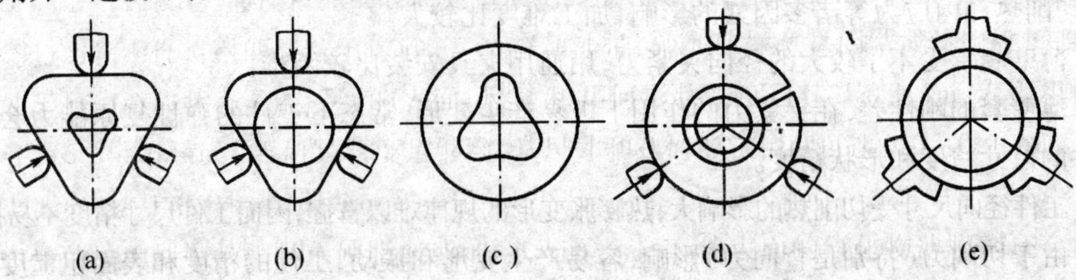

图2－3　套筒夹紧时的变形误差及消除

2)改变夹紧力的方向,将径向夹紧改为轴向夹紧。由于薄壁工件径向刚性比轴向差,为减少夹紧力引起的变形,当工件结构允许时,可采用轴向夹紧的夹具,以改变夹紧力的方向,如图2-4所示。

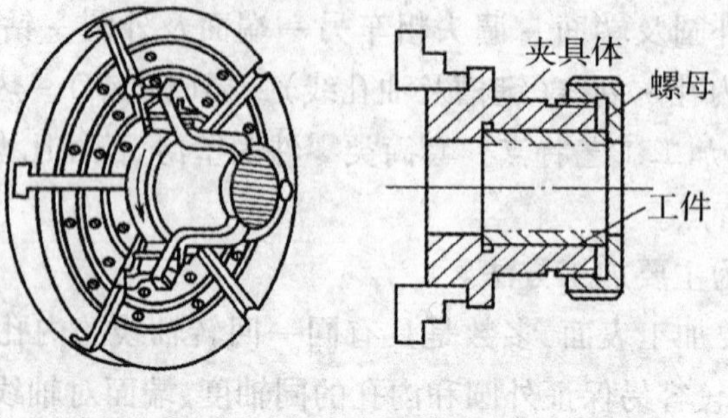

图2-4 轴向夹紧薄壁套筒

3)增加套筒毛坯刚性。在薄壁套筒夹持部分增设几根工艺肋或凸边,使夹紧力作用在刚性较好的部位以减少变形,待加工终了时再将肋或凸边切去。

(2)减小切削力对变形的影响

1)减小背向力。增大刀具主偏角 κ_r,可有效减小切削的背向力 F_p,使作用在套筒件刚度较差部位的径向力明显降低,从而减小径向变形量。

2)使切削力平衡。内外圆同时加工,可使切削时的背向力相互平衡(内、外圆车刀刀尖相对),从而大大减少甚至消除套筒件的径向变形。

3)减小切削热对变形的影响。切削热引起的温度升降和分布不均匀会使工件发生热变形。合理选择刀具几何角度和切削用量,可减少切削热的产生;使用切削液可加快切削热的传散;精加工时使工件在轴向或径向有自由延伸的可能,这些措施都可以减少切削热引起的工件变形。

4)粗、精加工应分开进行。将套筒类零件的粗、精加工分开,可使粗加工时因夹紧力、切削力、切削热产生的变形以及在热处理中产生的变形在精加工中得到纠正。

4. 薄壁套类零件加工工艺

套筒类零件的结构特点是壁薄,在切削加工中常由于夹紧力、切削力、内应力和切削热等因素的影响而产生变形。

(1)薄壁套的加工特点

难加工的原因:

薄壁套是薄壁类零件中比较典型的零件,它的内外直径差非常小。由于夹紧力、切削力、切削热和内应力等诸多因素的影响,加工难度比较大。

薄壁套承受不了较大的径向夹紧力,用通用夹具安装比较困难。

薄壁套的刚性差,在夹紧力的作用下极易产生变形,常态下工件的弹性复原能力会影响工件的尺寸精度和形状精度。

工件径向尺寸受切削热的影响大,热膨胀变形的规律难以掌握,因而工件尺寸精度不易控制。

由于切削力(特别是背向力)影响,容易产生变形和振动,工件的精度和表面粗糙度不易保证。

由于薄壁套刚性差,不能采用较大的切削用量,因而产生效率低。

对精密的薄壁套,测量时,工件承受不了千分尺等的测量压力可能出现较大的测量误差,甚至由于测量不当造成废品。

(2)减少薄壁套变形的措施

1)合理确定夹紧力的大小、方向和作用点。

粗、精车采用不同的夹紧力。粗车时夹紧力大些,以使工件夹得牢固;精车时夹紧力小些,以减少工件的夹紧变形。

正确选择夹紧力的作用点,使夹紧力作用于夹具支承点的对应部位或刚性较好的部位,并尽可能靠近工件的加工表面。

改变夹紧力的作用方向,变径向夹紧为轴向夹紧,因为薄壁套轴向承载能力比径向大。尽可能使夹紧力与切削力的方向一致,这样可以减小夹紧力。

增大夹紧力的作用面积,将工件小面积上的局部受力变为大面积上的均匀受力,可大大减少工件的夹紧变形。

2)使用辅助支承。使用辅助支承可提供工件的安装刚性,减小工件的夹紧变形。

3)增加工艺筋。有些薄壁套可在装夹部位铸出工艺加强筋,以减少夹紧变形。

4)工件在一次安装中完成。对于胚料厚度是薄壁工件,下料时可增加工艺长度,使工件在一次安装中完成,然后将工件切下。车削时,不可将工艺加长部分的内孔余量车去,以保持夹持部分的刚度。由于卡爪夹持部分较厚,且工件安装次数少,所以减少了工件的夹紧变形,而且加工后工件位置精度较高。

5)尽量减少切削力和切削热。减少切削力(特别是背向力)和切削热,有效减少薄壁套的变形。

四、套类零件内孔常见加工方法

(一)钻孔

钻孔是指在工件的实体材料上加工出孔的工艺方法。常用的钻孔方式有以下两种:一种是在车床上钻孔,工件旋转,刀具进给。另一种方式是在钻床、镗床上钻孔,刀具旋转并进给,工件不动。

一般用麻花钻头在钻床、车床、镗床和铣床上进行加工孔,钻孔的精度很低,尺寸精度公差等级为IT11 ~ IT13 级。车床一般用以加工回转体类零件中心部位孔,镗床用以加工箱体类零件上配合孔系,先钻孔后镗孔,除此之外大多数孔在钻床上加工,钻孔常用刀具为麻花钻,如图 2 -5 所示。

1. 车床上钻孔

钻孔所用刀具通常为麻花钻,多采用高速钢材料扭制而成,由工作部分、颈部和柄部组成。因此麻花钻的装夹显得尤为重要。

(1)麻花钻的装夹方法

1)直径小于 13 mm 的直柄钻头常用钻夹头装夹,然后将钻夹头锥柄装入车床尾座套筒锥孔中即可进行钻削。如图 2 -6 所示。

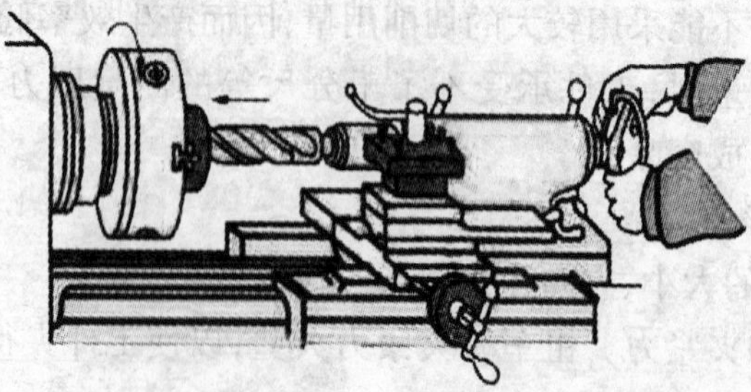

图 2-5 车床上加工孔

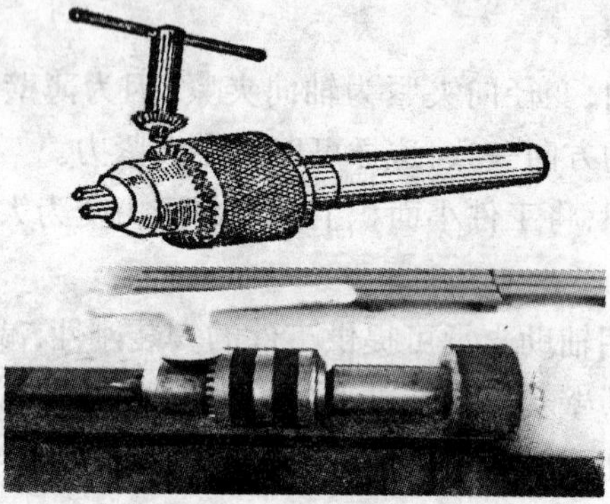

图 2-6 用钻夹头装夹

2)锥柄钻头可直接装在尾座套筒内。其柄部是莫氏圆锥，当钻头锥柄的规格与尾座套筒锥孔的规格相同时，可直接把钻柄装入尾座锥孔内。两者规格不相同时，就必须在钻柄处配上锥柄套筒才能与尾座套筒的锥孔配合使用。

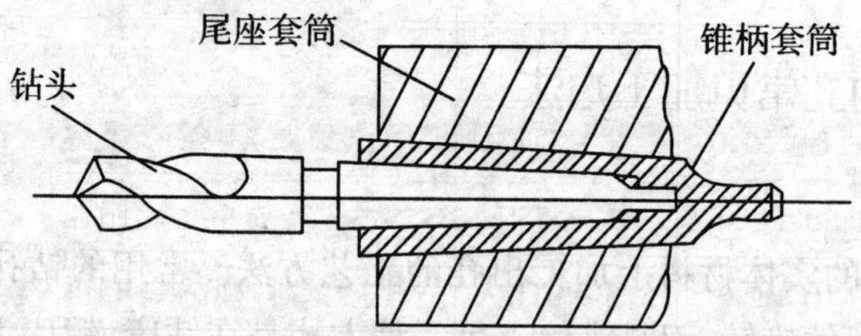

3)用 V 形铁装夹时，用两块 V 形架将直柄钻头夹在刀架上，钻孔前，找正中心后，可利用纵向自动进给钻孔。如图 2-7 所示

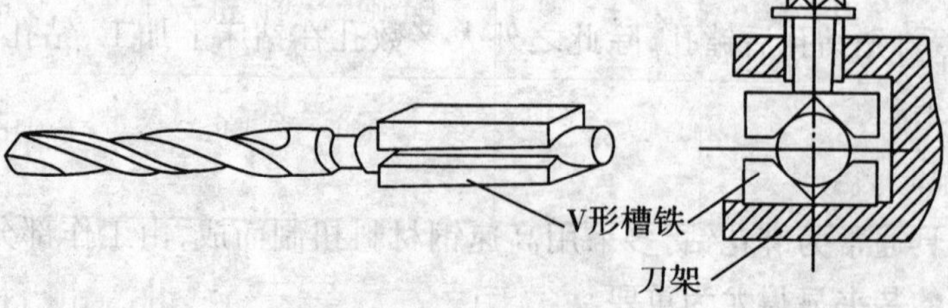

图 2-7 用 V 形铁装夹

4)专用工具装夹。将专用工具装在刀架上，锥柄钻头插入专用工具的锥孔内(如装夹直柄钻头，专用工具是圆柱孔，侧面用螺钉紧固)，找正中心后，可以利用纵向自动进给钻孔。

如图 2－8 所示。

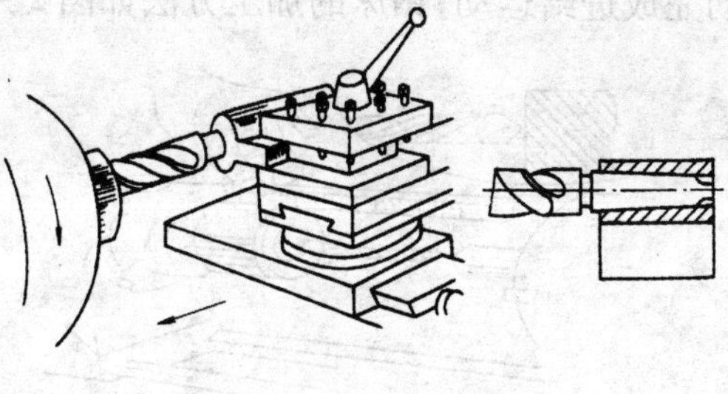

图 2－8　专用工具装夹

(2)钻孔时应注意问题

1)麻花钻几何形状必须刃磨正确,两切削刃要保持对称。钻头后角过大,会产生“扎刀”现象,引起颤振,使钻出的孔呈多角形。应修磨横刃,以减小钻孔轴向力。

2)钻头必须装正,保持钻头锋利,用钝后应及时修磨。

3)合理选择钻头几何参数和钻削用量,按钻孔深度要求,应尽量缩短钻头长度、加大钻心厚度以增加刚性。使用高速钢钻头时,切削速度不可过高,以防烧坏刀刃。进给量不宜过大,以防钻头磨损加剧或使孔钻偏,在切入和切出时进给量应适当调小。

4)充分冷却润滑,切削液一般以硫化油为宜,流量不得少于 5 ~8 L/min,不可中途停止冷却,在直径较大时,应尽可能采用内冷却方式。

5)认真注意钻削过程,应及时观察切屑排出状况,若发现切屑杂乱卷绕立即退刀检查,以防止切屑堵塞。还应注意机床运转声音,发现异常应及时退刀,不能让钻头在钻削表面上停留,以防钻削表面硬化加剧。

6)钻孔前应车端面,防止钻头摆动折断钻头。尾座应和主轴同心,防止钻削时孔径扩大。如图 2－9 所示。

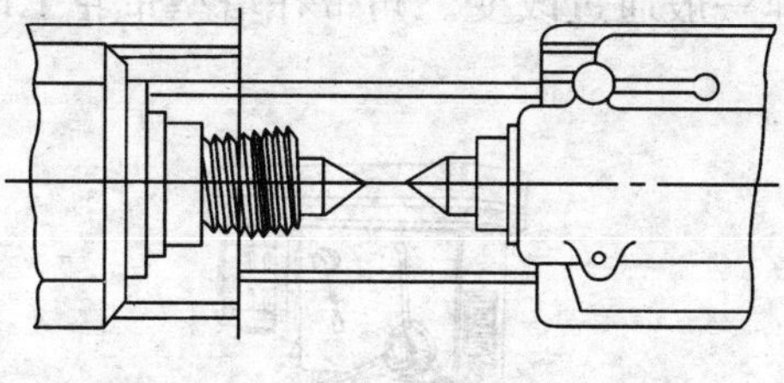

图 2－9　主轴与尾座同心度检查

7)钻头将要钻透工件时(进给手感轻松)进给量要小。钻头钻进 1 ~2 mm 时要停车测量孔径,防止孔径超差。钻削前要检查钻头是否弯曲,钻头、钻夹头柄部及钻套是否干净,防止钻削时孔径扩大或钻柄在尾座套筒内打滑。

(3)钻不通孔时孔深尺寸的控制方法

使钻头尖部接触工件端面,用钢尺量出尾座套筒长度,钻进长度等于所测长度加孔深尺寸如图 2－10 所示。

2. 钻床上钻孔

(1)钻床　钻床主要是用钻头在工件上钻削直径不大、精度要求较低的内孔,同时还加工外形复杂、没有对称回转轴线工件上的孔,如箱体、支架、杠杆等零件上的单孔或孔系。此外还可进行扩孔、铰孔和攻螺纹等加工。在钻床上加工时，工件一般固定不动，刀具旋转形成主运动，同时沿轴向移动完成进给运动，钻床的加工方法如图 2－11 所示。

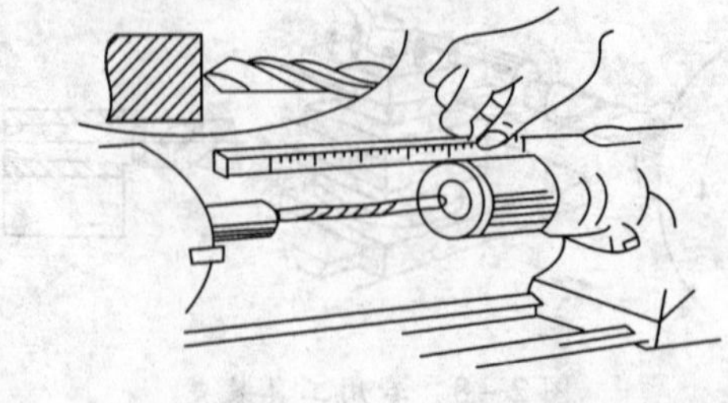

图 2－10　车床上钻盲孔方法

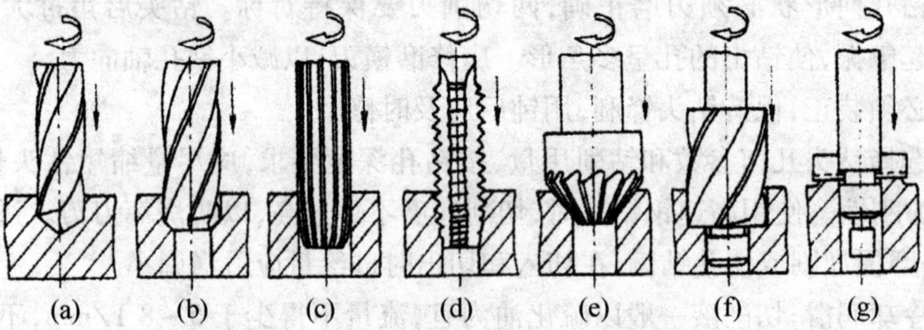

图 2－11　钻床的加工方法

(a)钻孔；(b)扩孔；(c)铰孔；(d)攻螺纹；(e)锪锥孔；(f)锪埋头孔；(g)锪端面

钻床的进给量用主轴每转一转时，主轴的轴向移动量来表示，钻床的主要参数是最大钻孔直径。常用钻床的主要类型有台式钻床、立式钻床和摇臂钻床 3 种。

1）台式钻床。台式钻床（如图 2－12 所示）简称台钻，是一种体积小巧，操作简便，通常安装在专用工作台上使用的小型孔加工机床。台式钻床钻孔直径一般在 13 mm 以下，最大不超过 25 mm。其主轴变速一般通过改变三角带在塔型带轮上的位置来实现，主轴进给靠手动操作。

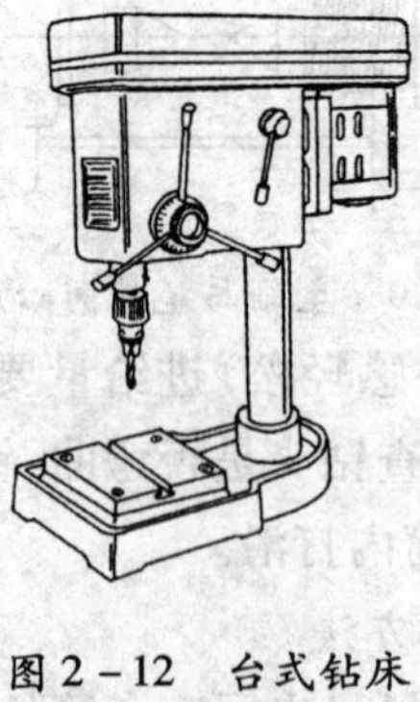

图 2－12　台式钻床

台式钻床是一台应用广泛的台钻。电动机通过五级变速带轮，使主轴可变五种转速，头架可在圆立柱上面上下移动，并可绕圆立柱中心转到任意位置进加工，调整到适当位置后用手柄锁紧。如头架要放低进，先把保险环调节到适当位置。用紧定镙钉把它锁紧，然后放松手柄，靠头架自重落到保险环境，再把手柄板紧。工作台可在圆立柱上下上下移动。并可绕立柱转动到任意位置。工作台座的锁紧手柄。当松开锁紧螺钉时，工作台在垂直平面还可左右倾斜45°,工作较小时,可放在工作台上钻孔,当工作较大时,可把工作台转开,直接放在钻床底面上钻孔。

这种台钻灵活性较大,转速高,生产效率高,使用方便,因而是零件加工、装配和修理工作中常用的设备之一。但是由于构造简单,变速部分直接用带轮变速,转速较高,一般在400 r/min以上,所以有些特殊材料或工艺需用低速加工的不适用。

台式钻床主要作为中小型零件钻孔、扩孔、绞孔、攻螺纹、刮平面等技工车间和机床修配车间使用,与国内外同类型机床比较,具有功率小,刚度高,精度高,刚性好,操作方便,易于维护的特点。把精密弹性夹头的振动精度调节到0.01 mm以下,就可以对玻璃等材料1 mm以下的精密孔加工。

2)立式钻床。立式钻床是应用较广的一种钻床,其特点是将主轴箱和工作台安置在立柱上,主轴垂直布置,位置固定不变。在立式钻床上加工完一个孔再钻另一孔时,需要移动工件,使刀具与另一个孔对准。这对大而笨重的零件,控制很不方便。立式钻床的自动化程度一般较低,立式钻床仅适用于加工单件、小批生产中的中、小型零件,在大批大量生产中通常为组合钻床所代替。多轴立式钻床是立式钻床的一种,可对孔进行不同内容的加工或同时加工多个孔,大大提高了生产效率。

图2-13是立式钻床的外形图。主轴箱3中装有主运动和进给运动变速机构、主轴部件以及操纵机构等。加工时,主轴箱固定不动,主轴随同主轴套筒在主轴箱中作直线进给运动。利用装在主轴箱上的进给操纵机构5,可以使主轴实现手动快速升降、手动进给和接通、断开机动进给。被加工工件通过夹具或直接装夹在工作台上。工作台和主轴箱都装在方形立柱4的垂直导轨上,并可上下调整位置,以适应加工不同高度的工件。立式钻床加工前,须先调整工件在工作台上的位置,使被加工孔中心线对准刀具轴线。加工时,工件固定不动,主轴在套筒中旋转并与套筒一起作轴向进给。工作台和主轴箱可沿立柱导轨调整位置,以适应不同高度的工件。

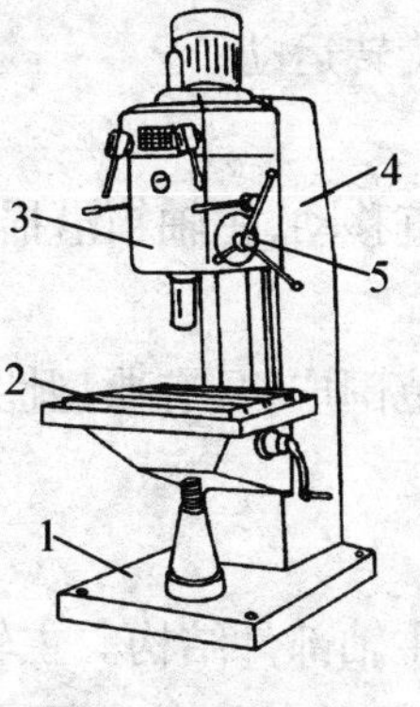

1-底座;2-工作台;3-主轴箱;4-立柱;5-方柄

图2-13 立式钻床

立式钻床作为钻床的一种,也是比较常见的金属切削机床,有着应用广泛,精度高的特点。

a. 可实现立、卧铣两种加工功能。

b. 立式主轴套筒具有手动和微动两种进给。

c. 工作台导轨副超音频淬火后磨削。

d. 工作台分三种机动进给方式:A 型为三向;C 型为单向;D 型为两向。

3)摇臂钻床。摇臂钻床(如图 2-14 所示)是一种摇臂可绕立柱回转和升降,主轴箱又可在摇臂上作水平移动的钻床。由此主轴很容易地被调整到所需的加工位置上,这就为在单件、小批生产中,加工大而重的工件上的孔带来了很大的方便。

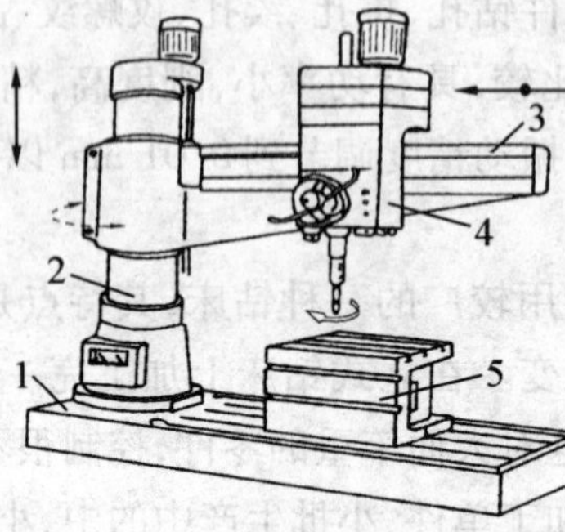

1-底座;2-立柱;3-摇臂;4-主轴箱;5-工作台

图 2-14　摇臂钻床

摇臂钻床主要由底座、内立柱、外立柱、摇臂、主轴箱及工作台等部分组成。内立柱固定在底座的一端,在它的外面套有外立柱,外立柱可绕内立柱回转 360°。摇臂的一端为套筒,它套装在外立柱做上下移动。由于丝杆与外立柱连成一体,而升降螺母固定在摇臂上,因此摇臂不能绕外立柱转动,只能与外立柱一起绕内立柱回转。主轴箱是一个复合部件,由主传动电动机、主轴和主轴传动机构、进给和变速机构、机床的操作机构等部分组成。主轴箱安装在摇臂的水平导轨上,可以通过手轮操作,使其在水平导轨上沿摇臂移动。

当进行加工时,由特殊的加紧装置将主轴箱紧固在摇臂导轨上,而外立柱紧固在内立柱上,摇臂紧固在外立柱上,然后进行钻削加工。钻削加工时,钻头一边进行旋转切削,一边进行纵向进给,其运动形式为

a. 摇臂钻床的主运动为主轴的旋转运动;

b. 进给运动为主轴的纵向进给;

c. 辅助运动有摇臂沿外立柱垂直移动,主轴箱沿摇臂长度方向的移动,摇臂与外立柱一起绕内立柱的回转运动。

摇臂钻床操作方便、灵活,适用范围广,具有典型性,特别适用于单件或批量生产带有多孔大型零件的孔加工。

A. 主轴部件。

图 2-15 为 Z3040 型摇臂钻床主轴部件结构。主轴 1 由深沟球轴承和推力球轴承支承在主轴套筒 2 内,并作旋转主运动。套筒外圆的一侧铣有齿条,由齿轮传动,连同主轴一起作轴向进给运动。主轴的旋转运动由主轴箱内的齿轮,经主轴尾部的花键传入,而该传动齿轮则由轴承直接支承在主轴箱箱体上,使主轴卸荷。这样既可减少 140 主轴的弯曲变形,又可使主轴移动轻便。主轴的前端有 4 号莫氏锥孔,用于装夹刀具,还有两个扁尾孔,用于传递转矩和卸下刀具。

钻床的主轴部件是垂直安装的,为了平衡其重力并使主轴升降轻便,故设有平衡装置。

所示的主轴部件采用弹簧凸轮平衡装置。平衡装置由凸轮9、压力弹簧8和链条5等组成。当主轴部件上下移动时，弹簧8的压缩量随之改变，弹簧力也随之变化。由于链条5绕在凸轮9上，凸轮曲线使链条对凸轮的拉力作用线位置发生相应变化，即力臂增长或减短，从而使主轴部件重力和弹簧力保持恒定的平衡力矩，所以，主轴部件在任何位置上都能处于平衡状态。用螺钉11调整弹簧的压缩量以调整平衡力大小。

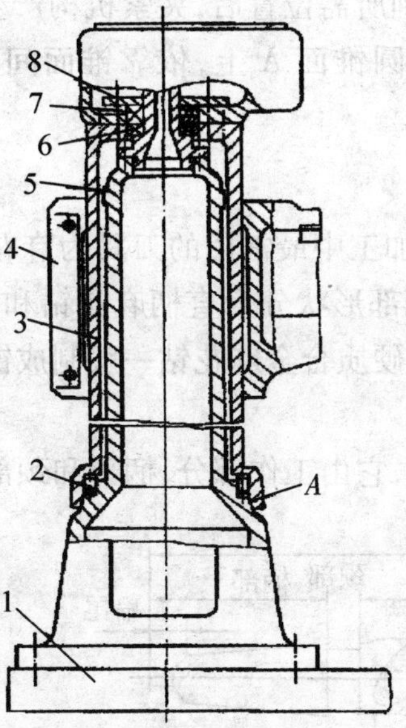

1－主轴；2－主轴套筒；3－螺母；4－小齿轮；5－链条；6－链轮；7－弹簧座；8－弹簧；9－凸轮；10－齿轮；11－内六角螺钉；12－镶套

图2－15　Z3040型摇臂钻床主轴部件结构

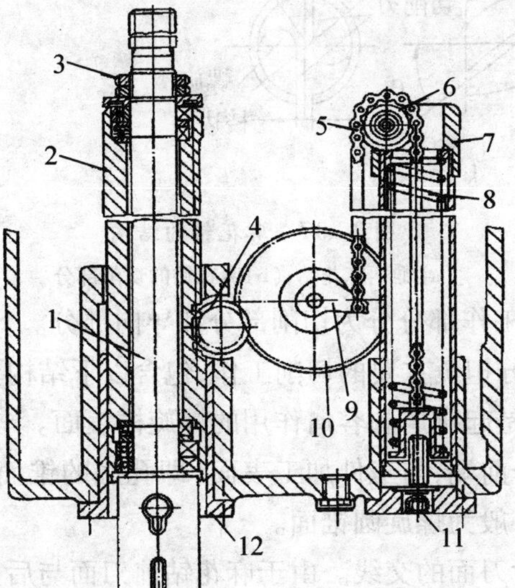

1－底座；2－滚柱；3－外立柱；4－摇臂；5－内立柱；6－深沟球轴承；7－推力球轴承；8－板弹簧

图2－16　立柱结构图

B. 立柱。

Z3040 型摇臂钻床立柱(图 2 – 16),由圆柱形内外双层立柱组成。内立柱 5 用螺钉紧固在底座 1 上,外立柱 3 上部由深沟球轴承 6 和推力球轴承 7 支承,下部内外立柱之间由滚柱链支承在内立柱上。摇臂 4 以其一端的套筒套在外立柱上,并用导键连接(图 2 – 16)中未示出)。调整主轴位置时,松开夹紧机构,摇臂和外立柱一起绕内立柱转动,同时,摇臂又可相对外立柱作升降运动,摇臂转到所需位置后,夹紧机构产生的向下夹紧力迫使平板弹簧 8 变形,外立柱向下移动并压紧在圆锥面 A 上,依靠锥面间的摩擦力将外立柱压紧在内立柱上。

3. 麻花钻

(1)麻花钻结构要素　钻削加工中最常用的刀具为麻花钻,它是一种粗加工用刀具,其常用规格为 ϕ0. 1 ~ 80 mm。按柄部形状分为直柄麻花钻和锥柄麻花钻;按制造材料分为高速钢麻花钻和硬质合金麻花钻。硬质合金麻花钻一般制成镶片焊接式,直径 5 mm 以下的硬质合金麻花钻通常制成整体式。

图 2 – 17 为麻花钻的结构图,它由工作部分、柄部和颈部所组成。

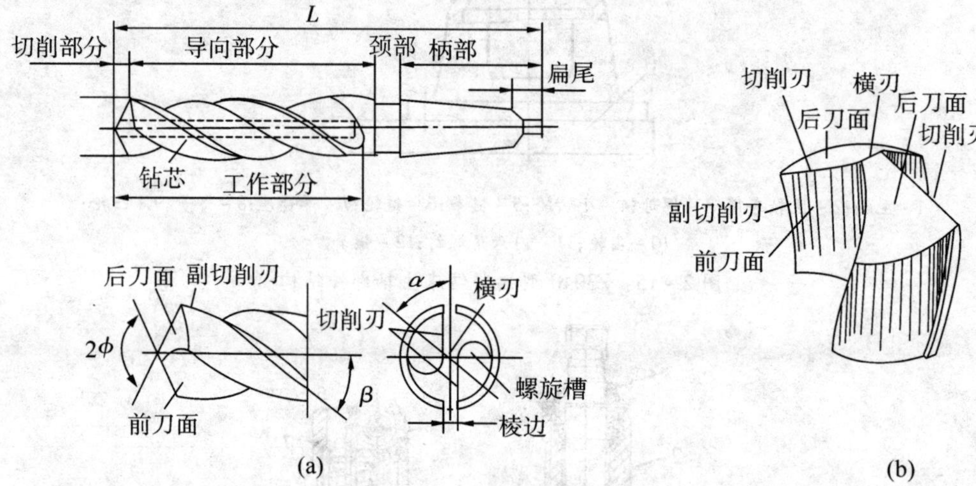

图 2 – 17　麻花钻的结构

(a)锥柄麻花钻;(b)麻花钻的切削部分

1)工作部分　麻花钻工作部分分为切削部分和导向部分。

a. 切削部分。切削部分担负主要的切削工作,包含以下结构要素。

前刀面:毗邻切削刃,是起排屑和容屑作用的螺旋槽表面。

后刀面:位于工作部分前端,与工件加工表面(即孔底的锥面)相对的表面,其形状由刃磨方法决定,在麻花钻上一般为螺旋圆锥面。

主切削刃:前刀面与后刀面的交线。由于麻花钻前刀面与后刀面各有两个,所以主切削刃有两条。

横刃:两个后刀面相交所形成的刀刃。它位于切削部分的最前端,切削被加工孔的中心部分。

副切削刃:麻花钻前端外圆棱边与螺旋槽的交线。显然,麻花钻上有两条副切削刃。

刀尖:两条主切削刃与副切削刃相交的交点。

b. 导向部分。用于钻头在钻削过程中的导向,并作为切削部分的后备部分。它包含了刃沟、刃瓣和刃带。刃带是其外圆柱面上两条螺旋形的棱边,由它们控制孔的廓形和直径,保持钻头进给方向。为减少刃带与已加工孔孔壁之间的摩擦,一般将麻花钻的直径沿锥柄方向做成逐渐减小的锥度,形成倒锥,相当于副切削刃的副偏角。

2)柄部。用于装夹钻头和传递动力。钻头直径小于 13 mm 时,通常做成直柄(圆柱柄),直径在 13 mm 以上时,做成莫氏锥度的圆锥柄。

3)颈部。是柄部与工作部分的连接部分,并作为磨外径时砂轮退刀和打印标记处。小直径的钻头不做出颈部。

(2)麻花钻结构参数

1)螺旋角 β。钻头刃带棱边螺旋线展开成直线后与钻头轴线的夹角,相当于副切削刃刃倾角,如图2－18所示。

$$\tan\beta = \pi d/P \tag{2-1}$$

式中,P——螺旋槽导程,mm;

D——钻头外径,mm。

麻花钻螺旋角一般为 25°～32°。增大螺旋角有利于排屑,能获得较大前角,使切削轻快,但钻头刚性变差。小直径钻头,为提高钻头刚性,螺旋角 β 可取小些。钻软材料、铝合金时,为改善排屑效果,β 角可取大些。图 2－18 中 βx 为切削刃上 x 点的螺旋角,r_x 为该点到中心的距离。

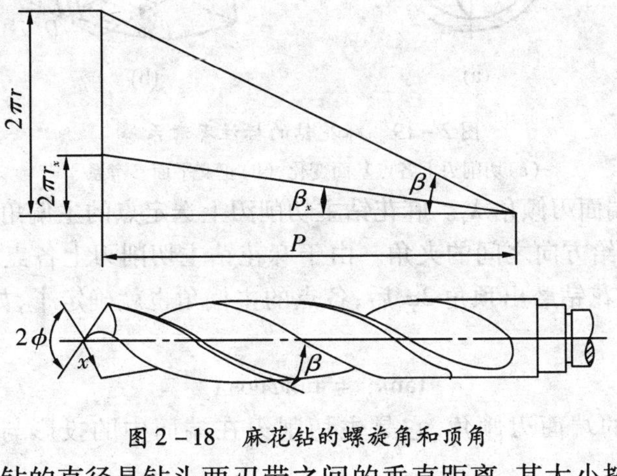

图 2－18　麻花钻的螺旋角和顶角

2)直径 d。麻花钻的直径是钻头两刃带之间的垂直距离,其大小按标准尺寸系列和螺纹孔的底孔直径设计。

(3)麻花钻的标注参考系

麻花钻具有较复杂的外形和切削部分:为便于标注其几何参数,依据麻花钻的结构特点和工作时的运动特点,除基面 p_r、切削平面 p_s 和正交平面 p_o 外,还使用了端平面 p_t、柱剖面 p_z 和中剖面 p_c,其定义分别如下。

端平面 p_t:与麻花钻轴线垂直的平面。该平面也是切削刃上任意一点的背平面 p_p,并垂直于该点的基面。

柱剖面 p_z:主切削刃上任一点的柱剖面是通过该点,并以该点的回转半径为半径和以麻花钻轴线为轴心的圆柱面。它与该点的工作平面 p_f 相切,并与基面在该点垂直。中剖面 p_c

通过麻花钻轴线,并与两主切削刃相平行的轴向剖面。

图 2－19 为麻花钻的标注参考系。与车刀的标注参考系相比,虽然基面、切削平面和正交平面的定义相同,但位置不同。外圆车刀上各点的基面相互平行,而麻花钻的主切削刃上各点的切削速度方向不同,基面的位置也不同(过轴心线并与选定点的速度方向垂直)。相应地,各点的切削平面和正交平面的位置也不相同。

(4)麻花钻的几何角度

1)顶角 2φ。如图 2－18 所示,它是两主切削刃在中剖面内投影的夹角。顶角越小,则主切削刃越长,切削宽度增加,单位切削刃上的负荷减轻,轴向力减小,这对钻头轴向稳定性有利。且外圆处的刀尖角增大,有利于散热和提高刀具耐用度。但顶角减小会使钻尖强度减弱,切屑变形增大,导致扭矩增加。标准麻花钻的顶角 2φ 约为 118° ±2°.

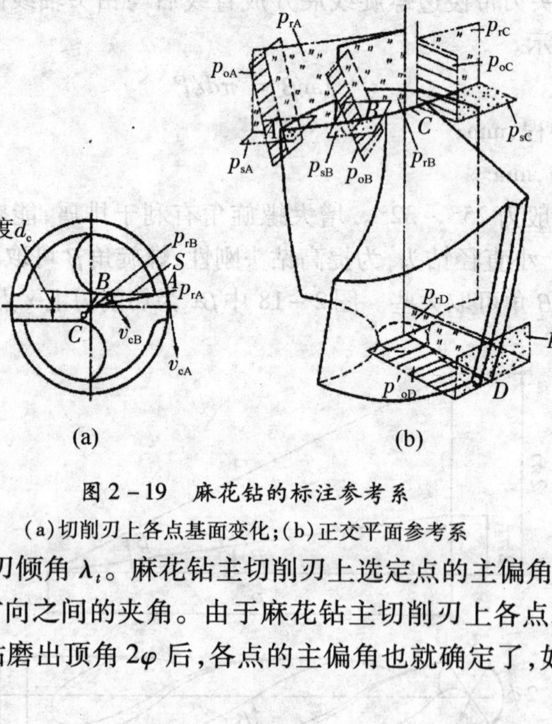

图 2－19　麻花钻的标注参考系

(a)切削刃上各点基面变化;(b)正交平面参考系

2)主偏角 κ_r 和端面刃倾角 λ_t。麻花钻主切削刃上选定点的主偏角,是在该点基面上主切削刃投影与钻削进给方向之间的夹角。由于麻花钻主切削刃上各点基面不同,各点的主偏角也随之改变。麻花钻磨出顶角 2φ 后,各点的主偏角也就确定了,如图 2－20 所示。它们之间的关系为

$$\tan\kappa_r = \tan\varphi\cos\lambda_t \tag{2-2}$$

式中,λ_t——选定点的端面刃倾角,它是主切削刃在端面中的投影与该点的基面之间的夹角。

由于切削刃上各点的刃倾角绝对值从外缘到钻心逐渐变大,所以切削刃上各点的主偏角 K_r 也是外缘处大,钻心处小。

3)前角 γ_0。在正交平面 p_{ox}——p_{ox} 内前刀面和基面间的夹角,如图 2－20 所示。主切削刃上任一选定点的前角 γ_{ox} 与该点的螺旋角 β_x、主偏角 κ_r 以及刃倾角的关系为

$$\tan\gamma_{ox} = \tan\beta_x/\sin\kappa_{rx} + \tan\lambda_{tx}\cos\kappa_{rx} \tag{2-3}$$

由上式可知,由于 β_x 从外径向钻心逐渐减小,λ_{tx} 也逐渐减小(负值增大),在 k_{rx} 一定时,前角 γ_{ax} 变小,约由 +30°减小到 －30°,靠近钻头中心处切削条件很差。

4)后角 α_f。麻花钻主切削刃上选定点的后角,用柱剖面中的轴向后角 α_f(相当于假定工作面内的后角)来表示,如图 2－20 中的 α_{fx}。这个后角在一定程度上反映钻头作圆周运

动时,后刀面与孔底加工表面之间的摩擦情况,也能直接反映出进给量对后角的影响,同时,α_f 角也便于测量。

钻头后角是刃磨得到的。刃磨时,要注意使其外缘处的后角磨得小些(约 8°~10°),靠近钻心处磨得大些(约 20°~25°)。这样可以与切削刃上各点前角的变化相适应,使各点的楔角大致相等,散热体积基本一致,从而达到其锋利程度、强度和耐用度的相对平衡,又能弥补由于钻头轴向进给运动而使刀刃上各点实际工作后角减少所产生的影响,同时还可改善横刃的工作条件。钻头的名义后角是指外圆处的后角。

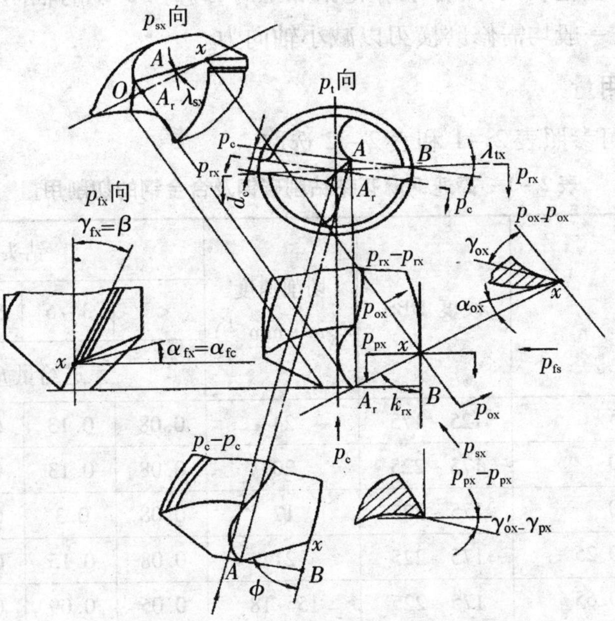

图 2-20 麻花钻的几何角度

5)横刃角度。如图 2-21 所示,横刃是麻花钻端面上一段与轴线垂直的切削刃,该切削刃的角度包括横刃斜角 φ、横刃前角 $\gamma_{o\varphi}$ 和横刃后角 $\alpha_{o\varphi}$。

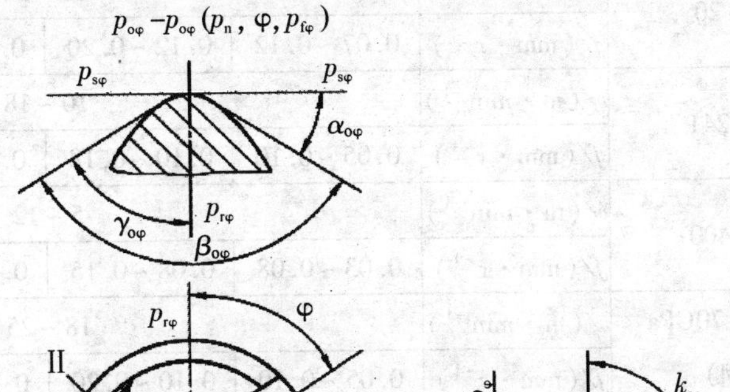

图 2-21 横刃角度

a. 横刃斜角 φ。在端平面中,横刃与主切削刃之间的夹角。它是刃磨钻头时自然形成的,顶角、后角刃磨正常的标准麻花钻 $\varphi=47°\sim55°$,后角越大,φ 角越小。φ 角减小会使横刃的长度增大。

b. 横刃前角 $\gamma_{o\varphi}$。由于横刃的基面位于刀具的实体内,故横刃前角 $\gamma_{o\varphi}$ 为负值。

c. 横刃后角 $\alpha_{o\varphi}$。横刃后角 $\alpha_{o\varphi}=90°-|\gamma_{o\varphi}|$。

对于标准麻花钻,$\gamma_{o\varphi}=-(54°\sim60°)$,$\alpha_{o\varphi}=30°\sim36°$。故钻削时横刃处金属挤刮变形严重,轴向力很大。实验表明,用标准麻花钻加工时,约有 50 % 的轴向力由横刃产生。对于直径较大的麻花钻,一般均需修磨横刃以减小轴向力。

4. 钻孔的切削用量

钻孔切削用量可参照表 2-1 和表 2-2 选取。

表 2-1　高速钢麻花钻钻削碳钢及合金钢的切削用量

工作材料		硬度 HBS	切削速度 /(m·min^{-1})	钻头直径/mm				
				<3	3~6	6~13	13~19	19~25
				进给量 f/(mm·r^{-1})				
碳钢	w_C0.25	125~175	24	0.08	0.13	0.20	0.26	0.32
	w_C0.50	175~225	20	0.08	0.13	0.20	0.26	0.32
	w_C0.90	175~225	17	0.08	0.3	0.20	0.26	0.32
合金钢	w_C0.12~0.25	175~225	21	0.08	0.15	0.20	0.40	0.48
	w_C0.30~0.65	175~225	15~18	0.05	0.09	0.15	0.21	0.26

表 2-2　在组合机床上用高速钢刀具钻孔时的切削用量

加工孔径/mm			1~6	6~12	12~22	22~50
铸铁	HBS160~20	v/(m·min^{-1})	16~24			
		f/(mm·r^{-1})	0.07~0.12	0.12~0.20	0.20~0.40	0.40~0.80
	HBS200~241	v/(m·min^{-1})	10~18			
		f/(mm·r^{-1})	0.05~0.10	0.10~0.18	0.18~0.25	0.25~0.40
	HBS300~400	v/(m·min^{-1})	5~12			
		f/(mm·r^{-1})	0.03~0.08	0.08~0.15	0.15~0.20	0.20~0.30
钢件	$\sigma_b=0.52\sim0.70$GPa (35,45 钢)	v/(m·min^{-1})	18~25			
		f/(mm·r^{-1})	0.05~0.10	0.10~0.20	0.20~0.30	0.30~0.60
	$\sigma_b=0.70\sim0.90$GPa (15Cr,20Cr)	v/(m·min^{-1})	12~20			
		f/(mm·r^{-1})	0.05~0.10	0.10~0.20	0.20~0.30	0.30~0.45
	$\sigma_b=1.00\sim1.10$GPa (合金钢)	v/(m·min^{-1})	8~15			
		f/(mm·r^{-1})	0.03~0.08	0.08~0.15	0.15~0.25	0.25~0.35

注:1. 钻孔深度与钻孔直径之比大时,取小值;

2. 采用硬质合金钻头加工铸铁件,v 一般为 20~30 m/min。

(二)扩孔

用扩孔工具对已有孔(钻、铸、锻)进行扩大的一种加工方法,扩孔工具有麻花钻和扩孔钻两种,精度要求不高的孔可用麻花钻扩孔,精度要求较高的孔须用扩孔钻(图 2-22)进行扩孔。

扩孔钻与麻花钻相比,无横刃,切削刃多(3~4 个),工作部分短,刚性好,导向性好。扩孔后精度、表面粗糙度比较高(ITlI~ITl0 级,Ra 为 12.5~6.3 um),而且生产效率高。

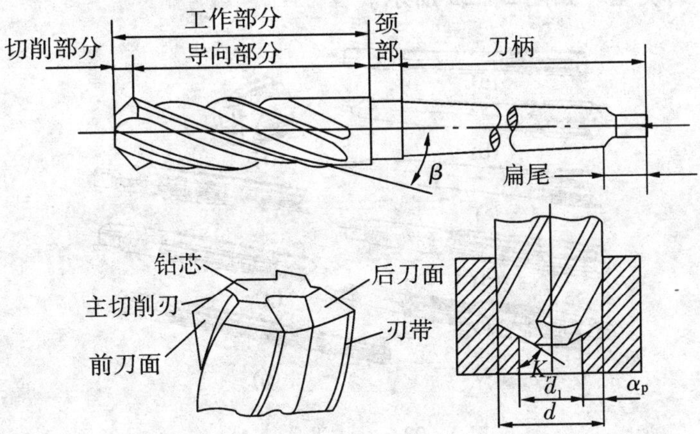

图 2-22 用扩孔钻扩孔

(三)铰孔

钻孔是在实体材料中钻出一个孔,而铰孔是扩大一个已经存在的孔。铰孔和钻孔、扩孔一样都是由刀具本身的尺寸来保证被加工孔的尺寸的,但铰孔的质量要高得多。铰孔时,铰刀从工件孔壁上切除微量金属层,以提高其尺寸精度和减小其表面粗糙度值,铰孔是孔的精加工方法之一,常用作直径不很大、硬度不太高的工件孔的精加工,也可用于磨孔或研孔前的预加工机铰生产率高,劳动强度小,适宜于大批大量生产。铰孔加工精度可达 IT9~IT7 级,表面粗糙度 Ra 一般达 1.6~0.8 μm。这是由于铰孔所用的铰刀结构特殊,加工余量小,并用很低的切削速度工作的缘故。直径在 100 mm 以内的孔可以采用铰孔,孔径大于 100 mm时,多用精镗代替铰孔。在镗床上铰孔时,孔的加工顺序一般为钻(或扩)孔—镗孔—铰孔。对于直径小于 12 mm 的孔,由于孔小镗孔非常困难,一般先用中心钻定位,然后钻孔、扩孔,最后铰孔,这样才能保证孔的直线度和同轴度。

一般来说,对于 IT8 级精度的孔,只要铰削一次就能达到要求;IT7 级精度的孔应铰两次,先用小于孔径 0.05~0.2 mm 的铰刀粗铰一次,再用符合孔径公差的铰刀精铰一次;IT6 级精度的孔则应铰削三次。铰孔对于纠正孔的位置误差的能力很差,因此,孔的有关位置精度应由铰孔前的预加工。工序予以保证,在铰削前孔的预加工,应先进行减少和消除位置误差。如对于同轴度和材料:45# 钢,正火处理,铰刀结构图中对公差有较高要求的孔,首先使用中心钻或点钻加工,然后钻孔,接着是粗镗,最后才由铰刀完成加工。另外铰孔前,孔的表面粗糙度 Ra 应小于 3.2 μm。

铰孔操作需要使用冷却液，以得到较好的表面质量并在加工中帮助排屑。切削中并不会产生大量的热，所以选用标准的冷却液即可。

经过铰孔的工件，孔既光洁又精确，不仅质量好，效率高，而且操作也很方便，在批量生产中已经被广泛采用。铰孔前一般先进行扩孔或车孔等半精加工，并留适当加工余量，一般为0.08～0.15 mm。铰孔可以在车床、钻床和镗床上进行机械铰孔，也可以将工件装夹在虎钳上进行手工铰孔。

(1)常用铰刀的类型　如图2－23所示。

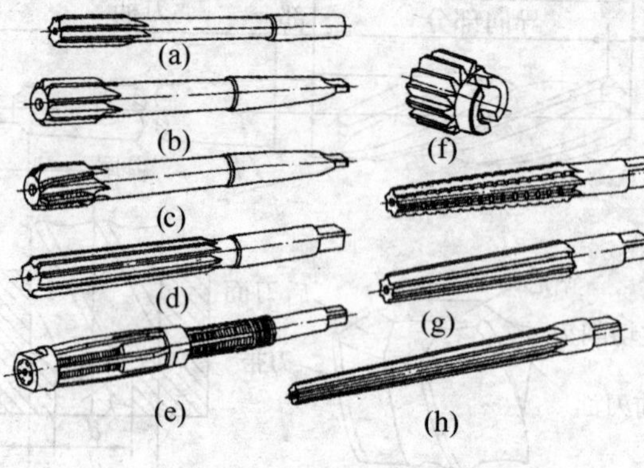

图2－23　铰刀基本类型

(a)直柄机用铰刀；(b)锥柄机用铰刀；(c)硬质合金锥柄机用铰刀；(d)手用佼刀；
(e)可调节手用铰刀；(f)套式机用铰刀；(g)直柄莫氏圆锥佼刀；(h)手用1:50锥度销子铰刀

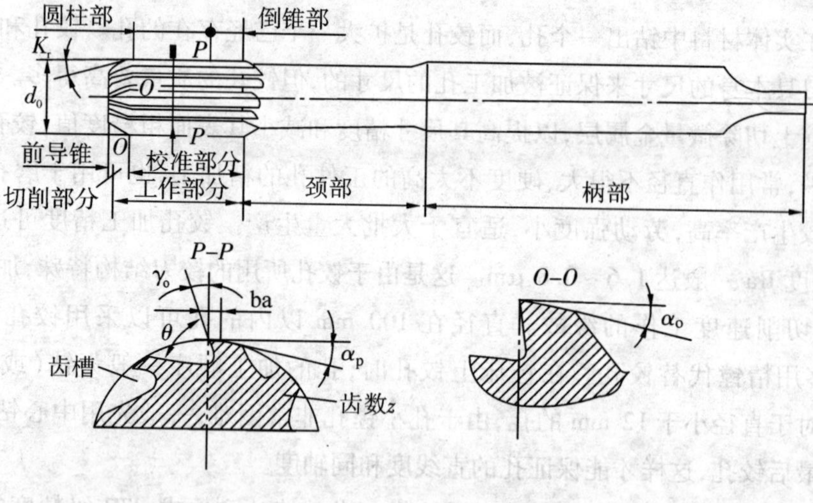

图2－24　铰刀的组成

(2)铰刀的结构　铰刀由工作部分、颈部和柄部组成，铰刀的组成如图2－24所示。常用的铰刀可分为机用铰刀和手用铰刀。

(3)保证铰孔加工质量的注意事项

1)合理选择铰削余量和切削规范，铰孔的余量视孔径和工件材料及精度要求等而异。

对孔径为5～80 mm，精度为IT7～IT10级的孔，一般分粗铰和精铰。余量太小时，往往不能全部切去上工序的加工痕迹，同时由于刀齿不能连续切削而以很大的压力沿孔壁打滑，使孔壁的质量下降；余量太大时，则会因切削力大，发热多引起铰刀直径增大及颤动，致使孔径扩大。加工余量可参见表2－3。

表2－3 铰孔前孔的直径及加工余量 (mm)

加工余量	孔径			
	12～18	>18～30	>30～50	>50～75
粗铰	0.10	0.14	0.18	0.20
精铰	0.05	0.06	0.07	0.10
总余量	0.15	0.20	0.25	0.30

2)合理选用切削速度可以减少积屑瘤的产生，防止表面质量下降。

铰削铸铁时可选为 8～10 m/min；铰削钢时的切削速度要比铸铁时低，粗铰为 4～10 m/min，精铰为1.5～5 m/min。铰孔的进给量也不能太小，因进给量过小会使切屑太薄，致使刀刃不易切入金属层面打滑，甚至产生啃刮现象，破坏了表面质量，还会引起铰刀振动，使孔径扩大。

3)合理选择底孔。底孔(即前道工序加工的孔)好坏，对铰孔质量影响很大。底孔精度低，就不容易得到较高的铰孔精度。例如上一道工序造成轴线歪斜，由于铰削量小，且铰刀与机床主轴常采用浮动联结，铰孔时就难以纠正。对于精度要求高的孔，在精铰前应先经过扩孔、镗孔或粗铰等工序，使底孔误差减小，才能保证精铰质量。

4)合理使用铰刀。铰刀是定尺寸精加工刀具，使用得合理与否，将直接影响铰孔的质量。铰刀的磨损主要发生在切削部分和校准部分交接处的后刀面上。随着磨损量的增加，切削刃钝圆半径也逐渐加大，致使铰刀切削能力降低，挤压作用明显，铰孔质量下降，实践经验证明，使用过程中若经常用油石研磨该交接处，可提高铰刀的耐用度。铰削后孔径是扩大或收缩以及其数值的大小，与具体加工情况有关。在批量生产时，应根据现场经验或通过试验来确定，然后才能确定铰刀外径，并研磨之。为了避免铰刀轴线或进给方向与机床回转轴线不一致，出现孔径扩大或“喇叭口”现象，铰刀和机床一般不用刚性联接，而可采用浮动夹头来装夹刀具。

5)正确选择切削液。铰削时切削液对表面质量有很大影响，铰孔时正确选用切削液，对降低摩擦系数，改善散热条件以及冲走细屑均有很大作用，因而选用合适的切削液除了能提高铰孔质量和铰刀耐用度外，还能消除积屑瘤，减少振动，降低孔径扩张量。浓度较高的乳化油对降低粗糙度的效果较好，硫化油对提高加工精度效果较明显。铰削一般钢材时，通常选用乳化油和硫化油。铰削铸铁时，一般不加切削液，如要进一步提高表面质量，也可选用润湿性较好、黏性较小的煤油做切削液。

(四)车孔

在车床车削内孔是最常用的内孔加工方法，可对尺寸较大的高精度孔进行精加工。车孔的方法基本上和车外圆相同，但内孔车刀和外圆车刀相比有差别。

1.内孔车刀种类

根据不同的加工情况，内孔车刀可分为通孔车刀和盲孔车刀两种。

(1)通孔车刀　通孔车刀的几何形状基本上与75°外圆车刀相似，为了减小背向力 F_p，防止振动，主偏角 κ_r 应取大值，一般取 $\kappa_r = 60° \sim 75°$，取副偏角 $\kappa_r' = 15° \sim 30°$。常用的通孔车刀刀柄有圆刀柄和方刀柄两种。

(2)盲孔车刀　盲孔车刀是用来车盲孔或台阶的，切削部分的几何形状基本上与偏刀相似。其主偏角一般取 $\kappa_r = 90° \sim 95°$。

车平底盲孔时，刀尖在刀柄的最前端，刀尖与刀柄外端的距离 a 应小于内孔半径 R，否则孔的底平面就无法车平。车内孔台阶时只要与孔壁不碰即可。后排屑盲孔车刀其上磨有卷屑槽，使切屑成螺旋状沿尾座方向排出孔外，即后排屑。

2. 车孔的技术要求

车孔的关键技术是解决内孔车刀的刚度和排屑问题，增加内孔车刀的刚度和解决排屑问题主要采取以下措施：

(1)尽量增加刀柄的截面积　一般的内孔车刀的刀尖位于刀柄的上面，这样车刀有一个缺点，即刀柄的截面积小于孔截面积的1/4。

内孔车刀的后面如果刃磨成一个大后角，则刀柄的截面积必然减小。如果刃磨成两个后角，或将后面磨成圆弧状，则既可防止内孔车刀的后面与孔壁摩擦，又可使刀柄的截面积增大。

(2)刀柄的伸出长度尽可能缩短　如果刀柄伸出太长，就会降低刀柄的刚度，容易引起振动。

(3)解决排屑问题　排屑问题主要是控制切屑流出的方向。精车孔时，要求切屑流向待加工表面（即前排屑），前排屑主要是采用正值刃倾角的内孔车刀。车削盲孔时，切削从孔口排出（后排屑），后排屑主要是采用负值刃倾角内孔车刀。

3. 车孔时的切削用量

内孔车刀的刀柄细长，刚度低，车孔时排屑较困难，故车孔时的切削用量应选得比车外圆时要小。车孔时的背吃刀量 a_p 是车孔余量的一半。

4. 车孔方法

在粗车或精车时也要进行试切削，其横向进给量为径向余量的1/2。当车刀纵向切削至2 mm左右时，纵向快速退刀（横向不动），然后停车测试，若孔的尺寸不到位，则需微量横向进刀后再次测试，直至符合要求，方可车出整个内孔表面。

车孔时的切削用量要比车外圆时适当小些，特别是车小孔或深孔时，其切削用量应更小。

5. 套类零件的车削内孔特点

(1)切削观察比较困难，加工精度和表面质量不易控制。

(2)孔径和孔深限制，刀杆刚性差，容易产生振动。

(3)切削、测量比外圆困难，尺寸难以控制。

6. 套类零件在车床上通过车削可以加工通孔、台阶孔和盲孔

如图2-25所示。

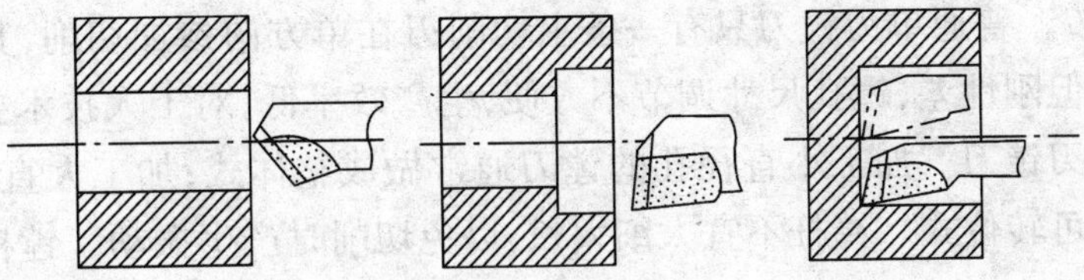

图 2-25 车削内孔

(五)镗孔

镗孔是在预制孔上用镗刀使之扩大的一种精加工方法,镗孔工作既可以在镗床上进行,也可以在车床上进行。对于大尺寸孔($D>80$ mm),镗孔几乎是唯一的加工方法,一般镗孔尺寸精度达到 IT8～IT6 级,表面粗糙度 Ra 为 1.6～0.8 μm。

1. 镗床

主要用镗刀对工件已有的预制孔进行镗削的机床。通常镗刀旋转为主运动,镗刀或工件的移动为进给运动。它主要用于加工高精度孔或一次定位完成多个孔的精加工,使用不同的刀具和附件还可进行钻削、铣削、螺纹加工及加工外圆和端面等,它的加工精度和表面质量要高于钻床。镗床是大型箱体零件加工的主要设备。

常用镗床分为卧式镗床、立式镗床和坐标镗床等,其中以卧式镗床应用最多、最广泛。

卧式镗床主要用来加工孔,特别是镗削箱体零件上的许多大孔、同轴孔系和平行孔系,其特点是易于保证被加工孔的尺寸精度和位置精度。镗孔精度可达 IT7 级,除扩大工件上已铸出或已加工的孔外,卧式镗床还能铣削平面、钻削、加工端面和凸缘的外圆,以及切螺纹等,主要用在单件小批量生产和修理车间,表面粗糙度 Ra 为 0.63～1.25 μm。如图 2-26 所示。

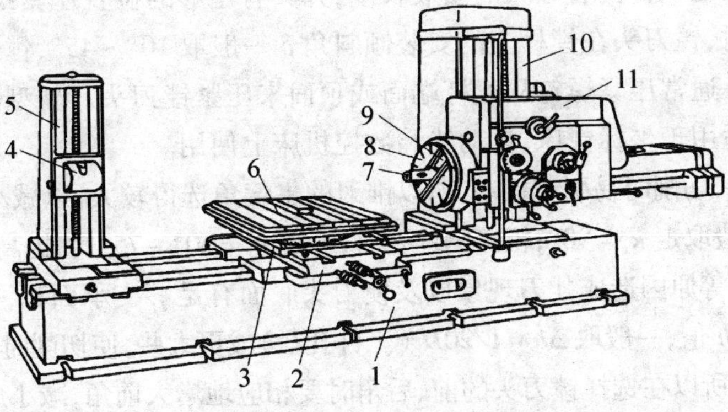

1-床身;2-下滑座;3-上滑座;4-后支架;5-后立柱;6-工作台;7-镗轴;8-平旋盘;
9-径向刀架;10-前立柱;11-主轴箱

图 2-26 卧式镗床

2. 镗刀

镗刀用于加工机座、箱体和支架等外形复杂的大型零件上的直径较大的孔,特别是有位置精度要求的孔和孔系。镗刀的类型按切削刃数量可分为单刃镗刀、双刃镗刀和多刃镗刀;按工件的加工表面特征可分为通孔镗刀、盲孔镗刀、阶梯孔镗刀和端面镗刀;按刀具结构可分为整体式、装配式和可调式。

(1)*单刃镗刀*　普通单刃镗刀只有一条主切削刃在单方向参加切削，其结构简单、制造方便、通用性强，但刚性差，镗孔尺寸调节不方便，生产效率低，对工人技术要求高。图2－27为不同结构的单刃镗刀。加工小直径孔的镗刀通常做成整体式，加工大直径孔的镗刀可做成机夹式或机夹可转位式。镗杆不宜太细太长，以免切削时产生振动。镗杆、镗刀头尺寸与镗孔直径的关系见表2－4。

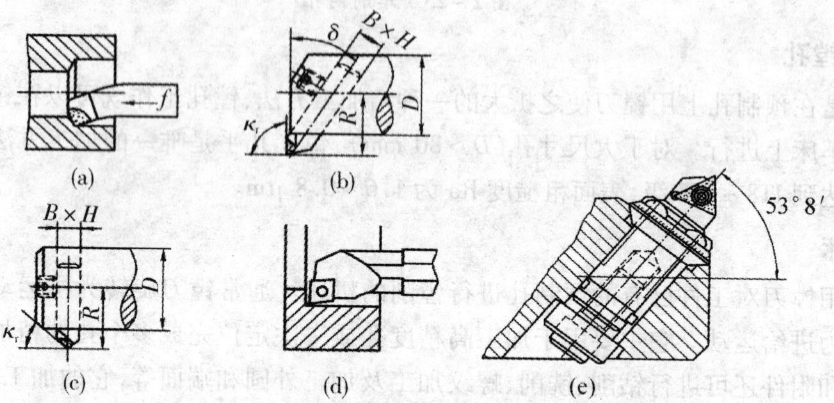

图2－27　*单刃镗刀*

(a)整体焊接镗刀；(b)机夹式盲孔镗刀；(c)机夹式通孔镗刀；(d)可转位式镗刀；(e)微调镗刀

表2－4　镗杆、镗刀头尺寸与镗孔直径的关系

(mm)

镗孔直径	32～38	40～50	51～70	71～85	86～100	101～140	141～200
镗杆直径	24	32	40	50	60	80	100
镗刀头直径或长度	8	10	12	16	18	20	24

为了使镗刀头在镗杆内有较大的安装长度，并具有足够的位置压紧螺钉和调节螺钉，在镗盲孔或阶梯孔时，镗刀头在镗杆上的安装倾斜角 δ 一般取 10°～45°，镗通孔时取 $\delta=0°$，以便于镗杆的制造。通常压紧螺钉从镗杆端面或顶面来压紧镗刀头。新型的微调镗刀调节方便，调节精度高，适用于坐标镗床、自动线和数控机床上使用。

镗刀的刚性差，切削时易引起振动，所以锥刀的主偏角选得较大，以减小径向力 Fp。镗铸件孔或精镗时，一般取走 $\kappa_r=90°$；粗镗钢件孔时，取走 $\kappa_r=60°～75°$，以提高刀具的耐用度。为避免工件材质不均等原因造成扎刀现象以及使刀头底面有足够支承面积，往往需要使镗刀刀尖高于工件中心 Δh 值，一般取 $\Delta h=1/20D$（工件孔径）或更大些，使切削时镗刀的工作前角减小，工作后角增大，所以在选择镗刀头的前、后角时要相应地增大前角，减小后角。

(2)*双刃镗刀*　双刃镗刀是定尺寸的镗孔刀具，通过改变两刀刃之间距离，实现对不同直径孔的加工。常用的双刃镗刀有固定式镗刀可调式双刃镗刀和浮动镗刀三种。

1)固定式镗刀。如图2－28所示，工作时，镗刀块可通过斜楔或者在两个方向倾斜的螺钉等夹紧在镗杆上。镗刀块相对轴线的位置误差会造成孔径的误差。所以，镗刀块与镗杆上方孔的配合要求较高。刀块安装方孔对轴线的垂直度与对称度误差不大于0.01 mm。固定式镗刀用于粗镗或半精镗直径大于40 mm的孔。

2)可调式双刃镗刀。

如图2－29所示，采用一定的机械结构可以调整两刀片之间的距离，从而使一把刀具可以加工不同直径的孔，并可以补偿刀具磨损的影响。

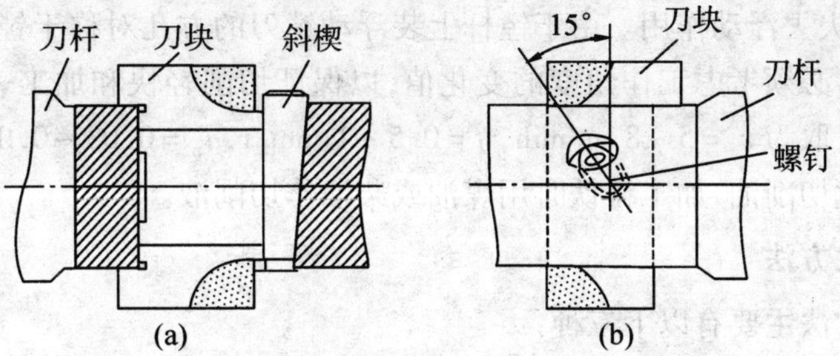

图 2－28　固定式镗刀

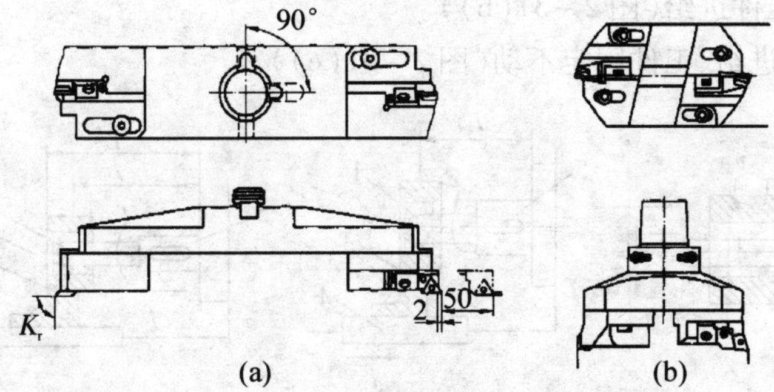

图 2－29　可调式双刃镗刀

3）浮动镗刀。浮动镗刀（如图 2－30 所示）特点是镗刀块自由地装入镗杆的方孔中，不需夹紧，通过作用在两个切削刃上的切削力来自动平衡其切削位置，因此它能自动补偿由刀具安装误差、机床主轴偏差而造成的加工误差，能获得较高的孔的直径尺寸精度（IT7 ~ IT6 级），但它无法纠正孔的直线度误差和位置误差，因而要求预加工孔的直线性好，表面粗糙度 Ra 不大于 3.2 μm。主要适用于单件、小批生产加工直径较大的孔，特别适用于加工孔径大（$d>200$）而深（$L/d>5$）的筒件和管件孔。

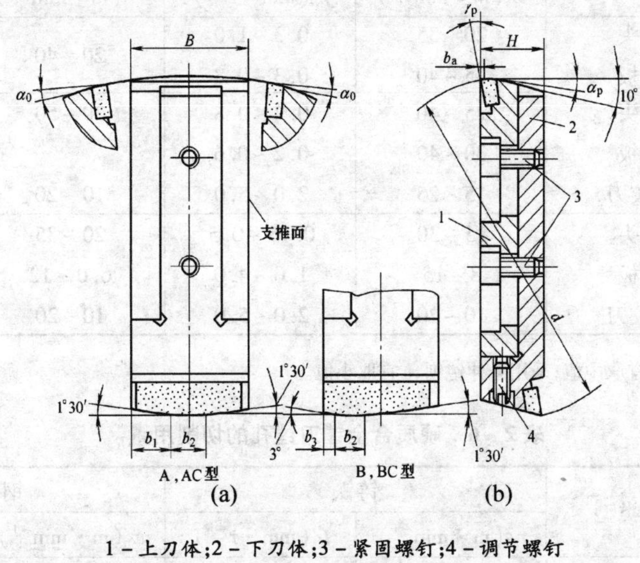

1－上刀体；2－下刀体；3－紧固螺钉；4－调节螺钉

图 2－30　可调节式硬质合金浮动镗刀

（a）AC 型－加工通孔；（b）BC 型－加工盲孔

浮动镗刀的主偏角通常取为 $k_r = 1°30' \sim 2°30'$，κ_r 角过大，会使轴向力增大，镗刀在刀孔中摩擦力过大，会失去浮动作用。由于镗杆上装浮动镗刀的方孔对称于镗杆中心线，所以在选择前角、后角时，必须考虑工作角度的变化值，以保证切削轻快和加工表面质量。浮动镗削的切削用量一般取为 $v_c = 5 \sim 8$ m/min，$f = 0.5 \sim 1$ mm/r，$a_p = 0.03 \sim 0.06$ mm 。切削钢件时用乳化液或硫化切削油，加工铸铁时用煤油或柴油作切削液。

3. 镗孔的工艺方法

镗孔的工艺方法主要有以下三种：

(1)工件旋转、刀具进给(图 2－31(a))。

(2)刀具旋转、工件进给(图 2－31(b))。

(3)刀具旋转并进给、工件固定不动(图 2－31(c))。

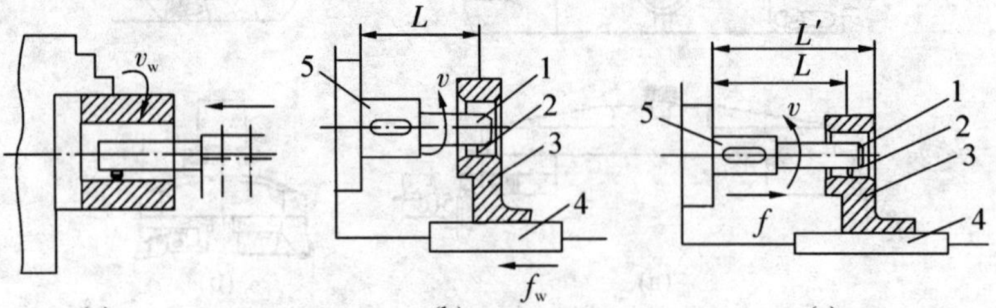

图 2－31　镗孔的方法

4. 镗刀镗孔的切削用量选择

镗削用量可按照表 2－5 和表 2－6 选取。

表 2－5　高速钢镗刀镗孔的切削用量

加工工序	刀具类型	铸铁		钢(铸钢)	
		$v/(\mathrm{m\cdot min^{-1}})$	$f/(\mathrm{mm\cdot r^{-1}})$	$v/(\mathrm{m\cdot min^{-1}})$	$f/(\mathrm{mm\cdot r^{-1}})$
粗镗	刀头	20～35	0.3～1.0	20～40	0.3～1.0
	刀板	25～40	0.3～0.8		
半精镗	刀头	25～40	0.2～0.8	30～50	0.2～0.8
	刀板	30～40	0.2～0.6		
	粗铰刀	15～25	2.0～5.0	10～20	0.5～3.0
精镗	刀头	15～30	0.15～0.5	20～35	0.1～0.6
	刀板	8～15	1.0～4.0	6.0～12	1.0～4.0
	精铰刀	10～20	2.0～5.0	10～20	0.5～3.0

注：采用镗模镗削，v 宜取中值；采用悬伸镗削，v 宜取小值。

表 2－6　硬质合金镗刀镗孔的切削用量

加工工序	刀具类型	铸铁		钢(铸钢)	
		$v/(\mathrm{m\cdot min^{-1}})$	$f/(\mathrm{mm\cdot r^{-1}})$	$v/(\mathrm{m\cdot min^{-1}})$	$f/(\mathrm{mm\cdot r^{-1}})$
粗镗	刀头	40～80	0.3～1.0	40～60	0.3～1.0
	刀板	35～60	0.3～0.8		

续表

加工工序	刀具类型	铸铁		钢(铸钢)	
		$v/(\mathrm{m \cdot min^{-1}})$	$f/(\mathrm{mm \cdot r^{-1}})$	$v/(\mathrm{m \cdot min^{-1}})$	$f/(\mathrm{mm \cdot r^{-1}})$
半精镗	刀头	60~100	0.2~0.8	80~120	0.2~0.8
	刀板	50~80	0.2~0.6		
	粗铰刀	30~50	3~5		
精镗	刀头	50~80	0.15~0.5	60~100	0.15~0.5
	刀板	20~40	1.0~4.0	8~20	1.0~4.0
	精铰刀	30~50	2.0~5.0		

(六)内圆磨削

内圆磨削是精加工,主要加工较硬的金属材料和非金属材料,如淬火钢、硬质合金和陶瓷等。内圆磨削精度等级可达IT5~IT6级,表面粗糙度Ra达0.8~0.2 μm。磨孔可以在内圆磨床(图2-32)或万能外圆磨床上进行。由装在头架主轴上的卡盘夹持工件作圆周进给运动,工作台带动砂轮架沿床身导轨作纵向往复运动,头架沿滑鞍作横向进给运动;头架还可绕竖直轴转至一定角度以磨削锥孔。

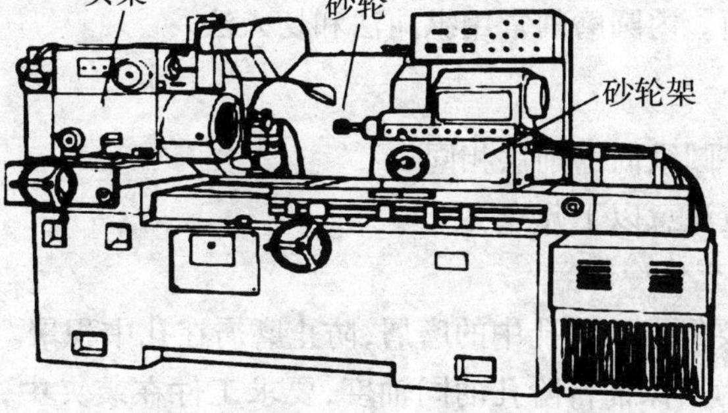

图2-32 内圆磨床

内圆磨床分为普通内圆磨床和万能内圆磨床,其中万能内圆磨床是应用最广泛的磨床。在内圆磨床上可磨削各种轴类和套筒类工件的内圆柱面、内圆锥面以及台阶轴端面等。

磨床的主要部件为床身。床身是磨床的基础支承件,在它的上面装有砂轮架、工作台、头架、尾座及横向滑鞍等部件。使这些部件在工作时保持准确的相对位置。床身内部用作液压油的油池。头架用于安装及夹持工件并带动工件旋转,头架在水平面内可逆时针方向转90°。内圆磨具用于支承磨内孔的砂轮主轴。内圆磨具主轴由单独的电动机驱动。砂轮架用于支承并传动高速旋转的砂轮主轴。砂轮架装在滑鞍上,当需磨削短圆锥面时,砂轮架可以在水平面内调整至一定角度位置±30°。尾座和头架的顶尖一起支承工件。滑鞍及横向进给机构转动横向进给手轮。可以使横向进给机构带动滑鞍及其上的砂轮架作横向进给运动。工作台由上下两层组成。上工作台可绕下工作台的水平面内回转一个角度(±10°)用以磨削锥度不大的长圆锥面,上工作台的上面装有头架和尾座。它们可随着工作台一起,沿床身导轨作纵向往复运动。机床的用途:普通精度级万能内圆磨床,整机精度为IT6,IT7

级。加工表面的表面粗糙度值 Ra 可控制在 1.25～0.08 μm 范围内。万能内圆磨床可用于内内圆柱表面、内圆锥表面的精加工,虽然生产率较低,但由于万能内圆磨床通用性较好,被广泛用于单件小批生产车间、工具车间和机修车间。

内圆磨削作为一种精加工同样也有以下特点:

(1)内圆磨削时,所用砂轮直径较小,砂轮转速又受到内圆磨具转速的限制。目前一般内圆磨具的转速在 10 000～20 000 r/min 之间,因此磨削速度一般 20～30 m/s 之间。由于磨削速度较低,工件表面的粗糙度值不易减小。

(2)内圆磨削时,由于砂轮与工件成内切圆接触,砂轮与工件的磨削弧比外圆磨削大,因此磨削热和磨削力都比较大,磨粒容易磨钝,工件容易发热和烧伤。

(3)内圆磨削时,切削液不易进入磨削区域;磨屑也不容易排除。当磨屑在工件内孔中积聚时,容易造成砂轮堵塞,并影响工件的表面质量。特别在磨削铸铁等脆性材料时,磨屑与切削液混合成糊状,更容易使砂轮堵塞,影响砂轮的磨削性能。

(4)砂轮接长轴的刚性比较差,容易产生弯曲变形和振动,对加工精度和表面粗糙度都有很大的影响,同时也限制了磨削用量的提高。

在整个过程中,磨削前须调整砂轮的位置。在万能外圆磨床上磨内孔时,砂轮与孔的前壁接触。这时砂轮的横向进给方向与磨外圆时相同。在内圆磨床上,砂轮与孔后壁接触,便于操作者观察加工表面。内圆磨削常用纵向法和切入法。

1. 纵向磨削法

这种磨削方法与外圆纵向磨削法相同。

用纵向法磨削时应注意以下几点:

(1)磨削过程中要充分冷却。

(2)磨不通孔时,要经常清除孔中的磨屑,防止磨屑在孔中积聚。

(3)磨台阶孔时,为了保证台阶孔的同轴度,要求工件在装夹中,将几个孔全部磨好,并要细心调整挡块位置,防止砂轮撞击到孔的内端面。内端面与孔有垂直度要求时,可选用杯形砂轮,直径不宜过大,与保证砂轮在工件内端面单方向接触,否则将影响内端面的平面度。

4)砂轮退出内孔表面时,先要将砂轮从横向退出,然后再在纵向方向退出,以免工件表面产生螺旋痕迹。

2. 切入磨削法

这种磨削方法与外圆切入磨削法相同,适用于磨削内孔长度较短的工件,生产效率较高。采用切入法磨削时,接长轴的刚性要好,砂轮在连续进给中容易堵塞、磨钝,应及时修整砂轮。精磨时应采用较低的切入速度。

(七)拉孔

拉孔大多是在拉床上用拉刀(图 2－33)通过已有的孔来完成孔的半精加工或精加工。拉刀是一种多齿的切削刀具。拉削过程只有主运动,没有进给运动。在拉削时由于切削刀齿的齿高逐渐增大,因此每个刀齿只切下一层较薄的切屑,最后由几个刀齿用来对孔进行校准。拉刀切削时不仅参加切削的刀刃长度长,而且同时参加切削的刀齿也多,因此,孔径能在一次拉削中完成。因此,它是一种高效率的加工方法。一般拉削孔径为 10～100 mm,拉孔深度一般不宜超过孔径的 3 ~ 4 倍。拉刀能拉削各种形状的孔，如圆孔、多边孔等，如图 2 – 34所示。由于拉削速度较低，一般为 2 ~ 5 m/min，因此，不易产生积屑瘤，拉削过程平稳，切削层的厚度很薄，故一般能达到 IT7 ~ IT8 级精度和表面粗糙度 Ra 为 1.6 ~ 0.4 μm。

拉削过程和铰孔相似，都是以被加工孔本身作为定位基准，因此不能纠正孔的位置误差。

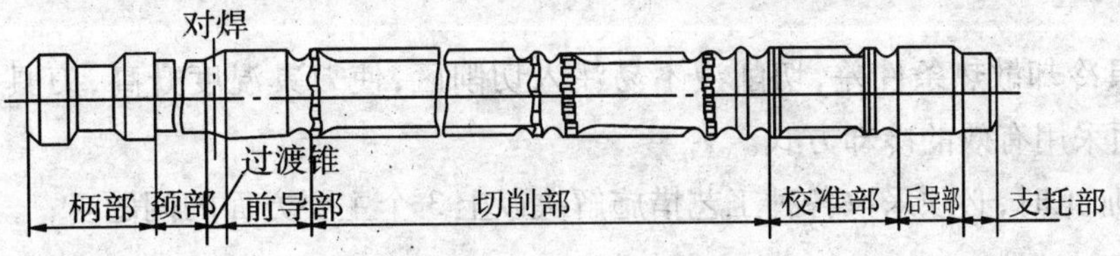

图 2 – 33 圆孔拉刀结构

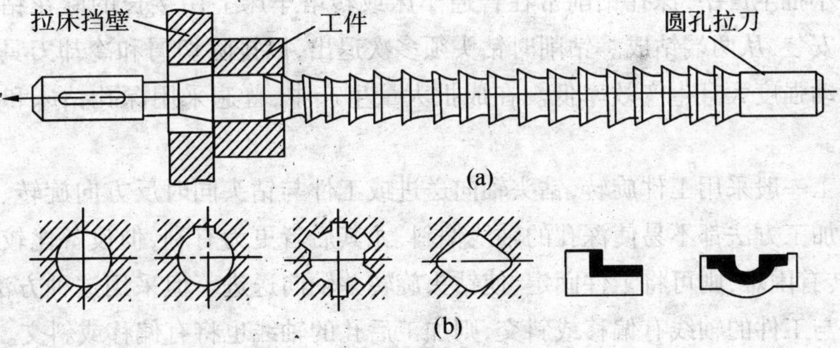

图 2 – 34 拉刀可拉削的典型表面

(a)拉刀拉削简图；(b)典型拉削表面

(八)深孔加工

1. 深孔加工的工艺特点

通常把深度与直径之比 $L/D>5$ 的孔称为深孔。深径比不大的孔，可用麻花钻在普通钻床、车床上加工；深径比大的孔，必须采用特殊的刀具、设备及加工方法。深孔加工比一般的孔加工要复杂和困难得多。深孔钻用得较多的是枪钻，属于外排屑，如图 2 – 35 所示。

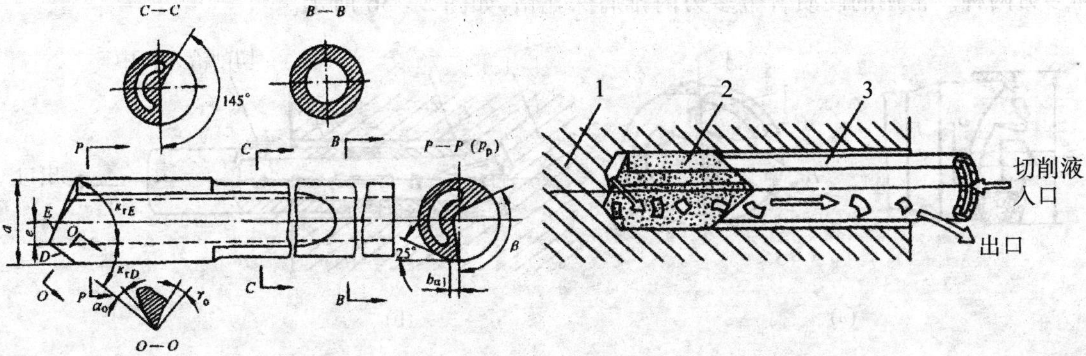

(a) (b)

1 – 工件；2 – 钻头；3 – 钻杆

图 2 – 35 枪钻

(a)高速钢枪钻；(b)枪钻工作原理

深孔加工工艺，主要有以下特点：

(1)深孔加工的刀杆细长，强度和刚度比较差，在加工时容易引偏和振动，因此，在刀头上设置支承导向极为重要。

(2)切屑排除困难。如果切屑堵塞则会引起刀具崩刃甚至折断。因此需要采取强制排屑措施。

(3)刀具冷却散热条件差，切削液不易注入切削区，使刀具温度升高，刀具的耐用度降低，因此必须采用有效的冷却方式。

在深孔加工时，必须采取各种工艺措施解决以上3个主要方面的问题。

2. 深孔钻削方式

在单件小批生产中，深孔钻削常在普通车床或转塔车床上用接长的麻花钻加工。有时工件作两次安装，从两端钻成。钻削时钻头须多次退出，以排除切屑和冷却刀具。采用这种钻削方法劳动强度大且生产效率低。在成批大量生产中，普遍采用深孔钻床和使用深孔钻头进行加工。

深孔加工一般采用工件旋转，钻头轴向送进或工件与钻头同时反方向旋转、钻头轴向送进。这两种加工方法都不易使深孔的轴线偏斜，尤其后者更为有利，但设备比较复杂。若工件很大，旋转有困难，则可将工件固定、使钻头旋转并轴向送进。但采用这种方法时，若刀具旋转中心线与工件的轴线有偏移或斜交，则加工后孔的轴线也将有偏移或斜交。

3. 冷却和排屑方式

在深孔加工中，冷却(特别是刀具切削部分的冷却)和排屑是要解决的首要问题，由于在切削过程中，切削热的绝大部分传入切屑，如果切屑能顺利通畅地排出，在排屑的同时也就达到了冷却的目的。目前，排屑方式有外排屑、内排屑和喷吸三种方式，普遍采用的一种是内排屑方式。高压切削液由钻杆与工件孔壁间的空隙处压入切削区，然后带着切屑从钻杆中的内孔排出。采用这种排屑法时，切屑不会划伤已加工的孔壁，容易保证加工质量。当加工直径在 $\phi 12 \sim 120$ mm 之间，长径比在100之内的深孔时，可采用内排屑深孔钻。它有单刃和多刃两种。常用的硬质合金多刃内排屑深孔钻，如图2－36所示。

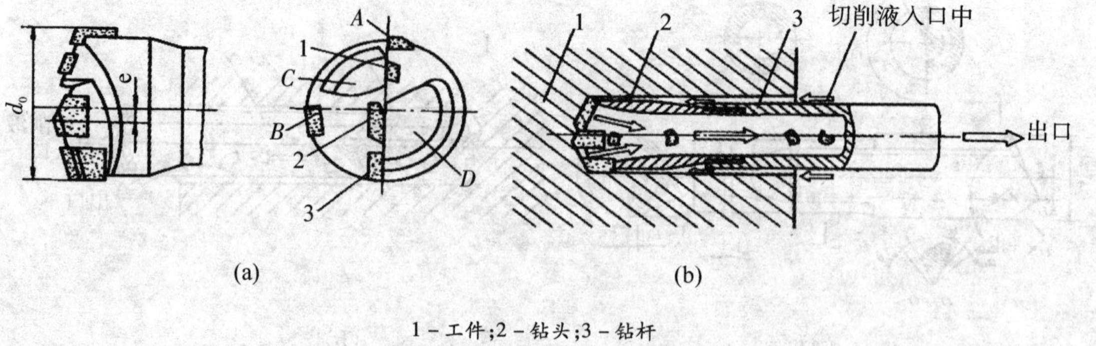

1－工件；2－钻头；3－钻杆

图2－36　内排屑深孔钻

(a)硬质合金深孔钻；(b)工作原理

喷吸方式常见的深孔钻有喷吸钻，由钻头、内管和外管三部分组成，如图2－37所示。

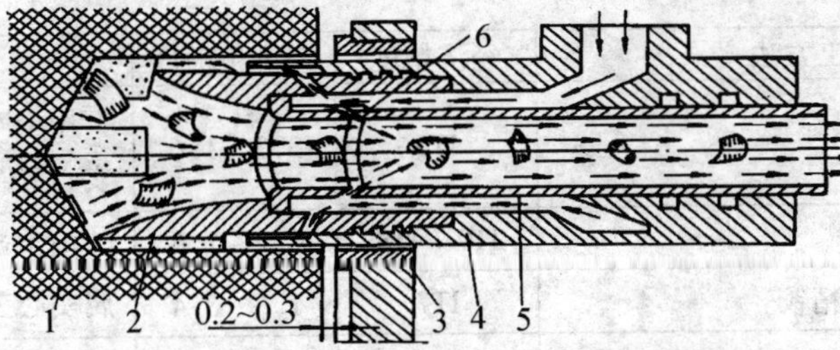

1－工件;2－钻头;3－导向套;4－外管;5－内管;6－月牙形喷嘴

图 2－37 喷吸钻工作原理

(九)套类零件的特种加工方法

随着生产发展的需要和科学技术的进步,许多高熔点、高硬度、高强度、高脆性和高韧性等难切削材料不断出现,同时各种复杂结构与特殊工艺要求的零件也越来越多,采用传统的切削加工方法往往难以满足要求,各种特种加工方法相继出现,迅速发展。特种加工方法是直接利用电能、化学能、声能和光能进行加工的方法。特种加工方法主要用于对硬质合金、钛合金、耐热钢、不锈钢、淬火钢、金刚石、宝石和陶瓷等切削性能较差材料的加工,以及各种模具上特殊断面的型孔、喷油嘴和喷丝头上的小孔、窄缝和高精度细长零件、薄壁零件、弹性元件等低刚度零件的加工。常用的特种加工方法有电火花加工、电解加工、超声波加工、激光加工、电子束加工、粒子束加工和振动切削加工等。当前,许多特种加工正在向高精度高表面质量方向发展,出现了精密电火花加工和精密电解加工,开展了提高激光加工精度(如加工小孔)的研究,有些加工方法,如电子束加工,粒子束加工本身就是一种超精密加工方法,使原子分子加工单位级的水平,这些方法可以去除沉积一个分子和一个原子。因此,特种加工具有以下特点:

(1)特种加工主要不是依靠刀具和磨料来进行切削,而是利用电能、光能、声能、热能和化学能等来去除零件上的多余金属和非金属材料,因此工件和工具之间没有明显的切削力,只有微小的作用力,在机理上有很大不同。

(2)特种加工不仅可以去除零件上的多余金属和非金属材料,而且还可以进行附着加工、结合加工和注入加工。附着加工可使工件被加工表面覆盖一层材料,即镀膜等;结合加工是使两个工件或两种材料结合在一起,如激光焊接、化学粘接等;注入加工是将某些金属离子注入到工件表层,以改变工件表层的结构,达到要求的物理机械性能。

(3)特种加工中工具的硬度和强度可以低于工件的硬度和强度,因为它主要不是靠机械力来切削,有些工具甚至无损耗,如激光加工、电子束加工和离子束加工等。

(十)内孔加工表面加工方法的选择

内孔加工表面加工方法按表 2－7 选择。

表 2－7 孔的加工方案及经济精度

序号	加工方法	经济精度	经济粗糙度	使用范围
1	钻	IT13 ~ IT11	12.5	用于淬火钢以外的各种金属实心工件

续表

序号	加工方法	经济精度	经济粗糙度	使用范围
2	钻-铰	IT9	3.2~1.6	用于淬火钢以外的各种金属实心工件，但孔径 $D<24$ mm
3	钻-扩-铰	IT9~IT8	3.2~1.6	用于淬火钢以外的各种金属实心工件，但孔径为10~80
4	钻-扩-粗铰-精铰	IT7	1.6~0.4	
5	钻-拉	IT9~IT7	1.6~0.4	用于大批量生产
6	（钻）-粗镗-半精镗	IT10~IT9	6.3~3.2	用于淬火钢以外的各种材料
7	（钻）-粗镗-半精镗-精镗	IT8~IT7	1.6~0.8	
8	（钻）-粗镗-半精镗-磨	IT8~IT7	0.8~0.4	用于淬火钢、未淬火钢、铸铁等，不宜加工强度低、韧度高的有色金属
9	（钻）-粗镗-半精镗-粗磨-精磨	IT7~IT6	0.4~0.2	
10	粗镗-半精镗-精镗-珩磨	IT7~IT6	0.4~0.025	
11	粗镗-半精镗-精镗-研磨 粗镗-半精镗-精镗-精细镗	IT7~IT6	0.4~0.025	用于钢件、铸铁件和有色金属件的加工

五、孔的精密加工

1. 高速精细镗

高速精细镗也称金刚镗，广泛应用于不适宜用于内圆磨削加工的各种结构零件的精密孔，例如发动机的气缸孔、连杆孔，活塞销孔以及变速箱的主轴孔等。由于高速精细镗切削速度高和切屑截面很小，因而切削力非常小，这就保证了加工过程中工艺系统弹性变形小，故可获得较高的加工精度和表面质量，孔径精度可达 IT6~IT7 级，表面粗糙度 Ra 可达 0.8~0.1 μm。孔径在 15~100 mm 范围内，尺寸误差可保持在 5~8 μm 以内，还能获得较高的孔轴心线的位置精度。为保证加工质量，高速精细镗常分预、终两次进给。

高速精细镗要求机床精度高、刚性好、传动平稳和能实现微量进给。一般采用硬质合金刀具，主要特点是主偏角较大（45°~90°），刀尖圆弧半径较小，故径向切削力小，有利于减小变形和振动。当要求表面粗糙度 Ra 小于 0.08 μm 时，须使用金刚石刀具。金刚石刀具主要适用于铜、铝等有色金属及其合金的精密加工。

2. 珩磨

珩磨是磨削加工的一种特殊形式，属于光整加工。需要在磨削或精镗的基础上进行。珩磨加工范围比较广，特别是大批大量生产中采用专用珩磨机珩磨更为经济合理，对于某些零件，珩磨已成为典型的光整加工方法，如发动机的气缸套，连杆孔和液压缸筒等。

（1）珩磨原理　在一定压力下，珩磨头上的砂条（油石）与工件加工表面之间产生复杂的的相对运动，珩磨头上的磨粒起切削、刮擦和挤压作用，从加工表面上切下极薄的金属层。

（2）珩磨方法　珩磨所用的工具是由若干砂条（油石）组成的珩磨头，四周砂条能作径向张缩，并以一定的压力与孔表面接触，珩磨头上的砂条有 3 种运动，即旋转运动、往复运动和加压力的径向运动。珩磨头与工件之间的旋转和往复运动，使砂条的磨粒在孔表面上的切削轨迹形成交叉而又不相重复的网纹。珩磨时磨条便从工件上切去极薄的一层材料，并在孔表面形成交叉而不重复的网纹切痕，这种交叉而不重复的网纹切痕有利于贮存润滑油，使零件表面之间易形成一层油膜,从而减少零件间的表面磨损。

(3) 珩磨的特点

1) 珩磨时砂条与工件孔壁的接触面积很大,磨粒的垂直负荷仅为磨削的 1/50 ~ 1/100。此外,珩磨的切削速度较低,一般在 100 m/min 以下,仅为普通磨削的 1/30 ~ 1/100。在珩磨时,注入的大量切削液,可使脱落的磨粒及时冲走,还可使加工表面得到充分冷却,所以工件发热少,不易烧伤,而且变形层很薄,从而可获得较高的表面质量。

2) 珩磨可达较高的尺寸精度、形状精度和较低的粗糙度,珩磨能获得的孔的精度为 IT6 ~ IT7级,表面粗糙度 Ra 为 0.2 ~ 0.025 μm。由于在珩模时,表面的突出部分总是先与沙条接触而先被磨去,直至砂条与工件表面完全接触,因而珩磨能对前道工序遗留的几何形状误差进行一定程度的修正,孔的形状误差一般小于 0.005 mm。

3) 珩磨头与机床主轴采用浮动联接,珩磨头工作时,由工件孔壁作导向,沿预加工孔的中心线作往复运动,故珩磨加工不能修正孔的相对位置误差,因此,珩磨前在孔精加工工序中必须安排预加工以保证其位置精度。一般镗孔后的珩磨余量为 0.05 ~ 0.08 mm,铰孔后的珩磨余量为 0.02 ~ 0.04 mm,磨孔后珩磨余量为 0.01 ~ 0.02 mm。余量较大时可分粗、精两次珩磨。

4) 珩磨孔的生产率高,机动时间短,珩磨 1 个孔仅需要 2 ~ 3 min,加工质量高,加工范围大,可加工铸铁件、淬火和不淬火的钢件以及青铜件等,但不宜加工韧性大的有色金属,加工的孔径为 ϕ15 ~ 500 mm,孔的深径比可达 10 以上。

3. 研磨

研磨孔是一种常用的光整加工方法,需要在精镗、精铰或精磨之后进行。

在研具与工件加工表面之间加入研磨剂,在一定压力下两个表面作复杂的相对运动,使磨粒在工件表面上滚动或滑动,起切削、刮擦和挤压作用,从加工表面上切下极薄的一层材料,得到尺寸精度和表面粗糙度极低的表面。按研磨方式可分为手工研磨和机械研磨两种。

研磨前,将套上工件的研磨棒安装在车床上,涂上研磨剂,调整研磨棒直径使其对工件有适当的压力,即可进行研磨。研磨时,研磨棒旋转,手握工件往复移动。固定式研磨棒多用于单件生产。带槽研磨棒(图 2 - 38(a))便于存贮研磨剂,用于粗研,光滑研磨棒(图 2 - 38(b)),一般用于精研。

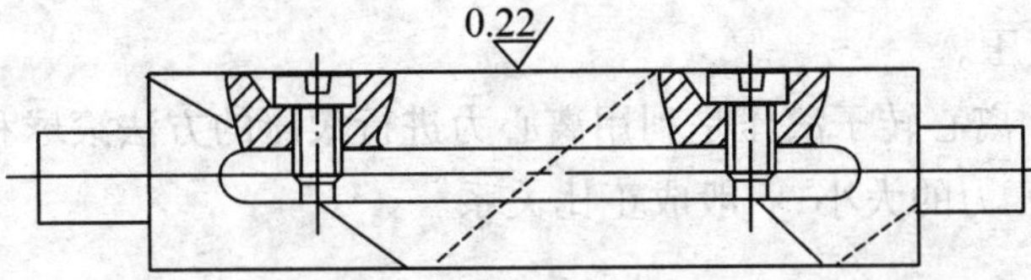

(a)

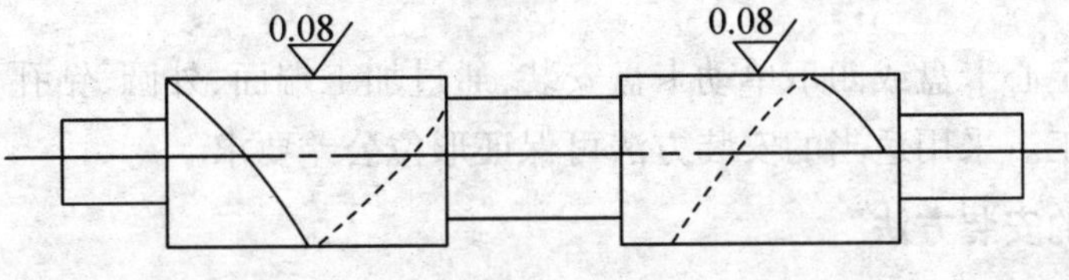

(b)

图 2 - 38 固定式研磨棒

研磨具有如下特点：

(1)所有研具采用比工件软的材料制成，这些材料为铸铁、铜、青铜、巴氏合金及硬木等。有时也可用钢做研具。研磨时，部分磨粒悬浮于工件与研具之间，部分磨粒则嵌入研具的表面层，工件与研具作相对运动，磨料就在工件表面上切除很薄的一层金属(主要是上工序在工件表面上留下的凸峰)。

(2)研磨不仅是用磨粒加工金属的机械加工过程，同时还有化学作用。磨料混合液(或研磨膏)使工件表面形成氧化层，使之易于被磨料所切除，因而大大加速了研磨过程的进行。

(3)研磨时研具和工件的相对运动是较复杂的，因此，每一磨粒不会在工件表面上重复自己的运动轨迹，这样就有可能均匀地切除工件表面的凸峰。

(4)因为研磨是在低速低压下进行的，所以工件表面的形状精度和尺寸精度高(IT6 级以上)，表面粗糙度 Ra 小于 0.16 μm，且具有残余压应力及轻微的加工硬化，但不能提高工件表面间的位置精度。

(5)手工研磨工作量大，生产率低；对机床设备的精度条件要求不高；金属材料和非金属材料都可加工，如钢、铸铁、铜、铝、硬质合金等金属材料以及半导体、陶瓷、光学玻璃等非金属材料。

(6)壳体或缸筒类零件的大孔，需要研磨时可在钻床或改装的简易设备上进行，由研磨棒同时作旋转运动和轴向移动。但研磨棒与机床主轴需成浮动联接。否则，研磨棒轴线与孔轴线发生偏斜时，将造成孔的形状误差。

4. 滚压

利用经过淬硬和精细抛光过的、可自由旋转的滚柱或滚珠，对零件表面进行挤压，以提高加工表面质量的一种机械强化加上方法。滚压加工可减小表面粗糙度值 2 ~ 3 级，提高硬度 10% ~ 40%，表面层耐疲劳强度一般提高 30% ~ 50%。滚柱或滚珠材质通常用高速钢或硬质合金。

(1)滚柱滚压　滚柱滚压是最简单最常用的冷压强化方法。单滚柱滚压压力大且不平衡，这就要求工艺系统有足够的刚度；多滚柱滚压可对称布置滚柱以滚压内孔或外圆，减小了工艺系统的变形；这种方法也可滚压成形表面或锥面。

(2)滚珠滚压　这种方法接触面积小，压强大，滚压力均匀。用于对刚度差的工件进行滚压，亦可做成多滚珠滚压。

(3)离心转子滚压　离心转子滚压是利用离心力进行滚压的方法滚球和滚柱的重量、转子直径及转速决定了滚压力的大小，一般成正比关系。

六、车削套类零件的安装方法

常用三爪自定心卡盘或四爪单动卡盘安装，通过加工端面、外圆、钻孔、扩孔、铰孔、车孔完成内孔车削加工。采用适当的安装方法可保证形位公差要求。

1. 套类零件的安装方法

(1)一次装夹完成　一次装夹外圆、内孔和端面的加工，可保证外圆和内孔的同轴度，外圆、内孔与端面的同轴度和垂直度要求，但生产率不高。如图 2 - 39 所示。

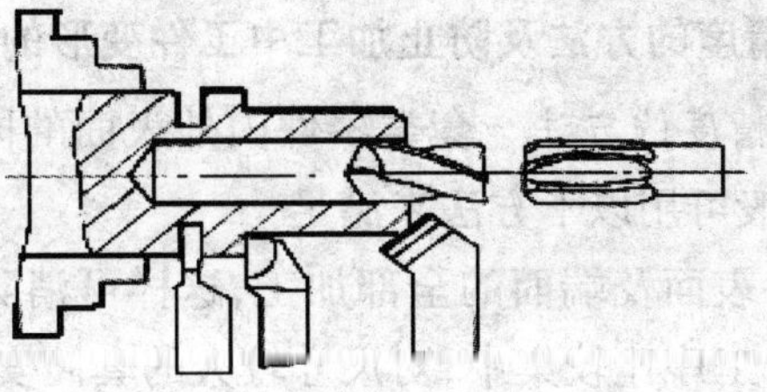

图 2-39 一次装夹完成大部分加工

(2)使用心轴 零件先进行内孔加工,再以加工好的内孔作为定位基准加工外径,从而保证了工件的同轴度和垂直度要求。如图 2-40 所示。

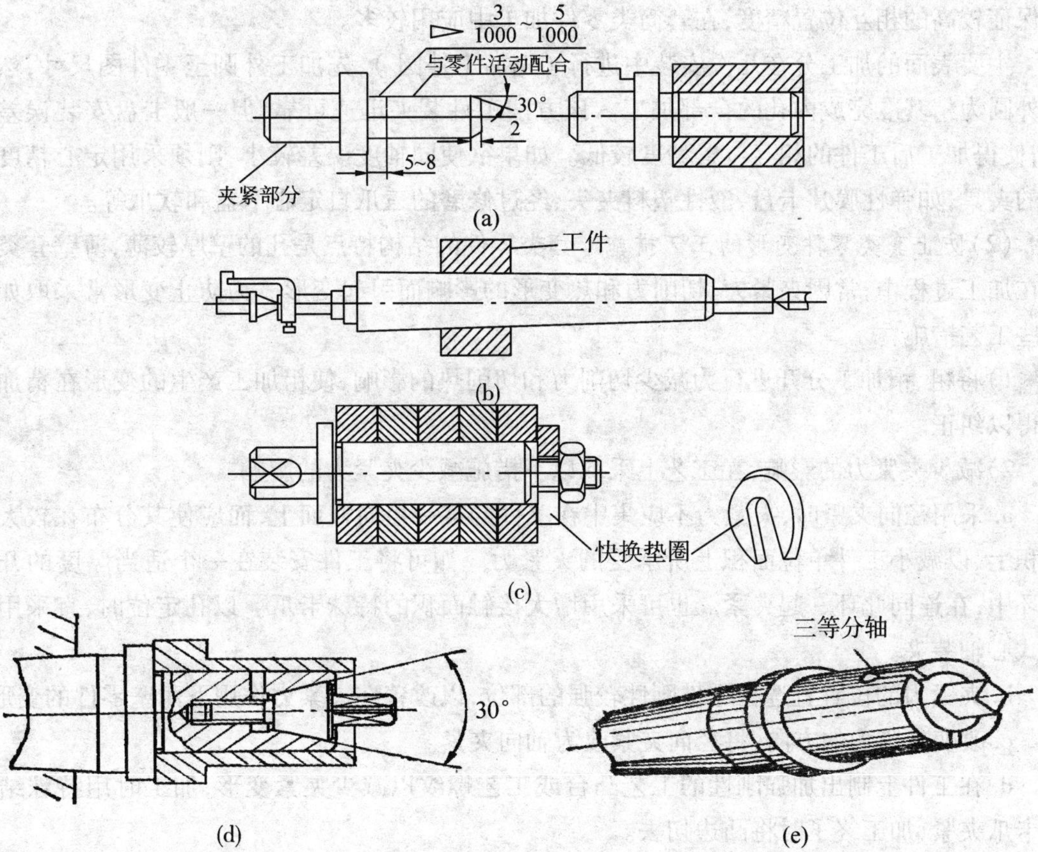

图 2-40 心轴的种类

(a)一次性临时心轴;(b)小锥度心轴;(c)台阶式心轴;(d)胀力心轴;(e)三等分轴

(3)用外圆作为基准保证位置精度 零件外圆和一个端面必须在一次装夹中完成精加工作为定位基准,然后采用软卡爪装夹工件。如图 2-41 所示。

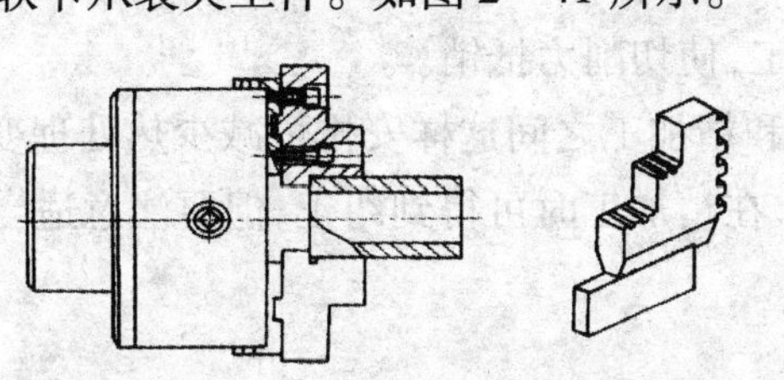

图 2-41 采用软卡爪装夹工件

2.保证表面相互位置精度的方法及防止加工中工件变形的措施

(1)保证表面相互位置精度的方法　套类零件内外表面的同轴度以及端面与孔轴线的垂直度要求一般都较高,一般可用以下方法来满足:

在一次安装中完成内外表面及端面的全部加工,这样可消除工件的安装误差并获得很高的相互位置精度。但由于工序比较集中,对尺寸较大的套筒安装不便,故多用于尺寸较小的轴套车削加工。

主要表面的加工分在几次安装中进行(先加工孔),先加工孔至零件图尺寸,然后以孔为精基准加工外圆。由于使用的夹具(通常为心轴)结构简单,而且制造和安装误差较小,因此可保证较高的相互位置精度,在套筒类零件加工中应用较多。

主要表面的加工分在几次安装中进行(先加工外圆),先加工外圆至零件图尺寸,然后以外圆为精基准完成内孔的全部加工。该方法工件装夹迅速可靠,但一般卡盘安装误差较大,使得加工后工件的相互位置精度较低。如果欲使同轴度误差较小,则须采用定心精度较高的夹具,如弹性膜片卡盘,液性塑料夹头、经过修磨的三爪自定心卡盘和软爪等。

(2)防止套类零件变形的工艺措施　套类零件的结构特点是孔的壁厚较薄,薄壁套类零件在加工过程中,常因夹紧力、切削力和热变形的影响而引起变形。为防止变形常采取如下一些工艺措施:

1)将粗、精加工分开进行为减少切削力和切削热的影响,使粗加工产生的变形在精加工中得以纠正。

2)减少夹紧力的影响,在工艺上采取以下措施减少夹紧力的影响

a.采用径向夹紧时,夹紧力不应集中在工件的某一径向截面上,而应使其分布在较大的面积上,以减小工件单位面积上所承受的夹紧力。如可将工件安装在一个适当厚度的开口圆环中,在连同此环一起夹紧。也可采用增大接触面积的特殊卡爪。以孔定位时,宜采用张开式心轴装夹。

b.夹紧力的位置宜选在零件刚性较强的部位,以改善在夹紧力作用下薄壁零件的变形。

c.改变夹紧力的方向,将径向夹紧改为轴向夹紧。

d.在工件上制出加强刚性的工艺凸台或工艺螺纹以减少夹紧变形,加工时用特殊结构的卡爪夹紧,加工终了时将凸边切去。

3)减小切削力对变形的影响

a.增大刀具主偏角和主前角,使加工时刀刃锋利,减少径向切削力。

b.将粗、精加工分开,使粗加工产生的变形能在精加工中得到纠正,并采取较小的切削用量。

c.内外圆表面同时加工,使切削力抵销。

4)热处理放在粗加工和精加工之间这样安排可减少热处理变形的影响。套类零件热处理后一般会产生较大变形,在精加工时可得到纠正,但要注意适当加大精加工的余量。

七、内孔的测量

尺寸精度要求不高可用孔游标卡尺测量,精度要求较高的孔径可用内测千分尺测量,这

种千分尺只能测孔径外端部分。如图 2－42 所示。

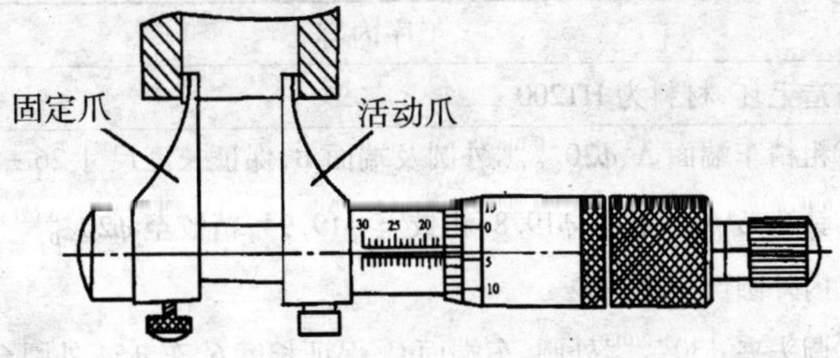

图 2－42　内测千分尺测量内孔

任务实施

一、产品零件图的分析

1. 主要技术要求(见图 2－1)

1) $\phi30^{+0.013}_{+0.002}$外圆柱面对 $\phi20^{+0.021}_{0}$ 内孔的同轴度允差 0.02 mm，表面粗糙度 Ra 为 1.6μm。

2) A，B 端面对 $\phi20^{+0.021}_{0}$ 孔的轴线 H 的垂直度公差为 0.015 mm，两表面粗糙度 Ra 为 1.6 μm。

2. 材料与毛坯

1) 材料为灰口铸铁 HT200；

2) 毛坯为铸件(实心)。

3. 定位基准的选择

1) 以 $\phi54$ 为粗基准，在一次装夹中车出 A 面、$\phi30^{+0.013}_{+0.002}$外圆及 B 面、$\phi20^{+0.021}_{0}$ 内孔；

2) 可用 $\phi30^{+0.013}_{+0.002}$作为精基准，车削 $\phi54$ 外圆及端面 C 时；

3) 加工 3－$\phi5.5$ 孔时，用 $\phi30^{+0.013}_{+0.002}$外圆和 A 端面为精基准；

4) 加工 D 面时，用 $\phi20^{+0.021}_{0}$ 内孔、端面 C 和任一 $\phi5.5$ 的孔为精基准。

4. 加工路线的拟定

为保证轴套内外圆的同轴度要求和 A，B 端面对轴心线的垂直度，采用在一次装夹中先粗、精车端面 A、$\phi30^{+0.013}_{+0.002}$外圆和 B 端面，再钻、扩、铰 $\phi20^{+0.021}_{0}$ 内孔。

车 C 面及 $\phi54$ 外圆，钻、锪三个连接孔，刨 D 面。

二、轴套的工艺规程的编制

根据决策、计划阶段所制定的加工方案让学生以小组的形式，结合生产组织类型，编制出单件小批量生产时轴套的机械加工工艺过程，如表 2－8 所示。

表2-8 轴套单件小批生产机械加工工艺过程

工序号	工序名称	工序内容	定位基准
1	铸造	铸造毛坯,材料为HT200	
2	车削	①粗精车端面A、$\phi30^{+0.013}_{+0.002}$外圆及端面B,保证长度尺寸26±0.1 ②钻孔$\phi16$,扩孔至$\phi19.8$,粗铰至$\phi19.94$,精铰至$\phi20^{+0.021}_{0}$ ③内外圆倒角1×45 ④调头夹$\phi30^{+0.013}_{+0.002}$外圆,车端面C,保证长度6,车$\phi54$外圆至尺寸 ⑤内外圆倒角1×45°	外圆柱面$\phi54$ 外圆柱面$\phi50$
3	划线	划3-$\phi5.5$孔线$\phi40$及D面加工线	
4	钻削	钻3-$\phi5.5$孔,锪3-$\phi11\times90°$沉孔	$\phi40$孔线
5	刨削	刨D面,保证尺寸50	按线找正
6	钳工	去毛刺	
7	检验	检验、入库	

三、轴套工艺验证

轴套的结构比较简单,学生以小组的形式可以直接在机械加工中心实施零件实体加工,跟踪轴套零件加工的全过程,并详细地做好记录、归档工作。

请沿此线剪下

资讯单

学习领域	零件加工工艺编制与实施		
学习情境二	套类零件加工工艺编制与实施	学时	20
资讯方式	学生自由组合分成4个小组,每组选出1名组长,各组根据任务单和资讯单查询资料,完成必要的信息搜集,找出相关问题的答案,每组准备发言。		
资讯问题	1. 分析套类零件的功用和结构特点。 2. 分析套类零件的技术要求、材料与毛坯。 3. 如何选择套类零件的定位基准和装夹方法? 4. 套类零件的加工方法和加工方案是什么? 5. 分析套类零件的加工要求及工艺性。 6. 简述编制轴套零件机械加工工艺过程。 7. 套类零件的主要检验项目有哪些? 8. 套类零件加工所用机床与刀具有哪些?		
资讯引导	以上资讯问题请查阅以下书籍: 1.《机械制造工艺与工装》,主编:何七荣,高等教育出版社。 2.《车工工艺与技能训练》,主编:蒋增福,高等教育出版社。 3.《机械制造工艺》,主编:孔凡杰,大连理工大学出版社。 4.《金属机械加工工艺人员手册》,主编:赵如福,上海科学技术出版社。 5.《金属切削原理与刀具》,主编:陆剑中,周志明,机械工业出版社。		

请沿此线剪下

请沿此线剪下

请沿此线剪下

决策单

学习领域	零件加工工艺编制与实施						
学习情境二	套类零件加工工艺编制与实施				学时	20	
方案讨论							
方案对比	组号	工作流程的正确性	知识运用的科学性	内容的完整性	方案的可行性	人员安排的合理性	综合评价
	1						
	2						
	3						
	4						
	5						
方案评价	评语：						
班级		组长签字		教师签字		月　日	

请沿此线剪下

请沿此线剪下

请沿此线剪下

请沿此线剪下

请沿此线剪下

计划单

<table>
<tr><td>学习领域</td><td colspan="5">零件加工工艺编制与实施</td></tr>
<tr><td>学习情境二</td><td colspan="3">套类零件加工工艺编制与实施</td><td>学时</td><td>20</td></tr>
<tr><td>计划方式</td><td colspan="5">分组讨论,制订各组的实施操作计划</td></tr>
<tr><td>序 号</td><td colspan="3">实施步骤</td><td colspan="2">使用资源</td></tr>
<tr><td>1</td><td colspan="3"></td><td colspan="2"></td></tr>
<tr><td>2</td><td colspan="3"></td><td colspan="2"></td></tr>
<tr><td>3</td><td colspan="3"></td><td colspan="2"></td></tr>
<tr><td>4</td><td colspan="3"></td><td colspan="2"></td></tr>
<tr><td>5</td><td colspan="3"></td><td colspan="2"></td></tr>
<tr><td>制订计划说明</td><td colspan="5"></td></tr>
<tr><td rowspan="3">计划评价</td><td>班 级</td><td></td><td>第 组</td><td>组长签字</td><td></td></tr>
<tr><td>教师签字</td><td colspan="2"></td><td>日 期</td><td></td></tr>
<tr><td colspan="5">评语：</td></tr>
</table>

请沿此线剪下

实施单

学习领域	零件加工工艺编制与实施		
学习情境二	套类零件加工工艺编制与实施	学时	20
实施方式	分组实施,按实际的实施情况填写此单		
序号	实施步骤	使用资源	
1			
2			
3			
4			
5			
6			
7			
8			
9			
10			

实施说明:

班　　级		第　　组	组长签字	
教师签字			日　　期	

请沿此线剪下

请沿此线剪下

请沿此线剪下
请沿此线剪下
请沿此线剪下

检查单

<table>
<tr><td>学习领域</td><td colspan="5">零件加工工艺编制与实施</td></tr>
<tr><td>学习情景二</td><td colspan="2">套类零件加工工艺编制与实施</td><td>学时</td><td colspan="2">20</td></tr>
<tr><td>序号</td><td>检查项目</td><td>检查标准</td><td>学生自检</td><td colspan="2">教师检查</td></tr>
<tr><td>1</td><td>目标认知</td><td>工作目标明确,工作计划具体结合实际,具有可操作性。</td><td></td><td colspan="2"></td></tr>
<tr><td>2</td><td>理论知识</td><td>掌握常用量具的使用方法,能够进行简单轴类零件加工工艺的编制。</td><td></td><td colspan="2"></td></tr>
<tr><td>3</td><td>基本技能</td><td>能够运用所学的知识进行完整的方案设计,并顺利完成任务。</td><td></td><td colspan="2"></td></tr>
<tr><td>4</td><td>学习能力</td><td>能在教师的指导下自主学习,全面地理解和掌握相关知识和技能。</td><td></td><td colspan="2"></td></tr>
<tr><td>5</td><td>工作态度</td><td>在完成任务过程中积极参与,主动地完成分配的任务。</td><td></td><td colspan="2"></td></tr>
<tr><td>6</td><td>团队合作</td><td>积极地与他人沟通、合作,共同完成工作任务。</td><td></td><td colspan="2"></td></tr>
<tr><td>7</td><td>工具运用</td><td>熟练利用资料单进行自学,学会利用网络进行有关资料的查询。</td><td></td><td colspan="2"></td></tr>
<tr><td>8</td><td>任务完成</td><td>保质保量,按时圆满完成工作任务。</td><td></td><td colspan="2"></td></tr>
<tr><td>9</td><td>演示情况</td><td>能按要求熟练地进行操作,效果好。</td><td></td><td colspan="2"></td></tr>
<tr><td rowspan="3">检查评价</td><td>班　　级</td><td></td><td>第　　组</td><td>组长签字</td><td></td></tr>
<tr><td>教师签字</td><td colspan="2"></td><td>日　　期</td><td></td></tr>
<tr><td colspan="5"></td></tr>
</table>

请沿此线剪下

评价单

表一 零件加工工艺编制与实施课程考评表(学生自评表)

评价要点	评价标准			
	优	良	中	差
与完成项目相关的材料是否齐全(20)				
制定的项目工作方案是否及时,完成质量如何(20)				
项目工作方案是否完善,完善情况如何(10)				
项目实施过程中的原始记录是否符合要求(10)				
有关分析任务的实施报告是否符合要求(10)				
出具检测功能是否符合系统设计要求(10)				
课堂汇报是否流利、有见解(10)				
归档文件的条理性、整齐性和美观性(10)				
总计				
改进意见:				

请沿此线剪下

表二 零件加工工艺编制与实施课程考评表(教师用表)

考核项目	考核内容	考核要求及评分标准	配分	得分	备注
工艺技术	正确、完整、规范、清晰	编制的工艺切实可行、合理,符合工艺要求,操作安全可靠。(每错1处扣2分,工艺过程零乱扣4分)	20分		
生产成本	机床、刀具、夹具、量具及毛坯选用	工艺装备(机床、工装)、刀具、量具、毛坯选择合理。(每错用1处扣3分,生产成本超出预算扣2分)	20分		
工艺规范性	工艺文件	合理、实用、完整,工艺技术和检测技术先进,操作方便。(每少1项扣2分)	10分		
工艺调试与运行	调试与运行	实施过程中发现问题,能够随时解决,有创新意识。(每少1项功能扣2分)	25分		
工艺说明书	按照项目要求完成	内容表述完整、正确。(每缺1项功能说明扣1分)	5分		
安全文明意识	正确使用设备和工具	设备操作正确,工具使用得当,无操作事故。(发生事故扣10分;违反工艺纪律每次扣2分)	10分		
团队协作精神	小组成员分工协作	每人均有任务,都能完成任务,并积极参与。(不参与者每人扣5分;未能完成任务者每人扣2分)	10分		
总分		评语:			

注:每项扣分最多扣完该项配分为止,加分不限。

请沿此线剪下

请沿此线剪下

请沿此线剪下

表三 零件加工工艺编制与实施课程考评表(学生互评表)

评 价 项 目	评价标准			
	优 8~10	良 6~8	中 4~6	差 2~4
1. 学习态度是否主动,是否能按时保质的完成教师布置的学习任务(10)				
2. 是否完整地记录研讨活动的过程,收集的有关的资料是否完整、有针对性(10)				
3. 能否根据学习资料对项目进行合理分析,制订出切实可靠的加工方法和加工方案(10)				
4. 是否能够完全领会教师的授课内容,并迅速的掌握操作(10)				
5. 是否积极参与各种讨论与演讲,并能清晰的表达自己的观点(10)				
6. 能否按照设计方案独立或合作完成工艺规程(10)				
7. 在验证所编制工艺规程过程中出现的问题能否主动思考,并运用所学的知识进行加以解决(10)				
8. 通过设计、操作训练是否达到要求能力目标(10)				
9. 能否确保安全、可靠与团队合作精神(10)				
10. 实训过程中是否保持整洁、有序和规范的工作环境(10)				
总评				
改进意见:				

请沿此线剪下

请沿此线剪下

知识拓展

一、加工余量的确定

1. 加工余量

为了保证零件的质量(精度和粗糙度值),在加工过程中,需要从工件表面上切除的金属层厚度,称为加工余量。

加工余量又有总余量和工序余量之分。

2. 总余量

某一表面毛坯尺寸与零件设计尺寸之差称为总余量,以 Z_0 表示。

3. 工序余量

该表面加工相邻两工序尺寸之差称为工序余量,以 Z_i 表示。

总余量 Z_0 与工序余量 Z_i 的关系可表示为

$$Z_0 = \sum_{i=1}^{n} Z_i$$

式中 n 为某一表面所经历的工序数。

工序余量有单边余量和双边余量之分,如图 2-43 所示。

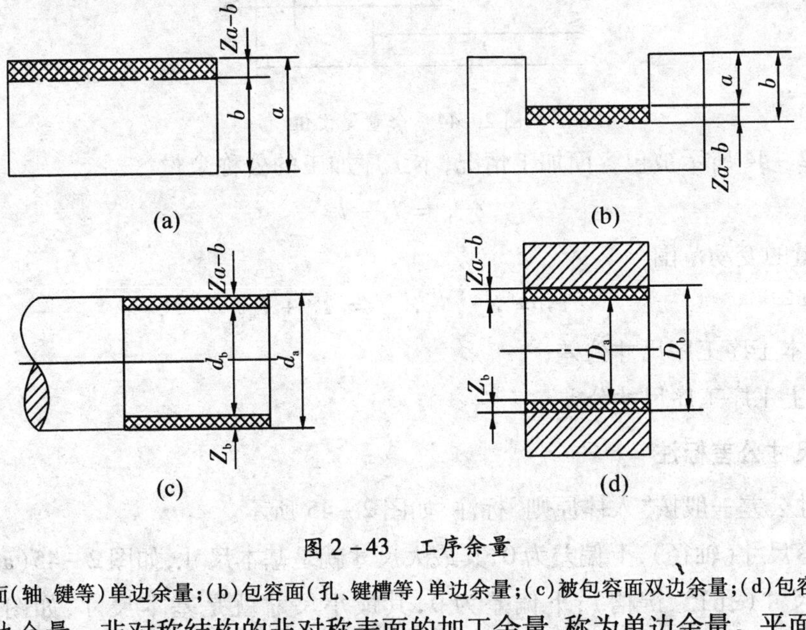

图 2-43 工序余量

(a)被包容面(轴、键等)单边余量;(b)包容面(孔、键槽等)单边余量;(c)被包容面双边余量;(d)包容面双边余量

(1)单边余量 非对称结构的非对称表面的加工余量,称为单边余量。平面加工余量是单边余量,它等于实际切削的金属层的厚度。

$$Z_{a-b} = |a - b| \tag{2-4}$$

式中,Z_{a-b}——本工序的工序余量;

a——上工序的基本尺寸；

b——本工序的基本尺寸。

(2)双边余量　对称结构的对称表面的加工余量，称为双边余量。对于孔或外圆等回转表面，加工余量是双边余量，即以直径方向计算，实际切削的金属为加工余量数值的一半。

$$2Z_{a-b} = |D(d)_a - D(d)_b| \tag{2-5}$$

式中，Z_{a-b}——本工序的工序余量；

$D(d)_a$——上工序的基本尺寸；

$D(d)_b$——本工序的基本尺寸。

(3)基本余量、最大余量 Z_{max}、最小余量 Z_{min}　由于毛坯制造和各个工序尺寸有偏差，故各工序实际切除的加工余量值也是一个变动值。因此，工序余量有基本余量、最大余量 Z_{max}、最小余量 Z_{min} 之分，如图 2－44 所示。

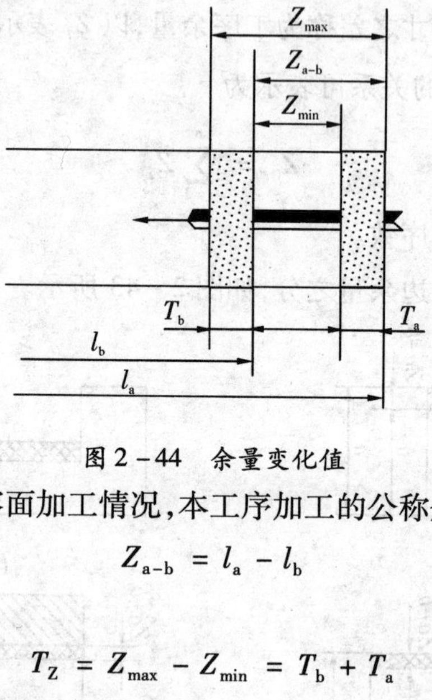

图 2－44　余量变化值

对于图 2－44 所示被包容面加工情况，本工序加工的公称余量

$$Z_{a-b} = l_a - l_b \tag{2-6}$$

公称余量的变动范围

$$T_Z = Z_{max} - Z_{min} = T_b + T_a \tag{2-7}$$

式中，T_b——本工序工序尺寸公差；

T_a——上工序工序尺寸公差。

4. 工序尺寸公差标注

工序尺寸公差一般按“入体原则”标注，如图 2－45 所示。

对被包容尺寸(轴径)，上偏差为 0，其最大尺寸就是基本尺寸，如图 2－45(a)所示；

对包容尺寸(孔径、键槽)，下偏差为 0，其最小尺寸就是基本尺寸，如图 2－45(b)所示；

而孔距和毛坯尺寸公差带常取对称公差带。

加工余量过小，不能纠正加工误差，质量降低；加工余量过大，材料浪费，成本增大。所以，在保证质量的前提下，选加工余量尽可能小。

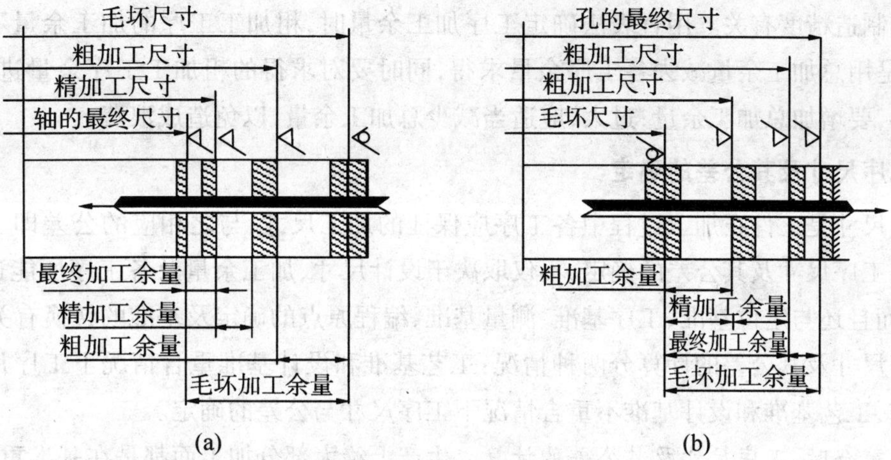

图 2-45　工序尺寸公差标注

(a)被包容尺寸(轴径);(b)包容尺寸(孔径、键槽)

5. 影响加工余量的因素

在确定工序的具体内容时,其工作之一就是合理地确定工序加工余量。加工余量的大小对零件的加工质量和制造的经济性均有较大的影响。加工余量过大,必然增加机械加工的劳动量、降低生产率;增加原材料、设备、工具及电力等的消耗。加工余量过小,又不能确保切除上工序形成的各种误差和表面缺陷,影响零件的质量,甚至产生废品。

由前述内容可知,工序加工余量除可用相邻工序的工序尺寸(如 $Z=a-b$)表示外,还可以用另外一种方法表示,即工序加工余量等于最小加工余量与前工序工序尺寸公差之和(如 $Z=Z_{\min}+T_a$)。因此,在讨论影响加工余量的因素时,应首先研究影响最小加工余量的因素:

1)上道工序的表面粗糙度值;

2)上道工序的表面缺陷层深度;

3)上道工序各表面相互位置空间偏差;

4)本工序的装夹误差 ε_b;

5)上工序的尺寸公差 T_a。

6. 加工余量的确定

(1)经验估算法　经验估算法根据工艺人员的实际经验估算确定加工余量,为了防止因加工余量不足够而产生废品,从实际使用情况看,加工余量选择都偏大,一般用于单件、小批生产。

(2)查表法　查表法以生产实践和试验研究积累的有关加工余量的资料数据为依据,根据手册中表格的数据确定加工余量,应用较多。

(3)分析计算法　分析计算法根据实验资料和计算公式,对影响加工余量的各项因素进行综合分析和计算来确定加工余量的方法,比较经济、科学,数据较准确,但是比较使用少,一般用于大批大量生产的工厂。

在确定加工余量时,总加工余量和工序加工余量要分别确定。总加工余量的大小与选择的毛坯制造精度有关。用查表法确定工序加工余量时,粗加工工序的加工余量不应查表确定,而是用总加工余量减去各工序余量求得,同时要对求得的粗加工工序余量进行分析,如果过小,要增加总加工余量;过大,应适当减少总加工余量,以免造成浪费。

7. 工序尺寸及其公差的确定

工序尺寸是工件在加工过程中各工序应保证的加工尺寸,与之相应的公差即工序尺寸的公差。工序尺寸及其公差的确定,不仅取决于设计尺寸、加工余量及各工序所能达到的经济精度,而且还与定位基准、工序基准、测量基准、编程原点的确定及基准的转换有关。

工序尺寸及其公差的计算分两种情况:工艺基准和设计基准重合情况下工序尺寸与公差的确定,工艺基准和设计基准不重合情况下工序尺寸与公差的确定。

基准重合时,工序尺寸及其公差的计算　生产上绝大部分加工面都是在基准重合(工艺基准和设计基准重合)的情况下进行加工的,基准重合情况下工序尺寸与公差的确定过程如下:

1)确定毛坯总余量和各加工工序的工序余量(查表修正法)。

2)确定工序基本尺寸。从最终加工工序开始,即从零件图上的设计尺寸开始,一直往前推算到毛坯尺寸。最终工序基本尺寸等于零件图上的基本尺寸,某工序基本尺寸等于后道工序基本尺寸加上或减去后道工序余量。

3)确定工序公差。最终加工工序尺寸公差等于设计尺寸公差,其余各加工工序按各自所采用加工方法的加工经济精度确定工序尺寸公差。

4)标注工序尺寸公差。最终加工工序尺寸的公差按设计尺寸标注,其余工序尺寸公差按"入体原则"标注。

二、锻件毛坯形状和尺寸的确定

(一)锤上钢质自由锻件机械加工余量与公差

1. 基本概念

(1)机械加工余量　为使零件具有一定的加工尺寸和表面粗糙度,在零件表面需要加工的部分,在锻件上留一层供作机械加工用的金属,称作机械加工余量,如图2-46所示。

(2)余块　为简化锻件外形及锻造过程,在锻件的某些地方加添一些大于机械加工余量的金属,这种加添的金属称作余块,如2-46图所示。

(3)法兰　在锻件上的台阶,其长度小于本身直径的0.5倍,而且此直径比其两端邻接的直径均大于1.5倍者,此台阶称作法兰,如图2-46所示。

(4)凹档　锻件某一部分的直径(或非圆形锻件的截面尺寸)小于其邻接两部分的直径(或截面尺寸),该部分称作凹档,如图2-46所示。

2. 一般说明

1)本标准规定的机械加工余量与公差分为两个等级,即E级和F级,其中,F级用于一

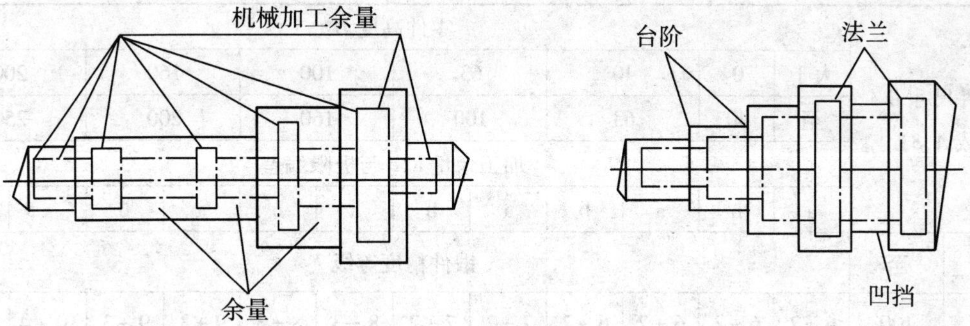

图 2-46 锤上钢质自由锻件基本概念示例

般精度的锻件，E 级用于较高精度的锻件。由于 E 级往往需要特殊的工具和增加锻造加工费用，因此用于较大批量的生产。

2）轴类零件（包括光轴、台阶轴和曲轴），锻件的长度尺寸可按 2 去 3 入、7 退 8 进的原则，将尾数化整为 0 和 5。

3. 盘、柱类

1）国标规定了圆形、矩形（A1/A2≤2.5）、六角形的盘、柱类自由锻件的机械加工余量与公差，它适用于零件尺寸符合 $0.1D \leqslant H \leqslant D$（或 A，S）盘类、$D \leqslant H \leqslant 2.5D$（或 A，S）柱类的自由锻件。

2）盘、柱类自由锻件的机械加工余量与公差应符合图 2-47 及表 2-9 的规定。

4. 带孔圆盘类

1）国标规定了带孔圆盘自由锻件的机械加工余量与公差，它适用于零件尺寸符合 $0.1D \leqslant H \leqslant 1.5D$、$d \leqslant 0.5D$ 的带孔圆盘类自由锻件。

2）带孔圆盘类自由锻件的机械加工余量与公差应符合图 2-48 及表2-10的规定。

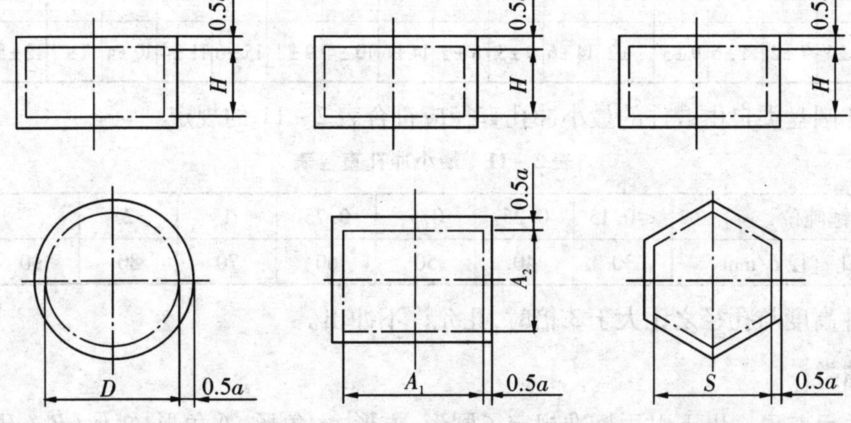

图 2-47 盘、柱类自由锻件的机械加工余量与公差

表 2－9　盘、柱类自由锻件机械加工余量与公差

零件尺寸 D（或 A,S）		零件高度 H											
		大于	0		40		63		100		160		200
		至	40		63		100		160		200		250
		加工余量 a,b 与极限编差											
		a	b	a	b	a	b	a	b	a	b	a	b
大于	至	锻件精度等级 F											
63	100	6 ±2	6 ±2	6 ±2	6 ±2	7 ±2	7 ±2	8 ±3	8 ±3	9 ±3	9 ±3	10 ±4	10 ±4
100	160	7 ±2	6 ±2	7 ±2	6 ±2	8 ±3	7 ±2	8 ±3	8 ±3	9 ±3	9 ±3	10 ±4	10 ±4
160	200	8 ±3	6 ±2	8 ±3	7 ±2	8 ±3	8 ±3	9 ±3	9 ±3	10 ±4	10 ±4	11 ±4	11 ±4
200	250	9 ±2	7 ±2	9 ±3	7 ±2	9 ±3	8 ±3	10 ±4	9 ±3	11 ±4	10 ±4	12 ±5	12 ±5

表 2－10　带孔圆盘类自由锻件机械加工余量与公差　(mm)

零件尺寸 D		零件高度 H																	
		大于	0		40			63			100			160			200		
		至	40		63			100			160			200			250		
		加工余量 a,b 与极限偏差																	
		a	b	c	a	b	c	a	b	c	a	b	c	a	b	c	a	b	c
大于	至	锻件精度等级 F																	
63	100	6 ±2	6 ±2	9 ±3	6 ±2	6 ±2	9 ±3	7 ±2	7 ±2	11 ±4	8 ±3	8 ±3	12 ±5						
100	160	7 ±2	6 ±2	11 ±4	7 ±2	6 ±2	11 ±4	8 ±3	7 ±2	12 ±5	8 ±3	12 ±5	9 ±3	9 ±3	14 ±6	11 ±4	11 ±4	17 ±7	
160	200	8 ±3	6 ±2	12 ±5	8 ±3	7 ±2	12 ±5	8 ±3	8 ±3	12 ±5	9 ±3	9 ±32	14 ±6	10 ±4	10 ±4	15 ±6	12 ±5	12 ±5	18 ±8
200	250	9 ±3	7 ±2	14 ±6	9 ±3	7 ±2	14 ±6	9 ±3	8 ±3	14 ±6	10 ±4	9 ±3	15 ±6	11 ±4	10 ±4	17 ±7	12 ±5	12 ±5	18 ±8

3）带孔圆盘类自由锻件的最小冲孔直径应符合表 2－11 的规定。

表 2－11　最小冲孔直径表

锻锤吨位	≤0.15	0.25	0.5	0.75	1	2	3	5
最小冲孔直径 d/mm	30	40	50	60	70	80	90	100

4）锻件高度与孔径之比大于 3 倍时，孔允许不冲出。

5. 光轴类

（1）适用范围　以下引用标准规定了圆形、方形、六角形、八角形、矩形（$B / H \leqslant 5$）截面的光轴类自由锻件的机械加工余量与公差，适用于零件尺寸 $L > 2.5D$（或 A,B,S）的光轴类自由锻件。

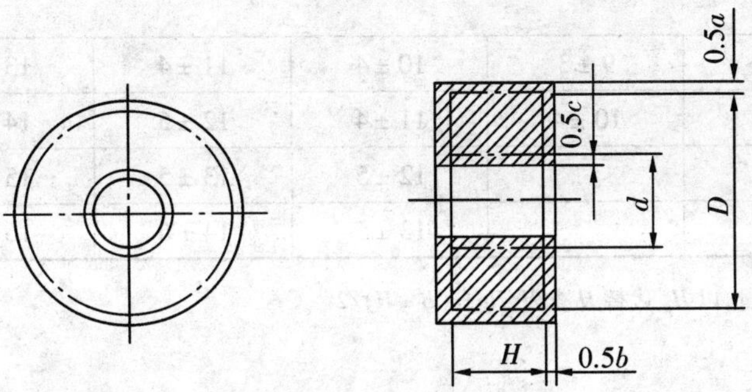

图 2-48 带孔圆盘类自由锻件的机械加工余量与公差

(2) 余量与公差 光轴类自由锻件的机械加工余量与公差应符合图 2-49 及表 2-12 的规定。

(3) 一般说明 矩形截面光轴两边长之比 $B/H>2.5$ 时，H 的余量 a 增加 20%。

当零件尺寸 L/D(或 L/B) >20 时，余量 a 增加 30%。

矩形截面光轴以较大的一边 B 和长度 L 查表 2-12 得 a，以确定 L 和 B 的余量。H 的余量 a 则以长度 L 和计算值 $H_p=(B+H)/2$ 查表确定。

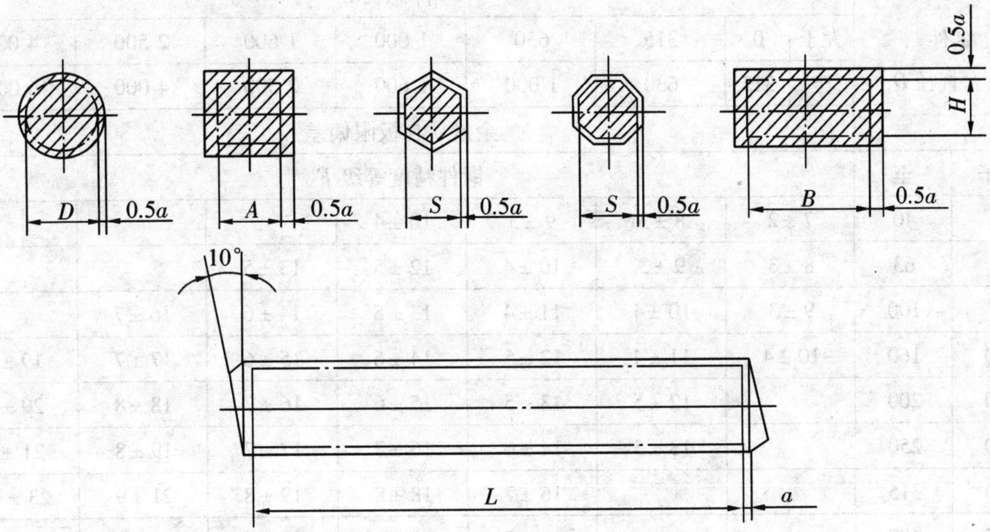

图 2-49 光轴类自由锻件的机械加工余量与公差

表 2-12 光轴类自由锻件机械加工余量与公差

零件尺寸 D,A,S,B,H_p		零件长度 L					
		大于	0	315	630	1 000	1 600
		至	315	630	100	1 600	2 500
		余量 a 与极限等级 F					
大于	至	锻件精度等级 F					
0	40		7±2	8±3	9±3	12±5	
40	63		8±3	9±3	10±4	12±5	14±6

续表

63	100	9 ±3	10 ±4	11 ±4	13 ±5	14 ±6
100	160	10 ±4	11 ±4	12 ±5	14 ±6	15 ±6
160	200		12 ±5	13 ±5	15 ±6	16 ±7
200	250		13 ±5	14 ±6	16 ±7	17 ±7

注:矩形截面 H 的余量,以 H_p 代替 H 查表,$Hp=(B+H)/2$

6. 台阶轴类

(1)适用范围　圆形截面的台阶轴类自由锻件总长 L 与台阶最大直径 D 之比(L/D)应大于2.5。

(2)余量与公差　台阶轴类自由锻件的机械加工余量与公差应符合图2－50 及表2－13 的规定。

表2－13 台阶轴类自由锻件机械加工余量与公差　(mm)

零件最大直径 D		零件总长 L						
		大于 0 至 315	大于 315 至 630	大于 630 至 1 000	大于 1 000 至 1 600	大于 1 600 至 2 500	大于 2 500 至 4 000	大于 4 000 至 6 000
		余量 a 与极限偏差						
大于	至	锻件精度等级 F						
0	40	7 ±2	8 ±3	9 ±3	10 ±4			
40	63	8 ±3	9 ±3	10 ±4	12 ±5	13 ±5		
63	100	9 ±3	10 ±4	11 ±4	13 ±5	14 ±6	16 ±7	
100	160	10 ±4	11 ±4	12 ±5	14 ±6	15 ±6	17 ±7	19 ±8
160	200		12 ±5	13 ±5	15 ±6	16 ±7	18 ±8	20 ±8
200	250		13 ±5	14 ±6	16 ±7	17 ±7	19 ±8	21 ±9
250	315			16 ±7	18 ±8	19 ±8	21 ±9	23 ±10
315	400			18 ±8	19 ±8	20 ±8	22 ±9	
400	500				20 ±8	22 ±9		

(3)一般说明　各台阶直径和长度上的余量按零件最大直径 D 和总长度 L 确定。

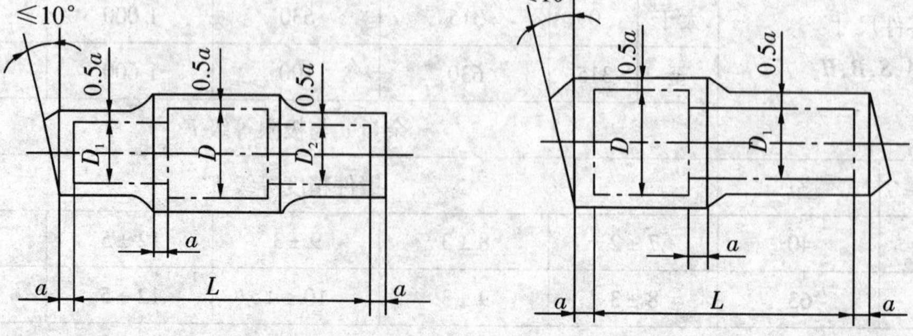

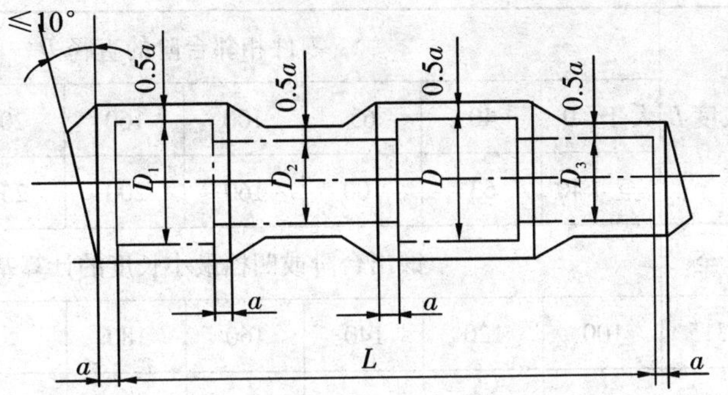

图 2 - 50　台阶轴类自由锻件的机械加工余量与公差

当零件某部分的总长度 L 与直径 D_i 之比大于 20 时，该直径 D_i 之余量增加 30%。

当零件相邻两直径之比大于 2.5 时，可按节省材料的原则将其中一部分的直径余量增加 20%。

(4) 台阶和凹档的锻出条件

锻件上台阶或凹档的锻出条件应符合图 2 - 51 及表 2 - 14 的规定。

端部台阶长度 $L_1 \geqslant 1$ 时则应予锻出。

中间台阶长度 $L_2 \geqslant 0.81$ 时则应予锻出。

凹档长度 $L_3 \geqslant 1$。

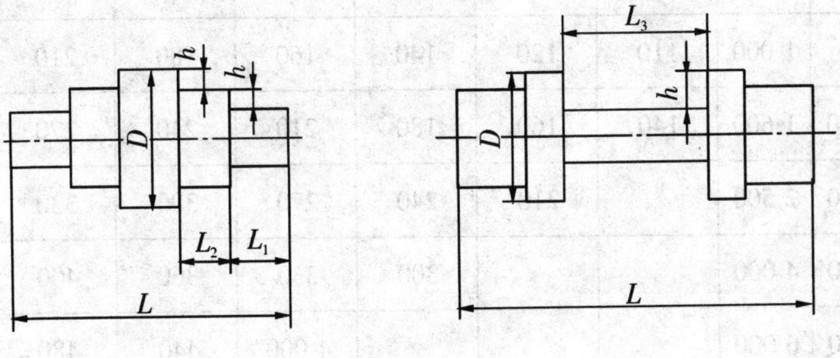

图 2 - 51　台阶和凹档的锻出条件图例

(5) 法兰的最小锻出宽度　锻件上法兰的最小锻出宽度应符合图 2 - 52 及表 2 - 15。

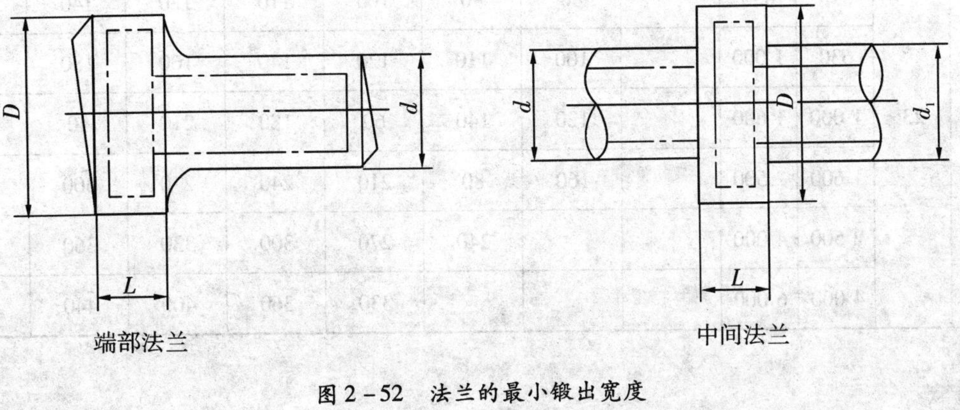

图 2 - 52　法兰的最小锻出宽度

表 2-14　台阶和凹档的锻出条件

(mm)

台阶高度 h		零件总长度 L		零件相邻台阶的直径 D							
			大于	0	40	63	100	160	200	250	315
			至	40	63	100	160	200	250	315	400
大于	至	大于	至	锻出台阶或凹档最小长度的计算基数 l							
5	8	0	315	100	120	140	160	180			
		315	630	140	160	180	210	240			
		630	1 000	180	210	240	270	300			
		1 000	1 600	240	170	300	330	360			
		1 600	2 500		330	360	400	440			
		2 500	4 000			440	480	520			
		4 000	6 000				560	600			
8	14	0	315	70	80	90	100	110	120	140	
		315	630	90	100	110	120	140	160	180	
		630	1 000	110	120	140	160	180	210	240	
		1 000	1 600	140	160	180	210	240	270	300	
		1 600	2 500		210	240	270	300	330	360	
		2 500	4 000			300	330	360	400	440	
		4 000	6 000				4 000	440	480	520	
14	23	0	315		60	70	80	90	100	110	120
		315	630		80	90	100	110	120	140	160
		630	1 000		100	110	120	140	160	180	210
		1 000	1 600		120	140	60	180	210	40	270
		1 600	2 500		160	80	210	240	270	300	330
		2 500	4 000			240	270	300	330	360	400
		4 000	6 000				330	360	400	440	480

表 2-15 法兰的最小锻出宽度 (mm)

与法兰相邻部分的尺寸		法兰直径 D							
		大于	0	40	63	100	160	200	250	315
		至	40	63	100	160	200	250	315	400
大于	至	锻出法兰最小宽度 L							
0	40	$\frac{23}{15}$	$\frac{30}{22}$	$\frac{40}{30}$	$\frac{55}{42}$				
40	50		$\frac{26}{20}$	$\frac{36}{28}$	$\frac{50}{39}$	$\frac{65}{51}$			
50	63		$\frac{23}{18}$	$\frac{32}{25}$	$\frac{45}{36}$	$\frac{60}{48}$	$\frac{85}{65}$		
63	80			$\frac{28}{22}$	$\frac{40}{33}$	$\frac{55}{45}$	$\frac{80}{60}$	$\frac{110}{80}$	
80	100			$\frac{23}{18}$	$\frac{35}{33}$	$\frac{50}{42}$	$\frac{75}{55}$	$\frac{105}{75}$	$\frac{135}{100}$
100	120				$\frac{30}{26}$	$\frac{45}{38}$	$\frac{65}{50}$	$\frac{95}{70}$	$\frac{125}{95}$

注:①表中分子数值适用于端部法兰,分母数值适用于中间法兰。

②中间法兰按法兰直径 D 与相邻较小直径 d 来确定其最小锻出宽度 L。

③法兰按台阶轴类锻件加放余量后其宽度值如小于表列数值则可增大至表 4 列数值。

求矩形截面光轴的锻件尺寸。设零件尺寸 $B=200$ mm,$H=100$ mm,$L=2000$ mm,要求锻件精度等级为 F 级。

以尺寸 B 和 L 查表 2-12 得 $a=(16\pm7)$ mm;

长度 L 的余量与极限偏差为 $2a=(32\pm14)$ mm;

宽度 B 的余量与极限偏差为 $a=(16\pm7)$ mm;

$$H_P=\frac{B+H}{2}=\frac{200+100}{2}\text{ mm}=150\text{ mm}$$

以 H_P 和 L 查表得 $a=(15\pm6)$ mm。

求得的锻件尺寸为

$$B_0=[(200+16)\pm7]\text{mm}=(216\pm7)\text{ mm}$$

$$H_0=[(100+15)\pm6]\text{mm}=(115\pm6)\text{ mm}$$

$$L_0=[(2\,000+32)\pm14]\text{mm}=(2\,032\pm14)\text{ mm}$$

(二)钢质模锻件公差及机械加工余量

1. 适用范围

此标准适用于模锻锤、热模锻压力机、螺旋压力机和平锻机等锻压设备生产的结构钢锻件。其他钢种的锻件亦可参照使用。适用于此标准的锻件的质量应小于或等于 250 kg、长度(最大尺寸)应小于或等于 2 500 mm。

2. 公差及机械加工余量等级

(1)国标中规定钢质模锻件的公差分为两级,即普通级和精密级 普通级公差适用于一般模锻工艺能够达到技术要求的锻件。

精密级公差适用于有较高技术要求，但需要采取附加制造工艺才能达到的锻件。精密级公差可用于某一锻件的全部尺寸，也可用于局部尺寸。

平锻件只采用普通级。

(2)机械加工余量只采用一级

3. 技术内容

(1)确定锻件公差和机械加工余量的主要因素

1)锻件质量 m_t 锻件质量的估算按下列程序进行：

零件图基本尺寸→估计机械加工余量→绘制锻件图→估算锻件质量。并按此质量查表确定公差和机械加工余量。

2)锻件形状复杂系数 S 锻件形状复杂系数是锻件质量 m_t 与相应的锻件外廓包容体质量 m_N 之比

$$S = m_t / m_N \tag{2-8}$$

图2-53和图2-54分别为圆形锻件和非圆形锻件的外廓包容体示意图。锻件外廓包容体质量 m_N 以包容锻件最大轮廓的圆柱体或长方体作为实体计算质量，其中圆形锻件按式(2-9)计算，非圆形锻件按式(2-10)计算。

$$m_N = \frac{\pi}{4} d^2 h \rho \tag{2-9}$$

$$m_N = lbh\rho \tag{2-10}$$

式中，ρ——钢材密度(7.85 g/cm^3)。

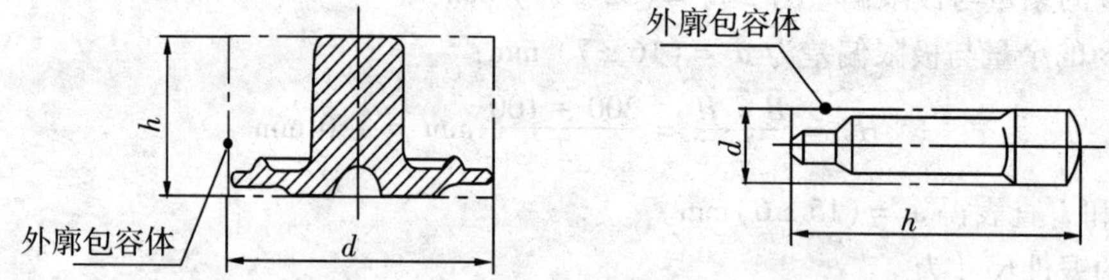

图2-53　圆形锻件外廓包容体示意图

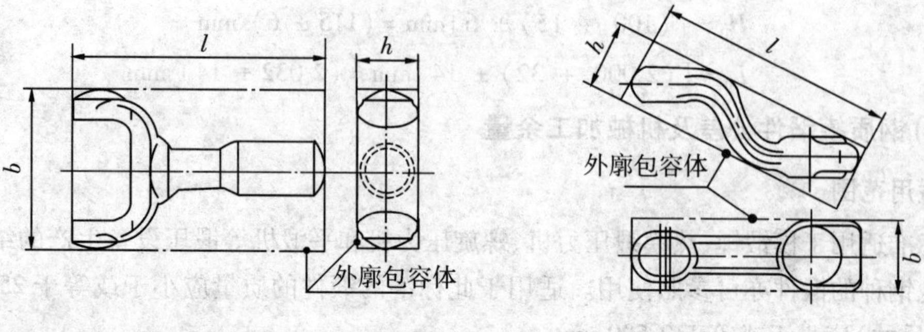

图2-54　非圆形锻件外廓包容体示意图

根据 S 值的大小，锻件形状复杂系数分为4级。

S_1 级(简单)：$0.63 < S \leqslant 1$；

S_2级（一般）：$0.32<S\leqslant 0.63$；

S_3级（较复杂）：$0.16<S\leqslant 0.32$；

S_4级（复杂）：$0<S\leqslant 0.16$。

特殊情况：

当锻件形状为薄形圆盘或法兰件（图2－55），且圆盘厚度和直径之比 $t/d\leqslant 0.2$ 时，采用S_4级。

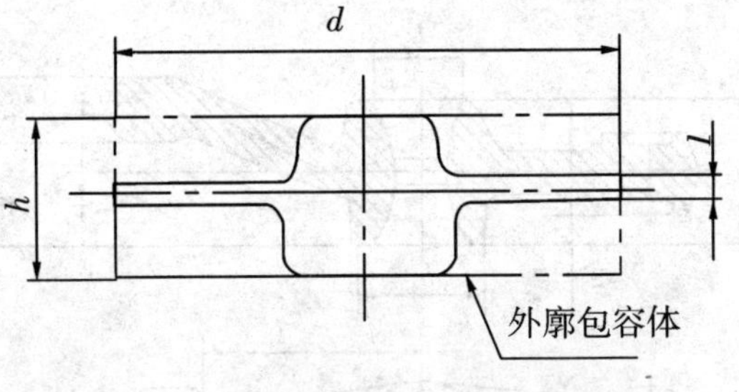

图2－55 薄形圆盘或法兰件示意图

当平锻件 $t_1/d_1\leqslant 0.2$ 或 $t_2/d_2\geqslant 4$ 时（图2－56），采用 S_4级。

当平锻件冲孔深度大于直径1.5倍时，形状复杂系数提高一级。

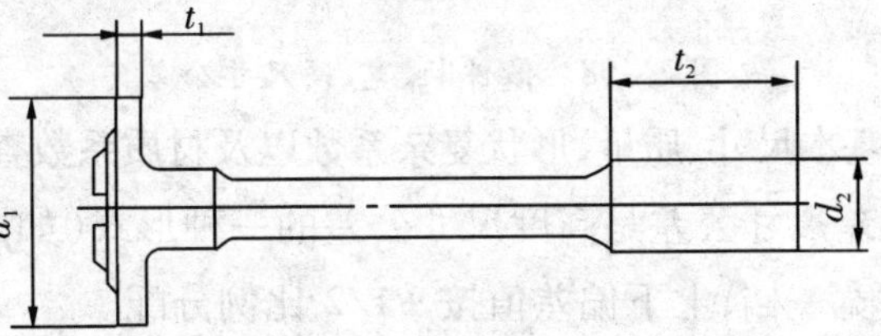

图2－56 平锻件示意图

3）锻件材质系数 M　锻件材质系数分为 M_1和 M_2两级。

M_1级：最高含碳量小于0.65%的碳素钢或合金元素总含量小于3%的合金钢；

M_2级：最高含碳量大于或等于0.65%的碳素钢或合金元素总含量大于或等于3%的合金钢。

4）锻件分模线形状　锻件分模线形状分为以下两类：

平直分模线或对称弯曲分模线（如图2－57（a），（b）所示）。

不对称弯曲分模线（如图2－57（c））所示。

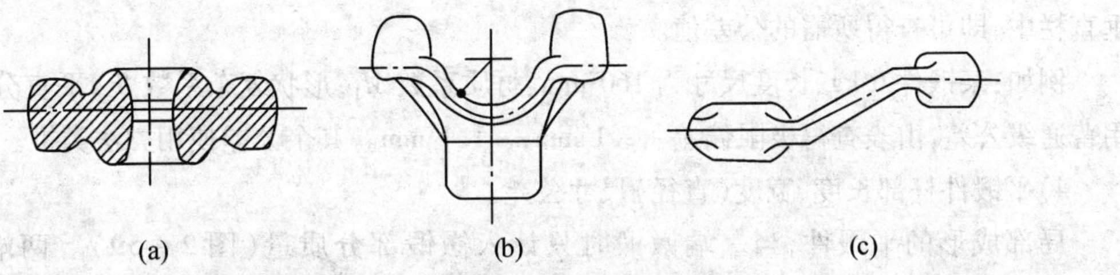

图2－57 分模线形状示意图

5）锻件表面粗糙度　锻件表面粗糙度是确定锻件加工余量的重要参数。按Ra数值大小分为两类：Ra≥1.6 μm；Ra<1.6 μm。

6）锻件加热条件　锻件加热条件为电、油或煤气（天燃气）。采用煤加热或二火加热时，可考虑适当增大公差或余量，其数值由供需双方协商确定。

（2）锻件公差

1）长度、宽度和高度尺寸公差。

长度、宽度和高度尺寸公差是指在分模线一侧同一块模具上沿长度、宽度和高度方向上的尺寸公差（如图 2－58 所示）。图中 l－长度方向尺寸；b－宽度方向尺寸；h－高度方向尺寸；f－落差尺寸；t－跨越分模线的厚度尺寸。

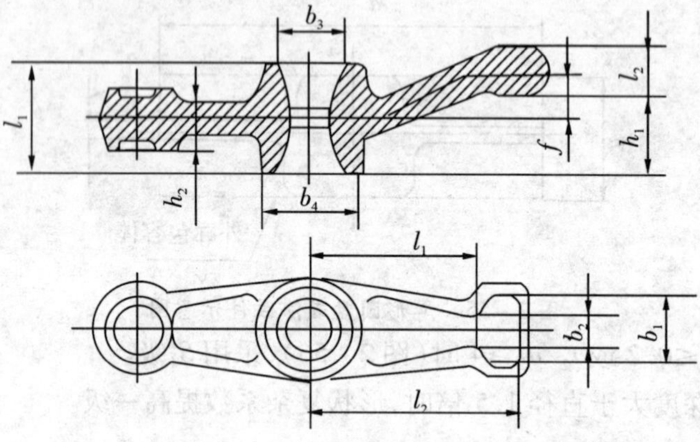

图 2－58　锻件长、宽、高尺寸公差

此类公差根据锻件基本尺寸、质量、形状复杂系数以及材质系数查表 2－16（普通级）确定。

落差尺寸公差。落差尺寸公差是高度尺寸公差的一种形式（如图 2－58 中的 f），其数值比相应高度尺寸公差放宽一档，上下偏差值按 ±1/2 比例分配。

孔径尺寸公差。孔径尺寸公差按孔径尺寸由表 2－17 确定公差值，其上下偏差按 1/4－3/4比例分配。

2）厚度尺寸公差。厚度尺寸公差指跨越分模线的厚度尺寸的公差（如图 2－58 中的 t）。锻件所有厚度尺寸取同一公差，其数值按锻件最大厚度尺寸由表 2－18 确定。

3）公差表使用方法。由表 2－16 确定锻件长度、宽度或高度尺寸公差时，应根据锻件质量选定相应范围，然后沿水平线向右移动。若材质系数为 M_1，则沿同一水平线继续向右移动，若材质系数为 M_2，则沿倾斜线向右下移动到与 M_2 垂线的交点。对于形状复杂系数 S，用同样方法，沿水平或斜线移动到 S_1 或 S_2，S_3，S_4 格的位置，并继续向右移动，直到所需尺寸的垂直栏中，即可查得所需的公差值。

例如：某锻件 6 kg、长度尺寸为 160 mm、材质系数 M_1，形状复杂系数 S_2，平直分模线，采用普通级公差，由表查得极限偏差 +2.1 mm，－1.1 mm。其余公差使用方法类推。

4）平锻件杆部长度、宽度（直径）尺寸公差。

局部成形的平锻件，当一端镦锻时只计入镦锻部分质量（图 2－59）。两端均镦锻时，分别计算镦锻部分质量。当不成形部分长度小于该部直径两倍时应视为完整锻件（图 2－60）

杆部长度指镦锻部分的内侧（含台阶部分）至锻件另一端端面之间的距离（图 2－61 中 l_1 或 l_2）。其公差根据杆部长度由表 2－16 确定。

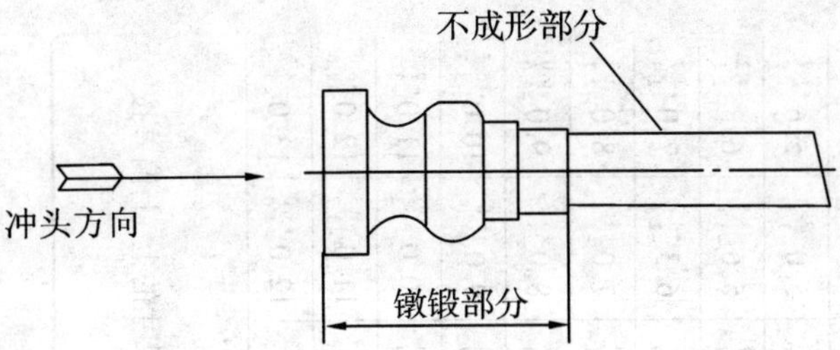

图 2-59 一端镦锻示意图

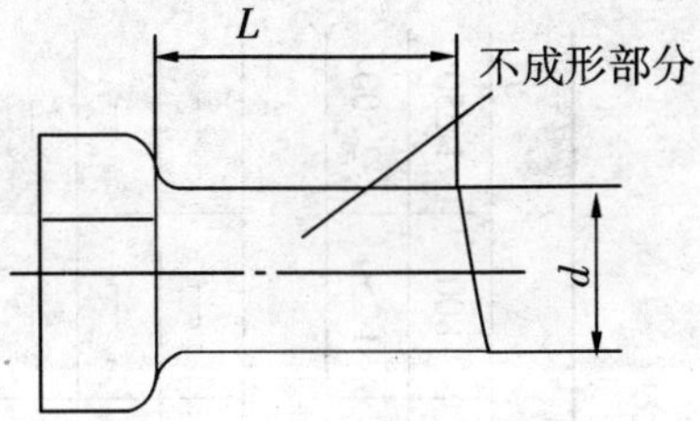

图 2-60 两端镦锻示意图

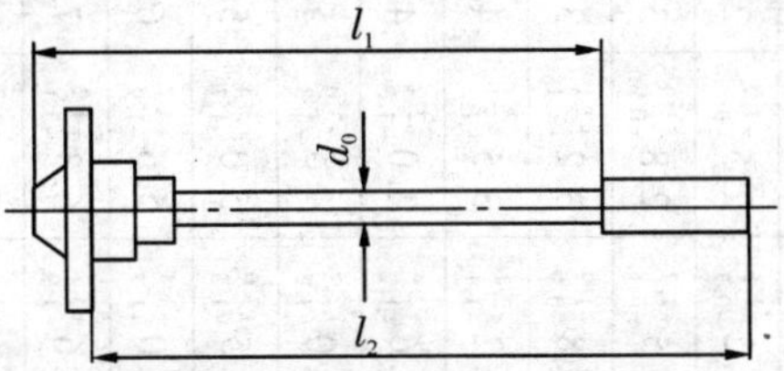

图 2-61 杆部长度示意图

在确定此类公差时，材质系数取 M_1，形状复杂系数取 S_1，锻件质量按直径为 d_0，长度为 l_1 或 l_2 的棒料质量计算。

宽度（直径）尺寸公差由表 2-16 确定。对凹模成形的镦锻部分所有宽度（直径）尺寸取相同公差，其值由最大宽度（直径）尺寸确定。

5）平锻件台阶及厚度尺寸公差。

台阶尺寸公差。台阶尺寸指镦锻成形部分沿轴线方向的尺寸 p（图 2-62），其尺寸公差由表 2-16 确定。

厚度尺寸公差　厚度尺寸公差是指从凸模越过分模线到凹模间的尺寸 t（图 2-62），其公差值根据最大厚度尺寸由表 2-17 确定。

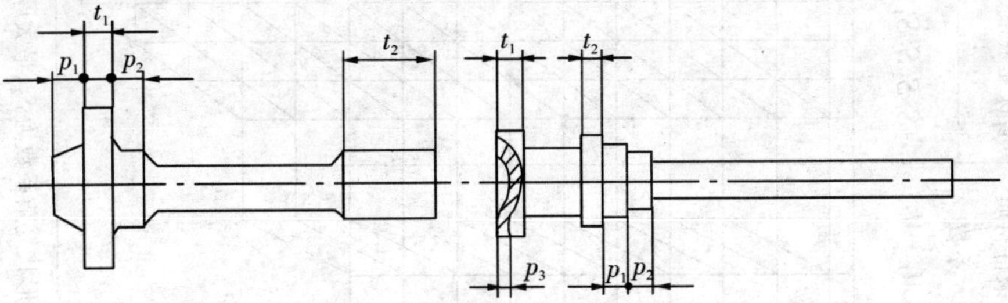

图 2-62 台阶及厚度尺寸公差示意图

6）平锻件同轴度公差。平锻件的同轴度公差是指凸模成形部分的轴线对凹模成形外径的轴线所允许的偏移。

同轴度公差由表 2-16 确定，数值为错差公差的两倍。冲孔件同轴度公差（图 2-63）由表 2-18 确定，孔深小于或等于孔径的 1.5 倍时（$h/d_1 \leq 1.5$），不采用同轴度公差。

在特殊情况下，不能应用标准规定时，供需双方可协商确定，并在锻件图中注明。

表 2-16　锻件的长度、宽度、高度公差(普通级)

错差公差	残留飞边公差	分模线		锻件质量/kg		锻件材质系数	形状复杂系数	锻件基本尺寸								
		非对称	平直或对称	大于	到	M_1　M_2	S_1 S_2 S_3 S_4	大于 0 到 30	大于 30 到 80	大于 80 到 120	大于 120 到 180	大于 180 到 315	大于 315 到 500	大于 500 到 800	大于 800 到 1 250	大于 1 250 到 2 500
								公差值及极限偏差								
0.4	0.5			0	0.4			$1.1^{+0.8}_{-0.3}$	$1.2^{+0.8}_{-0.3}$	$1.4^{+0.9}_{-0.5}$	$1.6^{+1.1}_{-0.5}$	$1.8^{+1.2}_{-0.6}$	—	—	—	—
0.5	0.6			0.4	1.0			$1.2^{+0.8}_{-0.4}$	$1.4^{+0.9}_{-0.5}$	$1.6^{+1.1}_{-0.5}$	$1.8^{+1.2}_{-0.6}$	$2.0^{+1.3}_{-0.7}$	$2.2^{+1.5}_{-0.7}$	—	—	—
0.6	0.7			1.0	1.8			$1.4^{+0.9}_{-0.5}$	$1.6^{+1.1}_{-0.5}$	$1.8^{+1.2}_{-0.5}$	$2.0^{+1.3}_{-0.7}$	$2.2^{+1.5}_{-0.7}$	$2.5^{+1.7}_{-0.8}$	$2.8^{+1.9}_{-0.9}$	—	—
0.8	0.8			1.8	3.2			$1.6^{+1.1}_{-0.5}$	$1.8^{+1.2}_{-0.6}$	$2.0^{+1.3}_{-0.7}$	$2.2^{+1.5}_{-0.7}$	$2.5^{+1.7}_{-0.8}$	$2.8^{+1.9}_{-0.9}$	$3.2^{+2.1}_{-1.1}$	$3.6^{+2.1}_{-1.2}$	—
1.0	1.0			3.2	5.6			$1.8^{+1.2}_{-0.5}$	$2.0^{+1.3}_{-0.7}$	$2.2^{+1.5}_{-0.7}$	$2.5^{+1.7}_{-0.8}$	$2.8^{+1.9}_{-0.9}$	$3.2^{+2.1}_{-1.1}$	$3.6^{+2.4}_{-1.2}$	$4.0^{+2.7}_{-1.3}$	$4.5^{+3.0}_{-1.5}$
1.2	1.2			5.6	10.0			$2.0^{+1.3}_{-0.7}$	$2.2^{+1.5}_{-0.7}$	$2.5^{+1.7}_{-0.8}$	$2.8^{+1.9}_{-0.9}$	$3.2^{+2.1}_{-1.1}$	$3.5^{+2.1}_{-1.2}$	$4.0^{+2.7}_{-1.3}$	$4.5^{+3.0}_{-1.5}$	$5.0^{+3.3}_{-1.7}$
1.4	1.4			10.0	20.0			$2.2^{+1.5}_{-0.7}$	$2.5^{+1.7}_{-0.8}$	$2.8^{+1.9}_{-0.9}$	$3.2^{+2.1}_{-1.1}$	$3.6^{+2.4}_{-1.2}$	$4.0^{+2.7}_{-1.3}$	$4.5^{+3.0}_{-1.5}$	$5.0^{+3.3}_{-1.7}$	$5.6^{+1.7}_{-1.9}$
1.6	1.7			20.0	50.0			$2.5^{+1.7}_{-0.8}$	$2.8^{+1.9}_{-1.9}$	$3.2^{+2.1}_{-1.1}$	$3.6^{+2.4}_{-1.5}$	$4.0^{+2.7}_{-1.3}$	$4.5^{+3.0}_{-1.3}$	$5.0^{+3.3}_{-1.7}$	$5.6^{+3.7}_{-1.9}$	$6.3^{+4.2}_{-2.1}$
1.8	2.0			50.0	120.0			$2.8^{+1.9}_{-0.9}$	$3.2^{+2.1}_{-1.1}$	$3.6^{+2.4}_{-1.2}$	$4.0^{+2.7}_{-1.5}$	$4.5^{+3.0}_{-1.5}$	$5.0^{+3.3}_{-1.7}$	$5.6^{+3.7}_{-1.9}$	$6.3^{+4.2}_{-2.1}$	$7.0^{+4.7}_{-2.3}$
2.0	2.4			120.0	250.0			$3.2^{+2.1}_{-1.1}$	$3.6^{+2.4}_{-1.2}$	$4.0^{+2.7}_{-1.2}$	$4.5^{+3.0}_{-1.5}$	$5.0^{+3.3}_{-1.7}$	$5.6^{+3.7}_{-1.9}$	$6.3^{+4.2}_{-2.1}$	$7.0^{+4.7}_{-2.3}$	$8.0^{+5.3}_{-2.7}$
2.4	2.8							$3.6^{+2.4}_{-1.2}$	$4.0^{+2.7}_{-1.3}$	$4.5^{+3.0}_{-1.5}$	$5.0^{+3.3}_{-1.7}$	$5.6^{+3.7}_{-1.9}$	$6.3^{+4.2}_{-2.1}$	$7.0^{+4.7}_{-2.3}$	$8.0^{+5.3}_{-2.7}$	$9.0^{+6.0}_{-3.0}$
								$4.0^{+2.7}_{-1.3}$	$4.5^{+3.0}_{-1.5}$	$5.0^{+3.3}_{-1.7}$	$5.6^{+3.7}_{-1.9}$	$6.3^{+4.2}_{-2.1}$	$7.0^{+4.7}_{-2.3}$	$8.0^{+5.3}_{-2.7}$	$9.0^{+6.0}_{-3.0}$	$10.0^{+5.7}_{-3.3}$
								—	$5.0^{+3.3}_{-1.7}$	$5.6^{+3.7}_{-1.9}$	$6.3^{+4.2}_{-2.1}$	$7.0^{+4.7}_{-2.3}$	$8.0^{+5.3}_{-2.7}$	$9.0^{+6.0}_{-3.0}$	$10.0^{+6.7}_{-3.3}$	$11.0^{+7.3}_{-3.7}$
								—	—	$6.3^{+4.2}_{-2.1}$	$7.0^{+4.7}_{-2.3}$	$8.0^{+5.3}_{-2.7}$	$9.0^{+6.0}_{-3.0}$	$10.0^{+5.7}_{-3.3}$	$11.0^{+7.3}_{-3.7}$	$12.0^{+8.0}_{-4.0}$
								—	—	$7.0^{+4.7}_{-2.3}$	$8.0^{+5.3}_{-2.7}$	$9.0^{+6.0}_{-3.0}$	$10.0^{+5.7}_{-3.3}$	$11.0^{+7.3}_{-3.7}$	$12.0^{+8.0}_{-4.0}$	$13.0^{+8.7}_{-4.8}$

例:锻件质量6 kg,材质系数为 M_1,形状复杂系数为 S_2,最大厚度尺寸为160 mm,平直分模线时各类分类查法。

注:锻件的高度或台阶主中心到边缘尺寸公差,按± 1/2 的比例分配。内表面尺寸的允许偏差,其正负符号与表中相反,长度、宽度尺寸的上、上偏差按±2/3,±1/3 比例分配。

表 2－17 模锻件的厚度公差(普通级)

顶出器压痕		锻件质量/kg		锻件材质系数 M_1 M_2	形状复杂系数 S_1 S_2 S_3 S_4
十(凸)	一(凹)	大于	到		
0.8	0.4	0	0.4		
1.0	0.5	0.4	1.0		
1.2	0.6	1.0	1.8		
1.5	0.8	1.8	3.2		
1.8	0.9	3.2	5.6		
2.2	1.2	5.6	10		
2.8	1.5	10	20		
3.5	2.0	20	50		
4.5	2.5	50	120		
6.0	3.0	120	250		

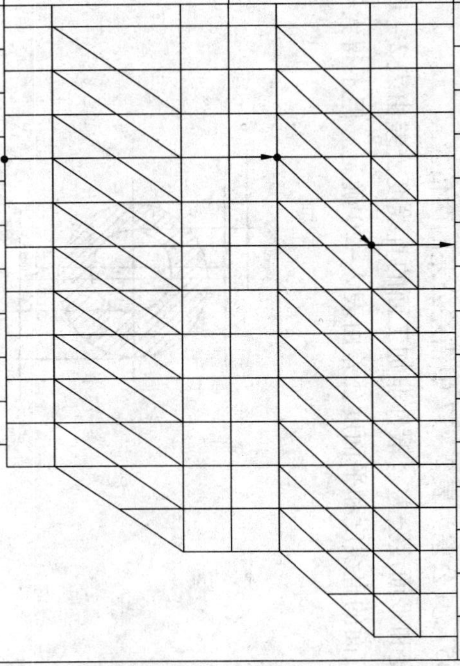

锻件基本尺寸 大于	0	18	30	50	80	120	180
到	18	30	50	80	120	180	315
公差值及极限偏差							
	$1.0^{+0.8}_{-0.2}$	$1.1^{+0.8}_{-0.3}$	$1.2^{+0.9}_{-0.3}$	$1.4^{+1.0}_{-0.4}$	$1.6^{+1.2}_{-0.4}$	$1.8^{+1.4}_{-0.4}$	$2.0^{+1.5}_{-0.5}$
	$1.1^{+0.8}_{-0.3}$	$1.2^{+0.9}_{-0.3}$	$1.4^{+1.0}_{-0.4}$	$1.6^{+1.2}_{-0.4}$	$1.8^{+1.4}_{-0.4}$	$2.0^{+1.5}_{-0.5}$	$2.2^{+1.7}_{-0.5}$
	$1.2^{+0.9}_{-0.3}$	$1.4^{+1.0}_{-0.4}$	$1.6^{+1.2}_{-0.4}$	$1.8^{+1.4}_{-0.4}$	$2.0^{+1.5}_{-0.5}$	$2.2^{+1.7}_{-0.5}$	$2.5^{+1.9}_{-0.6}$
	$1.4^{+1.0}_{-0.4}$	$1.6^{+1.2}_{-0.4}$	$1.8^{+1.4}_{-0.4}$	$2.0^{+1.5}_{-0.5}$	$2.2^{+1.7}_{-0.5}$	$2.5^{+1.9}_{-0.6}$	$2.8^{+2.1}_{-0.7}$
	$1.6^{+1.2}_{-0.4}$	$1.8^{+1.4}_{-0.4}$	$2.0^{+1.5}_{-0.5}$	$2.2^{+1.7}_{-0.5}$	$2.5^{+1.9}_{-0.6}$	$2.8^{+2.1}_{-0.7}$	$3.2^{+2.4}_{-0.8}$
	$1.8^{+1.4}_{-0.4}$	$2.0^{+1.5}_{-0.5}$	$2.2^{+1.7}_{-0.5}$	$2.5^{+1.9}_{-0.6}$	$2.8^{+2.1}_{-0.7}$	$3.2^{+2.4}_{-0.8}$	$3.6^{+2.7}_{-0.9}$
	$2.0^{+1.5}_{-0.5}$	$2.2^{+1.7}_{-0.5}$	$2.5^{+1.9}_{-0.6}$	$2.8^{+2.1}_{-0.7}$	$3.2^{+2.4}_{-0.8}$	$3.6^{+2.7}_{-0.9}$	$4.0^{+3.0}_{-1.0}$
	$2.2^{+1.7}_{-0.5}$	$2.5^{+1.9}_{-0.6}$	$2.8^{+2.1}_{-0.7}$	$3.2^{+2.4}_{-0.8}$	$3.6^{+2.7}_{-0.9}$	$4.0^{+3.0}_{-1.0}$	$4.5^{+3.4}_{-1.1}$
	$2.5^{+1.9}_{-0.6}$	$2.8^{+2.1}_{-0.7}$	$3.2^{+2.4}_{-0.8}$	$3.6^{+2.7}_{-0.9}$	$4.0^{+3.0}_{-1.0}$	$4.5^{+3.4}_{-1.1}$	$5.0^{+3.8}_{-1.2}$
	$2.8^{+2.1}_{-0.7}$	$3.2^{+2.4}_{-0.8}$	$3.6^{+2.7}_{-0.9}$	$4.0^{+3.0}_{-1.0}$	$4.5^{+3.4}_{-1.1}$	$5.0^{+3.8}_{-1.2}$	$5.6^{+4.2}_{-1.4}$
	$3.2^{+2.4}_{-0.8}$	$3.6^{+2.7}_{-0.9}$	$4.0^{+3.0}_{-1.0}$	$4.5^{+3.4}_{-1.1}$	$5.0^{+3.8}_{-1.2}$	$5.6^{+4.2}_{-1.4}$	$6.3^{+4.6}_{-1.5}$
	$3.6^{+2.7}_{-0.9}$	$4.0^{+3.0}_{-1.0}$	$4.5^{+3.4}_{-1.1}$	$5.0^{+3.8}_{-1.2}$	$5.6^{+4.2}_{-1.4}$	$6.3^{+4.6}_{-1.5}$	$7.0^{+5.3}_{-1.7}$
	$4.0^{+3.0}_{-1.0}$	$4.5^{+3.4}_{-1.1}$	$5.0^{+3.8}_{-1.2}$	$5.6^{+4.2}_{-1.4}$	$6.3^{+4.6}_{-1.5}$	$7.0^{+5.3}_{-1.7}$	$8.0^{+6.0}_{-2.0}$
	$4.5^{+3.4}_{-1.1}$	$5.0^{+3.8}_{-1.2}$	$5.6^{+4.2}_{-1.4}$	$6.3^{+4.6}_{-1.5}$	$7.0^{+5.3}_{-1.7}$	$8.0^{+6.0}_{-2.0}$	$9.0^{+6.8}_{-2.2}$
	$5.0^{+3.8}_{-1.2}$	$5.6^{+4.2}_{-1.4}$	$6.3^{+4.6}_{-1.5}$	$7.0^{+5.3}_{-1.7}$	$8.0^{+6.0}_{-2.0}$	$9.0^{+6.8}_{-2.2}$	$10^{+7.5}_{-2.5}$

例:锻件质量3 kg,材质系数为 M_1,形状复杂系数为 S_1,最大厚度尺寸为45 mm 时各类公差查法

注:上,上偏差按 +3/4,－1/4 比例分配。若有需要也可按 +2/3,－1/3 比例分配。

表 2－18　平锻件冲孔同轴度公差　(mm)

相对孔深 h/d_1	公差值
>1.5~3.0	0.5~0.8
>3.0~5.0	0.8~1.2
>5.0	0.24 h/d_1

7）平锻件局部变形公差。锻件不成形杆部与镦锻部分相连处，允许局部变形呈圆锥形（图 2－64），其长度在 $l \leqslant 1.5d$ 且不大于 100 mm 之内。局部变形公差由镦锻部分最大直径 D 确定。

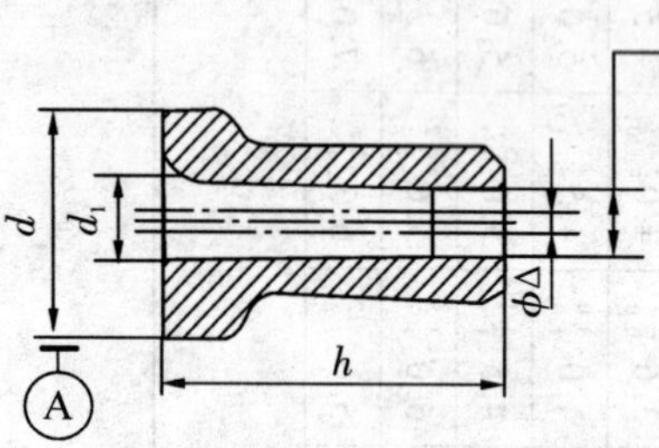

图 2－63　同轴度公差示意图

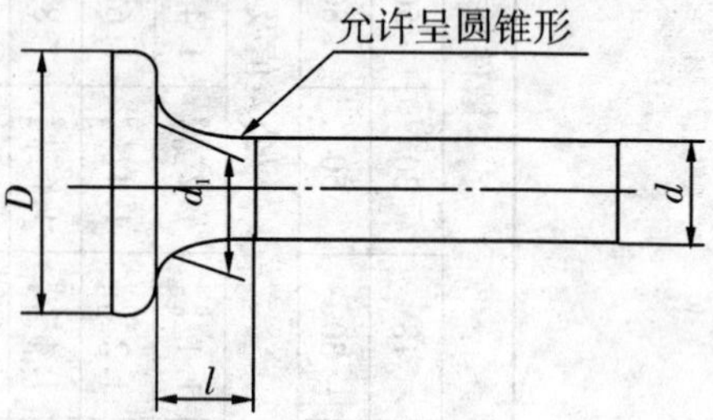

图 2－64　局部变形公差示意图

8）壁厚差公差。壁厚差是带孔锻件在同一横剖面内量得的壁厚最大尺寸和最小尺寸的差值（图 2－65），其公差为表 2－17 中错差公差的两倍。

9）直线度和平面度公差。锻件非加工面的直线度公差由表 2－19 确定。

锻件加工面的直线度和平面度公差由表 2－20 确定。但不得大于该表面机械加工余量 2/3。

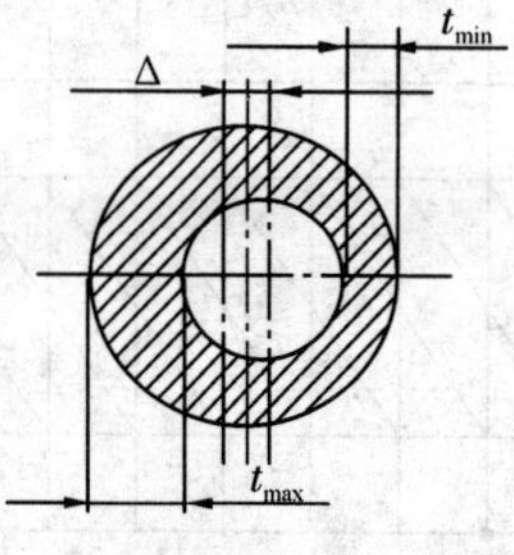

图 2－65　壁厚差公差示意图

表 2－19　锻件非加工面直线度公差　(mm)

锻件最大长度		公差值
大于	至	
0	120	0.7
120	250	1.1
250	400	1.4
400	630	1.8
630	1000	2.2
1000	–	0.22% 长度

表 2-20 锻件加工表面的直线度、平面度公差

(mm)

锻件外轮廓尺寸																
	大于	0	30	80	120	180	250	315	400	500	630	800	1000	1250	1600	2000
	至	30	80	120	180	250	315	400	500	630	800	1000	1250	1600	2000	2500
正火锻件 调质锻件																
公差值	普通级	0.6	0.6	0.7	0.8	1.0	1.1	1.2	1.4	1.6	1.8	2.0	2.2	2.5	2.8	3.2
	精密级	0.4	0.4	0.5	0.6	0.7	0.7	0.8	0.9	1.0	1.1	1.2	1.4	1.6	1.8	2.0

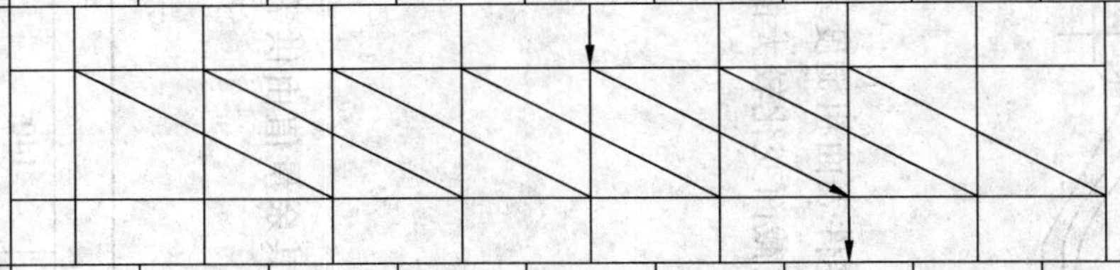

例：当锻件长度为 240 mm，热处理为调质时，直线度和平面度公差值：普通级为 1.2 mm，精密级为 0.8 mm。

表 2-21 锻件的中心距公差

(mm)

中心距																
	大于	0	30	80	120	180	250	315	400	500	630	800	1000	1250	1600	2000
	至	30	80	120	180	250	315	400	500	630	800	1000	1250	1600	2000	2500
一般锻件 有一道校正或精压工序 同时有校正及精压工序																
极限偏差	普通级	±0.3	±0.3	±0.4	±0.5	±0.6	±0.8	±1.0	±1.2	±1.6	±2.0	±2.5	±3.2	±4.0	±5.0	±6.0
	精密级	±0.25	±0.25	±0.3	±0.4	±0.5	±0.6	±0.8	±1.0	±1.2	±1.6	±2.0	±2.5	±3.2	±4.0	±5.0

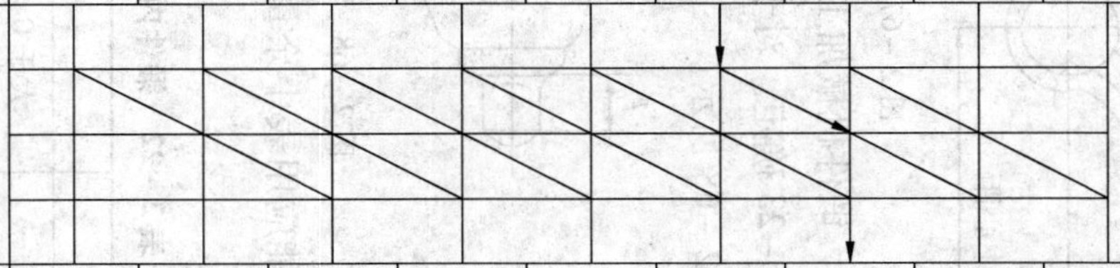

例：当锻件长度为 300 mm，有一道校正或精压工序，查得中心距极限偏差为普通级 ±1.0 mm，精密级 ±0.8。

10)中心距公差。对于平面直线分模,且位于同一块模具内的中心距(图2-66),弯曲轴线(图2-67)及其他类型锻件的中心距公差由供需双方商定。中心距公差与其他公差无关。中心距公差按表2-21选择。

图2-66　平面直线分模中心距示意图

图2-67　弯曲轴线中心距示意图

(3)机械加工余量　锻件机械加工余量根据估算锻件质量、零件表面粗糙度及形状复杂系数由表2-22和表2-23确定。对于扁薄截面或锻件相邻部位截面变化较大的部分应适当增大局部余量,如图2-68所示。

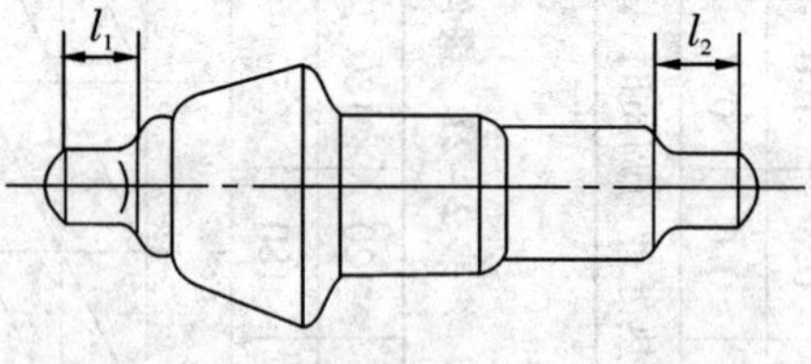

图2-68　锻件相邻部位截面变化较大

在特殊情况下,不能应用表中余量或需要附加工序的锻件,其余量值由供需双方协商确定。

表2-22　锻件内孔直径的单面机械加工余量　(mm)

孔径		孔深				
大于	至	大于0 至63	63 100	100 140	140 200	200 280
	25	2.0				
25	40	2.0	2.6			
40	63	2.0	2.6	3.0		
63	100	2.5	3.0	3.0	4.0	
100	160	2.6	3.0	3.4	4.0	4.6
160	250	3.0	3.0	3.4	4.0	4.6

表 2－23 锻件内外表面加工余量

(mm)

锻件质量/kg 大于	锻件质量/kg 至	零件表面粗糙度Ra/μm	形状复杂系数 S_1 S_2 S_3 S_4	单边余量/mm 厚度方向	水平方向 0～315	315～400	400～630	630～800	800～1250	1250～1600	1600～2500
0	0.4			1.0～1.5	1. 10～1.5	1.5～2.0	2.0～2.5	—	—	—	—
0.4	1.0			1.5～2.0	1.5～2.0	1.5～2.0	2.0～2.5	2.0～3.0	—	—	—
1.0	1.8			1.5～2.0	1.5～2.0	1.5～2.0	2.0～2.7	2.20～3.0	—	—	—
1.8	3.2			1.7～2.2	1.7～3.2	2.0～2.5	2.0～2.7	2.0～3.0	2.5～3.5	—	—
3.2	5.6			1.7～2.2	1.7～2.2	2.0～2.5	2.0～2.7	2.9～3.5	2.5～4.0	—	—
5.6	10			2.0～2.5	2.0～2.5	2.0～2.5	2.3～3.0	2.5～3.5	2.7～4.0	3.0～4.5	—
10	20			2.0～2.5	2.0～2.5	2.0～2.7	2.3～3.0	2.5～3.5	2.7～4.0	3.0～4.5	—
20	50			2.3～3.0	2.3～3.0	2.5～3.0	2.5～3.5	2.7～4.0	3.0～4.5	3.0～4.5	—
50	120			2.5～3.2	2.5～3.2	2.5～3.5	2.7～3.5	2.7～4.0	3.0～4.5	3.5～4.5	4.0～5.5
120	250			3.0～4.0	2.5～3.5	2.5～3.5	2.7～4.0	3.0～4.5	3.0～4.5	3.5～4.5	4.0～5.5
				3.5～4.5	2.7～3.5	2.7～3.5	3.0～4.0	3.0～4.5	3.0～5.0	4.0～5.0	4.5～6.0
				4.0～5.5	2.7～4.0	3.0～4.0	3.0～4.5	3.5～4.5	3.5～5.0	3.0～5.5	4.5～6.0

例：当锻件质量为 3 kg，零件表面粗糙度Ra为3.2，形状复杂系数为 S_3，长度为480 mm 时查出该锻件余量：厚度方向为 1.7 mm～2.2 mm，水平方向为 2.0～2.7 mm。

(三)锻件模锻斜度及圆角半径

1. 模锻斜度

(1)外模锻斜度　锻件在冷缩时,趋向离开模壁的部分,用 α 表示;反之锻件在冷缩时趋向贴紧模壁的部分为内模锻斜度,用 β 表示,如图 2－69 所示。

(2)模锻斜度的确定　模锻锤、热模锻压力机、螺旋压力机的外模锻斜度 α,按锻件各部分的高度 H 与宽度 B 以及长度 L 与宽度 B 的比值 H/B、L/B 确定,数值见表 2－24。内模锻斜度 β 按外模锻斜度值加大 2°或 3°(15°除外)。

当模锻设备具有顶料机构时,外模锻斜度可缩小 2°或 3°,但不宜小于 3°。

2. 圆角半径

外圆角半径 r 按表 2－25 确定,内圆角半径 R 按表 2－26 确定。

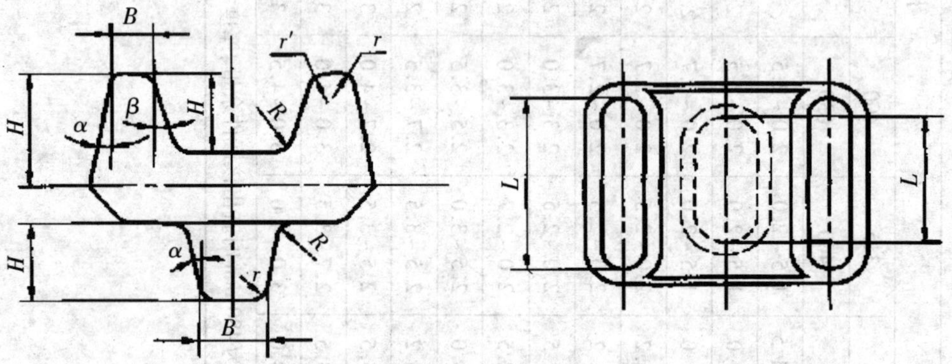

图 2－69　内、外模锻斜度

表 2－24　模锻锤、热模锻压力机、螺旋压力机锻件外模锻斜度 α 数值

L/B	H/B				
	≤1	>1～3	>3～4.5	>4.5～6.5	>6.5
≤1.5	5°00′	7°00′	10°00′	12°00′	15°00′
>1.5	5°00′	5°00′	10°00′	10°00′	12°00′

表 2－25　外圆角半径 r 数值　(mm)

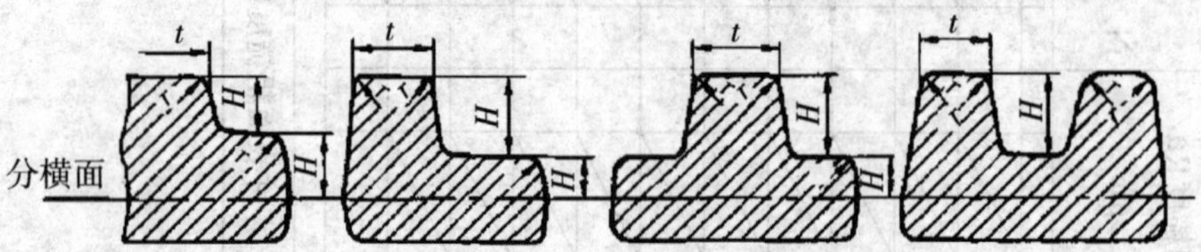

t/H	台阶高度						
	≤10	>10～16	>16～25	>25～40	>40～63	>63～100	>100～160
>0.5～1	2.5	2.5	3	4	5	8	12
>1	2	2	2.5	3	4	6	10

表 2-26 内圆角半径 R 数值 (mm)

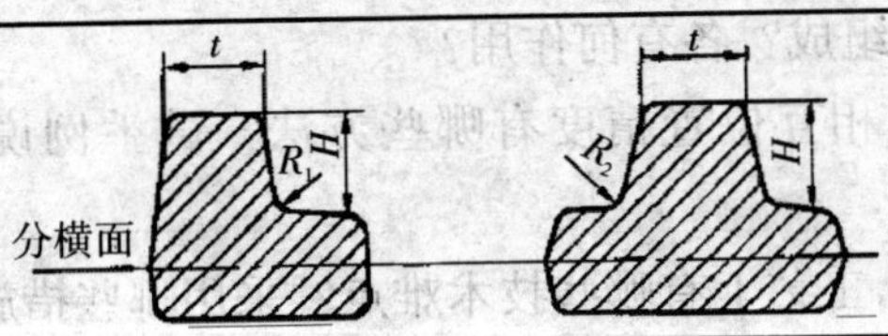

t/H	台阶高度						
	≤10	>10~16	>16~25	>25~40	>40~63	>63~100	>100~160
>0.5~1	4	5	6	8	10	16	25
>1	3	4	5	6	8	12	20

思考与练习

1. 分析轴套零件的机械加工方法有哪些?
2. 如何制订轴套的工艺规程?
3. 套筒零件的孔加工方法有哪几种? 孔加工方案的选择通常考虑哪些特点和原则?
4. 深孔加工有哪些特点? 针对这些特点可采取何种对策来提高深孔加工的质量?
5. 孔的精密加工方法有哪些? 比较其应用场合及特点。
6. 加工薄壁孔套筒零件时,工艺上采用哪些措施防止受力变形?
7. 车床镗孔和镗床镗孔各适用于什么条件?
8. 什么是加工余量和加工总余量? 影响加工余量的因素有哪些?
9. 什么是工艺尺寸链? 它有什么特性?
10. 什么是加工精度? 加工精度包括哪些?
11. 编制如图 2-70 所示套筒零件,在单件小批生产时的工艺过程。

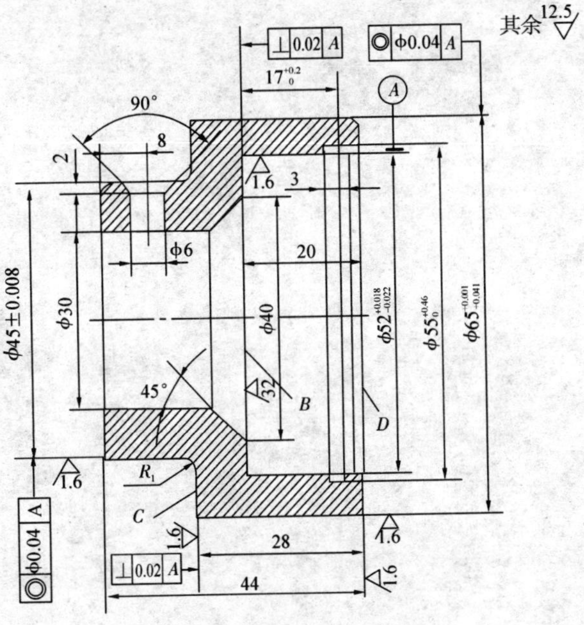

图 2-70 套筒

12. 套筒类零件的毛坯常选用哪些材料？毛坯选择有什么特点？

13. 麻花钻由哪些部分组成？各有何作用？

14. 保证套筒类零件的相互位置精度有哪些方法？试举例说明这些方法的特点和适应性。

15. 加工薄壁类套筒时，工艺上有哪些技术难点？采用哪些措施来解决？

16. 试归纳总结各种孔加工方法的工艺特点及其适应性。

箱体类零件加工工艺编制与实施

任务描述

根据给定车床主轴箱箱体零件图(图3-1),试分别完成该零件单件小批生产和大批大量生产两种生产类型的机械加工工艺编制任务。箱体零件工艺编制应根据生产车间的工艺装备制定,达到正确、完整、合理和规范,且经济性好。

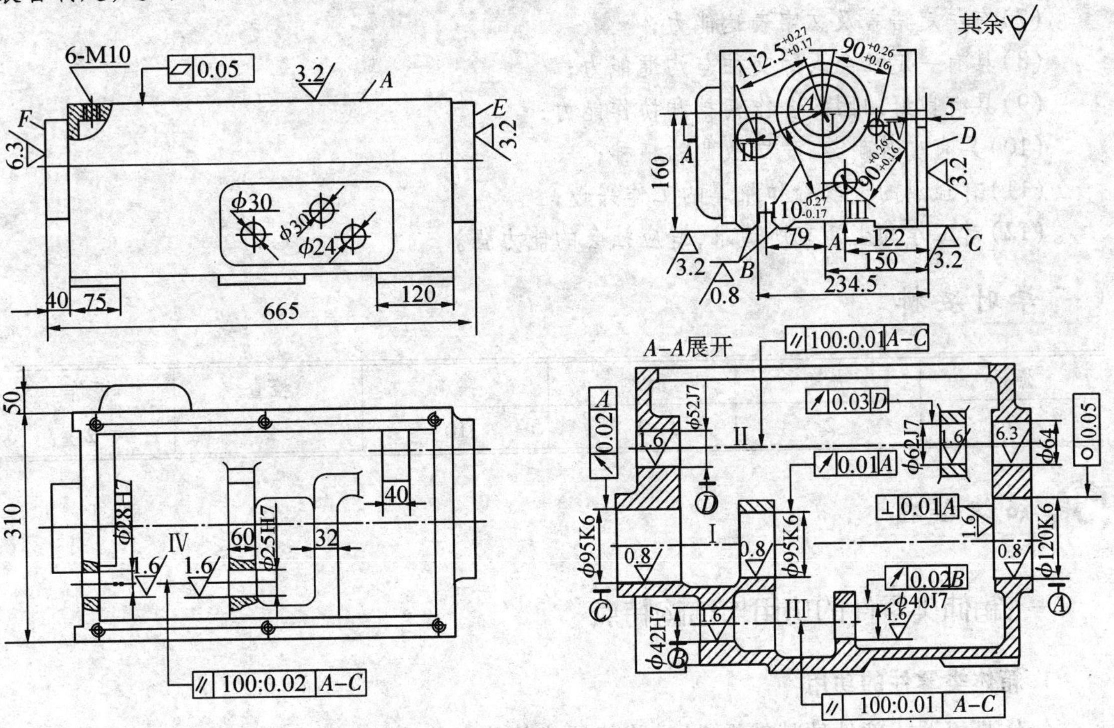

图3-1 车床主轴箱箱体零件图

学习目标

☆知识目标:

(1)掌握箱体类零件的功能、结构特点及主要技术要求;

(2)学会箱体类零件的材料、毛坯、热处理的选择及工艺性分析;

(3)学会箱体类零件定位基准选择及加工方法;

(4)能够正确合理选择金属切削加工设备、工艺装备、刀具、量具以及切削用量;

(5)能够编制箱体类零件的工艺规程；
(6)能够跟踪箱体类零件的实体加工过程；
(7)学会箱体类零件的检测方法；
(8)能够分析不合格产品产生的原因，并提出解决问题的措施；
(9)学会查阅《机械设计手册》，借助网络媒体独立获取信息；
(10)严格按照企业的规范和规章制度管理学生，培养学生职业能力；
(11)培养学生团队合作、爱岗敬业、吃苦耐劳和厉行节约的精神。

☆技能目标：

(1)独立制定工作计划的能力；
(2)具备对工作结果进行评价的能力；
(3)能够独立自主学习相关知识，并对相关知识和技能进行灵活运用；
(4)具有较好的分析问题和解决问题的能力；
(5)会查找机械零件手册和工程材料等资料；
(6)对工作认真负责、具有科学严谨的态度和敬业精神；
(7)有一定语言及文字表达能力；
(8)具有一定社会人际交往与沟通能力；
(9)具有良好的团队合作精神和协作能力；
(10)具有吃苦耐劳、爱岗敬业的精神；
(11)有强烈的进取心和深厚的工作兴趣；
(12)对工作和生活有所追求，适应社会的能力强。

学时安排

资讯	决策	计划	实施	检查	评价
6	2	2	10	2	2

知识链接

一、箱体类零件的功用与结构特点

1. 箱体类零件的功用

箱体是机器或部件的基础零件，它将机器或部件中的轴、套和齿轮等有关零件组装成一个整体，使它们之间保持正确的相互位置，并按照一定的传动关系协调地传递运动或动力。因此，箱体的加工质量将直接影响机器或部件的精度、性能和寿命。

2. 箱体类零件分类及结构特点

常见的箱体类零件有机床主轴箱、机床进给箱、变速箱体、减速箱体、发动机缸体和机座等。根据箱体零件的结构形式不同，可分为整体式箱体(图3－2(a)，(b)，(d))和分离式箱体(图3－2(c))两大类。前者是整体铸造、整体加工，加工较困难，但装配精度高；后者可分别制造，便于加工和装配，但增加了装配工作量。

箱体的主要特点是形状复杂、壁薄且不均匀，内部呈腔形，加工部位多，加工难度大，既有精度要求较高的孔系和平面，也有许多精度要求较低的紧固孔。因此，一般中型机床制造厂用于箱体类零件的机械加工劳动量约占整个产品加工量的15%～20%。

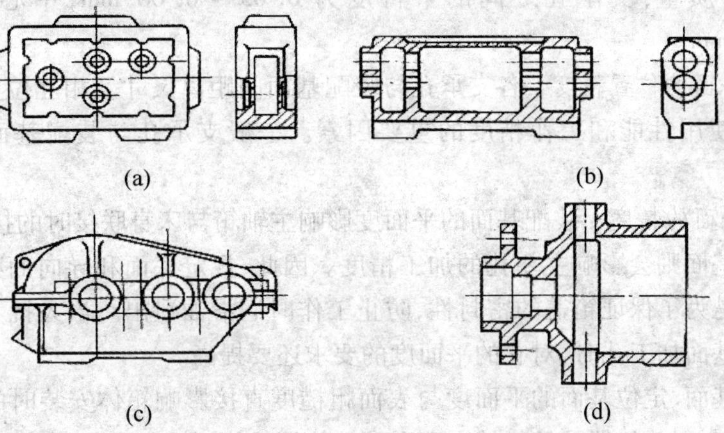

图3-2　箱体的种类

(a)组合机床主轴箱；(b)车床进给箱；(c)分离式减速器；(d)泵壳

(1)形状复杂　箱体通常作为装配的基础件，在它上面安装的零件或部件愈多，箱体的形状愈复杂，因为安装时要有定位面、定位孔，还要有固定用的螺钉孔等；为了支撑零部件，需要有足够的刚度，采用较复杂的截面形状和加强筋等；为了储存润滑油，需要具有一定形状的空腔，还要有观察孔、放油孔等；考虑吊装搬运，还必需做出吊钩、凸耳等。

(2)体积较大　箱体内要安装和容纳有关的零部件，因此必然要求箱体有足够大的体积。例如，大型减速器箱体长达4～6 m、宽约3～4 m。

(3)壁薄容易变形　箱体体积大，形状复杂，又要求减少质量，所以大都设计成腔形薄壁结构。但是在铸造、焊接和切削加工过程中往往会产生较大内应力，引起箱体变形。即使在搬运过程中，由于方法不当也容易引起箱体变形。

(4)有精度要求较高的孔和平面　这些孔大都是轴承的支承孔，平面大都是装配的基准面，它们在尺寸精度、表面粗糙度、形状和位置精度等方面都有较高要求。其加工精度将直接影响箱体的装配精度及使用性能。

二、箱体类零件的主要技术要求、材料和毛坯

1. 箱体零件的主要技术要求

(1)孔径精度　孔径的尺寸误差和几何形状误差会造成轴承与孔的配合不良。孔径过大，配合过松，使主轴回转轴线不稳定，并降低了支承刚度，易产生振动和噪声；孔径过小，会使配合过紧，轴承将因外圈变形而不能正常运转，缩短寿命。装轴承的孔不圆，也使轴承外圈变形而引起主轴径向跳动。因此，对孔的精度要求是较高的。

支承孔是箱体上重要表面，为保证轴的回转精度和支承刚度，应提高孔与轴承配合精度，其尺寸公差为IT6～IT7级，形状误差不应超过孔径尺寸公差的一半。

(2)孔与孔的位置精度　同轴线上各孔同轴度误差或孔轴线对端面的垂直度误差，会使轴和轴承装配到箱体内出现轴歪斜，造成轴回转时的径向圆跳动和轴窜动，加剧轴承的磨损，同轴线上支承孔的同轴度一般为 $\phi0.01 \sim 0.03$ mm；各平行孔之间轴线的不平行，则会影响齿轮的啮合质量，支承孔之间的平行度为 0.03 ~ 0.06 mm，中心距公差一般为 ±0.02 ~ 0.08 mm。

(3)孔和平面的位置精度　各支承孔与装配基面间距离尺寸及相互位置精度也是影响机器与设备的使用性能和工作精度的重要因素。一般支承孔与装配基面间的平行度为 0.03 ~ 0.1 mm。

(4)主要平面的精度　装配基面的平面度影响主轴箱与床身联接时的接触刚度，加工过程中作为定位基面则会影响主要孔的加工精度。因此，规定底面和导向面必须平直。顶面的平面度要求是为了保证箱盖的密封性，防止工作时润滑油泄出。当大批大量生产时将其顶面用作定位基面加工孔时，对它的平面度的要求还要提高。

箱体装配基面、定位基面的平面度与表面粗糙度直接影响箱体安装时的位置精度及加工中的定位精度，影响机器的接触精度和有关的使用性能，其平面度一般为 0.02 ~ 0.1 mm。主要平面间的平行度、垂直度为 300:(0.02 ~ 0.1)mm。

(5)表面粗糙度　重要孔和主要平面的粗糙度会影响连接面的配合性质或接触刚度，其具体要求一般用 Ra 值来评价。一般主轴孔 Ra 值为 0.4 ~ 0.8 μm，其他各纵向孔 Ra 值为 1.6 μm，孔的内端面 Ra 值为 3.2 μm，装配基准面和定位基准面 Ra 值为 0.63 ~ 2.5 μm，其他平面的 Ra 值为 2.5 ~ 10 μm。

2. 箱体的材料及毛坯

1)箱体的材料一般采用灰口铸铁，选用 HT150 ~ 350，常用 HT200。因为箱体零件形状比较复杂，而铸铁容易成形，且具有良好的切削性、吸振性和耐磨性，成本又低。毛坯铸造时，应防止砂眼和气孔的产生。为了减少毛坯制造时产生残余应力，应使箱体壁厚尽量均匀，箱体浇铸后要进行一次人工时效处理，重要箱体在粗加工之后还要增加一次人工时效，以进一步提高箱体加工精度的稳定性。

2)铸铁毛坯在单件小批生产时，一般采用木模手工造型，毛坯精度较低，余量大；在大批量生产时，通常采用金属模机器造型，毛坯精度较高，加工余量可适当减小。单件小批生产孔径大于 50 mm、成批生产大于 30 mm 的孔，一般都铸出底孔，以减少加工余量。

3)某些简易机床的箱体零件或小批量、单件生产的箱体零件，为了缩短毛坯制造周期和降低成本，可采用钢板焊接结构，材料牌号有 Q235 - A 或 35，45。

4)某些负荷比较大的箱体零件有时也根据设计需要，采用铸钢件毛坯，材料牌号有 ZG45，ZG40Cr 等。

5)在特定条件下，为了减轻质量，可采用铝镁合金或其他铝合金的压铸箱体毛坯，如航空发动机箱体，材料牌号有 ZL101，ZALCu9Si3 等。

3. 箱体零件毛坯加工余量及尺寸公差的确定

毛坯的形状和尺寸，基本上取决于零件的形状和尺寸。也就是在零件需加工表面上，加上一定的机械加工余量，即毛坯加工余量，而毛坯制造时，也会产生误差，即毛坯公差。毛坯的加工余量和公差的大小，与毛坯的制造方法有关，在生产中参照有关工艺手册或有关企业、行业标准来确定，如表 3－1～表 3－4。

表 3－1　小批、单件生产的毛坯铸件的公差等级

方法	造型材料	公差等级 CT					
		铸件材料					
		钢	灰铸铁	球墨铸铁	可锻铸铁	铜合金	轻金属合金
砂型铸造手工造型	黏土砂	13～15	13～15	13～15	13～15	13～15	11～13
	化学黏结剂砂	12～14	11～13	11～13	11～13	10～12	10～12

注：表中的数值一般适用于大于 25mm 的基本尺寸。对于较小的尺寸，通常能经济实用地保证下列较细的公差：

1. 基本尺寸不大于 10 mm；精三级。
2. 10 mm＜基本尺寸≤16 mm；精二级。
3. 16 mm＜基本尺寸≤25 mm；精一级。

表 3－2　铸件尺寸公差　（mm）

毛坯铸件基本尺寸/mm		铸件尺寸公差等级 CT									
大于	至	4	5	6	7	8	9	10	11	12	13
	10	0.26	0.36	0.52	0.74	1	1.5	2	2.8	4.2	
10	16	0.28	0.38	0.54	0.78	1.1	1.6	2.2	3.0	4.4	
16	25	0.30	0.42	0.58	0.82	1.2	1.7	2.4	3.2	4.6	6
25	40	0.32	0.46	0.64	0.9	1.3	1.8	2.6	3.6	5	7
40	63	0.36	0.50	0.70	1	1.4	2	2.8	4	5.6	8
63	100	0.40	0.56	0.78	1.1	1.6	2.2	3.2	4.4	6	9
100	160	0.44	0.62	0.88	1.2	1.8	2.5	3.6	5	7	10
160	250	0.50	0.72	1	1.4	2	2.8	4	5.6	8	11
250	400	0.56	0.78	1.1	1.6	2.2	3.2	4.4	6.2	9	12
400	630	0.64	0.9	1.2	1.8	2.6	3.6	5	7	10	14

注：1. 在等级 CT4～CT13 中对壁厚采用粗一级公差；

2. 对于不超过 16 mm 的尺寸，不采用 CT13～CT16 的公差，对于这些尺寸应标注个别公差。

表 3－3　铸件机械加工余量　（mm）

最大尺寸①		要求的机械加工余量等级							
大于	至	C	D	E	F	G	H	J	K
	40	0.2	0.3	0.4	0.5	0.5	0.7	1	1.4
40	63	0.3	0.3	0.4	0.5	0.7	1	1.4	2
63	100	0.4	0.5	0.7	1	1.4	2	2.8	4
100	160	0.5	0.8	1.1	1.5	2.2	3	4	6
160	250	0.7	1	1.4	2	2.8	4	5.5	8
250	400	0.9	1.3	1.4	2.5	3.5	5	7	10
400	630	1.1	1.5	2.2	3	4	6	9	12

注：①最终机械加工后铸件的最大轮廓尺寸。

表 3-4　毛坯铸件典型的机械加工余量等级表

方法	要求的机械加工余量等级					
	铸件材料					
	钢	灰铸铁	球墨铸铁	可锻铸铁	铜合金	锌合金
砂型铸造手工造型	G~K	F~H	F~H	F~H	F~H	F~H
砂型铸造机器造型和壳型	F~H	E~G	E~G	E~G	E~G	E~G
金属型铸造		D~F	D~F	D~F	D~F	D~F
压力铸造					B~D	B~D
熔模铸造	E	E	E		E	

三、箱体类零件机械加工工艺

箱体的结构复杂，形式多样，其主要加工表面为孔和平面。因此，应主要围绕这些加工表面和具体结构的特点来制订工艺过程。

1. 定位基准的选择

(1) 粗基准的选择　对于铸件毛坯，其尺寸及形状误差相对较大，根据粗基准的选择原则，以重要表面为基准，并保证各加工面有足够的加工余量。当批量较大时，应先以箱体毛坯的主要支承孔 $\phi95k6$ 及 $\phi120$ k6 作为粗基准，直接在夹具上定位，采用的夹具如图 3-3 所示。通过划线的方法确定第一道工序加工面位置，尽量使各毛坯面加工余量得到保证，即采用划线装夹，按线找正加工即可。

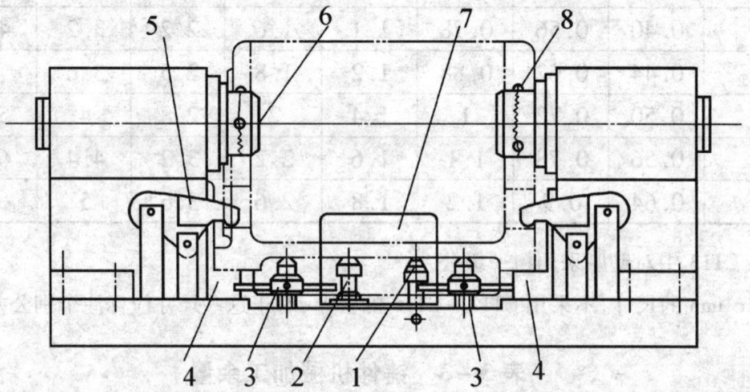

1、4-预定位支承；2-辅助支承；3-可调支承；5-压块；6-短轴；7-侧支承；8-活动支柱

图 3-3　以主轴孔为粗基准铣顶面的夹具

(2) 精基准的选择

1) 大批量生产时，以顶面 A 及两个工艺孔（采用一面两孔）作为定位基准，符合“基准统一”的原则，这时箱体口朝下（图 3-4），其优点是采用了统一的定位基准，各工序夹具结构类似，夹具设计简单；当工件两壁的孔跨距大，需要增加中间导向支承时，支承架可以很方便地固定在夹具体上。

2) 单件小批生产时一般用装配基准即箱体底面 B，C 作为定位基准，装夹时箱口朝上，其优点符合“基准重合”原则，定位精度高，装夹可靠、加工过程中便于观察、测量和调整刀具。其缺点是当需要增加中间导向支承时，就带来很大麻烦。由于箱底是封闭的，中间支承只能用如图 3－5 所示的吊架从箱体顶面的开口处伸人箱体内，每加工一件需要装卸一次。

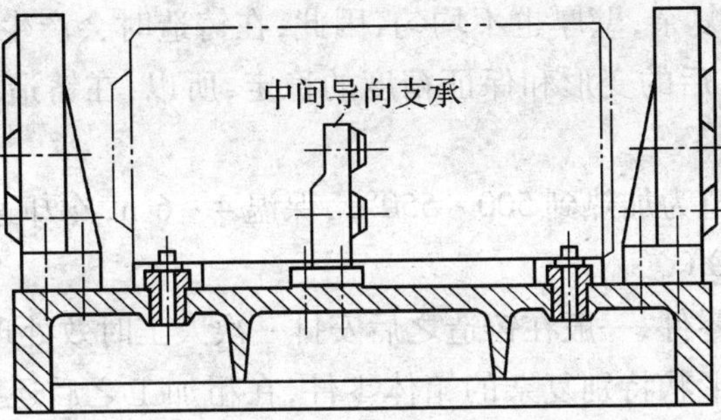

图 3－4 用箱体顶面 A 及两销定位的镗模

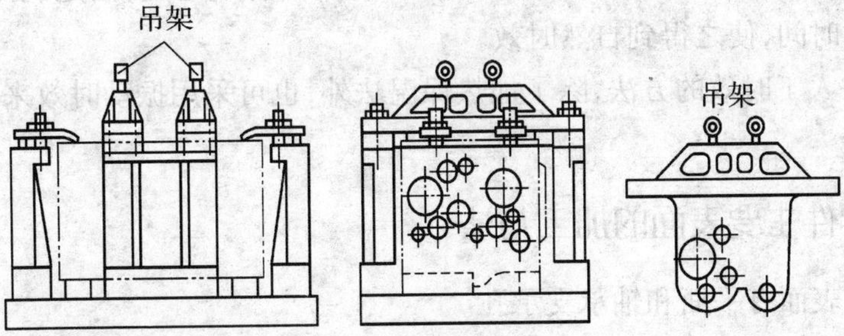

图 3－5 吊架式夹具

2. 加工顺序的安排

(1)加工顺序为先面后孔 箱体类零件加工顺序为先加工平面，以加工好的平面定位再来加工孔。平面面积大，用其定位稳定可靠；从加工难度来看，平面比孔加工容易。支承孔大多分布在箱体外壁平面上，先加工外壁平面可切去铸件表面的凹凸不平及夹砂等缺陷，这样可减少钻头引偏，防止刀具崩刃等，对孔加工有利。

(2)加工阶段粗、精分开 箱体的结构复杂、壁厚不均匀、刚性不好，而加工精度要求又高，因此，箱体重要的加工表面都要求划分粗、精两个加工阶段。

箱体均为铸件，加工余量较大，在粗加工中切除的金属较多，因而夹紧力、切削力都较大，切削热也较多。加之粗加工后，工件内应力重新分布也会引起工件变形，因此，对加工精度影响较大。为此，把粗、精加工分开进行，有利于把粗加工后由于各种原因引起的工件变形充分暴露出来，然后在精加工中将其消除。粗、精加工分开，可以及时发现毛坯的缺陷，避免更大的浪费。

粗、精加工分开的原则。对于刚性差、批量较大和要求精度较高的箱体，一般要粗、精加工分开进行，即在主要平面和各支承孔的粗加工之后再进行主要平面和各支承孔的精加工。这样，可以消除由粗加工所造成的内应力、切削力、切削热和夹紧力对加工精度的影响，且有利于合理地选用设备等。

(3)工序集中，先主后次 箱体零件上相互位置要求较高的孔系和平面，一般尽量集中在同一工序中加工，以保证其相互位置要求和减少装夹次数。紧固螺纹孔、油孔等次要工序的安排，一般在平面和支承孔等主要加工表面精加工之后再进行加工。

3. 工序间合理安排热处理

1）箱体零件的结构复杂，壁厚也不均匀，因此，在铸造时会产生较大的残余应力。为了消除残余应力，减少加工后的变形和保证精度的稳定，所以，在铸造之后必须安排人工时效处理。

人工时效的工艺规范为加热到500～550℃，保温4～6 h，冷却速度小于或等于30℃/h，出炉温度小于或等于200℃。

2）普通精度的箱体零件，一般在铸造之后安排一次人工时效处理。

3）对一些高精度或形状特别复杂的箱体零件，在粗加工之后还要安排一次人工时效处理，以消除粗加工所造成的残余应力。

4）有些精度要求不高的箱体零件毛坯，有时不安排时效处理，而是利用粗、精加工工序间的停放和运输时间，使之得到自然时效。

5）箱体零件人工时效的方法，除了加热保温法外，也可采用振动时效来达到消除残余应力的目的。

四、箱体零件主要表面的加工方法

箱体的主要表面有平面和轴承支承孔。

平面的加工方法有车削、铣削、刨削、拉削、磨削、刮研、研磨、抛光和超精加工等。

轴孔加工方法有镗削、钻削、扩削、铰削、精细镗、珩磨和研磨等。

1. 箱体平面的加工方法

（1）平面车削　平面车削一般用于加工轴、轮、盘、套等回转体零件的端面、台阶面等。一般在车床上一次装夹中加工完成相关的外圆和内孔。中、小型零件的平面车削在卧式车床上进行，重型零件的加工可在立式车床上进行。平面车削的精度可达IT7～IT6级，表面粗糙度Ra为12.5～1.6 μm。

（2）平面铣削　铣削加工是目前应用最广泛的切削加工方法之一，生产率一般比刨削高，适用于平面、台阶沟槽、成形表面和切断等加工。铣削加工生产率高，加工表面粗糙度值较小，粗铣的表面粗糙度Ra为50～12.5 μm，精度为IT14～IT12级；精铣表面粗糙度Ra可达3.2～1.6 μm，两平行平面之间的尺寸精度可达IT9～IT7级，直线度可达0.08 mm/m～0.12 mm/m。

铣削是平面加工的主要方法，铣削中、小型零件的平面常用卧式或立式铣床，铣削大型零件的平面常用龙门铣床。

按铣刀的切削方式不同可分为周铣与端铣（图3－6所示）。周铣和端铣还可同时进行，周铣常用的刀具是圆柱铣刀，端铣常用的刀具是端铣刀，同时进行端铣和周铣的铣刀有立铣刀和三面刃铣刀等。

（3）平面刨削　刨削是以刨刀相对工件的往复直线运动与工作台（或刀架）的间歇进给运动实现切削加工的。主要用于加工平面、斜面、沟槽和成形表面，附加仿形装置也可以加工一些空间曲面。刨削可分为粗刨和精刨，其加工的经济精度为IT9～IT7级，最高可达IT6级，表面粗糙度值Ra一般为12.5～1.6 μm，最低可达0.8 μm，直线度可达0.04～0.12 mm/m。

刨削所需的机床、刀具结构简单，制造安装方便，调整容易，通用性强。因此在单件、小批生产中，特别是加工狭长平面时被广泛应用。

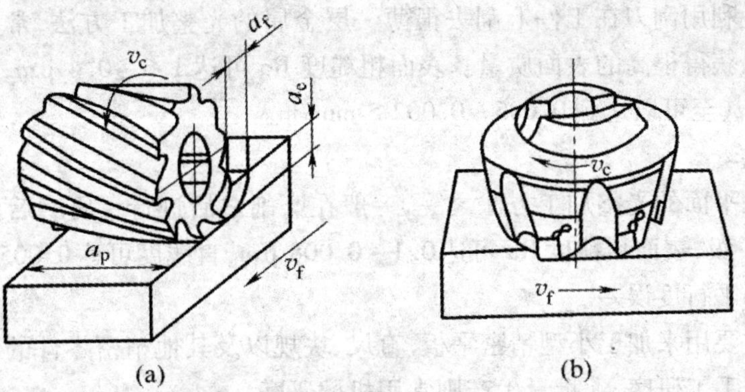

图 3-6　铣削方式

(a)周铣；(b)端铣；

中、小型零件的平面加工－牛头刨床；大型零件的平面加工－龙门刨床。刨削可分为粗刨和精刨。粗刨的表面粗糙度 Ra 为 50～12.5 μm，尺寸公差等级为 IT14～IT12 级；精刨的表面粗糙度 Ra 可达 3.2～1.6 μm，尺寸公差等级为 IT9～IT7 级。

(4) 平面拉削　平面拉削是指在拉床上用平面拉刀对工件上的平面进行切削加工方法，主要用于大批量生产中，其工作原理和拉孔相同。平面拉削的精度可达 IT7～IT6 级，表面粗糙度 Ra 可达 50～12.5 μm。

(5) 平面磨削　磨削是用于零件精加工和超精加工的主要加工方法。它除能磨削普通材料外，尤其适用于一般刀具难以切削的高硬度材料的加工，如淬硬钢、硬质合金和各种宝石的加工等。生产批量较大时，箱体的平面常用磨削来精加工。

对平直度、平面之间相互位置精度要求较高、表面粗糙度要求小的平面进行磨削加工的方法－平面磨削。平面磨削的方法有周磨和端磨两种（见图 3-7）。尺寸精度可达 IT6～IT5 级，平行度可达 0.01～0.03 mm，直线度可达 0.01～0.03 mm/m，表面粗糙度 Ra 可达 1.6～0.2 μm。

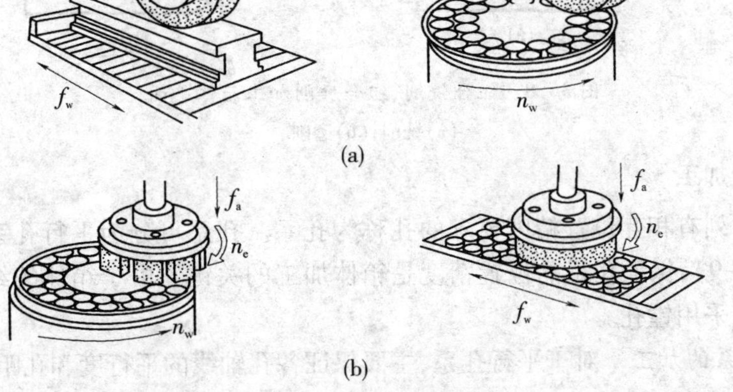

图 3-7　平面磨削方式

(a)周磨；(b)端磨

(6)平面的光整加工

1)平面刮研。

平面刮研是利用刮刀在工件上刮去很薄一层金属的光整加工方法，常在精刨的基础上进行。刮研可以获得很高的表面质量。表面粗糙度 Ra 可达 1.6 ~ 0.4 μm，平面的直线度可达 0.01 mm/m，甚至可以达到 0.005 ~ 0.002 5 mm/m。

2)平面研磨。

平面研磨是平面的光整加工方法之一，一般在磨削之后进行。研磨后两平面的尺寸精度可达 IT5 ~ IT3 级，表面粗糙度 Ra 可达 0.1 ~ 0.008 μm，直线度可达 0.005 mm/m。小型平面研磨还可减小平行度误差。

平面研磨主要用来加工小型精密平板、直尺、块规以及其他精密零件的平面。单件小批量生产中常采用手工研磨，大批量生产则常用机械研磨。

(7)平面加工方法的选择

1)对于中、小件，一般在牛头刨床或普通铣床上进行。

2)对于大件，一般在龙门刨床或龙门铣床上进行。刨削的刀具结构简单，机床成本低，调整方便，但生产率低。

3)大批、大量生产时，多采用铣削。

4)当生产批量大且精度又较高时可采用磨削。

5)单件小批生产精度较高的平面时，除一些高精度的箱体仍需手工刮研外，一般采用宽刃精刨。

6)当生产批量较大或为保证平面间的相互位置精度，采用组合铣削和组合磨削，如图 3 - 8所示。

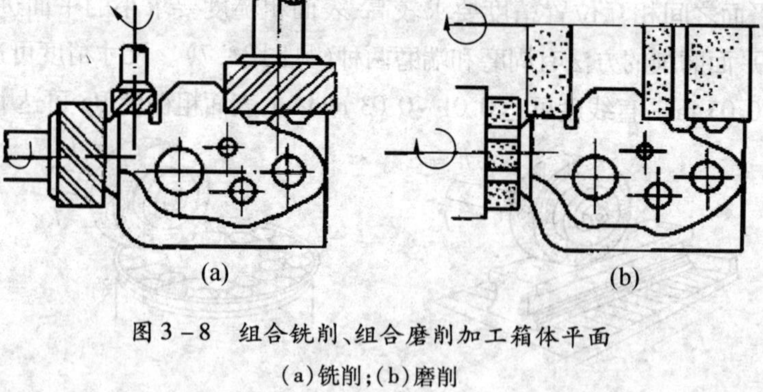

(a)　　(b)

图 3 - 8　组合铣削、组合磨削加工箱体平面

(a)铣削；(b)磨削

2. 箱体孔系加工

箱体上一系列有相互位置精度要求的孔称为孔系。孔系可分为平行孔系、同轴孔系和交叉孔系(图 3 - 9)，保证孔系的位置精度是箱体加工的关键。由于箱体的结构特点，孔系的加工方法大多采用镗孔。

(1)平行孔系的加工　对于平行孔系，主要保证各孔轴线的平行度和孔距精度。根据箱体的生产批量和精度要求的不同，常用以下几种加工方法。

1)找正法。找正法是在通用机床(镗床、铣床)上利用辅助工具来找正所要加工孔的正确位置的加工方法。这种找正法加工效率低，一般只适于单件小批生产。找正时除根据划线用试镗方法外，有时借用心轴量块或用样板找正，以提高找正精度。

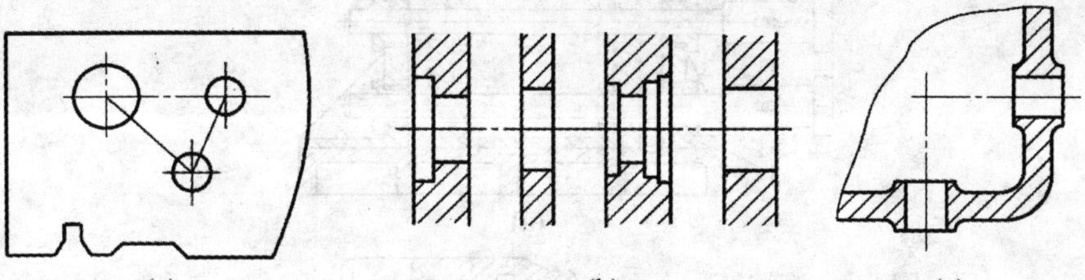

图 3－9 孔系的分类

(a)平行孔系；(b)同轴孔系；(c)交叉孔系

图 3－10 所示为心轴和块规找正法。镗第一排孔时将心轴插入主轴孔内(或直接利用镗床主轴)，然后根据孔和定位基准的距离组合一定尺寸的块规来校正主轴位置，校正时用塞尺测定块规与心轴之间的间隙，以避免块规与心轴直接接触而损伤块规(图 3－10(a))。镗第二排孔时，分别在机床主轴和已加工孔中插入心轴，采用同样的方法来校正主轴轴线的位置，以保证孔中心距的精度(图 3－10(b))，这种找正法其孔心距精度可达 ±0.03 mm。

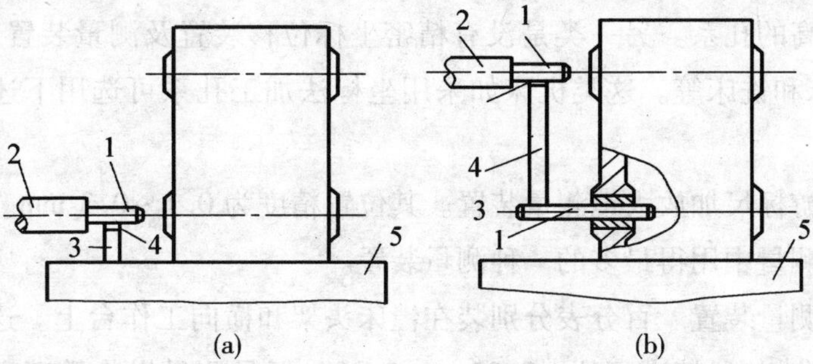

1－心轴；2－镗床主轴；3－量规；4－塞尺；5－镗床工作台

图 3－10 用心轴和量规找正

(a)第一工位；(b)第二工位

2)镗模法。镗模法是用镗床夹具来加工的方法。用镗模法加工孔系，既可在通用机床上加工，也可在专用机床或组合机床上加工。

在成批生产中，广泛采用如图 3－11 所示镗模加工孔系。工件 5 装夹在镗模上，镗杆 4 被支承在镗模的导套 6 里，导套的位置决定了镗杆的位置，装在镗杆上的镗刀 3 将工件上相应的孔加工出来。当用两个或两个以上的支承 1 来引导镗杆时，镗杆与机床主轴 2 必须浮动联接。当采用浮动联接时，机床精度对孔系加工精度影响很小，因而可以在精度较低的机床上加工出精度较高的孔系。孔距精度主要取决于镗模，一般可达 0.05 mm。能加工公差等级 IT7 级的孔，其表面粗糙度 Ra 可达 5～1.25 μm。当从一端加工、镗杆两端均有导向支承时，孔与孔之间的同轴度和平行度可达 0.02～0.03 mm；当分别由两端加工时，可达 0.04～0.05 mm。

3)坐标法。在坐标镗床上加工孔系的方法。坐标法镗孔是按孔系间相互位置的水平和垂直坐标尺寸的关系，在普通卧式镗床、坐标镗床或数控镗铣床等设备上，借助于测量装置调整机床主轴与工件间在水平和垂直方向的相对位置，来保证孔距精度的一种镗孔方法。

坐标法镗孔的孔距精度主要取决于坐标的移动精度。

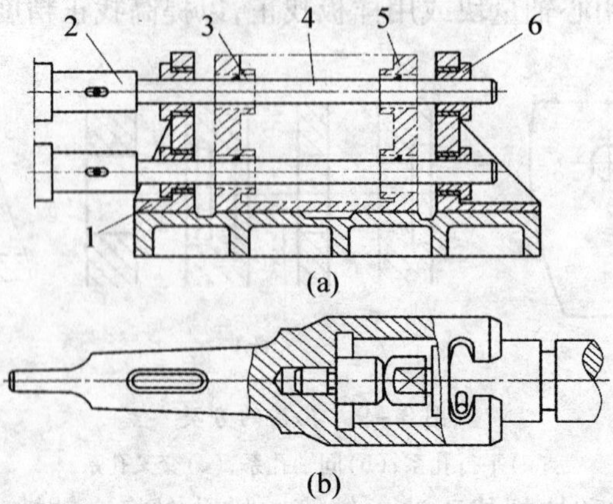

1－镗模;2－活动连接头;3－镗刀;4－镗杆;5－工件;6－镗杆导套

图 3－11　镗模法加工孔系

(a)镗模;(b)镗杆活动连接头

采用坐标法加工孔系的机床可分两类:一类是具有较高坐标位移精度、定位精度及测量装置的坐标控制机床,如坐标镗床、数控镗铣床和加工中心等。这类机床可以很方便地采用坐标法加工精度较高的孔系。另一类是没有精密坐标位移装置及测量装置的普通机床,如普通镗床、落地镗床和铣床等。这类机床如采用坐标法加工孔系可选用下述方法来保证位置精度:

普通刻线尺与游标尺加放大镜测量装置。其位置精度为 0.1～0.3 mm。是目前国内工作台及主轴箱移动测量中用得最多的一种测量装置。

百分表与块规测量装置。百分表分别装在镗床头架和横向工作台上。这种方法虽然较上一方法精度高一些,位置精度可达 ±0.02～±0.004,但是测量操作繁琐,辅助时间长,效率低。

此外,国内外亦有在卧镗上采用光栅数字显示装置和感应同步器测量系统,其读数精度为 0.002 51～0.01 mm。对于位置要求特别精确的孔系,已广泛使用坐标镗床加工。坐标镗床直线方向的读数精度为 0.001 mm,定位精度为 0.002 1～0.005 mm。以上各种测量系统,都可以达到上述高水平。

4)数控法。数控法的加工原理源于坐标法。

(2)同轴孔系的加工　对于同轴孔系,主要保证各同轴孔的同轴度。成批生产时,同轴度几乎都是由镗模来保证,单件、小批生产时,其同轴度可用下面几种方法保证。

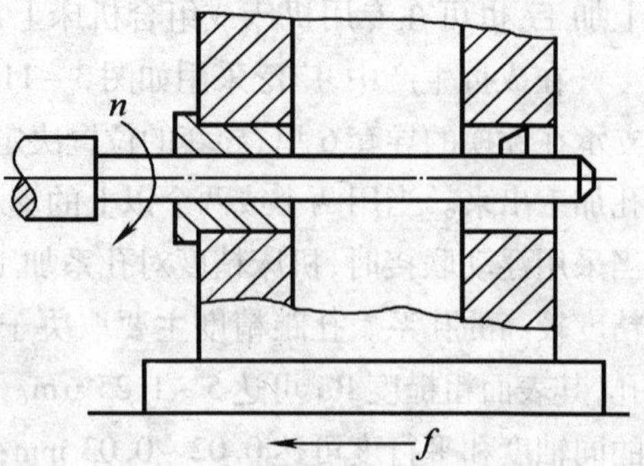

图 3－12　利用已加工孔导向

1)利用已加工孔作为支承导向。如图3－12所示,当箱体前壁上的孔加工好后,在孔内装一导向套,支承和引导镗杆加工后壁上的孔。

2)利用镗床后立柱上的导向套支承导向。镗杆在主轴箱和后立柱之间两端支承,刚性提高,但镗杆要长,调整麻烦,适用于大型箱体加工。

3)采用调头镗。当箱体箱壁相距较远时,可采用调头镗。工件在一次装夹,镗好一端后,将工作台回转 180°,调整工作台位置,使已加工孔与镗床主轴同轴,然后再加工孔。

当箱体上有一较长并与所镗孔轴线有平行度要求的平面时,镗孔前应先用装在镗杆上的百分表对此平面进行校正,如图 3-13(a)所示,使其和镗杆轴线平行,校正后加工孔 B,孔 B 加工后,回转工作台,并用镗杆上装的百分表沿此平面重新校正,这样就可保证工作台准确地回转 180°,如图 3-13(b)所示。然后再加工孔 A,从而保证孔 A、B 同轴。若箱体上无长的加工好的工艺基面,也可用平行长铁置于工作台上,使其表面与要加工的孔轴线平行后固定,作为调整用基准面。

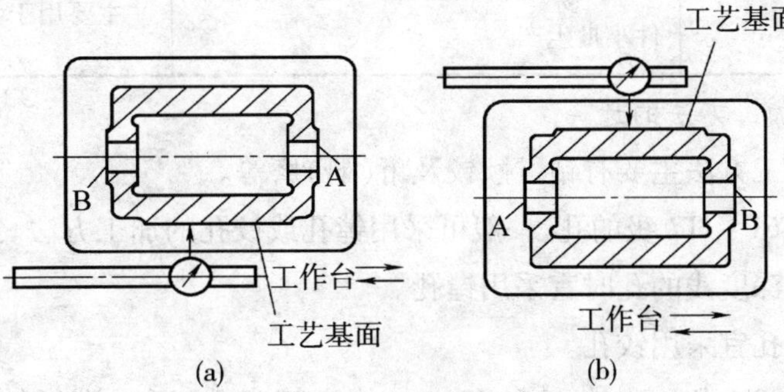

图 3-13 调头镗孔时工件的校正

(a)第一工位;(b)第二工位

(3)交叉孔系的加工 对于交叉孔系,主要保证各孔轴线的交叉角度(多为 90°)。成批生产时,交叉角都是由镗模来保证;单件、小批生产时,用镗床回转工作台的转角来保证。当普通镗床的工作台 90°对准装置精度很低时,可用心棒与百分表找正法进行,即在加工好的孔中插入心棒,工作台转位 90°,用百分表找正(转动工作台)。如图 3-14 所示。

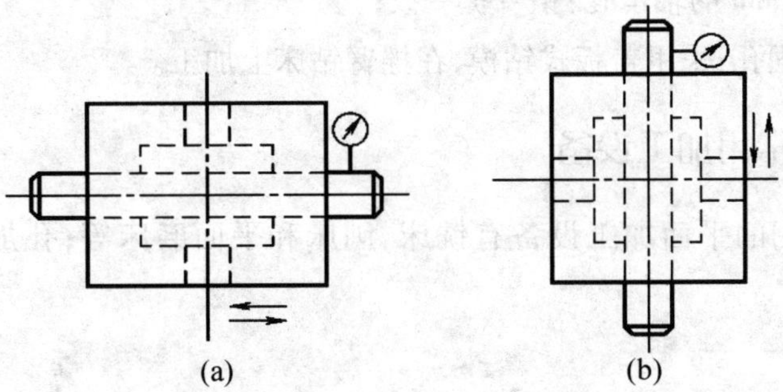

图 3-14 找正法加工交叉孔系

(a)第一工位;(b)第二工位

3. 箱体零件加工方法的选择

箱体零件的主要加工表面有平面和轴承支承孔。

(1)箱体零件平面加工方法的选择

表3-5　箱体平面加工常用方法特点及使用情况

刨削	铣削	磨削
主要用于箱体平面的粗加工及半精加工	主要用于箱体平面的粗加工及半精加工	主要用于生产批量较大时主要平面的精加工
刨削刀具结构简单,机床调整方便,但生产率低	铣削生产率高于刨削,还可以采用组合铣对箱体各平面进行多刃、多面的同时铣,以提高生产率及保证平面间的相互位置精度	同样可采用组合磨削,提高生产率及保证平面间的相互位置精度
适用于单件小批生产	多用于成批大量生产,也可用于单件小批生产	主要用于大批量生产

(2)箱体零件孔加工方法的选择

1)箱体上孔的加工方法主要有钻、镗、铰及珩(研)磨等。

2)对于精度为IT61~IT7级的孔,一般可采用镗孔或铰孔的加工方法。

3)加工孔径大而深度浅的孔时宜采用镗孔。

4)加工小而深的孔宜采用铰孔。

5)对于精度超过IT6级,Ra小于0.63 μm的高精度孔,还需进行精细镗或珩、研磨加工。

(3)典型箱体零件加工方法和工艺路线

1)平面加工:粗刨-精刨;粗刨-半精刨-磨削;

2)粗铣-精铣或粗铣-磨削(可分粗磨和精磨);

3)精度为IT6~IT7级的箱体孔:粗镗-半精镗-精镗-浮动镗;

4)直径小于50 mm的轴承孔:钻-扩-铰;

5)箱体顶面紧固孔:采用盖板式钻模,在摇臂钻床上加工。

五、箱体零件常用加工设备

箱体类零件常用的平面加工设备有铣床、刨床和平面磨床等;孔加工设备有钻床、镗床等。

1. 铣床

常用的铣床主要有卧式升降台铣床、立式升降台铣床和龙门铣床。铣床的加工工艺范围,如图3-15所示。

(1)卧式升降台铣床　卧式升降台铣床简称卧式铣床,是目前应用比较广泛的一种铣床，如图 3－16 所示。卧式升降台铣床可用各种圆柱铣刀、圆片铣刀、角度铣刀、成型铣刀和端面铣刀加工各种平面、斜面和沟槽等。如果使用适当铣床附件，可加工齿轮、凸轮、弧形槽及螺旋面等特殊形状的零件，配置万能铣头、圆工作台和分度头等铣床附件，可扩大铣床使用范围。

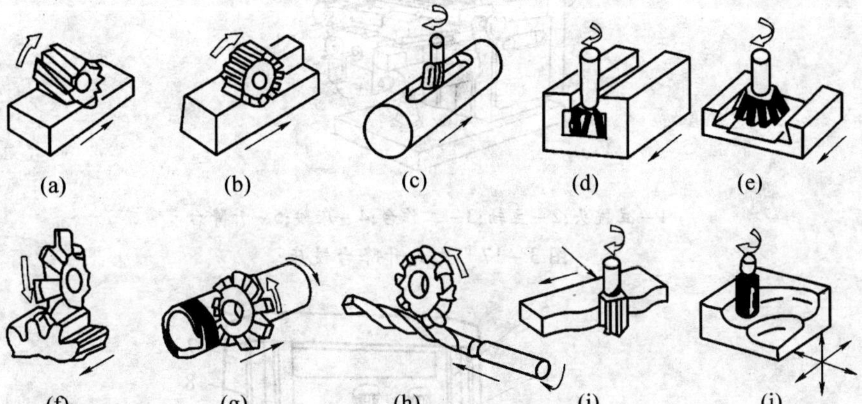

图 3－15　铣床的加工范围

(a)铣平面；(b)铣平面；(c)铣键槽；(d)铣 T 形槽；(e)铣角度槽；(f)铣齿形；(g)铣螺纹；(h)铣螺旋槽；(i)铣曲面；(j)铣立体曲面

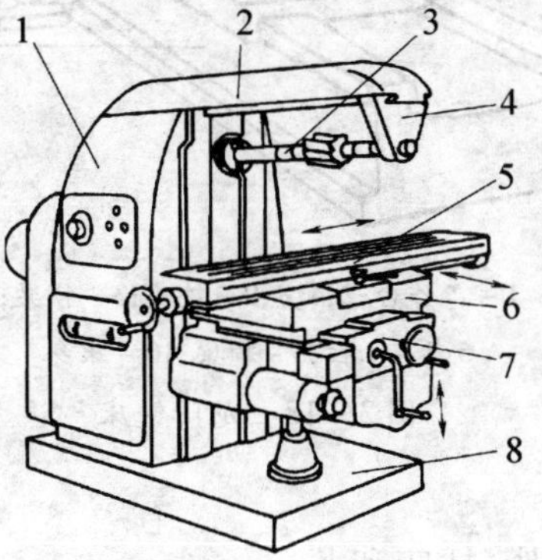

1－床身；2－悬梁；3－刀杆；4－悬梁支架；5－工作台；6－床鞍；7－升降台；8－底座

图 3－16　卧式升降台铣床

(2)立式升降台铣床　立式升降台铣床是一种具有广泛用途的通用铣床，如图 3－17 所示。立式升降台铣床由端面铣刀、立铣刀、圆柱铣刀、锯片铣刀、圆片铣刀、端面铣刀及各种成形铣刀来加工各种零件。适于加工各种零件的平面、斜面、沟槽和孔等。由于机床具备了足够的功率和刚性以及有较大的调速范围，因此可充分利用硬质合金刀具来进行高速切削。

(3)龙门铣床　龙门铣床加工精度和生产率均较高，适合大批大量生产中加工大型工件的平面和斜面。由立柱和顶梁构成门式框架。横梁可沿两立柱导轨作升降运动。横梁上有 2 个带垂直主轴的铣头，可沿横梁导轨作横向运动。两立柱上还可分别安装一个带有水平主轴的铣头，它可沿立柱导轨作升降运动，这些铣头可同时加工几个表面。如图 3－18 所示。

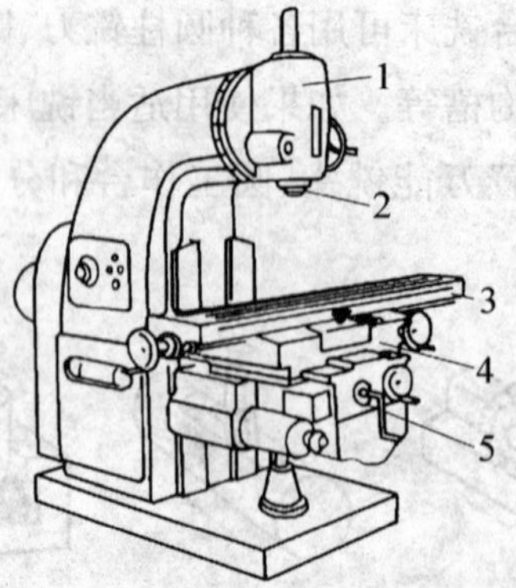

1－立铣头；2－主轴；3－工作台；4－床鞍；5－升降台

图 3－17　立式升降台铣床

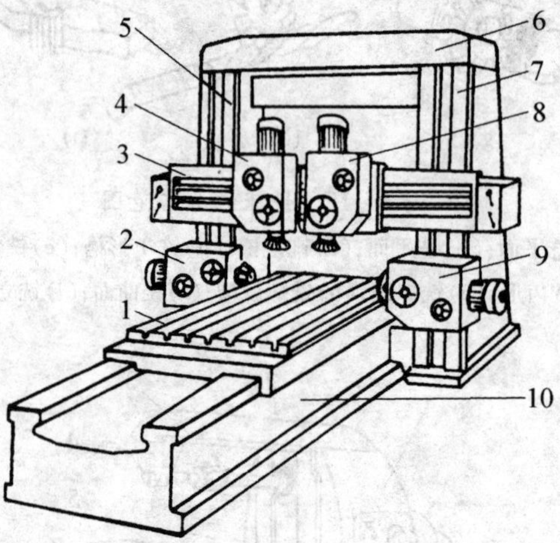

1－工作台；2，4，8，9－铣头；3－横梁；

5，7－立柱；6－顶梁；10－床身

图 3－18　龙门铣床

2. 刨床

常用的刨床主要有牛头刨床、插床和龙门刨床。

(1) 牛头刨床　刨刀装在滑枕前端的刀架上，滑枕带着刨刀作直线住复运动完成主运动，工作台带动工件完成进给运动，因滑枕前端的刀架形似牛头而得名。主要用于单件小批生产中刨削中小型工件上平面、成形面和沟槽，生产率较低。如图 3－19 所示。

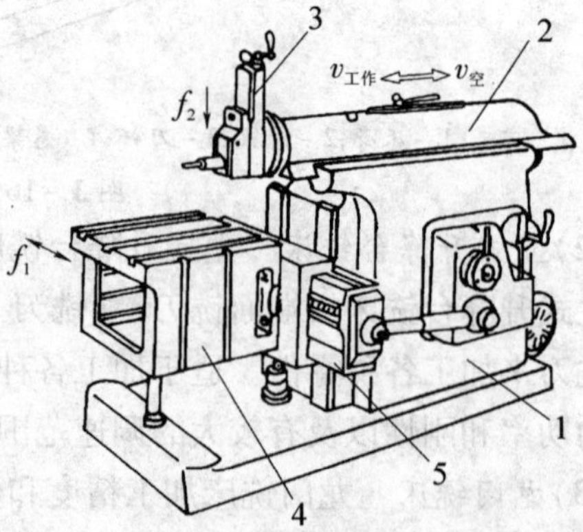

1－床身；2－滑枕；3－刀架；4－工作台；5－横梁

图 3－19　牛头刨床

(2) 插床　插床实际是一种立式牛头刨床，如图 3－20 所示。插削时插刀随滑枕上下往复直线运动是主运动，工件沿纵向、横向及圆周三个方向分别所做的间歇运动是进给运动。插床的生产效率较低，加工表面粗糙度

Ra 为 6.3 ~ 1.6 um，插床的主参数是最大插削长度。

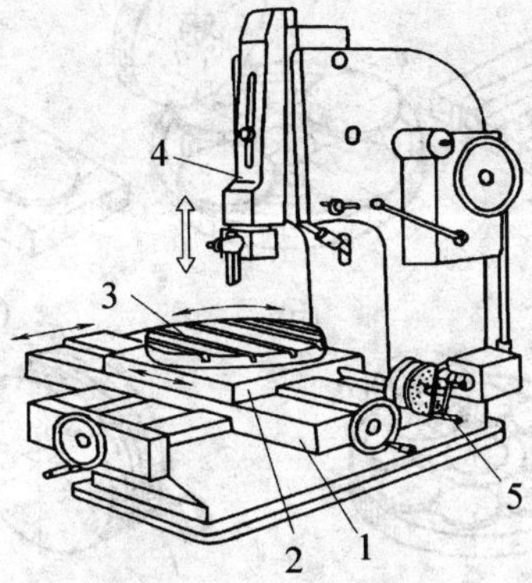

1 – 床鞍；2 – 溜板；3 – 圆工作台；4 – 滑枕；5 – 分度装置

图 3 – 20 插床

(3) 龙门刨床 龙门刨床主要用于刨削大型工件，也可在工作台上装夹多个零件同时加工。工作台带动工件作直线往复运动为主运动；横梁上一般装有两个垂直刀架，并可沿横梁作横向进给运动，刨刀可在刀架上作垂直或斜向进给运动；横梁可在两立柱上作上下调整。一般在两个立柱上还安装可沿立柱上下移动的侧刀架，以扩大加工范围。工作台回程时能机动抬刀，以免划伤工件表面。如图 3 – 21 所示。

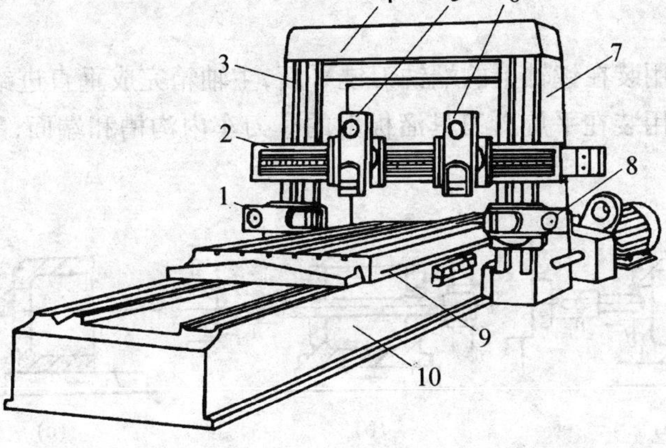

1,5,6,8 – 刀架；2 – 横梁；3,7 – 立柱；4 – 顶梁；9 – 工作台；10 – 床身

图 3 – 21 龙门刨床

3. 平面磨床

平面磨床主要用砂轮旋转来磨削工件的平面以使其可达到要求的平面度。根据砂轮主轴位置和工作台的形状组合不同，平面磨床分为卧轴矩台平面磨床、卧轴圆台平面磨床、立轴矩台平面磨床、立轴圆台平面磨床和双端面磨床。如图 3 – 22 所示。

4. 镗床

(1) 卧式铣镗床 卧式铣镗床又称万能镗床，除镗孔外，还可以进行铣削、钻孔、扩孔、铰孔、车端面和车螺纹等。因此，卧式铣镗床能在工件一次装夹中完成大部分或全部加工工序。其加工方法如图 3 – 23 所示。

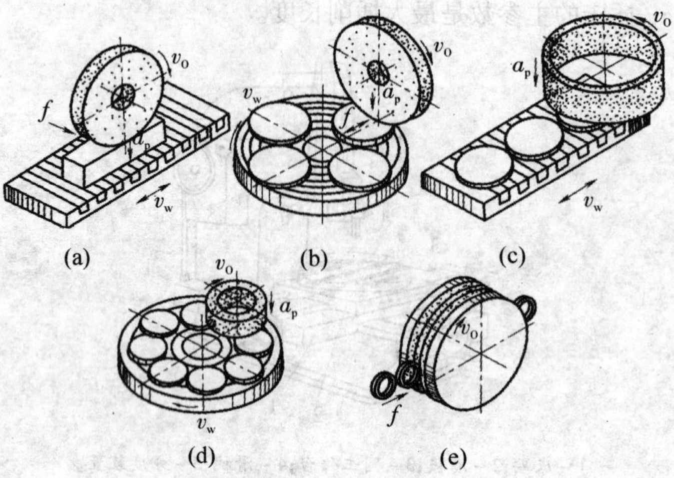

图 3-22 平面磨床类型

(a)卧轴矩台平面磨床磨削;(b)卧轴圆台平面磨床磨削;(c)立轴矩台平面磨床磨削;
(d)立轴圆台平面磨床磨削;(e)双端面磨床磨削

图 3-23(a)为用装在镗轴上的悬伸刀杆镗孔,由镗轴移动完成纵向进给运动(f_1);

图 3-23(b)为利用后立柱支承长刀杆镗削同一轴线上的孔,工作台完成纵向进给运动(f_3);

图 3-23(c)为用装在平旋盘上的悬伸刀杆镗削大直径的孔,工作台完成纵向进给运动(f_3);

图 3-23(d)为用装在镗轴上的端铣刀铣平面,主轴箱完成垂直进给运动(f_2);

图 3-23(e)为用装在平旋盘刀具溜板上的车刀车内沟槽和端面,刀具溜板作径向进给运动(f_4)。

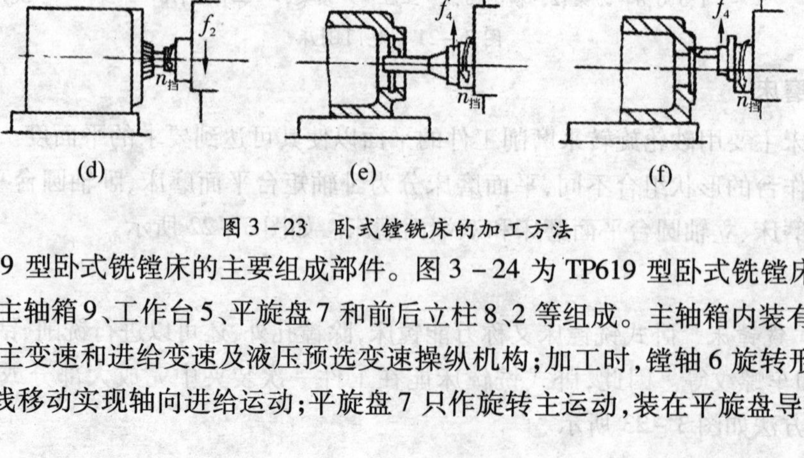

图 3-23 卧式镗铣床的加工方法

1)TP619 型卧式铣镗床的主要组成部件。图 3-24 为 TP619 型卧式铣镗床的外形图。它由床身 1、主轴箱 9、工作台 5、平旋盘 7 和前后立柱 8、2 等组成。主轴箱内装有主轴部件 6 和平旋盘 7、主变速和进给变速及液压预选变速操纵机构;加工时,镗轴 6 旋转形成主运动,并可沿其轴线移动实现轴向进给运动;平旋盘 7 只作旋转主运动,装在平旋盘导轨上的径向刀具溜板，除了随平旋盘一起旋转外，还可沿导轨移动作径向进给运动；主轴箱 9 可沿前立柱 8 的垂直导轨作上下移动，以实现垂直进给运动。工作台由下滑座 3、上滑座 4 和工作台 5 组成，工件装夹在工作台上，并可绕垂直轴线在导轨上回转（转位），以及随上滑座 4 沿下滑座 3 的导轨作横向移动（横向进给运动），随下滑座沿床身导轨作纵向移动（纵向进给运动）。装在后立柱 2 垂直导轨上可以上下移动的后支承架，用以支承长镗杆的悬伸端，以增加其刚性。后立柱可沿床身导轨调整纵向位置，以适应支承不同长度的镗杆。

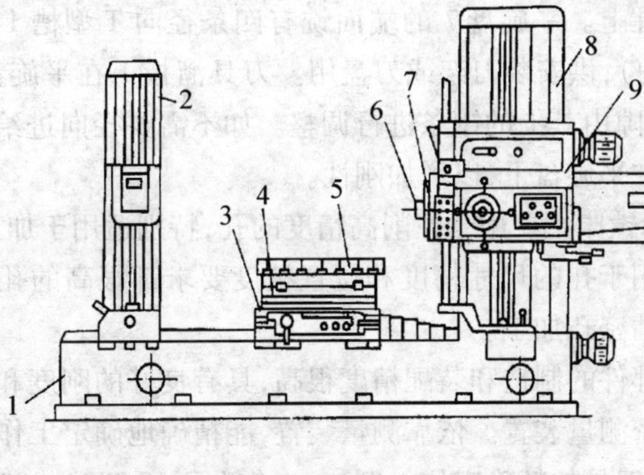

1－床身；2－后立柱；3－下滑座；4－上滑座；5－工作台；6－主轴

7－平旋盘；8－前立柱；9－主轴箱

图 3－24 TP619 型卧式铣镗床外形图

2）主轴部件结构。

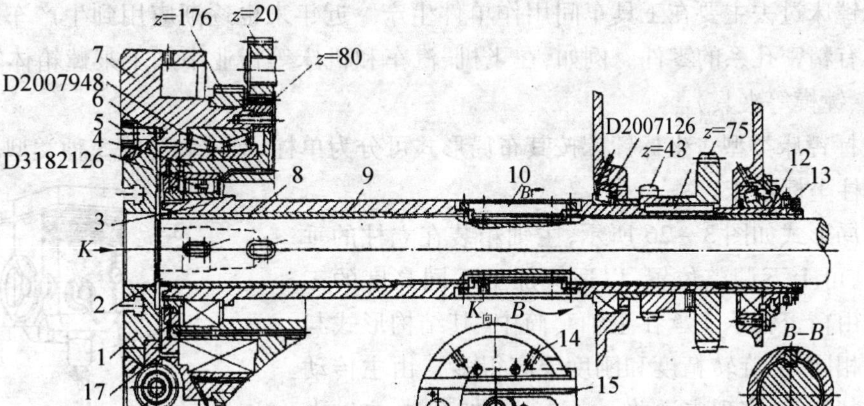

1－平旋盘刀具溜板；2－镗轴；3－镗轴套筒；4－法兰盘；5－螺塞；6－销钉；7－平旋盘；8－前支承衬套；9－前支承衬套；

10－滑键；11－平键；12－后支承衬套；13－调整螺母；14－径向 T 型槽；15－T 型槽；16－蜗杆；17－齿条

图 3－25 TP619 型卧式铣镗床主轴部件结构

TP619 型卧式铣镗床主轴部件的结构如图 3－25 所示，镗轴 2 由压入镗轴套筒 3 两端的前支承衬套 8、9 和后支承衬套 12 来支承，以保证有较高的回转精度并允许镗轴 2 作轴向进给运动。镗轴套筒 3 采用三支承结构，前支承为 D3182126 型双列向心圆柱滚子轴承，中间及后支承为D2007126型圆锥滚子轴承，直接安装在箱体孔中，主轴前端有一精密的1:20锥孔，用于装夹刀具或镗杆；还铣有两个腰形孔a和b，孔b用于卸刀具，孔a用于镗孔或倒刮端面时用楔块楔紧镗杆。镗轴2的旋转运动由z=75或z=43齿轮传动，通过平键11使镗轴套筒3获得旋转运动后，经两个对称分布的、起导向作用的滑键10（它与镗轴2上的两个长键槽相配合）传递转矩，使镗轴获得旋转运动。

法兰盘4固定在箱体上，平旋盘7通过特制的D2007948双列圆锥滚子轴承支承在法兰盘4上，并由用定位销和螺钉与平旋盘7连接在一起的z=80的齿轮传动。z=176的齿轮空套在平旋盘7的外圆柱上。平旋盘7的端面铣有四条径向T型槽14，刀具溜板1上铣有两条T型槽15（K向视图），供安装刀架或刀盘用。刀具溜板1在平旋盘7的燕尾导轨上作径向进给运动，导轨的间隙由其上的镶条进行调整。如不需要径向进给时，可用螺塞5通过销钉6将刀具溜板锁紧在平旋盘上，以增加刚性。

(2)坐标镗床　坐标镗床主要用于镗削高精度的孔，特别适用于加工相互位置精度很高的孔系。坐标镗床主要用于孔的尺寸精度和位置精度要求都很高的孔系加工。例如钻模、镗模和量具等零件上的精密孔加工。

坐标镗床除主要零部件的制造和装配精度很高，具有良好的刚度和抗振性外，其主要特点是具有坐标位置的精密测量装置。依靠测量装置，能精确地确定工作台、主轴箱等移动部件的位移量，实现工件和刀具的精确定位。例如，工作台面宽200~300 mm的坐标镗床，坐标定位精度可达0.002 mm。坐标镗床除镗孔外，还可进行钻、扩、铰孔及铣端面和沟槽等加工。此外，因其具有很高的定位精度，故还可用于精密刻线、划线，孔距及直线尺寸的精密测量等。所以，坐标镗床是一种用途广泛的精密机床。

坐标镗床过去主要在工具车间用作单件生产。近年来也逐渐应用到生产车间中，成批地加工具有精密孔系的零件。例如，在飞机、汽车和机床等行业中加工某蝗箱体零件（可以省掉钻模、镗模等夹具）。

1)坐标镗床类型。坐标镗床按其布局形式可分为单柱、双柱和卧式3种类型。

a.单柱坐标镗床。

其布局形式如图3-26所示，主轴箱装在立柱的垂直导轨上，可上下调整位置，以适应加工不同高度的工件。主轴由精密轴承支承在主轴套筒中（其结构形式与钻床主轴相同，但旋转精度和刚度要高得多），由主传动机构传动其旋转，实现主运动。当进行孔加工时，主轴由主轴套筒带动，在垂直方向作机动或手动进给运动。镗孔坐标位置由工作台沿床鞍导轨的纵向移动和床鞍沿床身导轨的横向移动来确定。当进行铣削时，则由工作台在纵向或横向移动来完成进给运动。单柱式一般为中、小型机床（工作台面宽度小于630 mm）

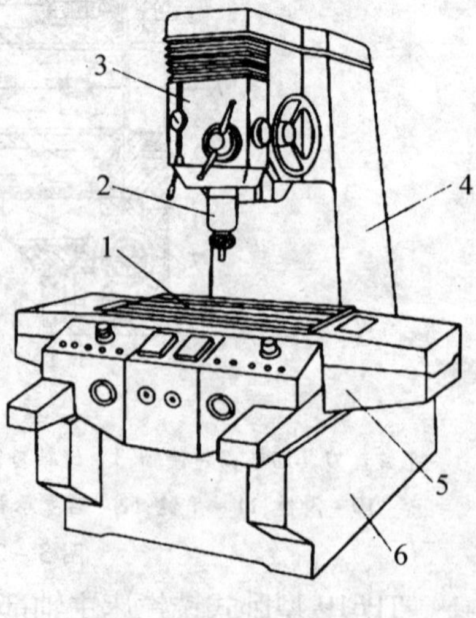

1-工作台;2-主轴;3-主轴筒;
4-立柱;5-床鞍;6-床座
图3-26　单柱坐标镗床

b.双柱坐标镗床。

这类坐标镗床具有两个立柱、顶梁和床身构成的龙门框架，其结构如图3-27所示，主轴箱装在可沿立柱导轨上下调整位置的横梁2上,工作台支承在床身导轨上。镗孔坐标位置由主轴箱沿横梁导轨移动和工作台沿床身导轨移动来确定。双柱式一般为大、中型机床。

c. 卧式坐标镗床。

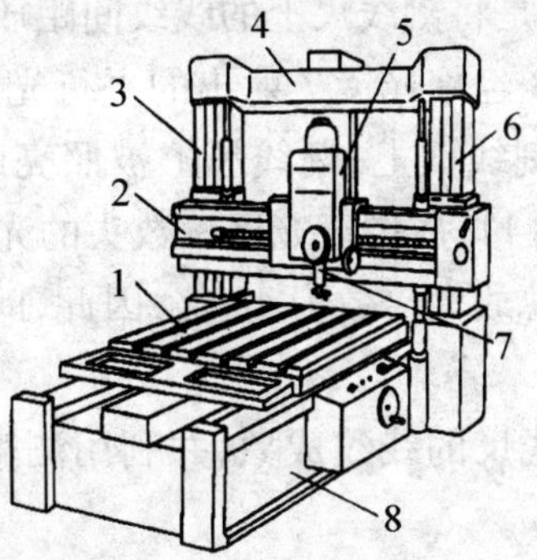

1-工作台;2-横梁;3、6-立柱;4-顶梁;5-主轴箱;7-主轴;8-床身

图3-27 双柱坐标镗床

这类镗床的特点是主轴水平布置,如图3-28所示。装夹工件的工作台由下滑座1、上滑座2及可作精密分度的回转工作台3组成。镗孔坐标由下滑座沿床身导轨的纵向移动和主轴箱沿立柱导轨的垂直方向移动来确定。进行孔加工时,可由主轴轴向移动完成进给运动,也可由上滑座移动完成。卧式坐标镗床具有较好的工艺性能,工件高度不受限制,且装夹方便,利用工作台的分度运动,可在工件一次装夹中完成多方向孔与平面等加工。所以,近年来这类坐标镗床应用越来越广泛。

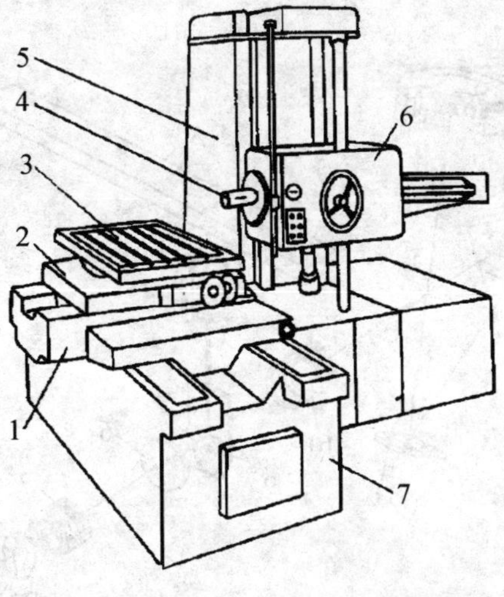

1-下滑座;2-上滑座;3-回转工作台;4-主轴;5-主柱;6-主轴箱;7-床身

图3-28 卧式坐标镗床

2)坐标测量装置。坐标测量装置的种类很多,并且随着科学技术的进步在不断发展,以实现更高的定位精度。下面主要介绍目前坐标镗床上应用最普遍的一种测量装置。

精密刻线尺-光屏读数器坐标测量装置。这种测量装置主要由精密刻线尺、光学放大装置和读数头三部分组成。图3-29为T4145型单柱坐标镗床工作台位移光学测量装置的工作原理。刻线尺 3 是测量位移的基准元件，由线膨胀系数小、不易氧化生锈的合金金属或玻璃制成，上面刻有一条条间隔为 1 mm 的线纹，刻线尺装在工作台底面上的矩形槽中，刻线尺的刻线面向下，其一端与工作台保持连接，并随工作台一起作纵向移动。光学放大装置包括光源和各种光学镜头，其作用是将刻线尺上的线纹间距放大，投影在光屏读数器上。光学放大装置装在床鞍上。由光源 8 经聚光镜 7 射出的平行光束，通过滤色镜片 6、反光镜 5 和前组物镜 4 投射到刻线尺 3 的刻线面上，刻线尺上被照亮的线纹，通过前组物镜 4、反光镜 9、后组物镜 10、反光镜 13、12 和 11，成像于光屏读数头的光屏 1 上，通过目镜 2 可以清晰地观察到放大的线纹像。物镜的总放大倍数为 40 倍，因此，间距为 1 mm 的刻线尺线纹，投影在光屏上的距离为 40 mm。

光屏读数头的作用是使刻线尺的线纹成象，并利用测微装置精确地读出移动部件的位移量，读数精度通常为 0.001 mm。

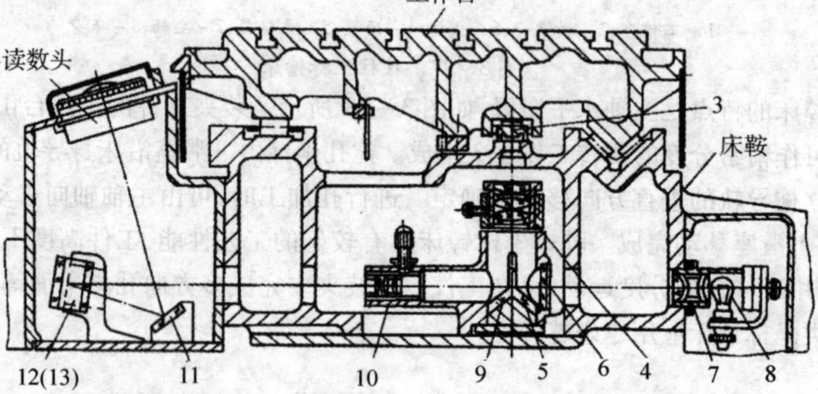

(a)

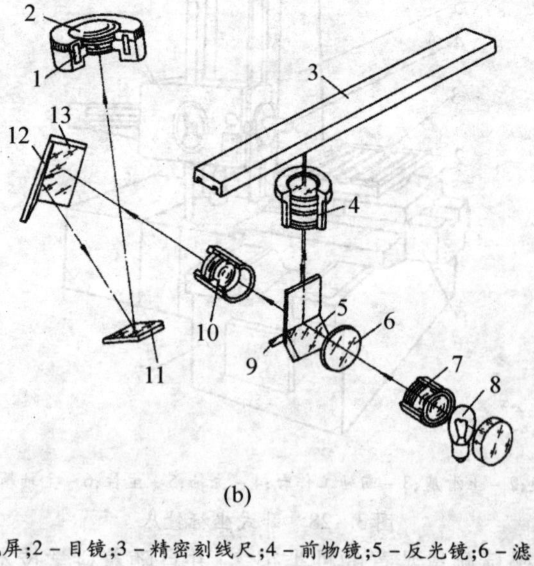

(b)

1－光屏；2－目镜；3－精密刻线尺；4－前物镜；5－反光镜；6－滤色镜；
7－聚光镜；8－光源；9－反光镜；10－后物镜；11、12、13－反光镜

图 3－29　T4145 型坐标镗床工作台纵向移动光学测量装置

(a)工作台；(b)光学放大装置

光屏读数头的光屏上，刻有 0～10 共 11 组等距离的双刻线(图 3－30)，相邻两刻线之间

的距离为 4 mm,这相当于刻线尺 3 上的距离为 4 ×1/40 =0.1 mm。光屏 1 镶嵌在可沿滚动导轨 17 移动的框架 16 中。由于弹簧 18 的作用,框架 16 通过装在其一端孔中的钢球 19,始终顶紧在阿基米德螺旋线内凸轮 14 的工作表面上。用刻度盘 15 带动内凸轮 14 转动时,可推动框架 16 连同光屏 1 一起沿着垂直于双刻线的方向作微量移动。刻度盘 15 的端面上,刻有 100 格圆周等分线。当其每转过一格时。内凸轮 14 推动光屏移动 0.04 mm,这相当于刻线尺(亦即工作台)的位移量为 0.04 ×1/40 mm =0.001 mm。

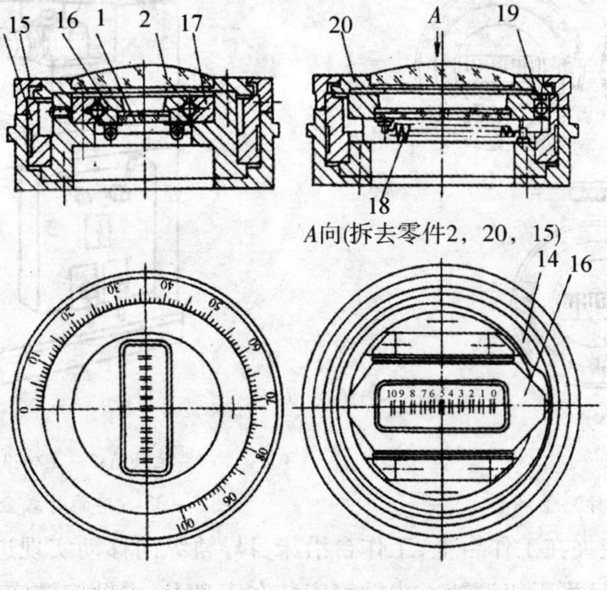

1 - 光屏;2 - 目镜;14 - 内凸轮;15 - 滚花刻度盘;16 - 框架;17 - 支承块;18 - 弹簧;19 - 钢球;20 - 盖

图 3 - 30 光屏读数头

例如:设加工图 3 - 31 所示零件上的孔 2,试进行坐标测量。

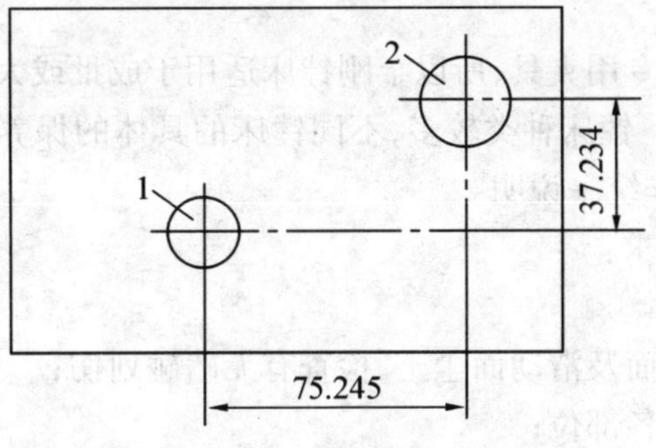

图 3 - 31 零件上孔的坐标位置图

解:首先以孔 1 的中心线为坐标原点,进行零位调整(即将镗杆位于孔 1 正中),将刻度盘 15 刻线对准零位,并将光屏 1 的双刻线处于“0”正中(图 3 - 32(a)),根据工作台上粗读数标尺纵向移动 75 mm,再边移动工作台边观察读数头的光屏 1,使线纹像移至双刻线“2”组的正中,这时,工作台已纵向移动了 75.2 mm(图 3 - 32(b)),最后将读数头上的刻度盘 15 转过 45 格,使光屏上双刻线偏离“2”组的正中,然后微量移动工作台使其线纹象再回到“2”组的正中(图 3 - 32(c))。这样,工作台的纵向坐标移动量为 75.245 mm。

(3) 金刚镗床 为提高孔的加工精度和表面质量,加工时应采用较小的切削深度和进给量，同时提高切削速度。为适应高速切削要求，过去曾采用金刚石镗刀进行加工。使用金刚石镗刀的机床结构、性能也有了相应的变化，称为金刚镗床，它是一种精加工机床。硬质合金刀具获得应用以后，已不在使用价格昂贵的金刚石刀具。

金刚镗床主要有卧式和立式两种类型。图 3－33 为单面卧式金刚镗床。

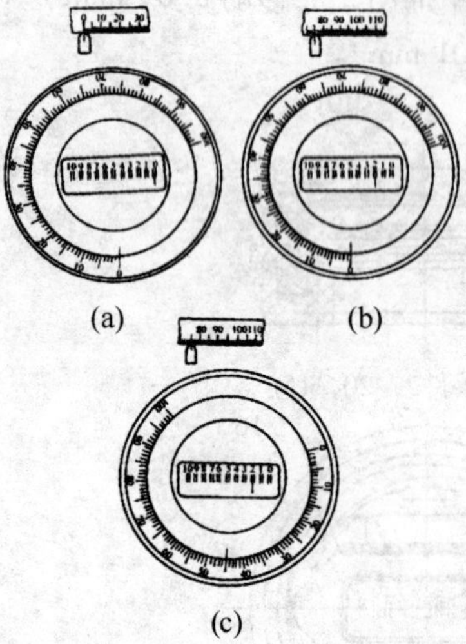

图 3－32　坐标测量调整示例

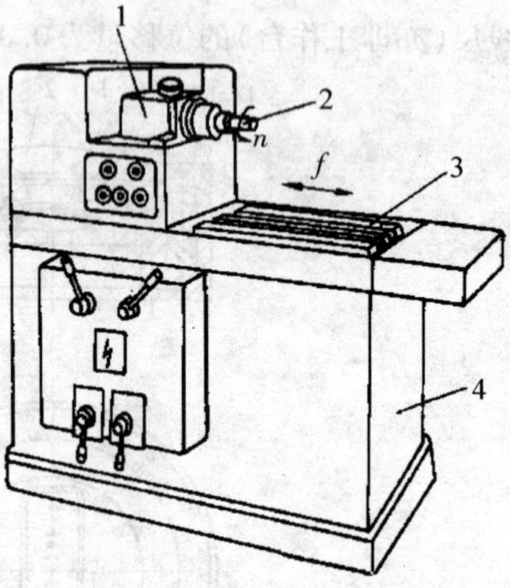

1－主轴箱；2－主轴；3－工作台；4－床身

图 3－33　单面卧式金刚镗床外形图

工件通过夹具装夹在工作台上，工作台沿床身导轨纵向移动实现进给运动，一般采用液压驱动，使运动平稳且可无级调速。主轴箱安装在床身上，主轴旋转实现主运动。主轴由电动机经带传动旋转，运动平稳，主轴短而粗，主轴组件具有较高的刚度和旋转精度，因此，加工时可获得较高的尺寸精度（0.003～0.005 mm）和很高的表面质量（表面粗糙度 Ra 一般为 0.16～1.25 μm）。

使用金刚镗床一般需专用夹具，所以金刚镗床适用于成批或大量生产。

（4）镗床的维护保养　镗床种类较多，不同镗床的具体的保养内容自然也有所区别，这里将卧式镗床、落地镗床作统一说明。

1）日常保养内容和要求：

a. 班前保养。

擦净机床外露导轨表面及滑动面尘土，检查有无磕碰划伤；

按润滑图表规定润滑各部位；

检查各操作手把，手柄和档铁位置，有仪表机床的检查仪表读数；

空车试运转。

b. 班后保养。

清扫铁屑，擦拭各部位，部件归位。

2）一级保养内容和要求：

a. 机床外表和床身保养。

擦拭机床外表、罩盖及附件，要求内外清洁，无锈蚀；

擦拭丝杠、齿条、齿轮或链条等传动件；

检查并补齐手柄、联接件和油杯。

b. 传动系统及工作台保养。

检查各传动机械是否正常；

拆洗平旋盘，调整档铁和夹条间隙；

检查电机皮带、夹紧机构，以及平衡锤钢丝坚固情况；

清洗工作台、光杠、丝杠，要求无油污；

修整导轨或锥孔、套筒表面的毛刺。

c. 润滑与冷却保养。

检查油质、油量、油位，清洗油阀、油毡、油池，要求油量充足、油路畅通、油窗清晰；

清洗过滤器、冷却泵、冷却箱，达到管路畅通无泄漏；

检查液压系统、调整工作压力。

d. 电器保养。

电器的维护保养需由电工进行，清扫电器，检查及接地是否安全可靠，保养数显装置，保持准确可靠。

六、箱体类零件的检验

1. 箱体类零件的主要检验项目

1)各加工表面的表面粗糙度以及外观；

2)孔距精度；

3)孔与平面的尺寸精度及形状精度；

4)孔系的位置精度(孔轴线的同轴度、平行度和垂直度，孔轴线与平面的平行度、垂直度等)。

表面粗糙度值，一般采用与标准样块比较或目测评定，还可用专用测量仪检测。外观检查只需根据工艺规程检查完工情况及加工表面有无缺陷即可。孔的尺寸精度一般采用塞规检验，也可用内径千分尺和内径千分表等进行检验；若精度要求很高时，也可用气动量仪检验。平面的直线度可用平尺和塞尺检验，也可用水平仪与桥板检验；平面的平面度可用水平仪与桥板检验或标准平板涂色检验。

2. 常用检测形式

(1)平台检测　平台测量是将箱体放在平台上，使用千斤顶、检验心轴、卡尺、千分尺、块规及各种专用量具测量。平台测量是目前工厂使用最广泛的箱体加工测量方法。

(2)三坐标测量机　三坐标测量机是一种先进的质量控制设备，它可以测量各种零件的形状尺寸、孔距。测量方法简单可靠、容易掌握，并能迅速获得测量结果。与操作复杂、繁琐，需要大量专用测量工具而又费时的传统检测方法相比，三坐标测量机的测量过程简单、操作轻便灵活、舒适、精度高。用三坐标测量机对箱体进行检验可以大大提高对箱体的测量精度和测量效率。

3. 平台检测的主要项目检验方法及量具

(1)孔的尺寸精度及几何形状测误差的测量　箱体零件上孔的检测项目主要是孔的圆

度误差、圆柱度误差和尺寸精度，检验的方法可以以最小包容区域来度量，如图 3－34 所示，其中 f 为圆柱度公差值。

孔径尺寸测量。对于单件小批量生产用内径千分尺、内径百分表，该方法可确定误差数据，而大批量生产多用塞规。以塞规的通端和止端的尺寸分别代表孔的最大和最小极限尺寸，也可以塞规来对孔进行作用尺寸的测量。孔圆度测量箱体较小时，可在圆度仪上测量，箱体较大时可用三脚内径规测量。

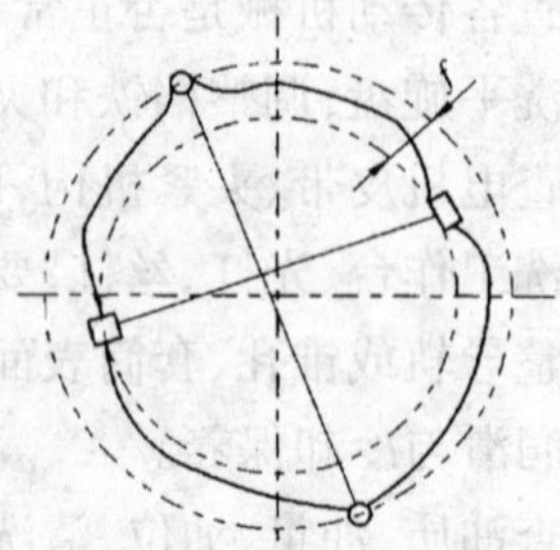

图 3－34　圆柱度误差的最小包容区域

(2) 平面的几何精度测量

1) 平面度误差的测量。箱体上平面度误差的检验主要为装配的对合面及装配底面。检验的方法可以采用最小包容区域来度量，如图 3－35 所示。采用的量具为刀口尺和百分表组合进行测量，对得到的大量数据进行处理。

生产实际中常采用涂色法进行平面度的检测，先是将待测表面涂蓝，以标准量具或标准平面进行对研，以平面上亮点来度量平面的平面度。一般情况下每 25 mm × 25 mm 内研点应控制为 8～10 个。

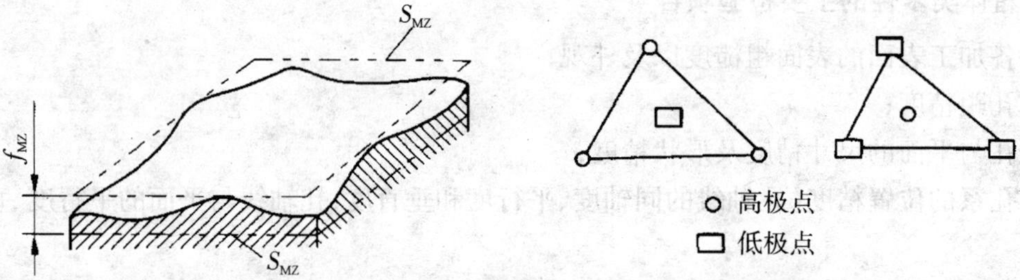

图 3－35　平面度误差的最小包容区域

2) 直线度误差的检验。平面的直线度误差可以用平尺和塞尺检验。

(3) 孔的位置度误差的测量　箱体上孔的误差的测量主要是孔的位置误差的测量，它体现在孔与孔之间的同轴度误差、平行度误差及孔端面的垂直度误差。

1) 孔轴线平行度检测。孔与孔轴线之间的平行度检验如图 3－36 所示，将被测箱体放在平台上安装心轴由千斤顶顶起。基准轴线及被测轴线都用心轴模拟。

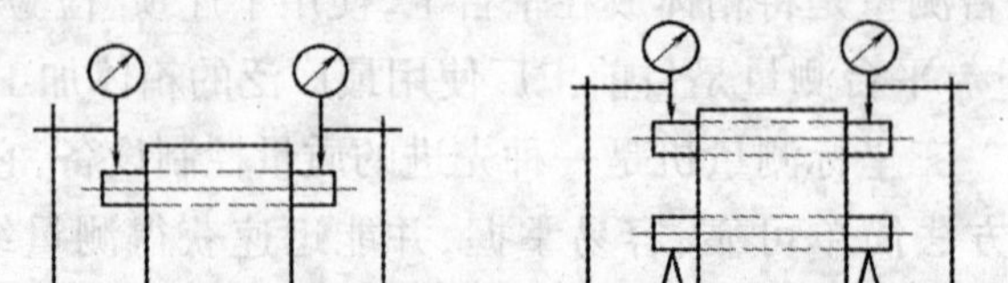

图 3－36　孔轴线平行度检测

(a) 孔轴线对基面的平行度测量方法；(b) 孔轴线之间的平行度

2) 孔系同轴度误差的检测。成批生产常用综合量规检验，综合量规的直径应为孔的实效尺寸，当它能通过被测零件的同轴线孔，同轴度合格。单件小批量生产时，可用图 3－37 所示心轴配合检验套测量。如果要测定同轴度的偏差值时，可用检验心轴和百分表测量，如图 3－38 所示。

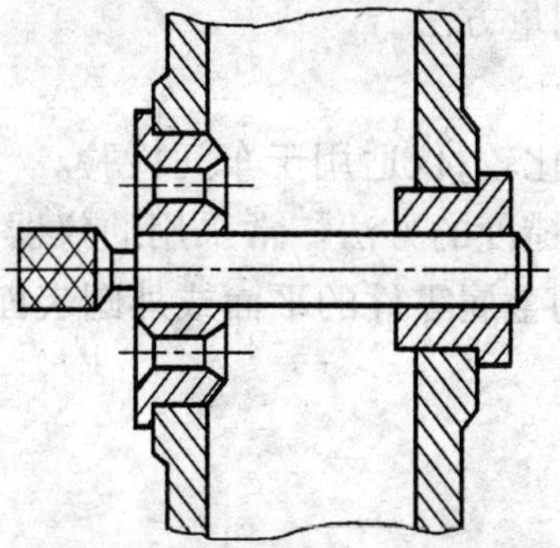

图 3－37　用检验棒与检验套检验孔系的同轴度

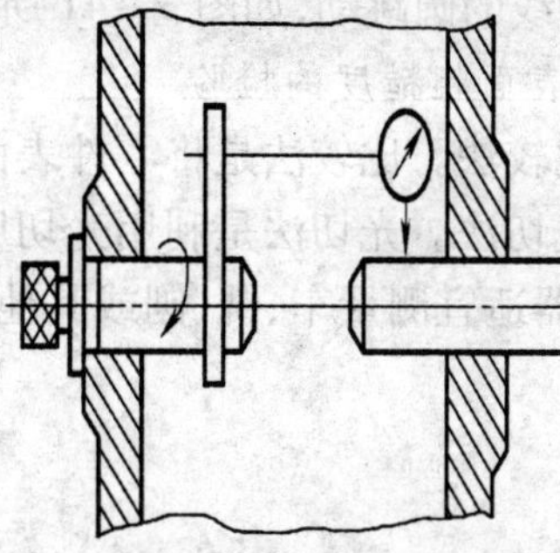

图 3－38　用检验棒及百分表检验同轴度偏差

3）孔轴线与端面垂直度误差的检验。孔轴线与端面垂直度误差的检验可用图 3－39 所示两种方法进行。

图 3－39（a）为在心轴上装百分表，旋转一周即可确定孔轴心线与端面的垂直度误差；

图 3－39（b）为心轴上带有检验盘，可用着色法或厚薄规检查间隙 Δ，从而确定孔轴心线与端面的垂直度误差。

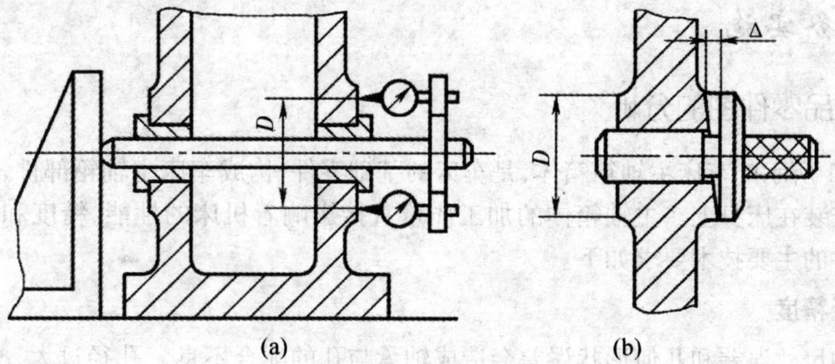

图 3－39　孔轴线与端面垂直度的检验

（a）百分表检验；（b）着色法检验

4）孔距的测量。孔距的测量方法如图 3－40 所示两种方法进行。

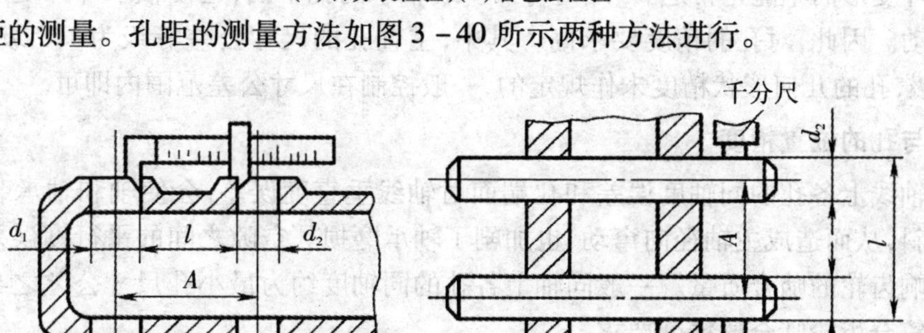

图 3－40　孔距的检验

（a）游标卡尺检验；（b）心轴与千分尺检验

图3－40(a)是用游标卡尺测量，孔距 $A = L + 1/2(d_1 + d_2)$。

图3－40(b)是用心轴与千分尺测量，孔距 $A = L - 1/2(d_1 + d_2)$。

实际生产中，孔间的同轴度误差、平行度误差及与端面的垂直度误差检主要是测量相关表面或轴线的圆跳动，如图3－41所示为圆跳动的测量方法。

(4)表面粗糙度的检验

1)比较法。比较法是将零件表面与粗糙度样板比较，仅适用于车间检验。

2)光切法。光切法是利用光切原理测量表面粗糙度的方法。常采用的仪器是光切显微镜，该仪器适宜测量车、铣、刨或其他类似方法加工的金属零件的平面或外圆表面。

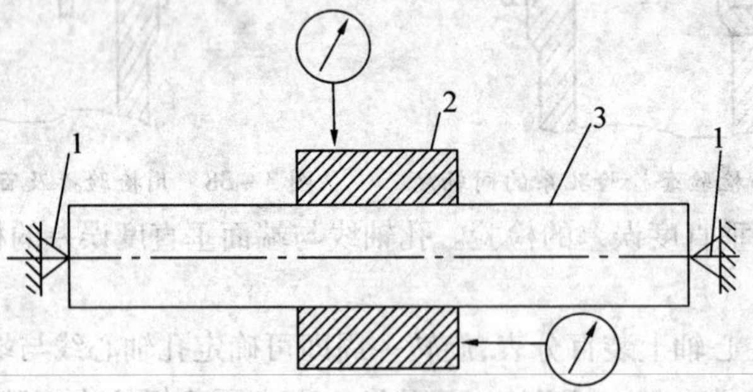

1－顶尖;2－被测零件;3－心轴

图3－41　圆跳动测量

任务实施

一、产品零件图的分析

图3－1所示的车床主轴箱箱体，是车床的基础零件，构成车床主轴箱部件，依靠箱体的基准平面安装在床身上。主轴箱体的加工质量直接影响着机床的性能、精度和寿命。该主轴箱体零件的主要技术要求如下。

1. 孔径精度

孔径的尺寸误差和几何形状误差会造成轴承与孔的配合不良。孔径过大，配合过松，使主轴回转轴线不稳定，并降低了支承刚度，易产生振动和噪音；孔径太小，会是配合过紧，轴承将因外环变形而不能正常运转，缩短寿命。装轴承的孔不圆，也使轴承外环变形而引起主轴径向跳动。因此，对孔的精度要求高。其中，主轴孔的尺寸公差等级为IT6级，其余孔为IT6～IT7级，孔的几何形状精度未作规定的，一般控制在尺寸公差范围内即可。

2. 孔与孔的位置精度

同一轴线上各孔的同轴度误差和孔端面对轴线垂直度误差，会使轴和轴承装配到箱体内出现歪斜，从而造成主轴径向窜动，也加剧了轴承磨损。空隙之间的平行度误差和中心距误差会影响齿轮的啮合质量。一般同轴上各孔的同轴度约为最小孔尺寸公差之半。中心距的精度应符合齿轮啮合的精度要求。

3. 孔和平面的位置精度

主轴孔和主轴箱安装基面的平行度决定了主轴和车床导轨的相互位置关系。这项精度是在总装时通过刮研来达到的，为了减少刮研工作量，一般都要规定主轴轴线对安装基面的平行度公差。在垂直和水平两个方向上,只允许主轴前端向上和向前偏。

4. 主要平面的精度

装配基面的平行度影响主轴箱与床身连接时的接触刚度,加工过程中作为定为基面则会影响主要孔的加工精度。因此规定底面和导向面必须平直,用途色法检查接触面积或单位面积上的接触点来平衡平面度的精度。顶面的平面度要求是为了保证箱盖的密封性,防止工作时润滑油泻出。当大批量生产将其顶面用做定为基面加工孔,这时对平面度要求还要提高。

5. 表面粗糙度

重要孔和主要平面的粗糙度会影响连接面的配合性质。一般主轴孔 Ra 值为 0.8 μm,其他各纵向孔 Ra 值为 1.6 μm,孔的内端面 Ra 值为 3.2 μm,装配基准面和定位基准面 Ra 值为 2.5 ~10 μm。

二、材料、毛坯的确定

车床主轴箱是车床的基础零件,且形状复杂、壁薄且不均匀,内部呈腔形,加工部位多,加工难度大,既有精度要求较高的孔系和平面,也有许多精度要求较低的紧固孔。

采用铸造毛坯;

材料为灰口铸铁,材料牌号 HT200;

生产类型:小批生产。

三、定位基准的选择

1. 粗基准的选择

粗基准的选择应在保证各加工面余量的前提下,保证重要表面的余量均匀。一般选择主轴孔为粗基准。在中小批量生产中,毛坯精度较低,一般采用划线找正安装工件。在大批量生产时,毛坯精度较高,可直接以主轴孔为粗基准在专用夹具上定位。

2. 精基准的选择

主轴加工的精基准按基准重合原则和基准统一原则选择,通常优先考虑基准统一原则。

1)在中小批量生产时,以箱体底面导轨 B,C 面为基准定位,符合基准重合原则,装夹误差小。加工时,箱体开口朝上,便于安装调整、观察测量。但加工箱体中间壁上的孔时,需要加中间导向支承。因此这种定位方式是适用于单件小批生产。

2)在大批量生产中,按基准统一原则,采用顶面 A 及两个销孔(一面两孔)作定为基面。这种定位方式,加工时箱体口朝下安装。这时中间导向支承架可以紧固在夹具体上,解决了挂架方式的问题,工件装卸方便,易于实现加工自动化。其不足之处是存在基准不重合误差,且加工过程不易观察。

四、加工工艺路线的拟定

1. 主要表面加工方法的选择

1)主要平面的加工,对于中、小件,一般在牛头刨床或普通铣床上进行;对于大件,一般在龙门刨床或龙门铣床上进行；在大批、大量生产时，多采用铣削；当生产批量大且精度又较高时可采用磨削；单件小批生产精度较高的平面时，除一些高精度的箱体仍需手工刮研外，一般采用宽刃精刨；当生产批量较大或为保证平面间的相互位置精度，可采用组合铣削和组合磨削。

2）箱体支承孔的加工，对于直径小于 50 mm 的孔，一般不铸出，可采用钻－扩（或半精镗）－铰（或精镗）的方案。对于已铸出的孔，可采用镗削。

2. 工艺过程的拟定

（1）先面后孔的加工顺序　箱体主要是由平面和孔组成，平面和孔系的加工是箱体的主要加工表面。先加工平面，后加工孔，因为主要平面是箱体往机器上的装配基准，先加工主要平面后加工支承孔，使定位基准与设计基准和装配基准重合，从而消除因基准不重合而引起的误差。另外，先以孔为粗基准加工平面，再以平面为精基准加工孔，这样，可为孔的加工提供稳定可靠的定位基准，并且加工平面时切去了铸件的硬皮和凹凸不平，对后续孔的加工有利，可减少钻头引偏和崩刃现象，对刀调整也比较方便。

（2）粗、精加工分阶段进行　粗、精加工分开的原则：对于刚性差、批量较大和要求精度较高的箱体，一般要粗、精加工分开进行，即在主要平面和各支承孔的粗加工之后再进行主要平面和各支承孔的精加工。这样，可以消除由粗加工所造成的内应力、切削力、切削热和夹紧力对加工精度的影响，并且有利于合理地选用设备，同时，可以及时发现毛坯的缺陷，避免造成浪费。

（3）合理安排热处理工序　箱体毛坯铸造之后应安排一次人工时效处理。对高精度或形状特别复杂箱体，应在粗加工之后，再安排一次人工时效处理。

五、车床主轴箱箱体工艺规程的编制

根据决策、计划阶段所制定的方案，让学生以小组的形式，结合生产组织类型，编制出单件小批生产和大批大量生产时车床主轴箱箱体的机械加工工艺过程，如表 3－6 和表 3－7 所示。

六、车床主轴箱的工艺验证

车床主轴箱结构复杂，不能在机械加工中心实施零件实体加工，箱体工艺验证可以在校外实训基地进行，学生以小组的形式分配到一个或几个实习工厂，跟踪箱体零件加工的全过程，并详细记录，做好资料整理、归档工作。

表 3－6　某主轴箱体单件小批生产工艺过程

序号	工序内容	定位基准
1	铸造	
2	人工时效	
3	漆底漆	
4	划线：考虑主轴孔有加工余量，并尽量均匀。划 C，A 及 E，D 面加工线	
5	粗、精加工顶面 A	按线找正

续表

序号	工序内容	定位基准
6	粗、精加工 B,C 面及侧面 D	顶面 A 并校正主轴线
7	粗、精加工两端面 E,F	B,C 面
8	粗、半精加工各纵向孔	B,C 面
9	精加工各纵向孔	B,C 面
10	粗、精加工各横向孔	B,C 面
11	加工螺纹孔及各次要孔	
12	清洗、去毛刺、倒角	
13	检验	
14	入库	

表 3-7　某主轴箱大批大量生产工艺过程

序号	工序内容	定位基准
1	铸造	
2	人工时效	
3	漆底漆	
4	铣顶面 A	Ⅰ孔和Ⅱ孔
5	钻、扩、铰 2 – ϕ8H7 工艺孔（将 6 – M10 先钻至 ϕ7.8mm，铰 2 – ϕ8H7）	顶面 A 及外形
6	铣两端面 E,F 及前面 D	顶面 A 及两工艺孔
7	铣导轨面 B,C	顶面 A 及两工艺孔
8	磨顶面 A	导轨面 B,C
9	粗镗各纵向孔	顶面 A 及两工艺孔
10	精镗各纵向孔	顶面 A 及两工艺孔
11	精镗主轴孔 I	顶面 A 及两工艺孔
12	加工横向孔及各面上的次要孔	
13	磨 B,C 导轨面及前面 D	顶面 A 及两工艺孔
14	将 2 – ϕ8H7 mm 工艺孔及 4 – ϕ7.8 mm 孔均扩至 ϕ8.5 mm，攻6 – M10 mm 内螺纹	
15	清洗，去毛刺、倒角	
16	检验	
17	入库	

请沿此线剪下

资讯单

学习领域	零件加工工艺编制与实施		
学习情境三	箱体类零件加工工艺编制与实施	学时	24
资讯方式	学生自由组合分成4个小组，每组选出1名组长，各组根据任务单和资讯单查询资料，完成必要的信息搜集，找出相关问题的答案，每组准备发言。		
资讯问题	1. 分析箱体类零件的功用和结构特点。 2. 分析箱体类零件的技术要求、材料与毛坯。 3. 如何选择箱体类零件的定位基准和装夹方法？ 4. 箱体类零件平面和孔系的加工方法和加工方案是什么？ 5. 分析箱体类零件的加工要求及工艺性。 6. 简述编制车床主轴箱箱体零件机械加工工艺过程。 7. 箱体类零件的主要检验项目有哪些？ 8. 如何选择箱体类零件加工设备、刀具和夹具？		
资讯引导	以上资讯问题请查阅以下书籍： 1.《机械制造工艺与工装》，主编：何七荣，高等教育出版社。 2.《车工工艺与技能训练》，主编：蒋增福，高等教育出版社。 3.《机械制造工艺》，主编：孔凡杰，大连理工大学出版社。 4.《金属机械加工工艺人员手册》，主编：赵如福，上海科学技术出版社。 5.《金属切削原理与刀具》，主编：陆剑中，周志明，机械工业出版社。		

请沿此线剪下

请沿此线剪下

请沿此线剪下

决策单

<table>
<tr><td>学习领域</td><td colspan="7">零件加工工艺编制与实施</td></tr>
<tr><td>学习情境三</td><td colspan="3">箱体类零件加工工艺编制与实施</td><td>学 时</td><td colspan="3">24</td></tr>
<tr><td colspan="8">方案讨论</td></tr>
<tr><td rowspan="6">方案对比</td><td>组号</td><td>工作流程的正确性</td><td>知识运用的科学性</td><td>内容的完整性</td><td>方案的可行性</td><td>人员安排的合理性</td><td>综合评价</td></tr>
<tr><td>1</td><td></td><td></td><td></td><td></td><td></td><td></td></tr>
<tr><td>2</td><td></td><td></td><td></td><td></td><td></td><td></td></tr>
<tr><td>3</td><td></td><td></td><td></td><td></td><td></td><td></td></tr>
<tr><td>4</td><td></td><td></td><td></td><td></td><td></td><td></td></tr>
<tr><td>5</td><td></td><td></td><td></td><td></td><td></td><td></td></tr>
<tr><td>方案评价</td><td colspan="7">评语：</td></tr>
</table>

<table>
<tr><td>班级</td><td></td><td>组长签字</td><td></td><td>教师签字</td><td></td><td>月 日</td></tr>
</table>

请沿此线剪下

请沿此线剪下

请沿此线剪下

计划单

学习领域	零件加工工艺编制与实施			
学习情境三	箱体类零件加工工艺编制与实施	学　时	24	
计划方式	分组讨论，制订各组的实施操作计划			
序　号	实施步骤			使用资源
1				
2				
3				
4				
5				
制订计划说明				
计划评价	班　级		第　组	组长签字
	教师签字		日　期	
	评语：			

请沿此线剪下

请沿此线剪下

请沿此线剪下

实施单

学习领域	零件加工工艺编制与实施		
学习情境一	箱体类零件加工工艺编制与实施	学时	24
实施方式	分组实施,按具体的实施情况填写此单		
序号	实施步骤	使用资源	
1			
2			
3			
4			
5			
6			
7			
8			
9			
10			

实施说明:

班　级		第　组	组长签字	
教师签字			日　期	

请沿此线剪下

请沿此线剪下

请沿此线剪下

请沿此线剪下

请沿此线剪下

检查单

学习领域	零件加工工艺编制与实施			
学习情境一	箱体类零件加工工艺编制与实施		学时	24
序号	检查项目	检查标准	学生自检	教师检查
1	目标认知	工作目标明确，工作计划具体结合实际，具有可操作性。		
2	理论知识	掌握常用量具的使用方法，能够进行简单轴类零件加工工艺的编制。		
3	基本技能	能够运用所学的知识进行完整的方案设计，并顺利完成任务。		
4	学习能力	能在教师的指导下自主学习，全面地理解和掌握相关知识和技能。		
5	工作态度	在完成任务过程中积极参与，主动地完成分配的任务。		
6	团队合作	积极地与他人沟通、合作，共同完成工作任务。		
7	工具运用	熟练利用资料单进行自学，学会利用网络进行有关资料的查询。		
8	任务完成	保质保量，按时圆满完成工作任务。		
9	演示情况	能按要求熟练地进行操作，效果好。		
检查评价	班　　级		第　　组	组长签字	
	教师签字			日　　期	

请沿此线剪下

评价单

表一 零件加工工艺编制与实施课程考评表(学生自评表)

评价要点	评价标准			
	优	良	中	差
与完成项目相关的材料是否齐全(20)				
制定的项目工作方案是否及时,完成质量如何(20)				
项目工作方案是否完善,完善情况如何(10)				
项目实施过程中的原始记录是否符合要求(10)				
有关分析任务的实施报告是否符合要求(10)				
出具检测功能是否符合系统设计要求(10)				
课堂汇报是否流利、有见解(10)				
归档文件的条理性、整齐性和美观性(10)				
总计				
改进意见:				

请沿此线剪下

请沿此线剪下

请沿此线剪下 请沿此线剪下 请沿此线剪下

表二　件加工工艺编制与实施课程考评表(教师用表)

考核项目	考核内容	考核要求及评分标准	配分	得分	备注
工艺技术	正确、完整、规范、清晰	编制的工艺切实可行、合理,符合工艺要求,操作安全可靠。(每错1处扣2分,工艺过程零乱扣4分)	20分		
生产成本	机床、刀具、夹具、量具及毛坯选用	工艺装备(机床、工装)、刀具、量具和毛坯选择合理。(每错用1处扣3分,生产成本超出预算扣2分)	20分		
工艺规范性	工艺文件	合理、实用和完整,工艺技术和检测技术先进,操作方便。(每少1项扣2分)	10分		
工艺调试与运行	调试与运行	实施过程中发现问题,能够随时解决,有创新意识。(每少1项功能扣2分)	25分		
工艺说明书	按照项目要求完成	内容表述完整、正确。(每缺1项功能说明扣1分)	5分		
安全文明意识	正确使用设备和工具	设备操作正确,工具使用得当,无操作事故。(发生事故扣10分;违反工艺纪律每次扣2分)	10分		
团队协作精神	小组成员分工协作	每人均有任务,都能完成任务,并积极参与。(不参与者每人扣5分;未能完成任务者每人扣2分)	10分		
总分		评语:			

注:每项扣分最多扣完该项配分为止,加分不限。

请沿此线剪下　请沿此线剪下　请沿此线剪下

表三　零件加工工艺编制与实施课程考评表(学生互评表)

评　价　项　目	评价标准			
	优 8~10	良 6~8	中 4~6	差 2~4
1. 学习态度是否主动,是否能按时保质的完成教师布置的学习任务(10)				
2. 是否完整地记录研讨活动的过程,收集的有关的资料是否完整、有针对性(10)				
3. 能否根据学习资料对项目进行合理分析,制定出切实可靠的加工方法和加工方案(10)				
4. 是否能够完全领会教师的授课内容,并迅速的掌握操作(10)				
5. 是否积极参与各种讨论与演讲,并能清晰的表达自己的观点(10)				
6. 能否按照设计方案独立或合作完成工艺规程(10)				
7. 在验证所编制工艺规程过程中出现的问题能否主动思考,并运用所学的知识进行加以解决(10)				
8. 通过设计、操作训练是否达到要求能力目标(10)				
9. 能否确保安全、可靠与团队合作精神(10)				
10. 实训过程中是否保持整洁、有序和规范的工作环境(10)				
总评				
改进意见:				

知识拓展Ⅰ

一、机械加工精度概述

1. 加工精度与加工误差

加工精度是加工后零件表面的实际尺寸、形状和位置三种几何参数与图纸要求的理想几何参数的符合程度。理想的几何参数，对尺寸而言，就是平均尺寸；对表面几何形状而言，就是绝对的圆、圆柱、平面、锥面和直线等；对表面之间的相互位置而言，就是绝对的平行、垂直、同轴和对称等。零件实际几何参数与理想几何参数的偏离数值称为加工误差。

机械加工精度包括尺寸精度、形状精度和位置精度三个方面。

(1)尺寸精度　加工后零件表面本身或表面之间的实际尺寸与理想零件尺寸之间的符合程度。

(2)形状精度　加工后的零件表面本身的实际形状与理想零件表面形状相符合的程度。

(3)位置精度　加工后零件各表面间实际位置与理想零件表面间的位置相符合的程度。

零件的尺寸精度、形状精度和位置精度之间是存在联系的。通常形状公差应限制在位置公差之内，而位置公差应限制在尺寸公差之内。

加工精度与加工误差都是评价加工表面几何参数的术语。加工精度用公差等级衡量，等级值越小，其精度越高；加工误差用数值表示，数值越大，其误差越大。加工精度高，就是加工误差小，反之亦然。

任何加工方法所得到的实际参数都不会绝对准确，从零件的功能看，只要加工误差在零件图要求的公差范围内，就认为保证了加工精度。

2. 影响加工精度的因素

由机床、夹具、刀具和工件组成的机械加工工艺系统（简称工艺系统）会有各种各样的误差产生，这些误差在各种不同的具体工作条件下都会以各种不同的方式（或扩大、或缩小）反映为工件的加工误差。

工艺系统中凡是能直接引起加工误差的因素都称为原始误差，是工件产生加工误差的根源。工艺系统的原始误差主要有以下几种：

1)加工原理误差。

2)工艺系统的几何误差。包括机床的几何误差、调整误差、刀具和夹具的制造误差、工件的安装误差以及工艺系统磨损所引起的误差。

3)工艺系统受力变形所引起的误差。

4)工艺系统受热变形所引起的误差。

5)工件内应力引起的误差。

二、加工原理误差

加工原理误差是由于采用了近似的成形运动或近似的刀刃轮廓进行加工所产生的误

差。在实践中，完全精确的加工原理常常很难实现，或者加工效率低，或者使机床或刀具的结构极为复杂，难以制造。有时由于连接环节多，使机床传动链中的误差增加，或使机床刚度和制造精度很难保证。

如用滚刀切削渐开线齿轮时，滚刀应为一渐开线蜗杆。而实际上为了使滚刀制造方便，采用阿基米德基本蜗杆或法向直廓基本蜗杆代替渐开线蜗杆，从而在加工原理上产生了误差。另外由于滚刀刀刃数有限，齿形是由各个刀齿轨迹的包络线所形成，所切出的齿形实际上是一条近似渐开线的折线而不是光滑的渐开线。又如用模数铣刀成形铣削齿轮，对于每种模数只用一套(8～15把)铣刀来分别加工一定齿数范围内的所有齿轮，由于每把铣刀是按照一种模数的一种齿数设计制造的，因而加工其他齿数的齿轮时齿形就有了误差。再如车削模数蜗杆时，由于蜗杆的螺距等于蜗轮的齿距 πm，其中 m 为模数，而 π 是一个无理数，但是车床挂轮的齿数是整数值。因此在选择挂轮时，只能将 π 化为近似的分数值计算，因而产生了由刀具相对工件的成形运动不准确而引起的加工原理误差。

采用近似的成形运动或近似的刀刃轮廓虽然会带来加工原理误差，但往往可简化机床或刀具的结构，反而能得到较高的加工精度。因此，只要其误差不超过规定的精度要求，在生产中仍能得到广泛的应用。

三、工艺系统的几何误差

1. 机床的几何误差

(1)机床主轴的回转运动误差

1)主轴回转运动误差。机床主轴的回转精度，对工件的加工精度有直接影响。主轴的回转精度是指主轴的实际回转轴线相对其平均回转轴线(实际回转轴线的对称中心)的漂移。理论上，主轴回转时，其回转轴线的空间位置是固定不变的，即瞬时速度为零。但由于主轴部件在加工、装配过程中的各种误差和回转时的受力、受热等因素，使主轴在每一瞬时回转轴心线的空间位置处于变动状态，造成轴线漂移，形成回转误差。

主轴的回转误差可分为三种基本型式：轴向窜动、径向跳动和角度摆动，如图3－42所示。

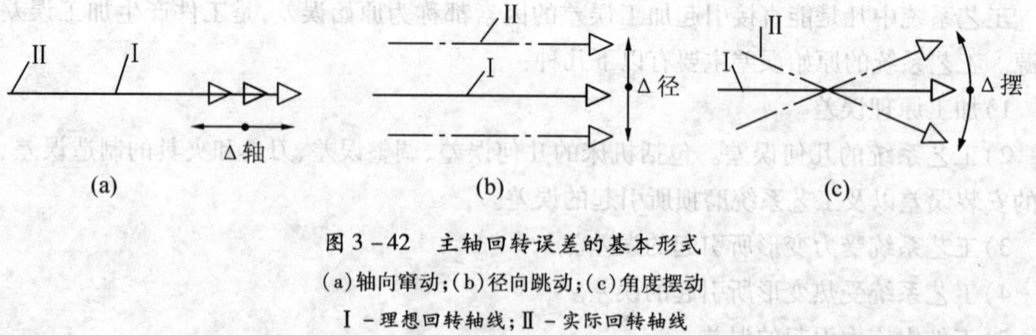

图3－42　主轴回转误差的基本形式

(a)轴向窜动；(b)径向跳动；(c)角度摆动

Ⅰ－理想回转轴线；Ⅱ－实际回转轴线

实际上，主轴工作时，其回转误差是综合地影响着主轴的回转精度，从而影响工件的加工精度。

主轴的回转误差对加工精度的影响如下：

轴向窜动 对内、外圆柱面车削或镗孔影响不大。主要影响端面形状和轴向尺寸精度。车削螺纹时，使导程产生误差。

径向跳动 车削内、外圆柱面时，设通过刀尖对工件表面法线方向为 y 方向，如图 3－43 所示。当主轴在 y 方向有径向跳动误差时，它以 1:1 的关系转化为加工误差，此方向为误差敏感方向。当其跳动频率与主轴转速一致时，将使任意直径上的半径减小量正好等于另一半径的增大量而抵消了直径误差。这时，虽然任意直径的尺寸相等，但加工后的圆柱面与基准圆柱面必然产生同轴度误差，横截面产生圆度误差。一般而言，应严格控制在 y 方向的跳动。

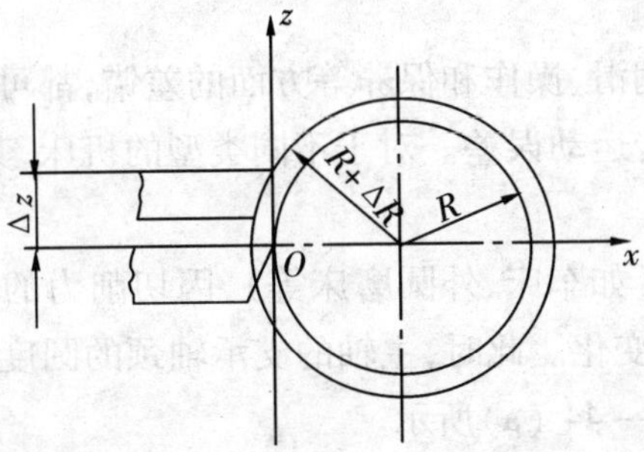

图 3－43 非敏感方向的径跳对车削的影响

若径向跳动在非敏感方向，如图 3－44 所示的 z 方向，则由图可得，$(R+\Delta R)^2=\Delta_z^2+R^2$，展开并略去微小项 ΔR^2，得 $\Delta R=\Delta_z^2/2R$，即工件的半径误差 ΔR 为跳动量 Δz 的“二次小量”，故可忽略不计。

角度摆动 对于车削和镗削来说，主轴的角度摆动将使工件产生圆度和圆柱度误差。

2）主轴回转运动误差的影响因素。机床主轴的运动不是孤立的，它的运动与机床的整个运动及与其相关零件的配合都是有联系的。要想找出相关的影响因素，就必须要从零件的本身和与其相关联的零件上来分析问题。具体思路上，既要从零件设计、制造上来分析，也要看到其安装结构的问题，更不要忽略使用正确性的影响。主轴回转运动误差的主要影响因素如下：

A 机床设计方面：

a. 热变形。一般主轴前部的轴承受力大且复杂，易发热，不能很好地处理局部散热的问题，就会引起主轴安装基面的变化，导致主轴的回转运动误差。

b. 径向不等刚度。主轴的回转系统中径向刚度的不均匀性，会导致主轴的跳动而影响主轴的回转运动。

c. 误差传递。由于设计原理的缺陷，机床的整个内部传动系统中，前面传动元件的运动误差，会通过传动链最终将有关运动误差传给主轴，导致主轴的回转运动误差。

B 制造方面：

a. 主轴方面。主轴本身的圆度误差（特别是支承轴径的圆度误差），主轴上各工作面的同轴度误差。这些误差将直接引起主轴的回转运动误差。

b. 轴承方面。轴承的制造误差包括轴承内滚动体的形位误差，轴承内、外滚道的形位误差，轴承内、外圆的形位误差，轴承定位端面相对主轴回转中心线的垂直度误差等。轴承是轴运转的支点，轴承制造的误差，会直接传递给主轴的回转运动。

c. 机床方面。机床本身的制造误差主要有机床上安装主轴的轴承孔的圆度误差，前后轴承孔的同轴度误差。这些误差都会引起主轴的回转运动误差。

C 安装与调整方面：

a. 主轴安装不理想。如安装不规范、不到位等。

b. 轴承安装不理想。如轴承与轴的配合不到位，轴承与轴孔的配合不到位等等。

c. 轴承间隙调整不理想。这会引起主轴轴向、径向及其角度摆动等各方面的运转误差。

d. 机床安装不理想。如基础不结实、水平未调整好等。

D 使用方面：

使用过程中由于负荷、润滑、操作和保养等方面的差错，都可能使主轴发生磨损、变形和移位等，从而引发主轴的回转运动误差。对于不同类型的机床，其影响因素也各不相同。一般有两种情况。

a. 对于工件回转类机床（如车床、外圆磨床等），因切削力的方向不变，主轴回转时作用在支承上的作用力方向也不变化。此时，主轴的支承轴颈的圆度误差的影响较大，而轴承孔圆度误差的影响较小，如图 3 - 44 (a) 所示。

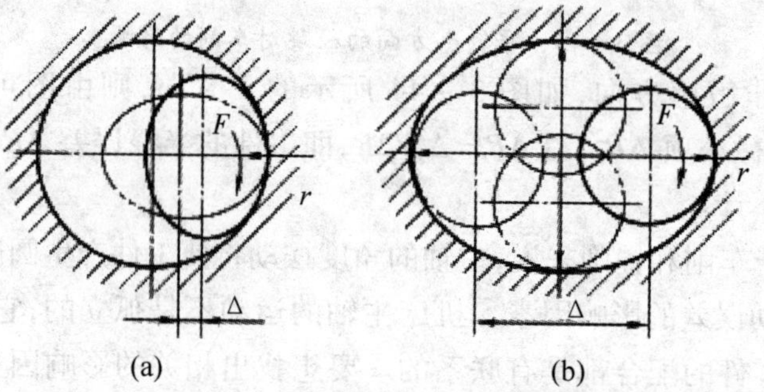

图 3 - 44　两类主轴回转误差的影响

(a) 工件回转类机床；(b) 刀具回转类机床

b. 对于刀具回转类机床（如钻、铣镗床等），因切削力的方向随旋转方向而变化。此时，主轴的支承轴颈的圆度误差的影响较小，而轴承孔圆度误差的影响较大。如图 3 - 44 b 所示。

3) 提高主轴回转精度的途径。

设计与制造高精度的主轴部件提高主轴的制造精度，安装轴承的主轴轴颈的尺寸和形状误差必须严格控制，其精度不应低于轴承的相应精度。主轴本身应具有较好的刚度，以免受力弯曲后造成轴承内外环滚道的相对偏转。提高轴承精度、滑动轴承可采用静压轴承和多油楔动压轴承。提高装配和调整质量。

使回转精度不依赖于机床主轴外圆磨削时，磨床的前后顶尖都不转动，只起定心作用，这就可以避免头架主轴回转误差对加工精度的影响。

(2) 机床导轨误差

1) 车床导轨在水平面内的直线度误差。

如图 3 - 45 所示，导轨在 y 方向产生了直线度误差，使车刀在被加工表面的法线方向产

生了位移 Δy，从而造成工件半径上的误差 $\Delta r=\Delta y$；当车削长外圆时，则产生圆柱度误差。由此可见，床身导轨在水平面内如果有直线度误差，使工件在纵向截面和横向截面内分别产生形状误差和尺寸误差。当导轨向后凸出时，工件上产生鞍形加工误差；当导轨向前凸出时，工件上产生鼓形加工误差。

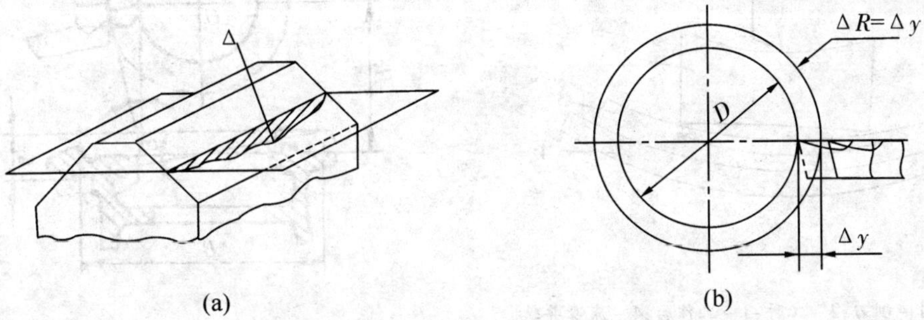

图 3-45　导轨在水平面内的直线度误差引起的加工误差

2）车床导轨在垂直面内的直线度误差。

如图 3-46 所示，导轨在 z 方向存在误差 Δ，使车刀在被加工表面的切线方向产生位移，造成半径上的误差 $\Delta R=\dfrac{\Delta_z^2}{D}$，该误差影响不大。但对平面磨床、龙门刨床和铣床等将引起工件相对砂轮或刀具的法向位移，其误差将直接反映到被加工表面造成形状误差，如图 3-47 所示。

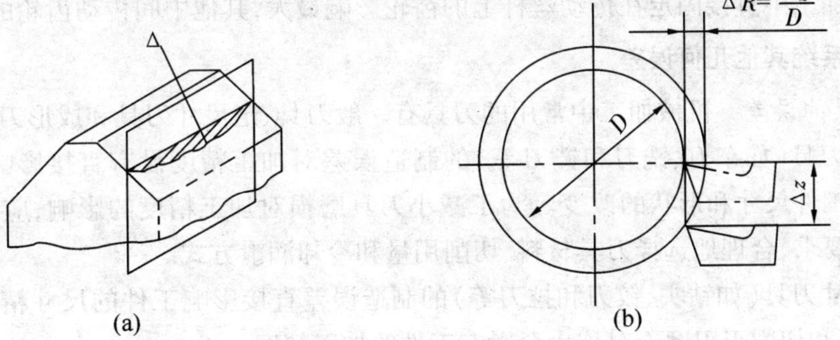

图 3-46　导轨在垂直面内的直线度误差引起的加工误差

由此可见，原始误差引起工件相对于刀具产生相对位移，若产生在加工表面法向方向（误差敏感方向），对加工精度有直接影响；产生在加工表面切向方向（误差非敏感方向），可忽略不计。

3）导轨面间的平行度误差。

如图 3-48 所示，车床两导轨的平行度误差（扭曲）使床鞍产生横向倾斜，刀具产生位移，因而引起工件形状误差。由图示几何关系可求出 $\Delta y\approx H\Delta/B$。一般车床的 $\dfrac{H}{B}\approx\dfrac{2}{3}$，外圆磨床 $H\approx B$，故 Δ 对加工精度的影响不容忽视。由于沿导轨全长上 Δ 的不同，将使工件产生圆柱度误差。

机床的安装对导轨精度影响较大，尤其是床身较长的机床，因床身刚度较差，因自重引起基础下沉而造成导轨变形。因此，机床在安装时应有良好的基础，并严格进行测量和校正，而且在使用期还应定期复校和调整。

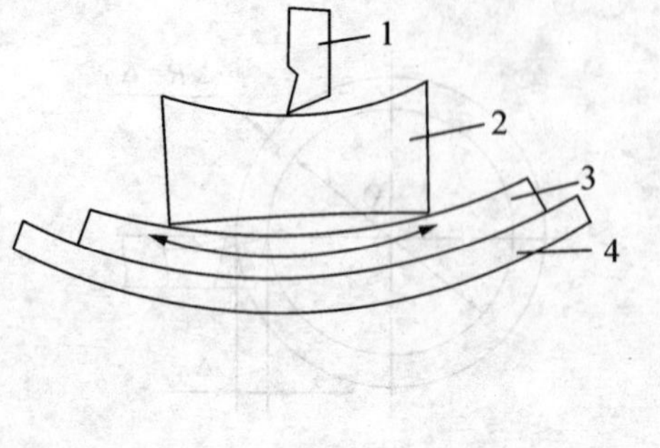

1－刨刀；2－工件；3－工作台；4－床身导轨

图3－47　龙门刨床导轨垂直面内直线度误差

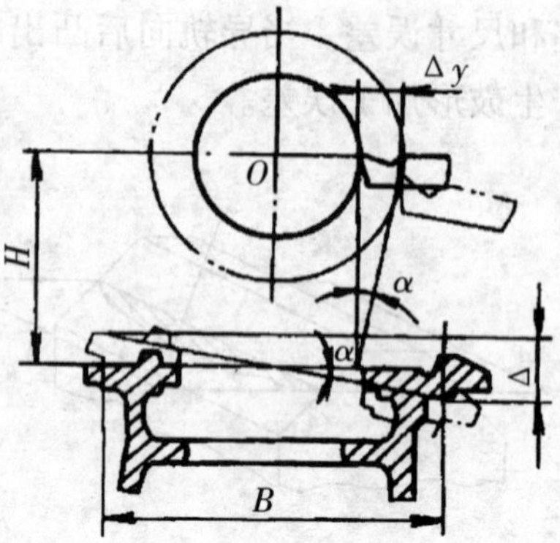

图3－48　导轨的扭曲对加工精度的影响

（3）传动链的传动误差　机床的切削运动是通过传动链来实现的。机床传动链由于本身的制造误差、安装误差和工作中的磨损，会破坏刀具与工件之间准确的速比关系，从而影响工件的加工精度。传动链两端元件之间的相对运动误差，称为传动误差。

传动误差视传动链中各传动元件（如齿轮、分度蜗轮副和丝杆螺母副等）在传动链中的位置不同，其影响程度也不同。如各个传动齿轮的转角误差将通过传动比反映到末端（工件）。若传动链是升速传动，则传动元件的转角误差将被扩大；降速传动，则转角误差将被缩小。在螺纹加工中直接固定在传动丝杆上的齿轮影响最大，其他中间传动齿轮的影响较小。

2. 工艺系统其他几何误差

（1）刀具的误差　机械加工中常用的刀具有一般刀具、定尺寸刀具和成形刀具。

1）一般刀具（如车刀、铣刀和镗刀等）的制造误差对加工精度没有直接影响，但刀具的磨损会引起工件尺寸和形状的改变。为了减小刀具磨损对加工精度的影响，应根据工件的材料和加工要求，合理地选择刀具材料、切削用量和冷却润滑方式。

2）定尺寸刀具（如钻头、铰刀和拉刀等）的制造误差直接影响工件的尺寸精度。刀具磨损、安装不当和切削刃刃磨不对称也会影响工件的加工精度。

3）成形刀具（如成形车刀、模数铣刀和齿轮滚刀等）的形状误差直接影响工件的形状精度；用成形刀具对工件进行展成加工时，刀具的切削刃形状及有关尺寸和技术条件也会直接影响工件的加工精度。

（2）夹具的误差　夹具的误差包括定位误差、各元件的制造误差、装配误差、在机床上安装的误差和对刀和磨损误差等。夹具的误差直接影响加工表面的位置精度和尺寸精度。在设计夹具时，凡影响工件精度的尺寸应严格控制，可取工件上相应尺寸或位置公差的1/2～1/5。

（3）测量误差　工件在加工过程中要用各种量具、量仪等进行检验测量，再根据测量结果对工件进行试刀和调整机床。由于量具本身的制造误差、测量方法、测量时的接触力、测量温度和目测正确程度等都会直接影响加工精度，因此，要正确地选择和使用量具，以保证测量精度。

(4)调整误差 在工艺系统中,工件与刀具在机床上的相对位置精度通过调整机床、刀具、夹具和工件等来保证。要对工件进行检验测量,再根据测量结果对刀具、夹具和机床进行调整,这就可能引入调整误差。

在试切法加工中,影响调整误差的主要因素是测量误差和进给系统精度。在低速微量进给中,进给系统常会出现"爬行"现象,其结果使刀具的实际进给量比刻度盘的数值要偏大或偏小,造成加工误差。

在调整法加工中,影响调整误差的因素有测量精度、调整精度重复定位精度等。用定程机构调整时,调整精度取决于行程挡块、靠模及凸轮机构等的制造精度和刚度,以及与其配合使用的离合器、控制阀等的灵敏度。用样板或样件调整时,调整精度取决于样板或样件的制造、安装和对刀精度。

四、工艺系统受力变形引起的误差

1. 工艺系统的刚度

(1)工艺系统刚度的计算 工艺系统在切削力、传动力、夹紧力、惯性力以及重力的作用下,会产生变形,从而使已经调整好的刀具与工件的相对位置发生变化,造成工件的加工误差。如车削细长轴时,工件在切削力作用下产生弯曲变形,加工后使工件产生"鼓形"。

工艺系统变形通常是弹性变形。工艺系统反抗变形的能力越大,工件的加工精度越高。人们用刚度的概念来表达工艺系统抵抗变形的能力。

从材料力学可知,作用力 F(静载)与由它所引起的在作用力方向上产生的变形量 y 的比值称为静刚度 k(简称刚度)。

$$k = \frac{F}{y}$$

式中,k——静刚度(N/mm);

F——作用力(N);

y——沿作用力 F 方向的变形(mm)。

在各种外力作用下工艺系统各部分在各受力方向将产生相应的变形。工艺系统的受力变形,主要应研究误差敏感方向,即通过刀尖的加工表面的法线方向的位移。因此,工艺系统刚度 kxt 定义为工件和刀具的法向切削分力 F_p 与在总切削力的作用下,在该方向上的相对位移 yxt 的比值,即。

$$k_{xt} = \frac{F_p}{y_{xt}}$$

工艺系统的总变形量应是 $y_{xt} = y_{jc} + y_{dj} + y_{jj} + y_{gj}$

而 $k_{xt} = \frac{F_p}{y_{xt}}, k_{jc} = \frac{F_p}{y_{jc}}, k_{dj} = \frac{F_p}{y_{dj}}, k_{jj} = \frac{F_p}{y_{jj}}, k_{gj} = \frac{F_p}{y_{gj}}$

式中,y_{xt}——工艺系统总的变形量(mm);

k_{xt}——工艺系统总的刚度(N/mm);

y_{jc}——机床变形量(mm);

k_{jc}——机床刚度(N/mm);

y_{dj}——刀架的变形量(mm);

k_{dj}——刀架的刚度(N/mm);

y_{jj}——夹具的变形量(mm);

k_{jj}——夹具的刚度(N/mm);

y_{gj}——工件的变形量(mm);

k_{gj}——工件的刚度(N/mm)。

工艺系统刚度的一般式为

$$k_{xt}=\frac{1}{\frac{1}{k_{jc}}+\frac{1}{k_{dj}}+\frac{1}{k_{jj}}+\frac{1}{k_{gj}}}$$

因此,当知道工艺系统的各个组成部分的刚度后,即可求出系统刚度。但部件刚度问题比较复杂,迄今没有合适的计算方法,只能用实验的方法加以测定。

(2)影响机床部件刚度的因素

1)接触面间的接触变形。经机械加工后的零件在相互接触时,实际接触面积只是名义接触面积的一小部分,如图3-49所示。

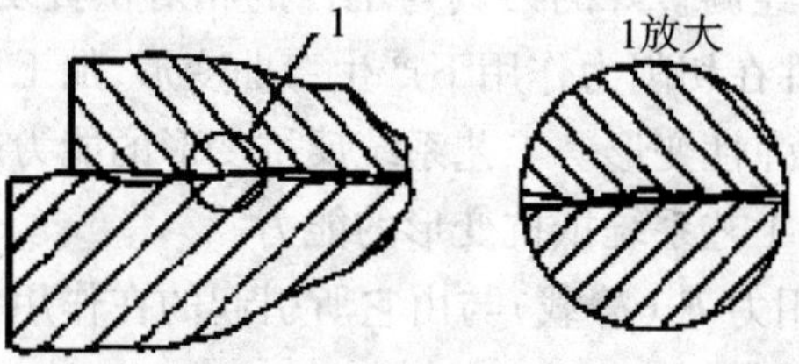

图3-49 表面间的接触情况

在外力作用下,这些接触点产生了较大的接触应力,引起接触变形,其中既有表面层的弹性变形,还有局部的塑性变形,接触表面的塑性变形是造成残余变形的原因。经过多次加载后,凸点被逐渐压平,接触状态逐渐趋于稳定,不再产生塑性变形。

2)薄弱零件的变形。机床部件中薄弱零件对部件刚度的影响很大。如机床中常用的楔铁,由于其结构长而薄,刚性差,加工时难以保证平直,以至装配后接触不良,在外力作用下变形较大,使部件刚度大大降低。

3)间隙和摩擦的影响。零件接触面间的间隙对接触刚度的影响主要表现在加工中载荷方向经常改变的镗床、铣床上。因为当载荷方向改变时,间隙所引起的位移破坏原来刀具与加工表面间的准确位置。对于载荷是单向的,加工时工件始终靠向一边,此时间隙的影响较小。

零件接触面间的摩擦力对接触刚度的影响在载荷变动时较为显著。如在加载时,由于摩擦力抵消一部分作用力,阻止变形的增加;卸载时,摩擦力阻止变形的恢复。由于变形的不均匀增减,进而引起加工误差。

2. 工艺系统受力变形引起的加工误差

(1)切削力大小变化引起的加工误差——误差复映规律 由于毛坯加工余量和材料硬度的变化,引起了切削力的变化,因而产生了工件的尺寸误差和形状误差。

以车削为例，如图 3－50 所示。由于毛坯的圆度误差（如椭圆），车削时使切削深度在 a_{p1} 与 a_{p2} 之间变化。因此，切削分力 F_p 也随切削深度 a_p 的变化由最大 F_{pmax} 变到最小 F_{pmin}。工艺系统将产生相应的变形，即由 y_1 变到 y_2（刀尖相对工件在法线方向的位移变化），工件因此形成圆度误差，这种现象称为“误差复映”。

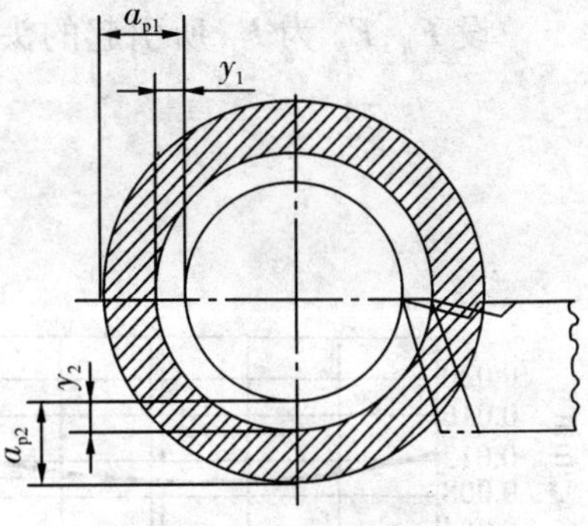

图 3－50 零件形状误差的复映

误差复映的大小，可用刚度计算公式求得

毛坯圆度的最大误差 $\Delta_m = a_{p1} - a_{p2}$ （3－1）

车削后工件的圆度误差 $\Delta_w = y_1 - y_2$ （3－2）

$$y_1 = \frac{F_{pmax}}{k_{xt}}, y_2 = \frac{F_{pmin}}{k_{xt}}$$

$$F_p = A(a_p - y)$$

$$y_1 = \frac{A(a_{p1} - y_1)}{k_{xt}} \approx \frac{A}{k_{xt}} a_{p1} \quad y_2 = \frac{A(a_{p2} - y_2)}{k_{xt}} \approx \frac{A}{k_{xt}} a_{p2} \qquad (3-3)$$

将式（3－3）代人式（3－2）得

$$\Delta_w = y_1 - y_2 = \frac{A}{k_{xt}}(a_{p1} - a_{p2})$$

$$令 \quad \varepsilon = \frac{\Delta_w}{\Delta_m} = \frac{A}{k_{xt}}$$

式中，ε——误差复映系数；

A——径向切削力系数。

复映系数 ε 定量地反映了毛坯误差经过加工后减少的程度，它与工艺系统刚度成反比，与径向切削力系数 A 成正比。要减小工件的复映误差，可增加工艺系统刚度或减少径向切削力系数（例如，用主偏角接近 90°的车刀，减少进给量 f 等）。

当毛坯误，一次进给不能满足加工精度要求时，需要多次进给来消除 Δm 复映到工件上的误差。设第一次进给量为 f_1，毛坯误差为 Δm，则由上式 ε 得到第一次进给后工件的误差为 $\Delta_{w1} = \varepsilon_1 \Delta m$，第二次进给后工件的误差为 $\Delta_{w2} = \varepsilon_2 \varepsilon_1 \Delta m$，同理，第 n 次走刀后工件的误差为

$$\Delta_{wn} = \varepsilon_n \cdots \varepsilon_2 \varepsilon_1 \Delta_m \qquad (3-4)$$

可以根据已知的 Δm 值，由式（3－4）估计加工后的工件误差，或根据工件的公差值与毛坯误差值来确定加工次数。由于 ε 总是小于 1，经过几次走刀后，ε 已降至很小。一般 *IT*7 级要求的工件经过 2～3 次进给后，可使复映误差减小到公差允许值的范围内。

（2）切削力作用点位置变化引起的误差

1）在车床顶尖间车削短而粗的光轴。由于工件和刀具的变形很小，可忽略不计，则工艺系统的总位移取决于床头、尾座（包括顶尖）和刀架的位移，如图 3－51（a）所示。

当加工中车刀处于图 3－51 所示位置时，在切削分力 F_y 的作用下，头架由 A 点位移到 A'，尾座由 B 点位移到 B'，刀架由 C 点位移到 C'，它们的位移量分别用 Y_{tj}，Y_{wz} 和 Y_{dj} 表示。工件轴线 AB 位移到 $A'B'$，刀具切削点处工件轴线的位移为 $y_x = y_{tj} + \Delta_x$，即

$$y_x = y_{tj} + (y_{wz} - y_{tj}) \frac{x}{L} \qquad (3-5)$$

设 F_A, F_B 为 F_P 所引起的头架、尾座处的作用力，则

$$\left.\begin{aligned} y_{tj} &= \frac{F_A}{k_{tj}} = \frac{F_P}{k_{tj}}\left(\frac{L-x}{L}\right) \\ y_{wz} &= \frac{F_B}{k_{wz}} = \frac{F_P}{k_{wz}}\,\frac{x}{L} \end{aligned}\right\} \tag{3-6}$$

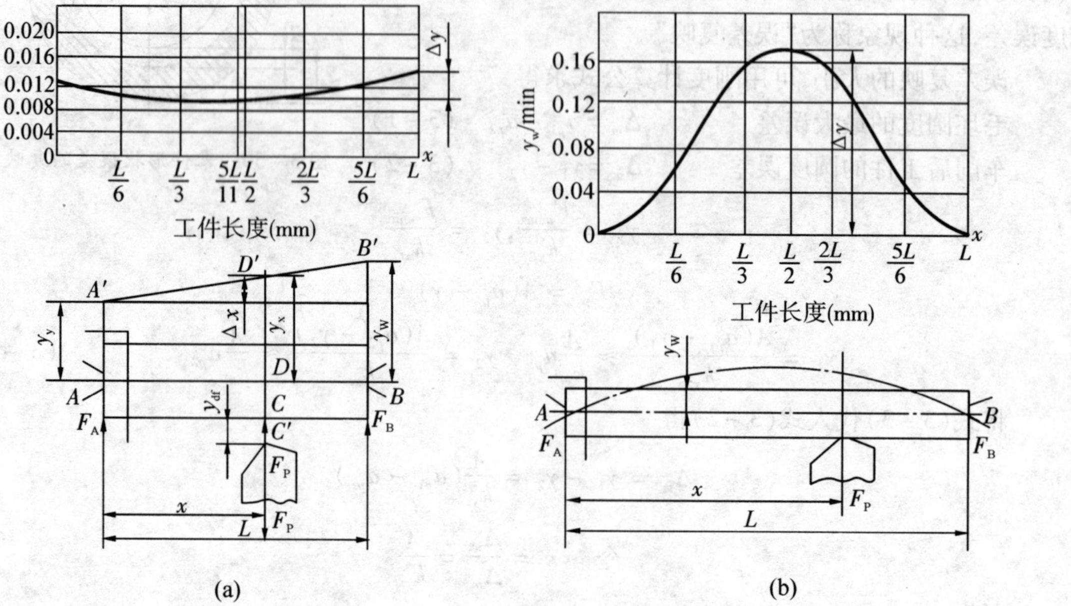

图 3－51 工艺系统变形随力作用点变化而变化

(a)车短轴；(b)车细长轴

将式(3－6)代入式(3－5)得

$$y_x = \frac{F_P}{k_{tj}}\left(\frac{L-x}{L}\right)^2 + \frac{F_P}{k_{wz}}\left(\frac{x}{L}\right)^2$$

工艺系统的总位移为

$$y_{xt} = y_x + y_{dj} = F_p\left[\frac{1}{k_{dj}} + \frac{1}{k_{tj}}\left(\frac{L-x}{L}\right)^2 + \frac{1}{k_{wz}}\left(\frac{x}{L}\right)^2\right]$$

由上式可看出，工艺系统的变形是 x 的函数。因此，随着车刀位置(即切削力位置)的变化，工艺系统的变形也是变化的。变形大的地方，吃刀量较小，变形小的地方，切去较多的金属，加工出的工件呈两头粗、中间细的鞍形。其全长上的最大半径与最小半径之差即为圆柱度误差。

2)在两顶尖间车削细长轴。由于工件刚度很低，机床、夹具和刀具在切削力作用下的变形可忽略不计，则工艺系统的位移完全取决于工件的变形，如图 3－51(b)所示。加工中车刀处于图示位置时，工件的轴线产生弯曲变形。根据材料力学的计算公式，其切削点的变形量为

$$y_w = \frac{F_p}{3EI} \times \frac{(L-x)^2 x^2}{L}$$

由上式可看出，工件在 $L/2$ 处的变形最大。在头架、尾座处的变形为零。故加工出的工件呈中间粗、两头细的鼓形。

(3)其他作用力引起的加工误差

1)惯性力引起的加工误差。切削加工中,由于高速旋转零部件(包括夹具、工件和刀具等)的不平衡而产生离心力,在每一转中不断改变方向,使工艺系统的受力变形发生变化,从而引起加工误差。如图3-52所示,车削一个不平衡工件,离心力 F 与切削力 F_p 方向相反时,将工件推向刀具,使背吃刀量增加。当 F 与 F_p 同向时,工件被拉离刀具,背吃刀量减小,结果造成工件的圆度误差。生产中遇到这种情况时,可在不平衡质量的反向配置平衡块,使两者的离心力相互抵消,必要时还须降低转速,以减小离心力对加工精度的影响。

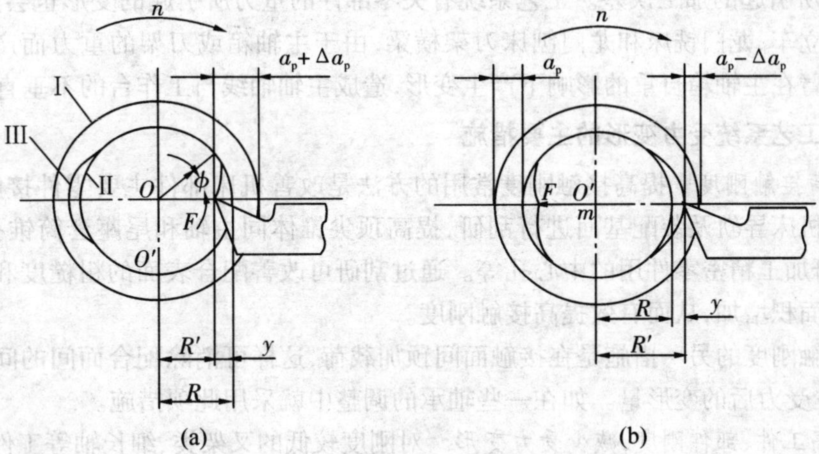

图3-52 惯性力引起的加工误差

(a)F 与 F_p 反向时;(b)F 与 F_p 同向时

2)由传动力引起的加工误差。在车床或磨床上加工轴类零件时,常用单爪拨盘带动工件旋转。如图3-53所示,在拨盘的每一转中,传动力方向是变化的,有时与切削力 F_p 同向,有时反向。因此,造成了与惯性力相似的加工误差。为此,加工精密零件时改用双爪拨盘或柔性连接装置带动工件转动。

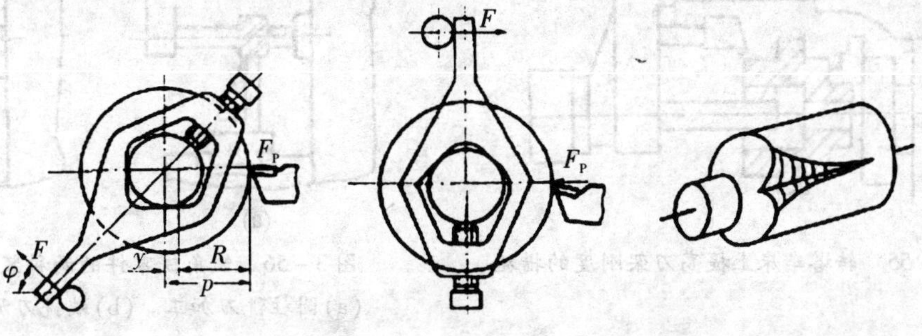

图3-53 单拨销拨动力引起的加工误差

3)由夹紧力引起的加工误差。当加工刚性较差的工件时,若夹紧不当,会引起工件变形而产生形状误差。如图3-54所示,用三爪夹盘夹持薄壁套筒车孔。夹紧后工件呈三棱形,如图3-54(a)所示,车出的孔为正圆,如图3-54(b)所示,但松夹后套筒的弹性变形恢复,孔就成了三棱形,如图3-54(c)所示。为了减少加工误差应使夹紧力均匀分布,可以在夹紧时增加一个开口过渡环,如图3-54(d)所示,或采用专用卡爪,如图3-54(e)所示。

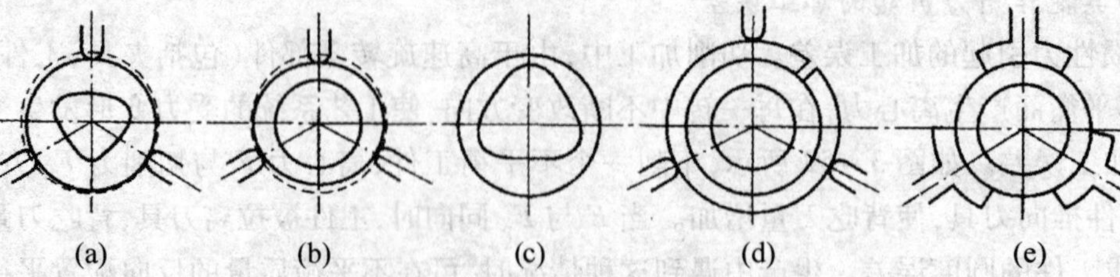

图 3-54　套筒夹紧变形误差

4)重力所引起的加工误差。工艺系统有关零部件的重力所引起的变形也会造成加工误差。如大型立车、龙门铣床和龙门刨床刀架横梁,由于主轴箱或刀架的重力而产生变形,摇臂钻床的摇臂在主轴箱自重的影响下产生变形,造成主轴轴线与工作台的不垂直。

3. 减小工艺系统受力变形的主要措施

(1)提高接触刚度　提高接触刚度常用的方法是改善机床部件主要零件接触面的配合质量。如对机床导轨及装配基面进行刮研,提高顶尖锥体同主轴和尾座套筒锥孔的接触质量,多次修研加工精密零件用的中心孔等。通过刮研可改善配合表面的粗糙度和形状精度,使实际接触面积增加,从而有效提高接触刚度。

提高接触刚度的另一措施是在接触面间预加载荷,这样可消除配合面间的间隙,增加接触面积,减少受力后的变形量。如在一些轴承的调整中就采用此项措施。

(2)提高工件、部件刚度,减少受力变形　对刚度较低的叉架类、细长轴等工件,其主要措施是减小支承间的长度,如设置辅助支承、安装跟刀架或中心架。加工中还常采用一些辅助装置提高机床部件刚度。图 3-55 所示为在转塔车床上采用导向杆和支承座来提高刀架刚度。

(3)采用合理的装夹方法　在夹具设计或工件装夹时都必须尽量减少弯曲力矩。如图 3-56 所示,在卧式铣床上加工角铁零件的端面,可用圆柱铣刀加工,如图 3-56(a)所示,也可用端铣刀加工,如图 3-56(b)所示。

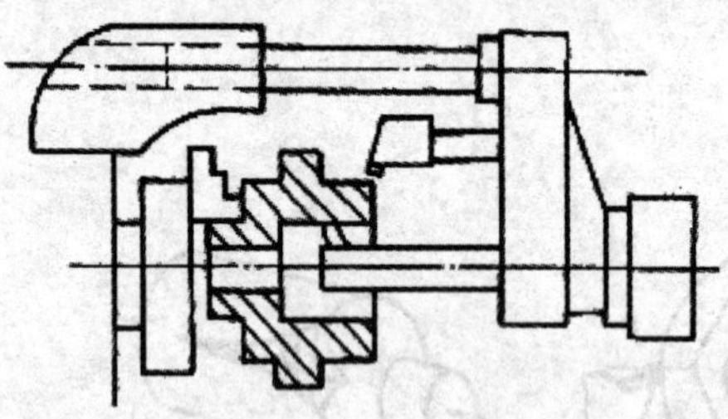

图 3-55　转塔车床上提高刀架刚度的措施

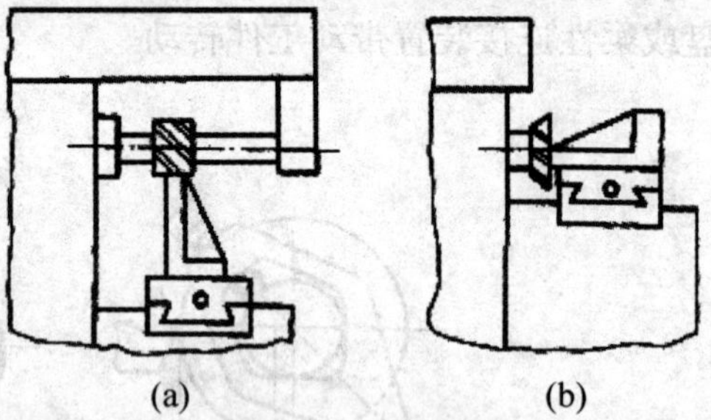

图 3-56　铣角铁零件的两种装夹方法
(a)圆柱铣刀加工。(b)端铣刀加工

五、工艺系统受热变形引起的误差

在机械加工过程中,工艺系统因受热引起的变形称为热变形。工艺系统的热变形破坏了工件与刀具相对位置的准确性,造成加工误差。据统计,在精密加工中,由于热变形引起的加工误差,约占总加工误差的 40% ~70%。

引起工艺系统热变形的热源有切削热、机床运动部件的摩擦热和外界热源的辐射及传导。工艺系统受各种热源的影响,温度会逐渐升高,与此同时,它们也通过各种方式向周围散发热量。当单位时间内传入和散发的热量相等时,则认为工艺系统达到热平衡。此时的温度场(物体上各点温度的分布称为温度场)处于稳定状态,受热变形也相应地趋于稳定,由此引起的加工误差是有规律的,所以,精密加工应在热平衡之后进行。

1. 机床热变形对加工精度的影响

在工作中,机床受各种热源的影响,各部件将产生不同程度的热变形,这样不仅破坏了机床的几何关系,而且还影响各成形运动的位置关系和速比关系,从而降低了机床的加工精度。由于各类机床的结构和工作条件相差很大,所以引起机床热变形的热源和变形形式也各不相同。图 3－57 是几种机床在工作状态下热变形的趋势。

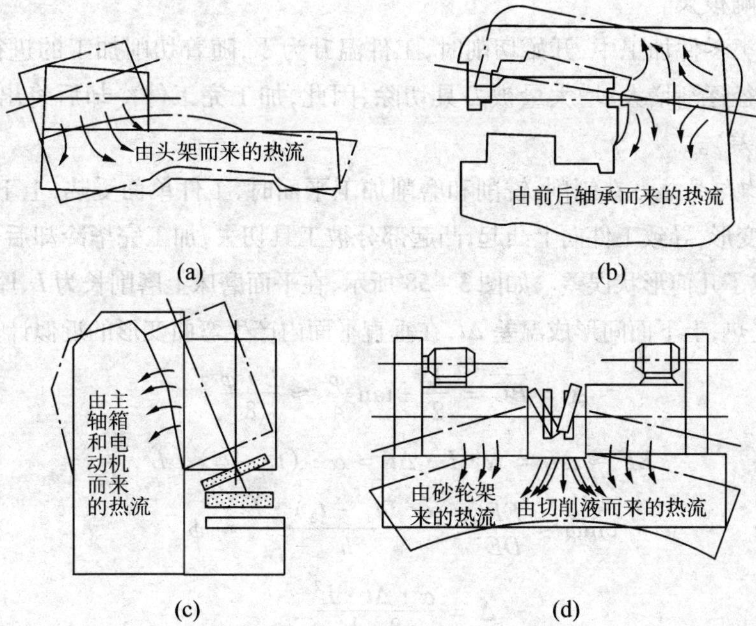

图 3－57 几种机床热变形的趋势

(a)车床;(b)铣床;(c)平面磨床;(d)双端面磨床

对于车、铣和镗床类机床其主要热源是主轴箱轴承和齿轮的摩擦热与主轴箱中油池的发热,使箱体和床身产生变形和翘曲,从而造成主轴的位移和倾斜;磨床类机床的主要热源为砂轮主轴轴承和液压系统的发热,引起砂轮架位移、工件头架位移和导轨的变形。

对于大型机床如导轨磨床、外圆磨床和龙门铣床等的长床身部件,床身的热变形是影响加工精度的主要因素。由于床身长,床身上表面与底面间的温差将使床身产生弯曲变形,表面中部凸起。

2. 工件热变形对加工精度的影响

在机械加工中,工件的热变形主要是由切削热引起的。对于大型或精密零件,外部热源如环境温度、日光等幅射热的影响也不可忽视。不同的工件材料、不同的加工方法和不同的形状及尺寸,工件的受热变形也不相同。

(1)工件均匀受热 对于一些形状简单、对称的零件,如轴、套筒等,加工时(如车削、磨削)切削热能较均匀地传入工件,工件热变形量可按下式估算

$$\Delta L = \alpha L \Delta t$$

式中，α——工件材料的热膨胀系数(1/℃)；

L——工件在热变形方向的尺寸(mm)；

Δt——工件温升(℃)。

在精密丝杠加工中，工件的热伸长会产生螺距的累积误差。如在磨削400 mm长的丝杠螺纹时，每磨一次温度升高1℃，则被磨丝杠将伸长

$$\Delta L = 1.17 \times 10^{-5} \times 400 \times 1\ \text{mm} = 0.004\ 7\ \text{mm}$$

而5级丝杠的螺距累积误差在400 mm长度上不允许超过5 μm左右。因此，热变形对工件加工精度影响很大。

在较长的轴类零件加工中，开始切削时，工件温升为零，随着切削加工的进行，工件温度逐渐升高而使直径逐渐增大，增大量被刀具切除，因此，加工完工件冷却后将出现锥度误差(圆柱度、尺寸误差)。

(2)工件不均匀受热　在刨削、铣削和磨削加工平面时，工件单面受热，上下平面间产生温差从而引起热变形，导致工件向上凸起，凸起部分被工具切去，加工完毕冷却后，加工表面就产生了中凹，造成了几何形状误差。如图3-58所示，在平面磨床上磨削长为L、厚为h的薄板工件，工件单面受热，上下面间形成温差Δt，在垂直平面内产生弯曲变形的近似计算如下

$$\Delta = \overline{BC} = \frac{L}{2} \cdot \tan\frac{\varphi}{4} \approx \frac{L \cdot \varphi}{8}$$

$$EF \approx \Delta L = \alpha \cdot L \cdot \Delta t = \alpha \cdot (t_1 - t_2) \cdot L$$

$$\tan\phi \approx \frac{EF}{DE} = \frac{\alpha \cdot (t_1 - t_2) \cdot L}{h} \approx \phi$$

$$\Delta = \frac{\alpha \cdot \Delta t \cdot L^2}{8 \cdot h}$$

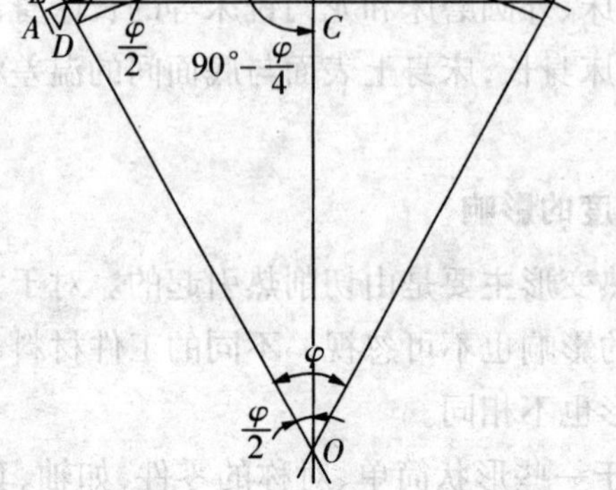

图3-58

例如：精刨铸铁导轨时，$L = 2\ 000$ mm，$h = 600$ mm，如果床面与床脚温差 2.4℃，$\alpha = 1.1 \times 10^{-5}$/℃，则

$$\Delta = 1.1 \times 10^{-5} \times 2.4 \times \frac{2\ 000^2}{8 \times 600} \approx 0.022\ \text{mm}$$

3. 刀具热变形对加工精度的影响

刀具热变形主要是由切削热引起的。切削加工时虽然大部分切削热被切屑带走，传入刀具的热量并不多，但由于刀具体积小，热容量小，导致刀具切削部分的温升急剧升高，刀具热变形对加工精度的影响比较显著。

图 3－59 为车削时车刀的热变形与切削时间的关系曲线。连续工作时在切削之初刀具温度上升较快，其伸长速度也很快，大约 20 min 后，可逐渐达到热平衡，变形量不再增加，一般车刀的热伸长量可达 0.03～0.05 mm。由于车刀为非定值刀具，其工作中的热伸长量与刀刃的磨损量混杂在一起，一般由及时的刀具调整来解决刀具热变形加工误差，对于一次进给长度较长的精加工，则应该注意保证冷却质量，尽量降低工作温度。

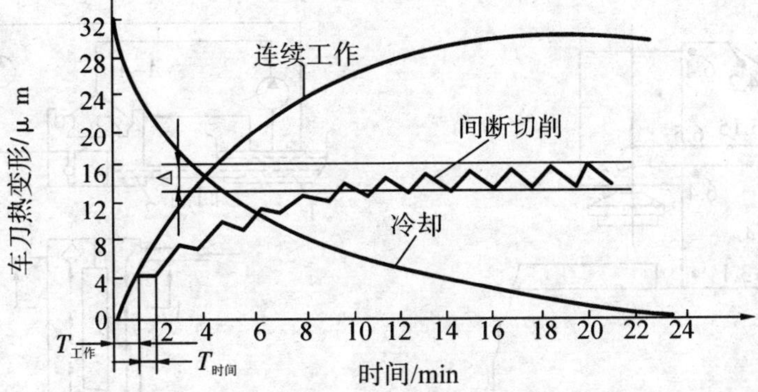

图 3－59 车刀热变形曲线

图 3－59 中间断切削为车削短小轴类零件时的情况。由于车刀不断有短暂的冷却时间，所以是一种断续切削。断续切削比连续切削时车刀达到热平衡所需要的时间要短，热变形量也小。因此，在开始切削阶段，刀具热变形较显著，外圆车削时会使工件尺寸逐渐减小，当达到热平衡后，其热变形趋于稳定，对加工精度的影响不明显。

4. 减小工艺系统热变形的主要途径

(1) 减少热源的发热

1) 分离热源。凡是可能分离出去的热源，如电机、变速箱、液压系统和切削液系统等尽可能移出。对于不能分离的热源，如主轴轴承、丝杆螺母副和高速运动的导轨副等则可从结构、润滑等方面改善其摩擦特性，减少发热。例如，采用静压轴承、静压导轨，改用低粘度润滑油、锉基润滑脂或循环冷却润滑、油雾润滑等措施。

2) 减少切削热或磨削热。通过控制切削用量、合理选择和使用刀具来减少切削热。当零件精度高时，应注意将粗加工和精加工分开进行。

3) 加强散热能力。使用大流量切削液或喷雾等方法冷却，可带走大量切削热或磨削热。大型数控机床，加工中心机床普遍采用冷冻机，对润滑油、切削液进行强制冷却，以提高冷却

效果。

(2)保持工艺系统的热平衡　由热变形规律可知，在机床刚开始运转的一段时间内，温升较快，热变形大。当达到热平衡状态后，热变形趋于稳定，加工精度才易保证。因此，对于精密机床特别是大型机床，可预先高速空运转或设置控制热源，人为地给机床加热，使之较快达到热平衡状态，然后进行加工。基于同样原因，精密加工机床应尽量连续加工，避免中途停车。

(3)均衡温度场　当机床零部件温升均匀时，机床本身就呈现一种热稳定状态，从而使机床产生不影响加工精度的均匀热变形。

图 3－60 所示为平面磨床采用热空气来加热温度较低的立柱后壁，以减小立柱前后壁的温差，从而减少立柱的弯曲变形。图中，热空气从电机风扇排出，通过特设的管道引向防护罩和立柱的后壁空间。采取这种措施后，工件的端面平行度可以降低到未采取均衡措施前的 1/3～1/4。

再如 M7150A 平面磨床，如图 3－61 所示，在设计上采用“热补偿油沟”结构，利用带有“余热”的回油流经床身下部，使床身下部温度升高，借以平衡床身上、下部的温差，使温差减小。

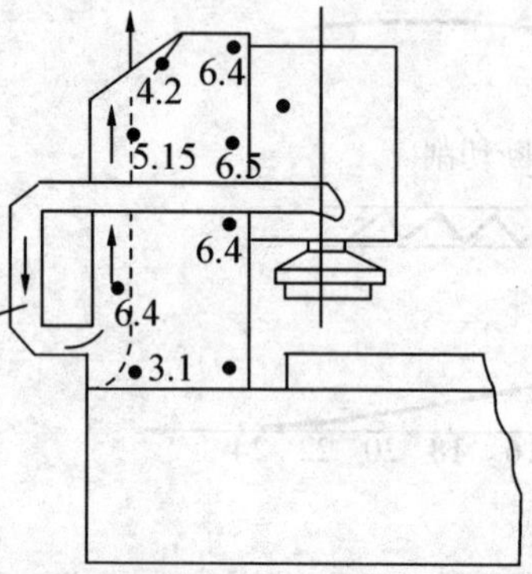

图 3－60　均衡立柱前后壁温度场

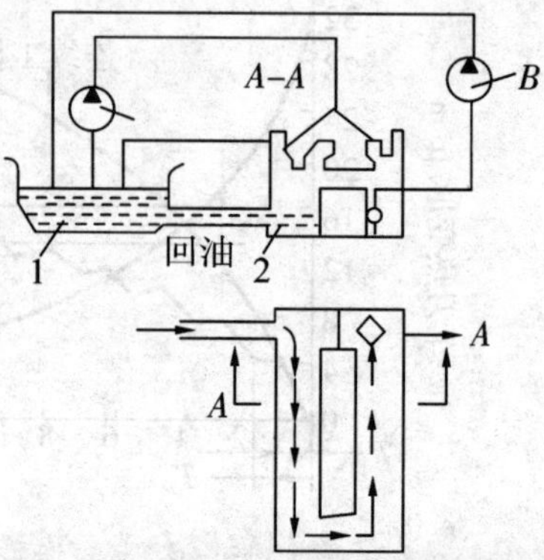

图 3－61　M7150A 磨床的热补偿油沟

(4)控制环境温度　对于精密机床，一般应安装在恒温车间。一般精密级为 ±1℃，精密级为 ±0.5℃，超精密级为 ±0.01℃。恒温车间平均温度一般为 20℃，但可根据季节和地区调整。如冬季可取 17℃，夏季可取 23℃，以节省能源。

六、工件内应力引起的误差

内应力是指当外部载荷去除后，仍残存在工件内部的应力，也称残余应力。

工件经铸造、锻造或切削加工后，内部存在的各个内应力互相平衡，可以保持形状精度的暂时稳定。但它的内部组织有强烈的要恢复到一种稳定的没有内应力的状态，一旦外界条件产生变化，如环境温度的改变、继续进行切削加工和受到撞击等，内应力的暂时平衡就会被打破而进行重新分布，这时工件将产生变形，从而破坏原有的精度。如果把具有内应力的重要零件安装到机器上，在机器的使用过程中也会产生变形，影响整台机器的使用。因此，必须对内应力产生的原因进行分析并采取有效措施消除内应力的不良影响。

1. 内应力产生的原因及所引起的加工误差

(1)毛坯制造中产生的内应力　在铸、锻、焊及热处理等热加工过程中，由于工件各部分冷热收缩不均匀以及金相组织转变时的体积变化，使毛坯内部产生了很大的内应力。毛坯的结构愈复杂，各部分壁厚愈不均匀，散热的条件差别愈大，毛坯内部产生的内应力也愈大。

图 3－62 为一个壁厚不匀的铸件。在浇铸后的冷却过程中，由于壁 1 和壁 2 比较薄，散热较易，所以冷却较快；壁 3 较厚，冷却较慢。当壁 1 和壁 2 从塑性状态冷却到弹性状态时（约 620℃），壁 3 的温度还比较高，处于塑性状态。所以壁 1 和壁 2 收缩时壁 3 不起牵制作用，铸件内部不产生内应力。但当壁 3 冷却到弹性状态时，壁 1 和壁 2 的温度已经降低很多，收缩速度已经变慢，而这时壁 3 收缩较快，就受到了壁 1 和壁 2 的阻碍。因此，壁 3 产生了拉应力，壁 1 和壁 2 产生了压应力，形成了相互平衡的状态。

如果在铸件壁 2 上开一个缺口，如图 3－62（b）所示，则壁 2 的压应力消失，铸件在壁 3 和壁 1 的内应力作用下，壁 3 收缩，壁 1 被拉，发生弯曲变形，直至内应力重新分布，达到新的平衡为止。一般情况下，各种铸件都难免产生冷却不均匀而形成的内应力。

图 3－63 所示机床床身，铸造时外表面总比中心部分冷却得快，为提高导轨面的耐磨性，还常采用局部激冷工艺使它冷却得更快一些，以获得较高的硬度。由于表里冷却不均匀，床身内部的残余应力就更大。当粗加工刨去一层金属后，就如图 3－62（b）中壁 2 被切开一样，引起床身内应力重新分布，产生弯曲变形。由于这个新的平衡过程需一段较长时间才能完成，因此尽管导轨经精加工去除了这个变形的大部分，但床身内部组织还在继续变化，合格的导轨面就逐渐地丧失了原有的精度。因此，必须充分消除零件内应力及其对加工精度的影响。

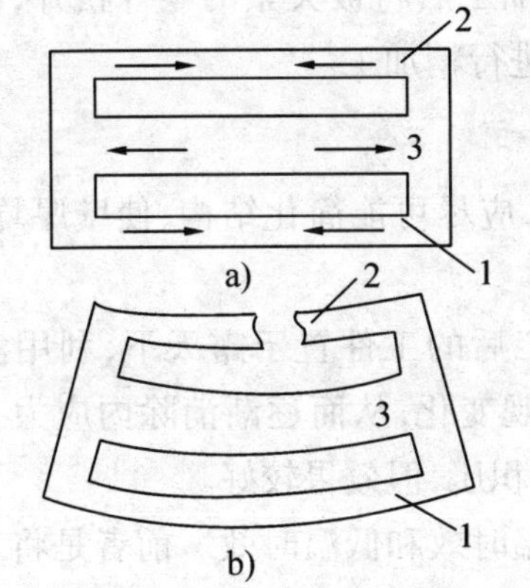

图 3－62 铸件内应力

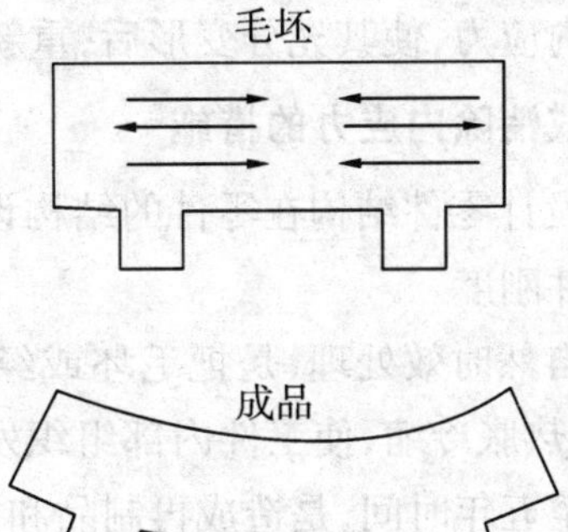

图 3－63 床身内应力

（2）冷校直带来的内应力 细长轴类零件车削后，常因棒料在轧制中产生的内应力要重新分布，而使其产生弯曲变形。为了纠正这种弯曲变形，有时采用冷校直。其方法是在与变形相反的方向加力 F，使工件反向弯曲产生塑性变形，以达到校直的目的。

如图 3－64 所示，在 F 力作用下工件内部的应力分布如图 3－64（b）所示，即在轴线以上部分产生压应力，轴线以下产生拉应力。当部分材料的应力超过弹性极限时，即产生塑性变形。如图 3－64（c）所示，区域 I 为弹性变形区，区域Ⅱ为塑性变形区。当外力去除后，弹性变形部分工要恢复，塑性变形部分 1 已不能恢复，两部分材料产生互相牵制的作用，使应力重新分布产生新的内应力平衡状态。如经加工切去一层金属，内应力又将重新分布而导致弯曲。所以，精度要求较高的细长轴（如精密丝杠），一般不许采用冷校直来减小弯曲变形，而采用加大毛坯余量，经过多次加工和时效处理来消除内应力，或采用热校直来代替冷校直。

(3)切削加工产生的内应力　工件在切削加工时,其表面层在切削力和切削热的作用下,会产生不同程度的塑性变形,引起体积改变,从而产生残余应力。这种残余应力的分布情况由加工时的工艺因素决定。

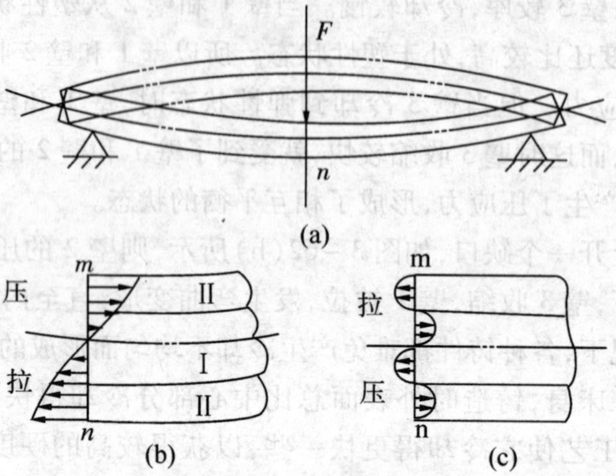

图3-64　冷校直引起的内应力

内部有残余应力的工件在切去表面的一层金属后,残余应力要重新分布,从而引起工件的变形。因此,在拟定工艺规程时,要将加工划分为粗、精等不同阶段进行,以使粗加工后内应力重新分布所产生的变形在精加工阶段被去除。对质量和体积均很大的笨重零件,即使在同一台重型机床进行粗、精加工,也应该在粗加工后将被夹紧的零件松开,使之有充足时间重新分布内应力,使其充分变形后,重新夹紧进行精加工。

2.减少或消除内应力的措施

1)合理设计零件结构在零件的结构设计中,应尽可能简化结构、使壁厚均匀、减小壁厚差和增大零件刚度。

2)进行自然时效处理,是把毛坯或经粗加工后的工件置于露天下,利用温度的自然变化,经过多次热胀冷缩,使工件内部组织发生微观变化,从而逐渐消除内应力。这种方法一般需要半年至五年时间,是造成再制品和资金的积压,但效果较好。

人工时效处理,是将工件进行热处理,分高温时效和低温时效。前者是将工件放在炉内加热到500~680℃,保温4 h~6 h,再随炉冷却至100~200℃ 出炉,在空气中自然冷却。低温时效是加热到100~160℃,保温几十小时出炉,低温时效效果好,但时间长。振动时效是工件受到激振器的敲击,或工件在大滚筒中回转互相撞击,一般振动30~50 min即可消除内应力。这种方法节省能源、简便、效率高,近年来发展很快。此方法适用于中小零件及有色金属件等。

3)合理安排工艺机械加工时,应注意粗、精加工分开;注意减小切削力,如减小余量、减小切深并进行多次走刀,以避免工件变形。

4)尽量不采用冷校直工序,对于精密零件,严禁进行冷校直。

七、提高加工精度的工艺措施

机械加工误差是由工艺系统中的误差引起的。前面分别讨论了工艺系统各种误差对加工精度的影响，然而，它是在一定条件下仅考虑了某种因素的作用，而实际上往往是多种因素综合作用的结果。人们在长期的生产过程中，总结出多种行之有效的方法，提高了加工精度，保证了产品质量。这些方法有减少误差法、误差补偿法、误差分组法、误差转移法、就地加工法以及误差平均法等。下面结合实例对这几种方法予以讨论。

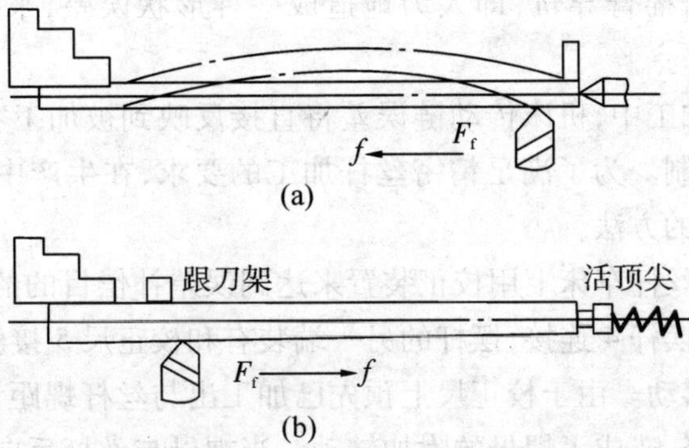

图 3-65 车削细长轴的比较

(a)正向进给；(b)反向进给

1. 减少误差法

首先应提高机床、夹具、刀具和量具等的制造精度，控制工艺系统的受力、受热变形。其次在查明产生加工误差的主要因素之后，设法对误差直接进行消除或减弱。

例如车削细长轴时，如图 3-65(a)所示，因工件刚度低，容易产生弯曲变形和振动，严重地影响了工件的几何形状精度和表面粗糙度。为了减少因吃刀抗力使工件弯曲变形所产生的加工误差，除采用跟刀架外，还采用反向进给的切削方法，如图 3-65(b)所示，使 Ff 对细长轴的受力状态由压缩变成拉伸，同时应用弹性的尾座顶尖，不会把轴压弯；采用大进给量和大主偏角的车刀，以增大轴向的拉伸作用，进一步减少弯曲变形，消除径向振动，使切削平稳。

2. 误差补偿法

误差补偿法就是人为地造成一种误差，去抵消加工、装配或使用过程中的误差。当已有误差是负值时，人为的误差为正值，反之取负值，尽量使两者大小相等、方向相反，以达到最大限度地减少误差的目的。

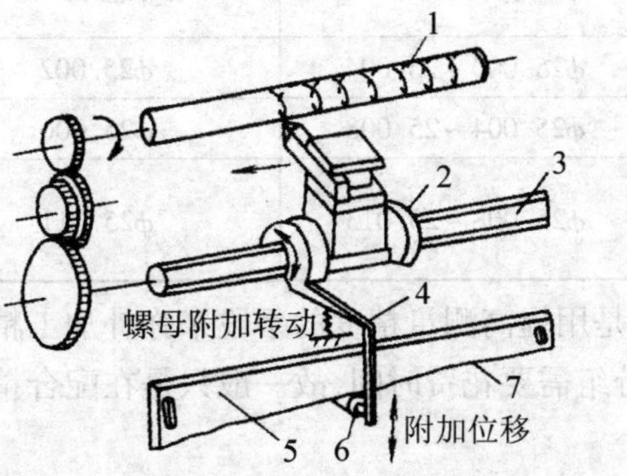

1－工件；2－丝杠螺母；3－车床丝杆；4－摆杆；5－校正尺；6－滚柱；7－校正曲线

图 3-66 螺纹加工校正装置

例如摇臂钻床，虽然在加工时摇臂、导轨能达到加工要求，但在装上主轴部件以后，因主轴部件的自重往往引起摇臂变形，使主轴与工作台不垂直，有时甚至超差。为此，在加工摇臂导轨时采用预加载荷法，使加工、装配和使用条件一致，这样可使摇臂导轨长期保持高的精度。也可在画出摇臂导轨受力弯曲变形的近似曲线的基础上，采取按曲线相反的形状来刮研摇臂导轨，即人为地造成一种形状误差，来抵消摇臂变形引起的误差，使之达到要求。

再如，在精密螺纹加工中，机床传动链误差将直接反映到被加工零件的螺距上，使精密丝杆的加工精度受到限制。为了满足精密丝杆加工的要求，在生产中广泛应用了误差补偿原理来消除传动链误差的方法。

图 3－66 为在精密丝杆车床上用校正装置来达到误差补偿目的的示意图。图中与车床丝杠相配合的螺母 2 和摆杆 4 连接，摆杆的另一端装有和校正尺 5 接触的滚柱 6。当丝杆转动时，滚柱就沿校正尺移动。由于校正尺上预先已加工出与丝杆螺距误差相对应的曲线，因此，就使摆杆上升或下降，造成了螺母的附加转动。当螺母与丝杆反向转动时，螺距就增大；作同向转动时，螺距就减小。从而以校正尺的人为误差抵消丝杆的螺距误差，使加工精度得以提高。

3. 误差分组法

在机械加工过程中，有时由于上道工序（或毛坯）加工误差较大，而在本工序加工时，将通过误差复映规律，或通过定位误差的作用，影响本工序的加工精度。若在加工前把工件按误差大小分为 n 组，每组工件误差范围就缩小为原来的 1/n，这就大大减少了上道工序对本道工序的影响。

例如，在制造齿轮时，若剃齿心轴与齿坯定位孔的配合间隙过大，则齿坯定位的同轴度误差过大，致使齿圈径向跳动超差；同时剃齿时也容易产生振动，引起齿面波纹度，使齿轮工作时噪声较大。因此，必须设法限制配合间隙，保证工件孔和心轴间的同轴度要求。具体方法为工件定位孔按尺寸大小分成若干组，分别与某个尺寸的剃齿心轴对应配合，减少由于间隙而产生的定位误差，从而提高了加工精度。具体分组情况见表 3－8。

表 3－8　误差分组表

项目 组别	齿坯孔径/mm	心轴直径/mm	配合间隙/mm
第一组	ϕ25.000～25.004	ϕ25.002	±0.002
第二组	ϕ25.004～25.008	ϕ25.006	±0.002
第三组	ϕ25.008～25.013	ϕ25.011	+0.002 −0.003

误差分组法的实质，是用提高测量精度的手段来弥补加工精度的不足，从而达到较高的精度要求。当然，测量、分组需要花费时间，故一般只是在配合精度很高，而加工精度不易提高时采用。

4. 误差转移法

误差转移法实质上是转移工艺系统的几何误差、受力变形和热变形引起的误差。当机床精度达不到零件加工要求时，往往不是一味去提高机床精度，而是在工艺方法上、夹具上去想办法，使机床的加工误差转移到不影响工件加工精度的方向上去。

例如，对于采用转位刀架加工的工序，其转位误差将直接影响零件有关表面的加工精度。若将刀具安装到定位的非敏感方向，则可大大减少其影响，如图 3－67 所示。它可使六角刀架转位时的重复定位误差 ±Δa 转移到零件内孔加工表面的误差非敏感方向，以减少加工误差的产生，提高加工精度。利用镗模镗孔时，所采用的浮动连接，就是使机床的误差不能传递到镗孔上，也是一种误差转移的实例。

5.“就地加工”法

在加工和装配中有些精度问题涉及到的零部件数量多、关系复杂，因而累积误差过大，若是采用提高零部件精度的方法，势必使得相关零件精度要求太高，有时不仅困难，甚至不可能。此时若采用“就地加工”法就可解决这种难题。

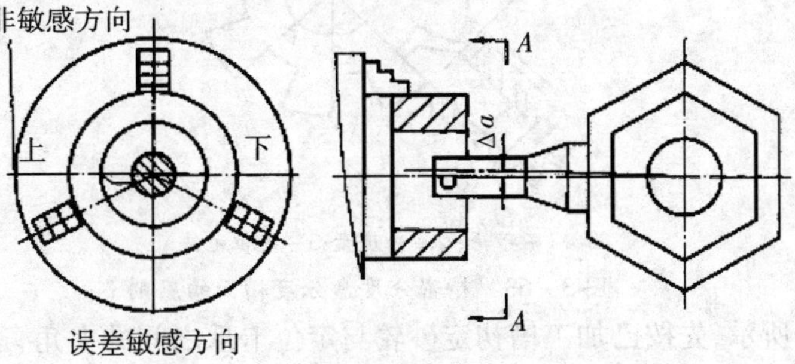

图 3－67　刀具转位误差的转移

如在转塔车床制造中，转塔上六个安装刀架的大孔，其轴心线必须保证和主轴旋转中心线重合，而六个面又必须和主轴中心线垂直。如果把转塔作为单独零件，加工出这些表面后再装配，要想达到上述两项要求是很困难的，因为它包含了很复杂的尺寸链关系。因而实际生产中采用了“就地加工”法。

“就地加工”的方法是这些表面在装配前不进行精加工，等它装配到机床上以后，再在主轴上装上镗刀杆和能作径向进给的小刀架，撞和车削六个大孔及端面。这样就能保证精度。

“就地加工”的要点是要求保证部件间什么样的位置关系，就在这样的位置关系上，利用一个部件装上刀具去加工另一部件。

“就地加工”法不但应用于机床装配中，在零件的加工中也常常用来作为保证精度的有效措施。例如，在机床上“就地”修正花盘和卡盘平面的平面度和卡爪的同心度；在机床上“就地”修正夹具的定位面等。

6. 误差平均法

对配合精度要求很高的工件，常采用研磨方法来达到。研具和加工表面之间，相对研擦和磨损的过程，也就是误差相互比较和减少的过程，这样的方法称之为误差平均法。误差平均法的实质是利用有密切联系的表面，相互比较，相互检查，在对比中发现差异后，或是相互修正（如偶件的对研），或互为基准进行加工。

所谓有密切联系的表面，有以下 3 种类型：

1)配偶件的表面。如配合精度要求很高的轴和孔,丝杆与螺母,端齿盘精密分度副等,常采用研磨方法来达到配合精度。

2)成套件的表面。如三块一组的标准平板,是用相互对研、配刮的方法加工出来的。因为三个平板的表面能够分别两两密合,只有在都是精确的平面条件下才有可能。还有诸如直角尺、角度规、多棱体等高精度量具和工具也是采用误差平均法来制造的。

3)工件本身相互有牵连的表面。如精密分度盘分度槽面的磨削加工,也是典型的利用误差平均法的例子。

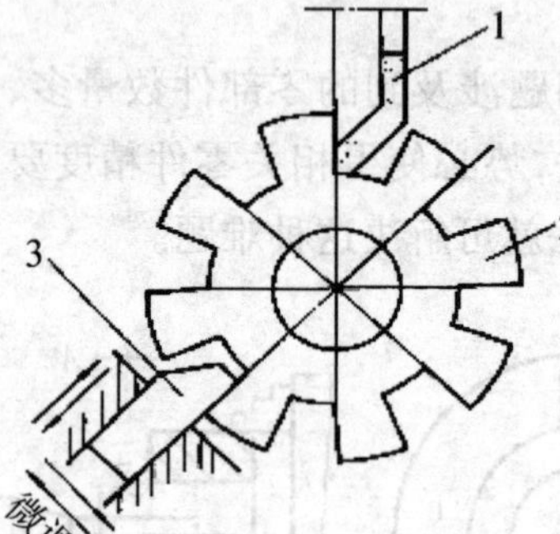

1－砂轮;2－分度盘;3－定位元件

图3－68　精密分度盘分度槽面的磨削

如图3－68所示,先按已加工槽初定砂轮与定位卡爪之间的夹角,逐槽磨一遍。由于初夹角与工件分度槽夹角不可能完全吻合,存在一定的角度误差,致使磨削各槽的加工余量不等,出现加工余量过大、过小的现象。这时,就应调整定位元件,使砂轮与定位基准之间夹角增大或减小。经过多次调整与磨削,最后使每个槽都有相等的加工余量。然后,再极精细地磨一遍,使各槽都能被轻微地磨到,表现为磨削火花极少,直至无火花为止。这时所有分度角的误差均接近于零。

实际生产过程中,由于分度装置的定位元件制造误差等因素的影响,实际分度误差并不为零,一般仍有极小的分度误差。

知识拓展Ⅱ

一、机械加工表面质量概述

1.机械加工表面质量含义

机械零件在加工过程中,无论采用何种加工方法,加工后的零件表面都不是完全理想的光滑表面,总是残留着不同程度的表面粗糙度、表面层残余应力、表面层冷作硬化等加工缺陷。这些加工缺陷虽然只产生在很薄的表面层中,但对零件的可靠性、耐久性影响极大。因此,机械零件的加工质量,除了加工精度外,还包含表面质量。研究影响机械加工表面质量的主要工艺因素及其变化规律,对保证产品质量具有重要意义。

机械加工表面质量有下列两方面的含义。

(1)表面几何形状特征　如图3－69所示,加工表面的几何形状,总是以“峰”、“谷”形式交替出现，偏离其理想光滑表面，其偏差又有宏观、微观的差别。

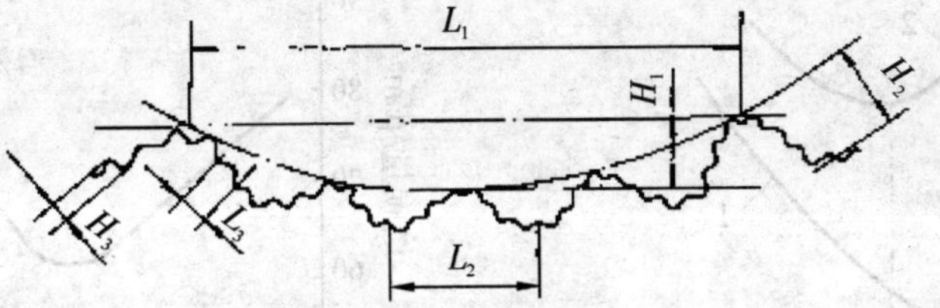

图 3－69 表面几何特性

1）表面粗糙度。它是指加工表面的微观几何形状误差，其波长与波高的的比值一般小于50，如图 3－69 中的 L_3、H_3。

2）表面波度。它是介于宏观几何形状误差与微观几何形状误差（即粗糙度）之间的周期性几何形状误差，其波长与波高的的比值一般等于 5～1 000，如图 3－69 中的 L_2、H_2。

（2）表面层物理力学性能 包括表面层加工硬化、表面层金相组织变化和表面层残余应力。

2. 零件表面质量对零件使用性能的影响

（1）表面质量对零件耐磨性的影响 零件的耐磨性与摩擦副的材料、润滑及表面质量有关。如图 3－70 所示，磨损过程可分为三个阶段。第 Ⅰ 阶段称为初期磨损阶段，此时两个表面只是在一些凸峰顶部接触，实际接触面积大大小于理论接触面积，凸峰接触部分将产生较大的压强。表面愈粗糙，实际接触面积愈小，凸峰处的压强愈大，故磨损显著。经过初期磨损后，磨擦副表面的接触面积增大，压强变小，进入正常磨损阶段（阶段 Ⅱ）。这一阶段零件的耐磨性最好。随着时间的推移，当粗糙度值变得很小时，零件表面存储润滑油的能力急剧下降，润滑条件恶化使得紧密接触的两表面发生分子粘合现象，摩擦阻力增大，从而进入磨损的第 Ⅲ 阶段，即急剧磨损阶段。显然，表面粗糙度值存在一个最佳参数，此时磨损量最小。图 3－71 的实验曲线表现的就是这种关系，图中 Ral 及 Ra2 就是在不同载荷时的最佳表面粗糙度值。

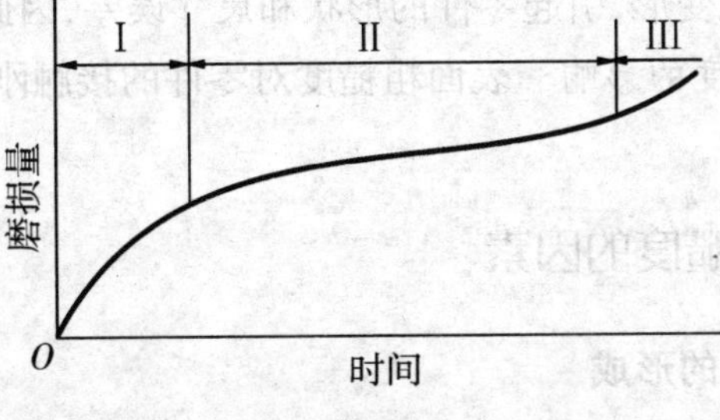

图 3－70 磨损过程的三个阶段

表面层冷作硬化减少了摩擦副接触处的弹性和塑性变形，耐磨性一般能提高 0.5～1 倍。但过度的冷作硬化会使金属组织疏松，甚至出现表面裂纹、表面剥脱，从而影响零件的耐磨性。图 3－72 反映了表面冷硬程度与耐磨性的关系。

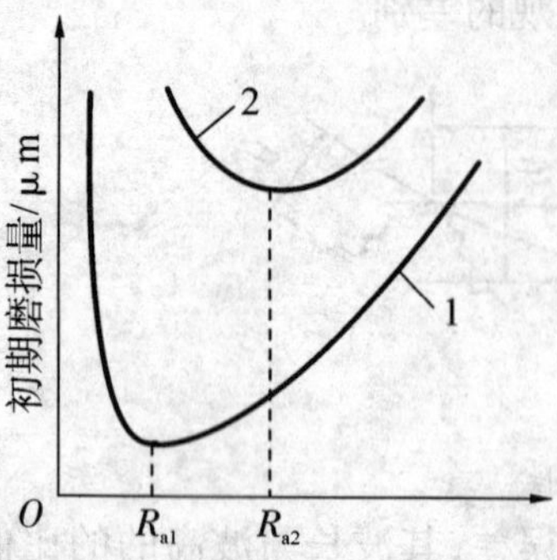

1－轻载荷;2－重载荷

图3－71　表面粗糙度与初期磨损量

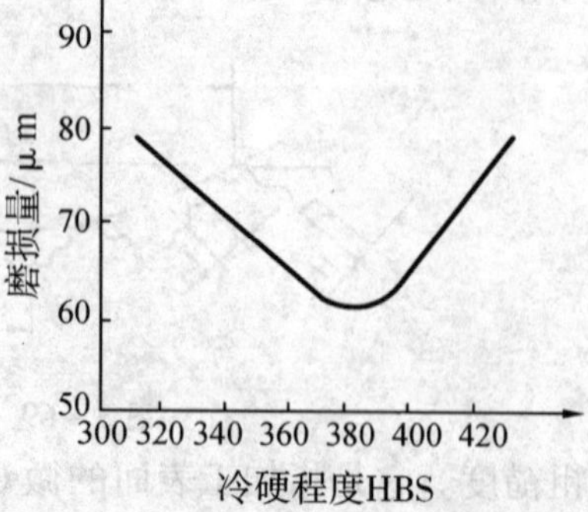

图3－72　表面冷硬程度与耐磨性的关系

(2)表面质量对零件疲劳强度的影响　在交变载荷作用下,零件表面微观不平的凹谷、划痕和裂纹等缺陷最易引起应力集中,并发展成疲劳裂纹,导致零件的疲劳损坏,减小表面粗糙度的Ra值可使疲劳强度提高。

表面层的残余压应力可以部分抵消工作载荷引起的拉应力,使零件疲劳强度提高。而表面层的残余拉应力则会使疲劳裂纹加剧,降低疲劳强度。

表面层冷作硬化能阻碍疲劳裂纹的扩大,提高零件强度。但冷硬程度过大,反而易产生裂纹,故冷硬程度与硬化深度应控制在一定范围内。

(3)表面质量对耐蚀性的影响　零件在潮湿的空气中或在腐蚀性介质中工作时,会发生化学腐蚀或电化学腐蚀。减小表面粗糙度就可以提高零件的耐腐蚀性。

零件在应力状态下工作时,会产生应力腐蚀,加速了腐蚀作用。如表面存在裂纹,则更增加了应力腐蚀的敏感性。

(4)表面质量对零件配合的影响　表面几何特性将使配合零件间实际的有效过盈量或有效间隙值发生变化,必然会影响到它们的配合性质与配合精度。例如对于间隙配合,表面粗糙度太大会使磨损量过大从而使配合间隙迅速增大。对于气动、液压等配合精度要求高的零件,会使间隙增加,影响系统性能;而对于过盈配合,装配过程中配合表面的凸峰将会受挤压,使实际有效过盈量减少,影响联接的可靠性。

表面残余应力会使零件变形,引起零件的形状和尺寸误差,因此也会影响零件的配合。

(5)表面质量对接触刚度的影响　表面粗糙度对零件的接触刚度有很大的影响,表面粗糙度越小,则接触刚度越高。

二、影响零件表面粗糙度的因素

1. 切削加工表面粗糙度的形成

机械加工时,加工表面几何特性(表面粗糙度)形成的原因大致可归纳为两个因素:一是切削刃(或砂轮)与工件相对运动轨迹所形成的表面粗糙度——几何因素;二是与工件材料性质及切削(或磨削)机理有关的因素——物理因素。

(1)几何因素　刀具相对于工件作进给运动时,在加工表面留下了切削层残留面积,其形状是刀具几何形状的反映。

在理想切削条件下，由于切削刃的形状和进给量的影响，在加工表面上遗留下来的切削层残留面积就形成了理论表面粗糙度 H，如图 3－73 所示。由图中几何关系可知，当刀尖圆弧半径 $r_\varepsilon=0$ 时（图 3－73（a）），有

$$H=\frac{f}{\cot k_r+\cot k_r'} \tag{3-7}$$

刀尖圆弧半径 $r_\varepsilon\neq0$ 时〔图 3－73（b）〕，有

$$H=r_\varepsilon-\sqrt{r_\varepsilon-(\frac{f}{2})^2}\approx\frac{f^2}{8r_\varepsilon} \tag{3-8}$$

以上两式是理论计算结果，称为理论粗糙度。切削加工后表面的实际粗糙度与理论粗糙度有较大的差别，这是由于存在着与被加工材料的性能及与切削机理有关的物理因素的缘故。

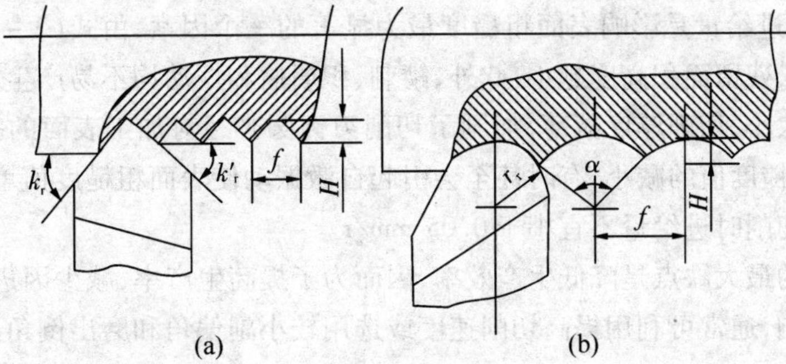

图 3－73　切削层残留面积

（2）物理因素　切削过程中影响表面粗糙度的物理因素为金属表面层的塑性变形。切削过程中刀具的刃口圆角及后面与工件的挤压摩擦使金属材料产生塑性变形，使原有残留面积扭歪或沟纹加深，因而增大表面粗糙度。低速切削塑性材料时出现的积屑瘤与鳞刺，也会使表面粗糙度增大。切削脆性材料时，切屑呈碎粒状，加工表面往往出现崩碎痕迹，留下许多麻点，使表面更为粗糙。

切削加工时工艺系统的振动也会使工件已加工表面的粗糙度值增大。

2. 影响切削加工表面粗糙度的主要因素

（1）切削用量

1）切削速度 v_c。切削速度对表面粗糙度的影响比较复杂，一般情况下在低速或高速切削时，不会产生积屑瘤，故加工后表面粗糙度值较小。在以 20～50 m/min 的切削速度加工塑性材料（如低碳钢、铝合金等）时，常容易出现积屑瘤和鳞刺，再加上切屑分离时的挤压变形和撕裂作用，使表面粗糙度更加恶化。切削速度越高，切削过程中切屑和加工表面层的塑性变形的程度越小，加工后表面粗糙度值也就越小。图 3－74 为切削易切钢时切削速度对表面粗糙的影响规律。

实验证明，产生积屑瘤的临界速度将随加工材料、切削液及刀具状况等条件的不同而不同。由此可见，用较高的切削速度，既可使生产率提高又可使表面粗糙度值变小。因此，不断地创造条件以提高切削速度，一直是提高工艺水平的重要方向。其中，发展新刀具材料和采用先进刀具结构可使切削速度大为提高。

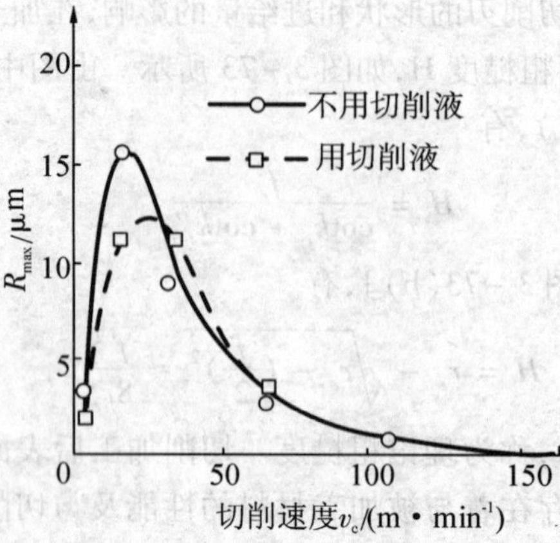

图 3-74　切削速度对表面粗糙度影响

2)进给量 f。进给量是影响表面粗糙度最为显著的一个因素,由式(3-7)和式(3-8)可知,进给量越小,残留面积高度越小,此外,鳞刺、积屑瘤和振动均不易产生,因此表面质量越高。但进给量太小,切削厚度减薄,加剧了切削刃钝圆半径对加工表面的挤压,使硬化严重,不利于表面粗糙度值的减小,有时甚至会引起自激振动使表面粗糙度值增大。所以生产中硬质合金刀具切削时进给量不宜小于 0.05 mm/r。

减小进给量的最大缺点是降低生产效率,因而为了提高生产率,减少因进给量增大而使粗糙度增大的影响,通常可利用提高切削速度或选用较小副偏角和磨出倒角刀尖 $b\varepsilon$ 或修圆刀尖 $r\varepsilon$ 的办法来改善。

3)背吃刀量 a_p。一般来说背吃刀量对加工表面粗糙度的影响是不明显的。但当 $a_p<0.02\sim0.03$ mm时,由于刀刃不可能刃磨得绝对尖锐而具有一定的钝圆半径,正常切削就不能维持,常出现挤压、打滑和周期性地切入加工表面,从而使表面粗糙度值增大。

为降低加工表面粗糙度值,应根据刀具刃口的锋利情况选取相应的背吃刀量。

(2)刀具几何参数

1)增大刃倾角 λ_s 对降低表面粗糙度值有利。因为 λ_s 增大,实际工作前角也随之增大,切削过程中的金属塑性变形程度随之下降,于是切削力 F 也明显下降,这会显著地减轻工艺系统的振动,从而使加工表面的粗糙度值减小。

2)减少刀具的主偏角 κ_r 和副偏角 κ_r' 及增大刀尖圆弧半径 r_ε,可减小切削残留面积,使其表面粗糙度值减小。

3)增大刀具的前角 γ_o 使刀具易于切入工件,减小塑性变形,有利于减小表面粗糙度值。但当前角太大,刀刃有嵌入工件的倾向,反而使表面变粗糙。

4)当前角一定时,后角 α_o 越大,切削刃钝圆半径越小,刀刃越锋利;同时,还能减小后刀面与加工表面间的摩擦和挤压,有利于减小表面粗糙度值。但后角过大会削弱刀具的强度,容易产生切削振动,使表面粗糙度值增大。生产中也利用 $\alpha_o\leq0°$ 的刀具对切削表面进行挤压,达到光整加工的目的。加工的方法是在后面上小棱面处磨出 $\alpha_o\leq0°$,采用较低切削速度,较小背吃刀量,浇注润滑性能良好切削液,并在精度和刚性较高的机床上进行挤压。经挤压后的工件表面粗糙度 Ra 达 2.5~1.25 μm,并提高了表面层的硬度和疲劳强度。

(3)工件材料的性能 采用热处理工艺以改善工件材料的性能是减小其表面粗糙度的有效措施。例如,工件材料金属组织的晶粒越均匀,粒度越细,加工时越易获得较小的表面粗糙度。因此,对工件进行正火或回火处理后再加工,能使加工表面粗糙度明显减小。

(4)切削液 高速钢等低速切削过程中,浇注润滑性良好的切削液可减小积屑瘤、鳞刺的影响,减小表面粗糙度值。

高速切削时,由于切削液浸入切削区域较困难及被切屑流出时带走和零件转动时被甩出,故切削液对表面粗糙度影响不明显。

(5)刀具材料 不同的刀具材料,由于化学成分的不同,在加工时刀面硬度及刀面粗糙度的保持性,刀具材料与被加工材料金属分子的亲合程度,以及刀具前后刀面与切屑和加工表面间的摩擦系数等均有所不同。

(6)工艺系统振动 工艺系统的低频振动,一般会使工件的加工表面产生表面波度,而工艺系统的高频振动将对加工的表面粗糙度产生影响。为降低加工的表面粗糙度值,则必须采取相应措施以防止加工过程中高频振动的产生。

3. 磨削加工后的表面粗糙度

磨削加工表面,是由砂轮上大量几何角度不同且不规则分布的磨粒微刃切削、刻划出的无数极细的沟槽形成的。显然,每单位面积的磨粒愈多,刻痕的等高性愈好,则粗糙度也就愈小。

实际在磨削过程中表面粗糙度还受到塑性变形的影响。磨粒大多具有很大的负前角,切削刃并不锋利,切屑厚度一般仅为0.2μm左右。因此大多数砂轮在磨削过程中只在加工面上挤过,根本没有切削。加工表面在多次挤压下,反复出现塑性变形。磨削时的高温使这种塑性变形加剧,表面粗糙度增大。

从以上分析可得出影响磨削表面粗糙度的因素有

(1)砂轮粒度 砂轮粒度愈细,单位面积上的磨粒数就愈多,磨削表面的粗糙度就愈小。

(2)砂轮的修整 修整砂轮的目的是使其具有正确的几何形状和锐利等高的微刃。修整后的砂轮愈光滑,砂轮的等高性及锋利程度愈好,则磨削表面的表面粗糙度就愈小。

(3)砂轮速度 提高砂轮速度,可增加加工表面单位面积的刻痕数,同时由于此时塑性变形的传播速度小于磨削速度,材料来不及产生塑性变形,从而降低表面粗糙度。

(4)磨削深度与工件速度 增大磨削深度和工件速度将增加塑性变形的程度,从而增大表面粗糙度。因此为了能提高效率又降低表面粗糙度,磨削加工的径向进给量通常为先“大”后“小”。

三、影响零件表面层物理力学性能的因素

机械加工过程中工件由于受到切削力和切削热的作用,其表面层的力学、物理性能将产生很大的变化,造成与基体材料性能的差异。这些差异主要为表面层的金相组织和显微硬度的变化及表面层中出现残余应力。

1. 表面层的加工硬化

在切削或磨削加工过程中,若加工表面层产生的塑性变形使晶体间产生剪切滑移,晶格

严重扭曲，并产生晶粒的拉长、破碎和纤维化，引起表面层的强度和硬度提高的现象，称为冷作硬化现象。表面层的硬化程度取决于产生塑性变形的力、变形速度及变形时的温度。产生变形力越大，塑性变形越大，产生的硬化程度也越大。变形速度越大，塑性变形越不充分，产生的硬化程度也就相应减小。变形时的温度对塑性变形程度的影响为温度高硬化程度减小。

影响表面层冷作硬化的因素有

(1)刀具　刀具的刃口圆角和后刀面的磨损对表面层的冷作硬化有很大影响，刃口圆角和后刀面的磨损量越大，冷作硬化层的硬度和深度也越大。

(2)切削用量　在切削用量中，影响较大的是切削速度 vc 和进给量 f。当 v_c 增大时，则表面层的硬化程度和深度都有所减小。这是由于一方面切削速度增大会使温度增高，有助于冷作硬化的恢复；另一方面由于切削速度的增大，刀具与工件接触时间短，使工件的塑性变形程度减小。当进给量 f 增大时，切削力增大，塑性变形程度也增大，因此表面层的冷作硬化现象也就越严重。但当 f 较小时，由于刀具的刃口圆角在加工表面上的挤压次数增多，因此表面层的冷作硬化现象也会增大。

(3)工件材料　工件材料的硬度越低，塑性越大，切削加工后其表面层的冷作硬化现象越严重。

2. 表面层金相组织的变化

机械加工过程中，在工件的加工区由于切削热会使加工表面温度升高。当温度超过金相组织变化的临界点时，就会产生金相组织变化。对于一般的切削加工，切削热大部份被切屑带走，影响不严重。但对磨削加工而言，由于其产生的单位面积上的切削热要比一般切削加工大数十倍，故工件表面温度可高达 1 000℃左右，必然会引起表面层金相组织的变化，使表面硬度下降，伴随产生残余拉应力及裂纹，从而使工件的使用寿命大幅降低，这种现象称为磨削烧伤。因此，磨削加工是一种典型的易于出现加工表面金相组织变化的加工方法。

根据磨削烧伤时温度的不同，可分为

(1)回火烧伤　当磨削淬火钢时，若磨削区温度超过马氏体转变温度，则工件表面原来的马氏体组织将转化成硬度较低的回火屈氏体或索氏体组织，此即为回火烧伤。

(2)淬火烧伤　磨削淬火钢时，若磨削区温度超过相变临界温度，在切削液的急冷作用下，工件表面最外层金属转变为二次淬火马氏体组织，其硬度比原来的回火马氏体高，但是又硬又脆，而其下层因冷却速度较慢仍为硬度较低的回火组织，这种现象即为淬火烧伤。

(3)退火烧伤　若不用切削液进行干磨时超过相变的临界温度，由于工件金属表层空冷冷却速度较慢，使磨削后的强度、表面硬度急剧下降，则产生了退火烧伤。

磨削烧伤时，表面会出现黄、褐、紫、青等烧伤色。这是工件表面在瞬时高温下产生的氧化膜颜色，不同烧伤色表面烧伤程度不同。较深的烧伤层，虽然在加工后期采用无进给磨削可除掉烧伤色，但烧伤层却未除掉，成为将来使用中的隐患。

影响磨削烧伤的因素主要有

1)磨削用量。磨削用量主要包括磨削深度、工件纵向进给量及工件速度。当磨削深度增大时，工件的表面温度及表层下不同深度的温度都会随之升高，磨削烧伤增加，故磨削深度不可过大；工件纵向进给量的增加使得砂轮与工件的表面接触时间相对减少，散热条件得到改善，磨削烧伤减轻；增大工件速度虽然使磨削区温度上升，但由于热源作用时间减少，金相组织来不及变化，总的来说可以减轻磨削烧伤。

对于增加进给量、工件速度而导致的表面粗糙度增大，一般采用提高砂轮转速及较宽砂轮来补偿。

2）冷却方法。采用切削液带走磨削区的热量可以避免烧伤，但目前通用的冷却方法效果却较差，原因是切削液未能进入磨削区。如图 3－75 所示，切削液不易进入磨削区 A，B，只能大量地倾注在离开磨削区的已加工面上，但这时烧伤已经产生。

为了使切削液能较好地进入磨削区起到冷却作用，目前采用的主要方法有内冷却法、喷射法、间断磨削法与含油砂轮等。图 3－76 所示为内冷却砂轮结构。内冷却法是将切削液通过砂轮空心主轴引入砂轮的中心腔内，由于砂轮具有多孔性，当砂轮高速旋转时，强大的离心力将切削液沿砂轮孔隙向四周甩出，使磨削区直接得到冷却。

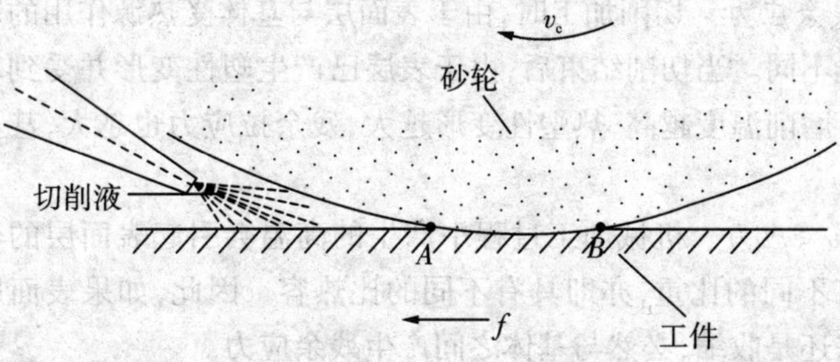

图 3－75 一般冷却方法

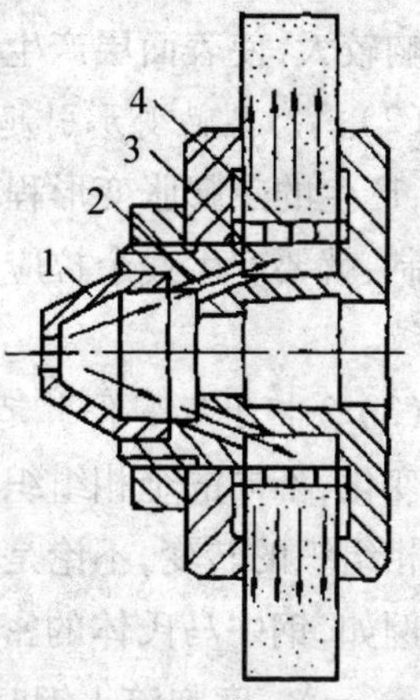

1－锥形盖；2－冷却液通孔；
3－砂轮中心孔；4－有径向小孔的薄壁套

图 3－76 内冷却砂轮结构

3）砂轮。硬度过高的砂轮，结合力太强，自锐性差，将使磨削力增大，易产生磨削烧伤，故常选用较软的砂轮。提高砂轮磨粒的硬度、韧性和强度，有助于保持刃尖的锋利性及自锐性，从而抑制磨削烧伤。金刚石磨料由于其强度、硬度都比较高，而且在无切削液的情况下，它的摩擦系数也只有 0.05，相对而言最不易产生磨削烧伤，是一种理想的磨料。砂轮结合剂应为具有一定弹性的材料，如树脂类。这样当某种原因使磨削力增大时，磨粒能产生一定的弹性退让，使切削深度减小；同时由于树脂的耐热性差，高温时结合性能显著下降，磨粒易于脱落。这些都有助于避免磨削烧伤。

选用粗粒度砂轮磨削时，既可减少发热量，又可在磨削软而塑性大的材料时避免砂轮的堵塞。

4）工件材料。工件材料硬度越高，磨削发热量越多；但材料过软，则易于堵塞砂轮，反而使加工表面温度急剧上升。工件材料的强度可分为高温强度与常温强度。高温强度越高，磨削时所消耗的功率越多。例如在室温时，45 钢的强度比 20CrMo 合金钢的强度高 65 N/mm^2，但在 600℃时，后者的强度却比前者高 180 N/mm^2，因此 20CrMo 钢的磨削加工发热量比45钢大。

工件材料的韧性越大，所需磨削力也越大，发热也越多。

导热系数低的材料，如轴承钢、高速钢等在磨削加工中更易产生金相组织的变化。

3. 表面层的残余应力

工件经机械加工后，表面层组织会发生形状变化或组织变化，在表面层及其与基体材料的交界处就会产生互相平衡的应力，即表面层的残余应力。残余压应力可提高工件表面的耐磨性和疲劳强度，而残余拉应力则起相反的作用。若拉应力值超过工件材料的疲劳强度极限值时，则使工件表面产生裂纹，加速工件损坏。

残余应力的产生，有以下三种原因

(1) 冷态塑性变形引起的残余应力　在机械加工过程中，由于切削力的作用使工件表面受到强烈的塑性变形，而此时基体金属处于弹性变形状态。切削力消除后，基体金属趋向恢复，但受到表面层的限制，因而要产生残余应力。其中切削刀具对已加工表面的挤压和摩擦的影响较大，使表面层产生伸长塑性变形，这时产生的残余应力为压应力。

(2) 热态塑性变形引起的残余应力　切削加工时，由于表面层与基体受热源作用的影响不同，产生的热膨胀变形程度也不同。当切削结束后，由于表层已产生塑性变形并受到基体的限制，就要产生残余拉应力。磨削温度越高，热塑性变形越大，残余拉应力也越大，甚至出现裂纹。

(3) 金相组织变化引起的残余应力　机械加工过程中产生的高温会引起表面层的金相组织变化，不同的金相组织具有不同的比重，亦即具有不同的比热容。因此，如果表面层发生金相组织的转变，不论是膨胀还是收缩，必然与基体之间产生残余应力。

例如，钢中马氏体的密度为7.75 g/cm^3，奥氏体的密度为7.96 g/cm^3，珠光体的密度为7.78 g/cm^3。磨削淬火钢时，如果产生回火，表层组织从马氏体变为屈氏体或索氏体（密度与珠光体相近），比热容减小受到基体的阻碍产生残余拉应力。若表层温度超过 Ac_3，冷却又充分，则原表层的残余奥氏体转变为马氏体，比热容增大受阻，这时工件表面就要形成残余压应力。

机械加工后金属表面层的残余应力，是上述三者的综合结果。在不同的条件下，其中某一种或两种因素可能起主导作用。一般切削加工中，当切削温度不高时，起主导作用的是冷态塑性变形，产生残余压应力。磨削加工中，热态塑性变形和相变起到了主导作用，产生残余拉应力。

四、控制和改善工件表面质量的方法

为了使工件表面层的质量满足使用要求，常采用以下方法控制和改善工件的表面质量，创造精密加工的工艺条件；采用光整加工工序；采用表面层强化工艺等。其中应用最广的是表面层强化工艺，它能使金属表面层获得有利于疲劳强度提高的残余压应力及冷硬层，从而提高零件的使用可靠性。表面层强化工艺主要包括滚压加工及喷丸强化。

(1) 滚压加工　滚压加工是利用具有高硬度的滚轮或滚珠，对工件表面进行滚压，使其产生冷态塑性变形，将工件表面上原有的凸峰填充到相邻的凹谷中，使工件表面的微观不平度得到改善,表面金属产生晶格畸变、残余压应力及冷硬层,使工件表面层得到光整和强化,如图 3－77 所示。

滚压加工主要用于加工外圆、孔、平面及成形表面,对于存在应力集中的零件,效果更为明显(疲劳强度可提高 50%)。图 3－78 为典型的滚压加工示意图。

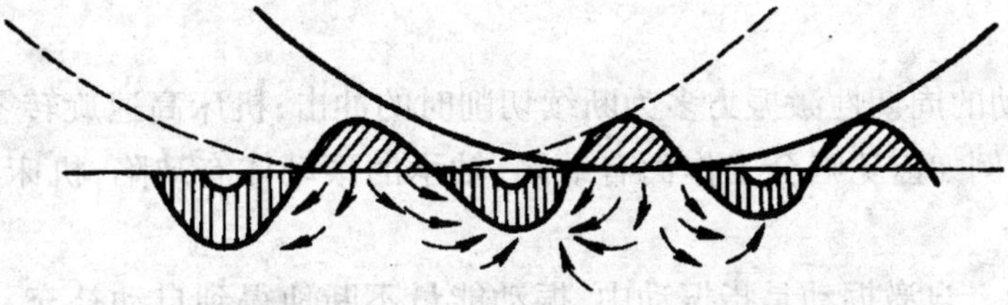

图 3－77 滚压加工原理图

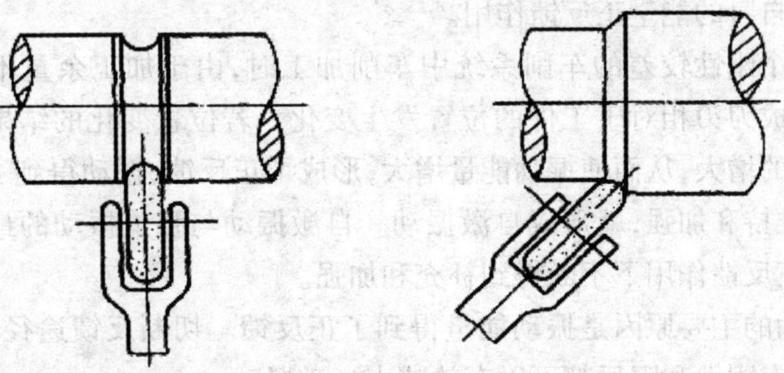

(a) (b)

图 3－78 典型滚压加工示意图

(2)喷丸强化 喷丸强化是利用大量快速喷射的弹丸打击工件表面,使其产生残余压应力及冷硬层,从而大大提高零件的疲劳强度及使用寿命。喷丸用钢或铸铁制成。喷射设备为压缩空气喷丸装置或离心式喷丸装置,喷射速度可达 30～50 m/s。喷丸强化的主要加工对象是形状复杂的零件,如弹簧、齿轮、曲轴等。经喷丸强化处理后的零件,硬化深度可达 0.7 mm,Ra 值可由 3.2 μm 减少到 0.4 μm,使用寿命可提高几倍到几十倍。

五、机械加工中的振动

机械加工过程中,在工件与刀具之间常常产生振动,影响了工件和刀具之间正常的运动轨迹,降低了加工表面质量,缩短了刀具和机床寿命,严重时可使加工无法进行。因此,研究机械加工过程中的振动,掌握其规律,加以限制或消除,是机械加工技术的重要研究课题。

1. 加工振动的分类及引起振动的原因

机械加工中的振动按照传统分为自由振动、强迫振动和自激振动三大类。

(1)自由振动 一个系统产生振动首先是由于一个外界刺激力引起的,当外界刺激力去除后,由于系统的阻尼作用使得振动逐渐衰减,如果没有持续的维持振动继续下去的刺激力不断作用,振动会衰减和停止,这种振动称为自由振动。

机械加工中引起自由振动的激振原因主要是由于工件材质不均,切削过程中刀刃碰到硬质点,引起切削力发生变化;或者往复运动的换向冲击;如果机床地基隔振措施不良,外界激振力也会由基础传入。

(2)强迫振动　强迫振动是指系统受到周期性激振力的作用,所激发的不衰减振动。它的最大特点是系统本身所具有的阻尼不足以快速衰减这种受迫振动,所以强迫振动的振动频率与激振力的频率相等。当激振力的频率接近于振动系统的固有频率时,振幅会急剧增大,系统将产生共振。强迫振动中的激振力是不随振动过程而逐渐增大的,这一点区别于自激振动。

诱发强迫振动的周期性激振力多为断续切削时的冲击;机床高速旋转零件的不平衡;机床传动件的缺陷,例如齿轮啮合工作面有缺陷、轴承的滚动体有缺陷;机床液压系统的压力波动等原因。

(3)自激振动　自激振动是指振动中,振动能量不断地得到自动补充,促使振动自动维持甚至不断加强的振动。自激振动的最大特点是振动能量的正反馈,即振动的维持不是靠外界,而是靠系统自身的能量正反馈作用。

例如,当在一个刚性较差的车削系统中车削加工时,由于加工余量不均会引起初始振动,这一振动会造成刀刃相对于工件的位置发生变化。若位置变化的结果使得吃刀深度增大,将导致激振力的增大,从而使振动能量增大,形成了正反馈,振动得到了加剧。如果这种正反馈不断得到维持和加强,就形成自激振动。自激振动与强迫振动的最大区别是自激振动的激振力会在正反馈作用下不断得到补充和加强。

促成自激振动的主要原因是振动能量得到了正反馈。切断反馈途径;变正反馈为负反馈;增加系统的动态刚性和阻尼都可以有效减小自激振动。

2. 振动对加工质量的影响

振动对机械加工是有害的,这种危害表现在以下几个方面。

(1)影响加工的表面粗糙度　振动破坏了工艺系统的正常切削过程,从而使零件加工表面出现振纹,高频振动时产生微观不平度,低频振动时产生波度。

(2)降低生产率　振动限制了切削用量的进一步提高,从而影响生产率的提高,严重时可使切削无法继续进行。

(3)影响刀具寿命　切削过程中的振动可能使刀尖刀刃崩碎,韧性差的刀具(硬质合金、陶瓷)尤为严重。此外振动还会加速刀具的磨损。

(4)破坏机床、夹具的精度　振动使机床、夹具的零件连接部份松动,间隙增大,还会降低机床、夹具的刚度与精度。

(5)环境污染　由振动引起的噪声恶化了工作环境,影响工人的健康。

3. 减小振动的有效措施

对于工艺系统的自由振动和强迫振动,只要找到其周期性激振力产生的原因,就可以有相应的办法来解决。减小强迫振动的途径一般有以下几种。

(1)尽量减少激振力

1)消除零件高速回转的不平衡,避免离心惯性力的产生,对于高速转动的砂轮、主轴系统转子等都要严格进行相应的静平衡或动平衡处理;

2)提高高速运动部件的传动平稳性,齿轮要保证啮合质量,滚动轴承的精度等级要达到设计要求，滚道和滚动体不得有缺陷；

3）对高速带传动系统也要引起重视，带轮不得有缺陷和运动偏心，同组使用的皮带要注意厚度、宽窄和柔性尽量一致，以保证传动平稳。

（2）加强隔振措施

1）精加工机床应远离重载荷粗加工机床，其床座基础要加强隔振措施，防止外部振源的传入；

2）将振动较大的电动机、液压站等动力部件与机床本体隔离开，传动带不要张得过紧。

（3）增加阻尼，提高刚性　增加阻尼是减震的基本措施。机械加工过程中的很多强迫振动都是因工艺系统的动刚度及阻尼不足引起的。可通过预紧轴承、调整导轨镶条间隙、减小刀杆悬伸长度和研合接触面等手段来提高工艺系统的动刚度和阻尼，对刚度差的工件要增加辅助支承及筋板等。强迫振动的频率要远离工艺系统的固有频率，当两者频率较近时，应注意调整主运动的速度，以防产生共振。

对于工艺系统的自激振动，因其产生的原因较为复杂，目前最有效的手段是抗振和减振。

1）抗振措施。在机床方面主要有提高工艺系统动态刚度（包括前述提高动刚度的所有措施），合理布置筋板可以有效提高机床的结构刚性；采用滑动轴承或静压轴承比滚动轴承的刚度高；机床主轴采用三点支承结构比两点支承刚度高。

在刀具方面主要有合理设计刀杆结构、形状，提高刀杆的惯性矩，选用高刚性材料做刀杆，尽量缩短刀具的悬伸长度；合理选择刀具几何参数和切削用量。

在工件安装方面要注意正确使用跟刀架、中心架。

2）减振措施。主要是用各种减振装置来对振动进行干扰和阻尼。

如图3－79所示为一种冲击式减振镗杆。当镗杆产生自激振动时，冲击块1会与镗杆发生反复碰撞，其碰撞频率的初相滞后于自激振动，对自激振动起到干扰作用，从而消耗了振动能量。

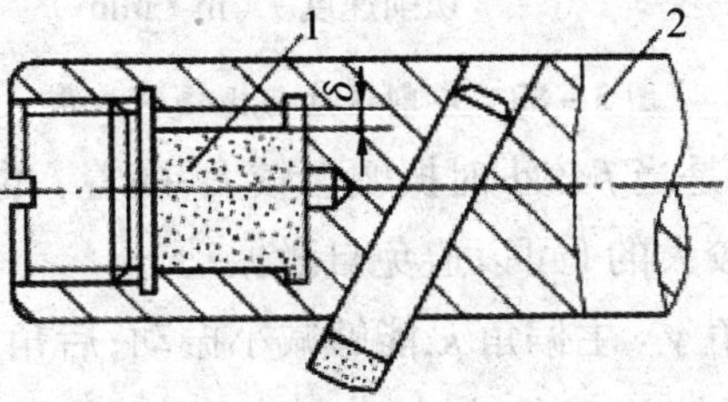

1－冲击块；2－镗杆

图3－79　冲击减振镗杆

如图3－80所示为一种摩擦式阻尼减振器，它利用多层碟形簧片的弹性势能来吸收振动能量。

如图3－81所示为一种液压阻尼器，它是利用了液压节流孔4的降压原理来衰减振动能量。

在实际生产中，应用减振器来衰减和吸收振动能量的方法很有效，各种减振器结构方案也很多。

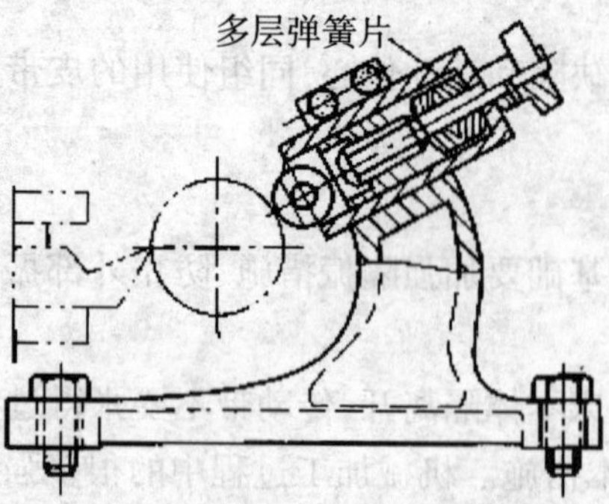

图 3－80　摩擦式阻尼减振器

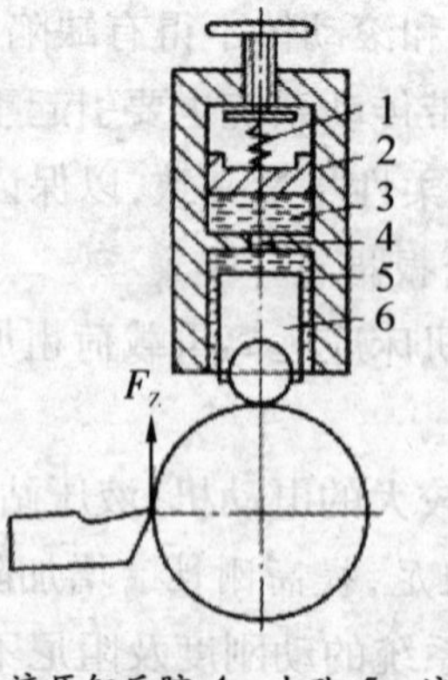

1－弹簧；2－活塞；3－液压缸后腔；4－小孔；5－液压缸前腔；6－柱塞

图 3－81　液压阻尼器

除了上述抗振和减振措施以外，合理选择切削用量、刀具角度和刀刃结构也是生产中经常采用的减振措施。

在切削用量方面，最主要的是切削速度 v_c，有车削试验证明：当切削速度 v_c 在 20～60 m/min范围内时，自激振动的振幅很大，而切削速度在高速（150 m/min 以上）或很低范围内时，自激振动的振幅就较小，如 3－82 图所示。

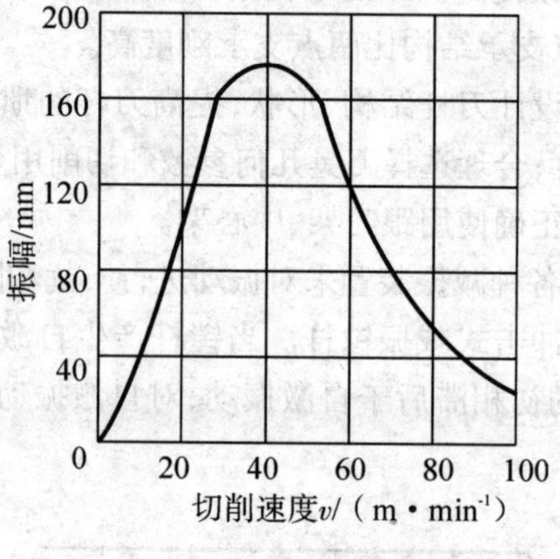

图 3－82　车削速度与振幅的关系

进给量与振幅间的关系是当 f 较小时振幅会较大，随着 f 的增大振幅反而会减小，所以，只要表面粗糙度许可，选取较大的 f 可以避免自激振动。

刀具方面，适当增大前角 γ_o、主偏角 κ_r 能够减小振动；后角 α_o 越大，越易引起自激振动，但后角 α_o 过小造成后刀面挤压工件也会引起自激振动，一般可采取在后刀面处磨出 0.1～0.3 mm的负倒棱，能起到很好防振作用；在前刀面上留出月牙槽可以有助于防振。刀具使用方面最关键的是注意刀尖不要安装过高。

思考与练习

1. 箱体类零件的结构特点是什么？其主要技术要求有哪些？
2. 平面铣削与平面刨削在应用上有何不同？
3. 在加工内平面时，插削与拉削在应用条件上有何不同？

4. 传动轴上平键槽应选用哪种机床加工？

5. 机床工作台上的 T 型槽可以用哪些方法加工？

6. 编制如图 3－83 所示箱体类零件的机械加工工艺规程，生产批量为中批生产，材料为 HT200。

7. 表面质量对零件使用性能有何影响？

8. 试述加工表面产生残余压应力和残余拉应力的原因。

9. 影响磨削表面的表面粗糙度的因素是什么？如何解释当砂轮速度从 30 m/s 提高到 60 m/s 时，表面粗糙度 Ra 从 1 μm 减小到 0.2 μm 的试验结果？

10. 在卧式镗床上用悬臂镗杆镗一光滑圆柱孔时产生振动，振动时发出刺耳的尖叫声且只要刀具与工件一脱离接触，振动就立即停止。请判断该振动是哪种振动，有哪些控制措施？

11. 加工误差包括哪几方面？原始误差与加工误差有何关系？

12. 在车床上用两顶尖安装车削细长轴时，出现图 3－84 所示误差是什么原因？应分别采用什么办法加以消除或减小误差？

13. 在车削加工前，工人常在刀架上装上镗刀修整三爪自定心卡盘的工作面或花盘的端面（图 3－85）的目的是什么？分析能否提高主轴的回转精度和轴向跳动。

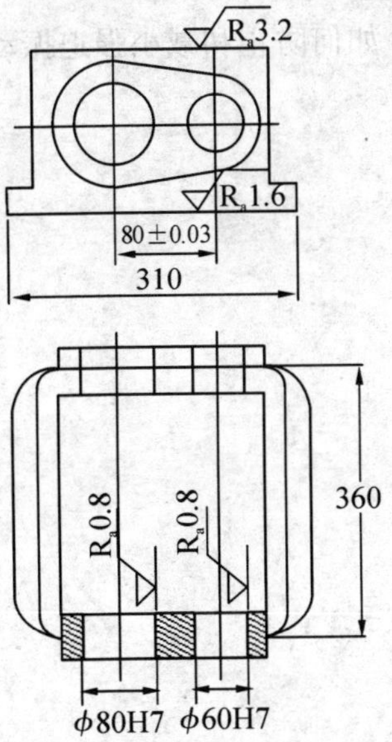

图 3－83 箱体类零件

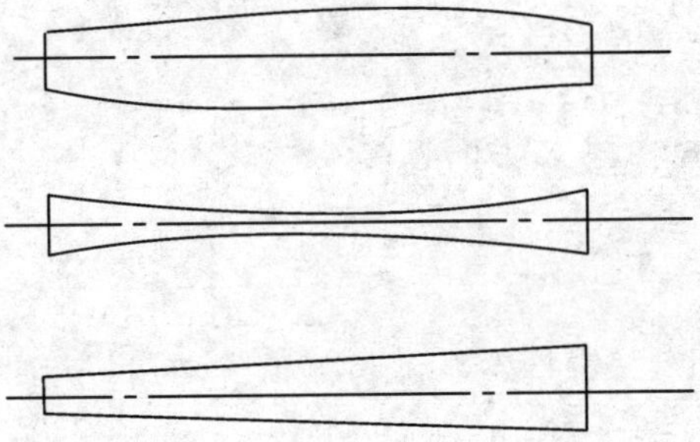

图 3－84 题 12 图

14. 磨削锥孔时，用检验锥度的塞规着色检验，发现只在塞规中部接触或在塞规的两端接触，如图 3－86 所示。分析造成误差的因素。

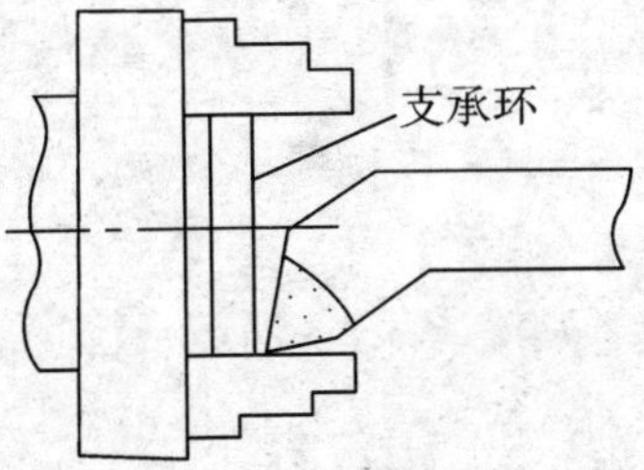

图 3－85 题 13 图

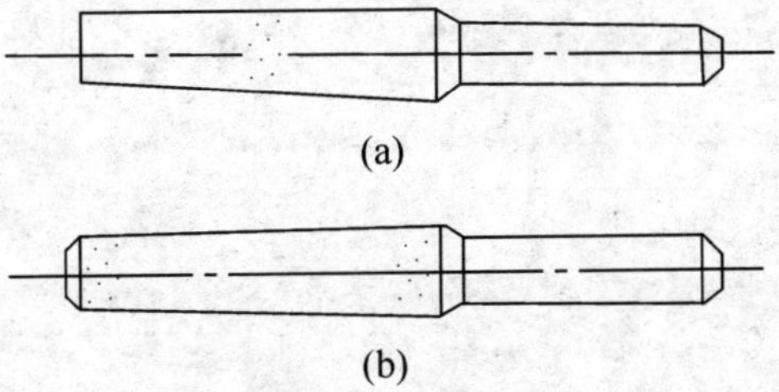

图 3－86 题 14 图

15. 说明磨削外圆时，使用死顶尖的目的是什么？哪些因素引起外圆的圆度和锥度误差（图 3 – 87）？

16. 分析磨削外圆时如图 3 – 88 所示，若磨床前后顶尖不等高，工件将产生什么样的几何形状误差？

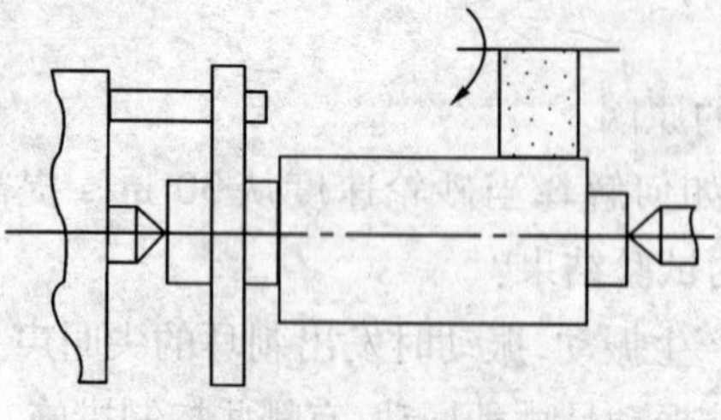

图 3 – 87　题 15 图

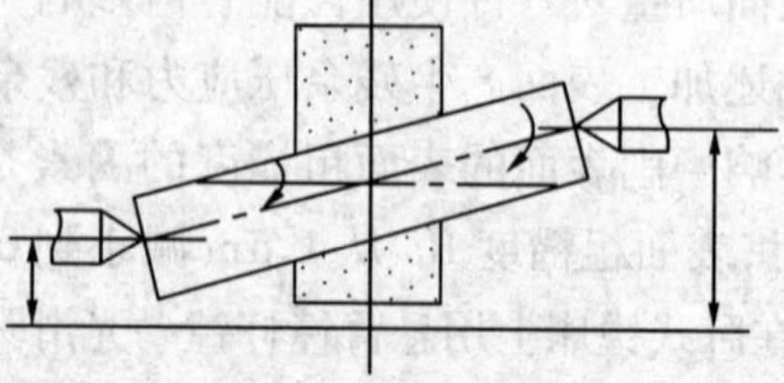

图 3 – 88　题 16 图

17. 车细长轴时，工人经常在车削一刀后，将后顶尖松一下再车削下一刀。试分析其原因。

18. 机械加工表面质量包括哪些具体内容？其对机器使用性能有何影响？

19. 什么是磨削烧伤？其有哪几种形式？它们对零件使用性能有何影响？

20 影响表面粗糙度的因素有哪些？

21. 机械加工过程中引起强迫振动的振源有哪些？如何防止和减小强迫振动？

22. 控制自激振动的基本途径是什么？

23. 提高机械加工精度的途径有哪些？

连杆零件加工工艺编制与实施

任务描述

根据给定汽车发动机的连杆零件图（图 4－1），材料为 45 钢，热处理硬度达到 HRC28～32，生产类型为小批生产。试完成连杆零件机械加工工艺编制的任务。连杆零件工艺编制应根据生产车间的工艺装备制定，达到正确、完整、合理、规范，且经济性好。

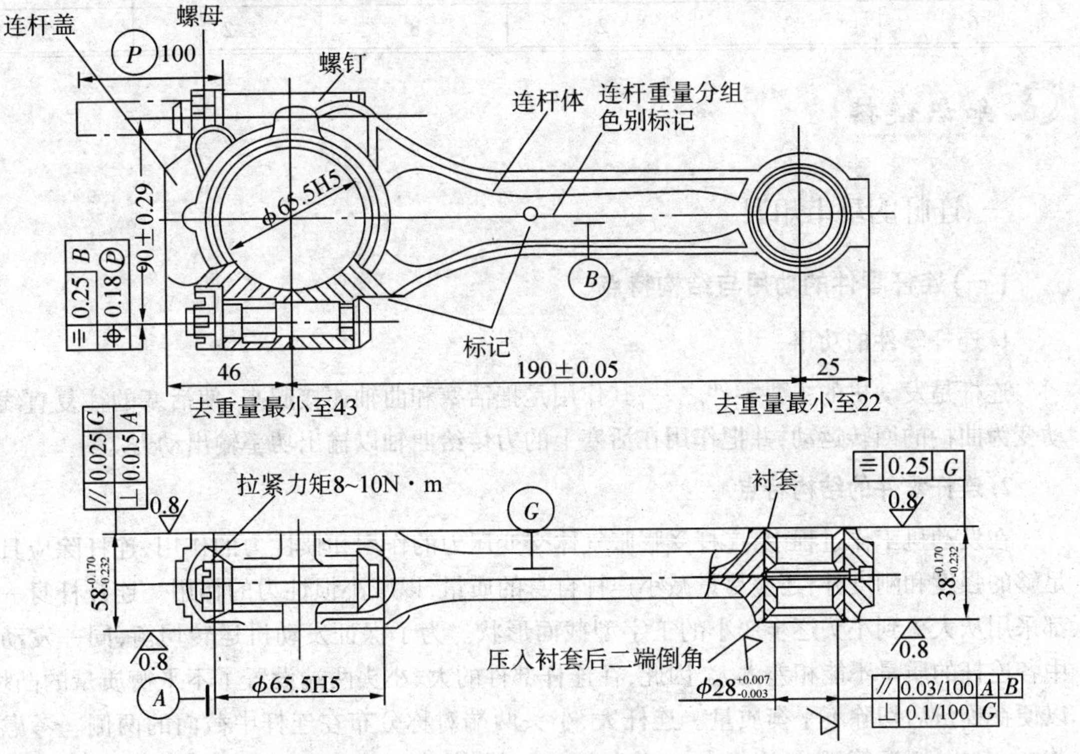

图 4－1　连杆零件图

学习目标

☆知识目标：

(1) 掌握连杆零件的功用、结构特点；

(2) 学会连杆零件的工艺性分析，以及材料及毛坯的选择；

(3) 掌握连杆零件定位基准确定及机床夹具的选择；

(4)会编制连杆零件的机械加工工艺规程；

(5)能够进行连杆零件的实体加工过程；

(6)学会常用量具的使用方法，利用量具完成连杆零件的检测任务。

☆技能目标：

(1)学会查阅《机械设计手册》，借助网络媒体独立获取信息；

(2)严格按照企业的规范和规章制度管理学生，培养学生职业能力；

(3)培养学生团队合作、爱岗敬业、吃苦耐劳精神。

(4)能够独立自主学习相关知识，并对相关知识和技能进行灵活运用；

(5)具备分析具体工作任务的能力和解决问题的能力；

(6)对工作认真负责、具有科学严谨的态度和敬业精神；

(7)具有较强的人际交往能力和团队合作精神。

学时安排

资讯	决策	计划	实施	检查	评价
6	2	2	8	2	2

知识链接

一、连杆的基本知识

(一)连杆零件的功用与结构特点

1. 连杆零件的功用

连杆是发动机的主要零件之一，其作用是把活塞和曲轴连接起来，使活塞的往复直线运动变为曲柄的回转运动，并把作用在活塞上的力传给曲轴以输出功率输出动力。

2. 连杆零件的结构特点

在发动机工作过程中，连杆受膨胀气体交变压力的作用和惯性力的作用，连杆除应具有足够的强度和刚度外，还应尽量减小连杆自身的质量，以减小惯性力的作用。连杆杆身一般都采用从大头到小头逐步变小的工字型截面形状。为了保证发动机运转均衡，同一发动机中各连杆的质量不能相差太大，因此，在连杆部件的大、小头两端设置了不平衡质量的凸块，以便在称量后切除不平衡质量。连杆大、小头两端对称分布在连杆中截面的两侧。考虑到装夹、安放、搬运等要求，连杆大、小头的厚度相等(基本尺寸相同)。在连杆小头的顶端设有油孔(或油槽)，发动机工作时，依靠曲轴的高速转动，把气缸体下部的润滑油飞溅到小头顶端的油孔内，以润滑连杆小头衬套与活塞销之间的摆动运动副。连杆零件如图4-1所示。

(二)连杆零件的主要技术要求

连杆上需进行机械加工的主要表面为大、小头孔及其两端面，连杆体与连杆盖的结合面及连杆螺栓定位孔等。

反映连杆精度的参数主要有5个：

1)连杆大端中心面和小端中心面相对连杆杆身中心面的对称度;

2)连杆大、小头孔中心距尺寸精度;

3)连杆大、小头孔平行度;

4)连杆大、小头孔尺寸精度、形状精度;

5)连杆大头螺栓孔与接合面的垂直度。

1. 大、小头孔的尺寸精度、形状精度

为了使大头孔与轴瓦及曲轴、小头孔与活塞销能密切配合,减少冲击的不良影响和便于传热。大头孔公差等级为IT6级,表面粗糙度Ra应不大于0.4 μm;大头孔的圆柱度公差为0.012 mm。小头孔公差等级为IT8级,表面粗糙度Ra应不大于3.2 μm;小头压衬套的底孔的圆柱度公差为0.002 5 mm,素线平行度公差为0.04/100 mm。

2. 大、小头孔轴心线在两个互相垂直方向的平行度

两孔轴心线在连杆轴线方向的平行度误差会使活塞在汽缸中倾斜,从而造成汽缸壁磨损不均匀,同时使曲轴的连杆轴颈产生边缘磨损,所以两孔轴心线在连杆轴线方向的平行度公差较小;而两孔轴心线在垂直于连杆轴线方向的平行度误差对不均匀磨损影响较小,因而其公差值较大。两孔轴心线在连杆的轴线方向的平行度在100 mm长度上公差为0.04 mm;在垂直与连杆轴心线方向的平行度在100 mm长度上公差为0.06 mm。

3. 大、小头孔中心距

大、小头孔的中心距影响到汽缸的压缩比,即影响到发动机的效率,所以规定了比较高的要求:190 ±0.05 mm。

4. 连杆大头孔两端面对大头孔中心线的垂直度

连杆大头孔两端面对大头孔中心线的垂直度,影响到轴瓦的安装和磨损,甚至引起烧伤;所以对它也提出了一定的要求:规定其垂直度公差等级应不低于IT9级(大头孔两端面对大头孔的轴心线的垂直度在100 mm长度上公差为0.08 mm)。

5. 大、小头孔两端面的技术要求

连杆大、小头孔两端面间距离的基本尺寸相同,但从技术要求是不同的,大头两端面的尺寸公差等级为IT9级,表面粗糙度Ra不大于0.8 μm,小头两端面的尺寸公差等级为IT12级,表面粗糙度Ra不大于6.3 μm。这是因为连杆大头两端面与曲轴连杆轴颈两轴肩端面间有配合要求,而连杆小头两端面与活塞销孔座内档之间没有配合要求。连杆大头端面间距离尺寸的公差带正好落在连杆小头端面间距离尺寸的公差带中,这给连杆的加工带来许多方便。

6. 螺栓孔的技术要求

连杆在工作过程中受到急剧的动载荷的作用。这一动载荷又传递到连杆体和连杆盖的两个螺栓及螺母上。因此除了对螺栓及螺母要提出高的技术要求外,对于安装这两个动力螺栓孔及端面也提出了一定的要求。螺栓孔按IT8级公差等级和表面粗糙度Ra应不大于6.3 μm加工;两螺栓孔在大头孔剖分面的对称度公差为0.25 mm。

7. 有关结合面的技术要求

在连杆受动载荷时，接合面的歪斜使连杆盖及连杆体沿着剖分面产生相对错位，影响到曲轴的连杆轴颈和轴瓦结合不良，从而产生不均匀磨损。结合面的平行度将影响到连杆体、连杆盖和垫片贴合的紧密程度，因而也影响到螺栓的受力情况和曲轴、轴瓦的磨损。对于本连杆，要求结合面的平面度的公差为0.025 mm。

（三）连杆的材料和毛坯

1. 连杆的材料

连杆在工作中承受多向交变载荷的作用，要求具有很高的强度。因此，连杆材料一般采用高强度碳钢和合金钢，如45钢、55钢、40Cr、40CrMnB等。近年来也有采用球墨铸铁的，粉末冶金零件的尺寸精度高，材料损耗少，成本低。随着粉末冶金锻造工艺的出现和应用，使粉末冶金件的密度和强度大为提高。因此，采用粉末冶金的办法制造连杆是一个很有发展前途的制造方法。

2. 连杆的毛坯

连杆毛坯制造方法的选择，主要根据生产类型、材料的工艺性（可塑性，可锻性）及零件对材料的组织性能要求，零件的形状及其外形尺寸，毛坯车间现有生产条件及采用先进的毛坯制造方法的可能性来确定。根据生产纲领为大量生产，连杆多采用模锻制造毛坯。连杆模锻形式有两种，一种是连杆体和连杆盖分开锻造，另一种是将连杆体和连杆盖锻成一体。整体锻造的毛坯，需要在以后的机械加工过程中将其切开，为保证切开后粗镗孔余量的均匀，最好将整体连杆大头孔锻成椭圆形。相对于分体锻造而言，整体锻造存在所需锻造设备动力大和金属纤维被切断等问题，但由于整体锻造的连杆毛坯具有材料损耗少、锻造工时少、模具少等优点，故用得越来越多，成为连杆毛坯的一种主要形式。总之，毛坯的种类和制造方法的选择应使零件总的生产成本降低，性能提高。

目前我国有些生产连杆的工厂，采用了连杆辊锻工艺。如图4-2为连杆辊锻示意图。毛坯加热后，通过上锻辊模具2和下锻辊模具4的型槽，毛坏产生塑性变形，从而得到所需要的形状。用辊锻法生产的连杆锻件，在表面质量、内部金属组织、金属纤维方向以及机械强度等方面都可达到模锻水平，并且设备简单，劳动条件好，生产率较高，便于实现机械化、自动化，适于在大批量生产中应用，辊锻需经多次逐渐成形。

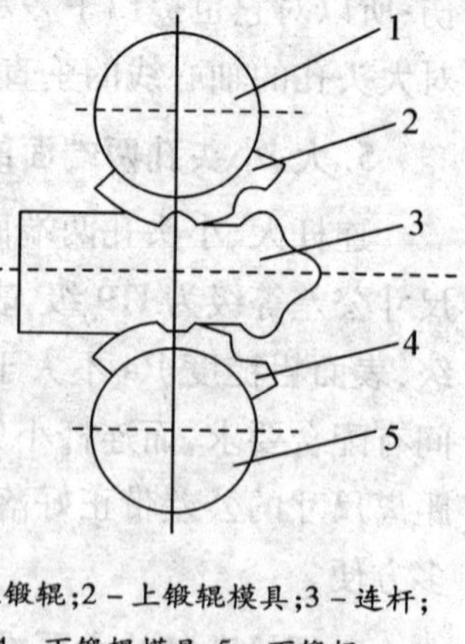

1-上锻辊；2-上锻辊模具；3-连杆；4-下锻辊模具；5-下锻辊

图4-2 连杆辊锻示意图

图4-3和图4-4给出了连杆的锻造工艺过程，将棒料在炉中加热至1 140～1 200℃，先在辊锻机上通过四个型槽进行辊锻制坯见图4-4，然后在锻压机上进行预锻和终锻，再在压床上冲连杆大头孔并切除飞边。锻好后的连杆毛坯需经调质处理，使之得到细致均匀的回火索氏体组织，以改善性能，减少毛坯内应力。为了提高毛坯精度，连杆的毛坯尚需进行热校正。

连杆必须经过外观缺陷、内部探伤、毛坯尺寸及质量等的全面检查，方能进入机械加工生产线。

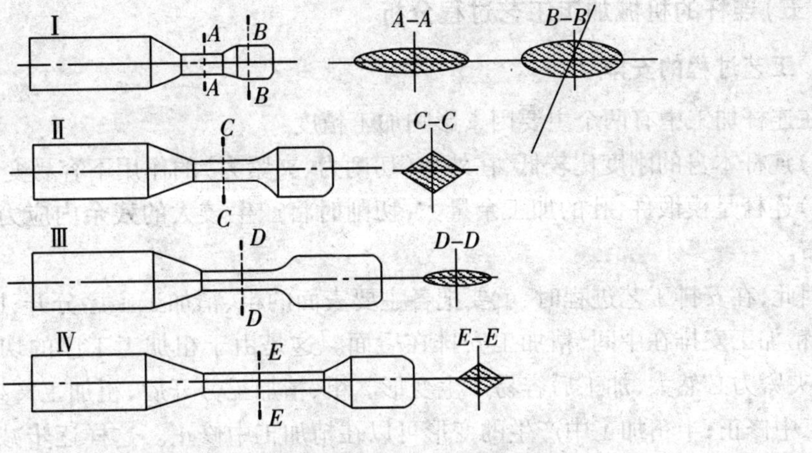

图 4-3 连杆辊锻制坯示意图

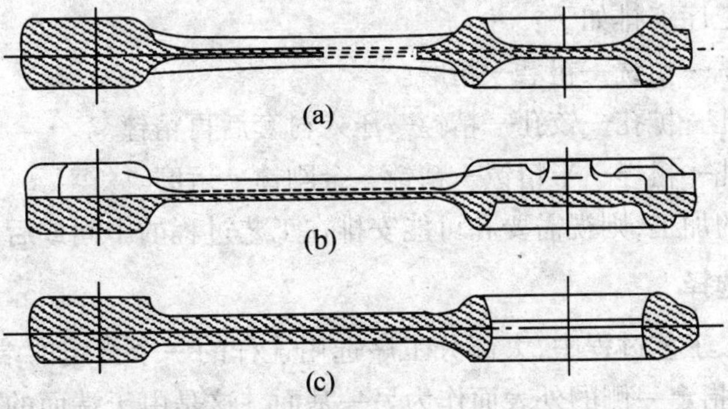

图 4-4 连杆预锻、终锻、冲孔示意图

(a)预锻;(b)终锻;(c)冲孔

(四)连杆的机械加工工艺过程

连杆的主要加工表面为大、小头孔和两端面,较重要的加工表面为连杆体和盖的结合面及连杆螺栓孔定位面,次要加工表面为轴瓦锁口槽、油孔、大头两侧面及体和盖上的螺栓座面等。

该连杆采用分开锻造工艺,机械加工先分别加工连杆体和连杆盖,然后合件加工,连杆的机械加工路线是围绕着主要表面的加工来安排的。连杆的加工路线按连杆的分合可分为三个阶段:

第一阶段为连杆体和连杆盖切开之前的加工;

第二阶段为连杆体和连杆盖切开后的加工;

第三阶段为连杆体和连杆盖合装后的加工。

第一阶段的加工主要是为其后续加工准备精基准(端面、小头孔和大头外侧面);第二阶段主要是加工除精基准以外的其他表面,包括大头孔的粗加工,为合装做准备的螺栓孔和结合面的粗加工,以及轴瓦锁口槽的加工等;第三阶段则主要是最终保证连杆各项技术要求的加工,包括连杆合装后大头孔的半精加工和端面的精加工及大、小头孔的精加工。如果按连杆合装前后来分,合装之前的工艺路线属主要表面的粗加工阶段,合装之后的工艺路线则为主要表面的半精加工、精加工阶段。

（五）连杆的机械加工工艺过程分析

1. 工艺过程的安排

在连杆加工中有两个主要因素影响加工精度：

1）连杆本身的刚度比较低，在外力（切削力、夹紧力）的作用下容易变形；

2）连杆是模锻件，孔的加工余量大，切削时将产生较大的残余内应力，并引起内应力重新分布。

因此，在安排工艺进程时，就要把各主要表面的粗、精加工工序分开，即把粗加工安排在前，半精加工安排在中间，精加工安排在后面。这是由于粗加工工序的切削余量大，因此切削力、夹紧力必然大，加工后容易产生变形。粗、精加工分开后，粗加工产生的变形可以在半精加工中修正；半精加工中产生的变形可以在精加工中修正。这样逐步减少加工余量，切削力及内应力的作用，逐步修正加工后的变形，就能最后达到零件的技术条件。

各主要表面的工序安排如下：

①两端面。粗铣—精铣—粗磨—精磨。

②小头孔。钻孔—扩孔—铰孔—精镗—压入衬套后再精镗。

③大头孔。扩孔—粗镗—半精镗—精镗—金刚镗—珩磨。

一些次要表面的加工，则视需要和可能安排在工艺过程的中间或后面。

2. 定位基准的选择

在连杆机械加工工艺过程中，大部分工序选用连杆的一个指定的端面和小头孔作为主要基面，并用大头处指定一侧的外表面作为另一基面。这是由于端面的面积大，定位比较稳定，用小头孔定位可直接控制大、小头孔的中心距。这样就使各工序中的定位基准统一起来，减少了定位误差。

与夹具的定位元件接触（在设计夹具时亦作相应的考虑）。在精镗小头孔（及精镗小头衬套孔）时，也用小头孔（及衬套孔）作为基准面，这时将定位销做成活动的称“假销”。当连杆用小头孔（及衬套孔）定位夹紧后，再从小头孔中抽出假销进行加工。

为了不断改善基面的精度，基面的加工与主要表面的加工要适当配合，即在粗加工大、小头孔前，粗磨端面，在精镗大、小头孔前，精磨端面。

由于用小头孔和大头孔外侧面作基面，所以这些表面的加工安排得比较早。在小头孔作为定位基面前的加工工序是钻孔、扩孔和铰孔，这些工序对于铰后的孔与端面的垂直度不易保证，有时会影响到后续工序的加工精度。

在第一道工序中，工件的各个表面都是毛坯表面，定位和夹紧的条件都较差，而加工余量和切削力都较大，如果再遇上工件本身的刚性差，则对加工精度会有很大影响。因此，第一道工序的定位和夹紧方法的选择，对于整个工艺过程的加工精度常有深远的影响。连杆的加工就是如此，在连杆加工工艺路线中，在精加工主要表面开始前，先粗铣两个端面，其中粗磨端面又是以毛坯端面定位。因此，粗铣就是关键工序。在粗铣中工件如何定位，一个方法是以毛坯端面定位，在侧面和端部夹紧，粗铣一个端面后，翻身以铣好的面定位，铣另一个毛坯面。但是由于毛坯面不平整，连杆的刚性差，定位夹紧时工件可能变形，粗铣后，端面似乎平整了，一放松，工件又恢复变形，影响后续工序的定位精度。另一方面是以连杆的大头外形及连杆身的对称面定位。这种定位方法使工件在夹紧时的变形较小,同时可以铣工件的端面,使一部分切削力互相抵消,易于得到平面度较好的平面。同时,由于是以对称面定位,毛坯在加工后的外形偏差也比较小。

3. 确定合理的夹紧方法

连杆是一个刚性比较差的工件,就应该十分注意夹紧力的大小,作用力的方向及着力点的选择,避免因受夹紧力的作用而产生变形,以影响加工精度。在粗铣两端面的夹具中,夹紧力的方向与端面平行,在夹紧力的作用方向上,大头端部与小头端部的刚性高,变形小,即使有一些变形,亦产生在平行于端面的方向上,很少或不会影响端面的平面度。夹紧力通过工件直接作用在定位元件上,可避免工件产生弯曲或扭转变形。

在加工大小头孔工序中,主要夹紧力垂直作用于大头端面上,并由定位元件承受,以保证所加工孔的圆度。在精镗大小头孔时,以大平面(基面)定位,并且只夹紧大头这一端。小头一端以假销定位后,用螺钉在另一侧面夹紧。小头一端不在端面上定位夹紧,避免可能产生的变形。

4. 连杆两端面的加工

采用粗铣、精铣、粗磨、精磨四道工序,并将精磨工序安排在精加工大、小头孔之前,以便改善基面的平面度,提高孔的加工精度。粗磨在转盘磨床上,使用砂瓦拼成的砂轮端面磨削。这种方法的生产效率较高。精磨在 M7130 型平面磨床上用砂轮的周边磨削,这种办法的生产效率低一些,但精度较高。

5. 连杆大、小头孔的加工

连杆大、小头孔的加工是连杆机械加工的重要工序,它的加工精度对连杆质量有较大的影响。

小头孔是定位基面,在用作定位基面之前,它经过了钻、扩、铰三道工序。钻孔时以小头孔外形定位,这样可以保证加工后的孔与外圆的同轴度误差较小。

小头孔在钻、扩、铰后,在金刚镗床上与大头孔同时精镗,达到 IT6 级公差等级,然后压入衬套,再以衬套内孔定位精镗大头孔。由于衬套的内孔与外圆存在同轴度误差,这种定位方法有可能使精镗后的衬套孔与大头孔的中心距超差。

大头孔经过扩、粗镗、半精镗、精镗、金刚镗和珩磨达到 IT6 级公差等级。表面粗糙度 Ra 为 0.4 μm,大头孔的加工方法是在铣开工序后,将连杆与连杆体组合在一起,然后进行精镗大头孔的工序。这样,在铣开以后可能产生的变形,可以在最后精镗工序中得到修正,以保证孔的形状精度。

6. 连杆螺栓孔的加工

连杆的螺栓孔经过钻、扩、铰工序。加工时以大头端面、小头孔及大头一侧面定位。

为了使两螺栓孔在两个互相垂直方向平行度保持在公差范围内,在扩和铰两个工步中用上下双导向套导向。从而达到所需要的技术要求。

粗铣螺栓孔端面采用工件翻身的方法,这样铣夹具没有活动部分,能保证承受较大的铣削力。精铣时,为了保证螺栓孔的两个端面与连杆大头端面垂直,使用两工位夹具。连杆在夹具的工位上铣完一个螺栓孔的两端面后,夹具上的定位板带着工件旋转180°,铣另一个螺栓孔的两端面。这样,螺栓孔两端面与大头孔端面的垂直度就由夹具保证。

7. 连杆体与连杆盖的铣开工序

剖分面(亦称结合面)的尺寸精度和位置精度由夹具本身的制造精度及对刀精度来保证。为了保证铣开后的剖分面的平面度不超过规定的公差0.03 mm,并且剖分面与大头孔端面保证一定的垂直度,除夹具本身要保证精度外,锯片的安装精度的影响也很大。如果锯片的端面圆跳动不超过0.02 mm,则铣开的剖分面能达到图纸的要求,否则可能超差。但剖分面本身的平面度、粗糙度对连杆盖、连杆体装配后的结合强度有较大的影响。因此,在剖分面铣开以后再安排磨削加工。

8. 大头侧面的加工

以基面及小头孔定位,它用一个圆销(小头孔)装夹工件,铣两侧面至尺寸,保证对称(此对称平面为工艺用基准面)。

(六)连杆加工工艺设计应考虑的主要问题

1. 工序安排

连杆加工工序安排应注意两个影响精度的因素

1)连杆的刚度比较低,在外力作用下容易变形;

2)连杆是模锻件,孔的加工余量大,切削时会产生较大的残余内应力。因此在连杆加工工艺中,各主要表面的粗、精加工工序一定要分开。

2. 定位基准

精基准　以杆身对称面定位,便于保证对称度的要求,而且采用双面铣,可使部分切削力相互抵消。

统一精基准　以大、小头端面,小头孔、大头孔一侧面定位。因为端面的面积大,定位稳定可靠;用小头孔定位可直接控制大、小头孔的中心距。

3. 夹具使用

应具备适应“面—孔—凸台”的统一精基准。而大小头定位销是一次装夹中镗出,故须考虑“自为基准”情况,这时小头定位销应做成活动的,当连杆定位装夹后,再抽出定位销进行加工。

保证螺栓孔与螺栓端面的垂直度。因此,精铣端面时,夹具可考虑重复定位情况,如采用夹具限制6个自由度(长圆柱销限制4个,长菱形销限制2个)。长销定位目的就在于保证垂直度。但由于重复定位装卸有困难,因此要求夹具制造精度较高,且采取一定措施,一方面长圆柱销削去一边,另一方面设计顶出工件的装置。

(七)切削用量的选择原则

1. 粗加工时切削用量的选择原则

正确地选择切削用量,对提高切削效率,保证必要的刀具耐用度和经济性,保证加工质量,具有重要的作用。粗加工时加工精度与表面粗糙度要求不高,毛坯余量较大。因此,选择粗加工的切削用量时，要尽可能保证较高的单位时间金属切削量（金属切除率）和必要的刀具耐用度，以提高生产效率和降低加工成本。

金属切除率的计算公式为

$$Q = 1\,000Vfa_{\mathrm{p}}$$

式中，Q——单位时间内的金属切除量（mm^3/s）；

V——切削速度（m/s）；

f——进给量（mm/r）；

a_{p}——切削深度（mm）。

提高切削速度、增大进给量和切削深度，都能提高金属切除率。但是，在这三个因素中，影响刀具耐用度最大的是切削速度，其次是进给量，影响最小的是切削深度。所以粗加工切削用量的选择原则是，首先考虑选择一个尽可能大的吃刀深度 a_p，其次选择一个较大的进给量度 f，最后确定一个合适的切削速度 V。

(1)切削深度的选择　粗加工时切削深度应根据工件的加工余量和由机床、夹具、刀具和工件组成的工艺系统的刚性来确定。在保留半精加工、精加工必要余量的前提下，应当尽量将粗加工余量一次切除。只有当总加工余量太大，一次切不完时，才考虑分几次走刀。

(2)进给量的选择　粗加工时限制进给量提高的因素主要是切削力。因此，进给量应根据工艺系统的刚性和强度来确定。选择进给量时应考虑到机床进给机构的强度、刀杆尺寸、刀片厚度、工件的直径和长度等。在工艺系统的刚性和强度好的情况下，可选用大一些的进给量；在刚性和强度较差的情况下，应适当减小进给量。

(3)切削速度的选择　粗加工时，切削速度主要受刀具耐用度和机床功率的限制。切削深度、进给量和切削速度三者决定了切削功率，在确定切削速度时必须考虑到机床的许用功率。如超过了机床的许用功率，则应适当降低切削速度。

2.精加工时切削用量的选择原则

精加工时加工精度和表面质量要求较高，加工余量要小且均匀。因此，选择精加工的切削用量时应先考虑如何保证加工质量，并在此基础上尽量提高生产效率。

(1)切削深度的选择　精加工时的切削深度应根据粗加工留下的余量确定。通常希望精加工余量不要留得太大，否则，当吃刀深度较大时，切削力增加较显著，影响加工质量。

(2)进给量的选择　精加工时限制进给量提高的主要因素是表面粗糙度。进给量增大时，虽有利于断屑，但残留面积高度增大，切削力上升，表面质量下降。

(3)切削速度的选择　切削速度提高时，切削变形减小，切削力有所下降，而且不会产生积屑瘤和鳞刺。一般选用切削性能高的刀具材料和合理的几何参数，尽可能提高切削速度。只有当切削速度受到工艺条件限制而不能提高时，才选用低速，以避开积屑瘤产生的范围。

由此可见，精加工时选用较小的吃刀深度 a_p 和进给量 f，并在保证合理刀具耐用度的前提下，选取尽可能高的切削速度 V，以保证加工精度和表面质量，同时满足生产率的要求。

(八)确定各工序的加工余量、计算工序尺寸及公差

1. 确定加工余量

(1) 平面加工的工序余量(mm)

单面加工方法	单面余量	经济精度	工序尺寸	表面粗糙度
毛坯			43	12.5
粗铣	1.5	IT12$\left(^{+0.320}_{0}\right)$	40$\left(^{+0.320}_{0}\right)$	12.5
精铣	0.6	IT10$\left(^{+0.100}_{0}\right)$	38.8$\left(^{+0.100}_{0}\right)$	3.2
粗磨	0.3	IT8$\left(^{+0.050}_{0}\right)$	38.2$\left(^{+0.050}_{0}\right)$	1.6
精磨	0.1	IT7$\left(^{-0.025}_{0}\right)$	38$\left(^{-0.170}_{-0.232}\right)$	0.8

则连杆两端面总的加工余量为

$$A\text{总} = \sum_{i=1}^{n} A_i \times 2$$
$$= (A\text{粗铣} + A\text{精铣} + A\text{粗磨} + A\text{精磨}) \times 2$$
$$= (1.5 + 0.6 + 0.3 + 0.1) \times 2$$
$$= 5^{\ 0}_{-0.55}\ \text{mm}$$

连杆铸造出来的总的厚度为 $H = 38 + 5^{\ 0}_{-0.55} = 43^{\ 0}_{-0.55}$ mm

2. 确定工序尺寸及其公差

(1)大头孔各工序尺寸及其公差(铸造出来的大头孔为 ϕ55 mm)

工序名称	工序基本余量	工序经济精度	工序尺寸	最小极限尺寸	表面粗糙度
珩磨	0.08	H6$\left(^{+0.019}_{0}\right)$	ϕ65.5	$\phi 65.5H6\left(^{+0.019}_{0}\right)$	0.4
精镗	0.4	H8$\left(^{+0.046}_{0}\right)$	ϕ65.4	$\phi 65.5H8\left(^{+0.046}_{0}\right)$	0.8
半精镗	1	H11$\left(^{+0.19}_{0}\right)$	ϕ65	$\phi 65H11\left(^{+0.19}_{0}\right)$	1.6
二次粗镗	2	H12$\left(^{+0.30}_{0}\right)$	ϕ64	$\phi 64H12\left(^{+0.030}_{0}\right)$	6.3
一次粗镗	2	H12$\left(^{+0.30}_{0}\right)$	ϕ62	$\phi 62H12\left(^{+0.030}_{0}\right)$	12.5
扩孔	5		ϕ60	$\phi 59H8\left(^{+0.033}_{0}\right)$	

(2)小头孔各工序尺寸及其公差

工序名称	工序基本余量	工序经济精度	工序尺寸	最小极限尺寸	表面粗糙度
精镗	0.2	H8$\left(^{+0.033}_{0}\right)$	ϕ29.49	$\phi 29.49H8\left(^{+0.033}_{0}\right)$	1.6
铰	0.2	H9$\left(^{+0.052}_{0}\right)$	ϕ29.29	$\phi 29.29H9\left(^{+0.052}_{0}\right)$	6.4
扩	9	H10$\left(^{+0.084}_{0}\right)$	ϕ29.1	$\phi 29.1H10\left(^{+0.084}_{0}\right)$	12.5
钻	钻至 ϕ20	H13$\left(^{+0.33}_{0}\right)$	ϕ20	$\phi 20^{\ 0.33}_{\ 0}$	12.5

(九)连杆的检验

连杆在机械加工中要进行中间检验,加工完后要进行最终检验,检验项目按图纸上的技术要求进行。

1. 连杆大头孔圆柱度的检验

用量缸表,在大头孔内分三个断面测量其内径,每个断面测量两个方向,三个断面测量

的最大值与最小值之差的一半即圆柱度。

2. 连杆体、连杆盖对大头孔中心线的对称度的检验

采用图4-5所示专用检具(用一平尺安装上百分表)。用结合面为定位基准分别测量连杆体、连杆上盖两个半圆的半径值,其差为对称度误差。

3. 连杆大、小头孔平行度的检验

将连杆大、小头孔穿入专用心轴,在平台上用等高V形铁支撑连杆大头孔心轴,测量小头孔心轴在最高位置时两端面的差值,其差值的一半即为平行度。如图4-6所示。

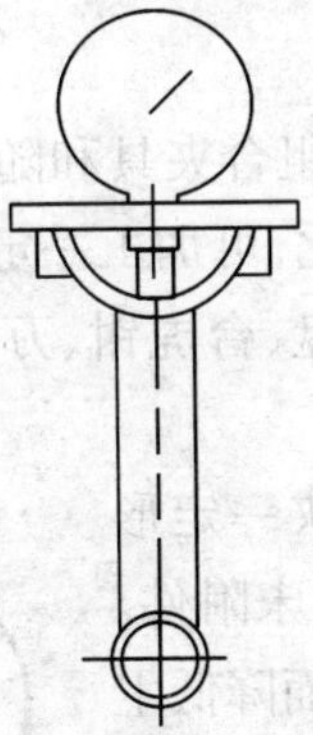

图4-5 连杆体对大头孔中心线对称度的检验

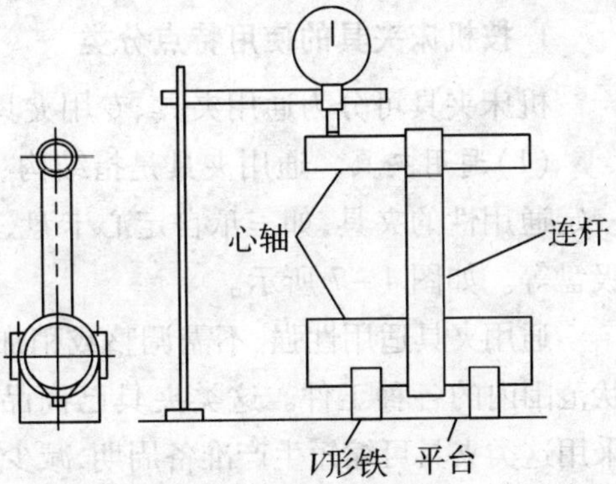

图4-6 大、小孔平行度的检验图

4. 连杆螺钉孔与结合面垂直度的检验

制做专用垂直度检验心轴,其检测心轴直径公差,分三个尺寸段制做,配以不同公差的螺钉,检查其接触面积,一般在90%以上为合格,或配用塞尺检测,塞尺厚度的一半为垂直度公差值。

二、机床夹具的基础知识

(一)机床夹具的作用

在机械加工过程中,使用机床夹具主要有以下5个方面的作用。

1. 保证加工精度

用夹具安装工件后,工件在加工中的正确位置就由夹具来保证,不会受工人操作习惯和技术差别等因素的影响,每一批零件都要能达到相同的精度,使产品质量稳定。

2. 提高生产效率

采用机床夹具后,能使工件迅速定位和夹紧,提高工件加工时的刚度,有利于选用较大的切削用量,又可以省去划线找正辅助工作,因此提高了劳动生产率。

3. 改善劳动条件

用夹具装夹工件方便、迅速、省力、安全,降低了对工人的技术要求,又减轻工人的劳动强度,保证生产安全。

4. 降低生产成本

在大批生产中使用夹具,由于生产效率的提高和对工人技术要求的降低,明显地降低生产成本。

5. **扩大机床使用范围**

在车床上安装镗孔夹具后，可以进行箱体孔系的加工；安装磨头后，可以进行磨削加工，用车床代替镗床，从而扩大机床使用范围。

（二）机床夹具的分类

机床夹具是一种能够使工件按一定的技术要求准确定位和夹紧的装置，它的种类繁多，为了设计、制造和管理的方便，可以从不同的角度对机床的夹具进行分类。

1. **按机床夹具的使用特点分类**

机床夹具可分为通用夹具、专用夹具、可调夹具、组合夹具和随行夹具等5大类。

（1）通用夹具　通用夹具是指结构、尺寸已标准化，可加工一定范围内不同工件，且具有一定通用性的夹具，如三爪自定心卡盘、四爪单动卡盘、台虎钳、万能分度头、中心架和电磁吸盘等。如图4－7所示。

通用夹具适用性强、不需调整或稍加调整即可装夹一定形状范围内的各种工件。这类夹具已商品化，且成为机床附件。采用这类夹具可缩短生产准备周期，减少夹具品种，从而降低生产成本。其缺点是夹具的加工精度不高，生产率也较低，且较难装夹形状复杂的工件，故适用于单件小批量生产中。

（2）专用夹具　专用夹具是针对某一工件的某道工序的加工要求而专门设计和制造的夹具。如图4－8所示专用回转式钻模夹具。

图4－7　车床四爪单动卡盘

专用夹具针对性极强，没有通用性。在产品相对稳定、批量较大的生产中，常用各种专用夹具，可获得较高的生产率和加工精度。专用夹具的设计制造周期较长，随着现代多品种及中、小批生产的发展，专用夹具在适应性和经济性等方面已产生许多问题。

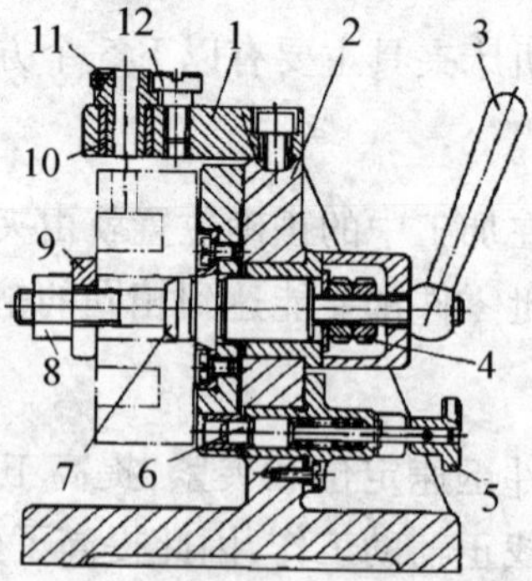

1－钻模板；2－夹具体；3－手柄；4、8－螺母；5－把手；6－对定销；7－圆柱销；9－快换垫圈；10－衬套；11－钻套；12－螺钉

图4－8　专用回转式钻模

（3）可调夹具　可调夹具是针对通用夹具和专用夹具的缺陷而发展起来的一类新型夹具。对不同类型和尺寸的工件，只需调整或更换原来夹具上的个别定位元件和夹紧元件便可使用。它一般又分为通用可调夹具和成组夹具两种。通用可调夹具的通用范围大，适用

性广,加工对象不太固定。成组夹具是专门为成组工艺中某组零件设计的,调整范围仅限于本组内的工件。可调夹具在多品种、小批量生产中得到广泛应用。

(4)组合夹具(图4－9)

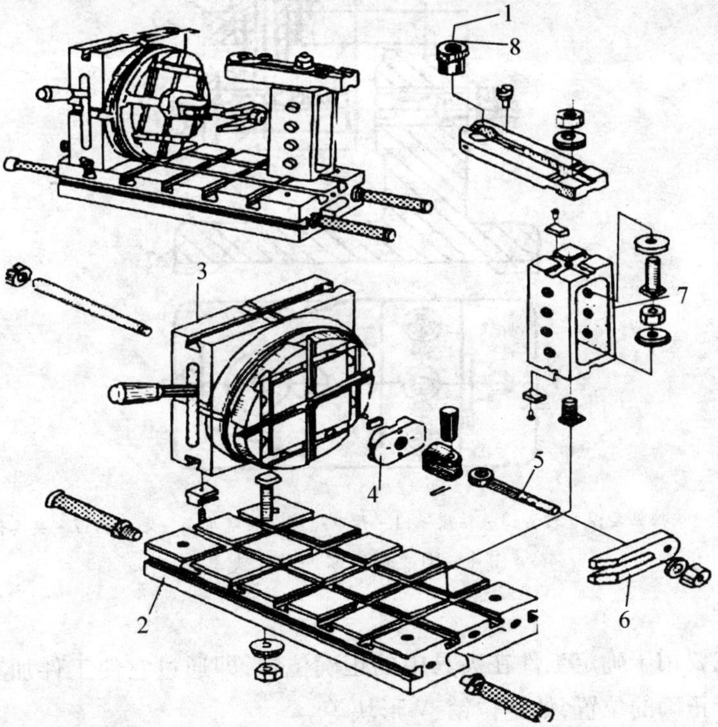

1－其他件;2－基础件;3－合件;4－定位件;5－紧固件;6－压紧件;7－支撑件;8－导向件

图4－9 槽系组合夹具

组合夹具是一种模块化的夹具,并已商品化。标准的模块元件具有较高精度和耐磨性,可组装成各种夹具,夹具用毕即可拆卸,留待组装新的夹具。由于使用组合夹具可缩短生产准备周期,元件能重复多次使用,并具有可减少专用夹具数量等优点;因此组合夹具在单件、中小批多品种生产和数控加工中,是一种较经济的夹具。

(5)随行夹具 随行夹具在使用中夹具随着工件一起运动,并将工件沿着自动线从一个工位移至下一个工位进行加工。

2. 按使用机床分类

夹具按使用机床可分为车床夹具、钻床夹具、铣床夹具、磨床夹具、镗床夹具、数控机床夹具、自动机床夹具等。

3. 按夹紧动力源分类

夹具按夹紧动力源可分为手动夹具、气动夹具、液压夹具、气液增力夹具、电磁夹具、真空夹具等。

(三)机床夹具的组成

机床夹具虽然种类繁多,形状千差万别,其作用主要是保证加工精度,提高生产率,扩大机床工艺范围,减轻工人劳动强度,降低生产成本。但它们工作原理基本相同。如果将各种夹具中作用相同的元件或机构加以概括，机床夹具一般是由以下几部分组成，如图 4－10 所示。

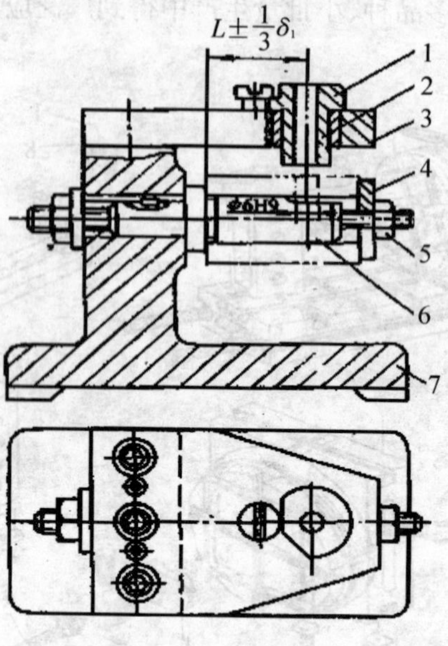

1－快换钻套；2－衬套；3－钻模板；4－开口垫圈；5－螺母；6－定位销；7－夹具体

图 4－10　轴套零件钻床夹具

1. 定位元件

定位元件主要用于确定工件在夹具中的正确位置，即通过它使工件加工时相对于刀具及切削运动处于正确的位置，如定位销、V 形块等。

2. 夹紧装置

夹紧装置用于夹紧工件，使工件在定位时所占据的位置在加工过程中不因受重力、惯性力以及切削力等外力作用下而产生位移，如压块、压板、螺钉、螺母等。

3. 夹具体

用于连接夹具各元件及装置，使其成为一个整体，并与机床有关部位进行连接，使其成为一个整体的基础件，以确定夹具相对于机床的位置。

4. 导向或对刀装置

用于引导刀具进行加工或确定刀具与夹具之间的正确位置，如对刀块、塞尺、钻模、镗套。

5. 其他装置

根据夹具特殊功能需要而设计的一些装置，如分度装置、定向件、定位键、操作件等。

（四）工件的安装

工件的安装可分为定位和夹紧两个过程。在进行机械加工时，必须把工件放在机床上，使它在夹紧之前就占有一个正确的位置，称为定位。在加工过程中，为了使工件能承受切削力，并保持其正确的位置，还必须把它压紧或夹牢，称为夹紧。

安装的正确与否直接影响工件的加工精度，安装是否方便和迅速，又会影响辅助时间的长短，从而影响到加工的生产效率。因此，工件的安装对于加工的经济性、质量和生产效率有着重要的作用，必须给以足够的重视。

在各种不同的生产条件下加工时，工件可能有不同的安装方法，但归纳起来大致有 3 种主要的方法。

1. **直接找正安装**

工件的定位过程可以由操作工人直接在机床上利用千分表、高度尺、划线盘等工具，找正某些有相互位置要求的表面，然后夹紧工件，称之为直接找正装夹。形状简单的工件，直接找正工件相关表面；复杂的工件，按图纸要求，先在工件表面上划出加工表面的位置线，再按划线找正安装。

直接找正安装比较费时，而且找正精度的高低主要取决于所用工具或仪表的精度，以及工人的技术水平，定位精度不易保证，生产效率较低，但定位精度可以很高，适合于单件小批量生产或在精度要求特别高的生产中使用。

2. **划线找正安装**

这种装夹方法是按图纸要求在工件表面上划出位置线以及加工线和找正线，装夹工件时，先在机床上按找正线找正工件的位置，然后夹紧工件，例如，要在长方形工件上镗孔（图 4－11），可先在划线平台上划出孔的十字中心线，再划出加工线和找正线（找正线和加工线之间的距离一般为 5 mm）。然后将工件安放在四爪单动卡盘上轻轻夹住，转动四爪单动卡盘，用划针检查找正线，找正后夹紧工件。划线装夹不需要其他专门设备，通用性好，但生产效率低，精度不高（一般划线找正的对线精度为 0.1 mm 左右），适用于单件，中小批生产中的复杂铸件或铸件精度较低的粗加工工序。

3. **用夹具安装**

工件安装在为其加工专门设计和制造的夹具中，无需进行找正，就可迅速而可靠地保证工件对机床和刀具的正确相对位置，并可迅速夹紧。但由于夹具的设计、制造和维修需要一定的投资，所以只有在成批生产或大批量生产中，才能取得比较好的效益。对于单件小批生产，当采用直接安装法难以保证加工精度，或非常费工时，也可以考虑采用专用夹具安装。例如，为了保证车床床头箱箱体各纵向孔的位置精度，在镗纵向孔时，若单靠人工找正，既费事，又很难保证精度要求，因此，有条件的可考虑使用镗模夹具，如图 4－12 所示。

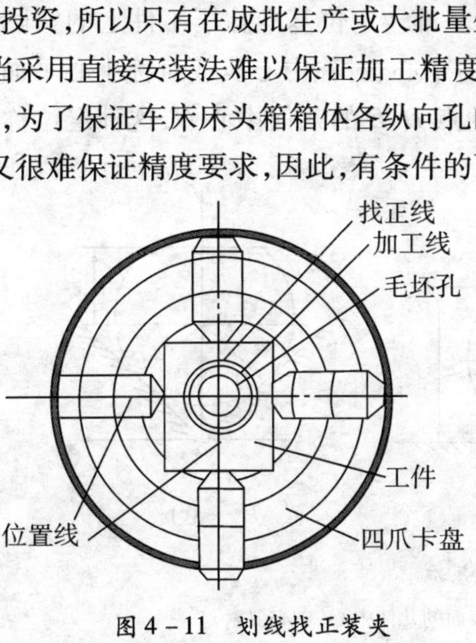

图 4－11　划线找正装夹

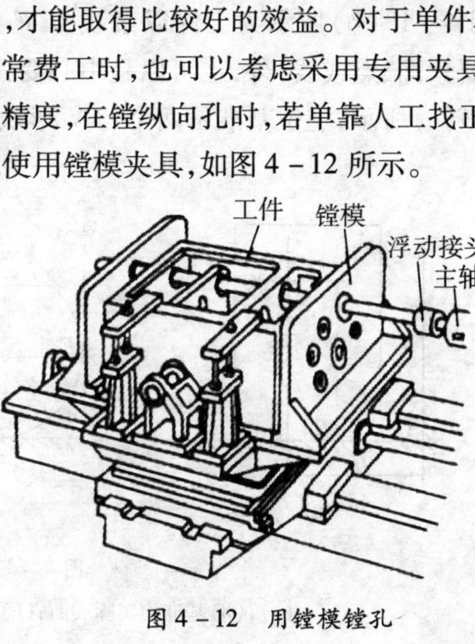

图 4－12　用镗模镗孔

（五）定位与夹紧

在机械加工实施中，必须使得工件达到图纸要求和技术要求，夹具作为重要的工艺装备之一，其主要作用是保证加工精度。首先应保证工件在加工前和加工过程中的正确位置，即一批工件在夹具中占有正确的位置。除外，夹具在应用和设计中还需要保证夹具在机床上的正确位置；刀具相对夹具的正确位置。

工件在加工前的正确位置，即一批工件在夹具中占有正确的位置，是完成工件在夹具中定位的任务，是夹具应用和设计中首先要解决的关键问题。定位方案确定时应遵循以下三个原则：

1）遵循基准重合原则。使定位基准与工序基准重合，在多工序加工时还应遵循基准统一原则。

2）合理选择主要定位基准。主要定位基准应有较大的支承面，较高的精度。

3）便于工件的装夹和加工，并使夹具的结构简单。

工件在加工过程中的保持加工正确位置，即当受到各种外力的作用下，能保证和保持定位位置的准确。这是夹具应用和设计解决的另一个重要问题，夹紧问题。

1. 定位与夹紧的关系

定位与夹紧是装夹工件的两个有联系的过程。在工件定位以后，为了使工件在切削力等作用下能保持既定的位置不变，通常还需再夹紧工件，将工件紧固，因此它们之间是不相同的。若认为工件被夹紧后，其位置不能动了，所以也就定位了，这种理解是错误的。此外，还有些机构能使工件的定位与夹紧同时完成，例如三爪自定心卡盘等。

2. 定位基准

定位基准是针对加工的工件而言的，选择工件上合理的定位基准是一个关键问题。工件的定位基准一旦被确定，则其定位方案也基本上被确定。通常定位基准是在制订工艺规程时选定的。如图 4－13(a)所示，平面 A 和 B 靠在支承元件上得到定位，以保证工序尺寸 H，h。图 4－13(b)所示为工件以素线 C，F 为定位基准。定位基准除了工件上的实际表面（轮廓要素面、点或线）外，也可以是中心要素如几何中心、对称中心线或对称中心平面。如图4－13(c)所示，定位基准是两个与 V 形块接触的点 D，E 的几何中心 O，这种定位称为中心定位。

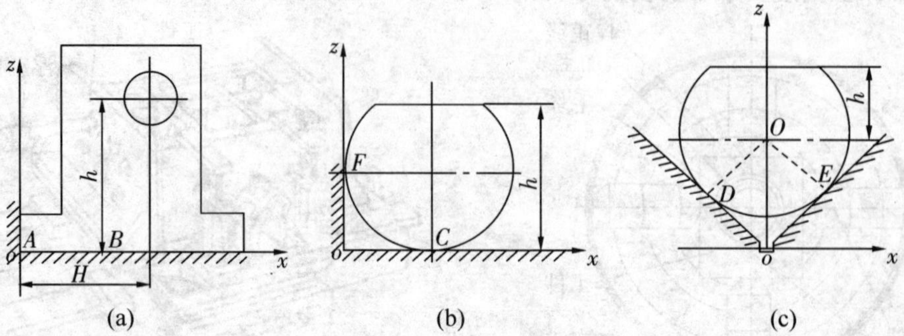

图 4－13　定位基准

(a)，(b)基准为实际表面；(c)基准为表面的几何中心（中心要素）

工件的定位基准是在夹具上与定位元件接触或者配合的。在应用夹具时，从减小加工误差考虑，应尽可能选用工序基准为定位基准，即遵循所谓基准重合原则。当用多个表面定位时，应选择其中一个较大的表面为主要定位基准。

（六）六点定位原理

1. 工件的自由度

任何一个工件在夹具中未定位前，都可看成为在空间直角坐标系中的自由物体，即都有六个自由度：沿三个坐标轴的移动自由度$\vec{x}$，$\vec{y}$，$\vec{z}$，和绕三个坐标轴转动的转动自由度$\widehat{x}$，$\widehat{y}$，$\widehat{z}$（图 4 - 14）。这种工件位置的不确定性，通常称为自由度。其中$\vec{x}$，$\vec{y}$，$\vec{z}$称为沿 x，y，z 轴线方向的自由度；$\widehat{x}$，$\widehat{y}$，$\widehat{z}$ 称为绕 x，y，z 轴回转方向的自由度。

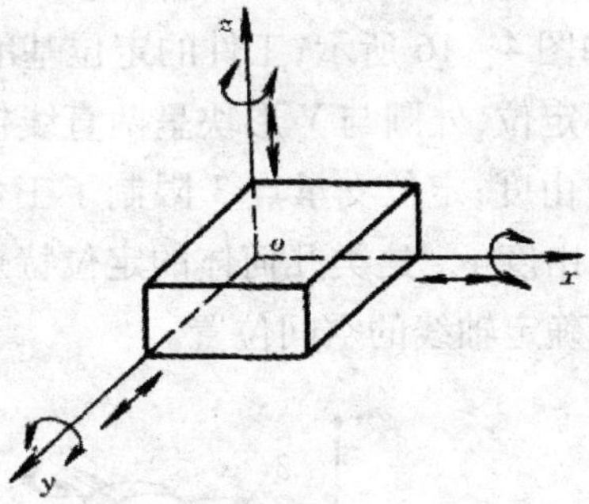

图 4 - 14　工件的六个自由度

2. 六点定位原理

（1）六点定位原理　工件定位的实质就是用定位元件来阻止工件的移动或转动，从而限制工件的六个自由度。在机械加工中，要完全确定工件在夹具中的正确位置，必须用合理分布的六个支承点来限制工件的六个自由度的的方法，称为“六点定位原理”。

工件在直角坐标系中有六个自由度（$\vec{x}$、$\vec{y}$、$\vec{z}$、$\widehat{x}$、$\widehat{y}$、$\widehat{z}$），夹具用合理分布的六个支承点限制工件的六个自由度，即用一个支承点限制工件的一个自由度的方法，使工件在夹具中的位置完全确定。

（2）定位点分布的规律　作为定位基准，其中工件的定位基准是多种多样的，故各种形态的工件的定位支承点分布将会有所不同。下面分析完全定位时，几种典型工件的定位支承点分布规律。

1）平面几何体的定位。如图 4 - 15 所示，工件以 A，B，C 三个平面 A 面最大，设置成三角形布置的三个定位支承点 1，2，3，当工件的 A 面与该三点接触时，限制 $\widehat{x}$，$\widehat{y}$，$\vec{z}$三个自由度；B 面较狭长，在沿垂直于 A 面方向设置两个定位支承点 4，5，当工件的侧面 B 与该两点相接触时，即限制$\vec{x}$，$\widehat{z}$ 两个自由度；在最小的平面 C 上设置一个定位支承点 6，限制 $\vec{y}$ 一个自由度。

用图 4 - 15 中如此设置的六个定位支承点，限制了工件的六个自由度，可使工件完全定位。由于定位是通过定位点与工件的定位基面相接触来实现的，如两者一旦相脱离，定位作用就自然消失了。在实际定位中，定位支承点并不一定就是一个真正直观的点，从几何学的观点分析，构成三角形的三个点为一个平面的接触；同样成线接触的定位，则可认为是两点定位。在这种情况下“三点定位”“或“两点定位”仅是指某种定位中个数定位支承点的综合结果，而非某一定位支承点限制了某一自由度。

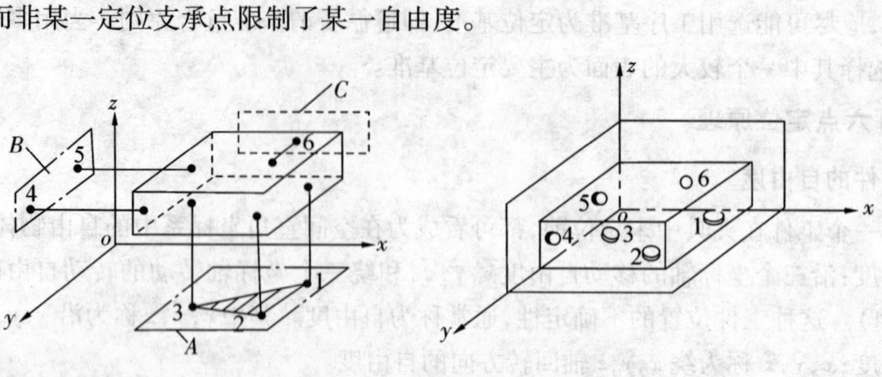

图 4－15　平面几何体的定位

2）圆柱几何体的定位。如图 4－16 所示，工件的定位基准是长圆柱面的轴线、后端面和键槽侧面。长圆柱面采用中心定位，外圆与 V 形块呈两直线接触（定位点 1，2；定位点 4，5），限制了工件的$\vec{x}$，$\vec{z}$，$\widehat{x}$，$\widehat{z}$ 四个自由度；定位支承点 3 限制了工件的$\vec{y}$自由度；定位支承点 6 限制了工件绕 y 轴回转方向的自由度 $\widehat{y}$。这类几何体的定位特点是以中心定位为主，用两条直（素）线接触作“四点定位”，以确定轴线的空间位置。

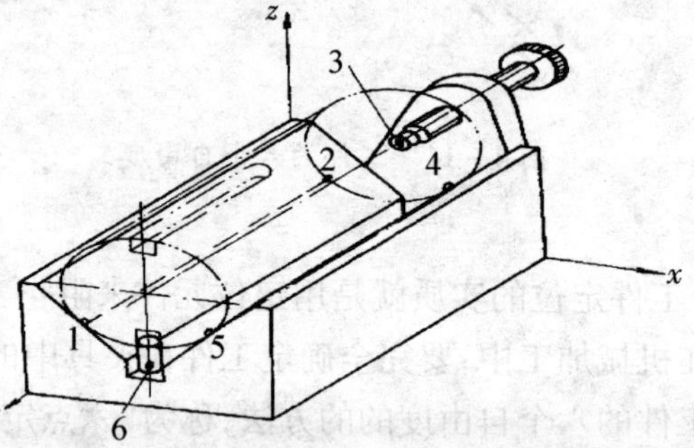

图 4－16　圆柱几何体的定位

如图 4－17（a）所示，确定轴线 A 的位置所需限制的自由度为$\vec{x}$、$\vec{z}$、$\widehat{x}$、$\widehat{z}$，而其余两个自由度与轴线的位置无关。这类定位的另一个特点是键槽（或孔）处的定位点与加工面有一圆周角关系，为此设置的定位支承称防转支承。如图 4－17（b）所示，在槽 A 处设置一防转支承，以保证槽与加工面的 α 角。防转支承应布置在较大的转角半径 r 处。

3）圆盘几何体的定位。如图 4－18 所示，圆盘几何体可以视作圆柱几何体的变形，即随着圆柱面的缩短，圆柱面的定位功能也相应减少，图中由定位销的定位支承点 5，6 限制了工件的$\vec{y}$，$\vec{z}$两个自由度；相反，几何体的端面则上升为主要定位基准，由定位支承点 1，2，3 限制了工件的$\vec{x}$，$\vec{z}$，$\widehat{x}$，$\widehat{z}$ 自由度；防转支承点 4 限制了工件的 $\widehat{x}$ 自由度。

（3）注意问题　根据上述三种典型定位示例的分析，在应用六点定位规则时必须注意以下主要问题：

1）定位支承点的合理分布主要取决于定位基准的形状和位置。如图 4－15 所示的“三，二，一”点分布；图 4－16 所示的“四，一，一”点分布；图 4－18 所示的“三，二，一”点分布。可以推理，定位支承点的分布是不能随意组合的。

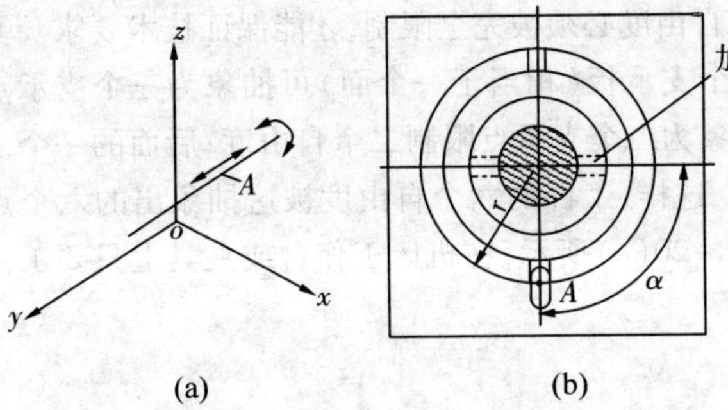

图 4－17　圆柱几何体定点的特点

(a)与轴线位置无关的两个自由度；(b)防转支承的布置

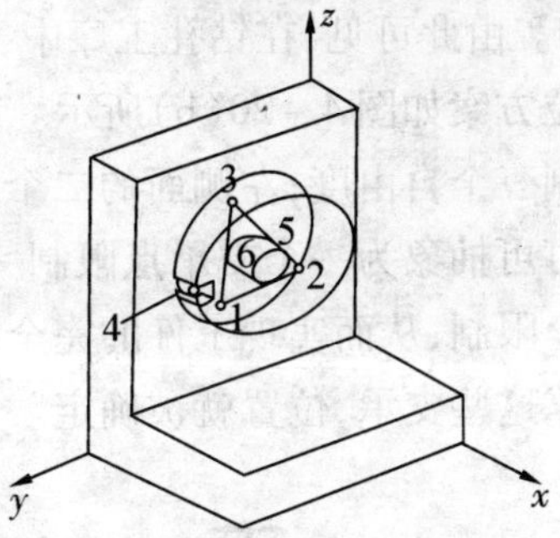

图 4－18　圆盘几何体的定位

2)工件的定位，是工件以定位面与夹具的定位元件的工作面保持接触或配合实现的。一旦工件定位面与定位元件工作面脱离接触或配合，就丧失了定位作用。

3)工件定位以后，还要用夹紧装置将工件紧固。因此要区分定位与夹紧的不同概念。

4)定位支承点所限制的自由度名称，通常可按定位接触处的形态确定，其特点可见表 4－1。定位点分布应该符合几何学的观点。

表 4－1　典型单一定位基准的定位特点

定位接触形态	限制自由度	自由度类别	特　点
长圆锥面接触	5	3 个沿坐标方向的自由度 2 个绕坐标方向的自由度	可作主要定位基准
长圆柱面接触	4	2 个沿坐标方向的自由度 2 个绕坐标方向的自由度	
大平面接触	3	1 个沿坐标方向的自由度 2 个绕坐标方向的自由度	
短圆柱面接触	2	2 个沿坐标方向的自由度	不可作主要定基准，只以与主要基准组合定位
线接触	2	1 个沿坐标方向的自由度 1 个绕坐标方向的自由度	
点接触	1	1 个沿坐标方向的自由度 或绕坐标方向的自由度	

4)有时定位点数量及其布置不一定如上述那样明显直观，如自动定心定位就是这样。图 4－19 所示是一个内孔为定位面的自动定心定位原理图。工件的定位基准为中心要素圆的中心轴线。从一个截面上看(图 4－19(b))，夹具有三个点与工件接触，似为三点定位。实际上这种定位只消除$\vec{x}$和$\vec{z}$两个自由度，是两点定位。该夹具采用六个接触点，只限制工件长圆柱面的$\vec{x}$,$\vec{z}$,$\overset{\frown}{x}$,$\overset{\frown}{z}$四个自由度。在自动定心定位中应注意这个问题。

3. 工件定位的几种情况

根据限制工件自由度的不同，工件的定位有下列几种情况：

(1)完全定位　工件的六个自由度全部被夹具中的定位元件所限制，称为完全定位。

如图 4－20(a)所示的零件，在加工 ϕD 孔时要求孔中心线垂直于底面，并保证尺寸 A 和

B。由此可见，在钻孔工序中，工件的六个自由度必须被完全限制，才能保证技术要求。其定位方案如图 4－20(b)所示。其底面的二个支承板(相当于一个面)可抽象为三个支承点限制三个自由度；左侧面的二个支承钉可抽象为二个支承点限制二个自由度；后面的一个支承钉可抽象为一个支承点限制一个自由度。这样，工件的六个自由度被这抽象出的六个点完全限制，从而实现工件的完全定位，如图 4－20(c)所示，在机床工作台或夹具上只要工件紧靠这些支承，位置就被确定。

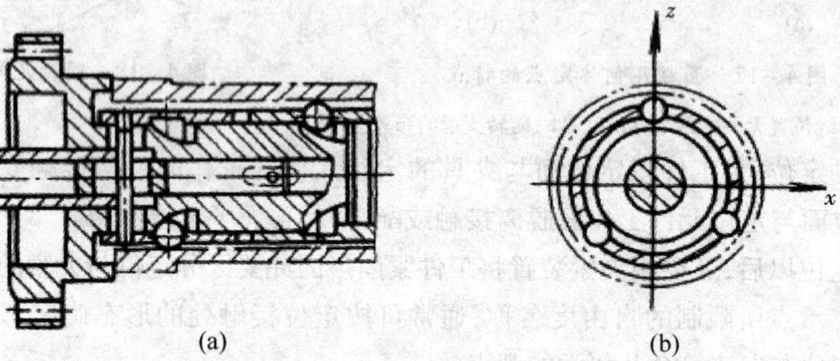

图 4－19　自动定心定位原理图

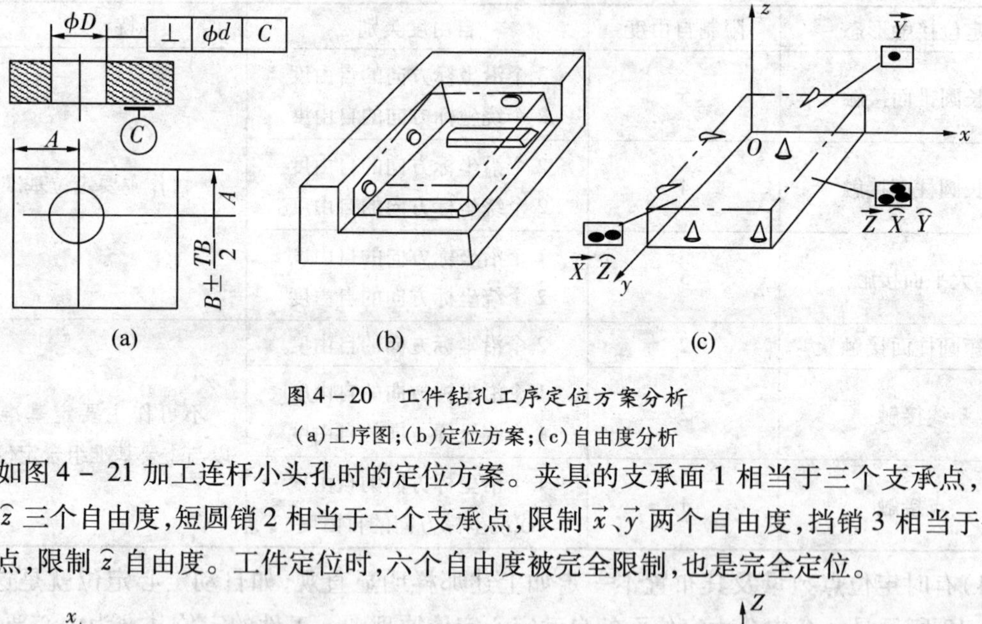

图 4－20　工件钻孔工序定位方案分析

(a)工序图；(b)定位方案；(c)自由度分析

如图 4－21 加工连杆小头孔时的定位方案。夹具的支承面 1 相当于三个支承点，限制 $\widehat{x}$、$\widehat{y}$、$\widehat{z}$ 三个自由度，短圆销 2 相当于二个支承点，限制 $\vec{x}$、$\vec{y}$ 两个自由度，挡销 3 相当于一个支承点，限制 $\widehat{z}$ 自由度。工件定位时，六个自由度被完全限制，也是完全定位。

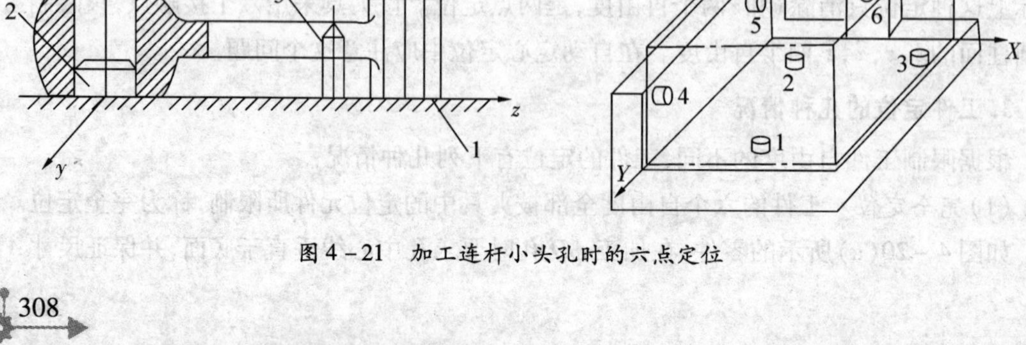

图 4－21　加工连杆小头孔时的六点定位

(2) 不完全定位　根据工件加工表面的不同加工要求，定位支承点的数目可以少于六个。没有必要限制工件的全部自由度，有些自由度对加工要求有影响，有些自由度对加工要求无影响，这种定位情况称为不完全定位。不完全定位是允许的。

图 4－22 所示为不完定位的示例，它们在保证加工要求的条件下，仅限制了工件的部分自由度。如图 4－22(a) 所示的圆锥面中心定位，限制了工件的 $\vec{x}$，$\vec{y}$，$\vec{z}$，$\widehat{x}$，$\widehat{z}$ 五个自由度。图 4－22(b) 所示的平面支承限制了工件的 $\vec{x}$，$\vec{z}$，$\widehat{x}$，$\widehat{y}$，$\widehat{z}$ 五个自由度。图 4－22(c)，图 4－22(d) 所示的工件加工面相同，前者需限制工件的 $\vec{x}$，$\vec{z}$，$\widehat{x}$，$\widehat{y}$，$\widehat{z}$ 五个自由度；后者无两槽之间的位置要求，则可不必限制 $\widehat{y}$ 自由度，限制自由度为 $\vec{x}$，$\vec{z}$，$\widehat{x}$，$\widehat{z}$。图 4－22(e) 所示的平板状工件的定位，仅限制了工件的 $\vec{z}$，$\widehat{x}$，$\widehat{y}$ 三个自由度，它是常见的定位中定位点较少的一种。这种根据加工要求，仅限制工件部分自由度的定位，称为不完全定位。

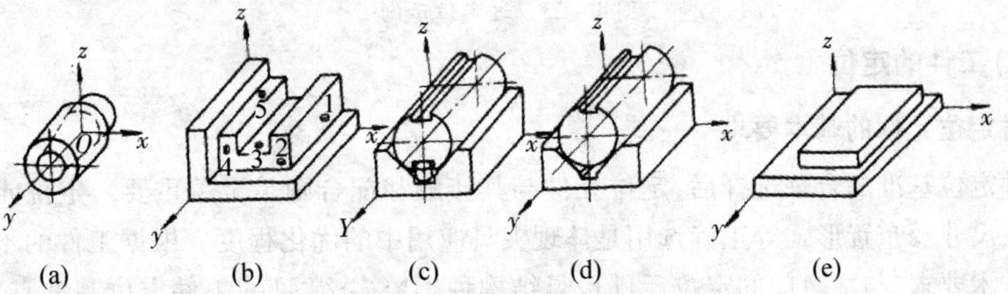

图 4－22　不完全定位示例

(3) 欠定位　根据工件的加工要求，应该限制的自由度没有被限制的定位，称为欠定位。欠定位无法保证加工精度，是绝对不允许存在的。例如图 4－22(c) 中，若不设置防转的定位销，则工件的 $\widehat{y}$ 自由度就不能得到限制，也就无法保证两槽间的位置要求，因此，欠定位是不允许的。通常只要仔细分析定位点的作用，欠定位是可以防止的。

(4) 过定位　过定位也叫重复定位，它是指几个定位支承点重复限制一个或几个自由度的定位。工件是否允许过定位存在应根据具体情况而定。工件以形状精度和位置精度很低的毛坯表面作为定位基准时，往往会引起工件无法安装或工件本身的很大弹性变形，所以不允许出现过定位；而对于采用形位精度很高的表面作为定位基谁时，为了提高工件定位的稳定性和刚度，在一定的条件下是允许采用过定位的，所以不能机械地一概否定过定位。

过定位的情况较复杂如图 4－23 所示，要求加工平面对 A 面的垂直度公差为 0.04 mm。若用夹具的两个大平面实现定位，即工件的左面被限制 $\vec{x}$，$\widehat{y}$，$\widehat{x}$ 三个自由度，B 面被限制了 $\vec{x}$，$\widehat{x}$，$\widehat{y}$ 三个自由度，其中 $\widehat{y}$ 自由度被 A，B 面同时重复限制。由图可见，当工件处于加工位置“I”时可保证垂直度要求；而当工件处于加工位置“Ⅱ”时则不能。这种随机的误差造成了定位的不稳定，严重时会引起过定位干涉。

4. 常用定位元件限制的自由度

在定位时，起定位支承点作用的是一定几何形状的定位元件。表 4－2 所列为常用定位元件能限制的自由度，可与表 4－1 对照，以便正确选择定位元件。其中，应注意菱形销、短圆柱定位销、活动式 V 形块、顶尖以及三爪自定心卡盘的定位方式。

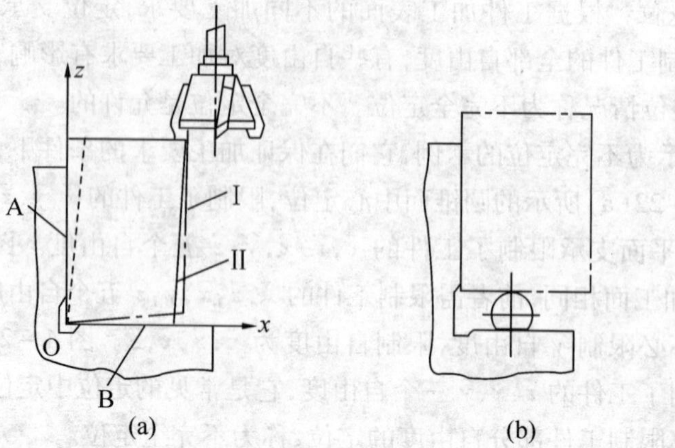

图 4－23　过定位示例

（七）工件的定位

1. 对定位元件的基本要求

工件定位基准的合理选择后，定位元件与其接触和配合则是至关重要。定位元件的结构、形状、尺寸及布置形式等正确选用是体现夹具应用中的优化程度。根据工件的不同结构和加工技术要求，与之对应的定位元件也是结构种类繁多，常见的工件定位基准有平面、内孔、外圆表面，也有不同表面组合的表面。

（1）足够的精度　由于定位误差的基准位移误差直接与定位元件的定位表面有关，因此，定位元件的定位表面应有足够的精度，以保证工件的加工精度。例如，V 形块的半角公差、V 形块的理论圆中心高度尺寸、圆柱心轴定位圆柱面的圆度、支承板的平面度公差等，都应有足够的制造精度。通常，定位元件的定位表面还应有较小的表面粗糙度值 Ra，如 0.4 μm、0.2 μm、0.1 μm 等。

（2）足够的储备精度　由于定位是通过工件的定位基准与定位元件的定位表面相接触来实现的，而工件的装卸将会使定位元件磨损，从而导致定位精度下降。因此，为了提高夹具的使用寿命，定位元件表面应有较高的硬度和耐磨性。特别是在产品较固定的大批量生产中，应注意提高定位元件的耐磨性，以使夹具有足够的储备精度。通常工厂可以按生产经验和工艺资料对主要定位元件，如 *V* 形块、心轴等制订磨损公差，以保证夹具在使用周期内的精度。不同的材料有不同的力学性能，定位元件常用的材料有优质碳素结构钢 20 钢、45 钢、65Mn，工具钢 T8、T10，合金结构钢 2OCr、4OCr、38CrMoAlA 等。

（3）足够的强度和刚度　通常对定位元件的强度和刚度是不作校核的，但是在设计时仍应注意定位元件危险断面的强度，以免使用中损坏；而定位元件的刚度也往往是影响加工精度的因素之一。因此，可用类比法来保证定位元件的强度和刚度，以缩短夹具设计的周期。

（4）应协调好与有关元件的关系　在定位设计时，还应处理、协调好与夹具体、夹紧装置、对刀导向元件的关系。有时定位元件还需留出排屑空间等，以便于刀具进行切削加工。

（5）良好的结构工艺性　定位元件的结构应符合一般标准化要求，并应满足便于加工、装配、维修等工艺性要求。通常标准化的定位元件有良好的工艺性，设计时应优先选用标准定位元件。

表 4－2　常用定位元件能限制的工件自由度

定位基准	定位简图	定位元件	限制的自由度
大平面	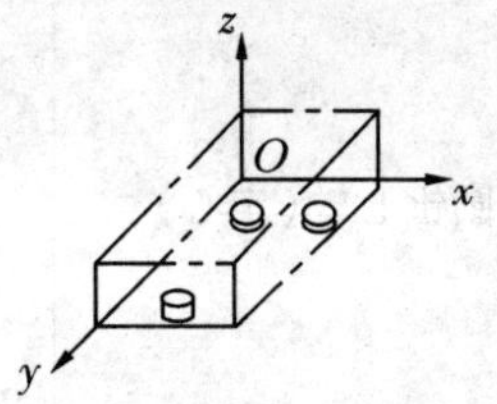	支承钉	$\vec{z}$、$\widehat{x}$、$\widehat{y}$
	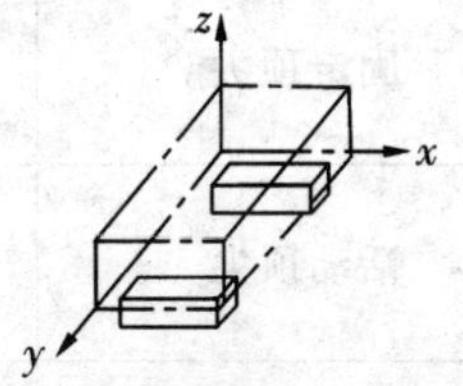	支承板	$\vec{z}$、$\widehat{x}$、$\widehat{y}$
长圆柱面	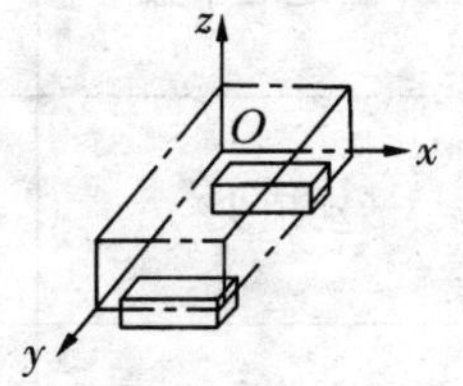	固定式 *V* 形块	$\vec{x}$、$\vec{z}$、$\widehat{x}$、$\widehat{z}$
	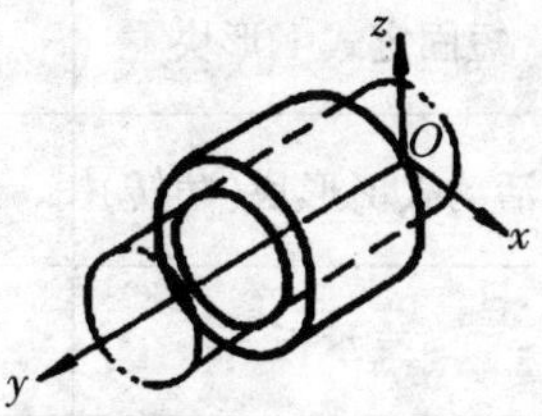	固定式长套	
	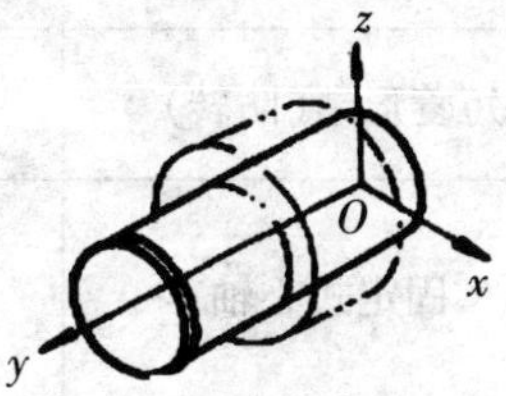	心轴	
	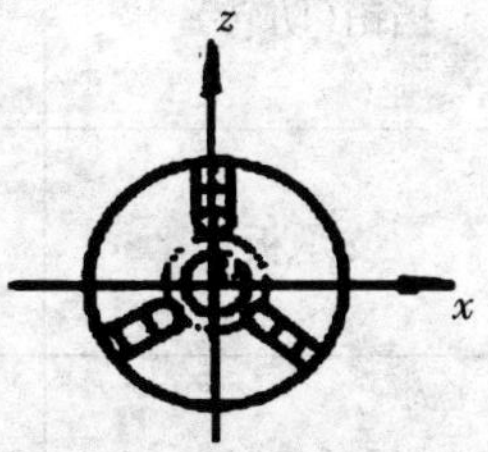	三爪自定心卡盘	$\vec{x}$、$\vec{z}$、$\widehat{x}$、$\widehat{z}$

续表

定位基准	定位简图	定位元件	限制的自由度
长圆锥面	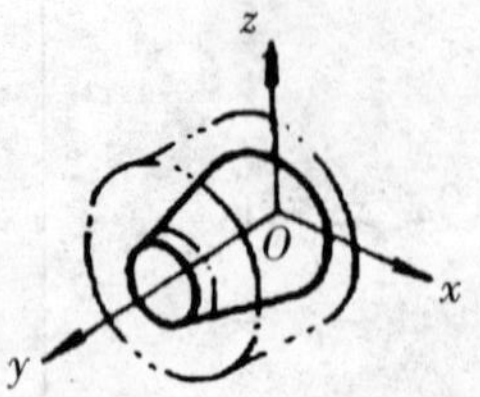	圆锥心轴（定心）	$\vec{x}$、$\vec{y}$、$\vec{z}$、$\widehat{x}$、$\widehat{z}$
两中心孔	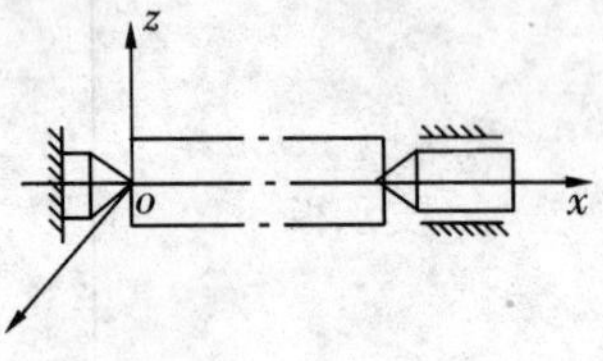	固定顶尖	$\vec{x}$、$\vec{y}$、$\vec{z}$
		活动顶尖	$\widehat{y}$、$\widehat{z}$
短外圆与中心孔	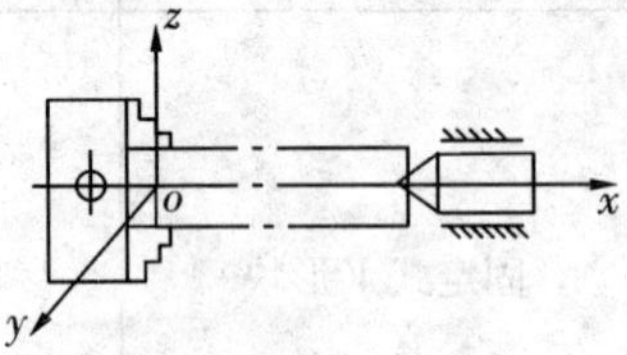	三爪自定心卡盘	$\vec{y}$、$\vec{z}$
		活动顶尖	$\widehat{y}$、$\widehat{z}$
大平面与两外圆弧面	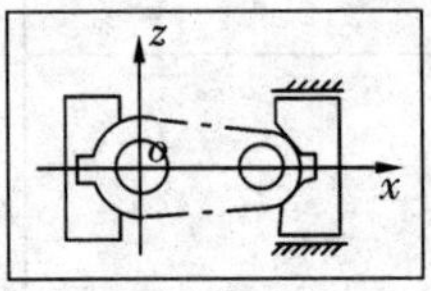	支承板	$\vec{y}$、$\widehat{x}$、$\widehat{z}$
		短固定式 *V* 形块	$\vec{x}$、$\vec{z}$
		短活动式 *V* 形块（防转）	$\widehat{y}$
大平面与两圆柱孔	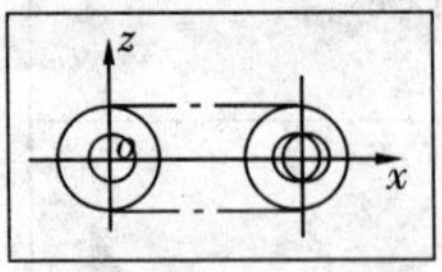	支承板	$\vec{y}$、$\widehat{x}$、$\widehat{z}$
		短圆柱定位销	$\vec{x}$、$\vec{z}$
		短菱形销（防转）	$\widehat{y}$
长圆柱孔与其他	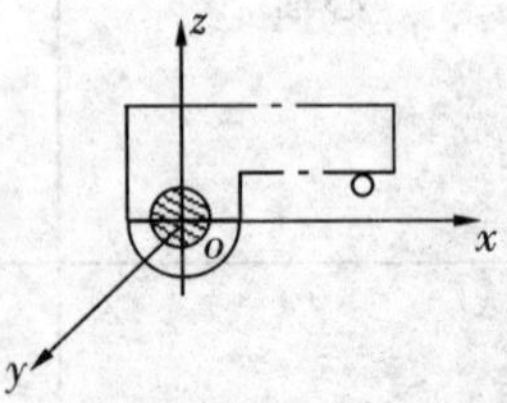	固定式心轴	$\vec{x}$、$\vec{z}$、$\widehat{x}$、$\widehat{z}$
		挡销（防转）	$\widehat{y}$
大平面与短锥孔	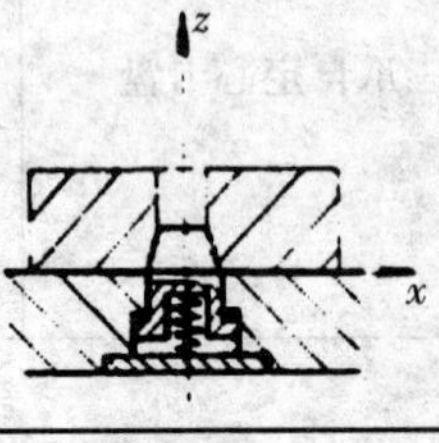	支承板	$\vec{z}$、$\widehat{x}$、$\widehat{y}$
		活动推销	$\vec{x}$、$\vec{y}$

2. 定位方式与定位元件

(1)工件以平面定位与定位元件　在机械加工中,大多数工件都以平面作为主要定位基准,如箱体、机体、支架、圆盘等零件。当工件进人第一道工序时,只能使用粗基准定位;在进入后续工序时,则可使用精基准定位。

1)以粗基准平面定位与定位元件。这种平面通常指锻、铸后经清理的毛坯平面,其表面比较粗糙,且有较大的平面度误差。如图 4-24(a)所示,当此面与定位支承平面接触时,必为随机分布的三个点。为了控制这三个点的位置,通常要采用呈点接触的定位元件,以获得较圆满的定位(图 4-24(b))。但这并非在任何情况下都是合理的。例如,定位基准为很窄的平面时,就很难布置支承三角形,而采用面接触定位。粗基准面常用的定位元件有支承钉、浮动支承和调节支承等。

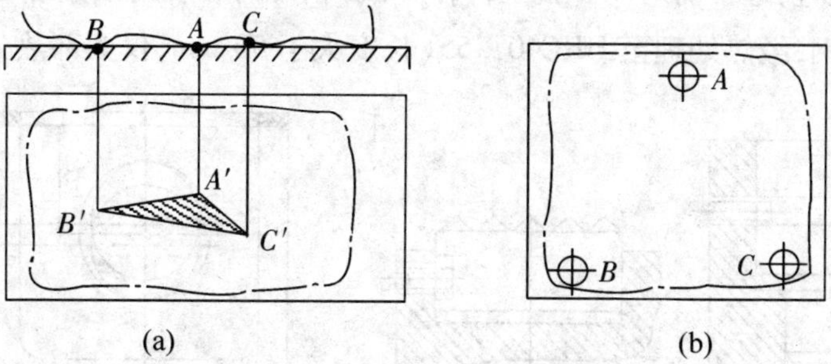

图 4-24　粗基准平面定位的特点

(a)支承点的随机性分布;(b)合理的方法

B 型(球头)和 C 型(齿纹)支承钉。如图 4-25 所示,一种固定式支承。其主要规格尺寸 D 为 5 mm、6 mm、8 mm、12 mm、16 mm、20 mm、25 mm、30 mm、40 mm。支承钉用碳素工具钢 T8 经热处理至 HRC55~60。支承钉 d 处用 H7/r6 过盈配合压入夹具体中。

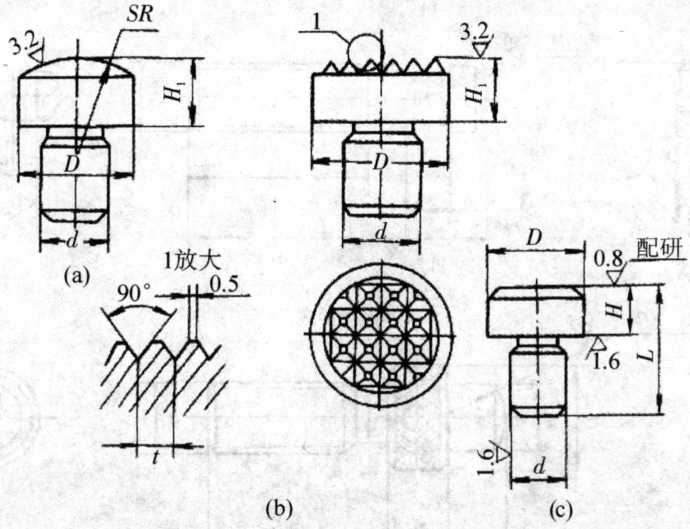

图 4-25　支承钉(GB/T2226-91)

(a)BD×H1GB/T2226(B 型);(b)CD×H1GB/T2226(C 型);(c)AD×HGB/T2226(A 型)

B 型支承钉（图 4－25（a））能使其与定位基面（粗基准）接触良好；C 型支承钉（图 4－25(b)）的齿纹，增大摩擦因数，可防止工件在加工时受力而滑动，常用于较大型的机体的定位；图 4－25(c)所示为平头支承钉 A 型，用于工件精基准定位。一个支承钉限制工件一个自由度。这类元件磨损后较难更换。

可换支承钉。图 4－26 所示为两种可换支承钉，用于批量较大的生产中，以降低夹具制造成本。目前国内尚无可换支承钉的标准。

可调节支承。调节支承（GB/T2230—91）、圆柱头调节支承（GB/T2229—91）、六角头支承（GB/T2227—91）属于可调节的支承，以保证工序有足够和均匀的加工余量。图 4－27 所示为可调节支承定位的应用示例。工件以箱体的底面为粗基准定位，铣削顶面。由于毛坯的误差，将使后续镗孔工序的余量偏向一边，甚至出现余量不够的现象。为此，定位时需按划线调节工件的位置，通常需对同一批工件作一次调节，调节后用锁紧螺母锁紧。支承用优质碳素结构钢 45 钢，经热处理至 HRC40～55（长度大于 50 mm，仅头部热处理）。

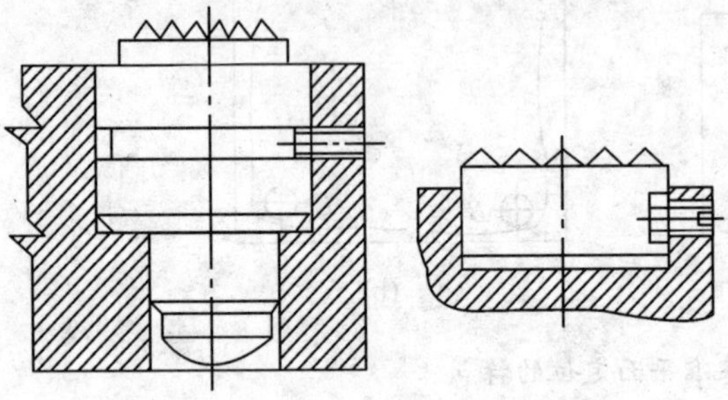
(a)　　(b)

图 4－26　可换支承钉

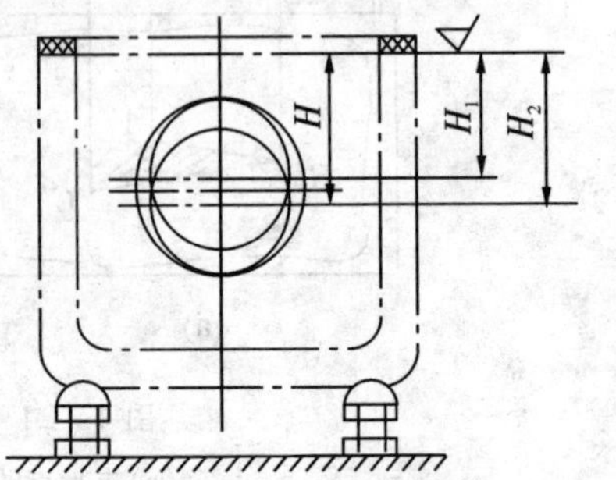

图 4－27　可调节支承的应用示例

图 4－28（a）所示为 GB/T2230—91 调节支承的主要规格 d 为 M5、M6、M8、Ml0、Ml2、M20、M24、M30、M36；L 可按需要确定。

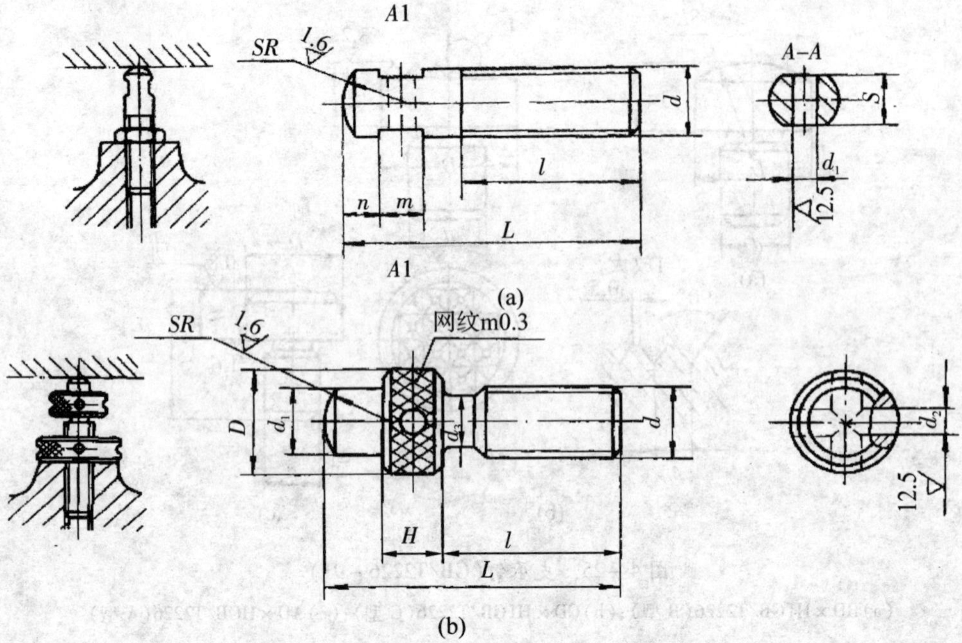

(b)

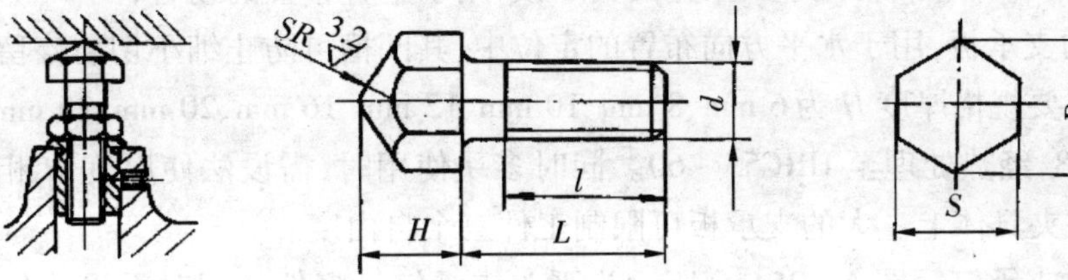

(c)

图 4－28　可调节的支承

(a) $d \times L$ GB/T2230；(b) $d \times L$ GB/T2229；(c) $d \times L$5GB/T2227

图 4－28(b)所示为 GB/T2229—91 圆柱头调节支承，主要规格 d 为 M5、M6、M8、Ml0、Ml2、M16、M20；L 为 25 mm、30 mm、…、120 mm。球面半径 SR 的尺寸与 d1 相等。

图 4－28(c)所示为 GB/T2227—91 六角头支承，主要规格 d 为 M5、M6、M8、Ml0、Ml2、M16、M20、M24、M30、M36；L 为 15 mm、20 mm、……、160 mm。

2) 以精基准平面定位与定位元件。工件的基准平面经切削加工后，可直接放在平面上定位。经过刮削、磨削的平面具有较小的表面粗糙度值和平面度误差，故可获得较精确的定位。常用的定位元件有支承板和平头支承钉等。这类是呈面接触的定位元件。

图 4－29 所示为加工开合螺母的车床夹具。工件的主要定位基面 B 在两块支承板上定位，另一平面 A 在两个平头支承钉上定位，C 面则用一平头支承钉定位，这些定位元件都已标准化。

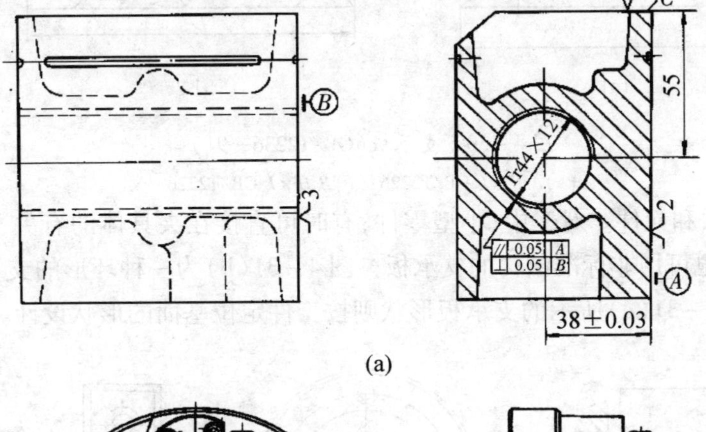

(a)

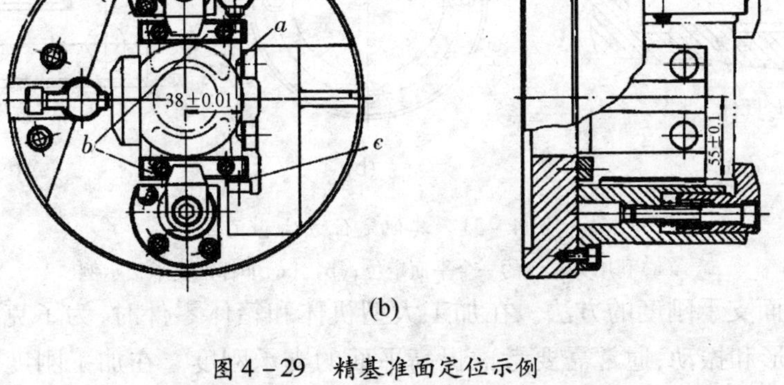

(b)

图 4－29　精基准面定位示例

(a) 开合螺母零件简图；(b) 车螺母用夹具的结构

支承板。图 4－30(a)所示为 A 型光面支承板，用于垂直布置的场合；图 4－30(b)所示为 B 型带斜槽的支承板，用于水平方向布置的定位中，其凹槽可防止细小切屑停留在定位面上。支承板的主要规格厚度 H 为 6 mm、8 mm、10 mm、12 mm、16 mm、20 mm、25 mm。支承板用碳素工具钢 T8，经热处理至 HRC55～60。同时多块使用时，需设法使厚度 H 相等。支承板用螺钉紧固在夹具体上。大的支承板可限制工件三个自由度。

平头(A 型)支承钉。图 4－25(c)所示为平头支承钉。多件使用时需设法使高度尺寸 H 相等。其主要规格与 B 型、C 型相同。

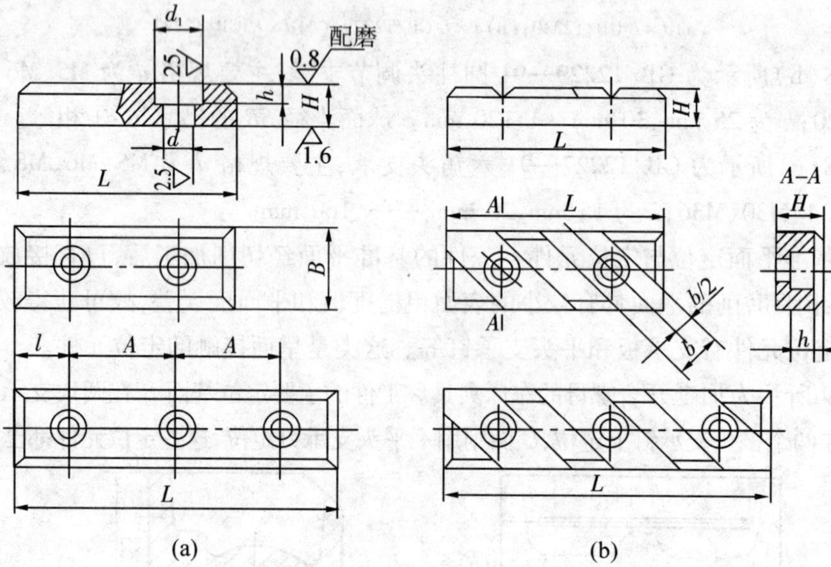

图 4－30　支承板(GB/T2236—91)

(a)A $H \times L$ GB/T2226；(b)B $H \times L$ GB/T2226

其他定位方法和元件。对于中、小型零件，有时可直接在夹具体的有关平面上定位(图 4－31(a))，有时也可用非标准结构的支承板。图 4－31(b)为一种环形的支承板，用于盘形零件的定位。图 4－31(c)所示的支承板形状则按工件定位基面的形状设计。

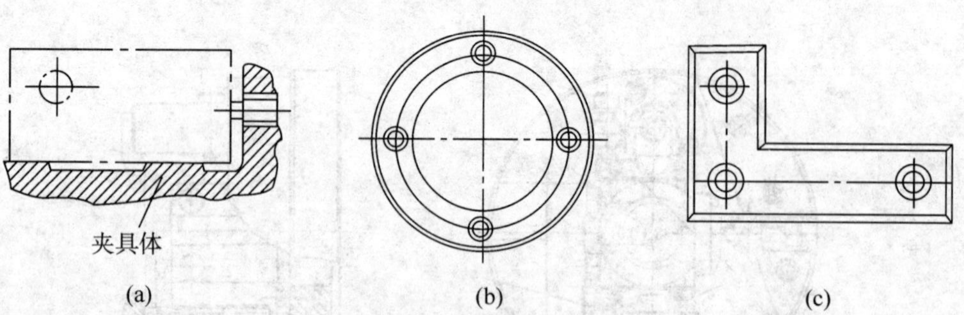

图 4－31　其他定位方法和元件

(a)利用夹具体的一个平面定位；(b)、(c)非标准支承板示例

3)提高平面支承刚度的方法。在加工大型机体和箱体零件时，为了克服因支承面的不足而引起的变形和振动，通常需要考虑提高平面的支承刚度。在加工刚度较低的薄板状零件时也要注意这个问题。常用的方法是采用辅助支承或可以浮动的支承，以减小工件变形

和振动，但又不致发生过定位。

辅助支承。辅助支承不限制工件自由度，只起支撑作用，使用完毕需放松支承，待工件重新定位后再支撑。辅助支承的主要规格 d 为 12 mm、16 mm、20 mm。

如图 4－32 所示，当作用点只能远离加工面，造成工件装夹刚度较差时，应在靠近加工面附近设置辅助支承，并施加辅助夹紧力 F_{w1}，以减小加工振动。

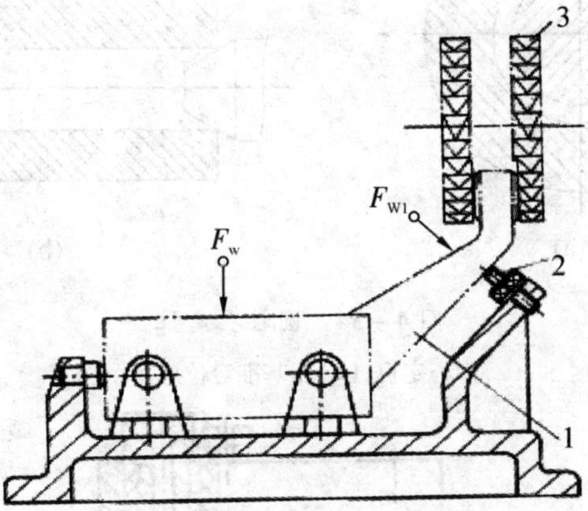

1－工件；2－辅助支承；3－铣刀

图 4－32　增设辅助支承和辅助夹紧力

浮动支承。图 4－33 所示为几种浮动支承的结构，它们与工件的接触点虽然是二点或三点，但仍只限制工件的一个自由度。这种方法是消除过定位方法的应用。图 4－33(a)、图 4－33(b)所示支承均为一个方向浮动。

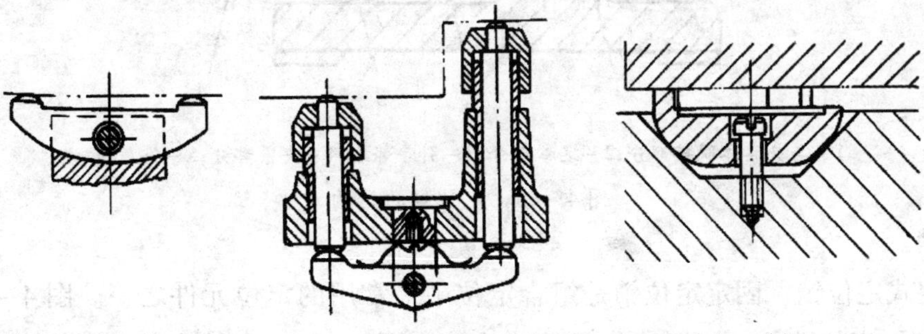

(a)　(b)　(c)

图 4－33　浮动支承

(a)摆动式；(b)移动式；(c)球形浮动支承

(2)工件以圆柱孔定位与定位元件

1)工件以圆柱孔定位。工件以圆柱孔定位是一种中心定位。定位面为圆柱孔，定位基准为中心轴线(中心要素)，故通常要求内孔基准面有较高的精度。工件中心定位的方法是用定位销、定位插销、定位轴和心轴等与孔的配合实现的(图 4－34(a))。有时采用自动定心定位。粗基准内孔定位很少采用。图 4－34(b)所示为铣削尾座底平面的定位方法，在毛坯孔的两端用顶尖支承，以保证镗孔工序的余量均匀。

2)工件以精基准孔定位与定位元件。

定位轴。通常定位轴为专用结构，其主要定位面可限制工件的四个自由度，若再设置防转支承等，即可实现完全定位。图 4－35 所示为钻模所用的定位轴。图中 2 为中心定位部分，通常需最小间隙为 0.005 mm，引导部分的倒角为 15°，连接部分有多种结构。

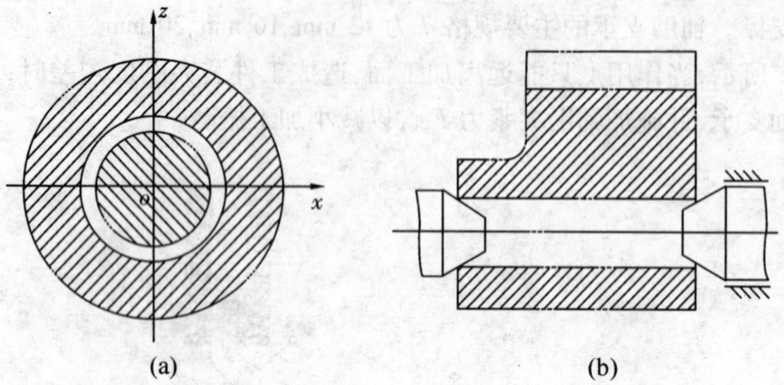

图 4－34　圆柱孔定位

(a) 中心定位；(b) 粗基准定位应用示例

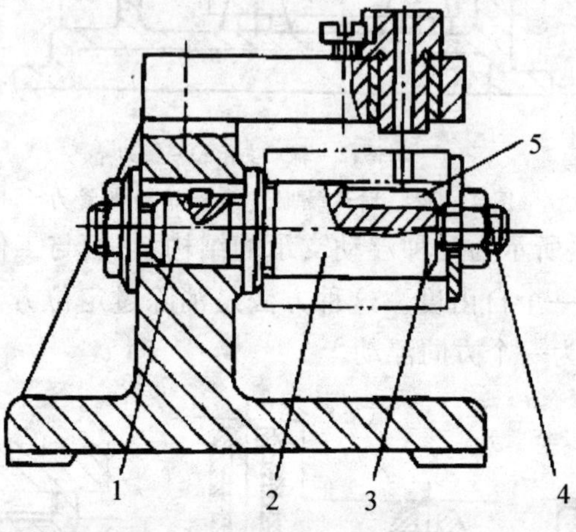

1－与夹具体联接部分；2－定心部分；3－引导部分；4－夹紧部分；5－排屑槽

图 4－35　定位轴的结构

定位销。

a. 固定式定位销。固定定位销是组合定位中最常用的定位元件之一。图 4－36(a) 所示为 A 型圆形定位销，可限制工件的两个自由度。图 4－36(b) 所示为 *B* 型菱形定位销，只能限制工件的一个自由度。

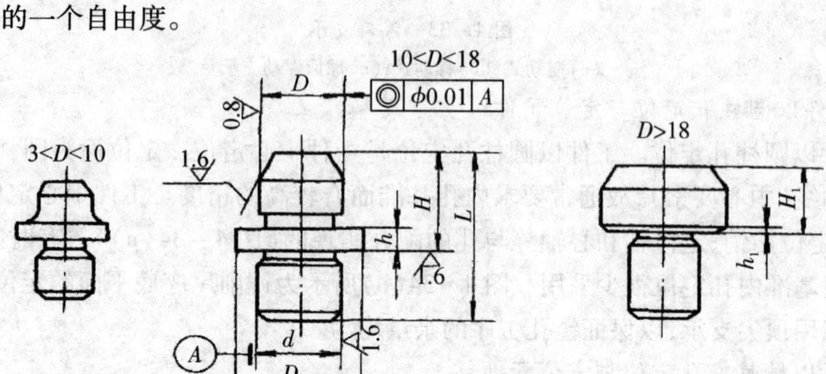

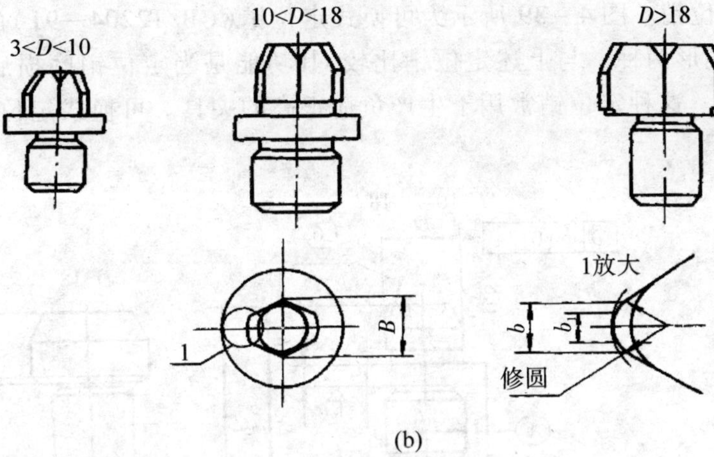

图 4-36 固定式定位销

固定式定位销(GB/T2203—91)的主要规格 D 为 3~50 mm。定位销材料($D \leqslant 18$ mm)用碳素工具钢 T8,经热处理至 HRC55~60。$D>18$ mm 的定位销用优质碳素结构钢 20 钢,渗碳淬硬至 HRC55~60。B 型菱形销的应用较特殊,如图 4-37 所示,它是布置在会发生定位干涉的部位上。

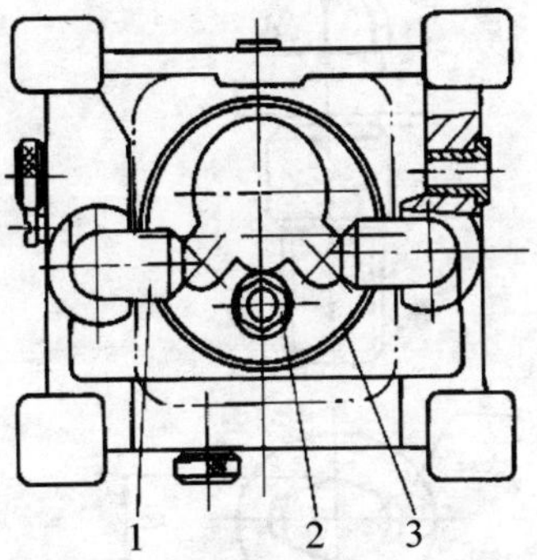

1-钩形压板;2-菱形销;3-夹具体定位孔

图 4-37 菱形销的应用示例

b. 小定位销。如图 4-38 所示,小定位销(GB/T2202—91)也分 A 型、B 型两种,其主要参数 D 为 1~3 mm,故功能上与固定式定位销相同,仅结构有所不同。

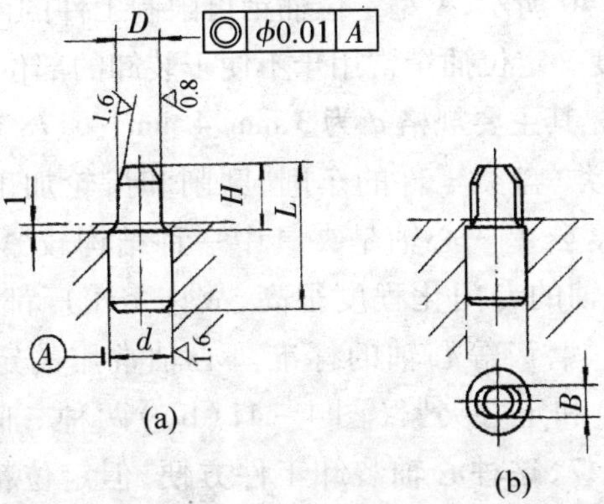

图 4-38 小定位销

(a)圆柱形 A;(b)菱形 B

c. 可换式定位销。图 4－39 所示为可换式定位销（GB/T2204—91）的结构，也分 A 型圆柱形、B 型菱形两种。与上述定位销比较，其功能是当定位销磨损后可以更换，以降低夹具的成本。这种定位销常用于生产负荷很高的夹具。可换式定位销的主要规格 D 为 3～50 mm。

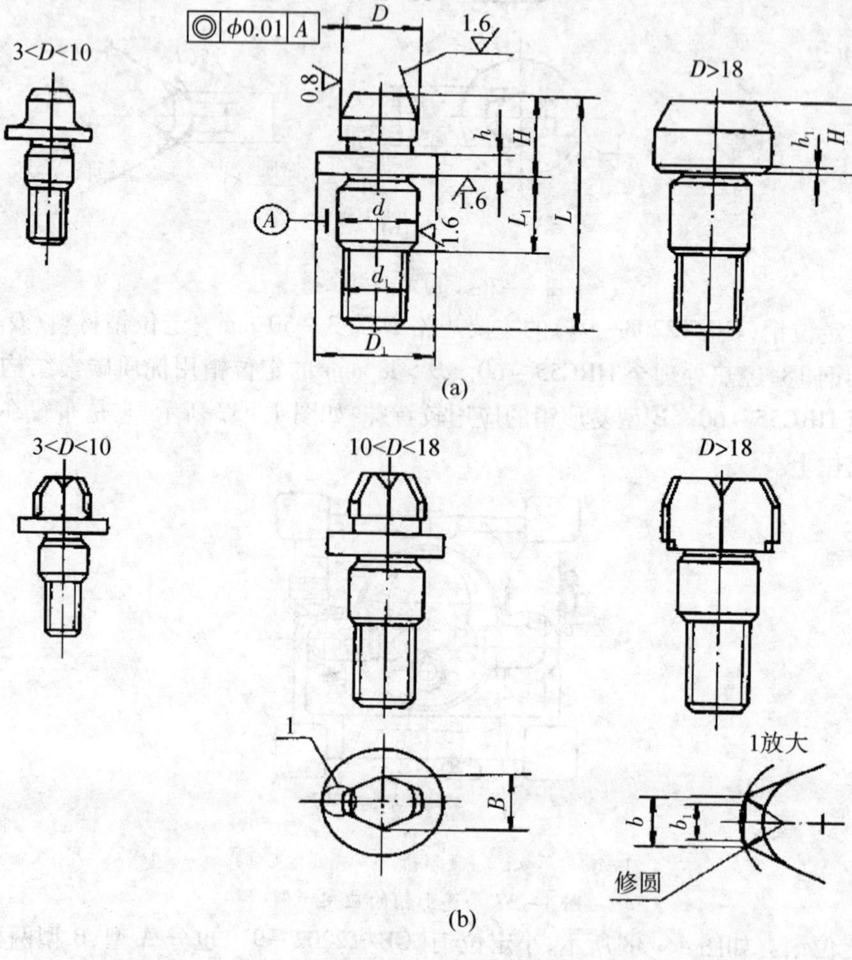

图 4－39　可换式定位销

d. 定位插销。如图 4－40 所示，A 型定位插销可限制工件的两个自由度，B 型（菱形）插销则限制工件的一个自由度。定位插销常用于不便于装卸的部位和工件以被加工孔为定位基准（自位基准）的定位中。其主要规格 d 为 3 mm、4 mm、…、78 mm。

心轴。心轴常用于套类、盘类零件的车削、磨削和齿轮加工中，以保证加工面（或齿轮分度圆）对内孔的同轴度公差。心轴是夹具中一种结构较紧凑的单元体，心轴以柄部或中心孔与机床连接。心轴的专门化程度很高，故许多工厂都制订了自己的标准，如磨床、车床、滚齿、插齿、刨齿、磨齿等心轴的标准。心轴常用的定位方式有间隙配合定心（图 4－41（a）、（c）～（f））和定心夹紧（图 4－41（b））两种。间隙配合心轴的定位圆直径公差带一般为 h6、g6 或 f7，这种心轴装卸工件方便，但定位精度不高。定心夹紧心轴所能达到的定位精度因结构不同而相差很大。图 4－41（b）所示的可胀式结构精度较低，而液性塑料心轴的定心精度则很高。

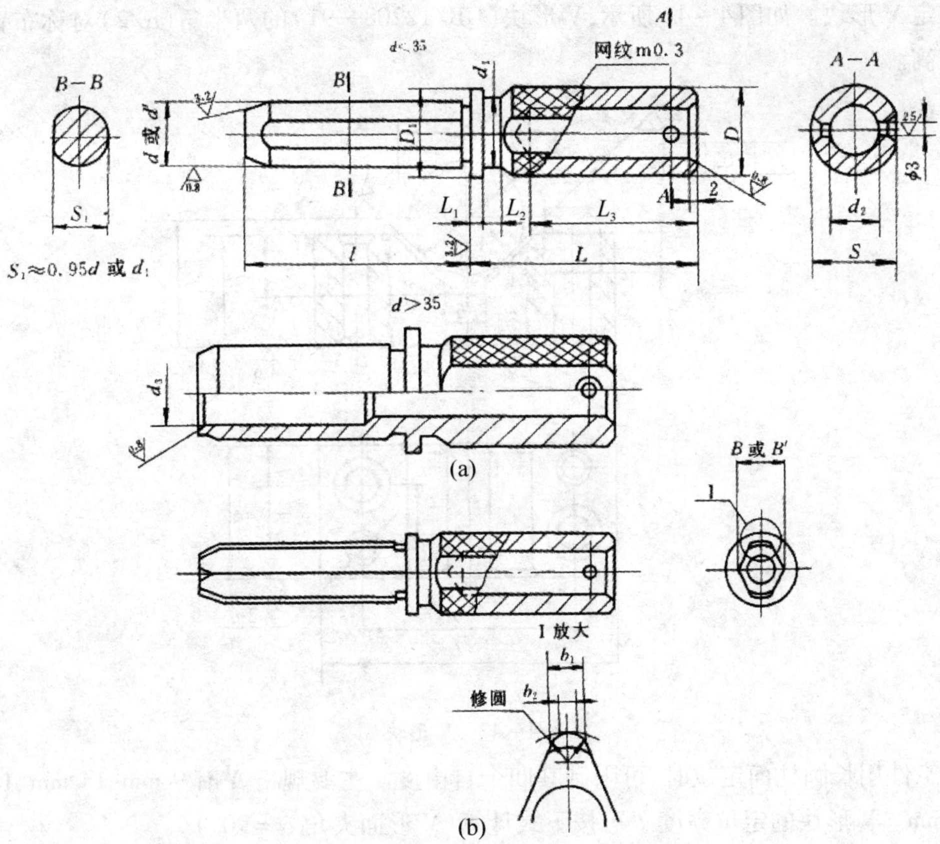

图 4-40 定位插销（GB/T2205—91）

（a）圆柱形 A df7 × lGB/T2205；（b）菱形 B df7 × lGB/T2205

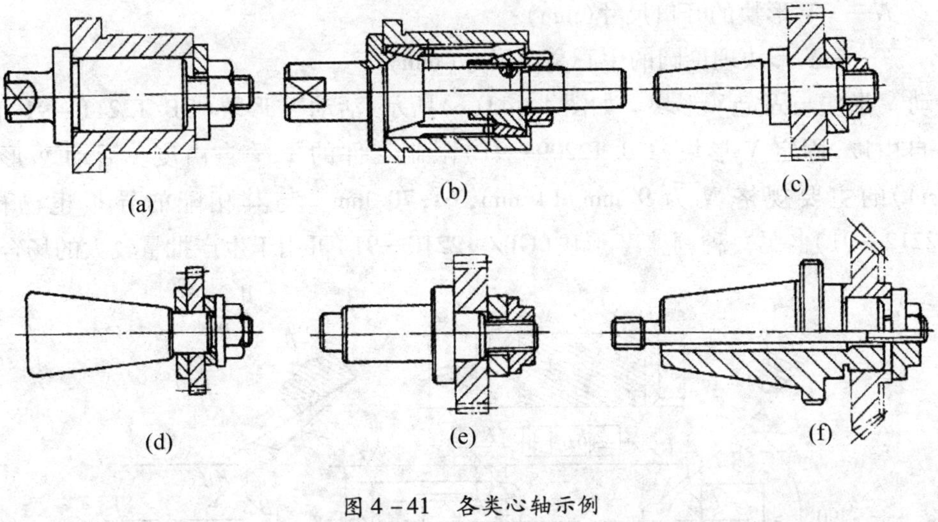

图 4-41 各类心轴示例

（a）磨床心轴；（b）车床心轴；（c）滚齿心轴；（d）插齿心轴；（e）磨齿心轴；（f）刨齿心轴

（3）工件以外圆柱面定位与定位元件　工件以外圆柱面定位时，工件的定位基准为中心要素，最常用的定位元件有 V 形块、半圆套、定位套等，它们常用作中心定位。有时采用自动定心定位。

1)V 形块。作为外圆定位主要的定位元件 V 形块有各种结构。

固定 V 形块。如图 4－42 所示，V 形块(GB/T2208—91)的两半角($\alpha/2$)对称布置，定位精度较高。

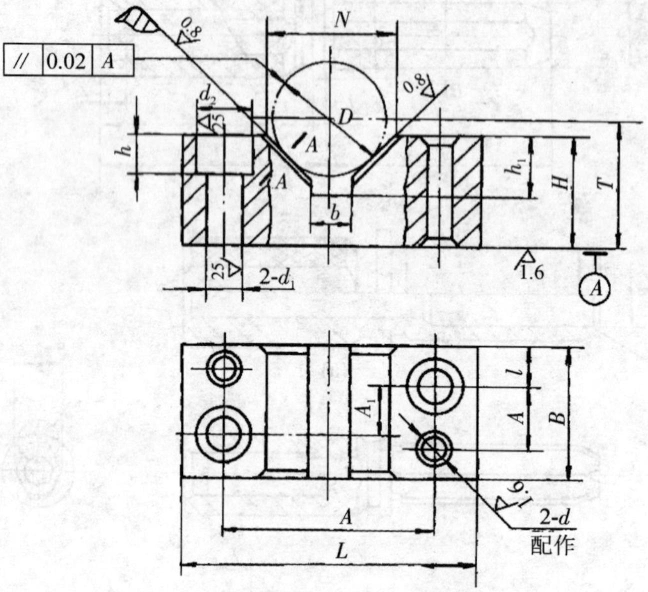

图 4－42　V 形块

当工件用长圆柱面定位时，可限制其四个自由度。主要规格 N 有 9 mm、14 mm、18 mm、…、85 mm。V 形块的定位高度 T 可按下式计算(V 形面夹角 $\alpha=90°$)

$$T=H+0.707D-0.5N$$

式中，D——V 形块理论圆直径(mm)；

N——V 形块的开口尺寸(mm)；

T——V 形块理论圆的中心高度尺寸(mm)。

活动 V 形块与固定 V 形块。如图 4－43(c)所示，活动 V 形块(GB/T2211－91)限制工件的 $\vec{z}$ 自由度，固定 V 形块(GB/T2209—91)限制工件的 $\vec{x}$，$\vec{y}$ 自由度。活动 V 形块(图 4－43(a))的主要规格 N 为 9 mm，14 mm，…，70 mm。与其相配的导板也已标准化(GB/T2212—91)。另一种调整 V 形块(GB/ T2210—91)可用于生产批量较大的场合中。

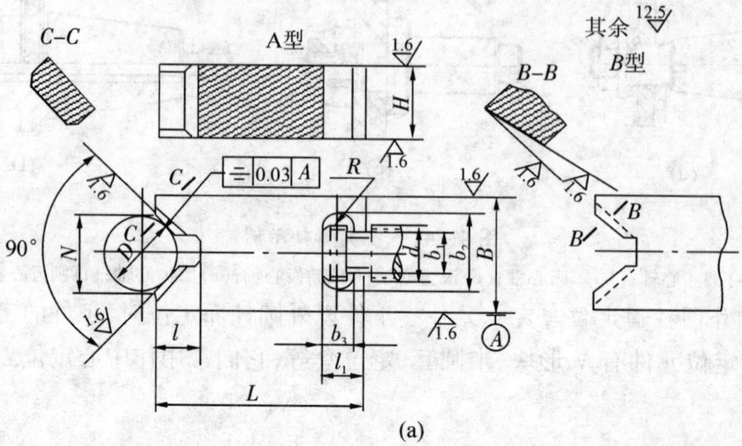

(a)

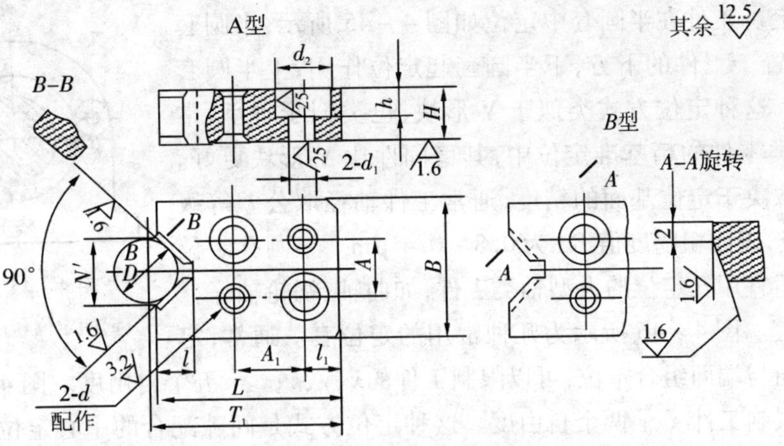

(b)

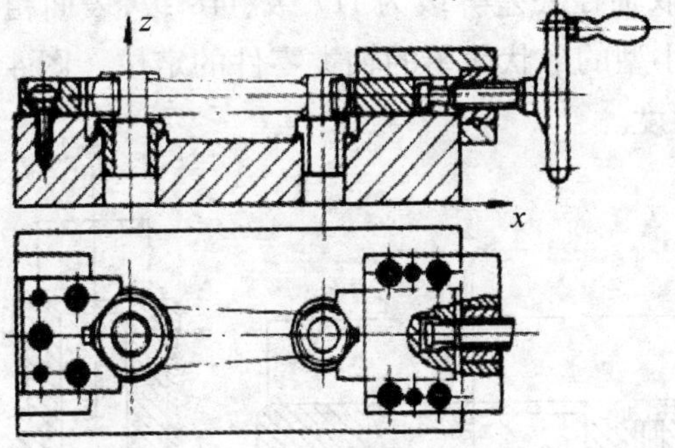

(c)

图 4-43 活动 V 形块与固定 V 形块

(a)活动 V 形块;(b)固定 V 形块;(c)示例

其他结构的 V 形块。V 形块是使用很广泛的定位元件,能用于粗基准或精基准的定位,使用也很方便,故除了标准结构外,其专用非标准结构很多,设计也很灵活。如图 4-44(a)所示的 V 形夹具用于内圆磨床的加 T 中,两 V 形块可调整,V 形面上的硬质合金填片可延长夹具的使用寿命;图 4-44(b)、图 4-44(c)所示的 V 形块用于铣床的加工中。有些场合的 V 形面夹角还可制成 60°或 120°。

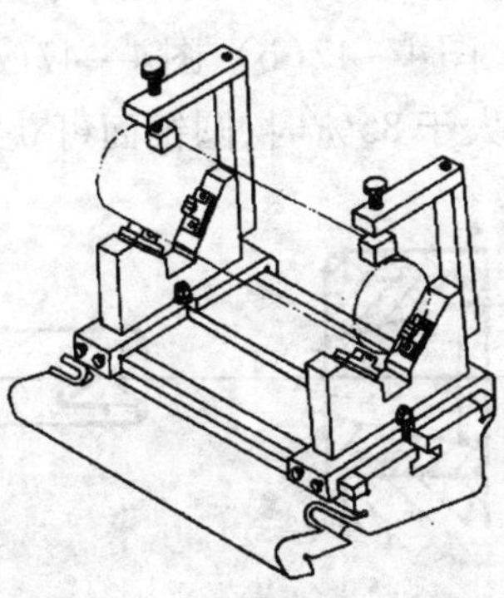

(a)

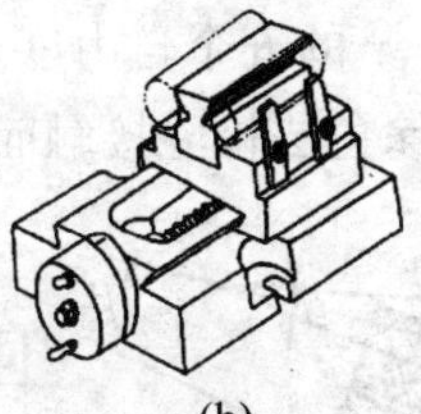

(b)

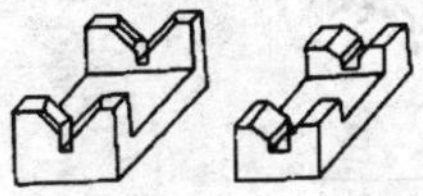

(c)

图 4-44 ,非标准 V 形块的应用

(a)用于内圆磨床 (b)、(c)用于铣床

2)半圆套。工件在半圆套中定位如图 4－45 所示,半圆套的定位面 A 置于工件的下方,下半圆套起定位作用,上半圆套起夹紧作用。这种定位方式类似于 V 形块,也类似于轴承,常用于大型轴类零件的精基准定位中,其稳固性比 V 形块更好。其定位精度取决于定位基面的精度,通常工件轴径取公差等级 IT7 级、IT8 级,表面粗糙度值 Ra 为 0.8～0.4 μm。半圆孔定位主要用于不适宜用孔定位的大型轴类工件,如曲轴、蜗轮轴等。

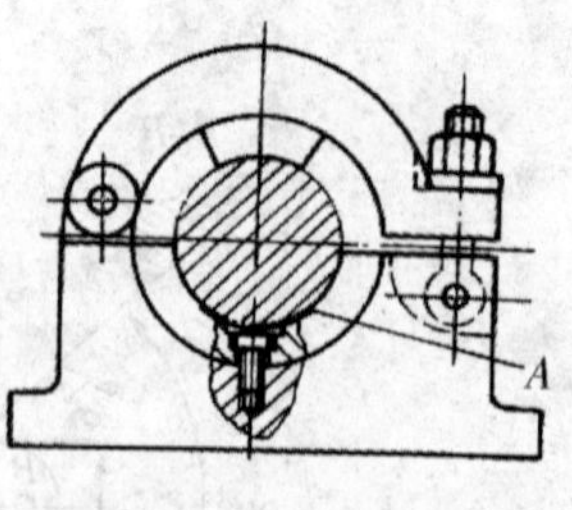

图 4－45　半圆套

(a)短定位套;(b)长定位套

3)定位套。图 4－46 所示为几种常用的定位套。通常,定位套的圆柱面与端面组合定位,可以限制工件的$\vec{x}$、$\vec{y}$、$\vec{z}$、$\widehat{x}$、$\widehat{y}$ 五个自由度。图 4－46(a)所示的短圆柱面限制工件 $\vec{x}$、$\vec{y}$ 两个自由度。这种定位方式是间隙配合的中心定位,故对基面的精度也有严格要求,通常取轴径公差等级为 IT7 级、IT8 级,表面粗糙度值 Ra 小于 0.8 μm。定位套应用较少,常用于小型的形状简单的轴类零件的定位。图 4－46b 所示的长圆柱面限制工件$\vec{x}$、$\vec{y}$、$\widehat{x}$、$\widehat{y}$ 四个自由度。

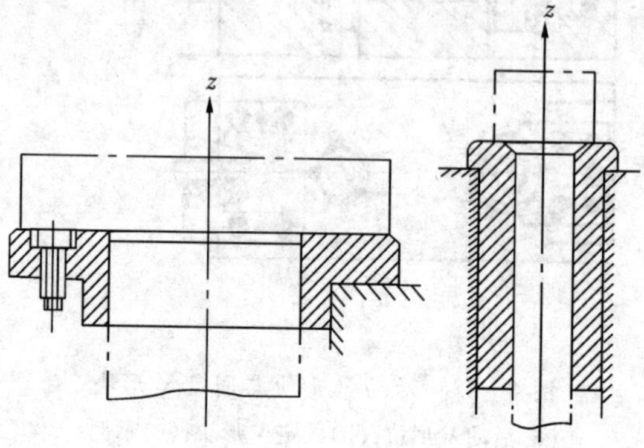

(a)　(b)

图 4－46　定位套

(a)短定位套;(b)长定位套

(4)工件以特殊表面定位与定位元件　除平面、圆孔、外圆柱面定位外,工件有时还可能以其他表面(如圆锥面、渐开线齿面、曲面等)定位。

1)工件以内、外圆锥面定位。如图 4－47(a)所示,外圆锥面可在 V 形块上定位,与挡销 E 一起限制工件$\vec{x}$、$\vec{y}$、$\vec{z}$、$\widehat{x}$、$\widehat{y}$ 的五个自由度。图 4－47(b)、图 4－47(c)为圆锥配合的定心定位方式,当工件的锥面用涂色法检验接触面大于 85% 时,圆锥面可获得很高的定位精度。

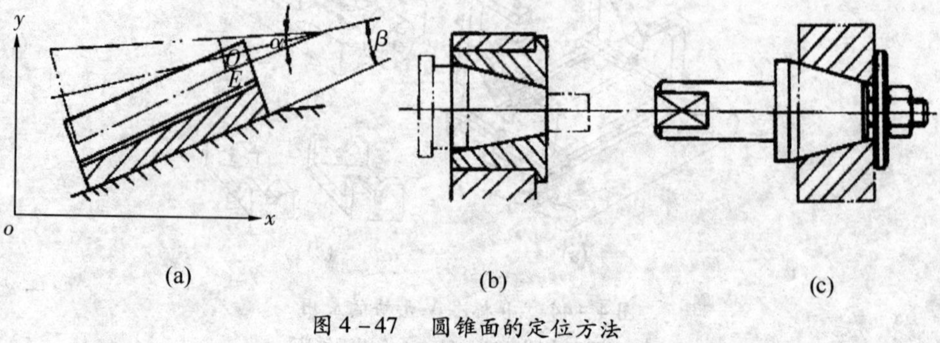

(a)　(b)　(c)

图 4－47　圆锥面的定位方法

(a)外圆锥在 V 形块上定位;(b)用锥套定位;(c)用圆锥心轴定位

2)工件以中心孔定位。中心孔是轴类零件的辅助基准,应用极为广泛(见图 4 - 48)。图中两顶尖可限制工件的 $\vec{x}$、$\vec{y}$、$\vec{z}$、$\widehat{x}$、$\widehat{y}$ 五个自由度。图 4 - 48(a)所示为通用的顶尖,定心精度较高;图 4 - 48(b)所示主轴箱的顶尖为特殊顶尖,它可沿轴向浮动限制 $\vec{y}$、$\vec{z}$ 自由度,轴向以端面套 E 定位,限制 $\vec{x}$ 自由度,以控制台阶轴长度尺寸;图4 - 48(c)所示主轴箱的顶尖为外拨顶尖,其功能与通用顶尖相同,结构也已标准化(GB/T12880—91)。

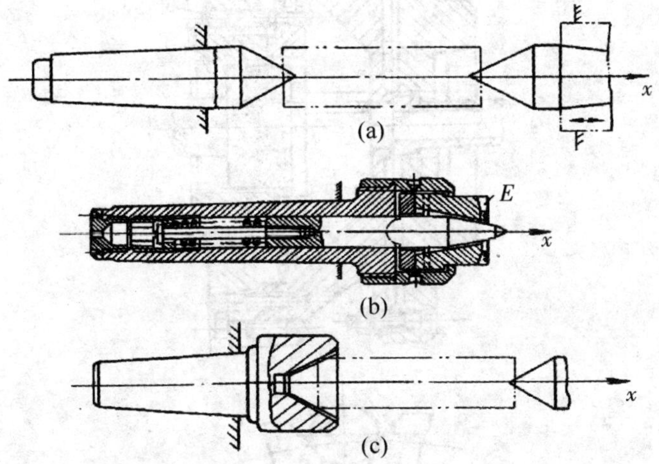

图 4 - 48 顶尖的应用

(a)通用顶尖;(b)特殊顶尖;(c)外拨顶尖(GB/T12880—91)

3)工件以导轨面定位。图 4 - 49 所示是三种燕尾导轨定位的形式。图 4 - 49(a)为镶有圆柱定位块的结构,图 4 - 49(b)的圆柱定位块位置可以通过修配 A、B 平面达到较高的精度,图 4 - 49(c)采用小斜面定位块,其结构简单。为了减少过定位的影响,工件的定位基面需经配制(或配磨)。

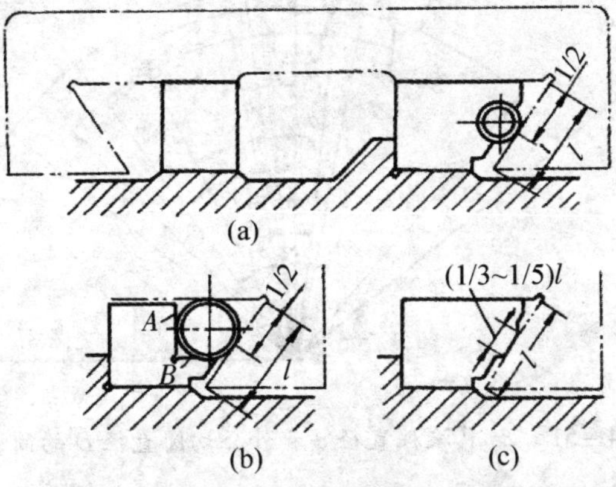

图 4 - 49 燕尾形导轨的定位

4)工件以齿形表面定位。图 4 - 50 所示为用齿形表面定位的例子。定位元件是三个滚柱。自动定心盘 1 通过滚柱 3 对齿轮 4 进行定中心定位。齿面与滚柱的最佳接触点 A、B 均应处在分度圆上,为此滚柱的直径需经精确的计算。

如图 4 - 51 所示为计算滚柱直径 d 及外公切圆直径 D 的简图。通常接触点位置离分度圆为$(0.5\sim0.7)h'$。当已知齿数 z,模数 m,分度圆压力角 a_0,齿顶高 h',分度圆上最小齿厚

$S_{f_{\min}}$，可以根据手册计算出滚柱的计算直径 d_L。由于滚柱直径已标准化，所以设计时可选用邻近的较小的标准直径的滚柱。

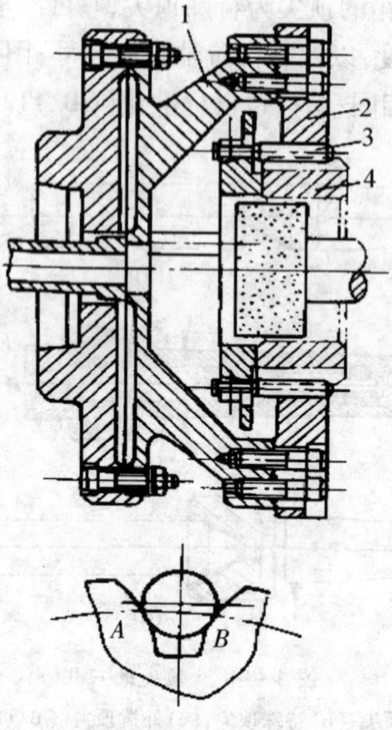

1－定心盘；2－卡爪；3－滚柱；4－齿轮

图 4－50　齿形表面定位

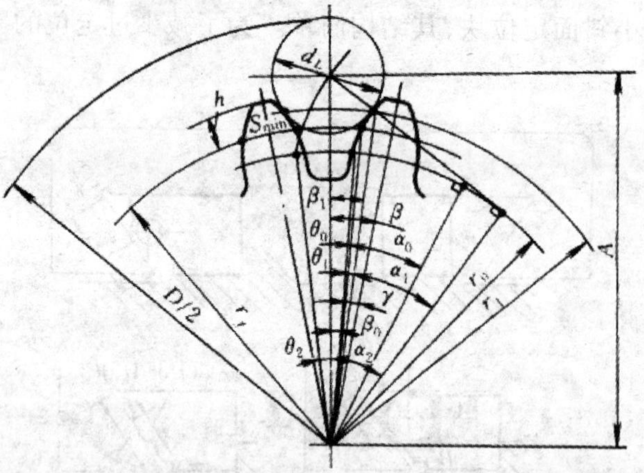

图 4－51　计算滚柱直径 d 和外公切圆直径 D 的简图

（八）工件的夹紧

1. 夹紧装置组成

在机械加工过程中，为保持工件定位时所确定的正确加工位置，防止工件在切削力、惯性力、离心力及重力等作用下发生位移和振动，一般机床夹具都应有一个夹紧装置，以便工件夹紧。

夹紧装置由动力装置、中间传力机构和夹紧元件三大部分组成。

(1)动力装置　产生夹紧力,常用动力装置有液压、气动、电动、磁力、真空装置。

(2)中间传力机构　位于动力装置和夹紧元件之间,它将动力装置产生的夹紧作用力传递给夹紧元件,并由夹紧元件完成对工件的夹紧。

(3)夹紧元件　它是实现夹紧的最终执行元件,通过它和工件直接接触而完成对工件的夹紧。对于手动夹紧装置而言,夹紧机构由中间传力机构和夹紧元件所组成。

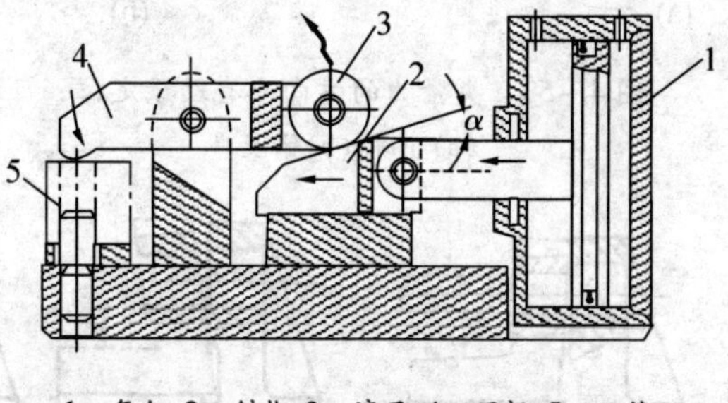

1－气缸;2－斜楔;3－滚子;4－压板;5－工件

图4－52　夹紧装置

2. 对夹紧装置基本要求

夹紧装置选择的合理与否,不仅关系到工件的加工质量,而且对提高生产效率,降低加工成本以及创造良好的工作条件等诸方面都有很大的影响。所以选择的夹紧装置应满足下列基本要求。

(1)夹紧可靠　夹紧时不应破坏原有的正确定位,不应使定位元件变形。

(2)动作迅速　操作方便,安全省力,提高工效,减轻工人劳动强度。

(3)结构简单　夹具即要有足够的刚度和强度,又要有最小的尺寸,最少的零件。尽可能的采用标准化元件。

(4)夹紧应可靠适当　夹紧机构一般要有自锁作用,保证在加工过程中不会产生松动和振动,夹紧工件时,不允许产生不适当的变形和表面损伤。

3. 夹紧力确定的基本原则

夹紧装置选择时,首先应合理地确定夹紧力的三要素,即方向、大小和作用点,应依据工件的结构特点、加工要求,并结合工件加工中的受力状况及定位元件的结构和布置方式等综合考虑。

(1)夹紧力的方向

1)夹紧力的方向应有助于定位稳定,且主夹紧力应朝向主要定位基面。

如图4－53(a)所示,夹紧力的两个分力F_{Wz}、F_{Wx}分别朝向了定位基面,将有助于定位稳定;图4－53(b)中夹紧力F_W的竖直分力F_{Wz}背向定位基面使工件抬起。

又如图4－54(a)工序简图中要求保证加工孔轴线与A面的垂直度。图4－54(b)的F_W朝向了主要定位基面A面,则有利于保证加工孔轴线与A面的垂直度。图4－54(c)(d)的F_W都不利于保证镗孔轴线与A面的垂直度。

2)夹紧力的方向应有利于减小夹紧力。图4－55所示为工件在夹具中加工时常见的几种受力情况。图4－55(a)中,夹紧力F_W、切削力F和重力G同向时,所需的夹紧力最小,图4－55(e)为需要由夹紧力产生的摩擦来克服切削力和重力需夹紧力最大。

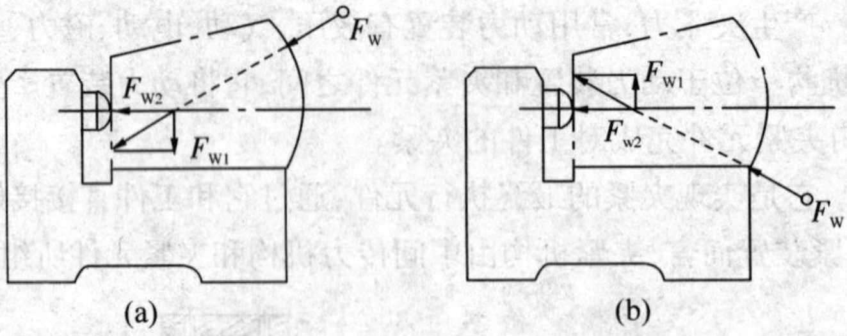

图 4-53　夹紧力的方向应有助于定位

(a)正确;(b)错误

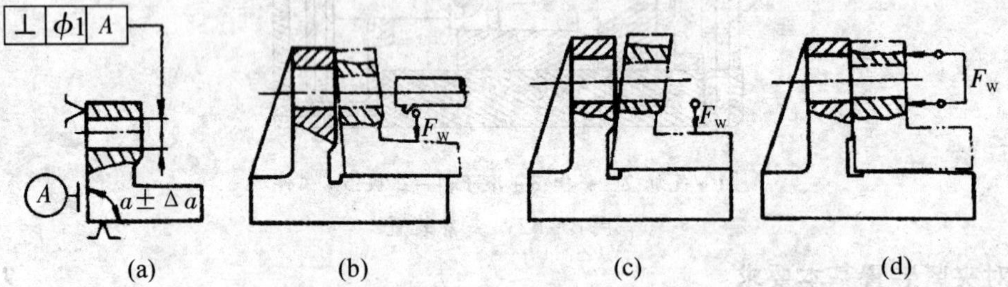

图 4-54　夹紧力应指向主要定位基面

(a)工序简图;(b)正确;(c)、(d)错误

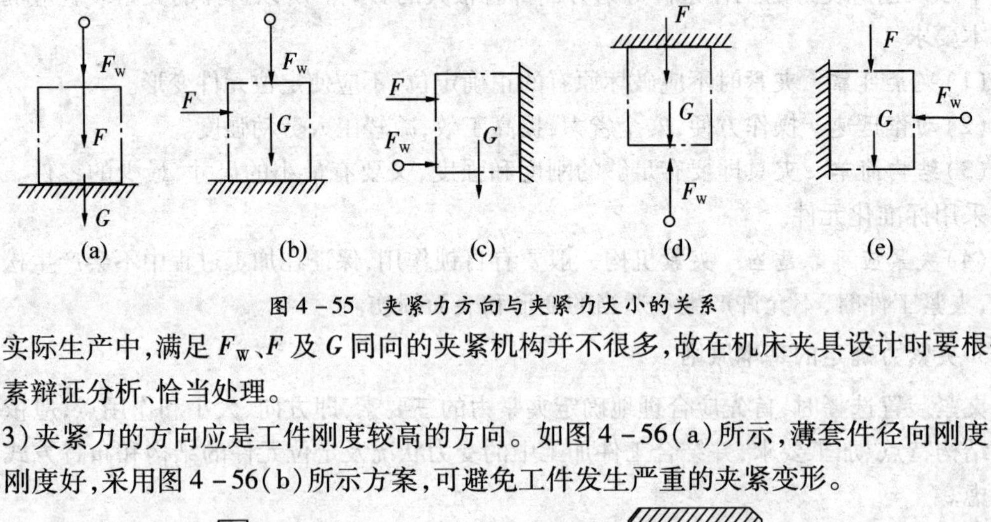

图 4-55　夹紧力方向与夹紧力大小的关系

实际生产中,满足 F_W、F 及 G 同向的夹紧机构并不很多,故在机床夹具设计时要根据各种因素辩证分析、恰当处理。

3)夹紧力的方向应是工件刚度较高的方向。如图 4-56(a)所示,薄套件径向刚度差而轴向刚度好,采用图 4-56(b)所示方案,可避免工件发生严重的夹紧变形。

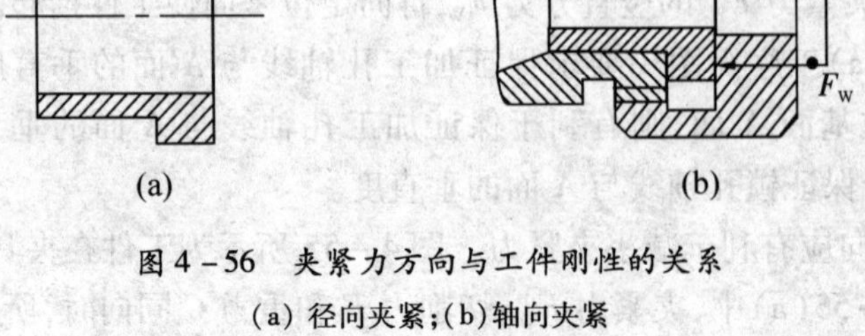

图 4-56　夹紧力方向与工件刚性的关系

(a) 径向夹紧;(b)轴向夹紧

(2)夹紧力的作用点

夹紧力的方向确定后,应根据下述原则确定作用点的位置。

1)夹紧力的作用点应落在定位元件的支承范围内如图 4 - 57 所示。

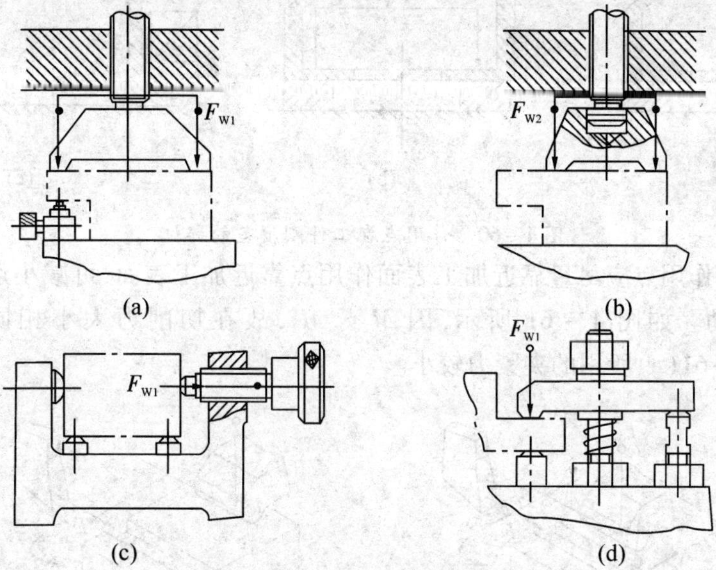

图 4 - 57 夹紧力作用点落在定位元件的支承范围内

图 4 - 58 所示夹紧力的作用点落到了定位元件支承范围之外,夹紧时将破坏工件的定位。

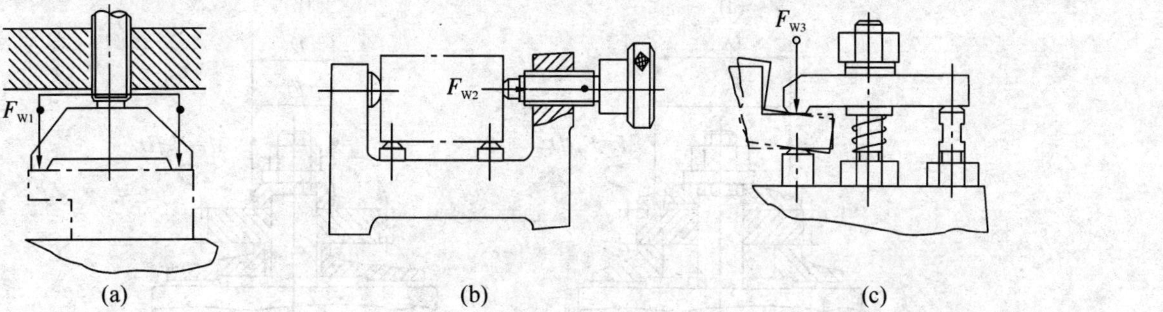

图 4 - 58 夹紧力作用点落在定位元件支承范围外

2)夹紧力的作用点应选在工件刚度较高的部位如图 4 - 59 所示,作用点在工件刚度高的部位,工件的夹紧变形最小。如图 4 - 60 所示,夹紧力作用点在工件刚度差的部位,作用点的选择会使工件产生较大的变形。

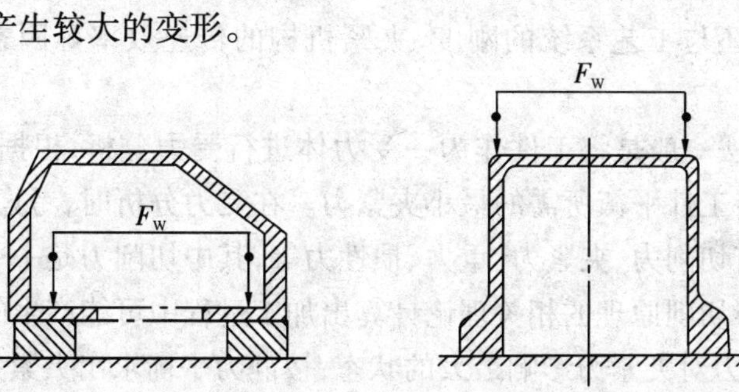

图 4 - 59 夹紧力作用点在工件刚度高的部位

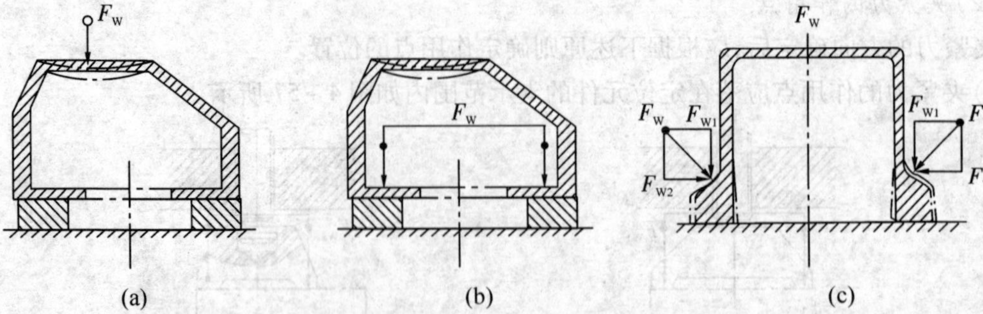

图 4 - 60　作用点在工件刚度差的部位

3)夹紧力的作用点应尽量靠近加工表面作用点靠近加工表面,可减小切削力对该点的力矩和减少振动。如图 4 - 61 所示,因 $M_1 < M_2$,故在切削力大小相同的条件下,图 4 - 61(a)、图 4 - 61(c)所用的夹紧力较小。

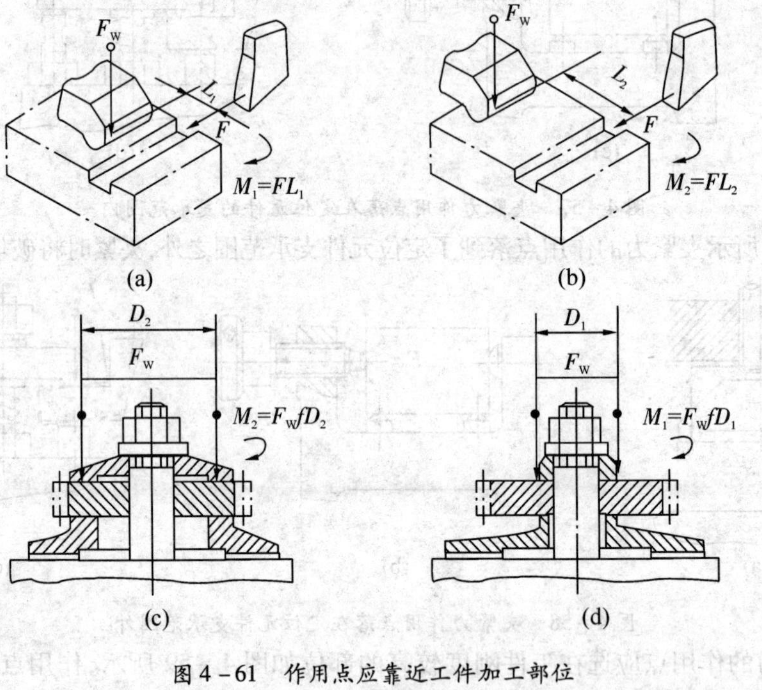

图 4 - 61　作用点应靠近工件加工部位

(3)夹紧力大小　理论上夹紧力的大小应与作用在工件上的其他力(力矩)相平衡;而实际上夹紧力的大小还与工艺系统的刚度、夹紧机构的传递效率等因素有关,计算是很复杂的。

夹紧力的计算方法一般是将工件作为一受力体进行受力分析,根据静力平衡条件列出平衡方程,求解出保持工件平衡所需的最小夹紧力。在受力分析时,考虑到在工件的加工过程中,工件承受的力有切削力、夹紧力、重力、惯性力等,其中切削力是一个主要力,计算夹紧力时,一般先根据金属切削原理的相关理论计算出加工过程中可能产生的最大切削力(或切削力矩),并找出切削力对夹紧力影响最大的状态,按静力平衡求出夹紧力的大小。

实际夹紧力的计算公式为 $F_j = kF_{j0}$

安全系数 k 值的取值范围在 1.5 ~ 3.5 之间,视其具体情况而定。精加工、连续切削、切削刀具锋利等加工条件好时，取 $k=1.5\sim2$；粗加工，断续加工、刀具刃口钝化等加工条件差时，取 $k=2.5\sim3.5$。

因此，实际设计中常采用估算法、类比法和试验法确定所需的夹紧力大小。

4. 常用的夹紧机构

(1) 斜楔夹紧机构

1) 斜楔夹紧机构的工作原理。斜楔夹紧机构是利用斜楔的轴向移动直接对工件进行夹紧或推动中间元件将力传递给夹紧元件再对工件进行夹紧。

采用斜楔作为传力元件或夹紧元件的夹紧机构称为斜楔夹紧机构。图 4－62 所示为几种常用斜楔夹紧机构夹紧工件的实例。图 4－62(a) 所示是在工件上钻互相垂直的 ϕ8F8、ϕ5F8 两组孔。工件装入后，锤击斜楔大头或小头，即可夹紧或松开工件。由于用斜楔直接夹紧工件的夹紧力较小，且操作费时，所以实际生产中应用不多，多数情况下是将斜楔与其他机构联合起来使用。图 4－62(b) 所示是将斜楔与滑柱组合使用的一种夹紧机构，既可以手动，也可以气压驱动。图 4－62(c) 所示是由端面斜楔与压板组合而成的夹紧机构。

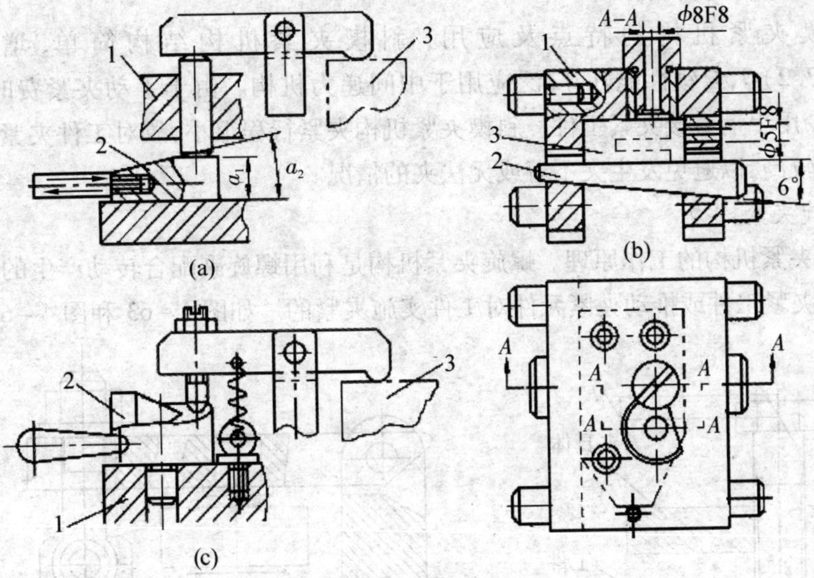

1－夹具体；2－斜楔；3－工件

图 4－62　斜楔夹紧机构

2) 斜楔夹紧机构夹紧力的计算

$$F_j = \frac{F_s}{\tan\phi_1 + \tan(\alpha + \phi_2)}$$

式中，F_j——工件获得的夹紧力(N)；

F_s——施加在斜楔上的原始作用力(N)；

α——斜楔的斜角(°)；

φ_1——工件与斜楔之间的摩擦角，摩擦因数 $f_1=\tan\varphi_1$；

φ_2——夹具体与斜楔之间的摩擦角，摩擦因数 $f''_2=\tan\varphi_2$。

3) 增力倍数。一般摩擦因数 $f_1=f_2=0.1\sim0.15$，对应的摩擦角为 5°43′～8°32′；斜

楔的斜角 α 在手动夹紧机构中取 6°~10°，在机动夹紧机构中取 15°~30°。斜楔夹紧机构具有增力作用，且当 F_s 一定时，α 愈小，则增力作用愈大。若取 $\varphi_1=\varphi_2=6°$，$\alpha=6°$，则 $F_j=3.33F_s$

4）斜楔自锁条件的计算。自锁是指当工件被夹紧之后，在不再施加原始作用力的情况下工件依然被夹紧的现象。

当工件夹紧之后，不再给斜楔上施加原始作用力，这时斜楔就会有滑出的倾向。要使斜楔不滑出，工件依然被夹紧，是摩擦力在起作用。列出受力平衡方程并求解自锁条件如下：

$$\alpha \leqslant \varphi_1 + \varphi_2$$

一般取斜角 $\alpha=6°\sim10°$。

5）斜楔夹紧机构的夹紧行程。斜楔夹紧机构的夹紧行程一般很小，夹紧行程的大小与斜角和斜楔轴向移动距离成正比关系。要增大夹紧行程，就必须增大斜楔轴向移动距离或增大斜角，但往往都是不可行的。增大斜角会受到自锁条件的限制；增大斜楔轴向移动距离会使夹紧机构的尺寸增大、体积增大，还会延长操作时间，影响劳动生产率。在生产实际中常采用双斜角结构的斜楔。

6）斜楔夹紧机构的特点及应用。斜楔夹紧机构结构简单，增力比较大 $F_j=(2.6\sim3.2)Q$，自锁性能好，广泛应用于中间递力机构。由于手动夹紧费时费力，效率低，所以很少用手动直接夹紧工件。斜楔夹紧机构夹紧行程很小，故对工件夹紧表面的尺寸精度要求比较高，以避免发生夹不着或无法夹的情况。

（2）螺旋夹紧机构

1）螺旋夹紧机构的工作原理。螺旋夹紧机构是利用螺旋副配合转动产生的轴向移动和轴向力直接夹紧工件或推动夹紧元件对工件实施夹紧的。如图 4－63 和图 4－64 所示。

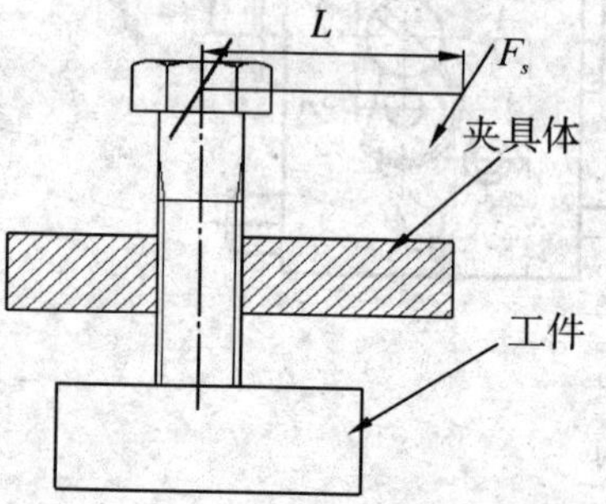

图 4－63　螺旋夹紧机构

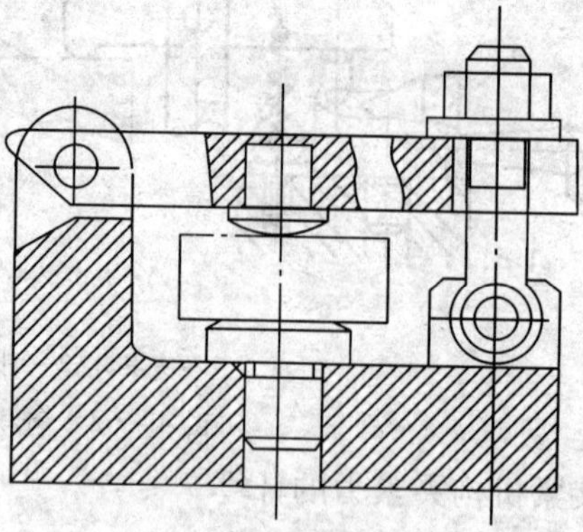
图 4－64　螺旋夹紧机构应用实例

2）螺旋夹紧机构夹紧力的计算。螺栓或螺钉上的螺旋线相当于绕在其中径上的一个斜面，从本质上讲，螺旋夹紧机构是由斜楔夹紧机构演变而来的，故由斜楔夹紧机构夹紧力 F_j 的计算可导出螺旋夹紧机构的夹紧力大小：

$$F_j = \frac{F_s L}{\frac{d_0}{2}\tan(\alpha+\varphi_1) + \gamma\tan\varphi_2}$$

式中，F_j——螺旋夹紧机构所产生的夹紧力；

F_s——作用在手柄上的原始作用力；

L——原始作用力的力臂；

d_0——螺纹中径；

α——螺纹升角，标准紧固螺纹的螺旋升角为3.5°；

φ_1——螺旋副的当量摩擦角，可参阅相关资料求出；

φ_2——压块与工件之间的摩擦角；

r——压块与工件表面间的摩擦力矩半径，可参阅相关资料进行计算。

3）增力倍数。一般摩擦因数 $f_1 = f_2 = 0.1 \sim 0.15$，对应的摩擦角为 $5°43' \sim 8°32'$；螺旋的斜角 α 小于4°，若取 $\varphi_1 = 8°32'$，$\varphi_2 = 6°$，$\alpha = 3°$，$L = (12 \sim 8)d$。

当 r = 0，则 $F_j = 140F_s$；r = 1/3d，$F_j = 105F_s$；r = 1/2d，$F_j = 98F_s$。

4）螺旋夹紧机构的自锁条件。螺旋夹紧机构中，螺纹的升角 $\alpha \leqslant 4°$，具有良好的自锁性能和抗振性能。

5）螺旋夹紧机构的夹紧行程。螺旋相当于将长斜楔绕在圆柱体上，夹紧行程不受限制，增大螺旋的轴向尺寸便可获得大的夹紧行程。

6）螺旋夹紧机构的特点、应用及快速作用措施。螺旋夹紧机构结构简单，制造容易，操作方便，自锁性能好，增力比大，常用于手动夹紧。螺旋夹紧机构的缺点是操作缓慢，为了提高其工作速度，生产实际中常采用快速作用措施。

（3）圆偏心夹紧机构

1）圆偏心夹紧机构的工作原理。图4－65中 O_1 是圆偏心轮的几何中心，R 是几何半径，O_2 是回转中心，e 是偏心距（几何中心与回转中心之间的距离）。NN 面是工件被夹紧表面。顺时针扳动手柄，圆偏心轮绕其回转中心 O_2 回转，其回转半径逐渐增大，直至夹紧工件表面NN。以 O_2 为圆心，以 $(R-e)$ 为半径作一虚线圆（称基圆），则图中阴影部分相当于一个绕在基圆盘上的弧形楔。当顺时针扳动手柄时，弧形楔便逐渐地楔紧在转轴和工件之间，夹紧点x，此时回转半径 ρ_x，如图4－65（b）所示，逆时针扳动手柄即可实现松开。

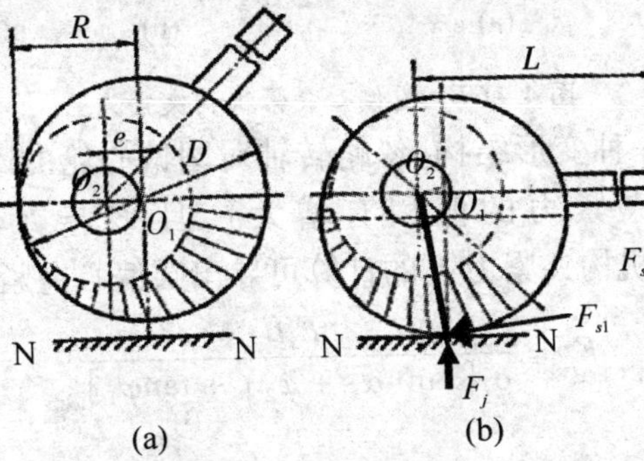

图4－65　圆偏心夹紧机构作

圆偏心轮夹紧的工作原理，就是利用圆偏心轮回转半径的变化夹紧或松开工件。圆偏心轮也是斜楔的一种变形结构，其作用原理与斜楔相同。

2）主要结构参数。圆偏心轮的结构参数如图4－66所示。由图中可以看出，回转中心 O_2 到工件夹紧点 x 的垂直距离 h 为

$$h = \overline{O_1x}\,\overline{O_1M} = R - e\cos\gamma$$

式中，γ 称为圆偏心轮的回转角，即圆偏心轮几何中心与回转中心连线和夹紧点的法线 O_1x 之间的夹角。

图中，α_χ 是圆偏心轮在夹紧点 x 处的升角，它是夹紧点的法线 O_1x 与夹紧时圆偏心轮回转半径 O_2x 之间的夹角。由图中可知：

$$tg\alpha_x = \frac{\overline{O_2M}}{h} = \frac{e\sin\gamma}{R - e\cos\gamma}$$

$\gamma = 90$ 时，a_χ 接近最大值（e 与 R 相比小得多）

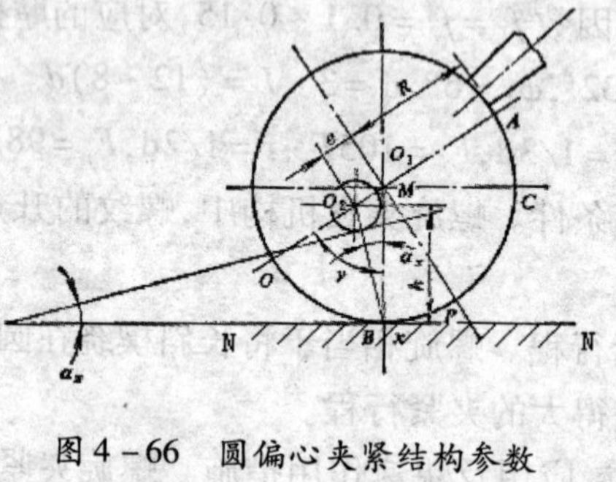

图 4－66　圆偏心夹紧结构参数

3）圆偏心夹紧机构夹紧力的计算。设有一当量力 F_{S1} 如图 4－67 所示，该力与回转半径 ρx 垂直，对回转中心的力距与手柄上原始作用力 F_S 对回转中心的力矩相等即

$$F_{s1} = F_s L$$

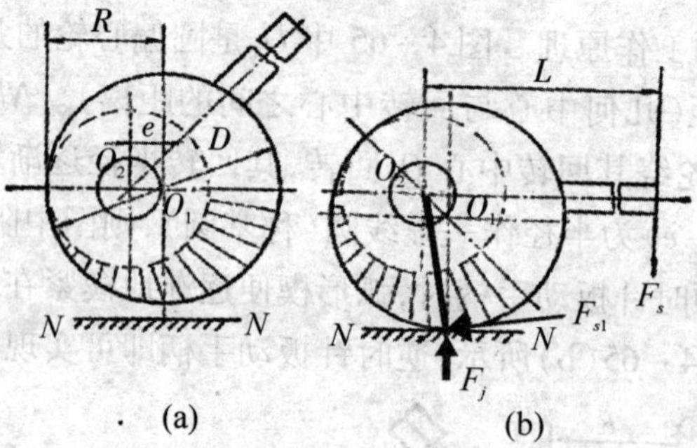

图 4－67　圆偏心夹紧机构夹紧力

圆偏心轮也是斜楔的一种变形结构，忽略转轴对圆偏心轮的摩擦力距及转轴对圆偏心轮的作用力（忽略会使夹紧力的值稍有增大），且 $F_s \approx F_s\cos\alpha_x$ 时（要保证自锁，$\alpha_x = 6° \sim 10°$），由斜楔夹紧机构夹紧力 F_j 的计算可导出圆偏心夹紧机构的夹紧力为：

$$F_j = \frac{F_s L}{\rho_x[\tan(\alpha_x + \varphi_2) + \tan\varphi_1]}$$

式中，F_j——夹紧力；

F_s——原始作用力；

L——作用力臂；

ρ_x——夹紧点处的回转半径；

α_x——夹紧点处的升角；

φ_1——圆偏心轮与工件之间的摩擦角；

φ_2——圆偏心轮与转轴之间的摩擦角。

4)圆偏心夹紧机构的自锁条件。圆偏心夹紧机构的自锁如图 4－68 所示,若忽略转轴处摩擦力矩、作用力对自锁的有利影响,要保证圆偏心夹紧机构自锁必须:

$$F_1 \cdot \overline{xM} \geqslant F_j \overline{O_2M}$$

$$F_j \mathrm{tg}\phi_1 \cdot (R - e\cos\gamma) \geqslant F_j e\sin\gamma$$

$$\mathrm{tg}\varphi_1 \geqslant \frac{e\sin\gamma}{R - e\cos\gamma} \qquad \frac{e\sin\gamma}{R - e\cos\gamma} = \mathrm{tg}\alpha$$

因为 α 是变化的,要保证自锁需要

$$\mathrm{tg}\alpha_{\max} \leqslant \mathrm{tg}\phi_1 \qquad \frac{e}{R} \leqslant \mathrm{tg}\phi_1$$

$\mathrm{tg}\varphi_1$是工件与圆偏心轮之间的摩擦因数,一般取 $\mathrm{tg}\varphi_1 = 0.1 \sim 0.15$,故$\frac{D}{e} \geqslant 14 \sim 20$。

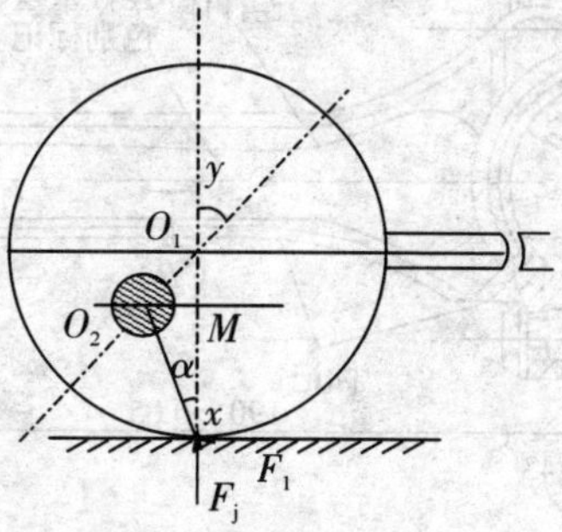

图 4－68 圆偏心夹紧机构的自锁

5)增力倍数。当 $D \geqslant 20e, f_1 = 0.1$,对应的摩擦角为 5°43′, $L = (2 \sim 2.5)D, F_j = (9 \sim 11)F_S$。

6)圆偏心的夹紧行程。圆偏心的夹紧行程范围一般在 0～2e 内变化。

7)圆偏心夹紧机构的特点及应用。结构简单,操作方便,动作迅速,但自锁能力较差,增力比小,(取决于 L/ρ 的比值)。

常用在切削平稳且切削力不大的场合。圆偏心夹紧装置如图 4－69 所示。

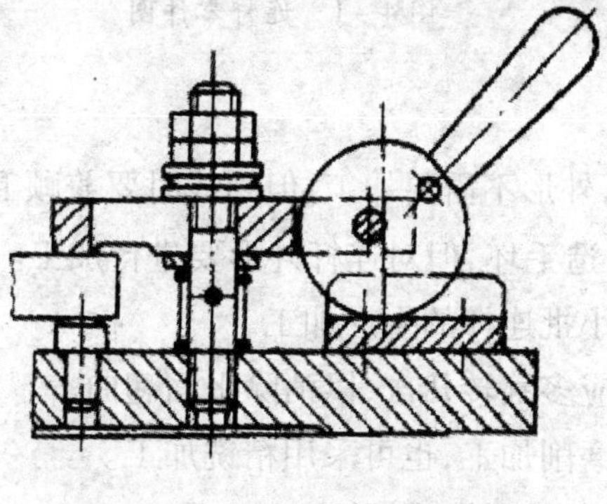

图 4－69 圆偏心夹紧装置

任务实施

一、零件图样分析

1)该连杆为整体模锻成型。在加工中先将连杆切开,再重新组装,镗削大头孔。

2)连杆大头孔圆柱度公差为 0.005 mm。

3)连杆大、小孔平行度公差为0.06/100 mm。

4)连杆大头孔两侧面对大头孔中心线的垂直度公差为0.015/100 mm。

5)连杆体分割面、连杆上盖分割面对连接连杆螺钉孔的垂直度公差为0.25/100 mm。

6)连杆体分割面、连杆上盖分割面对大头孔轴线位置度公差为0.125 mm

7)连杆体、连杆上盖对大头孔中心线的对称度公差为0.25 mm。

8)连杆大、小头孔两侧面对连杆中心面的对称度公差为0.25 mm。

9)材料为45钢。

10)热处理硬度达HRC28~32。

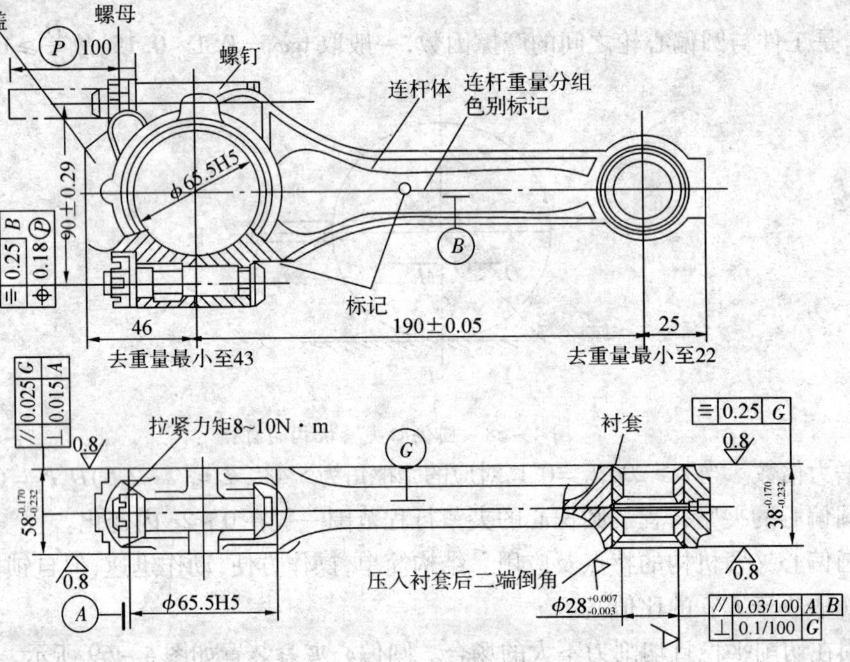

图4-1 连杆零件图

二、工艺分析

1)连杆毛坯为模锻件,外形不需要加工,但划线时要兼顾毛坯尺寸,保证加工余量,如果单件生产,也可采用自由锻造毛坯,但对连杆外形要进行加工。

2)该工艺过程适用于小批连杆的生产加工。

3)铣连杆两大平面时应多翻转几次,以消除平面翘曲。

4)连杆大头平面可以磨削加工,也可采用精铣加工。

5)单件加工连杆螺钉孔采用钻、扩、铰方法。

6)加工钢连杆螺钉孔平面时,应粗、精分开加工,以保证精度,必要时可刮研。

7)连杆大头孔圆柱度的检验用杠杆百分表,在大头孔内分三个断面测量内径,每个断面测量两个方向,三个断面测量的最大值与最小值之差的一半即圆柱度。

8)连杆体、连杆上盖对大头孔中心线的对称度的检验,采用专用检具以分割面为定位基准,分别测量连杆体、连杆上盖两个半圆的半径值,该差为对称误差。

9)检验连杆大、小头孔的平行度时,将连杆大、小头孔穿入专用心轴,在平台上用等高V形块支承连杆大头孔心轴,测量小头孔心轴在最高位置时两端的差值,该差值的一半即平行度误差。

10)对连杆螺钉孔与分割面垂直度的检验,需制作专用垂直度检验心轴,该检验心轴直径公差分三个尺寸段制作,配以不同公差的螺钉孔,检验其接触面积,一般在90%以上为合格。也可配用塞尺检测,塞尺厚度的一般为垂直度误差值。

三、连杆零件机械加工工艺规程的编制

根据决策、计划阶段所制定的方案让学生以小组的形式,结合生产组织类型,编制出小批生产时连杆的机械加工工艺过程,如表4-3所示。

表4-3 连杆机械加工工艺过程卡片

工序号	工序名称	工序内容	工艺装备
1	锻造	模锻毛坯	锻模
2	锻造	模锻成形,切边	切边模
3	热处理	正火处理 HRC28~32	
4	清理	清除毛刺、飞边、涂漆	
5	划线	划杆身中心线,大、小头孔中心线(中心距加大3 mm以留出连杆体与连杆上盖在切开时的加工余量)	
6	铣	按线加工,铣连杆大、小头两大平面,每面留磨削余量0.5 mm(加工中要多翻转几次)	X6132W
7	磨	以一大平面定位,磨另一大平面,保证中心线的对称,并做标记,定为基准面(下同)	M7130
8	磨	以基面定位,磨另一大平面,保证厚度尺寸$38_{-0.232}^{-0.170}$ mm	M7130
9	划线	重划大、小头孔线	
10	钻	以基面定位、钻、扩大、小头孔,大孔头尺寸为ϕ50 mm,小头孔尺寸为ϕ25 mm	Z3050
11	粗镗	以基面定位,按线找正,粗镗大、小头孔,大头孔尺寸为$\phi8 \pm 0.05$ mm,小头孔尺寸为$\phi26 \pm 0.05$ mm	X6132W
12	铣	以基面及大、小头孔定位,装夹工件,铣尺寸99 ± 0.01 mm两侧面,保证对称(此平面为工艺用基准面)	X62W组合夹具或专用工装
13	铣	以基面及大、小头孔定位,装夹工件,按线切开连杆,将杆身及上盖标编号,分别打标记字头	X62W组合夹具或专用工装,锯片铣刀厚2 mm

续表

工序号	工序名称	工序内容	工艺装备
14	铣、钻、镗（连杆体）	(1)以基面和一侧面(99 ±0.01 mm，下同)定位装夹工件，铣连杆体分割面，保证直径方向测量深度为27.5 mm； (2)以基面、分割面和一侧面定位，装夹工件，钻连杆体两螺钉孔 $\phi12.22^{+0.027}_{0}$ mm 和底孔 $\phi10$ mm，保证中心距 82 ±0.175 mm； (3)以基面、分割面和一侧面定位，装夹工件，锪平面 $R12^{+0.3}_{0}$ mm，R11 mm，保证尺寸 24 ±0.26 mm； (4)以基面、分割面和一侧面定位，装夹工件，精镗 $\phi12.22^{+0.027}_{0}$ mm两螺钉孔至图样尺寸； (5)扩孔 2 × $\phi13$ mm，深 18 mm	X62W 组合夹具或专用工装； Z3050 组合夹具或专用钻模； Z3050 组合夹具或专用工装； X62W（端铣）组合夹具或专用工装，也可用可调双轴立镗
15	铣、钻、镗（连杆上盖）	(1)以基面和一侧面(指 99 ±0.01 mm，下同)，装夹工件，铣连杆上盖分割面，保证直径方向测量深度为27.5 mm； (2)以基面、分割面和一侧面定位，装夹工件，钻连杆上盖两螺钉孔 $\phi12.20^{+0.027}_{0}$ mm 和底孔 $\phi10$ mm，保证中心距为 82 ±0.175 每面； (3)以基面、分割面和一侧面定位，装夹工件，锪 2 × $\phi28.5$ mm孔，深 1 mm，总厚 26 mm； (4)以基面、分割面和一侧面定位，装夹工件，精镗两螺钉孔 $\phi12.22^{+0.027}_{0}$ mm 至图样尺寸； (5)扩孔 2 × $\phi13$mm，深 15 mm，倒角	X62W 组合夹具或专用工装； Z3050 组合夹具或专用钻模； Z3050 组合夹具或专用工装，也可用可调双轴立镗
16	钳	用专用连杆螺钉，将连杆体和连杆上盖组装成连杆组件，其扭紧力矩为 100 ~ 120N · m	专用连杆；螺钉
17	镗	以基面、一侧面及连杆体螺钉孔面定位，装夹工件，粗、精镗大、小头孔至图样尺寸，中心距为 190 ±0.08 mm	X62W（端铣）组合夹具或专用工装，也可用可调双轴镗
18	钳	拆开连杆体与上盖	
19	铣	以基面及分割面定位，装夹工件，铣连杆上盖 $5^{+0.10}_{-0.05}$ mm × 8 mm 斜槽	X62 或 X52K，组合夹具或专用工装
20	铣	以基面及分割面定位，装夹工件，铣连杆上盖 $5^{+0.10}_{-0.05}$ mm × 8 mm 斜槽	X62 或 X52K，组合夹具或专用工装
21	钻	钻连杆体大头油孔 $\phi5$ mm、$\phi1.5$ mm，小头油孔 $\phi4$ mm、$\phi8$ mm 孔	钻 Z3050； 组合家具或专用工装

续表

工序号	工序名称	工序内容	工艺装备
22	钳	按规定值去质量	
23	钳	刮研螺钉孔端面	
24	检	检验各部尺寸及精度	
25	探伤	无损探伤及检验硬度	
26	入库	入库	

四、连杆零件的工艺验证

连杆零件结构复杂，不能在机械加工中心实施零件实体加工，连杆的工艺验证可以在校外实训基地进行，学生以小组的形式分配到一个或几个实习工厂，跟踪连杆零件加工的全过程，并详细记录，做好资料整理、归档工作。

请沿此线剪下

资讯单

学习领域	零件加工工艺编制与实施		
学习情境四	连杆零件加工工艺编制与实施	学时	22
资讯方式	学生自由组合分成4个小组,每组选出1名组长,各组根据任务单和资讯单查询资料,完成必要的信息搜集,找出相关问题的答案,每组准备发言。		
资讯问题	1. 分析连杆零件的功用和结构特点。 2. 分析连杆零件的技术要求、材料与毛坯。 3. 连杆零件加工的主要困难是什么?应如何解决? 4. 连杆零件在机械加工中、加工完毕后如何进行检验? 5. 制订工艺规程时的主要步骤有哪些? 6. 连杆加工过程中,如何选择定位基准? 7. 分析连杆零件的加工要求、加工工艺性? 8. 如何选择加工设备、刀具及量具? 9. 会拟定连杆零件的加工工艺路线。 10. 机床夹具设计的基本要求有哪些? 11. 机床夹具夹紧装置的基本要求有哪些? 12. 工件在夹具中定位、夹紧的任务是什么?		
资讯引导	以上资讯问题请查阅以下书籍: 1.《机械制造工艺与工装》,主编:何七荣,高等教育出版社。 2.《车工工艺与技能训练》,主编:蒋增福,高等教育出版社。 3.《机械制造工艺》,主编:孔凡杰,大连理工大学出版社。 4.《金属机械加工工艺人员手册》,主编:赵如福,上海科学技术出版社。 5.《金属切削原理与刀具》,主编:陆剑中,周志明,机械工业出版社。 6.《机械制造工艺设计简明手册》,主编:李益民,哈尔滨工业大学出版社。 7.《机床夹具图册》,主编:薛源顺,机械工业出版社。		

请沿此线剪下

请沿此线剪下

请沿此线剪下

请沿此线剪下

请沿此线剪下

决策单

<table>
<tr><td>学习领域</td><td colspan="7">零件加工工艺编制与实施</td></tr>
<tr><td>学习情境四</td><td colspan="4">连杆零件加工工艺编制与实施</td><td>学　时</td><td colspan="2">22</td></tr>
<tr><td colspan="8">方案讨论</td></tr>
<tr><td rowspan="6">方案对比</td><td>组号</td><td>工作流程的正确性</td><td>知识运用的科学性</td><td>内容的完整性</td><td>方案的可行性</td><td>人员安排的合理性</td><td>综合评价</td></tr>
<tr><td>1</td><td></td><td></td><td></td><td></td><td></td><td></td></tr>
<tr><td>2</td><td></td><td></td><td></td><td></td><td></td><td></td></tr>
<tr><td>3</td><td></td><td></td><td></td><td></td><td></td><td></td></tr>
<tr><td>4</td><td></td><td></td><td></td><td></td><td></td><td></td></tr>
<tr><td>5</td><td></td><td></td><td></td><td></td><td></td><td></td></tr>
<tr><td>方案评价</td><td colspan="7">评语：</td></tr>
<tr><td>班级</td><td></td><td>组长签字</td><td></td><td>教师签字</td><td></td><td colspan="2">月　　日</td></tr>
</table>

请沿此线剪下

计划单

学习领域	零件加工工艺编制与实施			
学习情境四	连杆零件加工工艺编制与实施		学　时	22
计划方式	分组讨论，制订各组的实施操作计划			
序　号	实施步骤		使用资源	
1				
2				
3				
4				
5				
制订计划说明				
计划评价	班　级		第　组	组长签字
	教师签字		日　期	
	评语：			

请沿此线剪下

请沿此线剪下

请沿此线剪下

实施单

学习领域	零件加工工艺编制与实施		
学习情境四	连杆零件加工工艺编制与实施	学时	22
实施方式	分组实施,按具体的实施情况填写此单		
序号	实施步骤	使用资源	
1			
2			
3			
4			
5			
6			
7			
8			
9			
10			
实施说明:			

班　级		第　组	组长签字	
教师签字			日　期	

请沿此线剪下 请沿此线剪下 请沿此线剪下

检查单

学习领域	零件加工工艺编制与实施			
学习情境四	连杆零件加工工艺编制与实施		学时	22
序号	检查项目	检查标准	学生自检	教师检查
1	目标认知	工作目标明确,工作计划具体结合实际,具有可操作性。		
2	理论知识	掌握常用量具的使用方法,能够进行简单轴类零件加工工艺的编制。		
3	基本技能	能够运用所学的知识进行完整的方案设计,并顺利完成任务。		
4	学习能力	能在教师的指导下自主学习,全面地理解和掌握相关知识和技能。		
5	工作态度	在完成任务过程中积极参与,主动地完成分配的任务。		
6	团队合作	积极地与他人沟通、合作,共同完成工作任务。		
7	工具运用	熟练利用资料单进行自学,学会利用网络进行有关资料的查询。		
8	任务完成	保质保量,按时圆满完成工作任务。		
9	演示情况	能按要求熟练地进行操作,效果好。		
检查评价	班　　级	第　　组	组长签字	
	教师签字		日　　期	
	评　语:			

请沿此线剪下

请沿此线剪下

请沿此线剪下

评价单

表一　零件加工工艺编制与实施课程考评表(学生自评表)

评价要点	评价标准			
	优	良	中	差
与完成项目相关的材料是否齐全(20)				
制定的项目工作方案是否及时,完成质量如何(20)				
项目工作方案是否完善,完善情况如何(10)				
项目实施过程中的原始记录是否符合要求(10)				
有关分析任务的实施报告是否符合要求(10)				
出具检测功能是否符合系统设计要求(10)				
课堂汇报是否流利、有见解(10)				
归档文件的条理性、整齐性和美观性(10)				
总计				
改进意见:				

表二 零件加工工艺编制与实施课程考评表(教师用表)

考核项目	考核内容	考核要求及评分标准	配分	得分	备注
工艺技术	正确、完整、规范、清晰	编制的工艺切实可行、合理,符合工艺要求,操作安全可靠。(每错1处扣2分,工艺过程零乱扣4分)	20分		
生产成本	机床、刀具、夹具、量具及毛坯选用	工艺装备(机床、工装)、刀具、量具、毛坯选择合理。(每错用1处扣3分,生产成本超出预算扣2分)	20分		
工艺规范性	工艺文件	合理、实用、完整,工艺技术和检测技术先进,操作方便。(每少1项扣2分)	10分		
工艺调试与运行	调试与运行	实施过程中发现问题,能够随时解决,有创新意识。(每少1项功能扣2分)	25分		
工艺说明书	按照项目要求完成	内容表述完整、正确。(每缺1项功能说明扣1分)	5分		
安全文明意识	正确使用设备和工具	设备操作正确,工具使用得当,无操作事故。(发生事故扣10分;违反工艺纪律每次扣2分)	10分		
团队协作精神	小组成员分工协作	每人均有任务,都能完成任务,并积极参与。(不参与者每人扣5分;未能完成任务者每人扣2分)	10分		
总分		评语:			

注:每项扣分最多扣完该项配分为止,加分不限。

请沿此线剪下

表三 零件加工工艺编制与实施课程考评表(学生互评表)

评价项目	评价标准			
	优 8~10	良 6~8	中 4~6	差 2~4
1. 学习态度是否主动,是否能按时保质的完成教师布置的学习任务(10)				
2. 是否完整地记录研讨活动的过程,收集的有关的资料是否完整、有针对性(10)				
3. 能否根据学习资料对项目进行合理分析,制订出切实可靠的加工方法和加工方案(10)				
4. 是否能够完全领会教师的授课内容,并迅速的掌握操作(10)				
5. 是否积极参与各种讨论与演讲,并能清晰的表达自己的观点(10)				
6. 能否按照设计方案独立或合作完成工艺规程(10)				
7. 在验证所编制工艺规程过程中出现的问题能否主动思考,并运用所学的知识进行加以解决(10)				
8. 通过设计、操作训练是否达到要求能力目标(10)				
9. 能否确保安全、可靠与团队合作精神(10)				
10. 实训过程中是否保持整洁、有序和规范的工作环境(10)				
总评				
改进意见:				

请沿此线剪下

请沿此线剪下

知识拓展

一、定位误差的概述

1. 计算定位误差的重要性

按定位基本原理进行夹具定位分析，是解决单个工件在夹具中占有准确加工位置的问题，要达到一批工件在夹具中都占有准确加工位置，必须对一批工件在夹具中定位时的定位误差进行分析计算，根据误差大小，决定该方案是否能保证加工要求，从而证明该定位方案的可行性。根据定位误差的分析计算，可以找到影响定位误差的因素，从而找到减少定位误差和提高夹具工作精度的途径。由此，分析计算定位误差是夹具设计中的一个重要环节。

2. 基准问题

(1) 定义　在零件设计或加工中，用以确定其他点、线、面的位置的点、线、面。

(2) 分类　基准分为设计基准的工艺基准两大类。

1) 设计基准。是指在设计图上确定几何要素的位置所依据的基准；

2) 工艺基准。是指在工艺过程中所采用的基准；

工序基准。在工序图上用来确定加工表面的位置所依据的基准。工序基准可简单地理解为工序图上的设计基准。分析计算定位误差时所提到的设计基准，是指零件图上的设计基准或工序图上的工序基准。

定位基准。在加工过程中使工件占据正确加工位置所依据的基准，亦即工件与夹具定位元件定位工作面接触或配合的表面。

对刀基准。由夹具定位元件的定位工作面体现的，是用来调整加工刀具位置所依据的基准。有时称为起始基准。

度量基准。测量工件时所采用的基准。

装配基准。装配零件时所采用的基准。

二、定位误差及其产生原因

1. 定位误差

用夹具装夹加工一批工件时，由于定位不准确引起该批工件在某加工精度参数（尺寸、位置）的加工误差，称为该加工精度参数的定位误差，简称定位误差。定位误差以其最大误差范围来计算，其值为设计基准（工序基准）在加工精度参数方向上的最大变动量。用Δ_{dw}表示。

2. 定位误差产生的原因

(1) 基准不重合误差　当定位基准和工序基准不重合时，工序基准相对于定位基准在加工尺寸方向上的最大位移量，用Δ_{jb}表示。

定位基准与工序基准之间必然存在一个联系尺寸L，称为定位尺寸，基准不重合误差值等于定位尺寸的公差值。在设计夹具时，应尽量使两者重合。

(2) 基准位移误差　定位基准相对对刀基准的位置移动产生的定位误差称为基准位置

误差，用Δ_{jw}表示。基准位置误差的值与定位基准相对对刀基准的最大位置移动量相关。亦即与定位方法有关。

(3) 定位误差 Δ_{dw}　当定位基准和工序基准不重合时，工序基准相对定位基准产生位移，会产生基准不重合误差；当定位副制造不准确时，会引起定位基准相对于对刀基准产生位移，从而产生基准位移误差；当两项误差同时发生时，所产生的定位误差为工序基准相对与对刀基准的最大位移。

定位误差应表示为 $\Delta_{dw}=\Delta_{jb}\pm\Delta_{jw}$

当Δ_{jb}和Δ_{dw}由两个互不相关的变量引起时，加"+"；当Δ_{jb}和Δ_{jw}是同一变量引起时，要判断两者对Δ_{jw}的影响是否同向，方向相同时为"+"，方向相反时为"-"。

3. 分析计算定位误差时应注意的问题

1) 定位误差是指工件某工序中某加工精度参数的定位误差。它是该加工精度参数（尺寸、位置）的加工误差的一部分。

2) 某工序定位方案对本工序的多个不同加工精度参数产生不同的定位误差，应分别逐一计算。

3) 分析计算定位误差的前提是用夹具装夹加工一批工件，用调整法保证加工要求。

4) 计算出的定位误差数值是指加工一批工件时某加工精度参数可能产生的最大误差范围（加工精度参数最大值与最小值之间的变动量）。它是个界限范围，而不是某一个工件定位误差的具体值。

5) 一批工件的工序基准（设计基准）相对定位基准、定位基准相对对刀基准产生最大位置变动量是产生定位误差的原因，而不一定就是定位误差的数值。

4. 误差不等式

用夹具装夹加工一批工件，定位误差是工件加工误差的一部分，此外还有夹具在机床上的安装位置不准确、刀具相对于夹具位置不准确以及其他因素引起的加工误差。这几方面产生的加工误差构成了工件加工精度参数的总误差，要保证工件加工合格，总加工误差不能超出加工精度参数的公差值。

一般将给定公差值分为三份，定位误差占一份，夹具在机床上的安装位置不准确及刀具相对于夹具位置不准确引起的加工误差占一份，其他因素引起的加工误差占一份。所以，判断定位方案是否合理可行的依据是 $\Delta_{dw}\leqslant\frac{1}{3}T$。

三、单个典型表面定位时定位误差的分析计算

1. 平面定位时的定位误差

平面定位时，工件定位面与定位元件定位工作面是平面接触，两者的几何位置不会发生相对变化，即定位基准和对刀基准是重合的，不存在基准位移误差，其可能产生的误差是基准不重合误差，$\Delta_{jb}=0$。

例 4-1　加工一批工件如图 4-70(a) 所示，除了 A、B 处台阶面其余各表面均已加工合理，现在采用由图 4-70(b) 所示夹具定位方案加工 A、B 面，保证尺寸 30±0.1 mm 和

60 ±0.06 mm，试分析此定位方案产生的定位误差能否满足加工要求。

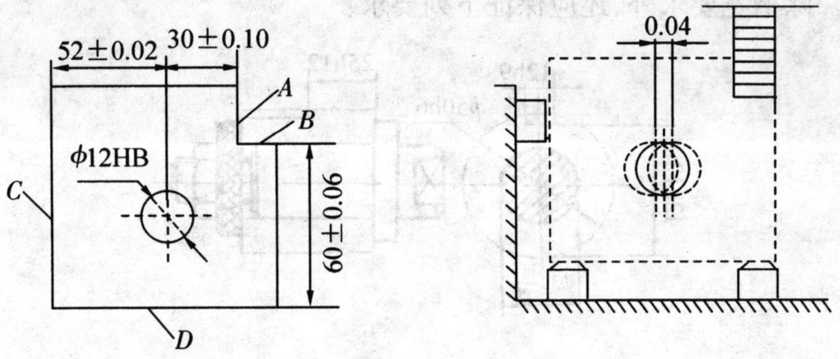

图 4－70　铣台阶面工序定位误差分析计算

解：(1)30 ±0.1，定位基准是 C，工序基准是孔的轴线，定位尺寸为 52 ±0.02。$\Delta_{jb}=0.04$。

(2)60 ±0.06，定位基准 D，工序基准为 D，定位基准和工序基准重合。$\Delta_{jb}=0$。

2. 圆孔定位时定位误差的计算

工件采用圆孔定位时，工件定位面是圆柱孔，定位工件的定位工作面是外圆柱面，两者以一定性质的配合实现工件定心定位，应根据配合性质的不同，分别计算定位误差。如图 4－71所示，孔与销间隙配合时的定位误差。

1)定位面与定位工作面是过盈配合，不存在配合间隙。则：

$$\Delta_{jw}=0 \qquad \Delta_{dw}=\Delta_{jb}$$

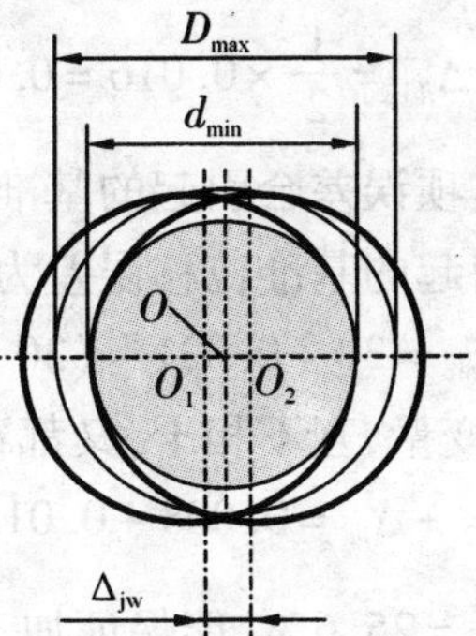

图 4－71　孔与销间隙配合时的定位误差

2)定位面和定位工作面作间隙配合一般情况下，定位面和定位工作面的接触点是随机的。特殊情况下接触点固定不变。

根据前述，当接触点固定不变时，Δ_{jw}是由内孔和心轴之间的最大间隙所决定的。

$\Delta_{jw}=\frac{1}{2}(D_{max}-d_{min})$若定位面和定位工作面的接触点是随机的，则

$$\Delta_{jw}=D_{max}-d_{min}$$

其中 D_{max}为定位孔的最大值；d_{min}为定位用心轴或销子的最小直径。

例 4－2　有一批如图 4－72 所示的工件，外圆、内孔和两端面均已加工合格，并保证外

圆对内孔的同轴度误差在范围内。按图示的定位方案，用心轴定位，在立式铣床上用顶尖顶住心轴铣键槽。除槽宽要求外，还应保证下列要求：

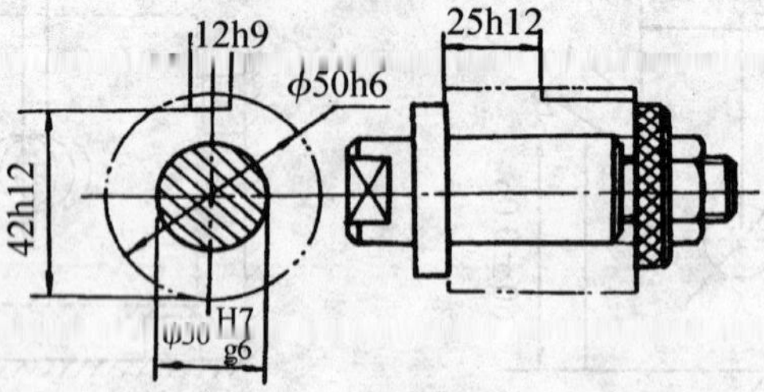

图 4－72　铣键槽定位误差计算

(1)槽的轴向位置尺寸；

(2)槽底位置尺寸；

(3)槽两侧面对外圆轴线的对称度公差；

试分析计算定位误差，判断定位方案的合理性。

解：(1)对尺寸 $L_1 = 25h12(^{\ 0}_{-0.21})$ 而言，工序基准为工件左端面，定位基准也是工件左端面，平面定位。所以

$$\Delta_{jw} = 0 \qquad \Delta_{jb} = 0 \qquad \Delta_{dw} = \Delta_{jb} \pm \Delta_{jw} = 0$$

(2)对尺寸 $H_1 = 42h12(^{\ 0}_{-0.25})$ 来说，尺寸 H_1 的定位误差：

工序基准为外圆下母线，定位基准为内孔轴线，对刀基准为心轴轴线。定位基准和工序基准不重合，定位尺寸为 $\frac{1}{2}\phi50h6(^{\ 0}_{-0.016})$。

$$\Delta_{jb1} = \frac{1}{2} \times 0.016 = 0.008$$

内孔和外圆有同轴度误差，这项误差会引起的基准不重合误差为 $\Delta_{jb2} = T(e) = 0.015$

内孔和心轴作间隙配合，所引起的基准位移误差为

$$\Delta_{jw} = D_{\max} - d_{\min} = 30 + 0.021 - (30 - 0.020) = 0.041$$

Δ_{jb1}、Δ_{jb2}、Δ_{jw} 三个量都是独立变量，互不相干，又都在同一尺寸方向上，因此

$$\Delta_{dw} = \Delta_{jb1} + \Delta_{jb2} + \Delta_{jw} = 0.008 + 0.015 + 0.041 = 0.064$$

定位误差占尺寸公差的 $\frac{0.064}{0.25} = 25.6\%$，能保证加工要求。

3)对称度的定位误差

定位基准和工序基准引起的基准不重合误差是由同轴度误差引起的。

3. 外圆定位时定位误差的分析计算

1)用定位套来定位外圆，定位误差的分析计算，同圆柱孔在心轴中定位分析计算相同。

2)V 形块定位外圆时的定位误差。

V 形块是一个定心定位元件，定位面是外圆柱面，定位基准是外圆轴线，对刀基准是理论圆(直径尺寸为工件定位外圆直径的平均尺寸)的轴线。当一批工件在 V 形块上定位时，由于外圆直径变化引起定位基准相对对刀基准发生位置的变化，产生 Δ_{jw}。如图 4－73 所示，O_1，O_2 为外圆直径为 $d_{\max}$ 和 $d_{\min}$ 时的圆心位置。

所以,定位误差为 $$\Delta_{jw}=\frac{\frac{1}{2}(d_{\max}-d_{\min})}{\sin\frac{\alpha}{2}}=\frac{T(d)}{2\sin\frac{\alpha}{2}}$$

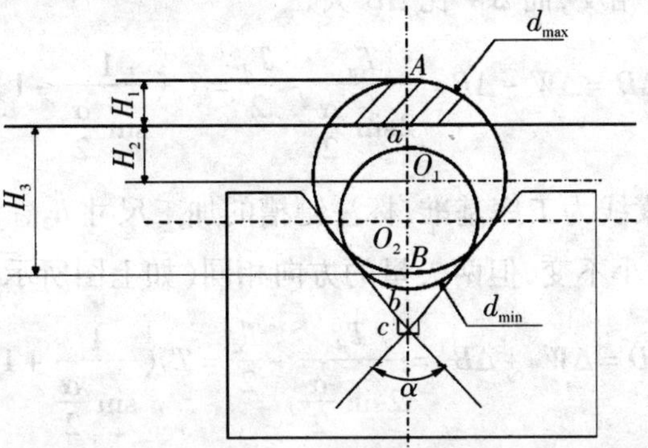

图4-73 V形块定位外圆时定位误差的分析计算

例4-3 铣轴上键槽时以外圆为定位基准,用V形架定位,计算定位误差的大小。

如图4-74所示,标注的工序尺寸不同,定位误差就不同。

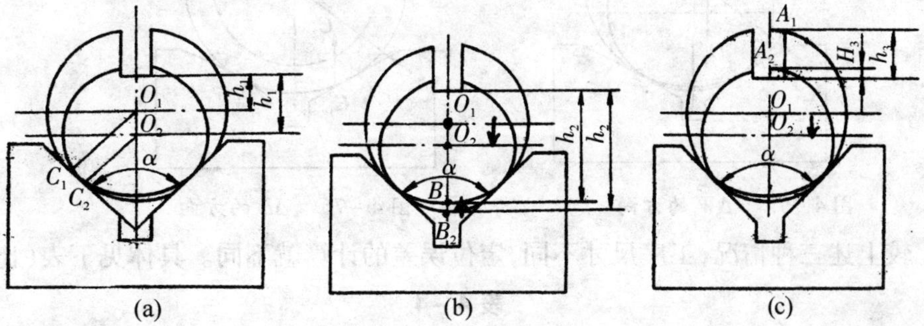

图4-74 V形块定位铣键槽宽度

解:定位误差的分析计算

以工件外圆面的中心为工序基准,标注键槽的加工尺寸 h_1,因为工件的定位基准也是外圆的中心线,所以 $\Delta B=0$,由于工件的外圆尺寸的公差为 T_d,则外圆面中心线在 O_1 和 O_2 之间变化,所以定位基准相对于限位基准的位移量为 O_1O_2,

$$\Delta w=O_1O_2=\frac{O_1C}{\sin\frac{\alpha}{2}}-\frac{O_2C}{\sin\frac{\alpha}{2}}=\frac{T_d}{2\sin\frac{\alpha}{2}}$$

这种情况时 $$\Delta D=\Delta B+\Delta W=\frac{T_d}{2\sin\frac{\alpha}{2}}$$

以工件外圆面的底素线为工序基准,标注键槽的加工尺寸 h_2,

此时定位基准相对于限位基准的位移量也为 O_1O_2,$\Delta W=\frac{T_d}{2\sin\frac{\alpha}{2}}$;

因为工件的定位基准外圆的中心线,工序基准与定位基准不重合,$\Delta B=\frac{T_d}{2}$。

D 等于 ΔB 与 ΔW 矢量和。

ΔW 的方向向下：$O_1 \to O_2$，如图 4－75 所示。

ΔB 的方向向上：$C_1 \to C_2$ 如图 4－76 所示。

因为 ΔB 与 ΔW 方向相反，而 ΔW 比 ΔB 大，

所以 $$\Delta D = \Delta W - \Delta B = \frac{T_d}{2\sin\frac{\alpha}{2}} - \frac{T_d}{2} = T_d\left(\frac{1}{\sin\frac{\alpha}{2}} - 1\right)$$

以工件外圆面的上素线为工序基准，标注键槽的加工尺寸 h_3，

此时 ΔB 与 ΔW 的大小不变，但两矢量的方向相同（如上图所示 $C_3 \to C_4$ 与 $O_1 \to O_2$，都向下），所以 $$\Delta D = \Delta W + \Delta B = \frac{T_d}{2\sin\frac{\alpha}{2}} + \frac{T_d}{2} = T_d\left(\frac{1}{\sin\frac{\alpha}{2}} + 1\right)$$

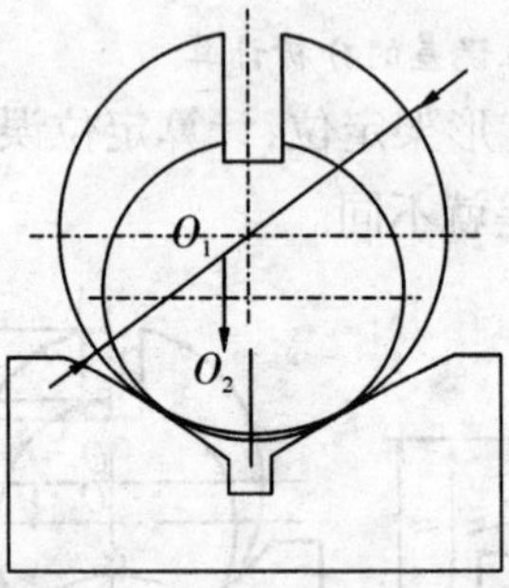

图 4－75　ΔW 的方向

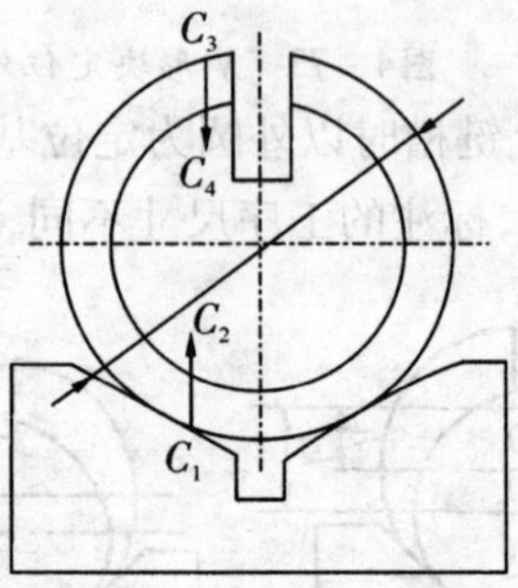

图 4－76　ΔB 的方向

试比较上述三种情况，工序尺寸不同，定位误差的计算就不同。具体见下表（比较法）

表 4－4

工序尺寸及工序基准 / 定位误差 ΔD / V 形块夹角 α	H1 轴线	H2 上素线	H3 下素线
	$\frac{T_d}{2\sin\frac{\alpha}{2}}$	$\Delta D = T_d(\frac{1}{\sin\frac{\alpha}{2}} + 1)$	$\Delta D = T_d(\frac{1}{\sin\frac{\alpha}{2}} + 1)$
60°	$1T_d$	$1.5T_d$	$0.5T_d$
90°	$0.707T_d$	$1.207T_d$	$0.207T_d$
120°	$0.577T_d$	$1.077T_d$	$0.077T_d$

结论：V 形块的夹角大，定位误差小；

当工序尺寸由下素线标注时，其定位误差小。

根据公式计算，V 形块的夹角 α 的误差对定位误差的影响很小。

四、工件以一面两孔定位时定位误差的分析计算

工件以一个大平面及与该平面垂直的两个圆柱孔组合定位，简称为一面两孔定位。此时，夹具上的定位元件由一个大的支承板及与该支承板垂直的两短销组合。生产实际中，一面两孔组合形式常作为箱体类、连杆类、盘盖类零件的统一基准而广泛应用。

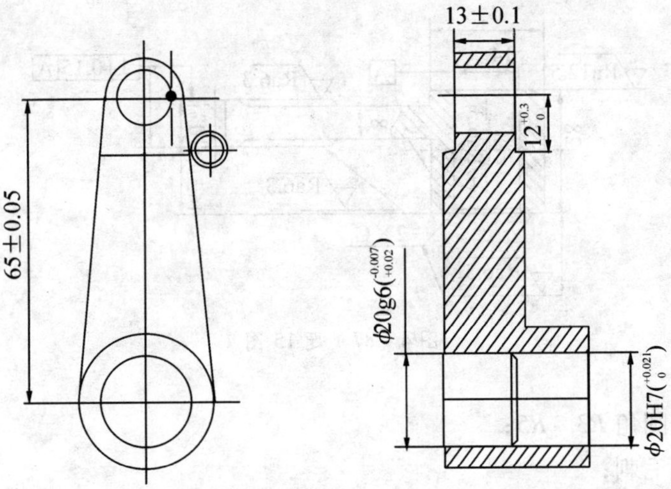

图 4－84　题 7 图

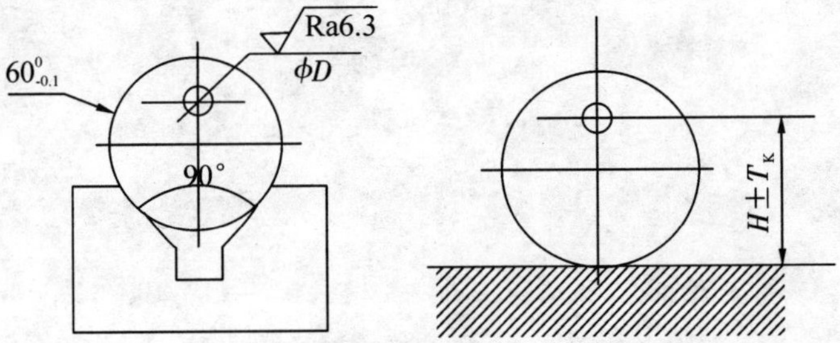

图 4－85　题 8 图

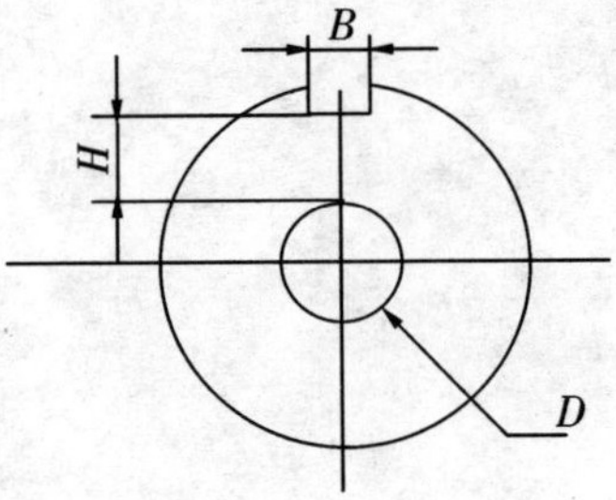

图 4－86　题 9 图

15. 试编制图 4－87 所示零件的机械加工工艺过程。

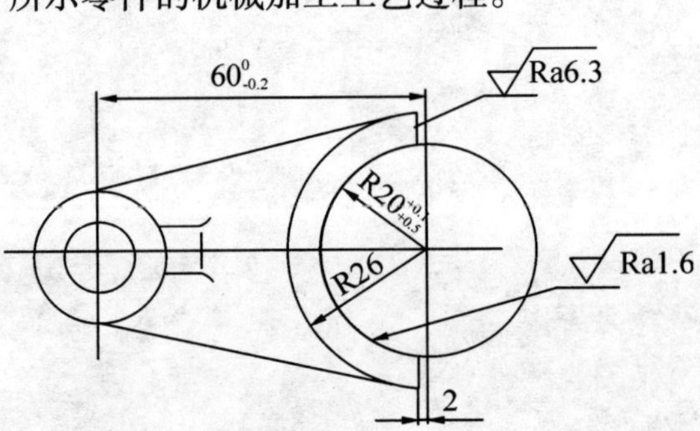

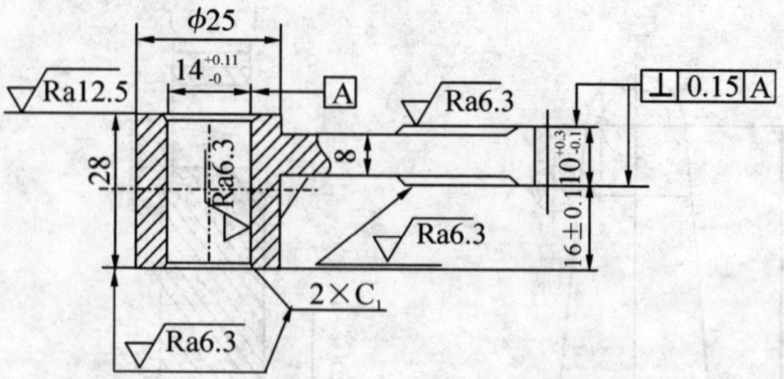

图 4-87　题 15 图

技术要求：

1. 未注明铸造圆角 $R3\sim R5$；
2. 铸造后滚抛毛刺；
3. 材料 ZG45。

◇学习情境五

圆柱齿轮零件加工工艺编制与实施

任务描述

根据给定圆柱齿轮零件图(图5－1),完成圆柱齿轮的机械加工工艺编制的任务,编制工艺应达到正确、完整、合理、规范。生产类型:单件小批生产,材料牌号:45钢,毛坯种类:锻件。

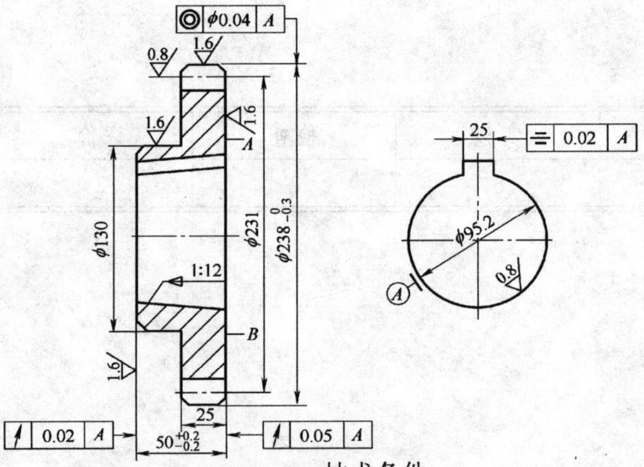

技术条件
1.1:12锥度塞规检查,接触面不小于75%
2.材料:45钢
3.热处理:齿部G54

模数	m	3.5 mm
齿数	z	66
齿形角	α	20°
变位系数	x	0
精度等数	766KM GB190095－88	
公法线长度变动公差	F_w	0.036 mm
径向综合公差	F''_z	0.008 mm
一齿径向综合公差	F''_z	0.016 mm
齿向公差	F_β	0.009 mm
公法线平均长度	$W80.70^{-0.14}_{-0.19}$ mm	

图5－1　圆柱齿轮零件图

学习目标

☆知识目标:

(1)掌握圆柱齿轮零件的基本知识;

(2)学会圆柱齿轮零件的材料、毛坯的选择及工艺性分析;

(3)学会圆柱齿轮零件定位基准选择及加工方法;

(4)能够编制圆柱齿轮零件的工艺规程;

(5)能够跟踪圆柱齿轮零件的实体加工过程;

(6)学会圆柱齿轮零件的检测方法;

(7)严格按照企业的规范和规章制度管理学生培养学生职业能力;

(8)培养学生团队合作、爱岗敬业、吃苦耐劳、励行节约的精神。

☆技能目标:

(1)独立制订工作计划的能力;

(2)具备对工作结果进行评价的能力;

(3)能够独立自主学习相关知识,并对相关知识和技能进行灵活运用;

(4)具有较好的分析问题和解决问题的能力;

(5)会查找《机械设计手册》和工程材料等资料;

(6)对工作认真负责、具有科学严谨的态度和敬业精神;

(7)有一定语言及文字表达能力;

(8)具有一定社会人际交往与沟通能力;

(9)具有良好的团队合作精神和协作能力;

(10)具有吃苦耐劳、爱岗敬业的精神。

学时安排

资讯	决策	计划	实施	检查	评价
6	2	2	6	2	2

知识链接

一、圆柱齿轮的功用与结构特点

1. 圆柱齿轮的功用

圆柱齿轮是机械传动中应用极为广泛的零件之一,其作用是按规定的传动比传递运动和动力。

2. 圆柱齿轮的结构特点

圆柱齿轮一般分为齿圈和轮体两部分。

齿轮的结构由于使用要求不同而具有各种不同的形状,但从工艺角度可将齿轮看成是由齿圈和轮体两部分构成。按照齿圈上轮齿的分布形式,可分为直齿、斜齿和人字齿等;按照轮体的结构特点,齿轮大致分为盘形齿轮、套筒齿轮、轴齿轮、扇形齿轮和齿条等等,常见的圆柱齿轮种类有盘类齿轮、套类齿轮、轴类齿轮、扇形齿轮、内齿轮和齿条等,如图 5-2 所示。

在上述各种齿轮中,以盘形齿轮应用最广。盘形齿轮的内孔多为精度较高的圆柱孔和花键孔,其轮缘具有一个或几个齿圈。单齿圈齿轮的结构工艺性最好,可采用任何一种齿形加工方法加工轮齿;除单齿圈齿轮外,还有双联或三联等多齿圈齿轮(图 5-2(b)、(c))。当其轮缘间的轴向距离较小时，小齿圈齿形的加工方法的选择就受到限制，通常只能选用插齿。如果小齿圈精度要求高，需要精滚或磨齿加工，而轴向距离在设计上又不允许加大时，可将此多齿圈齿轮做成单齿圈齿轮的组合结构，以改善加工的工艺性。

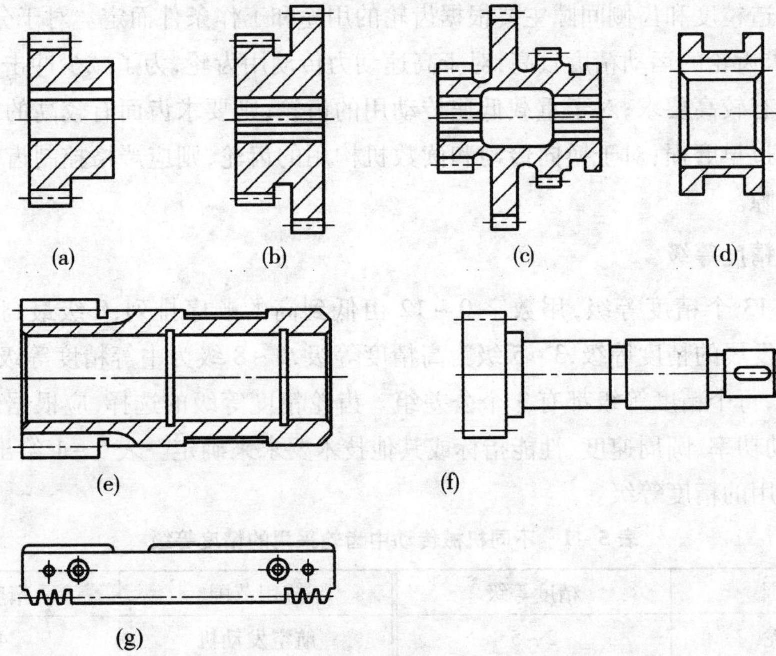

图5-2 圆柱齿轮的结构形式

(a)盘类齿轮；(b)盘类齿轮；(c)盘类齿轮；(d)内齿轮；(e)套类齿轮；(f)轴类齿轮；(g)齿条

二、圆柱齿轮传动的技术要求

齿轮本身的制造精度，对整个机器的工作性能、承载能力及使用寿命都有很大的影响。根据其使用条件，齿轮传动应满足以下几个方面的技术要求。

1. 传动准确性

要求齿轮能准确地传递运动，传动比恒定，即要求齿轮在一转中，转角误差的最大值不能超过一定的限度。

2. 工作平稳性

要求齿轮传动平稳，无冲击、振动和噪声小，这就需要限制齿轮在转过一个齿形角的转角误差。

3. 载荷均匀性

要求齿轮工作时，齿面接触要均匀，以使齿轮在传递动力时不致因载荷分布不匀而使接触应力过大，引起齿面过早磨损。接触精度除了包括齿面接触均匀性以外，还包括接触面积和接触位置。

4. 齿侧间隙

要求齿轮工作时，非工作齿面间留有一定的间隙，以贮存润滑油，补偿因温度、弹性变形所引起的尺寸变化和加工、装配时的一些误差。

三、齿轮的精度

齿轮的制造精度和齿侧间隙主要根据齿轮的用途和工作条件而定。对于分度传动用的齿轮，主要要求齿轮的运动精度较高；对于高速动力传动用齿轮，为了减少冲击和噪声，对工作平稳性精度有较高要求；对于重载低速传动用的齿轮，则要求齿面有较高的接触精度，以保证齿轮不致过早磨损；对于换向传动和读数机构用的齿轮，则应严格控制齿侧间隙，必要时必须消除间隙。

1. 齿轮的精度等级

齿轮共有 13 个精度等级，用数字 0 ~ 12 由低到高的顺序排列，0 级最高，12 级最低。0 ~2级是有待发展的精度等级，3 ~5 级为高精度等级，6 ~ 8 级为中等精度等级，9 级以下为低级精度等级，每个精度等级都有 3 个公差组。齿轮精度等级的选择，应根据传动的用途、使用条件、传动功率、圆周速度、性能指标或其他技术要求来确定。表 5 – 1 给出了不同机械传动中齿轮采用的精度等级。

表 5 – 1　不同机械传动中齿轮采用的精度等级

应用范围	精度等级	应用范围	精度等级
测量齿轮	2 ~5	航空发动机	4 ~7
透平减速器	3 ~6	拖拉机	6 ~9
金属切削机床	3 ~8	通用减速器	6 ~8
内燃机车	6 ~7	轧钢机	5 ~10
电气机车	6 ~7	矿用绞车	8 ~10
轻型汽车	5 ~8	起重机械	6 ~10
载重汽车	6 ~9	农业机器	8 ~10

2. 齿轮各项公差和极限偏差分三个组

表 5 – 2 齿轮各项公差和极限偏差的分组

公差组	公差与极限偏差项目	误差特性	对传动性能的主要影响
Ⅰ	F_i'、F_P、F_{Pk}、F_i''、F_r、F_w	以齿轮一转为周期的差	传递运动的准确性
Ⅱ	Fi'、F_i''、F_f、$\pm F_{Pt}$、$\pm F_{Pb}$、F_{fB}	在齿轮一周内，多次周期地重复出现的误差	传动的平稳性，噪声，振动
Ⅲ	F_β、F_b、$\pm F_{Px}$	齿向、接触线的误差	载荷分布的均匀性

根据使用的要求不同，允许各公差组选用不同的精度等级，但在同一公差组内，各项公差与极限偏差应保持相同的精度等级。

3. 每个精度等级都有三个公差组

分别规定出各项公差和偏差项目，见表 5 – 3。

表 5-3　齿轮公差组

公差组	公差及偏差项目	对传动性能的影响
Ⅰ	F_i、$\Delta F_p(\Delta F_{pk})$、$\Delta F_i$、$\Delta F_r$、$\Delta F_w$	传递运动准确性
Ⅱ	F_i、ΔF_f、ΔF_{pt}、ΔF_{pb}、ΔF_i、	传动平稳性、噪声、振动
Ⅲ	ΔF_β、ΔF_{px}	承载均匀性

四、齿轮的材料、热处理及毛坯

齿轮的材料及热处理对齿轮的加工质量和使用性能都有很大的影响，选择时主要考虑齿轮的工作条件（如速度与载荷）和失效形式（如点蚀、剥落或折断等）。

1. 齿轮材料的选择

按使用时的工作条件选择材料，齿轮应按照使用时的工作条件选用合适的材料。齿轮材料的合适与否对齿轮的加工性能和使用寿命都有直接的影响。

1）低速重载的传力齿轮，齿面受压产生塑性变形和磨损，且轮齿易折断，应选用机械强度、硬度等综合力学性能较好的材料，如 20CrMnTi；

2）高速重载的传力齿轮，齿面容易产生疲劳点蚀，所以齿面应有较高的硬度，可用 38CrMoAlA 氮化钢，防止疲劳点蚀；

3）承受冲击载荷的传力齿轮，应选用韧性好的材料，如低碳合金钢 18CrMnTi；

4）非传力齿轮，应选择不淬火钢、铸铁、夹布塑料、尼龙等非金属材料；

5）一般用途的齿轮，应选择 45 钢等中碳结构钢和低碳结构钢（如 20Cr、40Cr、20CrMnTi）等制成。

2. 齿轮热处理

齿轮加工中根据不同的加工目的，安排两类热处理工序。

（1）毛坯热处理　在齿坯加工前后安排预备热处理－正火或调质，其主要目的是消除锻造及粗加工所引起的残余应力，改善材料的切削性能和提高综合力学性能。

（2）齿面热处理　齿形加工完毕后，为提高齿面的硬度和耐磨性，常进行渗碳淬火、高频淬火、碳氮共渗和氮化处理等热处理工序。

3. 齿轮毛坯

齿轮毛坯形式主要有棒料、锻件（自由锻造、模锻）和铸件（铸钢或铸铁）。

棒料用于小尺寸、结构简单且对强度要求不太高的齿轮；当齿轮强度要求高，并要求耐磨损、耐冲击时，多用锻件毛坯；当齿轮的直径大于 φ400～φ600 mm 时，常用铸造齿坯。

为了减少机械加工量，对大尺寸、低精度的齿轮，可以直接铸出轮齿；对于小尺寸，形状复杂的齿轮，可以采用精密铸造、压力铸造、精密锻造、粉末冶金、热轧和冷挤等新工艺制造出具有轮齿的齿坯，以提高劳动生产率，节约原材料。

五、圆柱齿轮的加工工艺

1. 圆柱齿轮的机械加工工艺过程

圆柱齿轮的加工工艺程一般应包括以下内容：齿轮毛坯加工、齿面加工、热处理工艺及齿面的的精加工。在编制工艺过程中，常因齿轮结构、精度等级、生产批量和生产环境的不同，而采取各种不同的工艺方案。大致分为三个阶段：

1）齿轮加工的第一阶段是齿坯最初进入机械加工的阶段；

2）齿轮加工的第二阶段是齿形的加工；

3）齿轮加工的第三阶段是热处理阶段。

对于精度较高的齿轮，工艺路线一般可归纳为毛坯制造→齿坯热处理→齿坯加工→齿形加工→齿圈热处理→齿轮定位表面精加工→齿圈精加工。

常见普通精度、成批生产齿轮的典型工艺方案，它采用铣齿、滚齿（或插齿）、剃齿、珩齿工艺。

2. 圆柱齿轮定位基准选择

对于齿轮加工基准的选择常因齿轮的结构形状不同而有所差异。齿轮加工定位基准的选择应符合基准重合的原则，尽可能与装配基准、测量基准一致，同时在齿轮加工的整个过程中（如滚、剃、珩齿等）应选用同一定位基准，以保持基准统一。

1）连轴齿轮的齿坯和齿面加工与一般轴类零件加工相似。直径较小的连轴齿轮，一般采用两端中心孔作为定位基准；直径较大的连轴齿轮，由于自重及切削力较大，不宜用中心孔作定位基准，而应选用轴颈和端面圆跳动较小的端平面作为定位基准。

2）带孔齿轮或装配式齿轮的齿圈，常使用专用心轴，以齿坯内孔和端面作定位基准。这种方法定位精度高，生产率也高，适用于成批生产。单件小批生产时，则常用外圆和端面作定位基准，以省去心轴，但要求外圆对孔的径向圆跳动要小，这种方法生产率较低。

对于带孔齿轮在齿面加工时常采用以下两种定位、夹紧方式。

1）以内孔和端面定位。这种定位方式是以工件内孔定位，确定定位位置，再以端面作为轴向定位基准，并对着端面夹紧。这样可使定位基准、设计基准、装配基准和测量基准重合，定位精度高，不需要找正，生产率高，适合于大批量生产，但对于专用心轴夹具的制造精度要求较高。

2）以外圆和端面定位。当工件和心轴的配合间隙较大时，采用千分表校正外圆，以确定中心的位置，并以端面进行轴向定位，从另一端面夹紧。这种定位方式因每个工件都要校正，故生产率低；同时对齿坯的内、外圆同轴要求高，而对夹具精度要求不高，故适用于单件、小批生产。

综上所述，为了减少定位误差，提高齿轮加工精度，在加工时应满足以下要求。

a. 应选择基准重合、统一的定位方式；

b. 内孔定位时，配合间隙应尽可能减少；

c. 定位端面与定位孔或外圆应在一次装夹中加工出来，以保证垂直度要求。

3. 齿坯加工

齿形加工前的齿轮加工称为齿坯加工。齿坯的外圆、端面或孔径常作为齿形加工、测量和装配的基准，所以齿坯的精度对于整个齿轮的精度有着重要的影响。

齿轮毛坯加工，在整个齿轮加工过程中占有很重要的地位。因为齿面加工和检测所用的基准必须在此阶段加工出来，同时齿坯加工所占工时的比例较大，无论从提高生产率，还是从保证齿轮的加工质量，都必须重视齿轮毛坯的加工。

零件的毛坯一般有棒料、锻件和铸件三种。其中，锻件适用与零件强度较高形状较简单的零件钢质零件的锻造毛坯，其力学性能高于钢质棒料和铸钢件。尺寸大的零件因受设备限制，故一般用自由锻；中、小型零件可选模锻；形状复杂的钢质零件不宜用自由锻；铸件则适用于形状复杂的毛坯。

(1)毛坯的形状和尺寸的选择　选择毛坯形状和尺寸总体要求是：减少多余浪费，实现少屑或无屑加工。因此，毛坯形状要力求接近成品形状，以减少机械加工的劳动量。

1)采用锻件、铸造毛坯时，因锻模时的欠压量与允许的错模量不等，铸造时也会因砂型误差、收缩量及毛坯的挠曲与扭曲变形量的不同也会造成加工余量不充分、不稳定，所以，除板金属液体的流动性差不能充满型腔等造成余量的不等，此外，锻造、铸造后，毛坯不论是锻件、铸件还是型材，只要准备采用数控加工，其加工表面均应有较充分的余量。

2)尺寸小或薄的零件，为便于装夹并减少夹头，可将多个工件连在一起，由一个毛坯制出。

3)装配后形成同一工作表面的两个相关零件，为保证加工质量并使加工方便，常把两件合为一个整体毛坯，加工到一定阶段后再切开。

4)对于不便装夹的毛坯，可考虑在毛坯上另行增加装夹余量或者工艺凸台、工艺凸耳等辅助基准。

(2)毛坯选择的原则　毛坯选择的原则，应在满足使用要求的前提下，尽可能地降低生产成本，使产品在市场上具有竞争能力。

1)工艺性原则；

2)适应性原则；

3)生产条件兼顾原则。

(3)毛坯加工余量的确定方法　毛坯尺寸与零件图样上的尺寸之差，称为毛坯余量。

1)经验估计法。根据工艺人员的经验确定加工余量的方法，但这种方法不够准确。为了防止加工余量不够而产生废品，所估计的加工余量一般偏大，此法常用于单件小批生产。

2)查表修正法。查阅有关加工余量的手册来确定，应用比较广泛。在查表时应注意表中数据是公称值。对称表面(如轴或孔)的加工余量是双边的，非对称表面的加工余量是单边的。

4. 齿坯加工精度

齿坯加工中，主要要求保证的是基准孔(或轴颈)的尺寸精度和形状精度、基准端面相对于基准孔(或轴颈)的位置精度。不同精度的孔(或轴颈)的齿坯公差以及表面粗糙度等要求分别列于表5－4、表5－5和表5－6中。

表5－4　齿坯公差

齿轮精度等级①	5	6	7	8	9
孔尺寸公差 形状公差	IT5	IT6	IT7		IT8
轴尺寸公差 形状公差	IT5		IT6		IT7
顶圆直径②	IT7	IT8			IT8

①当三个公差组的精度等级不同时，按最高精度等级确定公差值。

②当顶圆不作为测量齿厚基准时，尺寸公差按IT11级给定，但应小于0.1 mm。

表5－5　齿轮基准面径向和端面圆跳动公差　（μm）

分度圆直径/mm		精度等级				
大于	到	1和2	3和4	5和6	7和8	9和12
0	125	2.8	7	11	18	28
125	400	3.6	9	14	22	36
400	800	5.0	12	20	32	50

表5－6　齿坯基准面的表面粗糙度参数Ra　（μm）

精度等级	3	4	5	6	7	8	9	10
孔颈端	≤0.2	≤0.2	0.4～0.2	≤0.8	1.6～0.8	≤1.6	≤3.2	≤3.2
端面	≤0.1	0.2～0.1	≤0.2	≤0.4	≤0.8	≤1.6	≤1.6	≤1.6
顶圆	0.2～0.1	0.4～0.2	0.6～0.4	0.6～0.3	1.6～0.8	3.2～1.6	≤3.2	≤3.2

5. 齿坯加工方案的选择

齿坯加工方案的选择主要与齿轮的轮体结构、技术要求和生产批量等因素有关。对轴、套筒类齿轮的齿坯，其加工工艺与一般轴、套筒零件的加工工艺相类同。盘齿轮的齿坯加工方案如下：

（1）大批大量生产的齿坯加工　大批量生产中，无论花键孔或圆柱孔，均采用高生产率的机床（如拉床、多轴自动或多刀半自动车床等），其加工方案多采用“钻－拉－多刀车”的工艺方案：

1）以毛坯外圆定位加工端面和孔（留拉削余量），以端面支承拉孔；

2）以孔定位在多刀半自动车床上粗、精车外圆、端面、车槽及倒角等。

（2）成批生产的齿坯加工　常采用“车－拉－车”的工艺方案：

1）以齿坯外圆或轮毂定位，粗车外圆、端面和内孔；

2）以端面支承拉孔（或花键孔）；

3）以孔定位精车外圆及端面等。

(3)单件小批生产的齿坯加工　单件小批生产齿轮时,一般齿坯的孔、端面及外圆的粗、精加工都在通用车床上经两次装夹完成,但必须注意将孔和基准端面的精加工在一次装夹内完成,以保证位置精度。

1)在卧式车床上粗车齿轮各部分;

2)在一次安装中精车内孔和基准端面,以保证基准端面对内孔的跳动要求;

3)以内孔在心轴上定位,精车外圆、端面及其他部分;

4)对于花键孔齿坯,采用粗车–拉–精车的加工方案。

6. 齿形加工

一个齿轮的加工过程是由若干工序组成的。为了获得符合精度要求的齿轮,整个加工过程都是围绕着齿形加工工序服务的。齿形加工方法很多,按加工中有无切削,可分为无切削加工和有切削加工两大类。

齿圈上的齿形加工是整个齿轮加工的核心,常用的齿形加工方案如下:

(1)8级精度以下的齿轮加工　调质齿轮用滚齿或插齿就能满足要求,对于淬硬齿轮可采用滚(插)齿–剃齿或冷挤–齿端加工–淬火–校正孔的加工方案,根据不同的热处理方式,在淬火前齿形加工精度应提高一级以上。

(2)6~7级精度齿轮加工　对于淬硬齿面的齿轮可采用滚(插)齿–齿端加工–表面淬火–校正基准–磨齿(蜗杆砂轮磨齿),该方案加工精度稳定;也可采用滚(插)–剃齿或冷挤–表面淬火–校正基准–内啮合珩齿的加工方案,这种方案加工精度稳定,生产率高。

(3)5级以上精度的齿轮加工　一般采用粗滚齿–精滚齿–表面淬火–校正基准–粗磨齿–精磨齿的加工方案。大批量生产时也可采用粗磨齿–精磨齿–表面淬火–校正基准–磨削外珩自动线的加工方案。这种加工方案加工的齿轮精度可稳定在5级以上,且齿面加工纹理十分错综复杂,噪声极低,是品质极高的齿轮。磨齿是目前齿形加工中精度最高、表面粗糙度值最小的加工方法,最高精度可达3~4级。

7. 齿端加工

齿轮的齿端加工方式有倒圆、倒尖、倒棱(图5–3)和去毛刺四种。经齿端加工后的齿轮,在沿轴向移动换挡时容易进入啮合,特别是倒尖后的齿轮,可以在齿轮转动过程中换挡变速(如用于汽车变速箱中的齿轮)。齿端倒圆应用最多,图5–4所示的是用指状铣刀倒圆的原理图。齿端加工应安排在齿面淬火之前进行。

图5–3　齿端形状

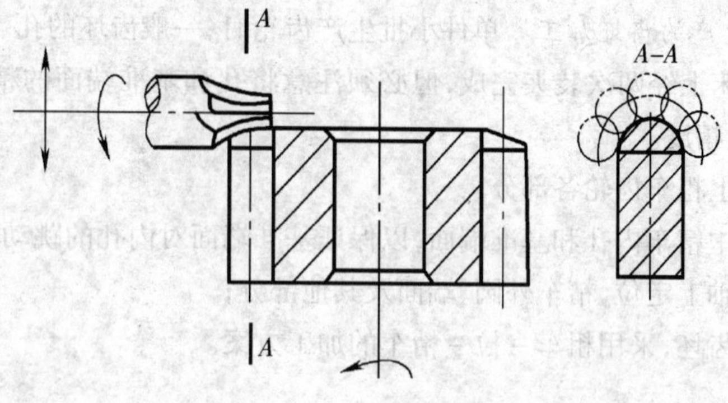

图 5-4 齿端倒圆

8. **精基准的修正**

齿轮淬火后基准孔常发生变形，孔径可缩小 0.01 ~ 0.05 mm。为确保齿形精加工质量，必须对基准孔予以修正。修正的方法一般采用磨孔或推孔。对于成批或大批量生产的未淬硬的外径定心的花键孔及圆柱孔齿轮，常采用推孔。对于以小径定心的花键孔或已淬硬的齿轮，以磨孔为好，可稳定地保证精度。

六、齿形加工方法

齿轮加工的关键是齿形加工，齿形的加工属于有切削加工，而且具有良好的加工精度。按其加工原理不同，齿轮加工方法可分为成形法和展成法两种。

（一）成形法

成形法是指用与齿轮齿槽形状完全相同的成形刀具加工出齿形的方法，称为成形法加工。成形法的特点是所用刀具的切削刃形状与被切齿轮轮槽的形状相同，用成形原理加工齿形的方法有用齿轮铣刀在铣床上铣齿、用成形砂轮磨齿、用齿轮拉刀拉齿等方法。这些方法由于存在分度误差及刀具的安装误差，所以加工精度较低，一般只能加工出 9 ~ 10 级精度的齿轮。此外，加工过程中需作多次不连续分齿，生产率也很低。因此，主要用于单件小批量生产和修配工作中加工精度不高的齿轮。

成形法一般用于单件小批量生产中，加工精度为 9 ~ 12 级，齿面粗糙度 Ra 为 6.3 ~ 3.2 μm的直齿、斜齿和人字齿圆柱齿轮。

常用的成形齿轮刀具有盘形齿轮铣刀和指状齿轮铣刀，如图 5-5 所示，后者适用于加工大模数的直齿、斜齿齿轮，特别是人字齿轮。

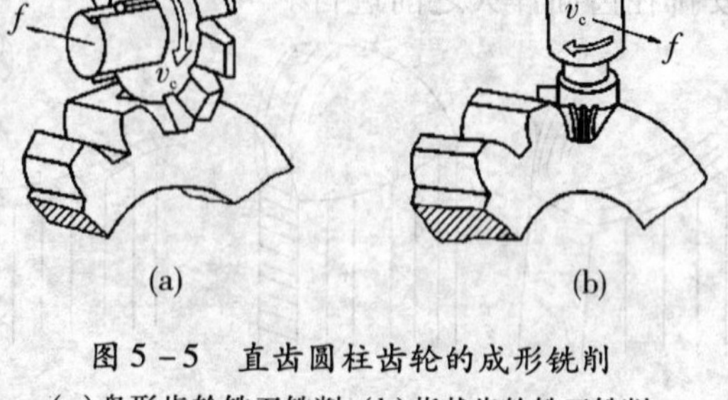

图 5-5 直齿圆柱齿轮的成形铣削

(a)盘形齿轮铣刀铣削；(b)指状齿轮铣刀铣削

(二)展成法

展成法是利用一对齿轮啮合或齿轮与齿条啮合原理,使其中一个作为刀具,在啮合过程中加工齿面的方法,用这种方法加工出来的齿形轮廓是刀具切削刃运动轨迹的包络线。齿数不同的齿轮,只要模数和齿形角相同,都可以用同一把刀具来加工。用展成原理加工齿形的方法有滚齿、插齿、剃齿、珩齿和磨齿等方法。其中剃齿、珩齿和磨齿属于齿形的精加工方法。展成法的加工精度和生产率都较高,刀具通用性好,所以在生产中应用十分广泛。

1. 插齿

(1)插齿的加工原理　插齿加工的原理类似于一对轴线平行的圆柱齿轮啮合,其中一个齿坯,另一个是在端面磨有前角,齿顶与齿侧均磨有后角的齿轮。插齿时,刀具沿工件轴向做调整往复直线运动,形成切削加工的主运动,同时还与工件做无间隙的啮合运动,在工件上加工出全部轮齿齿廓。

(2)插齿运动　插齿就是用插齿刀在插齿机上加工齿轮的齿形,插齿运动如图 5-6 所示。插齿的主要运动有

1)切削运动。插齿刀的上、下往复运动。

2)分齿展成运动。插齿刀与工件之间应保持正确的啮合关系。插齿刀往复一次,工件相对刀具在分度圆上转过的弧长为加工时的圆周进给量,故刀具与工件的啮合过程也就是圆周进给过程。

3)径向进给运动。插齿时,为逐步切至全齿深,插齿刀应有径向进给量斜。

4)让刀运动。插齿刀作上下往复运动时,向下是切削行程。为了避免刀具擦伤已加工的齿面并减少刀齿的磨损,在插齿刀向上运动时,工作台带动工件退出切削区一段距离(径向)。插齿刀工作行程时,工作台再恢复原位。

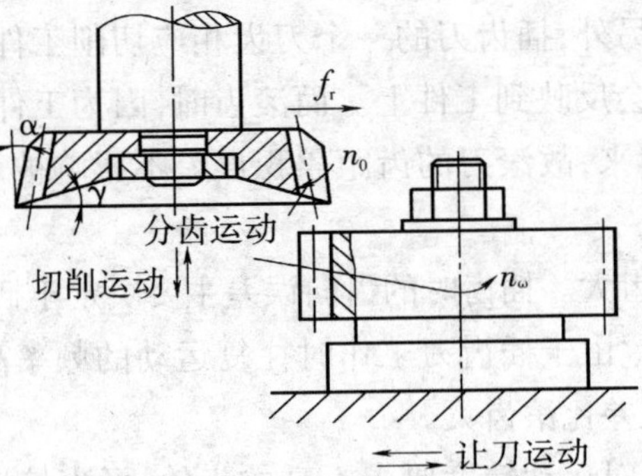

图 5-6　插齿原理及切削运动

(3)插齿的加工循环　开动插齿机后,插齿刀作上、下切削运动,同时以 n_0 转动。工件以 n_ω 转动,刀具还可以向工件作径向进给运动,当切至全齿深时,径向进给自动停止,而刀具、工件继续转动。当工件再转动一周时,则切完所有齿的全部齿形,工件自动退出并停车,完成插削一个齿形的工作循环。

(4)插齿的工艺特点　插齿和滚齿相比,在加工质量、生产率和应用范围等方面都有其特点。

1)插齿的加工质量。

插齿的齿形精度比滚齿高。滚齿时,形成齿形包络线的切线数量只与滚刀容屑槽的数目和基本蜗杆的头数有关,它不能通过改变加工条件而增减;但插齿时,形成齿形包络线的切线数量由圆周进给量的大小决定,并可以选择。此外,制造齿轮滚刀时是近似造型的蜗杆来替代渐开线基本蜗杆,这就有造形误差。而插齿刀的齿形比较简单,可通过高精度磨齿获得精确的渐开线齿形。所以插齿可以得到较高的齿形精度。

插齿后齿面的粗糙度比滚齿细。这是因为滚齿时,滚刀在齿向方向上作间断切削,形成如图 5-7(a)所示的鱼鳞状波纹;而插齿时插齿刀沿齿向方向的切削是连续的,如图 5-7(b)所示,所以插齿时齿面粗糙度较细。

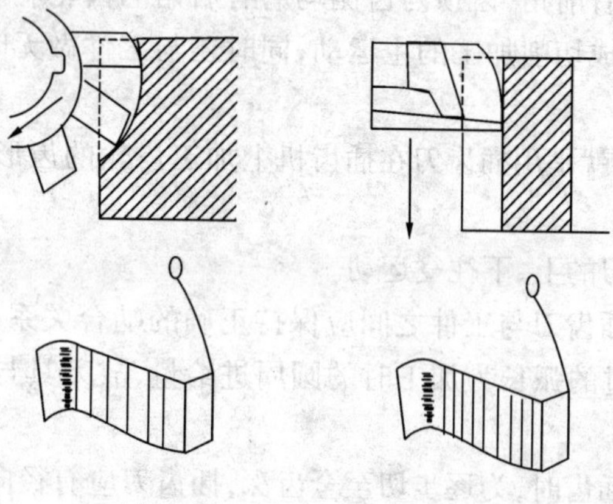

(a)　　(b)

图 5-7　滚齿和插齿齿面的比较

(a)滚齿;(b)插齿

插齿的运动精度比滚齿差。这是因为插齿机的传动链比滚齿机多了一个刀具蜗轮副,即多了一部分传动误差。另外,插齿刀的一个刀齿相应切削工件的一个齿槽,因此,插齿刀本身的周节累积误差必然会反映到工件上。而滚齿时,因为工件的每一个齿槽都是由滚刀相同的 2~3 圈刀齿加工出来,故滚刀的齿距累积误差不影响被加工齿轮的齿距精度,所以滚齿的运动精度比插齿高。

插齿的齿向误差比滚齿大。插齿时的齿向误差主要决定于插齿机主轴回转轴线与工作台回转轴线的平行度误差。由于插齿刀工作时往复运动的频率高,使得主轴与套筒之间的磨损大,因此插齿的齿向误差比滚齿大。

因此就加工精度来说,对运动精度要求不高的齿轮,可直接用插齿来进行齿形精加工,而对于运动精度要求较高的齿轮和剃前齿轮(剃齿不能提高运动精度),则用滚齿较为有利。

2)插齿的生产率。切制模数较大的齿轮时,插齿速度要受到插齿刀主轴往复运动惯性和机床刚性的制约;切削过程又有空程的时间损失,故生产率不如滚齿高。只有在加工小模数、多齿数并且齿宽较窄的齿轮时,插齿的生产率才比滚齿高。

3)滚插齿的应用范围。

a. 加工带有台肩的齿轮以及空刀槽很窄的双联或多联齿轮,只能用插齿。这是因为插齿刀"切出"时只需要很小的空间,而滚齿则滚刀会与大直径部位发生干涉。

b. 加工无空刀槽的人字齿轮，只能用插齿；

c. 加工内齿轮，只能用插齿。

d. 加工蜗轮，只能用滚齿。

e. 加工斜齿圆柱齿轮，两者都可用。但滚齿比较方便。插制斜齿轮时，插齿机的刀具主轴上须设有螺旋导轨，来提供插齿刀的螺旋运动，并且要使用专门的斜齿插齿刀，所以很不方便。

(5) 提高插齿生产率的途径

1) 提高圆周进给量可减少机动时间，但圆周进给量和空行程时的让刀量成正比，因此，必须解决好刀具的让刀问题。

2) 挖掘机床潜力，增加往复行程次数，采用高速插齿。

有的插齿机每分钟往复行程次数可达 1 200 ~ 1 500 次/min，最高的可达到 2 500 次/min。比常用的提高了 3 ~4 倍，使切削速度大大提高，同时也能减少插齿所需的机动时间。

3) 改进刀具参数，提高插齿刀的耐用度，充分发挥插齿刀的切削性能。如采用 W18Cr4V 插齿刀，切削速度可达到 60 m/min；加大前角至 15°，后角至 9°，可提高耐用度 3 倍；在前刀面磨出 1 ~1.5 mm 宽的平台，也可提高耐用度 30% 左右。

2. 滚齿

(1) 滚齿的原理及工艺特点　滚齿是齿形加工方法中生产率较高、应用最广的一种加工方法。在滚齿机上用齿轮滚刀加工齿轮的原理，相当于一对螺旋齿轮作无侧隙强制性的啮合，见图 5 -8 所示。滚齿加工的通用性较好，既可加工圆柱齿轮，又能加工蜗轮；既可加工渐开线齿形，又可加工圆弧、摆线等齿形；既可加工大模数齿轮，又可加工大直径齿轮。

滚齿可直接加工 8 ~9 级精度齿轮，也可用作 7 级以上齿轮的粗加工及半精加工。滚齿可以获得较高的运动精度，但因滚齿时齿面是由滚刀的刀齿包络而成，参加切削的刀齿数有限，因而齿面的表面粗糙度较大。为了提高滚齿的加工精度和齿面质量，宜将粗、精滚齿分开。

(2) 滚齿的运动　滚齿的运动如图 5 -8 所示。

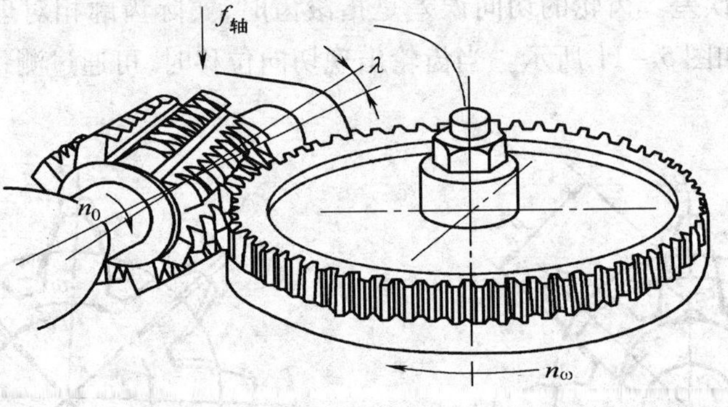

图 5 -8　滚齿运动

滚切直齿圆柱齿轮时，为了使滚刀螺旋线的方向与被切齿轮的齿向一致，也就是使滚刀螺旋线法向齿距，与齿轮分度圆上的齿距相等，故滚刀必须扳转一个角(滚刀螺旋线升角)。如使用右旋滚刀，则被切齿轮转向为逆时针方向；若用左旋滚刀，则被切齿轮转向为顺时针方向。

(3)滚切斜齿圆柱齿轮　如图 5－9 所示。

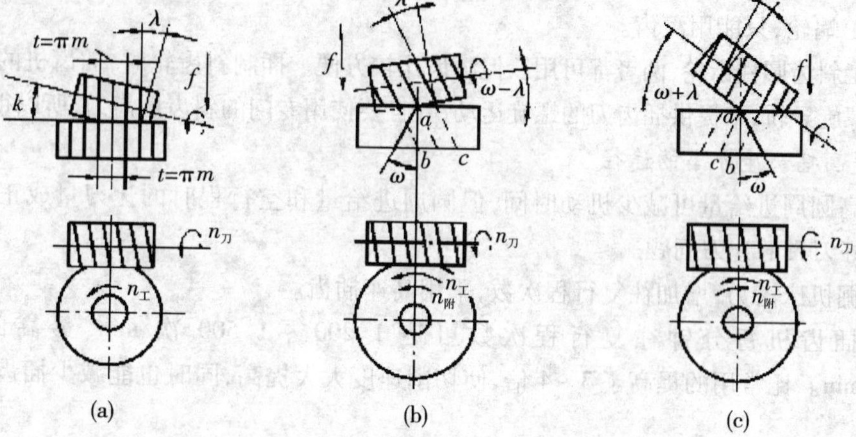

图 5－9　滚切直齿、斜齿圆柱齿轮滚刀刀架的调整

(a)滚切直齿圆柱齿轮 (b)滚切右旋斜齿轮 (c)滚切左旋斜齿轮

(4)滚齿加工质量分析　影响齿轮传动精度的主要原因是在加工中滚刀和被切齿轮的相对位置和相对运动发生了变化。相对位置的变化(几何偏心)产生齿轮的径向误差;相对运动的变化(运动偏心)产生齿轮的切向误差。

1)齿轮的径向误差。齿轮径向误差是指滚齿时,由于齿坯的实际回转中心与其基准孔中心不重合,使所切齿轮的轮齿发生径向位移而引起的周节累积公差,如图 5－10 所示。

齿轮的径向误差一般可通过测量齿圈径向跳动 ΔF_r 反映出来。切齿时产生齿轮径向误差的主要原因如下:

a. 调整夹具时,心轴和机床工作台回转中心不重合。

b. 齿坯基准孔与心轴间有间隙,装夹时偏向一边。

c. 基准端面定位不好,夹紧后内孔相对工作台回转中心产生偏心。

2)齿轮的切向误差。齿轮的切向误差是指滚齿时,实际齿廓相对理论位置沿圆周方向(切向)发生位移,如图 5－11 所示。当齿轮出现切向位移时,可通过测量公法线长度变动公差 ΔF_w 来反映。

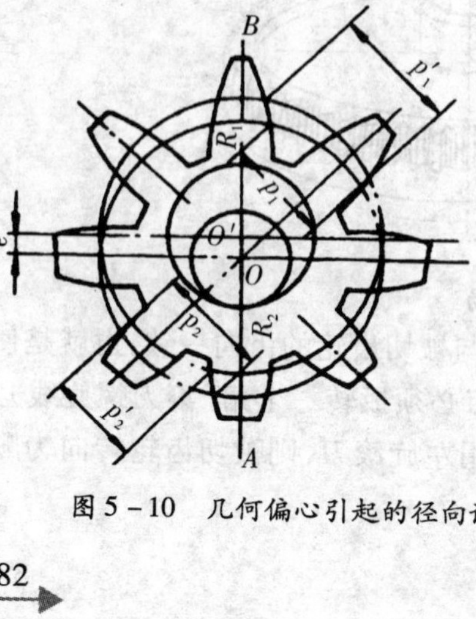

图 5－10　几何偏心引起的径向误差

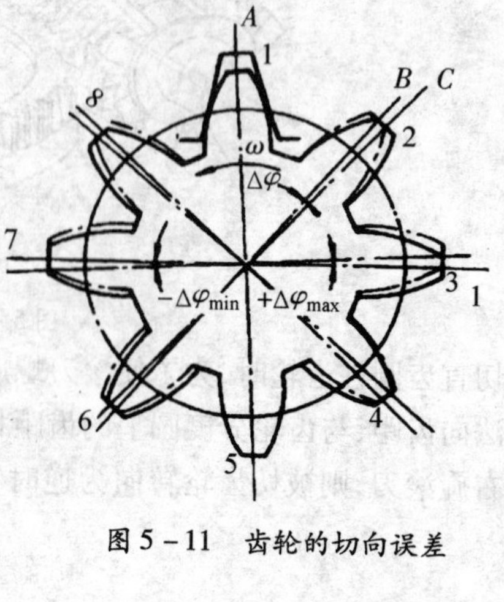

图 5－11　齿轮的切向误差

切齿时产生齿轮切向误差是传动链的传动误差造成的。在分齿传动链的各传动元件中,对传动误差影响最大的是工作台下的分度蜗轮。分度蜗轮在制造和安装中与工作台回转中心不重合(运动偏心),使工作台回转中发生转角误差,并复映给齿轮。其次,影响传动误差的另一重要因素是分齿挂轮的制造和安装误差,这些误差也以较大的比例传递到工作台上。

(5)影响齿轮工作平稳性的加工误差分析 影响齿轮传动工作平稳性的主要因素是齿轮的齿形误 Δf_f 和基节偏差 Δf_{pb}。齿形误差会引起每对齿轮啮合过程中传动比的瞬时变化;基节偏差会引起一对齿过渡到另一对齿啮合时传动比的突变。齿轮传动由于传动比瞬时变化和突变而产生噪声和振动,从而影响工作平稳性精度。滚齿时,产生齿轮的基节偏差较小,而齿形误差通常较大。下面分别进行讨论。

1)齿形误差。齿形误差主要是由于齿轮滚刀的制造刃磨误差及滚刀的安装误差等原因造成的,因此在滚刀的每一转中都会反映到齿面上。常见的齿形误差有如图 5-12 所示的各种形式。图 5-12(a)为齿面出棱、图 5-12(b)为齿形不对称、图 5-12(c)为齿形角误差、图 5-12(d)为齿面上的周期性误差、图 5-12(e)为齿轮根切。

由于齿轮的齿面偏离了正确的渐开线,使齿轮传动中瞬时传动比不稳定,影响齿轮的工作平稳性。

2)基节极限偏差。滚齿时,齿轮的基节极限偏差主要受滚刀基节偏差的影响。滚刀基节的计算式为

$$p_{b0}=p_{n0}\cos\alpha_0=p_{t0}\cos\lambda_0\cos\alpha_0\approx p_{t0}\cos\alpha_0$$

式中,p_{b0}——滚刀基节;

p_{n0}——滚刀法向齿距;

p_{t0}——滚刀轴向齿距;

α_0——滚刀法向齿形角;

λ_0——滚刀分度圆螺旋升角,一般很小,因此 $\cos\lambda_0\approx1$。

由上式可见,为减少基节偏差,滚刀制造时应严格控制轴向齿距及齿形角误差,同时对影响齿形角误差和轴向齿距误差的刀齿前刀面的非径向性误差也要加以控制。

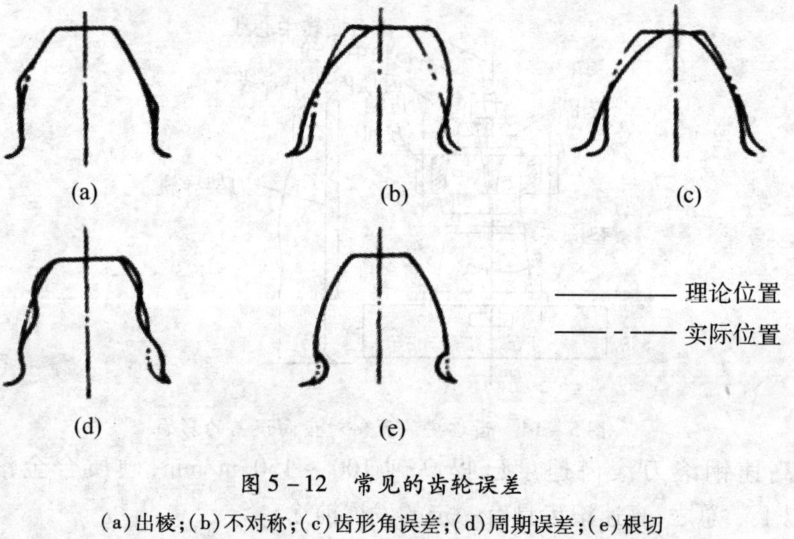

图 5-12 常见的齿轮误差

(a)出棱;(b)不对称;(c)齿形角误差;(d)周期误差;(e)根切

(6)影响齿轮接触精度的加工误差分析　齿轮齿面的接触状况直接影响齿轮传动中载荷分布的均匀性。滚齿时,影响齿高方向的接触精度的主要原因是齿形公差 Δf_f 和基节极限偏差 Δf_{pb}。影响齿宽方向的接触精度的主要原因是齿向公差 ΔF_β。产生齿向公差的主要原因:

1)滚齿机刀架导轨相对于工作台回转轴线存在平行度误差,如5-13所示。

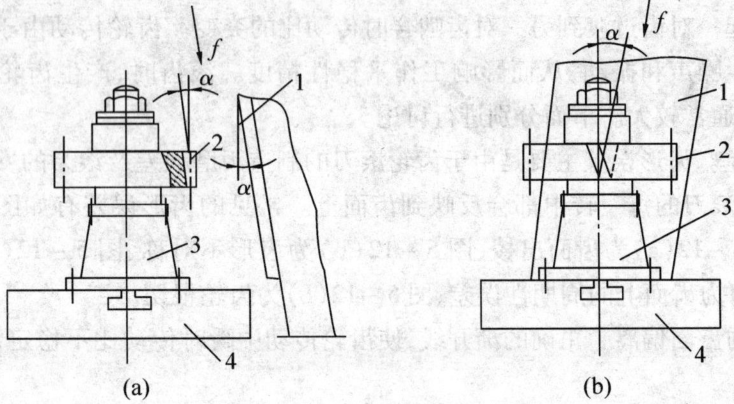

1-刀架导轨;2-齿坯;3-夹具底座;4-机床工作台

图5-13　刀架导轨误差对齿向误差的影响

2)齿坯装夹歪斜;由于心轴、齿坯基准端面跳动及垫圈两端面不平行等引起的齿坯安装歪斜,会产生齿向误差,如图5-14所示。

3)滚切斜齿轮时,除上述影响因素外,机床差动挂轮计算的误差,也会影响齿轮的齿向误差。

(7)提高滚齿生产率的途径

1)高速滚齿。

近年来,我国已开始设计和制造高速滚齿机,同时生产出铝高速钢(M_o5Al)滚刀。滚齿速度由一般 $v=30$ m/min 提高到 $v=100$ m/min 以上,轴向进给量 $f=1.38$mm/r~2.6 mm/r,使生产率提高25%。

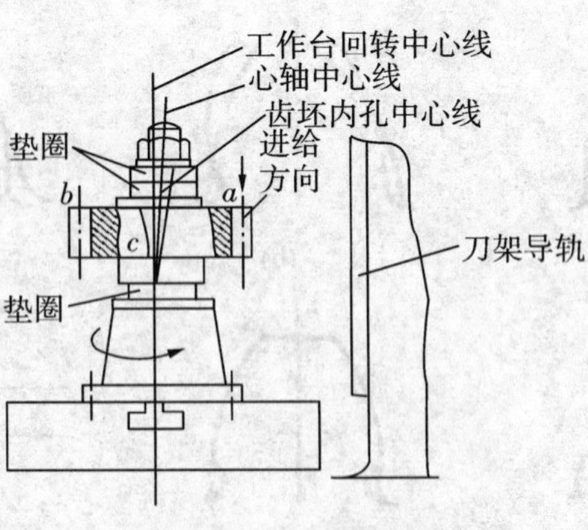

图5-14　齿坯安装歪斜对齿向误差的影响

国外用高速钢滚刀滚齿速度已提高到100~150 m/min;硬质合金滚刀已试验到400 m/min以上。总之,高速滚齿具有一定的发展前途。

2)采用多头滚刀可明显提高生产率,但加工精度较低,齿面粗糙,因而多用于粗加工中。当齿轮加工精度要求较高时,可采用大直径滚刀,使参加展成运动的刀齿数增加,加工齿面粗糙度较细。

3)改进滚齿加工方法。

多件加工。将几个齿坯串装在心轴上加工,可以减少滚刀对每个齿坯的切入切出时间及装卸时间。

采用径向切入。滚齿时滚刀切入齿坯的方法有两种:径向切入和轴向切入。径向切入比轴向切入行程短,可节省切入时间,对大直径滚刀滚齿时尤为突出。

采用轴向窜刀和对角滚齿。滚刀参与切削的刀齿负荷不等,磨损不均,当负荷最重的刀齿磨损到一定程度时,应将滚刀沿其轴向移动一段距离(即轴向窜刀)后继续切削,以提高刀具的使用寿命。

对角滚齿是滚刀在沿齿坯轴向进给的同时,还沿滚刀刀杆轴向连续移动,两种运动的合成,使齿面形成对角线刀痕,不仅降低了齿面粗糙度,而且使刀齿磨损均匀,提高了刀具的使用寿命和耐用度,如图 5 – 15 所示。

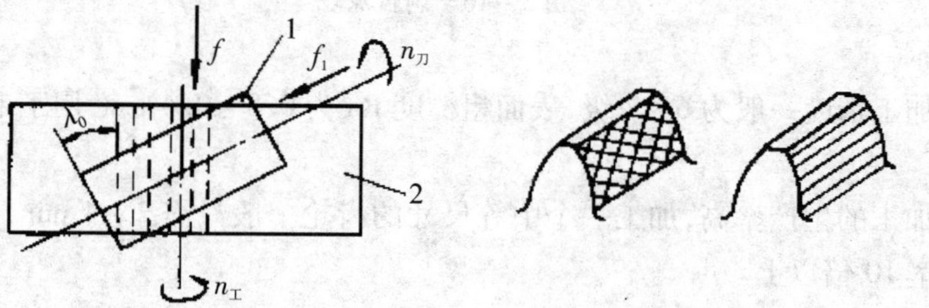

(a)　　　　(b)

1 – 滚刀;2 – 齿坯

图 5 – 15　对角滚齿

3. 剃齿

(1)剃齿原理　剃齿加工是根据一对螺旋角不等的螺旋齿轮啮合的原理,剃齿刀与被切齿轮的轴线空间交叉一个角度,如图 5 – 16(a)所示,剃齿刀为主动轮 1,被切齿轮为从动轮 2,它们的啮合为无侧隙双面啮合的自由展成运动。在啮合传动中,由于轴线交叉角 φ 的存在,齿面间沿齿向产生相对滑移,此滑移速度 $v_{切} = (v_{t2} - v_{t1})$ 即为剃齿加工的切削速度。剃齿刀的齿面开槽而形成刀刃,通过滑移速度将齿轮齿面上的加工余量切除。由于是双面啮合,剃齿刀的两侧面都能进行切削加工,但由于两侧面的切削角度不同,一侧为锐角,切削能力强;另一侧为钝角,切削能力弱,以挤压擦光为主,故对剃齿质量有较大影响。为使齿轮两侧获得同样的剃削条件,则在剃削过程中,剃齿刀做交替正反转运动。

剃齿加工需要有以下几种运动:

1)剃齿刀带动工件的高速正、反转运动 – 基本运动。

2)工件沿轴向往复运动 – 使齿轮全齿宽均能剃出。

3)工件每往复一次做径向进给运动 – 以切除全部余量。

综上所述,剃齿加工的过程是剃齿刀与被切齿轮在轮齿双面紧密啮合的自由展成运动中,实现微细切削过程,而实现剃齿的基本条件是轴线存在一个交叉角,当交叉角为零时,切削速度为零,剃齿刀对工件没有切削作用。

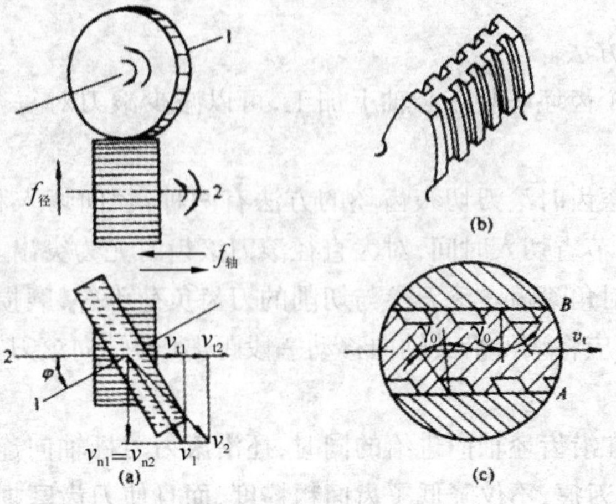

1-剃齿刀;2-被切齿轮

图5-16 剃齿原理

(2)剃齿特点

1)剃齿加工精度一般为6~7级,表面粗糙度Ra为0.8~0.4 μm,用于未淬火齿轮的精加工。

2)剃齿加工的生产率高,加工一个中等尺寸的齿轮一般只需2~4 min,与磨齿相比较,可提高生产率10倍以上。

3)由于剃齿加工是自由啮合,机床无展成运动传动链,故机床结构简单,机床调整容易。

(3)剃齿时应注意的几个问题

1)对剃齿前齿轮的加工要求。

剃齿前齿轮材料。要求材料密度均匀,无局部缺陷,韧性不得过大,以免出现滑刀和啃切现象,影响表面粗糙度。剃前齿轮硬度在HRC22~32范围内较合适。

剃齿前齿轮精度。由于剃齿是"自由啮合",无强制的分齿运动,故分齿均匀性无法控制。由于剃前齿圈有径向误差,在开始剃齿时,剃齿刀只能与工件上距旋转中心较远的齿廓做无侧隙啮合的剃削,而与其他齿则变成有齿侧间隙,但此时无剃削作用。连续径向进给,其他齿逐渐与刀齿作无侧隙啮合。结果齿圈原有的径向跳动减少了,但齿廓的位置沿切向发生了新的变化,公法线长度变动量增加。故剃齿加工不能修正公法线长度变动量。虽对齿圈径向跳动有较强的修正能力,但为了避免由于径向跳动过大而在剃削过程中导致公法线长度的进一步变动,从而要求剃前齿轮的径向误差不能过大。除此以外,剃齿对齿轮其他各项误差均有较强的修正能力。

分析得知,剃齿对第一公差组的误差修正能力较弱,因此要求齿轮的运动精度在剃前不能低于剃后要求,特别是公法线长度变动量应在剃前保证,其他各项精度可比剃后低一级。

剃齿余量。剃齿余量的大小,对加工质量及生产率均有一定影响。余量不足,剃前误差和齿面缺陷不能全部除去;余量过大,刀具磨损快,剃齿质量反而变坏。表5-7为剃齿余量。

表 5-7 剃齿余量 (mm)

模数	1~1.75	2~3	3.25~4	4~5	5.5~6
剃齿余量	0.07	0.08	0.09	0.10	0.11

2)剃齿刀的选用。剃齿刀的精度分 A、B、C 三级，分别加工 6、7、8 级精度的齿轮。剃齿刀分度圆直径随模数大小有三种：85 mm、180 mm、240 mm，其中 240 mm 应用最普遍。分度圆螺旋角有 5°、10°、15°三种，其中 5°和 10°两种应用最广。15°多用于加工直齿圆柱齿轮；5°多用于加工斜齿轮和多联齿轮中的小齿轮。在剃削斜齿轮时，轴交叉角 φ 不宜超过 10°~20°，不然剃削效果不好。

3)剃后的齿形误差与剃齿刀齿廓修形。剃齿后的齿轮齿形有时出现节圆附近凹入，如图 5-17 所示，一般在 0.03 mm 左右。被剃齿齿轮齿数越少，中凹现象严重。

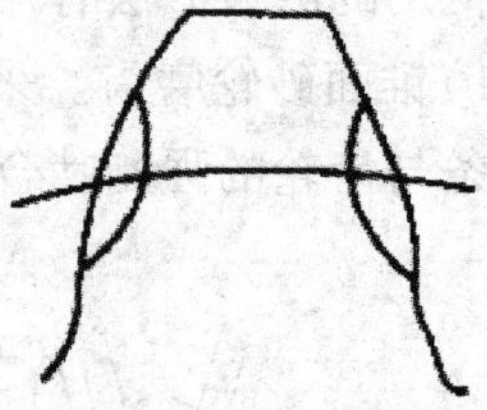

图 5-17 剃齿的齿形误差

为消除剃齿后齿面中凹现象，可将剃齿刀齿廓修形，需要通过大量实验才能最后确定。也可采用专门的剃前滚刀滚齿后，再进行剃齿。

4. 珩齿

淬火后的齿轮轮齿表面有氧化皮，影响齿面粗糙度，热处理的变形也影响齿轮的精度。由于工件已淬硬，除可用磨削加工外，但也可以采用珩齿进行精加工。

珩齿原理与剃齿相似，珩轮与工件类似于一对螺旋齿轮呈无侧隙啮合，利用啮合处的相对滑动，并在齿面间施加一定的压力来进行珩齿。

珩齿时的运动和剃齿相同。即珩轮带动工件高速正、反向转动，工件沿轴向往复运动及工件径向进给运动。与剃齿不同的是开车后一次径向进给到预定位置，故开始时齿面压力较大，随后逐渐减小，直到压力消失时珩齿便结束。

珩轮由磨料（通常 80# ~180#粒度的电刚玉）和环氧树脂等原料混合后在铁芯浇铸而成。珩齿是齿轮热处理后的一种精加工方法。

与剃齿相比较，珩齿具有以下工艺特点。

1)珩轮结构和磨轮相似，但珩齿速度较低（通常为 1~3m/s），加之磨粒粒度较细，珩轮弹性较大，故珩齿过程实际上是一种低速磨削、研磨和抛光的综合过程。

2)珩齿时，齿面间隙沿齿向有相对滑动外，沿齿形方向也存在滑动，因而齿面形成复杂的网纹，提高了齿面质量，其粗糙度 Ra 可从 1.6 μm 降到 0.8~0.4 μm。

3)珩轮弹性较大，对珩前齿轮的各项误差修正作用不强。因此，对珩轮本身的精度要求不高，珩轮误差一般不会复映到被珩齿轮上。

4)珩轮主要用于去除热处理后齿面上的氧化皮和毛刺。珩齿余量一般不超过 0.025 mm，珩轮转速达到 1 000 r/min 以上，纵向进给量为 0.05~0.065 mm/r。

5)珩轮生产率甚高，一般一分钟珩一个，通过 3~5 次往复即可完成。

5. 磨齿

磨齿是目前齿形加工中精度最高的一种方法。它既可磨削未淬硬齿轮，也可磨削淬硬的齿轮。磨齿精度可达 3 ~ 6 级，齿面粗糙度 Ra 为 0.8 ~ 0.2 μm。对齿轮误差及热处理变形有较强的修正能力。多用于硬齿面高精度齿轮及插齿刀、剃齿刀等齿轮刀具的精加工。其缺点是生产率低，加工成本高，故多用于齿形淬硬后的光整加工单件小批生产。

(1) 磨齿原理及方法　根据齿面渐开线的形成原理，磨齿方法分为仿形法和展成法两类。仿形法磨齿是用成形砂轮直接磨出渐开线齿形，目前应用甚少；展成法磨齿是将砂轮工作面制成假想齿条的两侧面，通过与工件的啮合运动包络出齿轮的渐开线齿面。

常用的磨齿方法有

1) 锥面砂轮磨齿。采用这类磨齿方法的有 Y7131 和 Y7132 型磨齿机。它们是利用假想齿条与齿轮的强制啮合关系进行展成加工，如图 5 - 18 所示。

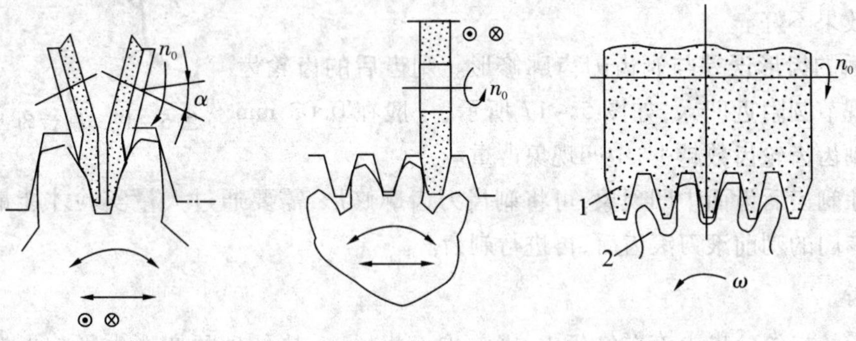

图 5 - 18　展成磨齿方法

(a) 用两个蝶形砂轮磨齿；(b) 单砂轮磨齿；(c) 蜗杆形砂轮磨齿

由于齿轮有一定的宽度，为了磨出全部齿面，砂轮还必须沿齿轮轴向作往复运动。轴向往复运动和展成运动结合起来使磨粒在齿面上的磨削轨迹，如图 5 - 19 所示。

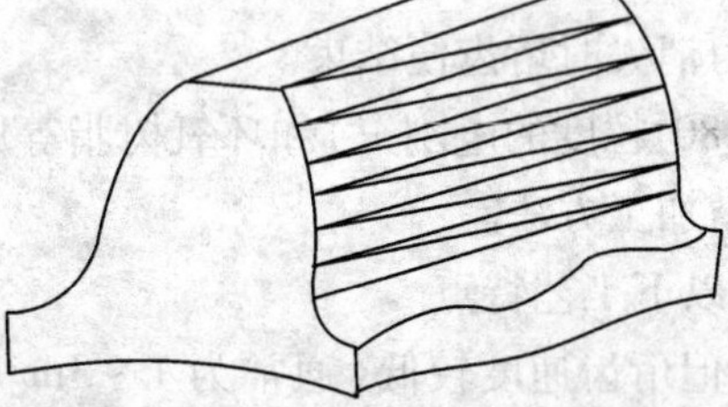

图 5 - 19　齿面磨削轨迹

2) 双片蝶形砂轮磨齿。如图 5 - 20 所示双片蝶形砂轮磨齿。

两片蝶形砂轮磨齿构成假想齿条的两个侧面。磨齿时砂轮只在原位回转 (n_0)；工件作相应的正反转动 (n) 和往复移动 (v)，形成展成运动。为了磨出工件全齿宽，工件还必须沿其轴线方向作慢速进给运动 (f)。当一个齿槽的两侧面磨完后，工件快速退出砂轮，经分度后再进入下一个齿槽位置的齿面加工。

上述展成运动可通过图 5 - 20 (b) 所示的机构实现。通过图中滑座 7 和框架 2、滚圆盘 3 及钢带 4 所组成的滚圆盘钢带机构，以实现工件正反转动 (n) 与往复移动 (v) 的配合运动。工件慢速进给 (f) 由工作台 1 的移动完成。

这种磨齿方法由于产生展成运动的传动环节少、传动链误差小（砂轮磨损后有自动补偿装置予以补偿)和分齿精度高,故加工精度可达4级。但由于碟形砂轮刚性差,切削深度较小,生产率低,故加工成本较高,适用于单件小批生产中外啮合直齿和斜齿轮的高精度加工。

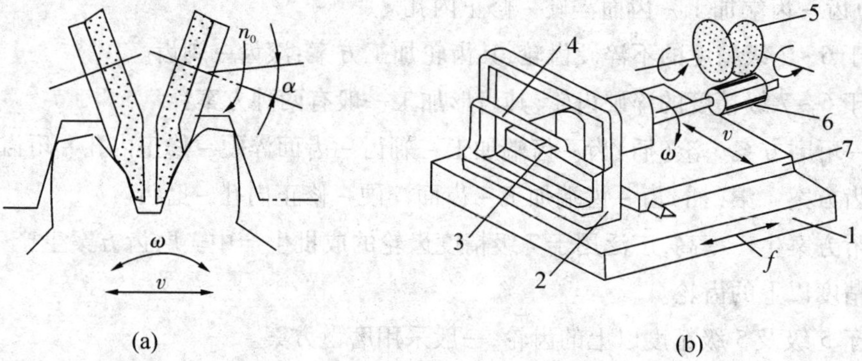

1-工作台;2-框架;3-滚圆盘;4-钢带;5-砂轮;6-工件;7-滑座

图5-20 蝶形砂轮磨齿原理

(2)提高磨齿精度和磨齿效率的措施

提高磨齿精度的措施如下:

1)合理选择砂轮。

砂轮材料选用白刚玉(WA),硬度以软、中软为宜。粒度则根据所用砂轮外形和表面粗糙度要求而定,一般在46# ~80#的范围内选取。对蜗杆型砂轮,粒度应选得细一些。因为其展成速度较快,为保证齿面较低的粗糙度,粒度不宜较粗。此外,为保证磨齿精度,砂轮必须经过精确平衡。

2)提高机床精度。

主要是提高工件主轴的回转精度,如采用高精度轴承,提高分度盘的齿距精度,并减少其安装误差等。

3)采用合理的工艺措施。

按工艺规程进行操作;齿轮进行反复的定性处理和回火处理,以消除因残余应力和机械加工而产生的内应力;提高工艺基准的精度,减少孔和轴的配合间隙对工件的偏心影响;隔离振动源,防止外来干扰;磨齿时室温保持稳定,每磨一批齿轮,其温差不大于1℃;精细修整砂轮,所用的金刚石必须锋利等等。

提高磨齿效率的措施 磨齿效率的提高主要是减少走刀次数,缩短行程长度及提高磨削用量等。常用措施如下:

1)磨齿余量要均匀,以便有效地减少走刀次数;

2)缩短展成长度,以便缩短磨齿时间,粗加工时可用无展成磨削;

3)采用大气孔砂轮,以增大磨削用量。

6. 齿形加工方法选择

齿轮加工方案的选择,主要取决于齿轮的精度等级、生产批量和热处理方法等。下面是齿轮加工方案选择时应遵循的几条原则:

1)对于8级及8级以下精度的不淬硬齿轮,可用铣齿、滚齿或插齿直接达到加工精度要求。

2)对于8级及8级以下精度的淬硬齿轮,需在淬火前将精度提高一级,其加工方案可采用:滚(插)齿-齿端加工-齿面淬硬-修正内孔。

3)对于6~7级精度的不淬硬齿轮,其齿轮加工方案:滚齿-剃齿。

4)对于6~7级精度的淬硬齿轮,其齿形加工一般有两种方案:

a. 剃-珩磨方案　滚(插)齿-齿端加工-剃齿-齿面淬硬-修正内孔-珩齿。

b. 磨齿方案　滚(插)齿-齿端加工-齿面淬硬-修正内孔-磨齿。

剃-珩方案生产率高,广泛用于7级精度齿轮的成批生产中。磨齿方案生产率低,一般用于6级精度以上的齿轮。

5)对于5级及5级精度以上的齿轮,一般采用磨齿方案。

6)对于大批量生产,用滚(插)齿-冷挤齿的加工方案,可稳定地获得7级精度齿轮。

常用的齿形加工方法如表5-8。

表5-8　常用的齿形加工方法

加工方法	加工原理	加工质量		生产率	设　备	应用范围
		精度等级	齿面粗糙度 Ra/μm			
铣齿	成形法	9	6.3~3.2	较插齿、滚齿低	普通铣床	单件修配生产中,加工低精度外圆柱齿轮、锥齿轮、蜗轮
拉齿	成形法	7	1.6~0.4	高	拉床	大批量生产7级精度的内齿轮,因外齿轮拉刀制造甚为复杂,故少用
插齿	展成法	8~7	3.2~1.6	一般较滚齿低	插齿机	单件成批生产中,加工中等质量的内外圆柱齿轮、多联齿轮
滚齿	展成法	8~7	3.2~1.6	较高	滚齿机	单件和成批生产中,加工中等质量的外圆柱齿轮、蜗轮
剃齿	展成法	7~6	0.8~0.4	高	剃齿机	精加工未淬火的圆柱齿轮
珩齿	展成法	7~6	0.8~0.4	很高	珩齿机	光整加工已淬火的圆柱齿轮,适用于成批和大量生产
磨齿	成形法 展成法	6~3	0.8~0.2	成形法高于展成法	磨齿机	精加工已淬火的圆柱齿轮

七、齿轮加工设备

齿轮加工设备是加工齿轮齿面的机床。齿轮加工机床按加工对象的不同，分为圆柱齿轮加工机床和锥齿轮加工机床两大类。圆柱齿轮加工机床主要有滚齿机、插齿机、车齿机等；锥齿轮加工机床有加工直齿锥齿轮的刨齿机、铣齿机、拉齿机和加工弧齿锥齿轮的铣齿机；用于精加工齿轮齿面的有研齿机、剃齿机、珩齿机和磨齿机等。

1. 滚齿机

(1)滚齿原理　滚齿加工根据展成法原理加工齿轮的。滚齿的过程相当于一对交错螺旋齿轮副啮合滚动的过程，如图 5-21 所示。

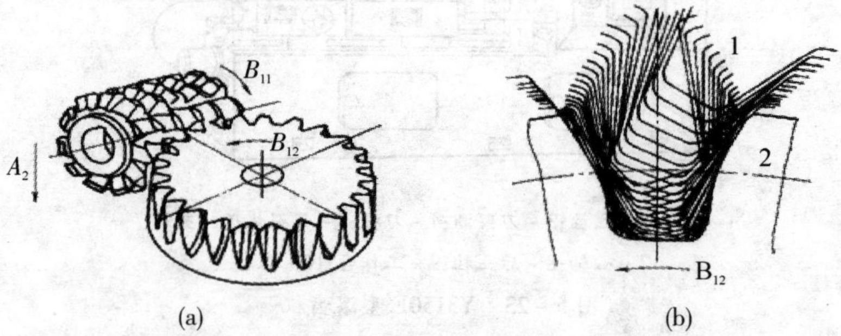

图 5-21　滚齿原理

(a)滚齿运动；(b)齿廓展成过程

(2)滚切直齿圆柱齿轮　滚切直齿圆柱齿轮的传动原理，如图 5-22 所示。

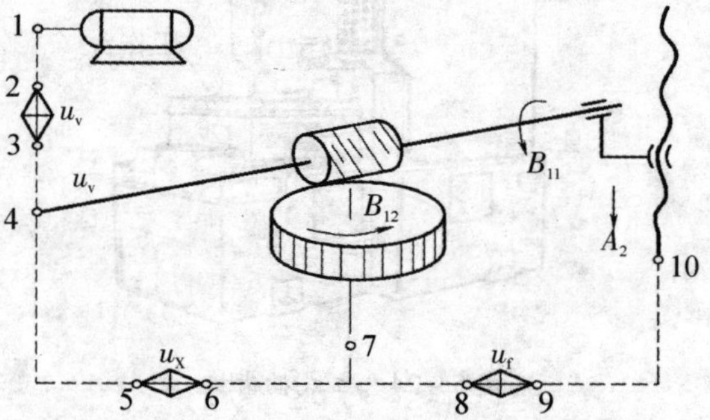

图 5-22　滚切直齿圆柱齿轮的传动原理

从图中可知，加工直齿圆柱齿轮时，需要滚刀旋转主运动 B_{11}、形成渐开线的展成运动 B_{12} 和滚刀的垂直进给运动 A_2 三条传动链。

(3)Y3150E 型滚齿机　滚齿机按工件的安装方式不同，可分为卧式和立式两种形式，卧式滚齿机适用于加工小模数齿轮和连轴齿轮，工件轴线水平安装；立式滚齿机适用于加工轴向尺寸较小而径向尺寸比较大齿轮。

Y3150E 型滚齿机为中型卧式滚齿机(图 5-23)，能加工直齿、斜齿圆柱齿轮，使用范围比较广泛。

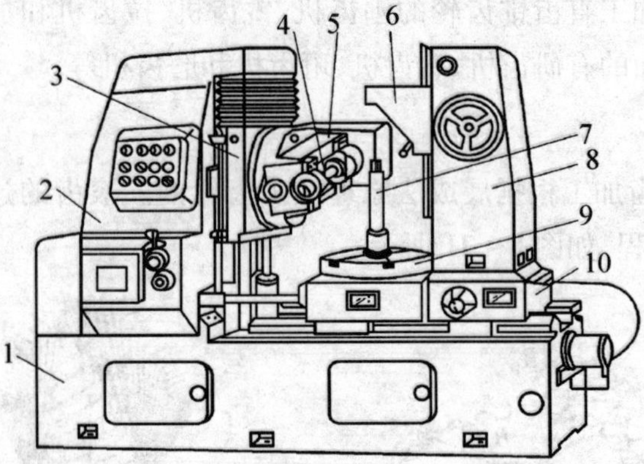

1－床身;2－立柱;3－刀架溜;4－刀杆;5－刀架体;6－支架;
7－心轴;8－后立柱;9－工作台;10－床鞍

图 5－23　Y3150E 型滚齿机

2. 插齿机

插齿机也是一种常见的齿轮加工机床,主要用于加工直齿圆柱齿轮,增加特殊的附件后也可以加工斜齿圆柱齿轮。对滚齿机无法加工的内齿轮和多联齿轮,使用插齿机加工尤为适宜。如图 5－24 所示。

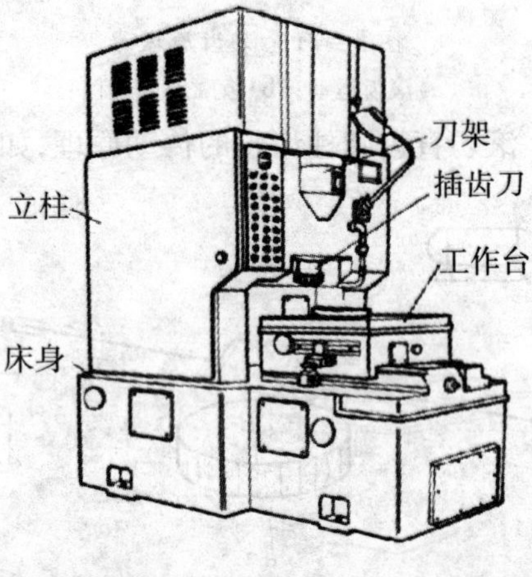

图 5－24　立式插齿机

插齿的原理相当于一对圆柱齿轮相啮合,其中一个假想的齿轮是工件,另一个齿轮转化为磨有前角、后角而形成切削刃的刀具——插齿刀。

插齿原理及运动如图 5－25 所示。

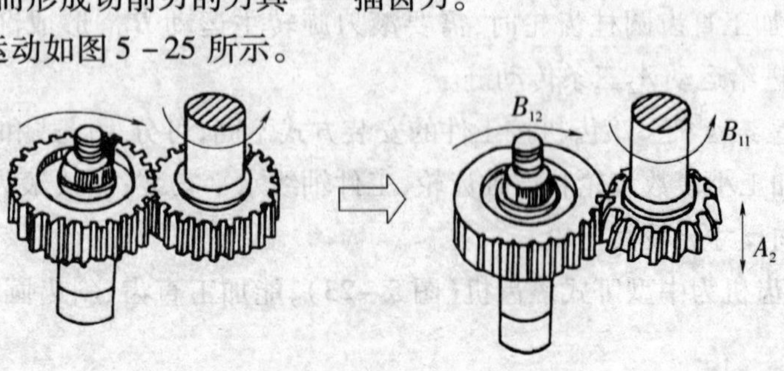

图 5－25　插齿原理及所需运动

3. 磨齿机

磨齿机是用于加工齿轮齿面的精加工机床，是用砂轮磨削，主要用于加工已淬硬的齿轮，但对模数较小的某些齿轮，可以直接在齿坯上磨出轮齿。

磨齿机的加工精度可达6级以上，属于精加工机床。按齿形的形成原理，磨齿也分为成形法及展成法两种。

（1）成形法磨齿　如图5－26所示。

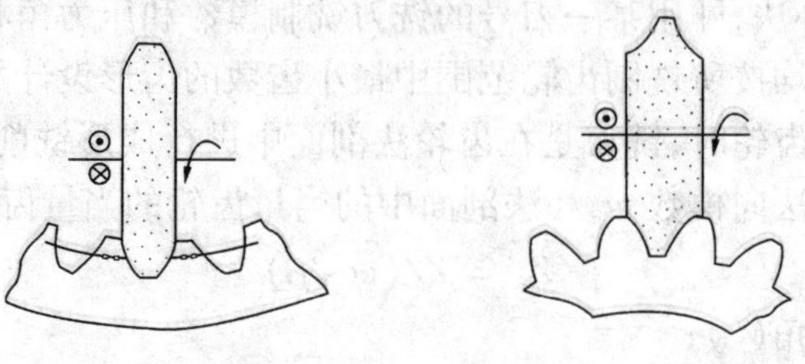

图5－26　成形法磨齿

（2）展成法磨齿　如图5－27所示。

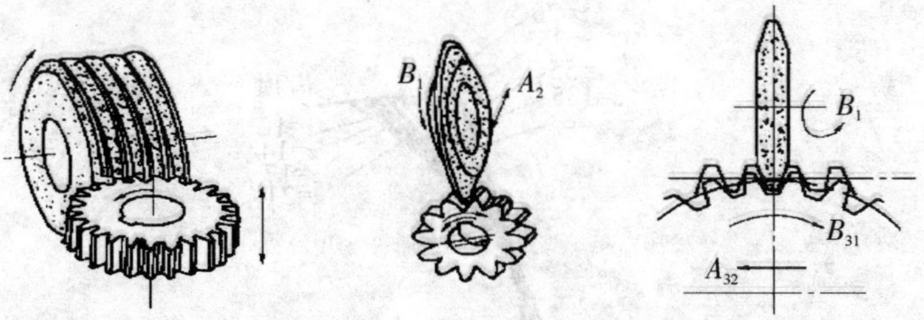

图5－27　展成法磨齿

八、齿轮加工刀具

用切削加工方法制造齿轮，可以分为成形法和展成法。成形法齿轮刀具的切削刃的廓形与被切齿轮齿槽的廓形相同或相似，通常适用于加工直齿槽工件（如直齿圆柱齿轮、齿条等），成形法使用的是成形齿轮刀具，常用成形齿轮刀具有盘形齿轮铣刀和指状齿轮铣刀，如图5－28所示；展成法使用的是齿轮形和齿条形刀具，常用的有插齿刀、齿轮滚刀和剃齿刀等。

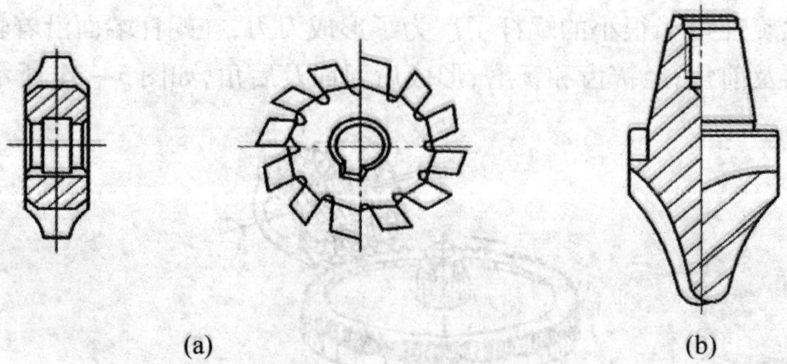

(a)　(b)

图5－28　成形齿轮铣刀

（a）盘形齿轮铣刀；（b）指状齿轮铣刀

1. 盘形齿轮铣刀

用模数盘形齿轮铣刀铣削直齿圆柱齿轮时，刀具廓形应与工件端剖面内的齿槽的渐开线廓形相同，如图 5－28(a) 所示。

当被铣削齿轮的模数、压力角相等，而齿数不同时，其基圆直径也不同，因而渐开线的形状（弯曲程度）也不同。因此铣削不同的齿数，应采用不同齿形的铣刀，即不能用一把铣刀铣制同一模数中所有齿数的齿轮齿形，如图 5－29 所示。但为了避免制造数量过多的盘形铣刀，生产上采用刀号的办法，即用某一刀号的铣刀铣制模数和压力角相同而齿数不同的一组齿轮。每号铣刀的齿形均按所铣制齿轮范围中最小齿数的齿形设计的。

用盘形铣刀铣制斜齿轮时，铣刀是在齿轮法剖面中进行成形铣削的。选择刀号时，铣刀模数应依照被切齿轮的法向模数 m_n 和法剖面中的当量齿轮的当量齿数 Z_v 选择。

$$Z_v = Z/(\cos^3\beta)$$

式中，β——斜齿轮螺旋角（°）；

Z_v——当量齿数；

Z——斜齿轮齿数。

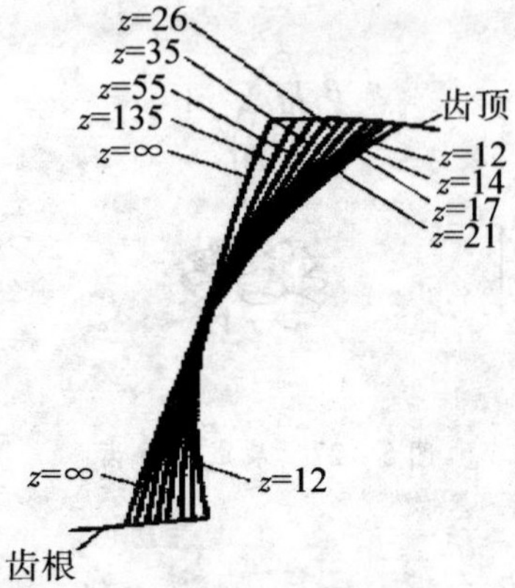

图 5－29　不同齿数的齿形

2. 齿轮滚刀

(1) 齿轮滚刀的形成　齿轮滚刀是依照螺旋齿轮副啮合原理，用展成法切削齿轮的刀具，齿轮滚刀相当于小齿轮，被切齿轮相当于一个大齿轮，如图 5－30 所示。齿轮滚刀是一个螺旋角 β_0 很大而螺纹头数很少（1～3 个齿），齿很长，并能绕滚刀分度圆柱很多圈的螺旋齿轮，这样就象螺旋升角 γ_z 很小的蜗杆了。为了形成刀刃，在蜗杆端面沿着轴线铣出几条容屑槽，以形成前面及前角；经铲齿和铲磨，形成后刀面及后角，如图 5－31 所示。

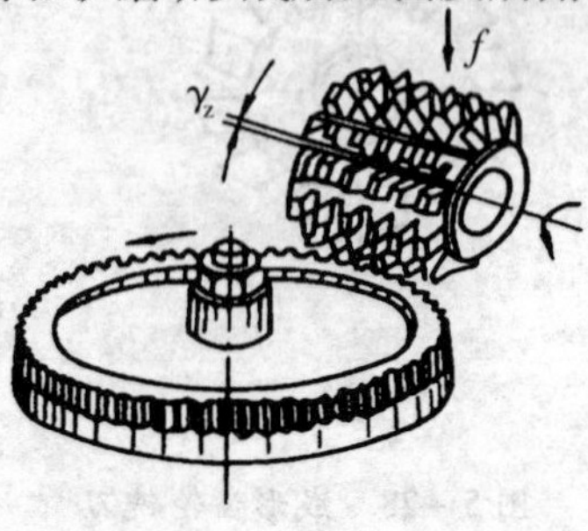

图 5－30　齿轮滚刀的工作原理

(2)齿轮滚刀的基本蜗杆 齿轮滚刀的两侧刀刃是前面与侧铲表面的交线,它应当分布在蜗杆螺旋表面上,这个蜗杆称为滚刀的基本蜗杆。基本蜗杆有以下三种。

1)渐开线蜗杆。渐开线蜗杆的螺纹齿侧面是渐开螺旋面,在与基圆柱相切的任意平面和渐开螺旋面的交线是一条直线,其端剖面是渐开线。渐开线蜗杆轴向剖面与渐开螺旋面的交线是曲线。用这种基本螺杆制造的滚刀,没有齿形设计误差,切削的齿轮精度高。然而制造滚刀困难。

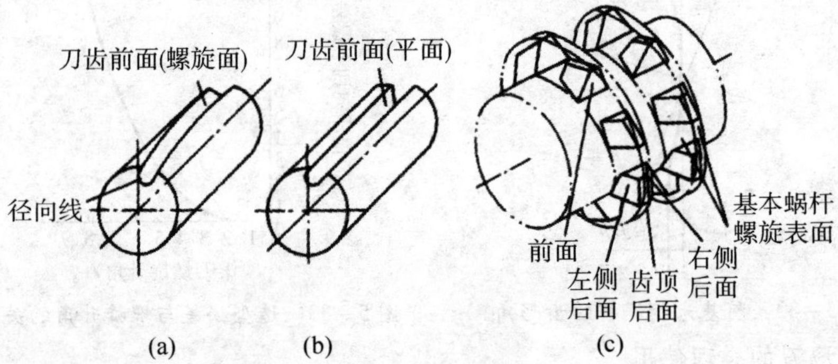

图 5-31 齿轮滚刀刃的形成及容屑槽

(a)螺旋槽;(b)直槽;(c)滚刀的基本蜗杆及各刀面

2)阿基米德蜗杆。阿基米德蜗杆的螺旋齿侧面是阿基米德螺旋面。通过蜗杆轴线剖面与阿基米德蜗螺旋面的交线是直线,其他剖面都是曲线,其端剖面是阿基米德螺旋线。用这种基本蜗杆制成的滚刀,制造与检验滚刀齿形均比渐开线蜗杆简单和方便。但有微量的齿形误差。不过这种误差在允许的范围之内,为此,生产中大多数精加工滚刀的基本蜗杆均用阿基米德蜗杆代替渐开线蜗杆。

3)法向直廓蜗杆。法向直廓蜗杆法剖面内的齿形是直线,端剖面为延长渐开线。用这种基本蜗杆代替渐开线基本蜗杆作滚刀,其齿形设计误差大,故一般作为大模数、多头和粗加工滚刀用。

(3)滚刀的齿形误差 用阿基米德蜗杆代替渐开线基本蜗杆作滚刀,切制的齿轮齿形存在着一定误差,这种误差称为齿形误差。由基本蜗杆的性质可知,渐开线基本蜗杆轴向剖面是曲线齿形,而阿基米德基本蜗杆轴向剖面是直线齿形。为了减少造型误差,应使基本蜗杆的轴向剖面直线齿形与渐开线基本蜗杆轴向剖面的理论齿形在分度圆处相切。阿基米德滚刀基本蜗杆轴向剖面齿形角 α_{x0},应等于渐开线蜗杆轴向剖面齿形的分度圆压力角,如图 5-32所示。由斜齿轮法向剖面与轴向剖面齿形角换算关系可得

$$\alpha_{x0} = \alpha_n/\cos\gamma_z$$

式中,α_{x0}——轴向剖面齿形角

α_n——渐开线蜗杆法向剖面分度圆压力角;

γ_z——滚刀基本蜗杆分度圆上螺旋升角。

由图 5-33 可知,造型误差随着螺旋升角 γ_z 的减小而减小。此外造型误差还随着滚刀分度圆直径的增加以及滚刀头数的减少而减小。一般造型误差的误差值很小,不会影

响滚齿的加工精度。例如 $m = 15$ mm 的零前角齿轮滚刀，当 $\gamma_z = 3°$时，造型误差约为 7 μm，而且误差方向是正，会使被切齿轮的齿顶和齿根多切去一些，相当于对齿轮起了修缘的作用。

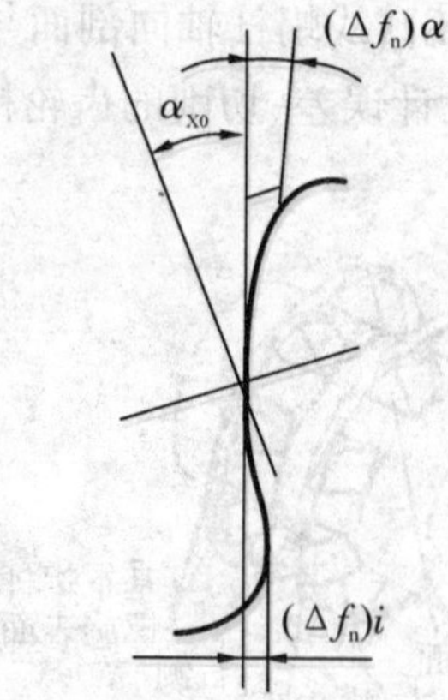

图 5－32　阿基米德蜗杆的齿形角

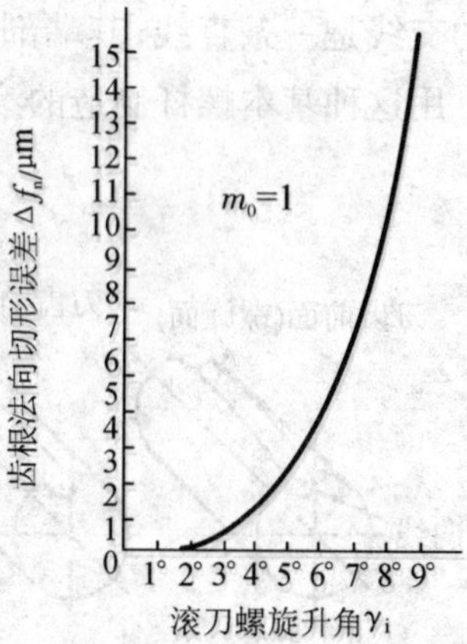

图 5－33　造型误差与螺旋升角的关系

(4)齿轮滚刀的合理使用

1)合理使用。按国家标准《高精度齿轮滚刀通用技术条件》的规定，Ⅰ型适用于 JB3327—83 规定的 AAA 级滚刀、GB6084—85 规定的 AA 级滚刀；Ⅱ型适用于 GB6084－85 所规定的 AA、A、B、C 级四种精度的滚刀。一般情况下，AA 级滚刀可加工 6～7 级齿轮，A 级可加工 7～8 级齿轮，B 级可加工 8～9 级齿轮，C 级可加工 9～10 齿轮。

2)正确安装。滚刀安装在滚齿机的心轴上，需要用千分表检验滚刀两端凸台的径向圆跳动不大于 0.005 mm。如图 5－34 所示。

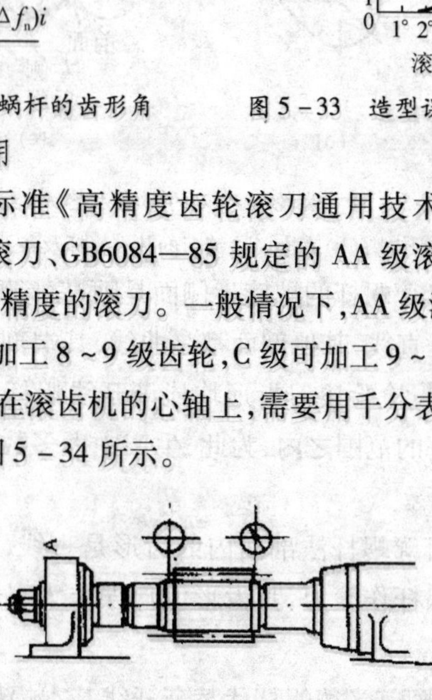

图 5－34　滚刀轴台跳动量的检查

3)适时窜位。滚刀在滚切齿轮时，通常情况下只有中间几个刀齿切削工件，因此这几个刀齿容易磨损。为使各刀齿磨损均匀，延长滚刀耐用度，可采取当滚刀切削一定数量的齿轮后，用手动或机动方法沿滚刀轴线移动一个或几个齿距，以提高滚刀寿命。

4)及时重磨。滚齿时，当发现齿面粗糙度 Ra 大于 3.2 μm，或有光斑、声音不正常，或在精切齿时滚刀刀齿后刀面磨损超过 0.2～0.5 mm，粗切齿超过 0.8～1.0 mm 时，就应重磨滚刀。对滚刀的重磨必须予以重视，使切削刃仍处于基本蜗杆螺旋面上，如果滚刀重磨不正确，会使滚刀失去原有的精度。

滚刀的刃磨应在专用滚刀刃磨机床上进行。若没有专用刃磨机床，可在万能工具磨床上装一专用夹具来重磨滚刀。专用夹具使滚刀作螺旋运动，并精密分度。注意不能徒手刃磨。

3. 插齿刀

(1)插齿刀的产生齿轮 插齿刀的形状很像齿轮,它的模数和名义齿形角等于被加工齿轮的模数和齿形角,不同的是插齿刀有切削刃和前后角。用螺母紧固在机床主轴上的插齿刀随主轴一起往复运动,它的切削刃便在空间形成一个假想齿轮,称为产生齿轮,如图 5-35(a)所示。加工斜齿圆柱齿轮时用的是斜齿插齿刀,如图 5-35(b)所示,除了它的模数和齿形角应和被加工齿轮的相等外,其螺旋角还应和被加工齿轮的螺旋角大小相等,旋向相反。插齿时,插齿刀作主运动和展成运动的同时,还有一个附加的转动,使切削刃在空间形成一个假想的斜齿圆柱齿轮,此时好像一对轴线平行的斜齿圆柱齿轮啮合。

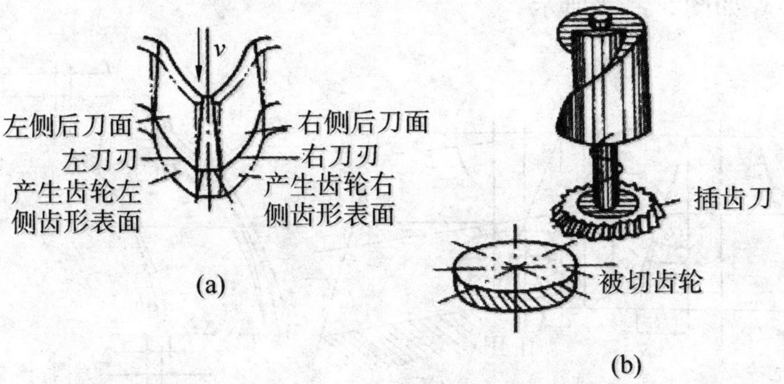

图 5-35 插齿刀切齿原理

(a)刀齿与产生齿轮;(b)插齿刀加工斜齿圆柱齿轮

(2)直齿插齿刀的结构特点

1)插齿刀不同的端剖面是一个连续的变位齿轮。

插齿刀的每一个刀齿都有三个刀刃,一个顶刃和两个侧刃。如图 5-35 可知,由于插齿刀要有后角,所以仅切削刃处在产生齿轮表面上,顶刃后刀面和侧刃后刀面均缩在铲形齿轮以内。随着插齿刀沿前刀面重磨,直径逐渐缩小,齿厚也逐渐变薄。但要求齿形仍为同一基圆上的渐开线,这样才可以保证通过调节插齿刀与齿轮中心距后,仍能切出正确的渐开线齿形。为了满足这一要求,插齿刀各端剖面中的齿轮,应为同一基圆具有不同变位系数的齿轮齿形。由图 5-36 所示,若 0-0 剖面中具有标准齿形,该剖面称为原始剖面,其变位系数 $\chi=0$。在原始剖面前端各剖面中,变位系数为正值。新插齿刀端剖面内(即Ⅰ-Ⅰ剖面),χ 值最大。在原始剖面的后端剖面中,变位系数为负值。使用到最后的插齿刀端剖面内(Ⅱ-Ⅱ),χ 值最小。

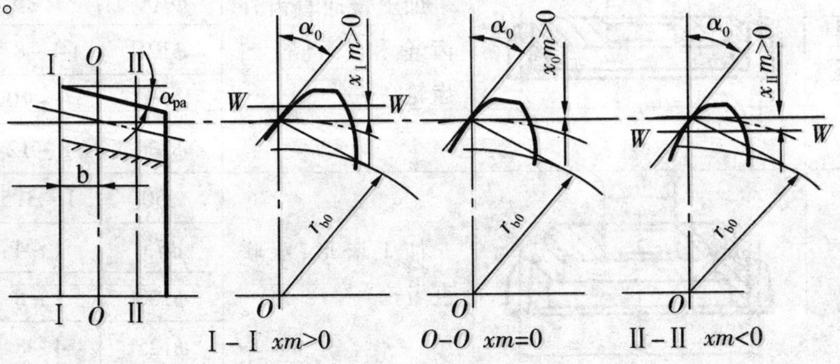

图 5-36 插齿刀不同剖面的齿形

2)插齿刀的齿侧面是渐开螺旋面。为了使插齿刀的每个端剖面齿形成为变位系数不同的齿轮,将齿顶齿根按后角 α_{pa} 做成圆锥体,并按分度圆柱上螺旋角 β_0 值,将齿左侧磨成右旋渐开螺旋面,将齿右侧磨成左旋渐开螺旋面。这样一来,由渐开螺旋面的性质可知,齿侧表面在端剖面的截形仍是渐开线,并获得相等的两侧刃后角。

3)插齿刀的前角和齿形误差。为了减少齿轮误差,标准插齿刀规定 $\gamma_{pa}=5°$,$\alpha_{pa}=6°$。在制造插齿刀时,将分度圆压力角做得比标准齿形角略大些,以保证插齿刀加工出的齿轮在分度处的压力角为标准值。经过修正后的插齿刀在端面投影的曲线分度圆处的压力角为标准值,齿顶和齿根处略微增大,这样会使被切齿轮在齿顶和齿根处产生微量根切,有利于减少啮合时的噪声。如图 5-37 所示。

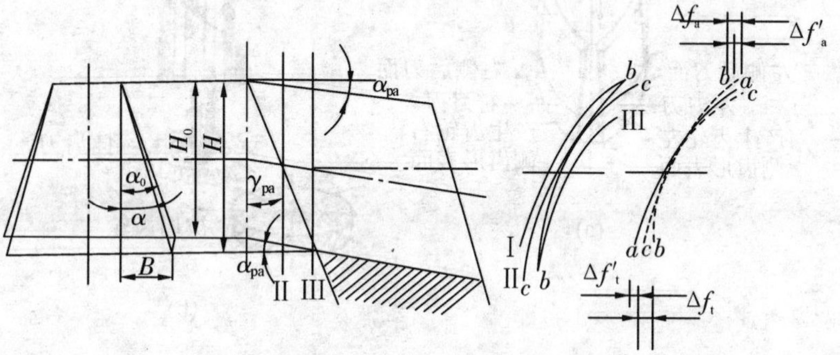

(a) (b)

图 5-37 插齿刀齿形误差及原始齿形角修正

(a)原始齿形角修正;(b)插齿刀齿形误差

(3)插齿刀的分类及选用 插齿刀的类型及应用范围如表 5-9 所示。

选用插齿刀时,除了根据被切齿轮的种类选定插齿刀的类型,使插齿刀的模数、齿形角和被切齿轮的模数、齿形角相等外,还需根据被切齿轮参数进行必要的校验,以防切齿时发生根切、顶切和过渡曲线干涉等。

插齿刀制成 AA、A、B 三级精度,分别加工 6、7、8 级精度的齿轮。

表 5-9 插齿刀的主要类型、规格和应用范围

序号	类型	简图	应用范围	规格		d_1/mm 或莫氏锥度
				d_0/mm	m/mm	
1	盘形直齿插齿刀	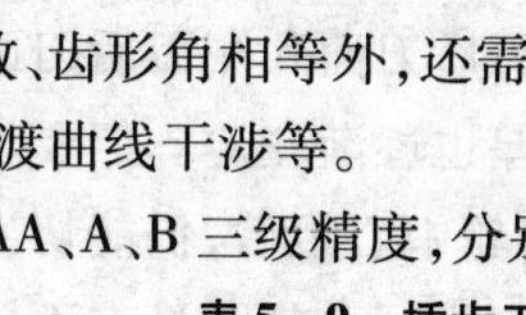	加工普通直齿外齿轮和大直径内齿轮	$\phi75$	1~4	31.743
				$\phi100$	1~6	
				$\phi125$	4~8	
				$\phi160$	6~10	88.90
				$\phi200$	8~12	101.60
2	碗形直齿插齿刀	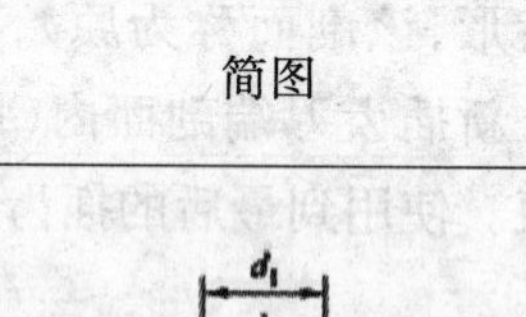	加工塔形、双联直齿轮	$\phi50$	1~3.5	20
				$\phi75$	1~4	31.743
				$\phi100$	1~8	
				$\phi125$	4~8	

续表

序号	类型	简图	应用范围	规格		d_1/mm 或莫氏锥度
				d_0/mm	m/mm	
3	锥柄直齿插齿刀	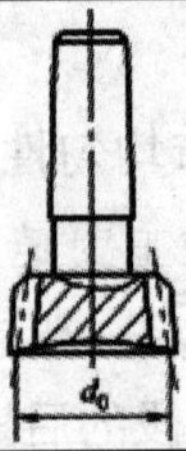	加工直齿内齿轮	$\phi25$	1～2.75	莫氏锥度2号
				$\phi38$	1～3.75	莫氏锥度3号

任务实施

一、产品零件图的分析

1. 主要技术要求

1）$\phi238_{-0.3}^{0}$外圆柱面（齿顶圆）对$\phi95.2$内孔的同轴度允差为0.04 mm，表面粗糙度Ra为1.6μm。

2）A、B端面对$\phi95.2$内孔的轴线的垂直度公差分别为0.02 mm、0.05 mm，A、B端面的表面粗糙度Ra为1.6 μm。

3）圆柱齿轮的分度圆直径$\phi231$，表面粗糙度Ra为0.8 μm。

4）圆柱齿轮的内孔是锥孔，小端直径为$\phi95.2$ mm，圆锥度1∶12，圆柱齿轮的内孔表面粗糙度Ra为0.8 μm。

5）圆柱齿轮的内孔键槽宽25 mm对$\phi95.2$内孔轴线的对称度为0.02 mm。

6）热处理：齿面淬火处理，硬度达到HRC50～55。

2. 材料与毛坯

1）材料为45钢，

2）毛坯为锻件，可以锻造出孔，留出一定的加工余量。

3. 定位基准的选择

1）分别以$\phi238_{-0.3}^{0}$、$\phi130$外圆柱面和端面为基准，在一次装夹中粗精车出A面、$\phi130$外圆及B面、$\phi238_{-0.3}^{0}$外圆及$\phi95.2$内孔；

2）可用$\phi95.2$内孔作为精基准，精车$\phi130$、$\phi2380-0.3$外圆及端面A、B到尺寸；以$\phi2380-0.3$外圆及端面作为精基准，精车锥孔，保证锥度1∶12。

3）以锥孔$\phi95.2$和端面A为精基准，滚齿、倒角、剃齿。

4）以$\phi130$外圆柱面和端面A作为定位基准，插键槽、磨内孔锥度。

4. 加工路线的拟定

齿轮加工工艺过程大致要经过以下几个阶段：

毛坯制造－齿坯热处理－齿坯加工－齿形加工－齿圈热处理－齿轮定位表面精加工－

齿圈精加工。

二、零件加工工艺过程分析

1. 齿坯机械加工阶段

由于齿轮的传动精度主要决定于齿形精度和齿距分布均匀性，而这与切齿时采用的定位基准（孔和端面）的精度有着直接的关系，所以，这个阶段主要是为下一阶段加工齿形准备精基准，使齿的内孔和端面的精度基本达到规定的技术要求。在这个阶段中除了加工出基准外，对于齿形以外的次要表面的加工，也应尽量在这一阶段的后期加以完成。

2. 是齿形的加工阶段

对于不需要淬火的齿轮，一般来说这个阶段也就是齿轮的最后加工阶段，经过这个阶段就应当加工出完全符合图样要求的齿轮来。对于需要淬硬的齿轮，必须在这个阶段中加工出能满足齿形的最后精加工所要求的齿形精度，所以这个阶段的加工是保证齿轮加工精度的关键阶段，应予以特别注意。

3. 热处理阶段

在这个阶段中主要对齿面的淬火处理，使齿面达到规定的硬度要求。

4. 齿形的精加工阶段

这个阶段的目的，在于修正齿轮经过淬火后所引起的齿形变形，进一步提高齿形精度和降低表面粗糙度，使之达到最终的精度要求。在这个阶段中首先应对定位基准面（孔和端面）进行修整，因淬火以后齿轮的内孔和端面均会产生变形，如果在淬火后直接采用这样的孔和端面作为基准进行齿形精加工，是很难达到齿轮精度的要求的。以修整过的基准面定位进行齿形精加工，可以使定位准确可靠，余量分布也比较均匀，以便达到精加工的目的。

三、定位基准的确定

定位基准的精度对齿形加工精度有直接的影响。

（1）轴类齿轮的齿形加工一般选择顶尖孔定位，某些大模数的轴类齿轮多选择齿轮轴颈和一端面定位。

（2）盘套类齿轮的齿形加工常采用两种定位基准。

1）内孔和端面定位。选择内孔和端面定位，既是设计基准又是测量和装配基准，又是符合“基准重合”原则，又能使齿形加工等工序基准统一，只要严格控制内孔精度，在专用芯轴上定位时不需要找正。故生产率高，广泛用于成批生产中。

2）外圆和端面定位。齿坯内孔在通用芯轴上安装，用找正外圆来决定孔中心位置，故要求齿坯外圆对内孔的径向跳动要小。因找正效率低，一般用于单件小批生产。

四、齿端加工

齿轮的齿端加工有倒圆、倒尖、倒棱和去毛刺等。倒圆、倒尖后的齿轮，沿轴向滑动时容易进入啮合。倒棱可去除齿端的锐边，这些锐边经渗碳淬火后很脆，在齿轮传动中易崩裂。

用铣刀进行齿端倒圆，倒圆时铣刀在高速旋转的同时沿圆弧作往复摆动（每加工一齿往复摆动一次）。加工完一个齿后工件沿径向退出，分度后再送进加工下一个齿端。

齿端加工必须安排在齿轮淬火之前，通常多在滚（插）齿之后。

五、精基准修正

齿轮淬火后基准孔产生变形，为保证齿形精加工质量，对基准孔必须给予修正。

对外径定心的花键孔齿轮，通常用花键推刀修正。推孔时要防止歪斜，有的工厂采用加长推刀前引导来防止歪斜，已取得较好效果。

对圆柱孔齿轮的修正，可采用推孔或磨孔，推孔生产率高，常用于未淬硬齿轮；磨孔精度高，但生产率低，对于整体淬火后内孔变形大硬度高的齿轮，或内孔较大、厚度较薄的齿轮，则以磨孔为宜。

磨孔时一般以齿轮分度圆定心，这样可使磨孔后的齿圈径向跳动较小，对以后磨齿或珩齿有利。为提高生产率，有的工厂以金刚镗代替磨孔也取得了较好的效果。

六、圆柱齿轮的工艺规程的编制

根据决策、计划阶段所制定的加工方案让学生以小组的形式，结合生产组织类型，编制出圆柱齿轮单件小批量生产时的机械加工工艺过程，如表5－10所示。

表5－10 圆柱齿轮单件小批生产机械加工工艺过程

序号	工序内容及要求	定位基准	加工设备
1	毛坯锻造		
2	正火		
3	粗车外圆和端面，留精车加工余量1～1.5 mm	外圆、端面	CA6140
4	精车外圆、内孔和端面，内孔至锥孔塞规线外露6～8 mm，其余达图样要求	外圆、内孔、端面	CA6140
5	滚齿 $Z=66$，留剃齿余量0.06～0.08 mm	内孔、端面B	Y3150E
6	倒角齿轮齿端面倒12°圆角	内孔、端面B	倒角机
7	插键槽达到图样要求	外圆、端面B	插床
8	去毛刺		
9	剃齿	内孔、端面B	Y5714
10	热处理：齿面淬火后硬度达到HRC50～55		
11	磨内锥孔，磨至塞规小端平	外圆、端面B	M224
12	珩齿达图样要求	内孔、端面B	Y5714
13	检验、入库		

七、圆柱齿轮的加工工艺验证

圆柱齿轮的加工工序比较多，学生以小组的形式分配到车间，可以直接在机械加工中心实施零件实体加工，跟踪圆柱齿轮零件加工的全过程，验证所制定的工艺，并详细地做好记录、归档工作。

请沿此线剪下 请沿此线剪下 请沿此线剪下

资讯单

学习领域	零件加工工艺编制与实施		
学习情境五	圆柱齿轮零件加工工艺编制与实施	学时	20
资讯方式	学生自由组合分成4个小组,每组选出1名组长,各组根据任务单和资讯单查询资料,完成必要的信息搜集,找出相关问题的答案,每组准备发言。		
资讯问题	1. 分析圆柱齿轮零件的功用和结构特点。 2. 分析圆柱齿轮零件的技术要求、材料与毛坯。 3. 如何选择圆柱齿轮零件的定位基准和装夹方法? 4. 了解圆柱齿轮零件的加工方法和加工方案。 5. 分析圆柱齿轮零件的加工要求及工艺性。 6. 简述编制圆柱齿轮零件机械加工工艺过程。 7. 圆柱齿轮零件的主要检验项目有哪些? 8. 如何选择齿轮加工设备、刀具及夹具?		
资讯引导	以上资讯问题请查阅以下书籍: 1.《机械制造工艺与工装》,主编:何七荣,高等教育出版社。 2.《车工工艺与技能训练》,主编:蒋增福,高等教育出版社。 3.《机械制造工艺》,主编:孔凡杰,大连理工大学出版社。 4.《金属机械加工工艺人员手册》,主编:赵如福,上海科学技术出版社。 5.《金属切削原理与刀具》,主编,陆剑中,周志明,机械工业出版社。		

请沿此线剪下

决策单

<table>
<tr><td colspan="2">学习领域</td><td colspan="6">零件加工工艺编制与实施</td></tr>
<tr><td colspan="2">学习情境五</td><td colspan="3">圆柱齿轮零件加工工艺编制与实施</td><td>学　时</td><td colspan="2">20</td></tr>
<tr><td colspan="8">方案讨论</td></tr>
<tr><td rowspan="6">方案对比</td><td>组号</td><td>工作流程的正确性</td><td>知识运用的科学性</td><td>内容的完整性</td><td>方案的可行性</td><td>人员安排的合理性</td><td>综合评价</td></tr>
<tr><td>1</td><td></td><td></td><td></td><td></td><td></td><td></td></tr>
<tr><td>2</td><td></td><td></td><td></td><td></td><td></td><td></td></tr>
<tr><td>3</td><td></td><td></td><td></td><td></td><td></td><td></td></tr>
<tr><td>4</td><td></td><td></td><td></td><td></td><td></td><td></td></tr>
<tr><td>5</td><td></td><td></td><td></td><td></td><td></td><td></td></tr>
<tr><td>方案评价</td><td colspan="7">评语：</td></tr>
<tr><td>班级</td><td></td><td>组长签字</td><td></td><td>教师签字</td><td></td><td colspan="2">月　　日</td></tr>
</table>

请沿此线剪下

请沿此线剪下

请沿此线剪下

计划单

<table>
<tr><td>学习领域</td><td colspan="6">零件加工工艺编制与实施</td></tr>
<tr><td>学习情境五</td><td colspan="3">圆柱齿轮零件加工工艺编制与实施</td><td>学 时</td><td colspan="2">20</td></tr>
<tr><td>计划方式</td><td colspan="6">分组讨论，制订各组的实施操作计划和方案</td></tr>
<tr><td>序 号</td><td colspan="4">实施步骤</td><td colspan="2">使用资源</td></tr>
<tr><td>1</td><td colspan="4"></td><td colspan="2"></td></tr>
<tr><td>2</td><td colspan="4"></td><td colspan="2"></td></tr>
<tr><td>3</td><td colspan="4"></td><td colspan="2"></td></tr>
<tr><td>4</td><td colspan="4"></td><td colspan="2"></td></tr>
<tr><td>5</td><td colspan="4"></td><td colspan="2"></td></tr>
<tr><td>制订计划
说明</td><td colspan="6"></td></tr>
<tr><td rowspan="3">计划评价</td><td>班 级</td><td></td><td>第 组</td><td>组长签字</td><td colspan="2"></td></tr>
<tr><td>教师签字</td><td colspan="2"></td><td>日 期</td><td colspan="2"></td></tr>
<tr><td colspan="6">评语：</td></tr>
</table>

请沿此线剪下

请沿此线剪下

请沿此线剪下

实施单

学习领域	零件加工工艺编制与实施		
学习情境五	圆柱齿轮零件加工工艺编制与实施	学时	20
实施方式	分组实施，按具体的实施情况填写此单		
序号	实施步骤	使用资源	
1			
2			
3			
4			
5			
6			
7			
8			
9			
10			

实施说明：

班　级		第　组	组长签字	
教师签字			日　期	

请沿此线剪下

请沿此线剪下

请沿此线剪下

请沿此线剪下

请沿此线剪下

检查单

<table>
<tr><td>学习领域</td><td colspan="4">零件加工工艺编制与实施</td></tr>
<tr><td>学习情境五</td><td colspan="2">圆柱齿轮零件加工工艺编制与实施</td><td>学时</td><td>20</td></tr>
<tr><td>序号</td><td>检查项目</td><td>检查标准</td><td>学生自检</td><td>教师检查</td></tr>
<tr><td>1</td><td>目标认知</td><td>工作目标明确，工作计划具体结合实际，具有可操作性。</td><td></td><td></td></tr>
<tr><td>2</td><td>理论知识</td><td>掌握常用量具的使用方法，能够进行简单轴类零件加工工艺的编制。</td><td></td><td></td></tr>
<tr><td>3</td><td>基本技能</td><td>能够运用所学的知识进行完整的方案设计，并顺利完成任务。</td><td></td><td></td></tr>
<tr><td>4</td><td>学习能力</td><td>能在教师的指导下自主学习，全面地理解和掌握相关知识和技能。</td><td></td><td></td></tr>
<tr><td>5</td><td>工作态度</td><td>在完成任务过程中积极参与，主动地完成分配的任务。</td><td></td><td></td></tr>
<tr><td>6</td><td>团队合作</td><td>积极地与他人沟通、合作，共同完成工作任务。</td><td></td><td></td></tr>
<tr><td>7</td><td>工具运用</td><td>熟练利用资料单进行自学，学会利用网络进行有关资料的查询。</td><td></td><td></td></tr>
<tr><td>8</td><td>任务完成</td><td>保质保量，按时圆满完成工作任务。</td><td></td><td></td></tr>
<tr><td>9</td><td>演示情况</td><td>能按要求熟练地进行操作，效果好。</td><td></td><td></td></tr>
<tr><td rowspan="3">检查评价</td><td>班　级</td><td>　　　　第　组</td><td>组长签字</td><td></td></tr>
<tr><td>教师签字</td><td></td><td>日　期</td><td></td></tr>
<tr><td colspan="4">评　语：</td></tr>
</table>

请沿此线剪下

请沿此线剪下

请沿此线剪下

评价单

表一 零件加工工艺编制与实施课程考评表(学生自评表)

评价要点	评价标准			
	优	良	中	差
与完成项目相关的材料是否齐全(20)				
制定的项目工作方案是否及时,完成质量如何(20)				
项目工作方案是否完善,完善情况如何(10)				
项目实施过程中的原始记录是否符合要求(10)				
有关分析任务的实施报告是否符合要求(10)				
出具检测功能是否符合系统设计要求(10)				
课堂汇报是否流利、有见解(10)				
归档文件的条理性、整齐性、美观性(10)				
总计				
改进意见:				

请沿此线剪下

表二　零件加工工艺编制与实施课程考评表(教师用表)

考核项目	考核内容	考核要求及评分标准	配分	得分	备注
工艺技术	正确、完整、规范、清晰	编制的工艺切实可行、合理,符合工艺要求,操作安全可靠。(每错1处扣2分,工艺过程零乱扣4分)	20分		
生产成本	机床、刀具、夹具、量具及毛坯选用	工艺装备(机床、工装)、刀具、量具、毛坯选择合理。(每错用1处扣3分,生产成本超出预算扣2分)	20分		
工艺规范性	工艺文件	合理、实用、完整,工艺技术和检测技术先进,操作方便。(每少1项扣2分)	10分		
工艺调试与运行	调试与运行	实施过程中发现问题,能够随时解决,有创新意识。(每少1项功能扣2分)	25分		
工艺说明书	按照项目要求完成	内容表述完整、正确。(每缺1项功能说明扣1分)	5分		
安全文明意识	正确使用设备和工具	设备操作正确,工具使用得当,无操作事故。(发生事故扣10分;违反工艺纪律每次扣2分)	10分		
团队协作精神	小组成员分工协作	每人均有任务,都能完成任务,并积极参与。(不参与者每人扣5分;未能完成任务者每人扣2分)	10分		
总分		评语:			

注:每项扣分最多扣完该项配分为止,加分不限。

请沿此线剪下

请沿此线剪下

请沿此线剪下 请沿此线剪下 请沿此线剪下

表三 零件加工工艺编制与实施课程考评表(学生互评表)

评价项目	评价标准			
	优 8~10	良 6~8	中 4~6	差 2~4
1. 学习态度是否主动,是否能按时保质的完成教师布置的学习任务(10)				
2. 是否完整地记录研讨活动的过程,收集的有关的资料是否完整、有针对性(10)				
3. 能否根据学习资料对项目进行合理分析,制订出切实可靠的加工方法和加工方案(10)				
4. 是否能够完全领会教师的授课内容,并迅速的掌握操作(10)				
5. 是否积极参与各种讨论与演讲,并能清晰的表达自己的观点(10)				
6. 能否按照设计方案独立或合作完成工艺规程(10)				
7. 在验证所编制工艺规程过程中出现的问题能否主动思考,并运用所学的知识进行加以解决(10)				
8. 通过设计、操作训练是否达到要求能力目标(10)				
9. 能否确保安全、可靠与团队合作精神(10)				
10. 实训过程中是否保持整洁、有序和规范的工作环境(10)				
总评				
改进意见:				

知识拓展（圆柱齿轮的检测）

一、齿轮零件的检验项目

1. 齿轮检验按其目的可分为验收检验和工艺检验

验收检验时可选用与齿轮使用条件相近的齿轮单面啮合综合检验，或选用表5-5所示的公差组中的公差，根据需要组合进行检验，以便按齿轮精度要求全面地评定齿轮加工质量，确定其是否合格。

工艺检验时可采用齿形误差、基节偏差、公法线长度变动和齿圈径向跳动等单项检验项目，以分析该工序的加工误差，评定机床-刀具-工件系统的精度。齿轮侧隙用齿厚偏差与公法线平均长来检验。

2. 渐开线圆柱齿轮（GB/T 10095）检验要求

（1）必检项目有单个齿距极限偏差、齿距累积总公差、齿廓总公差、螺旋线总公差、径向综合偏差、径向跳动。

（2）非必检项目有切向综合偏差、齿廓形状偏差、齿廓倾斜偏差、螺旋线形状偏差、螺旋线倾斜偏差。

（3）除另有规定外，均在接近齿高中部的位置测量。

（4）当测量切向综合偏差时，产品齿轮在适当的中心距下（有一定的侧隙）与测量齿轮单面啮合，同时要加上一轻微而足够的载荷。

二、检验组的选择

选择检验组或检验项目时，应考虑齿轮精度等级、尺寸大小、生产批量和检测设备等。各种齿轮常用的检验组，如表5-11所示。

表5-11 各种齿轮常用的检验组

精度等级	测量分度齿轮	汽轮机齿轮	航空齿轮、汽车齿轮、机床齿轮、牵引齿轮		拖拉机齿轮、起重机齿轮、一般齿轮	
	3~5	3~6	4~6	6~8	6~9	9~11
Ⅰ公差组	$\Delta F'_i$ ΔF_p	$\Delta F'_i$ ΔF_p	ΔF_p $\Delta F'_i$	$\Delta F_r \Delta F_w$ $\Delta F''_i \Delta F_w$	$\Delta F_r \Delta F_w$ $\Delta F''_i \Delta F_w$	$\Delta F_r \Delta F_p$
Ⅱ公差组	$\Delta f'_i$ Δf_{pb} Δf_f	$\Delta f_{f\beta}$ $\Delta f'_i$	$\Delta f_f \Delta f_{pb}$ $\Delta f_f \Delta f_{pt}$	Δf_f Δf_{pb} $\Delta f''_i$	Δf_f Δf_{pb} $\Delta f''_i$	Δf_{pt}
Ⅲ公差组	Δf_β	$\Delta f_{px} \Delta f_f$ $\Delta f_{px} \Delta f_b$	Δf_β	Δf_β	Δf_β	Δf_β

例5-1 精密分度机构和仪器读数机构中的齿轮（分度、读数齿轮）主要要求是传递运

动的准确性，可按传递链运动精度要求，由误差传递规律计算而定出第Ⅰ公差组的精度等级，然后再按工作条件确定其他精度要求。

例 5-2 汽轮机减速器齿轮（高速动力齿轮）的特点是传递功率大、速度高，要求传递平稳、噪声及振动小，同时也有较高的齿面接触要求。因此，首先按圆周速度或噪声强度要求确定第Ⅱ公差组的精度等级，而第Ⅲ公差组精度不宜低于第Ⅱ公差组，第Ⅰ公差组的精度等级也不能过低。

例 5-3 轧钢、矿山及起重机等机械用齿轮（低速动力齿轮）特点是传递功率大、速度低，主要要求齿面接触良好。因此，首先按照强度和寿命要求确定第Ⅲ公差组的精度等级；其次第Ⅱ公差组误差项目（如 Δf_{pb} 与 Δf_f）也影响齿面接触精度，故其精度等级不应过分低于第Ⅲ公差组。

三、齿轮的测量原理

1. 齿轮公法线长度变动 ΔF_W

齿轮是指实际公法线长度的最大值与最小值之差，即 $\Delta F_W = W_{max} - W_{min}$，它是评定齿轮运动准确性的指标之一。

齿轮公法线平均长度偏差 $\Delta E_{wm} = W_{平均} - W_{公称}$ ΔE_{wm} 是指齿轮在一周范围内，齿轮公法线实际长度的平均值与公称值之差，即它是用来控制齿轮啮合时的齿侧间隙。

公法线长度可用公法线千分尺、公法线指示卡规或万能测齿仪等计量器具测量。公法线千分尺是在普通外径千分尺测头上安装两个大平面测头，其读数方法与普通千分尺相同。如图 5-38 所示。

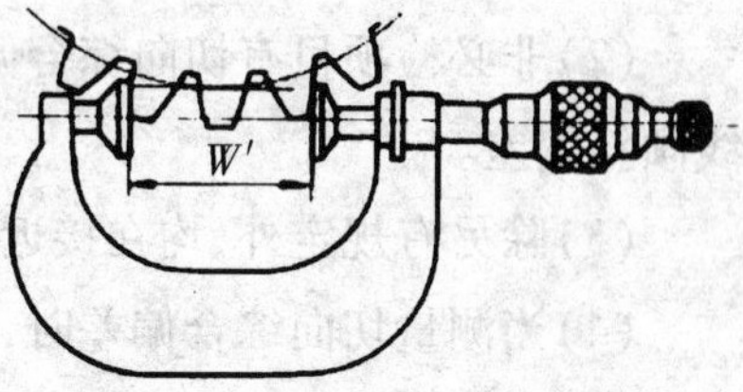

图 5-38　公法线长度测量

2. 齿圈径向跳动误差 ΔF_r

齿圈是指在齿轮一转范围内，测头在齿槽内或在轮齿上，于齿高中部双面接触，测头相对齿轮轴线的最大变动量，即最大值和最小值之差，见图 5-39。它可以用齿圈径向跳动检查仪，也可用万能测齿仪等具有顶针架的仪器测量。

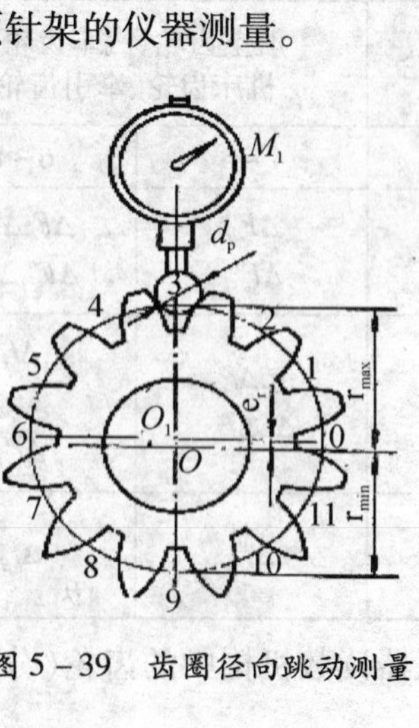

图 5-39　齿圈径向跳动测量

图 5-40 所示为齿圈径向跳动检查仪外形图。芯轴 11 装入被测齿轮后，安装在左右顶针 5 之间，两顶针架在滑板 1 上。转动手轮 2 可使滑板 1 及其上之承载物一起左右移动。在底座后方螺旋立柱 6 上有一表架，百分表 10 装在表架前弹性夹头中。拨动抬升器 9 可使百分表测量头 13 放入齿槽或退出齿槽。齿圈径向跳动检查仪还附有不同直径的测量头，用于测量各种模数的齿轮。附有各种杠杆，用于测量锥齿轮和内齿轮的齿圈跳动。

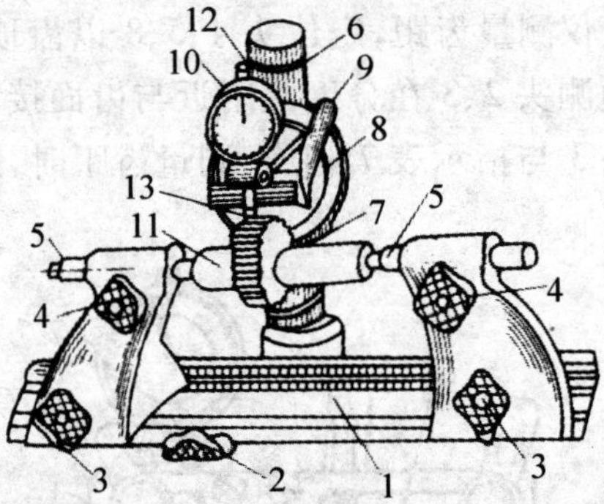

1－滑板；2－转动手轮；3－顶针架锁紧螺钉；4－项针锁紧螺钉；5－项针；6－螺旋立柱；7－齿轮；8－微调手轮；9－拨动抡升器；10－百分表；11－芯轴；12－手提测量杆的表头；13－百分表测量头

图 5-40 齿圈径向跳动检查仪

3. 齿厚偏差 ΔE_s

齿厚偏差 ΔE_s 是指实际齿厚和公称齿厚之差。它是控制齿轮副隙侧的基本指标之一。

如图 5-41 所示，为测量齿厚的游标卡尺。它由两套相互垂直的游标卡尺组成，垂直游标尺用于控制被测齿轮的弦齿高，水平游标尺则用于测量实际弦齿厚。测量时，垂直游标以齿顶圆为基准，而分度圆的实际弦齿高：

$$h = \overline{h_a} + \frac{\Delta E_d}{2}$$

式中，$\overline{h_a}$——标准弦齿高；

ΔE_d = 实际齿顶圆直径 - 齿顶圆公称直径。

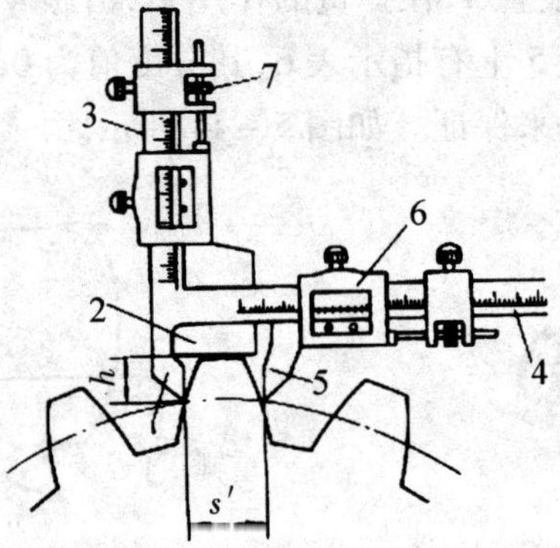

1－固定尖；2－齿高尺；3－主尺；4－齿厚游标尺；5－齿厚尺尺框；6－游框；7－微动装置

图 5-41 齿厚卡尺测量弦齿厚

4. 齿距累积误差 ΔE_p

齿距累积误差 ΔE_p 是在分度圆上任意两个同侧齿廓之间的实际弧长与公称弧长之差的最大绝对值。

齿距偏差是在分度圆上实际齿距（分度圆上相邻两齿同侧齿廓的弧长）与公称齿距（可取齿轮上所有实际齿距的平均值）之差。

齿距累积误差和齿距偏差往往采用相对测量法测量，它是以某一实际齿距为基准，测量同一圆上其余各齿距对基准齿距之差，此差值称为齿距相对偏差。然后将各个齿距相对偏差取代数和，除以齿轮齿数得平均值，再将各齿距相对偏差减去平均值，得到各齿距偏差。

如图 5－42 所示，用周节仪测量齿距，定位头 4、5、8 以齿顶圆作为定位基准。测量前，调整好定位头的相对位置，使测头 2、3 在分度圆附近与齿面接触。按被测齿轮模数调整固定测头 2 的位置，将活动测头 3 与指示表 7 相连，测量齿距时，齿距误差通过测头 3 的杠杆传给指示表 7。

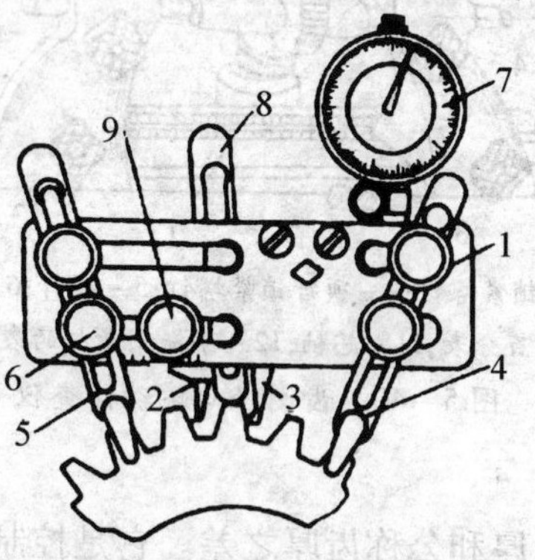

1,6,9－螺钉；2,3－测头；4,5,8－定位头；7－指示表

图 5－42　周节仪

万能测齿仪是应用比较广泛的齿轮测量仪器，除测量圆柱齿轮的齿距、基节、齿圈径向跳动和齿厚外，还可以测量圆锥齿轮和涡轮，其测量基准是齿轮的内孔。

万能测齿仪的外形如图 5－43 所示。仪器的弧形支架 7 可绕基座 1 的垂直轴心线旋转，将被测齿轮的芯轴安装在弧形架的顶尖上，支架 2 可以在水平面内作纵向和横向移动，支架 2 上装有工作台，工作台上装有能作径向移动的滑板 4，借锁紧装置 3 可以将滑板 4 固定在任意位置上，当松开锁紧装置 3，在弹簧的作用下，滑板 4 能匀速地移到测量位置，这样就能进行逐齿测量。测量装置 5 上有指示表 6，其分度值为 0.001 mm。在测量时，其测量力是由安装在齿轮芯轴上的重锤来保证。如图 5－44 所示。

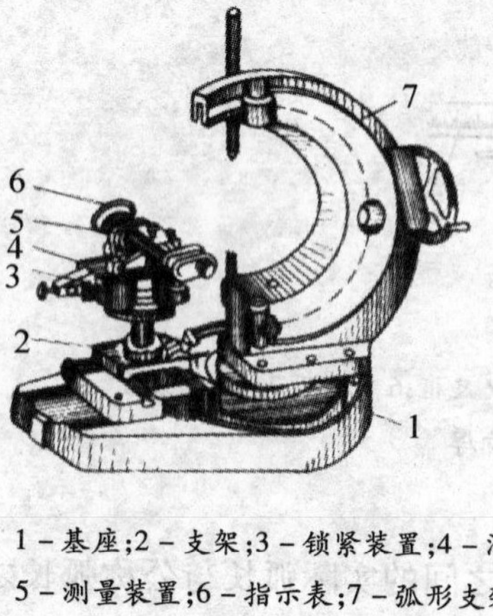

1－基座；2－支架；3－锁紧装置；4－滑板；
5－测量装置；6－指示表；7－弧形支架

图 5－43　万能测齿仪外形

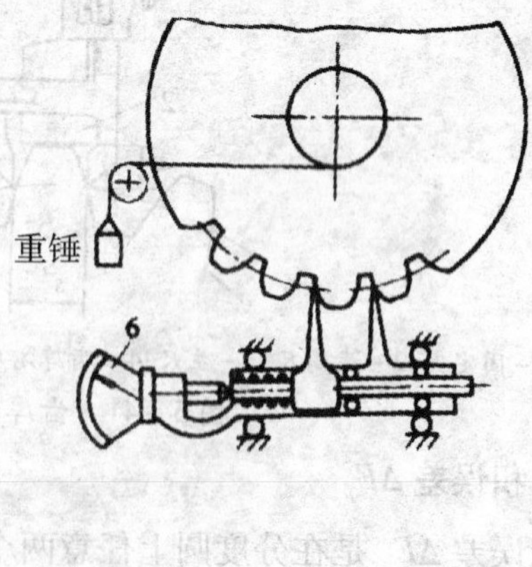

图 5－44　万能测齿仪测量原理

5. 径向综合误差

径向综合误差是指被测齿轮和理想精确齿轮（标准齿轮）双面啮合时，在被测齿轮一转内，双面啮合中心距的最大值和最小值之差。一齿径向综合误差是指被测齿轮与标准齿轮双向啮合时，被测齿轮一齿距角内，双啮中心距的最大变动量。图 5－45 为双面啮合检查仪的外形图，它能测量圆柱齿轮、圆锥齿轮和蜗轮副。仪器的底座 1 上安放着浮动滑板 2 和固定滑板 3。浮动滑板 2 受压缩弹簧的作用，使两齿轮紧密啮合，其位置由凸轮 10 控制，固定滑板 3 与标尺 4 连接，可用手轮 6 调整位置。仪器的读数与记录装置由指示表 11、记录器 12、记录笔 13、记录滚轮 14 和摩擦盘 15 组成。

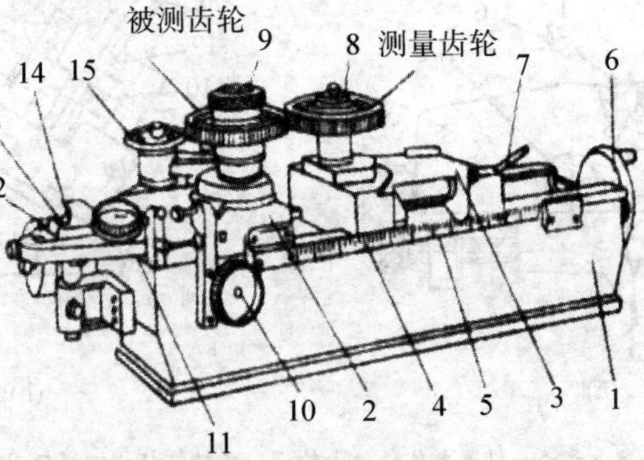

1－底座；2－浮动滑板；3－固定滑板；4，5－标尺；6－手轮；7－锁紧手柄；8，9－芯轴；
10－凸轮；11－指示表；12－记录器；13－记笔录；14－记录滚轮；15－摩擦盘

图 5－45　双面啮合检查仪

测量时，径向误差直接由指示表 11 读出。被测齿轮安装在浮动滑板 2 的芯轴 9 上，标准（理想精确）齿轮安装在固定滑板 3 的芯轴 8 上。由于被测齿轮存在各种误差（如基节偏差、周节偏差、齿圈径向跳动误差和齿形误差等），当两个齿轮啮合转动时，这些误差通过浮动滑板上的一套装置反映在指示表上。

6. 基节偏差

基节偏差是实际基节与公称基节之差。测量基节偏差的原理如图 5－46（a）所示，测头 1 和 2 的工作面均面向被测齿廓，与相邻两齿面接触时两测头之间的距离为实际基节，公称基节由标准量块来校准。指示表 4 上的读数和公称基节读数的差值为基节偏差。

如图 5－46（b）所示为公称基节调零用量块夹。图 5－46（a）中，测头 1 和定位头 3 在一个部件上，其跨度用螺杆 8 调节。旋转螺杆 7 可使此部件沿仪器本体 5 平移，测头 2 的摆动通过杠杆传给指示表 4。测头 1 和 2 得间距利用量块夹中量块组 10 校准以达到公称基节值。

7. 齿轮部分检测项目的检测方法

各项目检测操作步骤如下：

（1）齿轮公法线长度测量

1）根据被测齿轮参数，计算（或查表）公法线公称值 W 和跨齿数 n。

$$W = m[1.476(2n-1)+0.014Z]$$

$$n = 0.111Z + 0.5$$

2）校对公法线千分尺零位值。

3）根据图5－38所示的形式，依次测量齿轮公法线长度值（测量全齿圈），记下读数。

4）求出公法线长度的平均值及平均值与公称值之差即公法线平均长度偏差。

5）根据被测齿轮的图纸要求，查出公法线长度变动公差，齿圈径向跳动公差，齿厚上偏差和下偏差值。按实训报告书7中公式计算公法线平均长度的上、下偏差。

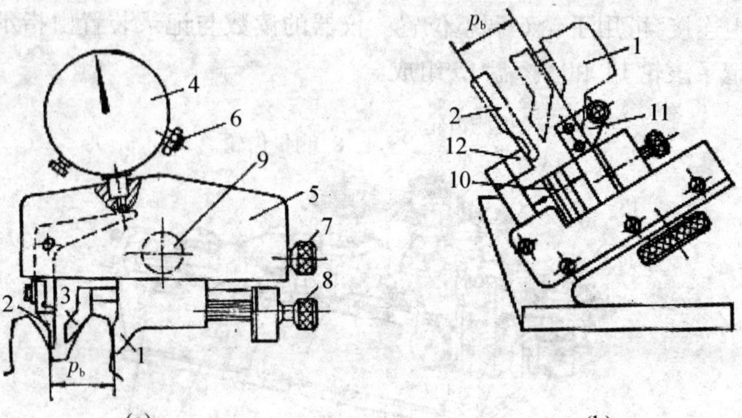

1,2,11－测头；3－定位头；4－指示表；5－仪器本体；6－小轮；7－旋转螺杆；8－螺杆；9－螺钉；10－量块组；12－量块夹

图5－46　基节仪

6）将记录的公法线长度最大值与最小值之差，即为公法线长度的变动值。

7）判断零件的合格性。

（2）齿圈径向跳动误差测量（图5－40）

1）根据被测齿轮的模数选取合适的测量头13，并将测量头13装在百分表测杆的下端。

2）将被测齿轮11套在芯轴上（零间隙），并装在齿圈跳动检查仪两顶针5之间，松紧合适（无轴向窜动，又能转动自如），锁紧螺钉4。

3）转动手轮2，移动滑板1，使被测齿轮齿宽中间处于百分表测量头的位置，锁紧螺3。压下抬升器9，然后转动调节螺母7，调节表架高度，但勿让表架转位，放下抬升器9，使测量头与齿槽双面接触，并压表0.2～0.3 mm，然后将表调至零位。

4）压下抬升器9，使百分表测量头离开齿槽，然后将被测齿轮转过一齿，放下抬升器9，读出百分表的数值并记录。

5）重复步骤4，逐齿测量并记录。

6）数据中的最大值减去最小值即为齿圈径向跳动误差。

（3）齿轮弦齿厚的测量

1）用外径千分尺或游标卡尺测量齿顶圆直径，并记录。

2）计算分度圆实际弦齿高　　$h = \overline{h}_a + \frac{\Delta E_d}{2}$

式中，$\overline{h_a}$——　标准弦齿高，可以查《机械设计手册》或按下式计算：

$$\overline{h_a} = \overline{h} = h_a + \frac{mz}{2} \times \cos\left(\frac{\pi}{2Z}\right)$$

式中，$\overline{h}$—— 标准齿顶高

3）按 h 值调整齿厚卡尺的垂直游标。

4）按图 5－41 的形式，将齿厚卡尺置于被测齿轮上，使垂直游标尺的定位尺和齿顶接触。然后移动水平游标尺的卡脚，使卡脚紧靠齿廓（注：游标卡尺测量脚及定位块与齿廓及齿顶的接触良好，即三个面需同时接触），从水平游标尺上读出实际弦齿厚。

5）沿齿轮外圆，重复步骤 4，均匀测量 6～8 点，记录数据。

（4）齿距累积误差和齿距偏差

1）周节仪测量齿距。

a. 如图 5－42 所示，按被测齿轮的模数调节周节仪的测头 3，使其上刻线与被测齿轮的模数值对齐，拧紧螺钉 5。

b. 调整定位头 4、5、8 与被测齿轮的齿顶接触，并使两测头 2、3 与两相邻同侧齿廓接触，且处于齿高中部的同一圆周上（两个触点到齿顶距离基本相等），拧紧螺钉 1、6。调节指示表 7 的位置，使指针预转半圈，拧紧指示表 7 的紧定螺钉。

c. 一手拿着周节仪，另一手拿住齿轮，相互推紧，保持定位头 1 和测头 3、4 与齿轮同时接触，再相互拉开少许又重新接触，如此重复多次，如指示表示值基本一致，说明测量稳定。可以开始读数，此时，将指示表指针调到零。

d. 逐齿测量各个齿距，记录读数。

2）万能测齿仪测量齿距。

a. 如图 5－44 所示，将被测齿轮套在芯轴上（无间隙），并一起安装在仪器上的上、下顶针间。调整仪器的工作台和测量装置，使两测头位于齿高中部的同一圆周上，与两相邻同侧齿面接触。在齿轮芯轴上挂一重锤，使产生测力，让齿面紧靠测头。调整指示表 6，使指针在刻度尺中部。测第一齿距时，将指针微调至零。

b. 一手扶助齿轮，另一手拉滑板，退出测头，脱离齿面，再慢放滑板，推进测头，接触齿面，避免撞击后放开双手，读取指示表上的示值。如此重复多次，示值基本一致，说明测量稳定，方可开始记数。

c. 重复步骤 2，逐齿测量，记录读数。

3）数据处理。为计算方便，将测得数据列成表格形式，见表 5－12。（以 12 个齿的齿轮为例），齿距相对偏差记入表中第二列，根据逐齿累积，记入第三列，成为相对齿距累积误差。按下式计算 K（第一齿距对公称齿距的偏差）：

$$K=\frac{\sum \Delta f_{pt相对}}{Z}$$

表 5－12　万能测量仪测量相关数据

一	二	三	四	五
齿序	齿距相对偏差	相对齿距累积误差	齿距偏差	齿距累积偏差
n	$\sum \Delta f_{pt相对}$	$\sum \Delta f_{pt相对}$	$\Delta f_{pt相对}-k$	Δf_p
1	0	0	－0.5	－0.5
2	－1	－1	－1.5	－2.0
3	－2	－3	－2.5	－4.5
4	－1	－4	－1.5	－6.0
5	－2	－6	－2.5	－8.5

续表

一	二	三	四	五
齿序	齿距相对偏差	相对齿距累积误差	齿距偏差	齿距累积偏差
n	$\Delta f_{pt相对}$	$\sum\Delta f_{pt相对}$	$\Delta f_{pt相对}-k$	Δf_p
6	+3	−3	+2.5	−6.0
7	+2	−1	+1.5	−4.5
8	+3	+2	+2.5	−2.0
9	+2	+4	+1.5	−0.5
10	+4	+8	+3.5	+3.0
11	−1	+7	−1.5	+1.5
12	−1	+6	−1.5	0

各齿距相对偏差为各齿距偏差，记入第四列。其中最大的绝对值即为被测齿轮的齿距偏差，根据各齿距偏差逐齿累积，求得各齿的齿距累积偏差，记在表中第五列，该列中最大值和最小值之差为被测齿轮的齿距累积误差

(5)径向综合误差测量

1)将仪器各工作表面、被测齿轮、理想精确或标准齿轮擦净，待安装。

2)把控制浮动滑板2的手柄(即凸轮10上)拨到正上方，装上指示表11，使指针转过一圈后用螺钉紧固，并调整百分表使指针与零线重合，然后将手柄拨到左边。

3)转动手轮6把固定滑板3调整到两齿轮的理论中心距(数值按标尺4和游标5的示值)，再用固定滑板3前的手柄锁紧。

4)标准齿轮安装在芯轴8上，被测齿轮安装在芯轴9上，然后将凸轮10上的手柄拨到右侧(未装齿轮时凸轮10的手柄不能拨到右侧)，使浮动滑板2靠向固定滑板3，保证标准齿轮和被测齿轮紧密啮合。

5)用手轻微而均匀地转动被测齿轮，在转动一周或一齿的过程钟观察指示表的示值变化，该变化量就是一转或一齿内中心距变动量，在转动一周中指示表的最大值和最小值之差即为该齿轮的径向综合误差。

6)当第一个被测齿轮检测完毕后，将浮动滑板架(凸轮10的手柄)前的手柄拨到左边，使标准齿轮和被测齿轮脱开，然后取下被测齿轮。

(6)基节偏差的测量

1)根据被测齿轮的参数计算公称基节值。

2)选择合适的量块，将之搭配，依图5－46装入量块夹中(图中10为量块)，用螺钉固紧。

3)将基节仪的测头1插入量块夹上带梢的测头11中，使两测头的平面紧贴，转动基节仪的螺杆7，使测头2和量块夹12接触，直到指示表4上指针转折时，拧紧基节仪背面的螺钉9，再微动表上小轮6，使指针对准零位。

4)把基节仪从量块夹中轻轻取出，依图5－46(a)的方式，使测头1和定位头3架在一齿的上部。转动螺杆8，使测头1和2与齿面接触点处在重叠区内。微微摆动基节仪，使测头2沿齿面上、下滑动，当测头1和2的间距最小时，从表上读取指针转折点处的读数，即得到基节偏差。

5）在齿轮圆周四等分处，重复3步骤，测量左、右齿廓的基节偏差，记录数据。

思考与练习

1. 齿轮传动的基本要求有哪些？
2. 分析圆柱齿轮零件的技术要求，如何选择圆柱齿轮的材料、毛坯及热处理方法？
3. 圆柱齿轮零件的功用和结构特点各有哪些？
4. 齿形加工方案应怎样确定？
5. 对于不同的精度圆柱齿轮，其齿形加工方案如何选择？
6. 对于圆柱齿轮来说，齿坯加工方案如何选择？
7. 对于不同类型的齿轮，定位基准应如何选择？
8. 简述各种齿轮加工方法的原理、工艺特点和应用范围。
9. 齿形加工中常用哪些热处理工艺？热处理后如何精修基准？
10. 圆柱齿轮齿形加工方法有哪些？各有何特点？
11. 圆柱齿轮零件加工要经过哪几个阶段？说明每个加工阶段在使用上有何技术要求。
12. 常用的齿形加工设备有哪些？如何选择加工设备？
13. 常用的齿形加工刀具有哪些？如何选择加工刀具？
14. 滚齿法和插齿法在齿轮齿形加工上有何异同？举例说明。
15. 圆柱齿轮零件的检验项目有哪些？如何去检验？

16. 图5－47所示为一双联齿轮，材料为45，精度等级为7－6－6级；齿轮的基本参数：齿轮模数 $m=2.5$，小齿轮齿数 $z1=34$，大齿轮齿数 $z2=39$，压力角 $a=20°$；技术要求，齿部硬度：HRC52～56。试编制双联齿轮零件的机械加工工艺规程。

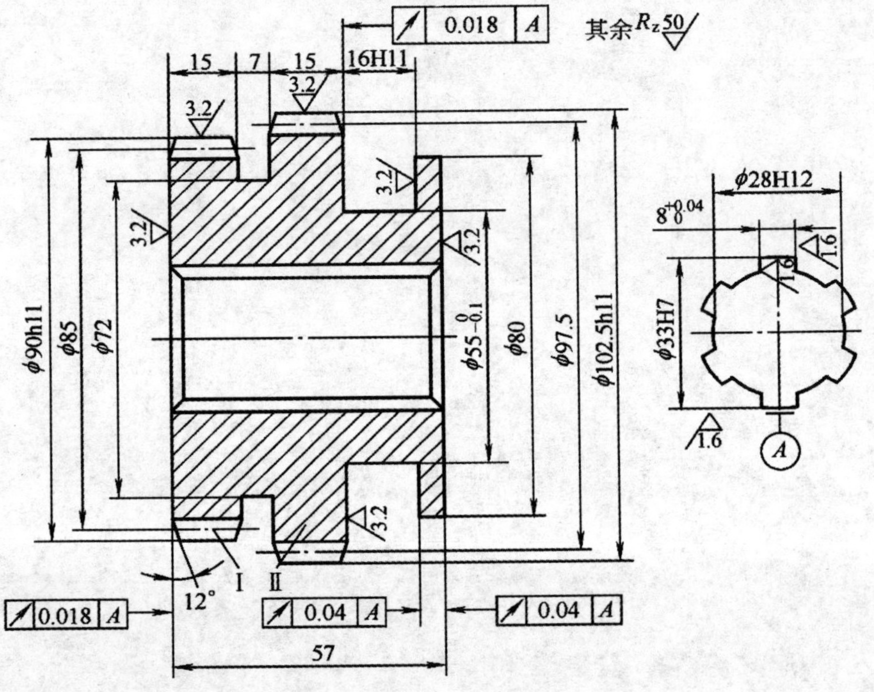

图5－47 双联齿轮